水平连铸与同水平铸造

向凌霄 编著

北 京
冶 金 工 业 出 版 社
2010

内容提要

本书以国内外水平连铸与同水平铸造的试验研究成果及生产实践为基础，通过研究各种金属水平连铸及铝合金同水平铸造实践结果，探讨共同规律，据此再分析其个性特点。经过分析比较，明确了弯月面的作用和凝固壳波动性作用在连续铸锭过程中的意义；在此基础上提出有关铸锭周边细等轴晶区的波动性成因和结晶器内热交换四阶段模型的看法。

本书共分6章。第1章简要叙述了与连铸有关的金属材料知识；第2章概要归纳了多种金属水平连铸及同水平铸造的基本原理；第3章介绍了多种金属连铸时传热过程的研究概况；第4章介绍多种金属连铸凝固过程的研究概况；第5章从生产工艺角度评述了相关生产设备结构的合理性；第6章汇集了国内外多种金属水平连铸及同水平铸造的部分研究成果和生产实例。

本书可供从事冶金、铸造生产和应用的科研、生产技术人员及高等院校相关专业师生参考。

图书在版编目(CIP)数据

水平连铸与同水平铸造／向凌霄编著. —北京:冶金工业出版社,2010.4

ISBN 978-7-5024-5159-2

Ⅰ.①水… Ⅱ.①向… Ⅲ.①连续铸钢 ②连续铸造 Ⅳ.①TF777.6 ②TG249.7

中国版本图书馆CIP数据核字(2010)第019828号

出 版 人 曹胜利
地　　址 北京北河沿大街嵩祝院北巷39号,邮编100009
电　　话 (010)64027926 电子信箱 postmaster@cnmip.com.cn
责任编辑 李 梅 李 雪 美术编辑 张媛媛 版式设计 孙跃红
责任校对 王贺兰 责任印制 牛晓波
ISBN 978-7-5024-5159-2
北京百善印刷厂印刷;冶金工业出版社发行;各地新华书店经销
2010年4月第1版, 2010年4月第1次印刷
787 mm×1092 mm 1/16;26印张;628千字;403页
76.00元

冶金工业出版社发行部 电话:(010)64044283 传真:(010)64027893
冶金书店 地址:北京东四西大街46号(100711) 电话:(010)65289081
(本书如有印装质量问题,本社发行部负责退换)

前　言

连续铸锭工艺应用于工业生产，始于20世纪30年代的有色金属工业，迄今已有80余年。水平连铸应用于工业生产则始于1950年，到现在已有近60年的历史。至今连续铸锭生产已广泛应用于整个冶金工业企业。

1960年，我在中南矿冶学院(今中南大学)学习期间，陈存中教授为我们讲授“有色合金熔铸”课程，初次接受连续铸锭知识。1962年毕业，分配到冶金工业部沈阳铝镁设计研究院工作。1964年，开始从事水平连铸铝锭的试验研究。为了做好工作，广泛收集了各种金属的连续铸锭资料，为编写本书打下基础。20世纪70年代初，曾有友人向我建议，将水平连铸资料汇集成册。80年代以来，水平连续铸钢工艺和同水平铸造在我国得到广泛发展，更激起了我提笔的兴趣。彼时因忙于完成工作任务，总是未能如愿。今日得空闲，将工作和学习中积累的资料汇集整理，编著成此书。

在连续铸锭生产中，凝固与传热过程是最根本的技术内容，一直是研究者深入探讨的课题。А. А. Скворцов 和 А. Д. Акименко 的著作 Теплопередача И Затвердевание Стали В Установках Непрерывной Разливки，是早期的专著，该书主要根据水热模拟法和试验研究结果写成，其试验研究结果对连铸生产和研究还是有借鉴意义的。当今，计算机技术广泛应用于各个领域，为连铸中的凝固与传热过程实现数值模拟创造了有利条件，是当今许多研究者的热点课题，也是本书探讨的重要内容。

连续铸锭包括立式、水平式和倾斜式。立式连续铸锭包括敞露液面连铸和热顶铸造。敞露液面的立式连铸和水平连铸，已广泛应用于各种金属的连续铸锭生产中；热顶铸造发展为同水平铸造，目前仅应用于铝及铝合金锭生产中。倾斜式连铸见诸早期研究过程中，实际生产中已不多见。在连续铸锭技术的发展过程中，它们之间相互影响和交融。它们有着各自的特点，也有共性内容。水平连铸与同水平铸造的共性内容更多一些，将其合卷编写，目的是想通过个性内容探讨共同的规律；根据共同规律再去分析个性内容的特点，以期促进连铸技术的发展。作为一种专门的生产方法来进行探讨，不囿于某种金属，会了解得更全面些。经过分析比较，明确了弯月面的作用和凝固壳的波动性作用在连续铸锭过程中的意义；在此基础上提出了周边细等轴晶区的凝固壳波动性成因和结晶器内热交换四阶段模型的看法。

表面张力成形法不用激冷的结晶器，依靠液态金属的表面张力而成形，直接喷水冷却铸坯。从连铸概念考虑，它是水平连铸的特例。这种方法的存在表明表面张力在连铸过程中的重要作用。因此，在连铸原理中作了较为详细的介绍，目的在于探讨表面张力在水平连铸与同水平铸造中的意义。

一项生产工艺要能够很好地应用于工业生产中，必须要有很好的生产设备与其相匹配。为此,在本书中专列生产设备一章,从生产工艺角度来评述相关设备结构的合理性。

本书是以试验研究结果和生产实践为基础编写的。一项研究成果是在一定的条件下取得的;应用一项研究成果,必须清楚地了解其产生的条件。生产实践经验的产生及其应用也是如此。为了使读者能全面、正确地了解各项研究成果和生产实践经验,本书尽可能详细地介绍其产生的条件,这样对了解事物的因果关系是有益的,有利于激发读者的创造性思维。

由于个人经历和认识的局限,书中难免有不妥之处,诚望读者多多指教,以便更好地促进连续铸锭生产技术的发展。倘若能为水平连铸与同水平铸造技术的发展尽到微薄的力量,便是最大的安慰!

在编写本书的过程中,得到杨宇、向岳和向铮的大力相助,还得到张璐等许多亲友大力支持,在此表示衷心的感谢!本书能顺利出版,冶金工业出版社的编辑做了许多细致的工作,在此一并致谢!

向凌霄
2010年1月于沈阳

目　录

绪　论

在冶金工业生产中，随着金属材料加工技术的发展，连续铸锭工艺相继产生并不断发展。目前，连续铸锭工艺在全世界的冶金工业中已得到广泛的应用和发展。例如，在铝材和铜材的生产中，已全部采用连铸生产工艺；在钢铁生产中，目前全世界连铸比高于97%的国家有25个，高于99%的国家有15个，其中全部采用连铸工艺生产的国家有7个。2008年，我国钢产量达4.892亿t，连铸比已达98.86%。

1　连续铸锭发展概况

在19世纪，G. E. Sellers第一个获得了水平连铸铅管装置的专利。1843年，John Laing获得了改进水平连铸浇铸铅管的专利[1]；他设计了做旋转运动的芯棒，防止金属凝固收缩时把芯棒粘住。1846年，贝塞麦提出了对辊式连续铸钢机，首先应用于玻璃工业，也用于锡箔和其他金属生产；后来他又做了进一步改进，1857年已浇成了合格的铁板，并提出了用油或石墨来防止连铸坯与结晶器壁黏结的问题。1872年，W. Wilkinson和E. Jaylor提出用活动铸模连续铸钢。1886年，B. Atha发表了垂直铸钢的基本原理。1889年，M. Datlen设计了一台立式铸钢机雏形，其基本结构形式为后来的连续铸钢机所采用。

1907年，Доутеур设计了水平连续铸造钢板的设备，结晶器与净化炉相联，净化炉的下部与贮铁水炉相通；此前将结晶器置于贮铁水炉的下部，当凝固壳被拉断时，钢水完全从贮铁水炉内流出来。1912年A. H. Pehrson[1]提出了水平式连续铸钢的结晶器振动法；结晶器向前运动时，铸坯与结晶器同时移动，当结晶器返回运动时，铸坯不动。该法可避免铸坯与结晶器壁黏结，并可在结晶器与铸坯之间加入润滑剂。1921年，C. W. Van Ranst提出立式连铸的结晶器作谐波振动。德国人S. Junghans考虑到连续相对运动会降低铸坯和结晶器的热传导，致使浇铸速度减慢，1933年他建议使结晶器做非谐波振动，当结晶器向下运动时与铸坯同速，而向上运动时为向下速度的三倍。为了克服铸坯与结晶器壁黏结，I. M. D. Halliday建议使结晶器做“负滑脱”振动，结晶器向下运动的速度高于拉坯速度；这种短的相对运动可以减少黏结的危险，而不会明显地减少铸坯与结晶器之间的热传导。第一个采用直接冷却连续浇铸的，可能是Ennor法[2]。W. T. Ennor设计的直接冷却连续铸锭装置。结晶器外表面及铸锭出结晶器后分别用一个环状水管喷射出来的冷水直接冷却；结晶器内壁涂以润滑油或石蜡等以防止铸坯黏模，结晶器高度100 mm。Ennor法最初就被用来浇铸大断面的铝锭，可以认为是近代连续直接冷却法的雏形。

经过近百年来的研究探索，自20世纪30年代以来，立式连续铸锭工艺首先在铝等有色金属工业中得到实际应用。由于结构因素所限，多为半连续式。立式半连续直接冷却铸锭法是目前有色金属加工厂广泛采用的铸锭方法，通称立式半连续铸锭法（DC）。

连续铸钢实现工业化生产的历史晚于有色金属工业。直到第二次世界大战期间，才又开展了连续铸钢的研究。20 世纪 40 年代，德国 S. Junghans、美国 I. Rossi 在连续铸钢方面取得工业规模的成功。1946 年，在美国、英国、日本各自建造了第一座工业性实验装置[1]。直到 50 年代，钢水连铸工艺比较成熟。1952 年，英国的第一座工业性生产装置在 Barrow 投产，浇铸 50～100 mm 的碳素钢和不锈钢方坯，并在 1956 年将垂直切割铸坯方式改成水平切割。1952 年，奥地利 Gebr. Böhler 一台生产优质钢的铸钢机投产，浇铸 120 mm×120 mm 的方坯和 460 mm×110 mm 的扁坯。前苏联在 1938 年安装了一台活动铸模式连续铸钢机，可浇铸 140 mm×140 mm 的碳素钢方坯和 300 mm×160 mm 的碳素钢板坯；1951 年安装了第一台大型半连续铸钢机，浇铸 800 mm×180 mm 的不锈钢板坯。1954 年加拿大阿特拉斯安装了罗西式连续铸钢机，浇铸 610 mm×165 mm 的不锈钢板坯。由于瑞典一台立式连续铸钢机的切割装置在生产过程中突然失灵，铸锭直抵车间地坪使其产生弯曲，从而引申发展了立弯式连续铸钢机。1961 年第一台立弯式连续铸钢机在狄林根厂投产，铸坯最大断面为 1520 mm×200 mm。1956 年 E. Schneckenburger 和 C. Kueng 在瑞士提出了铸坯在弧形结晶器中浇成后进入弧形的二次冷却装置，然后由拉坯和矫直联合装置将铸坯送至水平线上。1963 年第一台工业性浇铸棒坯的弧形连续铸钢机在瑞士的 Von Moos 厂投产。1964 年，第二台弧形连续铸钢机在狄林根厂投产，浇铸 1550 mm×250 mm 的板坯。到 1965 年，有 30 台以上的弧形连续铸钢机在建设中，正是连续铸钢工艺在工业中蓬勃发展的时期。但是，当时在全世界钢材生产中采用连续铸钢工艺者仅有 1%。到 1981 年世界上 51 个国家装有 415 台连铸机，年产钢 1.35 亿 t[3]，为当年钢产量的 20%。

在中国，连续铸锭工艺始于 20 世纪 50 年代。50 年代中期，立式半连续铸锭工艺最初应用于东北轻合金加工厂和抚顺铝厂，浇铸铝及铝合金棒锭和板锭。60 年代以来，洛阳铜加工厂等企业投产，均采用立式半连续铸锭法生产。50 年代开始进行连续铸钢的工业试验。1957 年 12 月第一台立式连续铸钢机在上海钢铁公司投入试验，铸坯断面为 75 mm×180 mm[4]。1959 年和 1960 年间建成直立式方扁坯连铸机。60 年代中期建成弧形板坯连铸机；同时还建有立弯式小方坯连铸机。1981 年，中国投产的连铸机有 26 台[3]；生产连铸坯 254 万 t，占全国钢产量的 7.65%；可浇铸 120～200 mm 的方坯，700～2300 mm 宽的板坯。20 世纪末，中国的钢铁连铸生产迅速发展。1990 年，连铸钢坯产量为 1480 万 t，连铸比为 25.07%；至 2000 年连铸坯产量达 1.05224 亿 t，连铸比达 84.81%[5]。在此期间，小方坯连铸发展尤为迅速；1988 年，中国拥有小方坯连铸机 206 流，2000 年增加到 624 流。21 世纪以来，连铸钢坯生产在中国继续快速发展；2000～2007 年间，粗钢产量增幅为 280.7%，而连铸坯产量的增幅为 350.8%。同时连铸机型向多样化发展。2000～2007 年，板坯连铸机由 78 流增至 237 流，增幅为 203.8%；方坯连铸机由 378 流增至 1323 流，增幅为 250%；圆坯连铸机由 40 流增至 173 流，增幅为 325.5%；异型坯连铸机由 3 流增至 15 流，增幅为 400%；而小方坯连铸机增幅为 64.6%。

水平连续铸锭应用工业生产晚于立式连铸。1950 年，法国 Ugine 公司的 Venthon 铝厂提出了水平连铸铝母线工艺，并应用于生产中[6]。1951 年 8 月法国 Chanles Armand 和 Pual Angleys 获得了水平连续铸造铝锭的专利权。此后高其获得了牵引装置的专利权；在铸造过程中采用小车牵引铸锭。实际上是半连续浇铸。这种铸造设备安装在法国的 Ugine 公司，能同时浇铸四条大断面的铝锭，小断面的铝锭能同时浇铸十条。20 世纪 60 年代初，改进了牵引装置，并且安装了切断装置[6]，在切断的过程中铸锭不动，结晶器连同中间包反向移动。瑞士、意大利、西班牙、加拿大、前西德和喀麦隆也相继安装了这种设备，直到1961年有17台设备投入生产，还有5台在建设中。

在美国南方电气公司的炼钢厂，1955年由A. G. Tersman（设计）和俄罗斯创造的水平连续铸锭装置用来生产铝棒[7]，与轧机相联加工成ϕ8 mm的铝线坯。在Hunter工程公司安装的水平连续铸机[10]，生产ϕ50～180 mm的铝棒，并附有连续切断装置。瑞士的A. Wertli公司[8]，20世纪50年代末对水平连铸研究了几年，完成了独特的Wertli式连续铸锭机，采用水冷石墨铸模，生产过ϕ120 mm的铸铁和铜合金棒锭。

前苏联对水平连续铸锭进行过较为广泛的试验研究[9～11]，主要集中在乌克兰金属研究所。B. T. Сладкоштеев等人设计了УНИИМ型水平连续铸造机，在研究所的试验厂浇铸电渣重熔钢用的自耗电极、结构碳素钢、结构合金钢（20XHA、20X2H4）、不锈钢（1X18H9、1X18H9T），滚珠轴承钢（ШX15）和耐热钢（ЭИ787、ЭИ473Б）；在哈尔科夫铝和青铜合金厂进行铜合金试验研究，该厂安装四台这种设备用以生产青铜铸锭[12]。前苏联还对镁的水平连续铸锭进行过研究[13]。不过在铜合金的水平连续铸造研究和生产应用方面所做的工作比较多。

在中国，水平连续铸造始于20世纪50年代。1958年沈阳铝镁设计研究院与抚顺铝厂曾对29 mm×250 mm铝母线进行过水平连续铸造试验，但未达到实际应用。1958年7月唐山钢厂对水平连续铸钢进行过试验，钢坯断面ϕ50 mm、ϕ80 mm和ϕ90 mm，其结晶器长度分别为500 mm（钢）、100 mm（黄铜）和900 mm（紫铜），使用铜质结晶器时的拉坯阻力比使用钢质结晶器时小。同年8月，钢铁研究院对水平连铸ϕ84 mm的钢锭进行试验；结晶器600 mm，用3 mm厚的无缝钢管制作；中间罐水口内径小于结晶器10～15 mm，长30～50 mm；铸造速度为1.2 m/min、0.85 m/min和0.65 m/min；一次冷却水压0.4 MPa，流速7 m/s；直接喷水进行二次冷却；牵引动力1.75 kW；设备全长8 m，宽3 m，高0.5 m。有色冶金设计总院对郭罗夫斯金法进行过试验，并应用于生产[14]。1964年开始，沈阳铝镁设计研究院与抚顺铝厂对水平连续铸造100 mm×100 mm的拉丝铝锭进行试验[15]；实验设备为四对辊式牵引，不附切断装置。1966年为配合青铜峡铝厂建设，对水平连续铸造铝母线进行试验研究；该设备采用小车牵引，不附切断装置，可铸长度为12.5 m；采用整体式结晶器，其长度为40 mm；截至1967年7月，完成了80 mm×400 mm铝母线工艺试验。1970年沈阳铝镁设计研究院，在淄博铝厂对ϕ10 mm铝杆进行水平连铸试验研究，并应用于工业生产[16]。当时东北轻合金加工厂对水平连续圆铝锭进行了试验研究，采用链式牵引，铸锭在两条平行的工字钢之间滑行，实行半连续生产。洛阳有色金属加工设计院在上海铜厂等企业进行水平连续铸造铜合金坯锭试验研究；20世纪60年代以来，铜合金线坯的水平连续铸造工艺得到较为广泛的应用。1972年北京（延庆）有色金属材料试验厂，对68 mm×385 mm铝板锭进行过水平连续试验，并用于生产；采用整体式结晶器，链式加辊式牵引，同步锯切割，用重锤使同步锯复位。1974年沈阳铝镁设计研究院与衢州铝厂合作，结合该厂改扩建工程试制铸造铝母线，采用水平连续铸造，首次采用链板式牵引装置，组装式结晶器，并附以简易同步锯；1976年11月开始试验生产出40 mm×350 mm的铸造铝母线，满足了建设要求；随后用此设备生产圆铝锭和空心铝锭。这项工艺设备已广泛地应用于国内各铝厂的建设和技术改造中。1963年，北京石景山钢铁公司研究所和重型机械研究所，对倾斜式连续铸钢进行过试验研究。1976年太原冶金工业学校在临汾地区西郭钢铁厂进行过倾斜13°连续铸钢试验[17]，连续铸造 90 mm × 90 mm 的方钢坯。80 年代以来，钢铁水平连续铸造的试验研究工作在北京钢铁学院（现北京科技大学）等一些高等院校和钢铁研究总院广泛开展，马鞍山钢铁公司、成都无缝钢管厂、衡阳钢管公司、鞍山钢铁公司铸钢厂、大冶特钢厂和北满钢铁公司等钢铁企业，都进行了工业生产试验[18~22]。到 1991 年，全国已有 9 台 12 流水平连续铸钢机生产运行。这些连续铸钢机采用 TG 式结晶器，其主要特点为：一是在低导热的分离环与激冷的结晶器之间形成直交空间，有利于钢液的弯月面形成；二是结晶器由激冷和缓冷两区段组成。西安理工大学等院校对水平连续铸铁做了研究[23,24]。东北大学对电磁水平连铸铝合金做了研究[25,26]。大连理工大学等院校对水平连铸铜合金做了研究[27]。近年来，沈阳有色金属加工厂等企业，在拓宽铜合金带坯的水平连铸生产中取得了良好的效果[28,29]。

此外，20 世纪 60 年代以来，水平连续铸造还在易熔合金[30]和银等贵金属[31]方面进行了试验研究；德国哈瑙投产的银和银合金连铸设备，产能可达 100 t/月。水平连续设备向两极发展[32]，铜合金向大型发展，铸锭直径达 150 mm 以上；金、银等贵金属向小型发展，炉容量仅 5 ~ 50 kg。20 世纪 80 年代，中国葫芦岛锌厂用水平连续生产锌线坯。

热顶铸造则晚于水平连续铸造工业化阶段，于 20 世纪 70 年代兴起。热顶铸造吸取了水平连铸的优点，在立式连铸的结晶器顶部增设一个液态金属保温装置，将金属液面引出结晶器，因而兼备水平连铸和立式连铸的优点。随后很快在全世界的铝工业中广泛应用。

从连续铸造的发展过程中可以清楚看到，一是连续铸造广泛应用于整个冶金工业；二是水平连铸与立式连铸相互交替促进发展。当今热顶铸造的发展强化了连续铸锭过程中短结晶器的概念，将会再次促进水平连铸的发展。近 20 多年来随着计算机技术的发展和广泛应用，数字模拟连铸过程中金属的凝固和传热特征的研究工作得到广泛的开展，为探索连铸规律和控制连铸生产的过程创造了很有利的条件。在连铸过程中，金属的物理性能会发生连续的变化。为了便于数字模拟连铸过程的研究工作顺利发展，还必须完善金属的物理性能随温度变化的基础数据。数值模拟连铸过程，必将更加快速地促进连铸技术发展。

2 连续铸锭在冶金工业中的意义

连续铸锭通常简称为连铸，指的是液态金属连续浇入强冷的结晶器内迅即冷凝成锭坯而连续地从结晶器内牵引出来，再施以二次冷却，用同步切割装置切成定长铸坯的过程。

连续铸锭与通常的铸锭工艺相比，具有增加金属实收率、节约能源、提高铸坯质量、改善劳动条件、便于实现机械化、自动化等优点。据早期报道[33]，平炉车间支付生产工人的工资每吨钢可减少 10%；无须消耗钢锭模及其附件等材料，每吨钢的炼制费用减少 5% ~ 16%；在轧钢生产中，用连铸钢坯代替模铸钢锭，取消了钢锭底部和头部的切除工序，镇静钢的消耗量可减少 13% ~ 15%，沸腾钢的消耗量则减少 3% ~ 4%；因此，除了能节约金属和燃料以外，还可降低产品的成本 3% ~ 7%，其投资在 3 ~ 5 年内就能收回。铸造过程可以完全连续，开头次数少，生产效率高；减少切头、切尾，提高了铸锭的成材率。例如，连铸镇静钢的钢材综合收得率比模铸的约高 10%；若能实现剪坯工艺，金属实收率还可以提高。由于连铸简化了炼钢、铸锭及轧钢开坯加工工序，每吨钢可节约能量 $(0.62802 \sim 1.0467) \times 10^6$ kJ；如果进一步改进连铸与轧制之间的合理配合，实现热坯直接成材，还可以进一步减少能源消耗。连铸坯与模铸钢锭相比，其裂纹缺陷比较多见，因此须严格控制生产工艺条件。

在铝工业中，使用水平连铸和热顶铸造生产铝及铝合金铸锭，结晶器短，凝固壳主要靠直接水冷成形,减少了表面偏析;由于是封闭铸造,结晶器内液流平稳无冲击,氧化物卷入很少,有利于提高铸坯的质量。水平连铸不需要立式连铸的深井和大型吊车,设备简单,投资少。水平连铸的单机产能低,但综合经济效益比较好。例如,德国一家工厂投产的一台三流水平连铸机,生产 ϕ205 mm 的黄铜锭,与立式连铸相比,其生产成本降低了 17.5%,优质品提高了 6.5%[34]。

在敞露液面的立式连铸过程中,有一个最小断面问题,过去认为直径小于 45 mm 的铸锭是不可能连续铸造的,主要在于浇注漏斗与结晶器入口之间难以处理。目前,在连续铸钢过程中仍是板坯(40 ~ 80 mm)薄化的难题。水平连铸和热顶铸造有利于优质大断面铸锭的生产,更有利于生产优质小断面的铸锭。例如,加气热顶铸造可以生产出直径 45 mm 的优质铝合金锭。水平连铸的铸坯断面可以小至直径 10 mm 左右;其铸造长度可随意控制,为生产长规格的坯锭提供了必要的条件,这是铸造铝母线生产中采用水平连铸的主要原因。20 世纪 70 年代加拿大安大略省安装一台水平连铸机,用于生产 635 mm × 17.272 mm 的 70/30 黄铜带坯,单流生产效率为 810 kg/h[35]。连铸坯锭的小型化,有利于简化金属材料的生产过程,有利于提高生产的经济效益。

3 封闭式连铸

水平连铸过程中将液态金属敞露的液面从结晶器内引至中间包内;同水平铸造过程中也是将液态金属的敞露液面从结晶器内引至分配流槽内。因此,水平连铸与同水平铸造都是在封闭状态下进行的,可以统称为封闭式连铸。它们之间有着较多的共性内容。水平连铸虽然广泛应用于铝、铜及钢铁铸锭的生产中,但有着各自的特点。从个性特点探索其共性内容,并基于共同的规律审视各自的特点,可促进封闭式连铸技术的发展。

在表面张力成形法连铸过程中,省却了一般连铸中的结晶器,免去了一次冷却,仅以流水直接冷却铸坯完成凝固传热过程。从连续铸锭原理来说,表面张力成形法是水平连铸的特例;它将敞露的金属液面引到了铸造保温炉内,因此,表面张力成形法同样属于封闭式铸造。在连续铸锭过程中液态金属的表面张力起到了特殊的作用,它在液态金属与固态金属之间能形成稳定的过渡区,这一点对于封闭式连续铸锭过程是很有意义的。

封闭式连铸过程中,由于将金属液面引出了结晶器,有利于铸锭断面小型化。目前,水平连铸的铸坯断面可达 ϕ10 mm 左右;水平连铸铜合金带坯可达 16 mm × 420 mm,使宽厚比达 28.25。热顶铸造可生产 ϕ45 mm 的铝合金棒锭,这是封闭式连铸的一大优点。封闭式连铸还为加压气体润滑创造了有利条件。

当今,近终形连铸技术成为世界钢铁界研究的热点技术。近终形连铸技术是指所有浇铸接近最终产品尺寸和形状的浇铸方式,主要包括:

(1) 薄板坯连铸:浇铸厚度为 40 ~ 80 mm 的薄板坯,可以直接进入精轧机。

(2) 带坯连铸:浇铸厚度不大于 10 mm 薄带坯,可作为冷轧坯料。

(3) 薄带坯连铸:浇铸不大于 1 mm 的非晶带坯,可直接进入热精轧机。

(4) 异型坯连铸:H 型钢连铸机。

(5) 中空圆坯连铸。

近终形连铸技术的应用和发展,有利于条形产品缩短从铸坯至最终产品的加工量、降低能耗、缩短生产周期和降低生产成本。根据奥钢联 CONROLL 工艺,在 1500 mm × (70 ~

125）mm 的结晶器中连铸钢锭时，从节能降耗的角度出发，分析得出生产70～90 mm 厚的铸坯能耗最小、加工成本也较低的结论[36]。封闭式连铸适于大多数近终形连铸产品的生产。深入研究封闭式连铸的共同规律，有利于近终形连铸技术的发展。

目前，在连续铸锭生产中，主要使用水作为冷却介质。在冷却过程中，特别是二次冷却强度的可控性，由于结构因素的关系，水平连铸比立式连铸相对好一些。铜和钢铁等高熔点金属，在水平连铸过程中以红坯出结晶器。铝等熔点较低的金属，水平连铸时，也曾有以热坯出结晶器的生产实例。热坯可以直接进入热轧机进行轧制。在水平连铸过程中，热坯有利于采用同步剪进行切断，可以大量减少金属损耗。这一点也是值得深入研究的。

钢铁的热导率和热扩散率都比较低；在连续铸锭过程中，铸造速度比较高，液相穴很深。铸坯中心最后凝固，因凝固收缩容易形成内部空隙、富集杂质元素。为了克服这些缺陷，20世纪70年代末、80年代初，在70年代辊缝收缩技术的基础上发展了轻压下技术；通过在连铸坯液相穴底部附近或者在离液相穴底较远处施加压力，产生一定的压下量来补偿铸坯的凝固收缩量。对于中厚板和薄板坯，还相当于在连铸和连轧两工序之间增加了一个调节铸坯厚度的环节，减薄板坯厚度，提高连铸机的工艺操作性，并能与轧机更好地匹配而取得最佳的经济效益。目前，多采用辊式轻压下技术，类似于铝板坯生产中的连续铸轧过程。在水平连铸过程中，实施轻压下技术是比较方便的。

参考文献

[1] Thalman A. 金属连续浇铸的发展[J]. Steel Times，1965，191(5075)：517～526.

[2] 马龙翔．铝及铝合金的熔炼与铸锭[M]. 北京：冶金工业出版社，1959：176.

[3] 胡乔木，等．中国大百科全书：矿冶[M]. 姜椿芳，等．北京·上海：中国大百科全书出版社，1985：416.

[4] 知水，等．钢的连续浇铸[J]. 钢铁，1959，(8).

[5] 殷瑞钰．新世纪以来中国连铸的发展[J]. 中国冶金文摘，2009，23(1)：1～4.

[6] Angleys P. Horizontal Continuous Casting Process（水平连铸法）[J]. Modern Metals，1964，20(5)：44～48.

[7] Carr G G. 水平连续浇铸[J]. Iron Age，1956，177(27)：31.

[8] 上島駿雄，山内健敏，猪股偵夫．铸铁的连续铸造及其实况[J]. 金属，1965，35(16)：48～52.

[9] Сладкоштеев В Т，Вартазаров М А，Крутицкий М А，идр. 有色金属水平连铸[J]. Металлургическая и Горнорудная Промышленность，1962，(1)：47～50.

[10] Сладкоштеев В Т，Курицкий М А，Шатагин О А，идр. 用 УНИИМ 机水平连铸青铜[J]. Цветные Металлы，1962，(3)：67～74.

[11] Сладкоштеев В Т，Шатагин О А，Курицкий М А，идр. 水平连铸电渣重熔钢[J]. Металлургическая и Горнорудная Промышленность，1962，(4)：20～23.

[12] Сладкоштеев В Т，Шатагин О А，Курицкий М А，идр. Опыт Работы Горизонтальной Машины Непрерывного Литья Бронзы（水平连铸青铜的研究试验）[J]. Цветные Металлы，1965，(2).

[13] Чухров М В，Вяткин И П，Соколов В В. 镁的水平连铸[J]. Цветные Металлы，1963，(12).

[14] 有色金属设计总院．铝线坯简易连续铸造法[M]. 北京：冶金工业出版社，1960.

[15] 向凌霄．原铝及其合金的熔炼与铸造[M]. 北京：冶金工业出版社，2005.

[16] 沈阳铝镁设计院电解组，淄博铝厂．水平连续铸造铝杆新工艺试验小结[J]. 轻金属技术，1973，(4)：1～7.

[17] “倾斜式13°连续铸钢”试验初见成效[J]. 山西冶金. 1977,(1):38,39.
[18] 章仲禹,潘荣楠,等. 水平连铸技术和马钢双流水平连铸机[J]. 冶金设备,1986,12(6):11~15.
[19] 张凤禄,周筠清,章仲禹. 水平连铸结晶器的传热特性研究[J]. 钢铁,1986,21(12):53~57.
[20] 周俊麒,宋毓佩. 用于管坯生产的水平连铸机[J]. 连铸,1993,(5):5,23~27.
[21] 詹亦凤. 水平连铸全连铸工艺技术的开发和应用[J]. 炼钢,1995,11(1):25~31.
[22] 张风清,张世平,刘金学,等. 水平连铸圆坯裂纹形成原因及防止措施[J]. 连铸,2007,(5):18~20.
[23] 朱宪华,董增章,苏俊义,等. 水平连铸铸铁棒材凝固过程数值模拟[J]. 金属学报,1990,26(3):B171~176.
[24] 张云鹏,苏俊义,陈铮,等. 铸铁水平连铸中圆坯凝固过程的数值模拟[J]. 金属学报,2001,37(3):287~290.
[25] 赵志浩,崔建忠,左玉波,等. 低频电磁水平连续铸造中磁场的分布及其对宏观偏析的影响[J]. 铸造,2005,54(3):241~245.
[26] 朱庆丰,赵志浩,左玉波,等. 水平连续铸造5182铝合金组合磁场作用的组织演变[J]. 铸造,2008,57(6):578~581.
[27] 李廷举,金铿,张兴国,等. 电磁场对水平连铸锡磷青铜带质量的影响[J]. 有色金属加工,2006,35(1):15,16,33.
[28] 刘刚,韩淑敏,白常厚. H65黄铜水平连铸工艺研究[J]. 金属世界,2007,(2):10~13,23.
[29] 舒服华,徐劲力,胡清华. 基于粒子群神经网络的QSn6.5-0.1连铸工艺优化[J]. 特种铸造及有色合金,2007,27(4):286~288.
[30] Козаченко В Т, Сладкоштеев В Т, Шатагин О А, идр. 水平连铸焊条[J]. Цветные Металлы,1971,(10):62,63.
[31] Adamer Alfred. 银和银合金的高性能的水平连铸装置[J]. Wire World Inter., 1977, 19(4):165~168.
[32] Adamer A. 水平连铸的革新[J]. Wire World Inter.,1979,21(2):44~46.
[33] Дегтярев Л Г. 连续铸锭的经济价值[J]. Сталь,1956,(6):558,559.
[34] Hanstra J, et al. 生产挤压用黄铜铸锭的水平连铸设备的操作经验[J]. Metall, 1977, 31(11):1238~1241.
[35] Weimer G A. 两种铜连铸方法的比较[J]. Iron Age, 1979,222(5):19,23.
[36] 张小平,梁爱生. 近终形连铸技术[M]. 北京:冶金工业出版社,2001.

1 连续铸锭生产的基础知识

1.1 液态金属的性质

液态金属的性质对熔炼和铸造以及铸锭的质量有着重要的影响。工作人员应熟知其相关性质,以便在熔铸过程中采取相应的措施,使熔铸过程顺利地进行并获取优质的铸锭。

1.1.1 熔点与沸点

纯金属的熔点相差很悬殊,纯金属与共晶合金在恒温下熔化与凝固;而大多数合金则在一定温度范围内熔化与凝固,这个温度范围依具体的合金系统及合金元素的含量而异。一般而言,合金系中溶剂元素的原子价愈高,与溶质元素的原子价相差愈大,则固相线与液相线的坡度愈陡;由于固相线的坡度受影响更大些,致使凝固温度范围增大,溶剂与溶质的原子体积相差愈大,则合金的凝固温度范围也愈宽。例如,Cu - Zn 合金就比 Cu - Sn、Cu - Sb 等合金的凝固温度范围要窄。凝固温度范围的宽窄决定了凝固区的宽度,因而也就决定着铸锭的凝固方式、宏观组织和缩松的类型。

各种金属的沸点相差也很悬殊,金属的沸点与熔点之间并不存在简单的关系。例如,锡的沸点(2400℃)远高于锌(907℃),但其熔点(232℃)却低于锌(420℃)。因此,锌与高熔点金属(如铜)做成合金时,应避免锌过多的损耗。在大气压力下部分元素的熔点与沸点列于表 1-1[1]。

表 1-1　在大气压力下部分元素的熔化及汽化温度[1](℃)

元素名称	Li	Be										B	C	N	O
熔点/℃	186	1280										2300	3700	-210.0	-218.8
沸点/℃	1370	2770										—	4830	-195.8	-183
元素名称	Na	Mg										Al	Si	P	S
熔点/℃	97.7	650										660.2	1430	44.1	220
沸点/℃	892	1110										2060	2300	280	680
元素名称	K	Ca	Sc	Ti	V	Cr	Mn	Fe	Co	Ni	Cu	Zn	Ga	Ge	As	Se
熔点/℃	63.6	850	—	1820	1735	1890	1245	1539	1495	1455	1083	419.4	29.78	958	814	450
沸点/℃	770	1440	—	3000	3400	2500	2150	2740	2900	2730	2600	906	~2070		~610	1390
元素名称	Rb	Sr	Y	Zr	Nb	Mo	Tc	Ru	Rh	Pd	Ag	Cd	In	Sn	Sb	
熔点/℃	39	770	—	1750	2415	2625		2500	1966	1554	960.5	320.9	156.4	231.9	630.5	
沸点/℃	680	1380	—	—	—	4800		4900	4500	4000	2210	765	—	2270	1440	

续表 1-1

元素名称	Cs	Ba	La ~ Lu	Hf	Ta	W	Re	Os	Ir	Pt	Au	Hg	Tl	Pb	Bi
熔点/℃	28	704		1700	2996	3410	3170	2700	2454	1773.5	1063	-38.87	300	327.4	2713
沸点/℃	690	1640		—	4100	5930	—	5500	5300	4410	2970	357	1460	1740	1420
元素名称		Ra		Th	Pa	U									
熔点/℃		700		1800	3000	1130									
沸点/℃				—	—	—									

注：表中元素按元素周期表排列。

各种纯金属的熔化潜热相差也很大。金属的汽化潜热要比其熔化潜热大得多。对于合金而言，其熔化时所吸取的热量等于真潜热加上随之并存的液相与固相的热容变化之和。

金属及其合金的熔点、沸点、熔化潜热及汽化潜热等性质列于表 1-2。

表 1-2 金属在熔融状态下的性质[2~4]

金属或合金	熔点或凝固温度范围/℃	熔化潜热 /J·g^{-1}	密度 /g·cm^{-3}	凝固时的体积收缩/%	沸点/℃	汽化潜热 /J·g^{-1}	在蒸气压力等于 1 mm 时的温度/℃
Al	660.2	389.3724	2.40	7	(2500)	10760.076	(1600)
+4% Mg	579 ~ 641	(389.3724)					
+10% Mg	499 ~ 621	(389.3724)					
+5% Si	577 ~ 629	(389.3724)					
+12% Si	574 ~ 584	(389.3724)					
+12% Si +1% Cu +1% Ni +1% Mg +0.5% Fe（低膨胀合金）	562						
+5% Si +1.25% Cu +0.5% Mg	579 ~ 627						
+4% Cu	549 ~ 646	(389.3724)					
+4% Cu +2% Ni +1.5% Mg +0.4% Fe +0.4% Si	535 ~ 629	(389.3724)					
+4% ~5% Cu				8			
+33% Cu				6			
+35% ~45% Zn				7.5			
Sb	630.5	163.2852	6.55	-0.95 膨胀	1635	121.4172	(730)
Be	1280	1096.9416			(3000)	24743.988	(1500)
Bi	271.3	51.91632	10.1	-3.35 膨胀	1560	820.6128	890
Cd	320.9	56.94048	8.0	4.75	768	883.4148	395
Ce	(800)				(1400)		
Cr	1845	376.812			(2330)	5735.916	(1500)
Cu	1083	203.0598	8.3	4.15	(2500)	5233.5	(1620)
+0.02% P	1083	208.08396					
+30% Zn	910 ~ 960				1150(Zn)		
+40% Zn	904				1070(Zn)		

续表 1-2

金属或合金	熔点或凝固温度范围/℃	熔化潜热/J·g⁻¹	密度/g·cm⁻³	凝固时的体积收缩/%	沸点/℃	汽化潜热/J·g⁻¹	在蒸气压力等于1 mm时的温度/℃
+37%Zn+2%～3%Pb	880～895						
+10%Zn	845～1050						
+10%Al+5%Ni+5%Fe	1044～1090						
+20%Ni+20%Zn	1070～1110						
+3.4%Si+＜1%Zn	1024						
Au	1063	64.8954	17	5.1	(2950)	1724.9616	(1860)
Fe	1535	270.0486	6.9	3	(2900)	6573.276	(1870)
钢	1460	272.142					
Pb	327.4	23.86476	10.3	3.5	1750	879.228	(980)
+6%Sb	248～285			3.1			
+3%Sn+11%Sb	244			(2.0)			
+8%Sn+17%Sb(铸造合金)	275			(2.0)			
Mg	650	356.71536	1.57	4.1	1103	5484.708	605
Mn	1260	267.9552		1.7	(2150)	4605.48	(1270)
Ni	1455	301.4496			(3100)	5819.652	(1910)
+26%～32%Cu+1.3%～1.5%Si+0.3%Fe+0.5%～1.25%Mn	1314～1371						
+15%Cr+5%Fe(因康合金)	1395						
Pt	1773.5	108.8568	19		(4100)	2386.476	(2650)
Si	1440	1645.4124		-10	(2600)	10885.68	(1650)
Ag	960.5	105.50736	9.4	3.4	2180	2323.674	1340
+7.5%Cu(标准银)				3.8～5.0			
Sn	231.9	59.45256	6.98	2.8	(2400)	2763.288	(1600)
+7.5%Sb+3.5%Cu(轴承合金)	241～354			3.0			
Ti	1725				＞3000		
Zn	419.5	109.69416	6.7	4.2	907	1833.8184	490
+3.9%～4.3%Al+0.75%～1.25%Cu	381						
+6%Al				4			
Zr	1865	约255.3948			3580		

注:括号内数字为约数。

1.1.2 质量热容

金属的热容随着温度升高而增大,在熔点时发生突变。

对于多数金属而言,其液态热容可用下式求得:

$$质量热容=\frac{7.15}{相对原子质量}\quad cal/(g\cdot ℃)\quad (1\ cal=4.1868\ J) \tag{1-1}$$

依此式计算的数值比同一金属固态热容要大20%。

具有高液态热容的金属受浇铸系统激冷的影响较小，有利于低温浇注。

1.1.3 密度

大多数金属在液态时的密度均比其固态时的小；只有铋和锑等少数几种金属则相反，其液态时的密度比固态时大。这与金属在熔化时发生的体积变化相一致。

金属的密度随着温度升高而降低，在熔点时发生突变。这与金属的热膨胀现象相一致。在1539℃时液态铁的密度为7.32 g/cm³。各种液态金属的密度列于表1-2。

1.1.4 凝固时的体积变化

除了铋、锑和硅以外，所有金属在凝固时都发生体积收缩现象；铋、锑却相反，在凝固时体积发生膨胀。铝的体积收缩值较大，为6%；而铋的体积收缩值最小，为-3.35%，即为膨胀。合金凝固时的收缩值通常较其基体金属为大，这主要是由于在凝固温度范围内结晶出来的固态物质的固体收缩所产生的副作用。金属凝固时体积收缩值列于表1-2中。

1.1.5 体胀率

金属在液态时的体胀率大于固态时。99.75%纯度的液态铝，体胀率 α_V 可用下式表示[6]：

$$\alpha_V = V_t / V_{685}$$

$$V_t = V_{658}[1 + 0.000114(t - 658)] \tag{1-2}$$

式中，V_t 为温度 t 时的体积；V_{658} 为熔点时液态铝的体积。

液态金属的体积随着温度增高而增大。因此，浇铸温度愈高，体积收缩也愈大。熔融金属的若干性质列于表1-3。

表1-3 熔融金属的若干性质[2,5]

金属	线胀系数 /℃⁻¹ 温度范围/℃	线胀系数 数值	电阻率 /μΩ·cm 接近熔点时	电阻率 液态/固态接近熔点时	热导率/W·(cm·℃)⁻¹	黏度/Pa·s 温度/℃	黏度 数值	在熔点时氢的溶解度(标准状态)/cm³·(100 g金属)⁻¹ 固态金属	液态金属	表面张力③ /N·m⁻¹
铝	660~1100	122×10^{-6}	20.4	1.82	0.83736	700	0.289	0.036	0.69	0.5
锑	640~970	96×10^{-6}	110	0.71	0.20934	700	0.126	—	—	0.35~0.38
铋	300~600	127×10^{-6}	128	0.47	0.167472	300	0.164	—	—	0.39
镉	330~600	139×10^{-6}	32.8	1.89	0.439614	400	0.216	—	—	0.57~0.63
铜	1083~1295	190×10^{-6}②	21.3	2.09	—	1100	0.33	1.90	5.17	1.10
金	—	—	30.8	2.28	—	—	—	—	—	1.13
铅	327.4~850	116×10^{-6}	96.4	1.98	0.20934	400	0.231	—	—	0.45
镁	651~750	700×10^{-6}	29	—	—	—	—	15①	30①	>0.552
锰	—	—	40.0	0.70	—	—	—	—	—	—
镍	—	—	109	2.0	—	—	—	—	—	—
银	960~1100	111×10^{-6}②	17	1.98	—	—	—	13.7	38.9	0.92

续表 1-3

金属	线胀系数/℃$^{-1}$		电阻率/μΩ·cm		热导率/W·(cm·℃)$^{-1}$	黏度/Pa·s		在熔点时氢的溶解度(标准状态)/cm^3·(100 g 金属)$^{-1}$		表面张力③/N·m^{-1}
	温度范围/℃	数值	接近熔点时	液态/固态接近熔点时		温度/℃	数值	固态金属	液态金属	
锡	409~704	100×10^{-6}	47.3	2.11	0.334944	300	0.167	—	—	0.53
锌	419.5~800	139×10^{-6}	37.4	2.11	0.586152	450	0.317	—	—	0.82
钠										0.20~0.21
钾										0.17~0.20
镓										0.358
铊										0.44~0.49
硒										0.105
铁										1.21
铂										1.81

① 非熔点下测定的;② 取自《国际审定科学常数表》;其他线胀系数值均引自《美国原子能液体金属手册》,精确度一般不高;③引自资料[3]。

1.1.6　电阻率

在熔点时,液态金属的电阻大约比固态的大 1.5~2 倍,汞的电阻却增加到 4 倍。锑在熔化时电阻却减小。铷等具有电磁效应的金属在液态时具有金属的(电子的)导电性。在熔点时液态铁的电阻率 $\rho = 131\mu\Omega\cdot cm$;在 1650℃ 以下的电阻温度系数 $\alpha_S = 3.66\times10^{-3}$/℃。液态金属的电阻随温度升高而增加。合金元素的加入将增大基体金属的电阻。液态金属的电阻率列于表 1-3。

1.1.7　热导率

金属的热导率和电导率一样,在固态加温时平稳地减小;在熔点时急剧降低。铋和锑例外,其热导率在熔化时将近增加一倍。合金元素的加入将会降低基体金属的热导率,液态金属的热导率列于表 1-3。

热导率对连续铸锭液相穴中的温度梯度有一定的影响,将会改变热容与金属组织之间的关系。

1.1.8　黏度

液态金属的黏性又称为内摩擦,它是相邻两层液态金属相对运动时所产生的阻力。液态金属的流动速度是它的黏度的函数;黏度愈大,流速愈低。

液态合金的黏性依合金成分而异。合金的凝固温度范围愈大,黏性也愈大。纯金属和共晶合金具有最小的黏度。例如,Cu-Sn 系合金的黏度随 Sn 含量的增加而减小[7],Cu-Zn 系合金的黏度随 Zn 浓度的增加而大大减小,在 Cu-Al 合金中的 Al 促进黏度增加。黄铜和锡青铜的黏度低;而铝青铜有相当高的黏度,这是由于铝和铁的影响结果,但合金中含有足够多的 Zn 和 Pb 时铝青铜的黏度很小。

液态金属与合金的黏度随着温度升高而降低。液态电解精铜的黏度随着温度升高而降低,其黏度与温度的关系列于表1-4[8]。黏度随不溶于液态金属或合金中悬浮的非金属夹杂物的量及气体饱和程度增大而增加。能溶解的夹杂物,尤其是当它们与金属形成易熔的液相时,会降低液态金属的黏度;例如酸性钢中的硅酸铁、锰等,能提高钢液流动性。

表1-4 液态电解精铜的黏度μ与温度的关系[8]

温度/℃	1084.5	1100	1145	1200	1300
黏度μ/Pa·s	35.3	35.0	34.1	31.1	29.00

黏度的提高,降低了液态金属或合金的流动速度,对于充满铸型和补缩不利,并且增加了溶解的气体和悬浮的非金属夹杂物分离和上浮的困难。从浇铸角度来看,黏度(运动黏度)愈大,保持稳流的临界速度也愈高;由于不易发生涡流,因而可减少空气与金属氧化物的搅入。常用金属的黏度列于表1-3。

1.1.9 气体的溶解度

气体在固态金属中的溶解度远远小于在液态金属中的量,当液态金属凝固时溶解其中的气体有从金属中析出来的趋势。当析出的气体无法外逸时,就留在铸锭中而成为气孔。

在通常条件下,氢易溶于多数有色金属中,氧在相当数量的金属中有不同程度的溶解度,而氮则在多数情况下是不溶解的。氢在某些金属中的溶解度列于表1-3。在银和铂中,溶解了的氧和氮在冷却时以化合物的形式从金属中析出,因而不会出现气孔。

氢在铝、镁以及一些高熔点金属中的溶解度是比较高的;在铅、锌等低熔点金属中,其溶解度就低得多。氧容易溶于液态银中,有人发现在熔点时,氧在银中的溶解度为200 cm^3/(100 g银);而在镍中的溶解度却很有限。氩不溶于液态金属中,是很好的精炼剂。氯等卤素气体不太溶于液态金属中,所以氯气对铝及铝合金的精炼效果很好,但污染环境,现多不使用。

锡在1200℃时,氢的溶解度为0.21 cm^3/(100 g锡)。镁在熔点时,有人测得液态镁中氢的溶解度为26 cm^3/(100 g镁),而固态镁中氢的溶解度为20 cm^3/(100 g镁)。当温度升高时,氢在镁中的溶解度提高,在900℃ 时为30 cm^3/(100 g镁)。镁在熔铸过程中通常采用SO_2气体防止镁被氧化。据测定结果,在705 ℃时,SO_2在镁中的溶解度为2.4 cm^3/(100 g镁);在960℃ 时为10 cm^3/(100 g镁),在1025℃ 时却降为零。压力对SO_2在镁中的溶解度有影响,在705 ℃时300 mm汞柱的压力下,为1.3 cm^3/(100 g镁)。

有人测得铜在1300℃时氢的溶解度为10.2 cm^3/(100 g铜)及9.2 cm^3/(100 g铜)。除了氢之外,最容易溶解于液态铜中的气体是SO_2和水蒸气。

铁在1550℃时氢的溶解度为27 cm^3/(100 g铁),1556℃时为28.9 cm^3/(100 g铁),1654℃时为32.9 cm^3/(100 g铁),1744℃时为34.9 cm^3/(100 g铁),溶解度随温度升高而增加。

镍在熔点(1455℃)时,液态镍中氢的溶解度为39 cm^3/(100 g镍),而固态镍中氢的溶解度为17 cm^3/(100 g镍)。1550℃ 时,氢在镍中的溶解度为42 cm^3/(100 g镍)。

锰在1300℃时,氢在锰中的溶解度为60 cm^3/(100 g 锰)。在熔点时氢在液态锰和固态锰中的溶解度,相对值变化不大;有人观测锰的熔点为(1246 ±5)℃,在1251℃ 时测得的溶解度为50.0 cm^3/(100 g 锰);在1233℃ 时为45.8 cm^3/(100 g 锰),即降低4.2 cm^3/(100 g 锰)。这个差值足以使锰在凝固时产生气孔缺陷。

氢和氮等气体和某些金属也会发生作用,生成氢化物或氮化物。氮与钼即如此,氮在钼中的溶解度相当高,950℃ 时为680 cm^3/(100 g 钼),1050℃ 时为330 cm^3/(100 g 钼),1150℃时为210 cm^3/(100 g 钼),生成化合物时是放热反应。

1.1.10 液态金属的表面张力

液态金属间存在着引力,在金属内部它们相互平衡,在表层金属原子间的引力则失去平衡,力图使表面缩小,因此产生表面张力。表面张力与该金属原子体积(cm^3/mol)的倒数近似成比例;钾、钠等碱金属的表面张力最小,锡、铅和铋次之,铜、铁等高熔点低原子体积金属具有较高的表面张力。纯度不高的金属,其表面张力列于表1-3。

多数金属表面的张力随温度升高而降低,但相差并不很悬殊,如表1-5 所示。铜和镉例外。在1130℃ 时,铜的表面张力为1.103 N/m,在1130~1215 ℃之间,表面张力增长值为0.74/ ℃ 。镉的表面张力开始随温度升高而增长,在390~410℃之间达到最大值,而后又随温度升高而稍降。铜的表面张力与温度的关系列于表1-6。

表1-5 各种金属的表面张力[2]

金属名称	熔点/℃	试验温度/℃	表面张力/$N \cdot m^{-1}$	测试者
汞	-39	18	0.502	Клячко
锡	232	232	0.526	Деш
		231	0.662	Matuyama
		250	0.550	Bircumshaw
		800	0.510	
铋	271	271	0.378	Деш
		300	0.388	Bircumshaw
		600	0.367	
		962	0.340	
镉	321	420	0.622	Клячко
铅	327	368	0.484	Клячко
		400	0.438	Hogness
锌	419	462	0.782	Клячко
		477	0.753	Hogness
		600	0.787	Bircumshaw
		700	0.763	
锑	632	640	0.350	Деш
		640	0.350	Bircumshaw
		974	0.342	

续表 1-5

金属名称	熔点/℃	试验温度/℃	表面张力/N·m^{-1}	测试者
镁	651	700	0.502	Клячко
		681	0.563	Givov
		894	0.502	
		651	0.556	Pelzel
		740	0.528	
铝	660	712	0.987	Клячко
		660	0.914	Pelzel
		700	0.900	
		800	0.865	
银	961	998	0.923	Деш
金	1063	1120	1.128	Деш
铜	1083	1131	1.103	Деш
		1130	1.103	按 1130 ~ 1215℃ 之间增幅为 0.74/℃计算
		1215	1.1659	
铁	1528	1650	1.030	Аидреев

表 1-6 铜的表面张力[8]

温度/℃	1084.5	1104	1200	1250	1300
表面张力 ν/N·m^{-1}	1.103 ~ 1.65	1.12	1.16	1.193	1.126
备　注	固态铜	液态无氧电解铜			

金属的氧化膜能提高其表面张力，氧化膜愈厚，强度愈大，表面张力也愈高。铝的氧化膜，其抗拉强度约为 20 MPa，相当于 1.960 N/m 的表面张力。因此，氧化了的铝或铝合金，其表面张力比没有氧化的要高 1 ~ 2 倍。

合金的表面张力依其所含成分而异。凡能降低溶剂金属表面张力的溶质多集中于液态金属的表面。铜和硅能降低铝的表面张力。镁对铝的表面张力无显著影响。钛在高温下增加铝的表面张力，在低温下没有什么影响。溶解的氢会降低铝和 Al - Si 合金的表面张力，却增加 Al - Cu 合金的表面张力。Pb - Sn 合金的表面张力随锡量增加而不断提高。

在水平连铸和热顶铸造过程中，表面张力决定着弯月面半径的大小。在表面张力成形法连铸铝线坯过程中，表面张力是主要的工艺参数。

1.2 固态金属的性质

固态金属的性质，对连铸过程中的铸锭凝固和结晶器的热工制度都有着重要的影响。了解固态金属的有关性质，有利连铸工作的顺利进行。

1.2.1 密度

原子体积是原子序数的周期函数，最小的数值相当于过渡族金属，它们具有最大原子间结合力，这些金属还具有大的密度、大的硬度和小的压缩率。

加热能引起金属的连续膨胀及密度的减小，在多型性转变及熔化时密度会发生突变。质量体积为密度的倒数。铜的密度与温度关系列于表1-7。

表1-7 加工铜的密度与温度的关系[8]

状 态	固 态				液 态	
温度/℃	20	900	1000	1084.5	1084.5	1200
密度/g·cm^{-3}	8.93	8.68	8.47	8.32	7.99	7.81

合金的密度与其组织及相的原子结构有关。在形成固溶体时体积的变化小，其密度差不多是组元质量浓度的直线函数。若合金是两相混合体，则密度以这些相的质量浓度为函数成直线地变化。钢的密度与各种显微组织有关，依下列次序逐步增大：马氏体、α-Fe+Fe_3C（珠光体、索氏体和屈氏体）、奥氏体。马氏体具有最小的密度，奥氏体的密度最大。在常温下的密度，铸铁为6.6~7.7 g/cm^3，工业纯铁为7.87 g/cm^3，钢材为7.85 g/cm^3，高速钢为8.3~8.7 g/cm^3，不锈钢（含Cr13%）为7.75 g/cm^3。

1.2.2 线胀系数

在连铸过程中，铸锭冷却时的收缩量取决于金属或合金的线胀系数。

金属在加热（冷却）过程中，其体积会发生膨胀（收缩），而且在没有相变时线胀（收缩）系数随温度的升高（降低）而连续缓慢地增加（减少）。金属的熔点愈低，线胀系数愈大。纯金属的线胀系数在钨的4.4×10^{-6}℃$^{-1}$与汞的181.79×10^{-6}℃$^{-1}$之间变化。体胀系数近似等于线胀系数的3倍。金属的平均线胀系数列于表1-8。

表1-8 金属的热电性能[2,4]

金属或合金	线胀系数(20~100℃)/℃$^{-1}$	温度对线胀系数的影响/℃$^{-1}$(℃)	热容/J·(g·℃)$^{-1}$(0~100℃)	电阻率/μΩ·cm(20℃)	温度对电阻率的影响/μΩ·cm(℃)	热导率(20~100℃)/W·(cm·℃)$^{-1}$	温度对热导率的影响/W·(cm·℃)$^{-1}$(℃)
Al	23.9×10^{-6}	27.7×10^{-6}(20~500)	0.900162	2.68	5.9(300)	2.386476	2.051532(550)
+4% Mg	24.0×10^{-6}	26.0×10^{-6}(20~300)	0.962964	5.1	—	1.339776	—
+10% Mg	24.5×10^{-6}	26.5×10^{-6}(20~300)	0.962964	8.3	—	0.879228	—
+5% Si	22.0×10^{-6}	24.0×10^{-6}(20~300)	0.962964	4.1, 4.66(S.C)	—	1.632852, 1.423512(S.C)	—
+12% Si	20.0×10^{-6}	21.5×10^{-6}(20~300)	0.962964	4.42	—	1.549116	—
+12% Si+1% Cu+1% Ni+1% Mg	19.4×10^{-6}	21.5×10^{-6}(20~300)	—	4.25	8.55(300)	1.716588	1.716588(300)
+12% Si+0.35% Mg+0.28% Fe+0.3% Mn	20.0×10^{-6}	21.8×10^{-6}(20~300)	—	3.8	7.85(300)	1.88406	1.842192(300)
+5% Si+1.25% Cu+0.5% Mg	22.0×10^{-6}	24.0×10^{-6}(20~300)	—	3.8, 4.94(S.C)	—	1.381644	—
+4% Cu	23.0×10^{-6}	—	0.962964	3.4, 4.99(S.C)	—	1.925928 1.3816644(S.C)	—
+4% Cu+2% Ni+1.5% Mg+0.4% Fe+0.4% Si(Y合金)	21.5×10^{-6}	23.6×10^{-6}(20~300)	—	3.5, 5.2(S.C)	7.05(300)	1.800324 1.297908(S.C)	1.925928(300)

续表 1-8

金属或合金	线胀系数(20~100℃)/℃$^{-1}$	温度对线胀系数的影响/℃$^{-1}$(℃)	热容/J·(g·℃)$^{-1}$(0~100℃)	电阻率/μΩ·cm(20℃)	温度对电阻率的影响/μΩ·cm(℃)	热导率(20~100℃)/W·(cm·℃)$^{-1}$	温度对热导率的影响/W·(cm·℃)$^{-1}$(℃)
+9%~13%Zn	24.3×10^{-6}	28.6×10^{-6}(20~500)	—	—	—	—	—
Sb	8.4×10^{-6}~11.0×10^{-6}	9.7×10^{-6}~11.6×10^{-6}(20~600)	0.20934	40	—	0.1800324	0.2386476(600)
Be	10.7×10^{-6}	18.6×10^{-6}(25~1000)	1.758456	3.5	28(700)	1.925928	0.879228(700)
Bi	13.3×10^{-6}	—	0.1214172	115	267(269)	0.0795492	0.0753624(250)
Cd	30.0×10^{-6}	—	0.230274	7.5	9.7(100)	0.921096	0.8876016(250)
Ce	—	—	0.1758456	(78)	—	—	—
Cr	6.2×10^{-6}	9.4×10^{-6}(20~700)	0.460548	14	145.5(1800)	0.669888	—
Cu	16.5×10^{-6}	20.3×10^{-6}(20~1060)	0.3851856	1.673	9.15(1000)	3.935592	3.537846(600)
+0.02%P	—	17.7×10^{-6}(20~300)	—	1.88~2.25	—	3.391308	—
+30%Zn	17.8×10^{-6}	20.5×10^{-6}(20~500)	0.376812	6.2	—	1.297908	1.46538(400)
+40%Zn	20.7×10^{-6}	26.6×10^{-6}(20~500)	—	5.8	—	1.172304	—
+37%Zn+2%~3%Pb	—	20.7×10^{-6}(20~300)	—	6.4	—	1.088568	—
+10%Sn	—	18.4×10^{-6}(20~300)	0.376812	15.5	17.2(200)	0.5066028	0.711756(200)
+10%Al+5%Ni+5%Fe	17.0×10^{-6}	—	—	—	—	0.3809988	—
+20%Ni+20%Zn	15.4×10^{-6}	17.4×10^{-6}(20~400)	—	29.4	30.8(200)	0.3265704	0.41868(200)
+3.4%Si+<1%Zn	—	—	—	—	—	0.376812	—
Au	14.2×10^{-6}	16.6×10^{-6}(20~1000)	0.125604	2.4	13.5(1065)	2.951694	—
+8.33%Cu	14.6×10^{-6}	—	—	10.0	—	—	—
Fe	12.2×10^{-6}	14.8×10^{-6}(20~900)	0.4521744	9.71	105.5(800)	0.7368768	0.2972628(800)
Pb	29.1×10^{-6}	31.3×10^{-6}(20~300)	0.1927908	20.65	54.76(320)	0.3475044	0.2972628(300)
+6%Sb	—	16×10^{-6}(20~248)	—	23.2	—	0.2888892	—
Mg	26.1×10^{-6}	29.9×10^{-6}(20~500)	1.025766	4.4	13.2(450)	1.590984 (1.758456)	1.3062816(456)
+7.5%~9%Al+≤1%Zn +0.15%~0.4%Mn	26.8×10^{-6}	28.7×10^{-6}(20~300)	—	15.7~17.1	—	0.921096 0.753624(S.C)	—
+9%~10.5%Al+≤1%Zn +0.15%~0.4%Mn	—	—	—	15.9	—	0.795492	—
Mn	22.8×10^{-6}	25.2×10^{-6}(20~300)	0.4689216	260	56(1260)	—	—
Ni	13.1×10^{-6}	16.3×10^{-6}(20~900)	0.4521744	6.84	28.9(450)	0.9169092(20)	0.6196464(500) 05777784(350)
+26%~32%Cu+1.3%~ 1.55%Si+0.3%Fe+ 0.5%~1.25%Mn	14.0×10^{-6}	15.0×10^{-6}(25~300)	0.5275368	44.5	63.3(700)	0.2386476	0.4689216(700)
+15%Cr+5%Fe	11.5×10^{-6}	16.1×10^{-6}(38~760)	0.4521744	90~100	—	0.1507248	—
+15%Cr+20%Fe	—	17.0×10^{-6}(20~1000)	—	108.5	115(700) 119(1000)	0.1339776(100)	0.188406(500)
+25%~35%Mo+5%Fe-	10.0×10^{-6}	—	0.376812	135	—	0.1088568	—

续表 1-8

金属或合金	线胀系数(20～100℃)/℃$^{-1}$	温度对线胀系数的影响/℃$^{-1}$(℃)	热容/J·(g·℃)$^{-1}$(0～100℃)	电阻率/μΩ·cm(20℃)	温度对电阻率的影响/μΩ·cm(℃)	热导率(20～100℃)/W·(cm·℃)$^{-1}$	温度对热导率的影响/W·(cm·℃)$^{-1}$(℃)
+15%～20% Mo+15% Cr+6% Fe+5% W	11.3×10^{-6}	—	0.376812	133		0.1130436	—
+10% Si+3% Cu	11.0×10^{-6}	—	0.4479876	113	—	0.20934	—
Pt	9.1×10^{-6}	10.2×10^{-6}(20～1000)	0.1339776	10.5	55.38(1500)	0.690822	0.900162(1020)
Si	$(2.8\sim7.3)\times10^{-6}$	—	0.7368768	85.000	34.000(200)	(0.795492)	—
Ag	19.6×10^{-6}	22.4×10^{-6}(20～900)	0.2344608	1.59	8.7(960)	4.1868	30642516(600)
Sn	23.8×10^{-6}	24.2×10^{-6}(20～200)	0.2260872	11.4	22.0(225)	0.648954	0.5777784(200)
Ti(99.99^{+})	8.8×10^{-6}	9.2×10^{-6}(15～730)	0.5275368	60	165(809)	0.1507248	—
Zn	31.2×10^{-6}	—	0.3893724	5.9	12.9(300)	1.130436	0.94203(400)
+3.9%～4.3% Al+≤0.03% Cu	27.4×10^{-6}	—	—	6.4	—	1.088568	—
+3.9%～4.3% Al+0.75%～1.25% Cu	27.4×10^{-6}	—	—	6.7	—	1.088568	—
Zr	5.85×10^{-6}	—	0.2847024	39.7～40.5	127(1177)	0.167472	—

注:S. C. 为砂型铸造。

合金的线胀系数,其第一近似值可借纯金属的线胀系数按比例求得。在铝中溶入 Cu、Si、Ni、Fe 和 Be 等线胀系数小于铝的元素时,其线胀系数减小。在铜中溶入 Pd、Ni 和 Au 时也是这样。在铜中溶入 Zn 和 Sn 等线胀系数大于铜的元素时,线胀系数增大。但是,锑例外,其线胀系数虽然小于铜,铜中溶入锑却增大铜的热膨胀。看来在此表现出锑的半金属特性。渗碳体及溶于铁素体中的 Mn、Ni 和 Cr 等元素,降低铁的线胀系数;Cr 和 Mn 等元素的碳化物(Cr_3C_2、Mn_3C)则提高铁的线胀系数。铝显著地增大铁的热膨胀。简单黄铜的物理性能列于表 1-9。

表 1-9　简单黄铜的物理性能[8]

合金牌号	熔化温度/℃		密度/kg·m^{-3}	质量热容/J·(kg·℃)$^{-1}$	线胀系数/℃$^{-1}$	热导率/W·(cm·℃)$^{-1}$	热扩散率/cm^2·s^{-1}
	液相线	固相线					
H96	1071.4	1056.4	8850	0.093	18.0×10^{-6}	0.585	0.071×10^{6}
H90	1046.4	1076.3	8800	0.095	18.4×10^{-6}	0.45	0.0538×10^{6}
H85	1026.3	991	8750	0.095	18.7×10^{-6}	0.364	0.0438×10^{6}
H80	1001.2	966	8660	0.093	19.1×10^{-6}	0.34	0.0422×10^{6}
H75	981.2	—	8630	—	19.6×10^{-6}	0.29	—
H70	951	916	8530	0.09	19.9×10^{-6}	0.29	0.0378×10^{6}
H68	939	910	8500	0.09	20×10^{-6}	0.28	0.0366×10^{6}
H65	936	906	8470	0.09	20.1×10^{-6}	0.286	0.0377×10^{6}
H63	911	901	8430	—	20.6×10^{-6}	0.28	—
H62	906	899	8430	0.092	20.6×10^{-6}	0.26	0.0335×10^{6}
H59	896	886	8400	0.09	21.0×10^{-6}	0.3	0.0397×10^{6}

金属的线胀系数与其晶型有关。对于立方晶格的金属线胀系数实际上与晶体中的方向无关;对于非立方晶格的金属线胀系数则有异向性,通常平行于结晶主轴的线胀系数比在垂直方向大些,有时差异很大,例如在锌中大4倍。

在加热过程中,发生多型性转变、形成新相及类似情况下膨胀系数急剧变化。

某些纯金属的热膨胀,在临近熔点时反常地急剧升高。例如,很纯的锌在熔点以下10℃、镉在熔点以下11℃。

1.2.3 热容

在熔铸生产中,热容有着重要的实际意义,它是决定金属在熔化时需要吸收的热量或在铸造时需要散发的热量的因素之一。一些金属的热容数值列于表1-8。

按照杜隆-珀替定律,单原子气体的分子热容等于3/2R;其中R是气体常数,等于1.986 8.314 J/℃。意即分子量乘热容的积大致为一常数。在室温或更高的温度下,杜隆-珀替定律也可应用于金属。因为金属的分子是单原子的,故可以说纯金属的原子热容是常数:在0℃时绝大多数金属的摩尔热容是24.28~25.96 J/(℃·mol)。据此,相对原子质量低的金属有高的热容。杜隆-珀替定律对低温不适用。

合金的热容可由组元金属的热容与其质量百分数加权平均求得。即为奈曼-考普定律,可用下式表示:

$$C = PC_1 + qC_2 \tag{1-3}$$

式中,C_1 和 C_2 为组元热容;P 和 q 分别为 C_1 和 C_2 组元的质量浓度。

一般来说,热容随温度升高而缓慢地增加;当发生多形性转变时,会出现突变,如同熔化(或凝固)时。例如,含49% Zn 的β黄铜的热容随温度升高逐渐增加,至400℃ 时为0.670 J/(g·℃);而后较快地增加,至462℃ 时达到最大值1.089 J/(g·℃);随后又迅速下降,至470 ℃时为0.628 J/(g·℃)。一些钢的质量热容随温度的变化情况列于表1-10[9]。钨的质量定压热容与温度的关系列于表1-11[9]。

表1-10 一些钢的质量热容[9](J/(kg·K))

温度/℃	100	200	300	400	500	600	700	800	900	1000	1100
20	0.51×10^{-3}	0.52×10^{-3}	0.54×10^{-3}	0.57×10^{-3}	0.63×10^{-3}	0.74×10^{-3}	—	0.70×10^{-3}	0.61×10^{-3}	0.62×10^{-3}	0.63×10^{-3}
35	0.48×10^{-3}	0.51×10^{-3}	0.56×10^{-3}	0.61×10^{-3}	0.66×10^{-3}	0.71×10^{-3}	1.26×10^{-3}	0.83×10^{-3}	0.66×10^{-3}	0.62×10^{-3}	0.65×10^{-3}
40Cr	0.49×10^{-3}	0.52×10^{-3}	0.55×10^{-3}	0.59×10^{-3}	0.65×10^{-3}	0.75×10^{-3}	—	0.61×10^{-3}	0.62×10^{-3}	0.62×10^{-3}	0.63×10^{-3}
9Cr2SiMo	0.46×10^{-3}	0.50×10^{-3}	0.56×10^{-3}	0.62×10^{-3}	0.68×10^{-3}	0.74×10^{-3}	—	0.83×10^{-3}	0.70×10^{-3}	0.71×10^{-3}	0.72×10^{-3}
30CrNi3Mo2V	0.48×10^{-3}	0.53×10^{-3}	0.55×10^{-3}	0.59×10^{-3}	0.66×10^{-3}	0.75×10^{-3}	0.92×10^{-3}	0.66×10^{-3}	0.66×10^{-3}	0.67×10^{-3}	0.67×10^{-3}
3Cr13	0.43×10^{-3}	0.48×10^{-3}	0.55×10^{-3}	0.63×10^{-3}	0.70×10^{-3}	0.78×10^{-3}	0.93×10^{-3}	0.74×10^{-3}	0.69×10^{-3}	0.70×10^{-3}	0.72×10^{-3}

表1-11 钨的热容与温度的关系[9]

温度/K	1600	1900	2200	2500	2800	3100	3400	3600
摩尔热容 C_p/J·(mol·K)$^{-1}$	29.32	30.95	32.59	34.57	37.84	43.26	53.13	63

碳钢在各临界点的热效应数值与含碳量有关系。例如，在 A_0 点（Fe_3C 的居里点，210℃）钢中碳含量愈多，其热效应愈大，含碳 0.57% 的钢为 3684.38 J/kg，含碳 0.94% 的钢为 5771.78 J/kg，含碳 1.16% 的钢为 6824.48 J/kg。在 A_1 点（珠光体点，723℃）含碳 0.04% 的钢为 2805.16 J/kg，含碳 0.135% 的钢为 10048.32 J/kg，含碳 0.27% 的钢为 19677.96 J/kg，含碳 0.35% 的钢为 25120.8 J/kg，含碳 0.77% 的钢为 54428.4 J/kg。铁素体在 910℃ 时 α→γ－Fe 的 A_3 点，热效应为 22336.58 J/kg。铁素体数量随钢中含碳量增加而减少，在含碳 0.9% 时其数量为零。因而 A_3 点热效应随钢中含碳量增加而减小。

1.2.4　热传导

金属的导热性能在连续铸锭过程中起着很重要的作用。铸锭的凝固过程和结晶器的工作特性都与金属的导热性能有着密切的关系。

若物体中两点间有温度差，热能即从高温点向低温点传递。这种传导热能的能力用热导率来表征。具有较明显金属特性的低价金属有着较高的热导率。被铸金属的低热导率会引起铸锭在冷却时产生大的温度梯度，使各部分收缩不均匀，从而产生高的内应力。对于化学纯铁，0℃ 时的热导率为 0.94 W /(cm · ℃)。一些金属的热导率数值列于表 1-8。

热导率在加热时平稳地减少，而在熔点时急剧降低。铋和锑例外，它们的热导率在熔化时增加一倍。一些钢的热导率和热扩散率与温度的关系列于表 1-12[9]。常用普通纯铜的热导率与温度的关系列于表 1-13[10]。一般情况下，加热时热导率的变化可以用下式表示：

$$\lambda_t = \lambda_0(1 + a) \tag{1-4}$$

式中　λ_0——0℃ 时的热导率，W/(cm · K)；

　　a——热扩散率，m^2/s。

在很多情况下为负值。

表 1-12　钢的热导率 λ 和热扩散率 a_t[9]

钢　种	温度/℃	100	200	300	400	500	600	700	800	900	1000	1100
20	$\lambda/W\cdot(cm\cdot K)^{-1}$	49.0	47.2	43.8	40.4	37.3	33.8	30.2	28.0	27.0	29.0	30.0
	$a/m^2\cdot s^{-1}$	12.3×10^8	11.7×10^8	10.5×10^8	9.2×10^8	7.8×10^8	6.0×10^8	—	5.2×10^8	5.8×10^8	6.2×10^8	6.4×10^8
35	$\lambda/W\cdot(cm\cdot K)^{-1}$	48.5	48.0	45.2	42.5	39.4	35.9	31.9	28.2	25.5	24.9	27.2
	$a/m^2\cdot s^{-1}$	13.0×10^8	12.2×10^8	10.6×10^8	9.2×10^8	7.9×10^8	6.7×10^8	3.4×10^8	4.6×10^8	5.2×10^8	5.4×10^8	5.6×10^8
40Cr	$\lambda/W\cdot(cm\cdot K)^{-1}$	43.7	43.7	42.8	37.8	34.7	31.8	29.1	26.0	27.0	29.0	31.0
	$a/m^2\cdot s^{-1}$	11.6×10^8	10.7×10^8	9.6×10^8	8.3×10^8	6.9×10^8	5.5×10^8	—	5.7×10^8	5.8×10^8	6.2×10^8	6.5×10^8
9Cr2Si2Mo	$\lambda/W\cdot(cm\cdot K)^{-1}$	23.9	26.8	28.0	28.6	28.5	27.9	26.8	26.4	26.6	27.5	27.9
	$a/m^2\cdot s^{-1}$	6.8×10^8	6.9×10^8	6.5×10^8	6.1×10^8	5.6×10^8	5.0×10^8	3.9×10^8	4.2×10^8	5.6×10^8	5.2×10^8	5.2×10^8
30CrNi3MoV	$\lambda/W\cdot(cm\cdot K)^{-1}$	29.6	29.4	29.3	28.9	28.4	27.8	27.3	24.2	24.5	24.8	25.2
	$a/m^2\cdot s^{-1}$	7.9×10^8	7.1×10^8	6.9×10^8	6.4×10^8	5.6×10^8	4.9×10^8	3.9×10^8	4.7×10^8	4.9×10^8	4.9×10^8	5.0×10^8

表 1-13 常用普通纯铜的热导率[10]

温度/℃	-256	-160	-73	0	20	100	324	667
λ/W·(m·K)$^{-1}$	约 5024	450	400	391	390	380	352	339

金属的热导率与晶体结构有关。立方晶系金属的热导率与晶向无关,如铁等。对于非立方晶系的金属,热导率有各向异性,如六方晶系的镉,平行于主要对称轴的 $\lambda = 0.831$ W/(cm·℃),而垂直于此轴的 $\lambda = 0.041$ W/(cm·℃)。

热导率与晶粒大小有关,随晶粒尺寸增大而增加。真空中熔化后的电解铁,其热导率与晶粒大小的关系列于表 1-14。

表 1-14 铁的热导率与晶粒大小的关系[1]

每平方厘米的晶粒数/个	10	170	634
λ/W·(cm·℃)$^{-1}$	0.9336564	0.900162	0.8415468

杂质显著地降低纯金属的热导性。例如,铜中加入 1.1% Si、2.5% Mn、6% Al 或 7% Ni,其热导率将降至纯铜的 1/5 左右;铜中加入 3% Si、6% Mn 或 18% Ni ,则降至纯铜的 1/10 左右。简单黄铜的热导率列于表 1-9。从表 1-9 中可以看出,简单黄铜的热导率比紫铜低得多。

合金的热导率随合金的化学成分和相状态而变化。在连续固溶体中,合金成分离纯金属愈远,热导率降低得愈多;其最小值位于 50%(原子分数)处。在与铁或其他铁磁金属形成的连续固溶体中,热导率最小值可能不在 50%(原子分数)处。固溶体有序化时热导率升高,其最大值与定分成分相应。固溶体的温度系数 α 的绝对值小于纯组元和它们混合体的 α 值。

在二元系中形成混合体时,热导率随组元的体积浓度近似于直线变化。多相合金中任一合金的热导率,其数值在两边界值之间。

1.3 热扩散率

在实际生产中,物体处于不稳定热交换状态下,物体内部的温度变化率不仅依赖于热导率,而且与改变物体温度所需的热量有关。在铸造生产过程中,金属的温度变化对铸锭凝固有重大意义。通常用热扩散率来衡量温度变化的速度,可以用下式表示:

$$a = \frac{\lambda}{c\rho} \tag{1-5}$$

式中 a——热扩散率,cm^2/s;

λ——金属的热导率,W/(m·℃);

ρ——金属的密度,kg/m^3;

c——金属的质量热容,J/(kg·℃)。

在相同的加热或冷却条件下,a 愈大,金属内各处的温差愈小。在 0~27℃之间,一些纯金属的热扩散率计算值列于表 1-15。

表 1–15　一些纯金属的热物理性能

金属名称	λ/W·(cm·℃)$^{-1}$	γ/g·cm^{-3}	c/J·(g·℃)$^{-1}$	a/cm^2·s^{-1}
Be	1.925928	1.82	1.758456	0.6
Mg	1.590984	1.74	1.025766	0.89
Al	2.386476	2.69	0.900162	0.985
Mo	1.3732704	10.2	0.2553948	0.527
W	1.7752032	19.3	0.1004832	0.915
Fe	0.7368768	7.87	0.4521744	0.207
Ni	0.9169092	8.05	0.4521744	0.238
Pt	0.690822	21.4	0.4479876	0.072
Cu	3.935592	8.96	0.3851856	1.14
Ag	4.1868	10.50	0.7368768	0.54
Au	2.951694	19.03	0.125604	1.217
Zn	1.130436	7.13	0.3893724	0.407
Cd	0.921096	8.65	0.230274	0.462
Sn	0.648954	7.98	0.2260872	0.359
Pb	0.3475044	11.34	0.1297908	0.236
Sb	0.1800324	6.62	0.20934	0.13
Bi	0.0795492	9.80	0.1214172	0.067

从表 1–15 可以看出，两种不同的金属，热导率高的其热扩散率不一定高。例如，铁和铅的热导率分别为 0.7368768 W/(cm·℃)和 0.3475044 W/(cm·℃)，而它们的热扩散率分别为 0.207 cm^2/s 和 0.236 cm^2/s。这说明温度在铅中的变化比在铁中快些。从表1–9 中可以看出，简单黄铜的热扩散率都比紫铜低得多。

多数纯金属随着温度升高，其热导率降低，其密度也降低，而热容却缓慢地增加。因此，金属在高温时热扩散率会降低。纯铝的热导率、密度、热容和热扩散率随温度变化的情况列于表 1–16。

表 1–16　纯铝的热物理性能与温度的关系

温度/℃	λ(99.99% Al)/W·(cm·℃)$^{-1}$	γ(99.75% Al)/g·cm^{-3}	c/J·(g·℃)$^{-1}$	a/cm^2·s^{-1}
0	2.3613552	2.70	0.9294696	0.941
100	2.3990364	(2.69)	0.96170796	0.927
200	2.359088	(2.67)	0.99394632	0.893
400	2.260872	(2.62)	1.05884172	0.815
660.52	2.0808396	(2.55)(658.7℃)	1.14174036(657℃)	0.715
660.52	0.9085356	2.382(658.7℃)	1.04753736(657℃)	0.364
700	0.921096	2.371	1.05632964	0.368
800	0.9545904	2.343	1.07642628	0.378
900	0.9880848	2.316	1.09652292	0.389
1000	1.0090188	2.289	1.11661956	0.395

钢的热导率、密度、热容和热扩散率，在20℃和1200℃时变化情况列于表1-17。一些钢的导温系数与温度的关系见表1-12。

表1-17 钢在20℃和1200℃时的物理性能[12]

温度/℃	热导率/kJ·(m·h·℃)$^{-1}$	密度/kg·m^{-3}	质量热容/kJ·(kg·℃)$^{-1}$	热扩散率/m^2·h^{-1}	熔点/℃	熔解热		液体金属含热量	
						/kJ·kg^{-1}	/kJ·L^{-1}	/kJ·kg^{-1}	/kJ·L^{-1}
20	184.2192	7810	0.4856688	0.048	1460	272.142	2051.532	1381.644	10467
1200	121.4172	7550	0.669888	0.024	—	—	—	—	—

93W-5Ni-2Cu钨基合金的热导率比纯钨只降低1.66%，而其密度却比纯钨降低了8.8%，其温度传导系数比较高；因此，它是一种很好的铸造模具材料。在铝合金轮毂铸造过程中，用93W-5Ni-2Cu钨基合金代替H13(4Cr5MoSiV)模具钢制作低压铸造模具[13]；它们的性能参数对比列于表1-18中。

表1-18 钨基合金与H13模具钢性能参数对比[13]

材料	密度/g·cm^{-3}	弹性模量/MPa	抗拉强度/MPa	热导率/W·(m·K)$^{-1}$	线胀系数/℃$^{-1}$
H13	7.2	2×10^5	451	25.2～28(0～400℃)	12.2×10^{-6}(20～400℃)
93W-5Ni-2Cu	17.6	3.53×10^5	981～1472	166.2(0～500℃)	4.6×10^{-6}(0～500℃)

在铝合金轮毂低压铸造过程中，H13模具钢分流锥的使用寿命一般为2500件左右，大约生产10天需要更换新模具。93W-5Ni-2Cu钨基合金具有较强的耐高温性能、抗腐蚀性能、高硬度、高导热性和低线胀系数等性能，可使卸压时间缩短10 s左右，使开模时间缩短25 s左右，使模具的使用寿命和生产率大大提高。钨基合金与H13钢模的使用情况对比列于表1-19。

表1-19 钨基合金与H13钢模的使用情况对比[13]

材料	模具分流锥寿命/件	轮毂中心盘内在质量(缩孔)	铸造开模时间/s	生产率/件·天$^{-1}$
H13	2300	5级	360	240
93W-5Ni-2Cu	21000	3级	325	265

93W-5Ni-2Cu钨基合金在铜及钢铁等高熔点金属的连铸生产中很有实用意义。

1.4 金属的高温力学性能

固态金属在加热过程中，其屈服极限和强度极限随温度升高而降低。一般来说，低熔点的金属与高熔点的金属相比具有较低的弹性模量。轻金属的弹性模量也较低。铝的硬度温度系数在20～500℃范围内等于 -2×10^{-3}[14]。

一般来说，面心立方晶格的金属，当晶粒间界未受损时，屈服点随冷却的增长比强度极限为慢；它们不论何种低温都不会转变为脆性状态。Al、Cu和Ni等金属即属面心立方晶格，它们的屈服点在低温时保持不变，而强度增长。例如Al，几乎到绝对零度也保持高塑性，而此时其强度极限增大约2.5倍。图1-1示出铝的力学性能在高温时的变化[14]。铝和铜高温时的屈服极限列于表1-20[15]。

纯度为99.97%的铜，其高温力学性能列于表1-21。

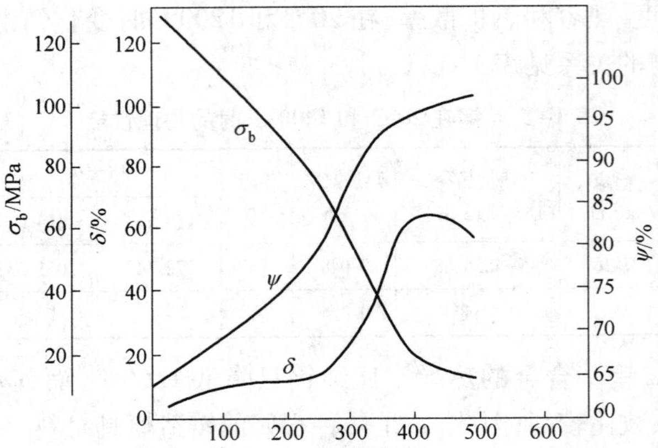

图 1-1　铝的力学性能在高温时的变化[14]

表 1-20　铜和铝高温时的屈服极限（MPa）[15]

金属	温度/℃															
	200	250	300	350	400	450	500	550	600	650	700	750	800	850	900	950
Cu	62	60	58	56	54	52	50	44	39	35	31	26	22	20	18	15
Al	44	33	26	19	13	9	6	4	3							

表 1-21　加工用纯铜高温力学性能[8]

温度/℃	20	150	250	375	500	625	750	875	1000
抗拉强度 σ_b/MPa	333	294	224	105	62	36	22	14	8

在铸造过程中，初生凝固壳层的强度，很难非常精确地测定。一般是用带有拉断装置和测温装置的小钢锭模。把已知过热温度的液态金属倒入锭模内，过了一定时间后，用拉断装置把尚未完全凝固的坯锭拉断，同时记录坯锭的表面温度及拉断坯锭时的负荷。坯锭拉断后，锭模内未凝固的液态金属流出来，便可量出在该时间内凝固层的厚度。根据拉断时所加负荷与凝固层厚度及平均周边尺寸，即可计算出在所记录的温度时凝固层的强度极限值。凝固层的平均温度是根据所测得的坯锭表面温度计算出来的。

H. F. Hall 用上述方法测量出低碳钢（0.2% C，0.3% Si，0.6% Mn）凝固层强度极限与凝固层平均温度的关系，如图 1-2 所示。试验时钢锭直径为 25 mm。

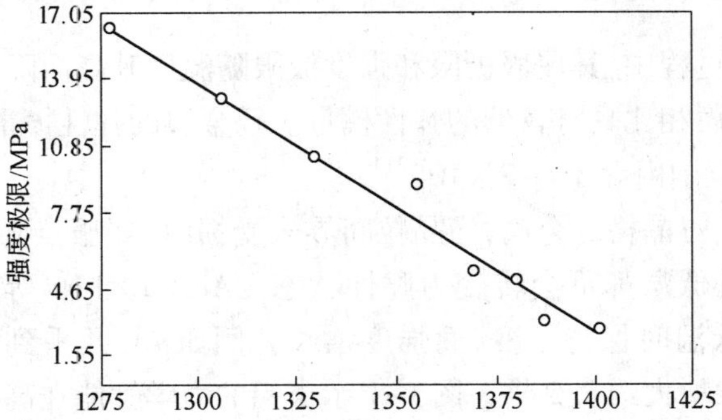

图 1-2　低碳钢铸坯凝固层强度极限与温度的关系[12]

Л. М. Постнов 曾用湿砂型浇铸 35 号钢，静置一定时间后，进行拉断试验。专用的摄影记录装置能自动地绘出拉伸图。试样直径 30 mm，长 170 mm；浇铸温度 1530℃。所得结果如图 1-3 所示。图中还把 И. И. Лупырев（试样直径 20 mm）及 H. T. Hall（试样直径 25 mm）的试验数据一同列出。为了研究温度对 35 号钢的凝固层强度极限的影响，经 15 s、30 s、35 s 及 50 s 后分别进行试样的拉断试验，其凝固层的平均温度分别为 1470℃、1460℃、1455℃、1450℃及 1430℃。

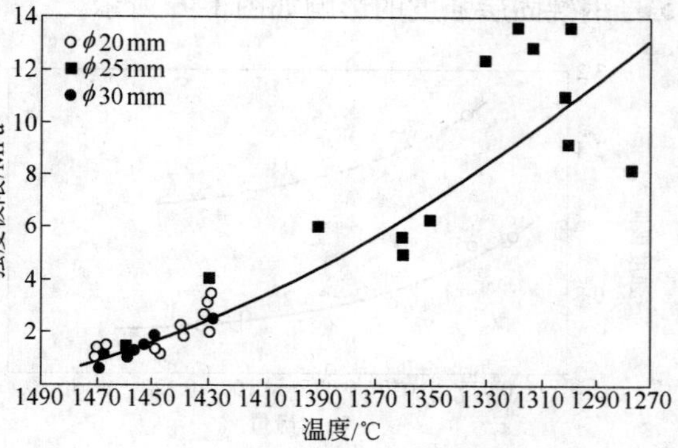

图 1-3　铸坯凝固层强度极限与凝固层平均温度的关系[12]

Л. М. Постнов 和 Б. Б. Гуляев 早已指出，钢坯初生凝固层的强度与钢的合金成分、含碳量及含硫量有关。根据他们测量的结果，各种钢的强度按下列次序递增：13Mn、1Cr13、T10、55、35、30CrNiMo、工业纯铁（杂质总含量 1.5% 左右）、20、1Cr18Ni9Ti；高温下抗拉强度 σ_b 的绝对值介于 0.3 MPa（13Mn）到 3.5 MPa（1Cr18Ni9Ti）之间。合金成分对凝固层强度极限的影响如图 1-4 所示。奥氏体铬钢 1Cr18Ni9Ti 具有特别高的强度极限，这种钢在连铸时采用高强度的二次冷却，铸坯内部不会产生裂纹，凝固层也不容易被拉破。高强度的钢较难在外部载荷下产生热裂缝；在连续铸锭过程中对于凝固壳而言，通常会产生外部载荷。

含碳量对钢坯凝固层强度极限的影响如图 1-5 所示。试验数据是在如下条件下测得

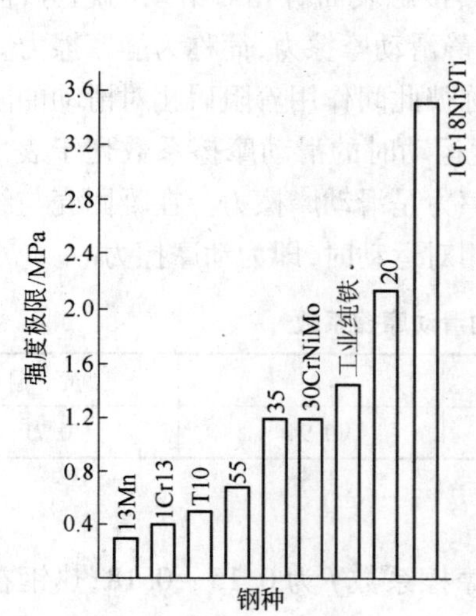

图 1-4　合金成分对凝固层强度的影响[12]

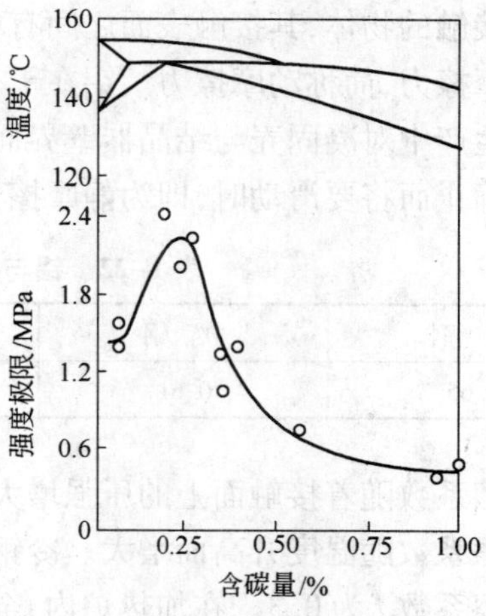

图 1-5　含碳量对钢坯凝固层强度的影响[12]

的：钢中含碳量 0.05% ~1.0%，钢液过热度 40℃，试样直径 30 mm，在浇铸后 25 s 进行拉力试验。为了便于对照，在图的上部示出了铁碳平衡图。从图 1-5 中可以看出，在最初阶段，凝固层强度随着钢中碳含量增加而迅速增大；含碳量为 0.18% 时，达到最高点，然后又随之下降。凝固层强度最高时的含碳量相当于最小结晶温度范围处。

随着钢中硫含量增加，凝固层的强度极限随之降低。例如 35 号钢坯，在凝固层平均温度为 1460℃时，当含硫量从 0.01% 增加到 0.05% 时，凝固层的强度极限从 1.6 MPa 降低到 0.8 MPa。含硫量对 35 号钢凝固层强度的影响如图 1-6 所示。

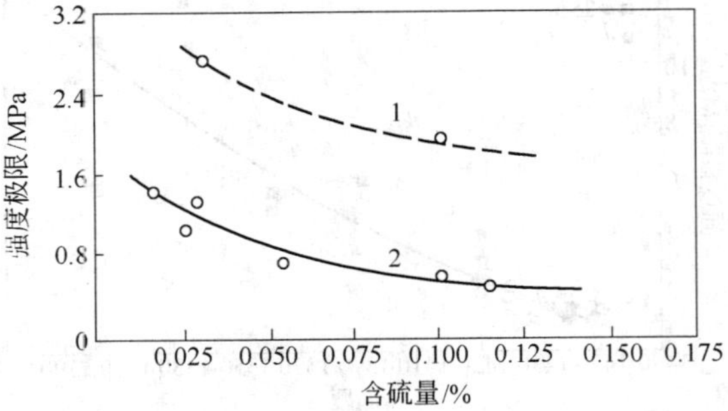

图 1-6　含硫量对 35 号钢凝固层强度极限的影响[12]
1—1430℃；2—1460℃

根据胡风才先生采用 SSCT 装置的试验结果[16]，靠近弯月面坯壳的峰值强度 σ_p 与钢液中含碳量有关；对于亚包晶钢，如 $w(C)<0.1\%$，铁素体基体（A_{r4} 温度以上）强度低，σ_p 在 0.5 ~1.5 MPa；对于过包晶钢，如 $w(C)>0.5\%$，奥氏体基体高温强度很好，σ_p 为 2.5 ~4.5 MPa。

1.5　金属的摩擦系数

当两物体接触处有相对滑动或滑动趋势时，在接触处的公切面内将受到一定的阻力阻碍其滑动，称为滑动摩擦。两个相互接触的物体，当其接触表面有相对滑动的趋势，但尚保持相对静止时，称彼此作用着阻碍相对滑动的阻力为静滑动摩擦力，简称为静摩擦力。当两个相互接触的物体，其接触表面之间有相对滑动时，称彼此间作用着阻碍相对滑动的阻力为动滑动摩擦力，简称动摩擦力。铝在干表面以小速度运动时的滑动摩擦系数列于表 1-22。在连铸生产中对凝固壳与结晶器壁界面起作用的摩擦力是滑动摩擦力。在凝固壳与结晶器壁相对静止而将要滑动时，即为静摩擦力；它们处于相对运动时，即为动摩擦力。

表 1-22　铝与某些金属之间的滑动摩擦系数

硬　钢	软　钢	Cu	Al	黄　铜
0.65	0.61	0.70	0.94	0.71

摩擦系数随着接触面上的压强增大而增加。

摩擦系数随温度升高而增大。冷钢在辊道上的摩擦系数 f 为 0.15 ~0.18；热钢在辊道上的摩擦系数 f 为 0.3。在加热炉内，金属的管子或金属条上的摩擦系数 f 为 0.4 ~0.6[18]。铜在不光滑的轧辊表面上的摩擦系数，在 700℃时为 0.42，在 780℃时为 0.46，在 800℃时为

0.45[15]。带黏着金属的轧辊上轧制时的摩擦系数列于表1-23[15]。在连续铸锭过程中,铸锭凝固壳与结晶器壁之间的接触,始终处于高温状态下;因此,加强研究高温下金属与材料之间的摩擦状态,对于连铸技术的发展是很有意义的。

表1-23 带黏着金属的轧辊上轧制时摩擦系数[15]

温度/℃	350	450	790	850
Cu			0.56	0.53
Al	0.56	0.53		

动摩擦系数小于静摩擦系数。动摩擦系数与接触物体相对滑动的速度大小有关,在多数情况下,动摩擦系数随相对滑动速度的增大而减小。当相对滑动速度不大时,动摩擦系数可近似地认为是个常数。

用降低接触表面的粗糙度或加入润滑剂,可使动摩擦系数降低。

在连续铸锭过程中,由于结晶器内铸坯的温度很高,凝固壳表面与结晶器壁之间会产生较大的摩擦阻力。例如,立式连铸直径200 mm的3号钢锭,拉坯速度为600 mm/min时,在不加润滑剂的情况下,平均摩擦阻力达到4000 N;加入润滑剂(熔化的石蜡)以后,摩擦阻力降低到2000~2500 N,如图1-7所示。英国William Jessop & Sons工厂用紫铜结晶器浇铸100 mm ×100 mm的高速钢坯时,将结晶器吊装在弹簧支架上,测得的拉坯摩擦阻力如图1-8所示,从图中可以看出,其摩擦力平均约为250 N。

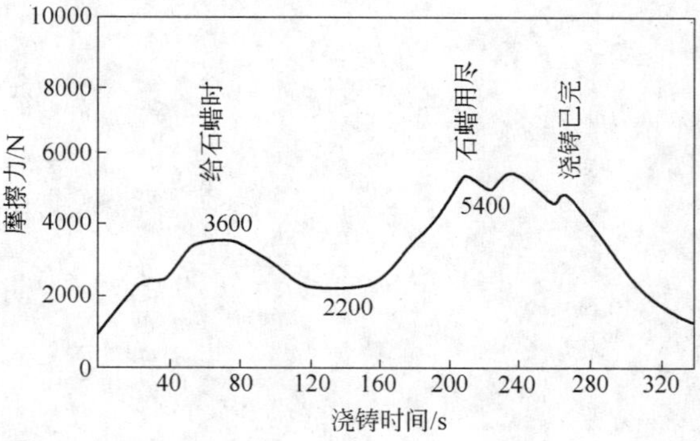

图1-7 ϕ200 mm 3号钢坯与结晶器壁之间的阻力情况[12]

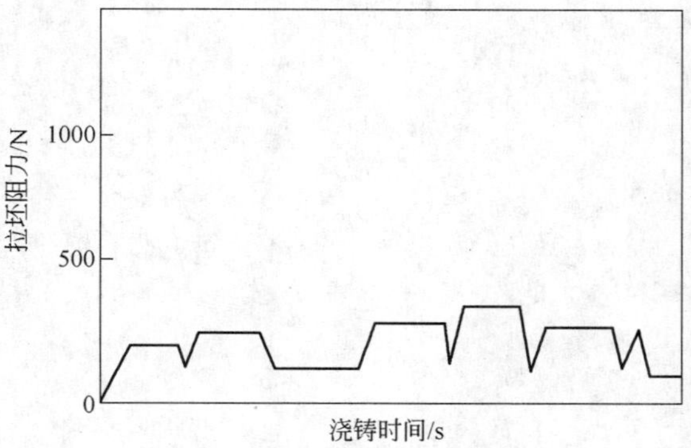

图1-8 100 mm×100 mm弹簧吊装的结晶器的摩擦阻力与时间的关系[12]

参考文献

[1] Лившиц Б Г. 金属与合金的物理性能[M]. 王润,等译. 北京:冶金工业出版社,1959.

[2] 陶令桓,荣科,孙凯南,等. 有色金属铸造原理[M]. 北京:机械工业出版社,1960.

[3] Пикунов М В,идр. 合金的体积收缩[J]. Литейное Производство,1997,(5):17.

[4] 马长山,等. 稀有金属应用[M]. 2版. 北京:冶金工业出版社,1984.

[5] Клячко Ю А,Кунин Л Л. 金属表面张力的测定结果[M]. 见:熔融金属的流体动力学. 北京:科学出版社,1964.

[6] 马龙翔. 铝及铝合金的熔炼与铸锭[M]. 北京:冶金工业出版社,1959.

[7] Кисунько В З,идр. 某些工业铜熔体的黏度[J]. Цветные Металлы,1980,(4):77~78.

[8] 王祝堂,田荣璋. 铜合金及其加工手册[M]. 长沙:中南大学出版社,2002.

[9] 田莳,等. 金属物理性能[M]. 北京:国防工业出版社,1985.

[10] 钟卫佳. 铜加工技术实用手册[M]. 北京:冶金工业出版社,2007.

[11] 王祝堂,田荣璋. 铝合金及其加工手册[M]. 长沙:中南工业大学出版社,1989.

[12] 徐宝陞. 连续铸锭装置[M]. 北京:冶金工业出版社,1959.

[13] 马英,叶安英,程正明. 钨基合金在轮毂低压铸造模具中的应用[J]. 铸造,2008,57(7):728~730.

[14] 萨维茨基 E M. 温度对金属及合金机械性能的影响[M]. 段中,译. 北京:中国工业出版社,1965.

[15] 哈尔滨电工学院. 裸电线. 哈尔滨:哈尔滨电工学院,1961(内部资料).

[16] 胡风才. 连铸机能拉多快[J]. 鄂钢科技,2005,(3):7~10.

2 连续铸锭原理

水平连续铸锭工艺已广泛应用于有色金属铸锭生产中,在钢铁工业生产中也受到广泛重视。热顶铸造,目前仅应用于铝工业生产中。

水平连续铸锭的基本原理与立式连续铸锭基本相同,特别是与热顶铸造的工作原理相似处更多,所不同的是铸锭沿水平方向运动。它们之间有着各自的特点,更有着共性的内容。根据目前的研究和生产状况分述如下。

2.1 恒动式水平连续铸锭

恒动式水平连续铸锭是指连铸过程中结晶器静止不动,只有铸锭沿水平方向以恒定的速度单向移动,而铸锭和结晶器壁之间保持着恒定的相对滑动,如图 2-1 所示。

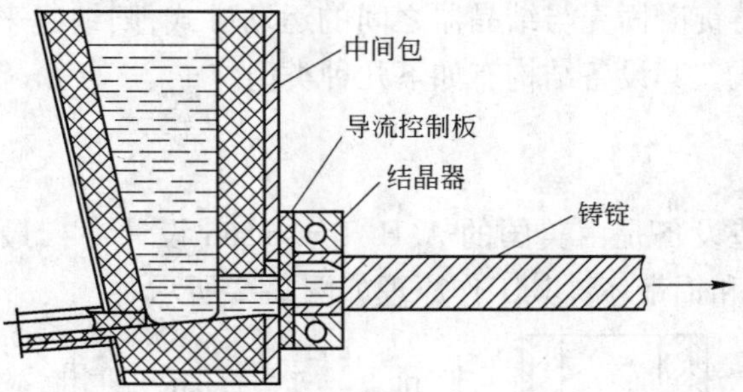

图 2-1 恒动式水平连续铸锭原理示意图

在恒动式水平连续铸锭过程中,结晶器固定在中间包的垂直侧壁上,两者均静止不动。中间包垂直侧壁上开口,在结晶器与中间包之间压着一块导流板,以控制金属液流的流向分布。导流板即为导流区,导流区的长度很短,一般为 10 ~ 20 mm。导流区的导流横断面小于结晶器型腔的横断面。导流横断面的形状依铸锭横断面形状而定。浇铸前用端头带有燕尾槽的引锭塞入结晶器的出口端,并用石棉绳等耐热挠性物将引锭与结晶器壁之间空隙堵严,以免液态金属流出。液态金属注入中间包内,中间包内的液态金属通过其垂直侧壁上的流出口和导流板上的布流孔进入结晶器。中间包内液态金属的液面高于结晶器型腔后,结晶器通水进行一次冷却;从结晶器出口端喷出的水直接喷射到引锭头表面上,进行二次冷却。同时启动牵引装置,使冷凝的铸锭随着引锭缓慢地沿水平方向移动,逐渐增加牵引速度以达到相应的铸造速度。待铸锭进入牵引装置后卸去引锭。待铸锭达到预定长度时,启动同步锯即行切断,使整个生产过程稳定而连续地进行下去,直至炉料全部铸造完毕。

切断铸锭时,先将切割装置的抱锭机构抱住铸锭,使其与铸锭同步运行,随即进行切断;切断铸锭后,切割机构首先退回起始位置,然后卸开抱锭机构,切断装置整个返回原位,等待下次切断操作,周而复始。对于小断面的铸锭,多采用这种结构形式。

这种工艺于1950年首先应用于法国Ugine公司的Venthon铝厂。通常称为Ugine法[1]。最初采用小车牵引，属半连续水平铸造机，行程15 m。后来对该设备进行了改进，增设了锯切装置，成为真正的水平连铸机。

在恒动式水平连续铸锭中，使用了较短的结晶器，约为当时通常使用的结晶器高度一半。立式连续铸锭时，铸铝的结晶器高度一般为100 mm；为便于操作，其上端空余40 mm左右，实际使用高度为60 mm左右。在Ugine法中，与立式连铸结晶器的实际高度相近。在随后的生产发展中，结晶器的长度进一步缩短了。我们在试验研究中将其缩短至28 mm[2]。在这种情况下，二次冷却所产生的逆向导热距离能够达到凝固壳与结晶器壁之间的接触区。

在恒动式水平连铸过程中，液相穴在空间的位置相对比较稳定。目前，在全世界范围内铝工业水平连续铸锭中，大都采用恒动式水平连续铸锭工艺。

2.2　波动式水平连续铸锭

波动式水平连续铸锭是指连铸过程中铸锭凝固壳与结晶器之间处于变速运动状态，而铸锭沿水平方向单向运动。在这种情况下，铸锭与结晶器壁之间有时处于相对静止状态，而大多数时候则处于相对滑动状态；液相穴在空间的位置和形状会发生周期性的变化。

波动式水平连续铸锭，在重金属、钢铁和早期的轻金属工业生产中均有所应用，而且研究范围也比较广泛。铸锭凝固壳与结晶器之间的运动方式，归纳起来主要有三种：振摆式、间歇式和间歇－反推式。其设备结构有如下几种类型。

2.2.1　Terssmann式

这种水平连续铸造设备是由美国的A. H. Terssmann设计[3,5]，最先安装于美国南方电气公司，用以生产铝棒和铝带坯。其工作原理如图2-2所示。

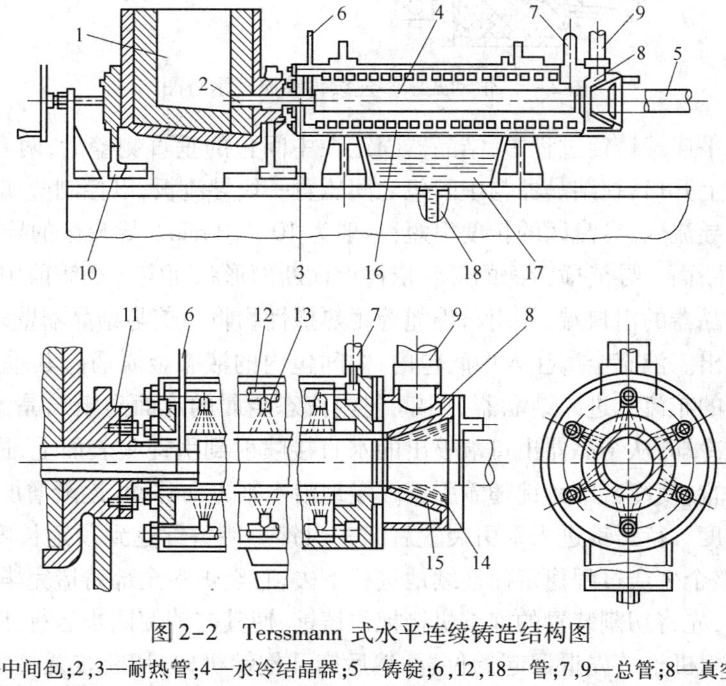

图2-2　Terssmann式水平连续铸造结构图

1—中间包；2，3—耐热管；4—水冷结晶器；5—铸锭；6，12，18—管；7，9—总管；8—真空室；10—支架；11—法兰套管；13—喷嘴；14，16—孔；15—锥形管；17—集水槽

铸造前，将引锭放入结晶器。液态金属从炉经流槽流入中间包 1，然后经插入结晶器的低导热的耐热管 2 和 3 进入水冷结晶器 4。耐热管装在带法兰的套管 11 内，法兰固定在中间包 1 上。在耐热管 3 出口端面与结晶器 4 内壁之间可形成直交空间，有利于弯月面形成。液态金属凝固时，铸锭凝固壳与结晶器内壁之间形成环状空隙，有利于沿管 6 进入的润滑油很好地分布，防止液态金属渗入管 3 与结晶器 4 之间；可在空隙中充入丙烷、氮等保护性气体，由管 3 进入空隙中，以防金属氧化。润滑油沿法兰套管 11 外壁上的小沟进入空隙。铸锭 5 用牵引辊拉出结晶器，进入直接水冷区。

中间包固定在可移动的支架 10 上，可以倾翻，以便倒出剩余液态金属。结晶器用内径 50 ~ 75 mm、壁厚 12 ~ 13 mm 的铜管制成，其长度为 900 mm，内壁表面镀有 0.1 mm 厚的铬层。冷却水经周围 6 根管子 12 用喷嘴 13 喷向结晶器（铜管外壁），再经孔 16 排至集水槽 17，然后经管 18 排出。冷却速度通过控制进入总管 7 的水量来调节。

结晶器安装在摇座上，可以在 50 mm 范围内的水平方向摆动。在结晶器的出口端有一真空室 8，由诸壁构成，通过管 9 与真空泵连接，使铸锭凝固壳与结晶器壁之间形成的环状空隙保持 6665 Pa 的负压。利用锥形管 15 把孔 14 喷入的水导向铸锭进行二次冷却，锥管小径端与铸锭之间的空隙为 3 mm。锥管内的水包住铸锭形成水封，同时直接冷却铸锭。锥管内的水和水汽经管 9 抽走。结晶器内的气体在铸锭移动过程中，能够阻止锥管内的水渗入铸锭与结晶器壁之间。

Terssmann 式设备属于振摆式水平连铸机。据报道这种设备不仅适用于铝及铝合金锭生产，而且对铜及铜合金，钛锭和铁合金锭的生产也是适用的。在 Scovill Manufacturing 公司，用这种设备生产 25.4 mm × 205 mm 和 50 mm × 200 mm 的铝及铝合金板坯和 ϕ20 ~ 50 mm 的圆锭以及黄铜锭。在英国的 Barrow Steel Works 公司用这种设备浇铸碳素钢锭。在德国 Deutsche Edelstahlwerke 公司浇铸不锈钢锭。

2.2.2 Hunter 式

Hunter 式水平连续铸锭工艺，由美国 Hunter Engineering Co. 公司创立[3]。这种机器有着冷却的管式水平铸模；铸模沿着两条平整的轨道移动。当机器开动时，铸模开端用引锭堵住，而液态金属从其另一端的套管进入铸模。在浇铸的时候，铸模缓慢地移动。液态金属处在不大的压力下，进入型腔之后立即开始凝固。当铸模运动尚未达到指定位置，而未被液态金属填满时，持续浇铸着液态金属。随即铸模停止运动，直至几乎完全凝固为止。停留的时间，依合金的成分和铸锭的直径而定，波动在 6 ~ 40 s。然后铸模随同铸锭很快地回到原位，开始新的工作周期；此时，铸模的开端已被前次的铸锭堵住。后续的铸锭与前次的铸锭熔合在一起。这样，得到带有接缝的连续铸锭，接缝的节距等于铸模的长度。

Hunter 式设备属于间歇式水平连铸机。液态金属在凝固的过程中，铸锭凝固壳与铸模壁之间相对静止不动，不至于拉破凝固壳。

铸锭被金属的余热加热到 430 ~ 540℃，从铸模拉出来进入圆盘锯，将其切成定长的锭块。直径 63 mm 的铸锭，切断时间为 2 s。可生产长度为 0.6 ~ 9 m 的铸锭。这种形式的水平连续铸锭机，可得到热坯锭为其一大优点。

这种设备的生产能力，对于直径 50 mm 的棒锭为 140 kg/h，对于直径 180 mm 的棒锭为 730 kg/h。铸模的运动靠液压机构完成，由时间继电器调整运动程序，可自动化操作。

2.2.3　УНИИМ 式

УНИИМ 式水平连续铸锭机是由乌克兰金属科学院研制的。УНИИМ 即为 Укранский Научино－Исследвательский Институт Металлов 的缩写。УНИИМ 式水平连铸的结晶器结构有两种型式，一种是导流区与结晶器的激冷成形区连成一体，用石墨材料制作，两区的横截面相等，可称为连体式。另一种是导流区与结晶器的激冷成形区截然分开，导流区采用绝热保温材料，结晶器成形区采用高导热材料，导流断面稍小于结晶器型腔断面，可称为分体式。

连体式 УНИИМ 水平连铸机，用于铜及铜合金生产，最初在哈尔克夫铝和青铜合金厂进行工业性试验[4~6]用这种设备研究了小断面的青铜和黄铜铸锭的生产工艺条件。连体式 УНИИМ 水平连铸机的结构如图 2-3 所示。在连体式 УНИИМ 水平连铸机生产过程中，液态金属从导流区到激冷的结晶器，不会出现明显的传热突变区，而是连续渐变的过程。

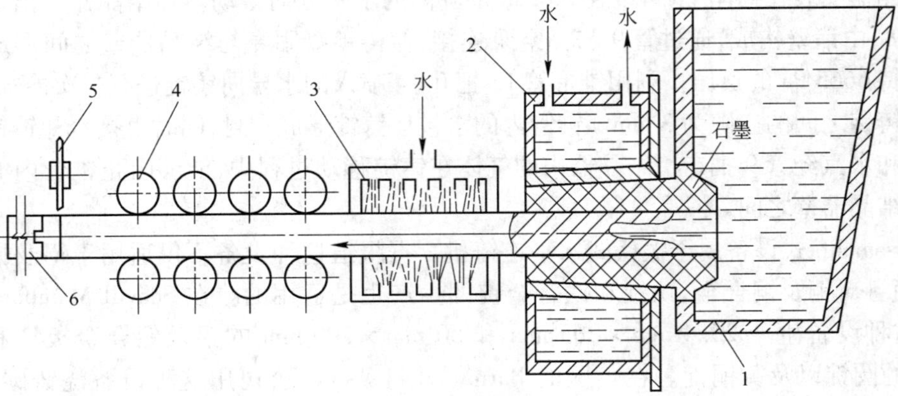

图 2-3　连体式 УНИИМ 水平连铸机的结构示意图[6]

1—中间包；2—结晶器；3—二次冷却装置；4—牵引装置；5—飞锯；6—引锭装置

图 2-3 中，中间包 1 是容量为 50～100 kg 的石墨黏土坩埚，有两个加热的喷嘴，用火焰对坩埚外侧壁加热。结晶器 2 是由水冷铜套和石墨管组成；石墨管的一端插入 180～200 mm 长的水冷铜套中，而另一端则插入坩埚的下部。二次冷却装置带有许多小孔的环形集水管 3，二次冷却区长度 300 mm。石墨黏土坩埚、结晶器和二次冷却装置都安装在金属框架上。框架固定在两个导板上，与摇杆机构相连，以实现往复运动。牵引装置 4 有四对钢制辊，下辊为主动辊，由两个直流电机驱动，上辊为压辊。飞锯 5 用以切断铸锭。石墨管的壁厚，在进入铜套处为 7.5 mm，在其出口处为 3 mm。为了减小安装时的缝隙，石墨管外壁和铜套内壁有 1∶15 的锥度。水冷铜套装入钢套内。在进入水冷铜套的地方，石墨管周围绕有三圈水冷铜管感应器；用 200 kHz 的电流可将此处石墨管加热到 1000～1100℃。

浇铸前，结晶器的前部用石棉塞子堵住；并插入气流量为 28 m/h 的喷嘴。坩埚在 1 h 内加热到 900～1000℃。

浇铸开始之前，拔出石棉塞子，把引锭 6 塞入结晶器 80～90 mm；并将冷却结晶器的水量调至 1.5～2.5 m^3/h。液态金属从感应炉注满坩埚，经过 1～1.5 min，开动牵引辊，牵引铸锭的过程以振摆式进行，振幅为 4～5 mm。牵引的持续时间用时间继电器控制，铸锭出结晶之后，进入二次冷却装置；二次冷却水耗量 1～2 m^3/h，铸锭表面温度降至 30～40℃。

连体式 УНИИМ 水平连铸机结晶器往复运动的拉坯制度，以 ϕ55 mmZQSn5－5－5 青铜棒的研究为例试作如下说明：当液态金属注满结晶器和中间包之后，同时开动牵引辊和往复运动机构，此时结晶器向铸锭运动的相反方向移动。拉坯周期开始之后，经过 2.5 s，拉坯速度与结晶器运动的瞬时速度都达到 0.22 m/min；这意味着铸锭相对于结晶器壁的运动速度等于 0.44 m/min。进入结晶器的液态青铜，在结晶器壁上凝固；但是，在 600 ~ 800℃ 时因青铜的强度很低，在结晶器壁与凝固壳之间的摩擦力开始超过青铜的强度极限而凝固壳发生断裂。因此，铸锭在结晶器内必须冷却到 400℃ 的温度或更低些。经过 5 s，结晶器运动的速度增加到最大值为 0.28 m/min，即铸锭相对结晶器运动的速度达到 0.5 m/min。然后结晶器运动的速度开始降低，经过的时间为 7.5 s，结晶器运动的速度降为 0.22 m/min。此时铸锭相对于结晶器壁的运动速度为 0.44 m/min。经过 10 s，结晶器后退到极限位置，也就是说当铸锭相对于结晶器壁的运动速度为 0.22 m/min，它运动的速度等于零。在结晶器入口处，铸锭凝固壳的厚度增加。随后结晶器开始慢慢加速向铸锭运动的方向滑过去。经过 12.5 s，结晶器与铸锭的运动都等于 0.22 m/min。此时铸锭相对于结晶器壁的运动速度等于零，相当于相对静止。在这段时间里，在拉动与停留部分之间形成冷隔。这种冷隔称为结晶前沿冷隔接口。此时的结晶过程几乎完全与结晶器不动而周期拉坯时的结晶过程相同。经过 12.5 s 之后，结晶器的运动速度渐渐大于拉坯速度，而结晶器开始相对于拉动的铸锭同向滑动。经过 15 s 之后，结晶器的运动速度大于拉坯速度 0.12 m/min。在 5 s 内，结晶器越过铸锭 5 mm 的路程。在超越的时间内，结晶器好像以拉坯的方式盖住铸锭的停留部分，而结晶前沿冷隔接口变为发状带。经过 17.5 s 之后，铸锭凝固到中心部位，其表面可冷却到 300℃ 以下的温度而形成硬壳；在此瞬间，结晶器的同向运动终止，而反向运动开始。但此时铸锭凝固壳的断裂不会发生。当结晶器反向运动与拉坯运动的合速度等于 0.22 m/min 时，新的工作周期开始。此时拉坯速度为 0.22 m/min。铸锭表面的温度，出结晶器口为 100 ~ 150℃，出二次冷却区为 50 ~ 70℃。

振摆拉坯工艺，不仅设备结构复杂，而且中间包内的金属液晃动厉害。

在研究锡青铜锭时，则采取拉—停拉坯制度。中间包内液态金属保持在 1100 ~ 1150℃ 范围内；结晶器的冷却水流量为 1.5 ~ 2.5 m^3/h；二次水流量为 1 ~ 2 m^3/h，铸锭表面温度降至 30 ~ 40℃。最适宜的拉坯制度如表 2-1 所示。

表 2-1 锡青铜锭拉坯制度[6]

铸锭直径/mm	牵引持续时间/s	停歇持续时间/s	间距/mm	铸锭平均速度/$m \cdot h^{-1}$
65	6	13	55	10.5
60	7	12	60 ~ 65	11.5
50	7	12	65	12.5
40	7	12	70	13.5
30	7	12	75	14.5

生产空心铸锭时，在结晶器内安设石墨芯棒，将其固定在石墨管的加热区。为了使液态金属流入，在芯棒内入口处沿其周界钻有许多小孔。

乌克兰金属科学研究所和 Балхашском 有色金属加工厂，在研究水平连铸 ϕ12 mm 锡磷青铜盘条时[7]，采用感应加热的中间包；包内液态金属温度为1100～1260℃。采用拉—停的拉坯制度，牵引间距为5～40 mm，牵引持续时间1～10 s，停歇持续时间为1～10 s，冷却水流量为30～80 L/min，同时浇铸的根数为9根，浇铸的持续时间达150～200 h。目前我国的水平连铸铜盘条大都采用此工艺。

综上所述，在连体式УНИИМ水平连铸机生产过程中，从导流区到结晶器的激冷成形区既无突变区，又无弯月面过渡区，铸坯的形成是由断裂的环坯熔焊组合过程，呈周期性变化。在焊环上容易出现裂纹等缺陷。

分体式УНИИМ水平连铸机，多应用于钢铁生产中。其拉坯制度采取振摆式或间歇式。结晶器内壁采用高导热系数的铜材制作；导流区采用绝热保温材料制作。因此，液态金属在导流区与激冷的结晶器连接处会存在突变区。在这种水平连铸机上，导流区的横断面稍小于结晶器型腔的横断面，液态金属从导流区进入激冷的结晶器时能形成弯月面过渡区。但是，在铸造速度较低的情况下，凝固前沿很容易伸入到导流区，如图2-4所示。该装置是20世纪60年代初建造的工业性水平连续铸钢试验装置。中间包容量为100 kg，内衬黏土砖。浇注之前，中间包的内衬可用煤气燃烧器烘烤到700～800℃；在浇铸过程中，钢液的表面还可以用天然气加热。结晶器由长500 mm的锻造铜棒制成，其外壁上设有若干冷却水缝。中间包和结晶器的外壳上各设两个支座，将其固定在同一个振动机构的拉杆上。在中间包与结晶器之间用黏土石墨管连接，黏土石墨管料中含石墨25%，连接管外周绕有电磁感应线圈；在浇铸时，感应线圈的高频电流可将连接管加热到1300～1400℃。这样，结晶器和中间包通过黏土石墨管连接起来，作为一个整体固定在振动机构的拉杆上。在浇铸装置的基础上固定地装着一块铸铁板，板的上面安装着铸铁滑板；在铸铁滑板上面，固定着两个铸铁支座，支座上装着两根拉杆。结晶器和中间包就固定在这两根拉杆上。凸轮机构通过与铸铁滑板可卸式连接的连杆，使滑板往复运动。拉坯装置有几对拉辊。拉辊直接安装在结晶器的后面，并代替二次冷却区的托辊。拉坯装置的下辊与传动装置相连接，为主动轮。为了保证浇铸工艺轴线不变，下排拉辊都由两个截头圆锥体组成；截头圆锥体可以通过浮动轴上的螺纹调节其开合度。拉坯装置的上辊也是由两个截头圆锥体组成；但是，这两个截头圆锥体是固定在一起的，它们被弹簧所压紧。引锭杆由可卸的引锭头和楔子连接的管子组成；管子的直径与铸坯直径相等。为了便于在液态金属充满结晶器时排除气体，沿着引锭头周边钻有若干排气孔；并在引锭杆外壳的头部也钻有若干排气孔。

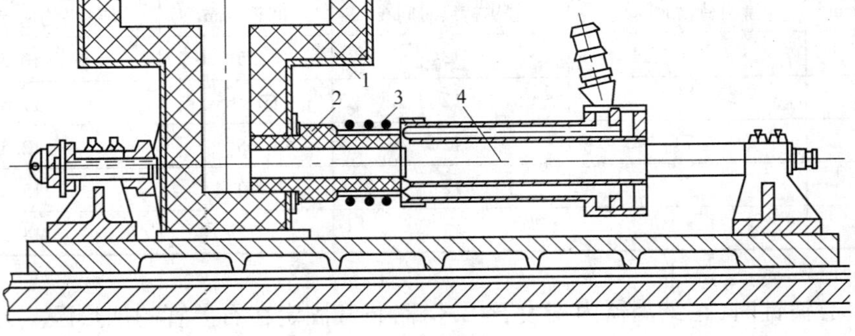

图2-4　分体式УНИИМ水平连铸机浇铸装置示意图[8]

1—中间包；2—黏土－石墨连接管；3—高频感应圈；4—结晶器

20世纪70年代初，O. A. Шатагин 等人用陶瓷管代替黏土石墨管[8]，插入分体式УНИИМ水平连铸机的铜结晶器内入口端，陶瓷管的导流断面与结晶器型腔断面相等。在导流区与结晶器之间不能形成液态金属弯月面过渡区，凝固前沿很容易伸入到导流区。

有关分体式УНИИМ水平连铸机的报道中，未见结晶器润滑结构的内容。连续润滑对水平连铸至关重要。

在分体式УНИИМ水平连铸机上浇铸过直径80～90 mm的铸坯，有碳素钢、不锈钢和轴承钢坯。钢液由盛钢桶流入中间包，结晶器内充满钢液之后，立即同时启动拉坯装置和振动机构；引锭杆从拉辊出来之后，卸去引锭杆，定时将铸坯切割成定尺坯锭。结晶器往复振动的振幅为50 mm时，连铸过程比较稳定。结晶器与铸坯同向运动时，或者与铸坯同步，或者在一个冲程内超前铸坯0.5～8 mm；反向运动时，结晶器的速度是铸坯速度的3倍。

在分体式УНИИМ水平连铸机上，采用往复振动的工艺条件下所得铸坯的低倍组织特点，碳素钢坯的表层是细小的等轴晶体、中间是柱状晶体、中心是粗大的等轴晶体，而上部的柱状晶体比其下部发达和清晰；用陶瓷管代替黏土石墨管时，铸坯上部的柱状晶带比其下部宽10.3%～11.9%，当拉坯速度由0.4 m/min增加到1.0 m/min时，铸坯上部的柱状晶带宽度增加了3.5 mm，其下部几乎没变，即柱状晶区的不对称性大致增加了2%。不锈钢坯的穿晶带在铸坯断面上下分布是均匀的。低倍组织的主要缺陷也是中心疏松；中心疏松段和致密段交替地分布着，有着严格的规律性，致密段往往是在每次振动的开始或者结束处。用铜－陶瓷结晶器浇铸的钢坯，在铸坯长度上发现有间距冷隔，冷隔之间的距离随拉坯间距而变化，这种冷隔是由若干细孔组成的条纹，宽10 mm；它是在光滑的陶瓷管内表面上形成的，深入铸坯内的距离不到0.5 mm。在间距冷隔之间，发现有通常因破裂造成的凝固界面接缝，宽度有零点几毫米，最大深度不超过1.5 mm。这种接缝的数量和深度同拉坯间距有关，当拉坯间距由75～90 mm减少到20～30 mm时，这种接缝则可完全消除。但是，在采用耐火材料中间包的连接管时，即使采用较小的拉坯间距，接缝也不能消除。

目前，在铜合金生产中，也有采用与分体式УНИИМ水平连铸机浇铸装置结构形式相似的设备。例如，沈阳有色金属加工厂生产16 mm×456 mm的H65黄铜板锭时，即采用这种类型的水平连铸机[9,10]；结晶器壁采用石墨材料制作，镶入水冷金属套内，结晶器壁的长度与水冷金属套相等。结晶器直接固定在中间包的侧壁上，如图2-5所示。

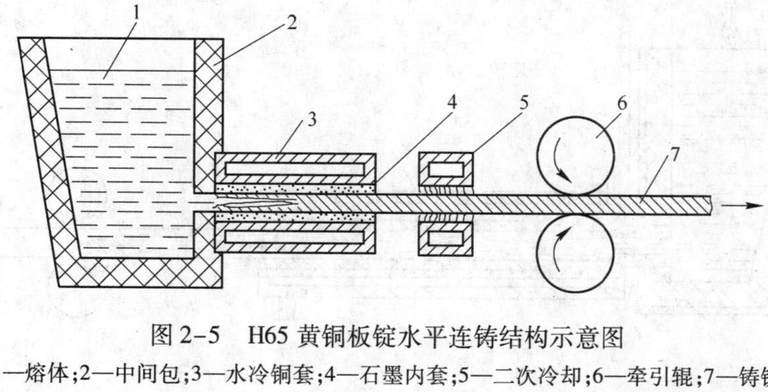

图2-5 H65黄铜板锭水平连铸结构示意图

1—熔体；2—中间包；3—水冷铜套；4—石墨内套；5—二次冷却；6—牵引辊；7—铸锭

在连续铸锭过程中，铸锭凝固壳与结晶器壁之间的接触呈波动性。因此，在接触区内也就会出现波动性气隙。在拉－停－拉牵引条件下，波动性气隙随着停歇时间的延长而聚集加宽。当停歇后拉坯时,液相穴顶端的凝固壳很薄,又无弯月面过渡区,很容易被拉破,使液体态金属流入气隙内,被激冷形成周期性环状斑纹。在生产 16 mm × 456 mm 的 H65 黄铜板锭时,这种环状波纹的厚度在 0.5 ~ 1.0 mm 之间[13],如图 2–6 和图 2–7 所示。图 2–6 是纵向剖面的宏观组织,图 2–7 是纵向剖面与结晶器接触区域的局部组织放大 100 倍的照片。从图中可以看出,环状斑纹的组织与凝固壳组织之间界面分明,没有彼此交错咬合。图中上部为环状斑纹组织,下部为凝固壳上的柱状晶组织。环状斑纹为细晶组织,其晶粒仅为 0.03 mm。先形成的凝固壳为粗大的柱状晶组织,其晶粒是环状斑纹细晶的 100 ~ 150 倍。

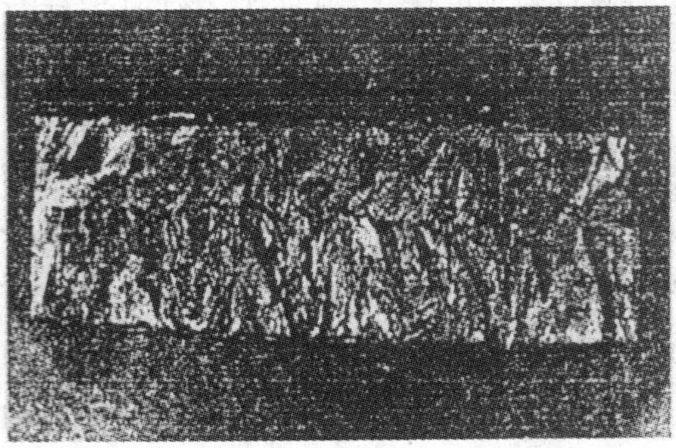

图 2–6　H65 黄铜板锭纵剖面宏观组织[10]

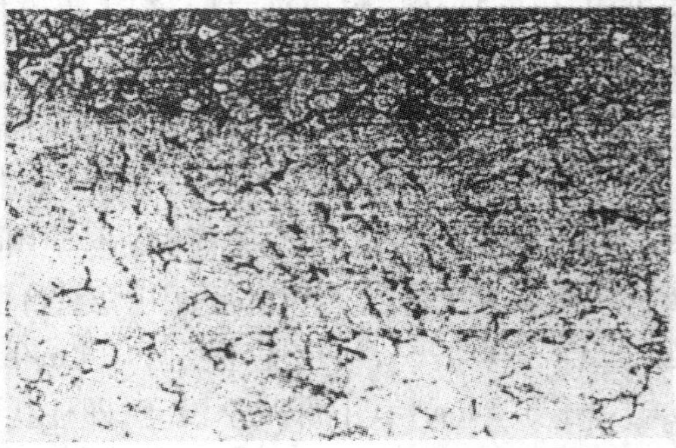

图 2–7　H65 黄铜板锭环状斑纹与凝固壳界面组织(100 ×)[10]

УНИИМ 式设备属于振摆式和间歇式水平连铸机。近些年来,在间歇式的基础上又增加了反推的工序,当铸锭停歇后即行反推,形成拉 – 停 – 反推 – 拉的拉坯工艺制度。УНИИМ 式水平连续铸锭工艺的研究工作做了很多,在实际生产应用中主要是在铜合金方面,尤以铜盘条等小断面坯料的生产应用为多。

2.2.4　TG 式

TG 式水平连铸机的生产原理,与分体式 УНИИМ 水平连铸机相似。在激冷的结晶器与中间包之间的导流区是用绝热保温材料制作的,使被铸液态金属从导流区进入结晶器成形区时有着明显的温度突变过程。如图 2–8 所示。TG 式导流区的横断面小于结晶器型腔

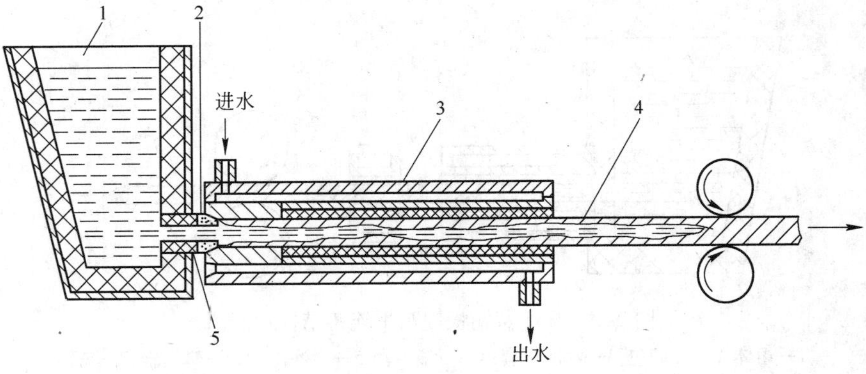

图 2–8　TG 式水平连铸原理示意图

1—中间包;2—分离环;3—结晶器;4—铸锭;5—水口砖

的横断面，使结合处形成直角空间，有利于液态金属弯月面过渡区的形成。TG 式结晶器为两级，第一级与 УНИИМ 式相同，采用高导热的铜材制作，第二级采用热导率较低的石墨制作，将一次冷却与二次冷却并为一体[11]。

在 TG 式水平连铸过程中，由于在液相穴顶端有弯月面存在，不会产生连体式 УНИИМ 水平连铸时出现的凝固壳焊环结构；不会出现分体式 УНИИМ 水平连铸时出现的周期性环状斑纹。但是，在间歇拉坯的条件下，容易产生周期性冷隔；当采取反推工艺时，还会在周期性冷隔处出现皱折。

TG 是德国 Technica - Guss 公司的缩写，在 TG 式水平连铸技术应用于工业生产之前，还有 Wertli 式水平连续铸锭工艺，由瑞士 A. Wertli 研究完成[12]。这种水平连铸机浇铸铁锭，结晶器用石墨制作，嵌入水冷铜套内，无二次冷却装置。引锭插入结晶器的深度等于水冷套长度。液态金属注入结晶器后，开始引出的时间与浇铸温度及铸锭直径有关，一般 15 ~ 40 s 开始拉坯。拉坯制度可采用连续式或断续式。在连续式拉坯时，由于凝固开始的金属强度很低，牵引速度很小，生产能力低。采取断续操作时，液态金属停留在结晶器中凝固，使凝固壳的强度得以提高，可以提高牵引铸锭的速度，提高设备的生产能力。两者生产量约差 3 倍。铸锭表面温度拉出结晶器后一般为 800 ~ 1000℃。牵引速度依铸锭直径而定。

Wertli 式设备属于间歇式水平连铸机，其工艺特点，一是只有结晶器的强冷；铸锭出结晶器后在空气中比较缓慢地冷却，热流通过铸坯形成自退火。二是断续拉坯的工艺制度，铸锭被拉至一定距离后停止运动；在第一个周期后，拉坯同时注入新的液态金属，在特定的静止时间内液态金属凝固，新的工作周期开始，周而复始。

Technica-Guss GmbH 公司自 1963 年成立以来，开发了水平连续铸造法。最初也是采用石墨结晶器生产铸铁锭。随后采用球墨铸铁结晶器生产铜合金锭。目前，采用多级多段式结晶器，在间歇式基础上增加了反推的工序，形成拉 - 停 - 反推 - 拉的拉坯工艺制度。

2.3 热顶铸造

热顶铸造是 20 世纪 70 年代初在敞露液面的立式连铸基础上发展起来的。在立式连铸过程中，因为结晶器工作壁热导率过高，使结晶器内液态金属的弯月面冷却过大，会使铸锭表面产生冷隔。起初仅仅用改变润滑剂流量以变化油膜厚度的方法来调整结晶器工作壁的散热量。润滑剂流量不容易准确控制；流量大，虽然可减少冷隔出现的趋势，但会使铸锭的初始凝固壳发生变形，引起波纹、折叠或凹坑表面缺陷。继而又采用提高铸造速度的方法来减少冷隔的形成。但是，为了避免裂纹和缩孔的产生，往往把铸造速度限制在冷隔出现的铸速以下。另外，敞露液面的立式连铸采用较高的结晶器，二次冷却的逆流导热作用不能充分发挥；又由于结晶器工作壁热传导不充分，从而引起凝固壳表面的熔析（偏析浮出物）现象。为了获得既无冷隔又无熔析缺陷的、良好表面的铸锭，将结晶器的高度降低，并在结晶器顶端安设一个绝热储液槽，即所谓热顶（hot top），故名热顶铸造。在热顶铸造过程中液相穴在空间的位置比较稳定。这与恒动式水平连铸有着相同的原理，如图 2-9 所示。

在热顶铸造系统中，储液槽的出口尺寸小于结晶器型腔断面尺寸，其突出于结晶器壁的距离在 0 ~ 3.175 mm。将润滑剂引至突出部下面的液态金属弯月面根部、凝固壳与结晶器壁之间。冷却水从入口处进入结晶器，进行一次冷却；从出口处排出并直接喷射到铸锭表面上，进行二次冷却。图 2-9 中，*MAL* 为通过结晶器壁冷却（一次冷却）的导热距离；*UCD* 为喷射到铸锭上的冷却水直接冷却(二次冷却)形成的逆流导热距离。

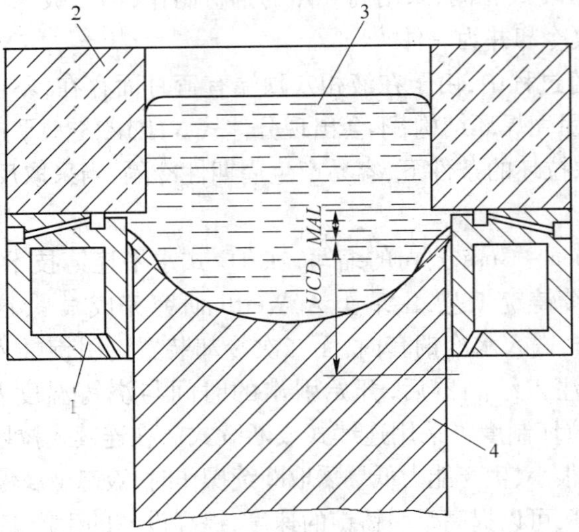

图 2-9　热顶铸造示意图

1—结晶器;2—热顶;3—铝熔体;4—铸锭

热顶铸造将立式连铸结晶器中的金属液面引到热顶部位,形成了一个密闭的、不用浇铸漏斗和浮标的系统。液态金属从热顶直接进入结晶器内。形成的铸锭从结晶器下部连续拉出,进入二次冷却区。铸锭达到一定长度时,终止作业,属于半连续铸锭工艺。

Wagstaff Maxicast 设备将热顶与铝液分流槽连成一体,使铝液保持在同一水平的情况下进行铸造。因此,称这种热顶铸造为同水平铸造。在同水平铸造中,由于设备结构紧凑,在同一平台上安装的结晶器数量比其他任何热顶式系统更多,这也就是 Maxicast 名字的由来。小直径棒锭可同时浇铸 72 根或者更多,结晶器在同一平台上呈蜂窝状紧密排列。结晶器的高度为 45 ~ 50 mm,其上端嵌入多孔石墨环作为"浇铸面",少量润滑油通过石墨环的孔隙持续渗入。Maxicast 系统广泛应用于工业纯铝和结晶范围窄的软合金锭生产。

Maxicast Airslip 设备是 1983 年在 Maxicast 系统的基础上发展起来的[13,14]。结晶器的高度降低至 30 ~ 35 mm 。同时将混合气体加入润滑油中,在铸锭表面可形成油气膜。加入的混合气体通常是氮气和少量的氧气。冷却水系统应用了一个引进空气的装置,以控制结晶器(一次冷却)和铸锭表面(二次冷却)的散热速度,称为"涡轮装置"。Maxicast Airslip 系统称为油气润滑模热顶铸造。改进的目的是为了降低一次冷却强度,增加二次冷却强度,克服热顶铸造的不足。Maxicast Airslip 系统 1984 年应用于 2000 系和 7000 系变形铝合金。

在同水平铸造过程中,铝液通过分流槽直接进入水冷结晶器,各热顶与分流槽中的铝液均处于同一水平上。暴露于空气中的铝液表面会形成一薄层致密的氧化膜,铝液在氧化膜层下面平稳地流动,消除了液流落差和结晶器内液面波动的影响,无须浮标控制装置。

在热顶铸造中,液态金属凝固时析出的气体排除,比水平连铸时更为有利。由于热顶的内径小于结晶器内径,在热顶与结晶器的结合处形成直交空间,有利于弯月面的形成。但是,在铸锭表面会产生冷隔的波纹;在热顶与结晶器的结合处形成空隙而成负压状态,容易因气体作用而在铸锭表面产生无数小气泡(气体表面)。为了减少和防止热顶铸造特有的波纹,获得光滑的铸锭表面,可采取如下方法:合理地控制热顶与结晶器内壁之间的突沿尺寸;在结晶器上端安设石墨衬里;通过热传导计算,确定适当的结晶器高度和铸造速度,以控制适当的二次冷却形成的逆流导热距离;从突出部供给空气和惰性气体,使气体压力和该部位熔体静压力相平衡。这就是 Maxicast Airslip 系统的实践依据。这对于水平连铸也是很有实际意义的。

据资料报道[14],气体加压热顶铸造法,可减少熔体和结晶器壁的接触面积,同时还能使其接触位置显著下降,从而显著地降低结晶器的有效高度。气体加压热顶铸造与以前的热顶铸造相比,冷隔约降低 5/6,而逆偏析层降低 2/3 以下,偏析度也下降了。采用这种方法可以铸造 ϕ40 ~ 80 mm 的小断面圆锭。Maxicast 系统,铸锭表面偏析层由一般的 500 ~ 800 μm 降至 300 μm;Maxicast Airslip 系统生产的铸锭表面的偏析层一般小于 150 μm。

根据东北轻合金加工厂的试验结果[13],油气润滑模热顶铸造的铸造速度高于普通热顶铸造,更高于普通的立式连铸。例如,获得表面光滑、内部组织无缺陷的 ϕ192 mm 铸锭的铸造速度,2A11(LY11)合金为 128 mm/min,2A12(LY12)合金为 125 mm/min,5A06(LF6)合金为 112 mm/min。

2.4 表面张力成形法

表面张力成形法是郭罗夫斯金提出来的,故又称为郭罗夫斯金法[15,16]。这种方法不用强冷的结晶器使铸坯成形,而只是采用有一定力学性能的绝热耐火材料作模子,与铝不起理化作用,通常采用石棉水泥板。模口工作长度(模板厚度)依线径而异,线坯直径大,工作带可长一些,反之则短一些,一般为 5 mm 左右。成形端的出口角度必须很规整,否则形成氧化膜的起点就要移到圆角的外面,而增大铝线直径。模板厚度有用 6 mm 或 8 mm 的石棉水泥板制作。石棉水泥模板和模衬板一起固定在铝液保温炉侧壁的流口上,模衬板采用耐火水泥制作。采用两对牵引辊作牵引机构。在牵引辊与模子之间的上方设冷却水管。在水管与牵引辊之间设一个向下压的压辊装置。牵引机构后面设收线装置。整个设备沿水平方向布置,如图 2-10 所示。

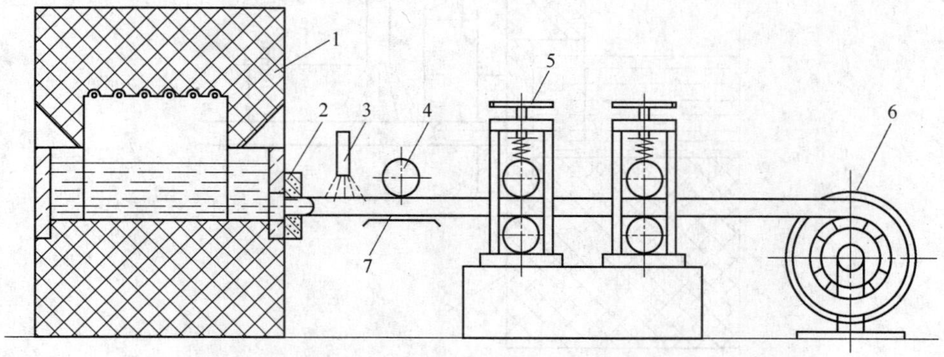

图 2-10 表面张力成形法示意图

1—铸造炉;2—模板;3—冷却水管;4—压辊;5—牵引装置;6—收线装置;7—导线槽

表面张力成形法与水平连续铸造铝杆工艺过程很相似。从连续铸锭的原理来说,表面张力成形法是水平连铸的特例,省却了结晶器的一次冷却过程,整个凝固传热过程仅以单向的二次冷却来完成。在这种情况下，逆流导热是最主要的凝固传热过程，凝固传热过程单一，容易实现定向凝固。

这种方法的生产过程很简单。准备工作做好之后，即可开炉铸造。按所铸线坯直径的不同，选用一种与线径相应的铁制引线杆。引线杆前端光滑洁净、平直。引线前，将模口周围的金属渣、耐火泥等杂物清除干净。操作时切勿触破模口处的氧化膜，否则液态金属将沿模口流出。如遇金属液外流，可用引线杆将模口处的液柱向上挑起，使液流中断。若这样仍不能止住液流，可用引线杆插模口内，但插入不宜太深；引线杆要与模口垂直，以免损伤模口。引线杆插入后，若金属液仍外流不止，可轻轻将引线杆与模口下表面紧密接触，这样即可阻止金属液外流。模口周围清整干净后，如模口处的液态金属呈金红色的半圆球状，即可引线。启动牵引机构，将引线杆插入模口 3 ~ 5 mm 深处，稍停 2 ~ 3 s 或者在模内转动一下牵引杆，然后将牵引机构的上压辊压下，使金属从模口均匀平稳地向外拉出。此时液态金属由于其表面张力和氧化膜的作用，能在几厘米范围内保持圆形的金属液柱。当液柱伸出模外 5 ~ 15 mm 时，打开冷却水阀门，使水量慢慢加大。引出的液柱长度依所铸线径的大小而异，当拉铸直径 10. 8 ~ 12 mm 的线坯时，液柱长度达 5 mm 左右就应供水冷却线坯；当拉铸直径 6 mm 的线坯时，液柱长度可达 10 ~ 15 mm 再供水冷却。线坯通过牵引辊之后，可压下压辊，以免线坯上翘。铝线坯缠绕在收线装置上，定时卸卷。

水冷强度直接影响液柱长短。冷却水的温度一般在 13 ~ 25℃之间。冷却水的位置，一般距模口 5 ~ 10 mm[16]，也有资料[15]记载为 15 ~ 25 mm。离模口太远将造成近模口处的冷却强度减弱，使金属液柱增长，液态金属易破模而出，使铸造过程中断。离模口太近则液柱较短，模口容易堵塞，并有可能使冷却水浇到模口，使液态金属温度降低，甚至引起模口区金属凝固，有断线危险。铸造较粗线坯时近些，线坯较细时可以远些。冷却水距模口的远近原则上应尽可能近些且又不使水溅到模板上即可保持稳定，水流内缘距模口为 8 ~ 13 mm 容易实现而且比较稳定。冷却水管口距线坯上缘的高度一般为 7 ~ 10 m。水流垂直落于线坯表面，如图 2-11 所示。

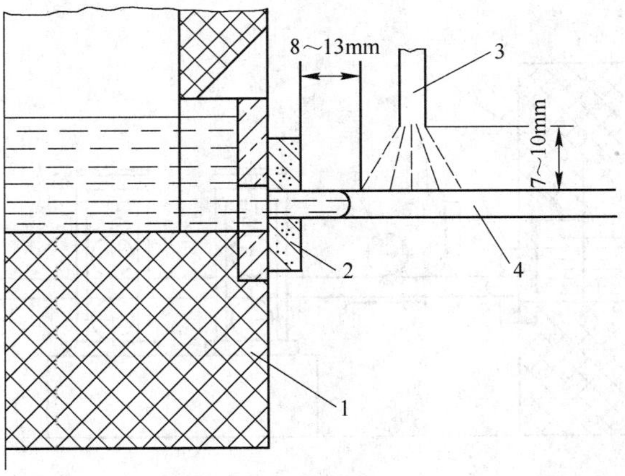

图 2-11 冷却水与模口的相对位置示意图

1—铸造炉；2—模板；3—冷却水管；4—铝杆

冷却水的压力以保证不冲破氧化膜为限，在铸造过程中保持稳定。喷水管直径为 0. 0127 m。经实测用水量为 30 ~ 40 kg/(kg 铝)。实践经验表明，在表面张力法连铸过程中,冷却水的控制是其关键问题,供水设施应便于调整。

连续铸造的工艺参数如下:

(1) 铸造温度。不同合金应采取不同的铸造温度。从第1章已知,液态金属的表面张力随温度升高而降低。温度太高,表面张力减小,金属液容易流散而破坏连续性。温度太低,容易冻结,且线坯越铸越细。一般保持在680~720℃。实测模口附近的液态金属温度列于表2-2,比炉膛内液态金属温度低30℃左右。

表2-2 不同合金的铸造温度[16]

合金牌号	2A50(LD5)、2A01(LY1)、2A04(LY4)、2A06(LY6)、2A10(LY10)	LT1	5A05(LF5)、5A06(LF6)、3A21(LF21)
铸造温度/℃	640~700	600	620~680

(2) 有效液面高度。铸口液面高度应控制在模孔上缘以上1~4 mm;也有资料[15]认为有效液面高度最好保持在0.5~5 mm之间。当铸造 ϕ10 mm以上的线坯时取下限值,铸造细线坯时可保持在3 mm以上。液面高度还应与液态金属的温度配合得当。当液态金属温度较低时,液面高度可高些;当液态金属温度较高时,液面高度应低些。各种线径稳定的有效液面高度列于表2-3。表中 H 值是按公式计算的由线坯中心至液面的高度,有效高度为线坯上表面至计算液面的高度。从表2-3中可以看出,计算液面高度远大于实际生产中的液面高度。实践经验表明,在稳定的有效液面高度范围内,连续铸造过程较为稳定,容易铸造。

表2-3 铸造铝线坯时的液面高度[15]

线坯直径/mm	4	5	6	7	8	9	10.8
计算高度 $H=4\sigma/\omega d$/mm	22.5	18	15	13	12	10	8.3
计算有效高度/mm	20.5	15.5	12	8.5	7	5.5	2.9
稳定有效液面高度/mm		3~6	3~5	2~4	2~3	1~2	
实测液面高度/mm			5.5	4	3		2.0

液面高度与铸造铝线坯直径的关系:铝线坯的最大直径,主要取决于液态金属在模孔处力的平衡状态,即模口所受液态金属的侧压力能否与液态金属的表面张力在模口处形成的力互相平衡。液态金属的侧压力 p 可由下式表示:

$$p=\rho\frac{\pi d^2}{4}H \tag{2-1}$$

液态金属表面张力的合力 Q 可用下式表示:

$$Q=\pi d\sigma \tag{2-2}$$

在平衡条件下,$P=Q$。因此:

$$\rho\frac{\pi d^2}{4}H=\pi d\sigma \tag{2-3}$$

即

$$H=\frac{4\sigma}{\rho d} \tag{2-4}$$

式中 H——线坯中心至液面距离;

ρ——液态金属的密度;

d——线坯直径;

σ——液态金属的表面张力。

线坯最大直径的条件是 $H = d/2$。

(3) 铸造速度。铸造速度应根据线坯直径及冷却强度来决定。线径小,水冷强度大时可快些,反之可慢些。例如,铸造 ϕ7.6 ~ 9 mm 的铝镁硅合金(AlMg0.6 - Si0.62 - Fe0.13)线坯时为 550 mm/min;铸造 ϕ9 mm 线坯时为 420 mm/min。上海有色合金线材厂通常在 26 ~60 m/h 范围内。北京拉锁厂铸 5A05(LF5)和 5A06(LF6)等铝合金线坯时,摸索及采用的铸造速度列于表 2-4。某单位生产操作规程中规定的铝线坯铸造速度列于表 2-5。

表 2-4　5A05(LF5)和 5A06(LF6)等铝镁合金的铸造速度

线坯直径/mm		4 ~ 5	6	7	7 ~ 8	8 ~ 9	9 ~ 10	12 ~ 13
铸造速度/mm · min^{-1}	一般	750 ~ 850	550 ~ 650	500 ~ 550		450 ~ 550		
	采用值				540		480	280

表 2-5　铝线坯铸造速度[14]

模孔直径/mm	4	5	6	7	8
铸造速度/m · h^{-1}	45 ~ 56	40 ~ 45	32 ~ 40	30 ~ 32	27 ~ 30

在生产正常的情况下,铝线坯表面十分光滑,不显现连续铸锭表面常见的发汗现象,铸出的铝线坯直径比模孔直径大 1 mm 左右。模子在使用过程中,模孔也会略微发生变化。石棉水泥模在连续使用 10 多小时后,模孔直径约增大 1 mm。在铸造过程中,由于铝液表面氧化膜的生成或破裂,也会使线坯直径发生局部增大或变小。生产 2A10(LY10)铝合金线坯时,正常情况下线坯直径波动在 1 mm 左右。因此,模孔直径应小于成品直径约 1 mm。

线坯直径不均匀性是这种方法常见的缺陷,凸肚呈竹节状。这是液柱太长、铝液温度过高、模子不洁净等造成的。

连铸时液柱拉得太长或发生上下左右摆动时会造成线坯呈波浪形。托辊的位置对波浪形的形成有明显的影响。托辊距模过近,会使冷却水流到模板上;距模口过远,会造成金属液柱下垂,当被水冷却后形成有规律的波浪状。引起波浪状的根本原因是线坯在水冷区同一断面上存在的温差,由于上方单向喷水,上下必定存在较大的温差。为了克服这种缺陷,最好的办法是沿线坯表面均匀冷却。波浪形在水平连铸中也是容易出现的现象。

用这种方法生产的铝线坯,晶粒比较粗大,在直径 11 mm 的线坯横截面上往往只有十多个晶粒。在显微下观察 2A10(LY10)合金的金相组织,可以看到每个粗大的晶粒实际上包括了许多树枝状组织,而且比一般方法铸造的树枝组织更为细密,这是由于直接水冷速度较快的缘故。由于主冷却方向单一,柱状晶容易沿线坯轴向生长,甚至形成很长的单晶体。

这种方法适于小型线坯生产,可以多流同时连铸。

表面张力成形法的实践,揭示了液态金属的表面张力在连铸生产中的实际意义。这一点对于连铸生产是很重要的,在液态金属与固态金属之间,利用表面张力能形成稳定的过渡区;合理地控制这个过渡区,才能保持连铸过程的稳定性,才能得到良好的铸锭质量。

2.5　弯月面在连铸生产中的意义

在敞露液面的立式连铸中,弯月面会影响铸锭的表面质量。在水平连铸与同水平铸造过程中，弯月面同样有着重要的作用，除了影响铸锭表面质量之外，还会影响到凝固壳的形成过程。从以上各式水平连铸与热顶铸造原理中可以清楚地看出这一点。在恒动式水平连铸、TG水平连铸及热顶铸造过程中，均有弯月面存在。在连体式 УНИИМ 水平连铸过程中，不存在弯月面。在表面张力法连铸过程中，则完全是依赖表面张力而成形的。

根据 B. T. Сладкоштеев 等人的试验研究[17]，在分体式 УНИИМ 水平连铸过程中，用放射性硫加入到结晶器内的钢液中，显示开始阶段坯壳凝固前沿的形成状况。研究结果表明，当钢液同结晶器壁接触时，凝固壳瞬间形成；振动拉坯过程中，当结晶器相对于铸坯作反向运动时，结晶器入口处的凝固壳被拉断，有一小段凝固壳可能黏附在耐火材料连接管上，另一部分在结晶器铜壁上。当结晶器与铸坯同向运动时，断开的凝固壳之间被钢液填充而凝固形成坚固的连接“桥”；在新的振动周期开始时，此“桥”不会被拉断。这种金属连接“桥”在 2 ~ 3 s 的时间内即可形成。根据 O. A. Шатагин 等人的研究结果[18]，在凝固壳断裂的情况下，当填充断口的液态金属与水冷铜结晶器壁接触时，瞬间形成的凝固壳与结晶器壁之间呈波动性接触，其振动频率达到 15 ~ 20 次/s；在 500 ~ 700 mm 长的结晶器内，距结晶器入口 175 mm 直至出口的区段，正常过程中没有发现凝固壳断裂的现象，凝固壳与结晶器壁之间的相对接触时间有时为几秒钟。这种现象表明，在激冷的结晶器与保温的导流区（耐火材料连接管）之间的突沿过小而铸造速度较低时，凝固壳的凝固前沿很容易深入到导流区。

弯月面在水平连铸与热顶铸造中的作用，是在液相穴顶端的凝固壳与液态金属之间形成了过渡区。弯月面是被铸液态金属与空气或润滑剂之间形成的界面相互接触，不与结晶器壁接触。

弯月面是由于液态金属的表面张力作用而形成的。表面张力大，弯月面半径大；表面张力小，弯月面半径小。表面张力受温度的影响，一般随着液态金属的温度升高而降低。

在理想的条件下，弯月面始于液相穴顶端凝固壳的凝固前沿，即连铸过程中液态金属在激冷结晶器壁上的初始凝固点，通常称为弯月面根部。弯月面上的热量可以通过弯月面根部向结晶器壁传递；也可以通过热辐射传递到弯月面周围的空间。弯月面散热过快，会使弯月面固化，甚至使凝固前沿伸入到导流区内。为了避免弯月面固化，必须严格控制弯月面过渡区的温度。控制结晶器壁保持适当的低温；导流区与结晶器接触的端面，应控制其温度接近或等于被铸金属的浇注温度。结晶器的入口端面与导流区（液流控制板、分离环、热顶）的出口端面之间，应采取合理的绝热措施。导流区外周也必须加强绝热保温措施。在结晶器内壁与导流区出口之间应保持适当的突沿尺寸。

导流区出口端面的温度控制至关重要。一是它直接影响到铸锭的表面质量，甚至影响到连续铸锭过程的稳定性；二是在某些条件下它还会影响到铸锭的内部质量，例如水平连铸铝合金锭时，会出现光亮晶。当结晶器入口端面与导流区出口端面之间采取良好的绝热措施时，导流区出口端面采用高导热材料制作比用绝热材料时更为有益。在 TG 式水平连铸过程中，强调三重点温度的意义即在于此。

在连续铸锭过程中，结晶器壁与凝固壳接触区内的适当润滑可调节弯月面过渡区的温度，减弱弯月面的固化程度。热顶铸造过程中的油气膜润滑措施，特别是将油气分段供给时，上段供气、下段供油，弯月面过渡区的温度调节效果更佳。

从避免弯月面固化的角度考虑，采取高速铸造更为有益。在这种条件下，利用被铸液态金属过热度的热源作用,可以保持弯月面的自然状态或减弱弯月面的固化程度。

在表面张力法连铸过程中,铸坯的成形则完全依靠表面张力的作用。在这种条件下,铸坯的凝固过程由逆流导热作用控制;金属液柱向周围空间辐射传热的一次冷却可以忽略不计。冷却水流内缘距模口的距离,一般控制在 8 ~ 13 mm 之间。在分体式 УНИИМ 水平连铸过程中,有着类似的情形;但是,由于导流区与结晶器紧联,界面处至激冷区的距离为零,冷却强度很大,很容易使铸坯的凝固前沿伸入到导流区内。只有采取较高的铸造速度时,才有可能将凝固前沿保持在结晶器内。

在水平连铸与热顶铸造过程中,只要有弯月面存在,在铸锭凝固壳与导流区出口端面之间即可形成过渡区,有利于连铸过程的稳定进行。创造弯月面形成的良好条件,在水平连铸与热顶铸造过程中是特别重要的。

2.6 运动状态在连铸生产中的意义

从上述连铸原理中可以清楚地看出,除了表面张力法之外,铸锭凝固壳与结晶器壁之间总是存在着相对运动。在大多数情况下,铸锭始终处于连续运动状态;在某种工艺制度下,铸锭则以间歇式运动。在大多数情况下,结晶器始终处于静止状态,在某种工艺制度下,结晶器则以振摆式运动。不同的运动状态对连铸过程会带来不同的影响。

在连铸过程中,铸锭凝固壳与结晶器壁之间的相对滑动是最主要的运动形式。无论何种运动组合,都避免不了相对滑动的存在。当两物体接触处有相对滑动或滑动趋势时,在接触处的公切面内将受到一定的阻碍相对滑动的阻力。因此在铸锭表面与结晶器工作壁之间存在着滑动摩擦力。从第 1 章中可知,动摩擦系数小于静摩擦系数,而且摩擦系数随着物体温度升高和正压力增大而增加。在铸锭刚形成凝固壳时,铸锭表面的温度很高,铸锭与结晶器工作壁之间的摩擦阻力是很大的。在高温时,金属的强度又很低;例如,铝在 600℃时为 3 MPa,铜在 1000℃时为 8 MPa。在水平连铸中,由于重力作用,铸锭下表面与结晶器壁之间的正压力大于其上表面,因此水平连铸过程中凝固壳被拉裂时大都始于铸锭下表面。

从表面张力法连铸实践中可知,生产出来的铝线坯表面很光滑。在水平连铸过程中,上表面的“发汗”现象大大小于其下表面,甚至也很光滑。这种现象不能单从凝固薄壳二次熔化来解释,而是二次熔化和滑动摩擦的综合结果。在表面张力法连铸过程中,铝线坯凝固薄壳的表面显然不存在滑动摩擦阻力的影响。在水平连铸过程中,由于凝固收缩时体积减小,铸锭凝固壳表面与结晶器工作壁之间产生空隙;由于重力作用,铸锭下表面与结晶器工作壁接触紧密,而其上表面与结晶器工作壁之间形成较大的空隙或者接触不甚紧密。因而在单向滑动的水平连铸过程中,铸锭下表面的滑动摩擦阻力大于其上表面。当铸锭的激冷薄壳因凝固收缩脱离结晶器壁瞬间,薄壳温度回升以至重熔;凝固薄壳再次接触结晶器壁,滑动摩擦伴随产生。凝固壳与结晶器壁的接触是断续式的。又由于高温时金属强度很低,在低熔相处的凝固壳很容易被磨破,使液态低熔相渗出薄壳而滞凝于铸锭表面与结晶器壁之间的空隙中,形成细小的点状偏析瘤。根据 И. Я. Гранат 在立式连续铸钢中的研究结果[19],凝固壳与结晶器壁之间滑动的阻力按其本质而言是由于凝固金属对结晶器壁的点黏附;在金属液面以下长达 1 ~ 3 cm 的区段上,由于点黏附而发生凝固壳断裂的危险最大。在铸锭凝固壳与结晶器壁之间添加适当的润滑剂,铸锭表面质量得以改善,“发汗”现象明显减少。从传热角度考虑,加润滑剂必然降低结晶器壁的散热强度,加剧凝固薄壳温度回升;而润滑剂能大大降低滑动摩擦系数。例如,钢与钢之间的静摩擦系数,无润滑时为0.15,而有润滑时为0.10~0.12;动摩擦系数,无润滑时为0.15,而有润滑时为0.05~0.10。在连铸过程中润滑剂降低摩擦系数起了主导作用,减弱了凝固薄壳温度回升后相对滑动被磨破的因素。

在连铸过程中单向匀速运动时,只要工艺条件稳定,液相穴形状处于相对固定的空间。

在间歇式拉坯的过程中,一定时间内铸锭凝固壳与结晶器壁之间处于相对静止状态;随即单向运动一定时间,铸锭凝固壳表面与结晶器壁处于相对滑动状态。当铸锭处于相对滑动时,新的凝固壳开始形成,并与结晶器壁断续接触。当铸锭处于相对静止时凝固壳增厚。在铸锭停止运动与滑动衔接处,凝固壳处于熔焊状态,周而复始,在这种运动状态下,处于相对静止时由于凝固壳厚度增加和壳面温度降低,凝固壳不至于被拉破。在相对滑动时形成的凝固薄壳仍然容易拉破。静摩擦系数大于动摩擦系数;因此拉坯刚启动时,拉坯阻力是比较大的。在静动交替处的铸锭表面质量往往不好。在这种运动状态下,铸锭液相穴的形状在一定空间内变化着,沿铸锭运动方向变化的长度等于一次拉坯距离。

在结晶器处于振摆运动状态下,铸锭则以一定的速度单向连续运动。在这种工艺制度中,当铸锭和结晶器从相对静止的始点以等速反向运动时,铸锭凝固壳表面与结晶器壁之间的相对滑动速度为拉坯速度的2倍。当结晶器运动到距牵引装置的最远点位置时,铸锭表面与结晶器壁之间相对静止,结晶器旋即与铸锭等速同向运动;在相对静止过程中凝固壳厚度逐渐增加。结晶器运动到距牵引装置的最近点位置,凝固前沿运动到始点位置,完成一次振摆周期。结晶器旋即以拉坯速度与铸锭反向运动,开始新的振摆周期,周而复始。由于凝固壳增厚和铸锭表面温度降低,反向运动时凝固壳不易被拉破。在每一个振摆周期中,结晶器与铸锭反向运动过程中铸锭凝固壳形成,同向运动过程中凝固壳逐渐增厚。凝固壳断续形成,其节距等于振摆幅度。铸锭凝固壳表面与结晶器壁之间的摩擦阻力,由静变动时最大,很容易拉破凝固薄壳,在凝固壳接口处表面质量往往不好。铸锭液相穴形状以振幅距离伸缩变化。

在振摆运动过程中,由于中间包、结晶器和二次冷却装置同步运动,不仅使设备结构复杂,而且中间包内的液态金属晃动得厉害,因此在实际生产中不常采用。

在间歇式拉坯和振摆运动过程中,凝固薄壳与结晶器工作壁之间沿轴向接触也是不连续的。凝固薄壳被拉破的因素依然存在,只是被拉破后容易被熔焊起来。

在波动式水平连铸工艺制度中,所采用的结晶器都比较长。有效长度均在180 mm以上。这是造成连铸过程难以稳定的根本原因。这个原因又缘于结晶器工作壁材料的选择。在铝及铝合金锭的生产中,最初也曾经历过波动式水平连铸的发展过程。由于铝及铝合金的熔点比较低,热导率和热扩散率都比较高,而制作结晶器的材料容易选取,大大地缩短了结晶器的长度,使恒动式水平连铸得以广泛应用。根据 И. Я. Гранат 的研究结果[19],凝固壳断裂的最危险区不在凝固壳最薄的初始段。这表明初始段凝固壳表面的温度比较低,凝固层的平均抗拉强度比较高,初始凝固壳不容易被拉破。这个初始段除了弯月面之外是很短的。由于间断性气隙的形成,相应于气隙处凝固壳层的温度回升较快,以至重熔,当其再次接触结晶器壁时,此处的凝固壳很容易被磨破,出现点黏附现象。根据 Ohm L. 等人的实验结果[20],连铸过程中冷却中断时,凝固壳层被重新加热,其强度显著降低,组织粗化;在铸造开始后的10 s范围内,如果冷却中断,凝固壳层强度的降低尤为明显。因此,连续铸造时,一次冷却和二次冷却之间的时间间隔应尽可能短,保证凝固壳层有足够的强度,使铸造能够顺利地进行。对于热导率和传热系数比较高的被铸金属,可以缩短结晶器的长度,充分利用二次冷却的逆流导热作用;同时采用适当的铸造速度,使逆流导热作用能穿越稳定性气隙区而达到波动性接触区。对于热导率和传热系数比较低的被铸金属,除此之外,还应加强结晶器的冷却强度,发挥结晶器的激冷作用;同时利用被铸金属的温度传导系数低的特性,采用适当高的铸造速度,提高结晶器的冷却效果,使凝固壳表面的温度保持在适当的范围内,使凝固壳层有着较高的抗拉强度。在一定范围内适当提高铸造速度,可以增加波动性接触区内凝固壳与结晶器壁之间的相对接触面积和相对接触时间,还可以增加波动性接触区的总面积,从而可提高结晶器的冷却效果。在生产实践中,通常可以看到在一定范围内提高铸造速度,铸锭表面的质量得以改善,即在于提高结晶器的冷却效果。实际上,振动式拉坯工艺制度也就是起到了同样的作用;而且在结晶器与铸坯反向运动的过程中,凝固壳表面与结晶器壁之间的滑动速度是拉坯速度的2倍以上。间歇式拉坯的目的也是增加凝固壳的厚度,同时降低凝固壳层的表面温度。B. B. Сачко 等人根据水冷铜结晶水平连铸3号钢的研究结果[21],在1～10 s的凝固时间内,凝固壳上下两个面的总应力都小于钢的强度极限;并且,凝固壳上面的应力值总是小于其下面的应力值。这一点与 Ohm L. 等人的实验结果有着相同的实际意义,揭示了结晶器的激冷作用有着一定的时限性。

波动式水平连铸工艺,不仅使连铸设备的结构复杂化,而且对铸锭的质量也不能从根本上得到改善。对于高熔点金属的连铸,应从选取合适的结晶器材料着手,将结晶器的长度缩短至合理的范围内,进而探索合理的工艺制度。

参考文献

[1] Angleys P. Horizontal Continuous Casting Process(水平连铸法)[J]. Modern Metals, 1964, 20(5):44～48.

[2] 沈阳铝镁设计院电解组、淄博铝厂. 水平连续铸造铝杆新工艺试验小结[J]. 轻金属技术,1973,(4):1～7.

[3] Terssmann Alfred H. Method and Apparatus for Continuous Casting(连续铸造的工艺和装置). 美国,2837791[P]. 1955－04－15.

[4] Сладкоштеев В Т, Вартазаров М А, Курицкий М А, идр. 有色金属水平连续浇铸[J]. Металлургическая и Горнорудная Промышленность,1962,(1):47～50.

[5] Сладкоштеев В Т, Курицкий М А, Шатагин О А, идр. 用 УНИИМ 机水平连续浇铸青铜[J]. Цветные Металлы,1962,(3): 67～74.

[6] Сладкоштеев В Т, Шатагин О А, Курицкий М А, идр. Опыт Работы Горизонтальной Машины Непрерывного Литья Бронзы(水平连铸青铜的研究试验)[J]. Цветные Металлы,1965,(2).

[7] Терехов В Н, Сладкоштеев В Т, Шатагин О А, идр. Качество Непрерывно Отлитых Бронзовых Прутков для Волочения Проволоки(连铸拉伸用青铜盘条的质量)[J]. Цветные Металлы,1970,(8):59～61.

[8] Сладкоштеев В. Т, идр. 水平连续铸钢[J]. Бюллетень ЦИИН ЧМ,1962,(14):442.

[9] 韩淑敏,刘刚. 水平连铸－冷轧法生产H65黄铜带工艺研究[J]. 有色金属加工,2007,36(3):21～26,31.

[10] 刘刚,韩淑敏,白常厚. H65黄铜水平连铸工艺研究[J]. 金属世界,2007,(2):10～13,23.

[11] 蔡开科,邢文彬,章仲禹,等. 水平连铸圆坯凝固特性研究[J]. 钢铁,1986,21(11):18~22.

[12] 上島駿雄,山内健敏,猪股偵夫. 铸铁的连续铸造及其实况[J]. 金属,1965,35(16):48~52.

[13] 高荫桓,翟永. 铝合金油气润滑模热顶铸造的研制[C]. 见:第十届轻合金加工年会(轻合金文集第三集). 杭州,1991(1~6).

[14] 神尾彰彦. 铝的连续铸造技术和铸锭组织[J]. 轻金属,1982,(6):311~324.

[15] 有色冶金设计总院. 铝线坯简易连续铸造法[M]. 北京:冶金工业出版社,1960.

[16] 冶金部情报标准研究所. 铝合金线坯的连续铸造. 见:冶金部情报标准研究所. 有色金属及合金线坯的连续铸造. 北京:冶金部情报标准研究所,1973. 1~9(内部资料).

[17] Сладкоштеев В Т,Шатагин О А,Курицкий М А,идр. 水平连续铸钢工艺[J]. Сталь,1964,(9):795~797.

[18] Шатагин О А. 水平连续铸钢时铸锭与结晶器之间的热交换[J]. Бюллетень ЦИИН ЧМ,1963,5(457):32~34.

[19] Гранат И Я. Непрерывная Разливка Стали(钢的连续浇铸)[J]. Академии Наук СССР. Москва,1956:145~155.

[20] Ohm L,et al. 凝固层的强度[J]. Aluminium,1988,64(5):513.

[21] Сачко В В,идр. 水平连铸钢坯的成型机理[J]. Металлы,1972,(2):109~113.

3 连续铸锭的传热过程

在连续铸锭过程中,液态金属的浇铸和凝固是同时连续进行的,在金属的凝固过程中伴随着传热过程。铸锭的人工冷却分为两段实现。一次冷却在结晶器内完成、注入结晶器内的液态金属形成一定厚度的凝固壳;这个过程与水冷模中以界面热阻为主的传热相似。立式连续铸锭时,各部分热阻比例为:凝固壳 26%、气隙 71%、结晶器壁 1%、结晶器壁外表面与冷却水的界面 2%[1]。出结晶器,进入直接水冷的二次冷却区完成凝固过程。

在立式连续铸钢过程中,从连铸机上散出的热量约占 50%;在设备部分散出的热量中,70%左右是在结晶器和二次冷却的强制水冷区从铸锭散出的,在自然对流条件下空气中自由冷却散出的部分仅占 30%左右[2]。研究结果表明,二次冷却区的散热速度大大超过铸锭在结晶器内的散热速度;例如,150 mm×475 mm 的碳素钢扁锭,浇铸速度为 0.5~0.8 m/min、二次冷却水耗量为 5 L/kg 钢时,结晶器内散热速度为 1289.5344~1394.2044 kJ/s,铸锭在二次冷却区的散热速度可达 1850.5656~2239.938 kJ/s[3]。

水平连续铸锭的传热过程与立式连续铸锭时基本相同;但由于铸锭及所铸液态金属的重力作用,又存在某种程度的差异。

3.1 接触区的波动性

许多研究者的试验结果表明,在铸锭凝固壳与结晶器壁的接触区内,它们之间的直接接触并非连续的,始终存在着波动性。乌克兰金属科学研究院 O. A. Шатагин 等人对水平连续铸钢时铸锭凝固壳与结晶器之间热交换进行过研究[4~6]。结晶器为铜质整体结构,其长度 500 mm;浇铸的圆锭直径为 80~90 mm 和 120 mm,浇铸速度相应为 1.5~1.7 m/min 和 0.9~1.1 m/min;中间包的容量为 100 kg,包内钢液的温度为 1500~1540℃。试验设备为分体式 УНИИМ 水平连铸机,如图 2-4 所示。

为了确定铸锭凝固壳与结晶器壁的接触特点和热流数值,沿结晶器长度在 4 个截面上安装了直径 6 mm 的接触传送器和热电偶各 24 个,每个区 6 个,按上、下、左、右四个方位布置。在结晶器与传送器之间的 1 mm 空隙用耐热填料填塞,每个传送器同电源及 H-700 型示波器相连;当铸锭凝固壳离开结晶器壁时,电路切断,示波器记录电信号。每个截面上的上部下部和右边沿半径方向各设两支路考铜热电偶,一支距结晶器内表面 3 mm,另一支距结晶器内表面 13 mm;热电偶与两个 12 点的 ЭПП-09 型仪器相联,记录测量的温度。四个测试区的位置分别在结晶器入口处,至入口距离 175 mm、305 mm 和 404 mm 处。试验装置中热电偶的安装位置如图 3-1 所示。采用相对接触时间表征铸锭凝固壳与结晶器壁直接接触的波动性,即表示铸锭凝固壳与结晶器壁接触的时间对传送器工作时间的比例。在研究过程中发现当钢液同结晶器壁接触时,瞬间就形成了坯壳;可是由于冷却收缩而马上离开了结晶器壁;随后由于钢液的静压力作用又重新把坯壳挤向结晶器壁。在第Ⅰ区内,每个振动周期当结晶器与拉坯方向反向运动时，初始凝固薄壳被拉断，因而当填充断口的液态金属与结晶器壁接触时，在第Ⅰ区内不能得到稳定的接触，凝固薄壳的振动频率达到15～20次/s；当结晶器与铸锭同向运动时，被拉断的区域在Ⅰ区形成金属桥，断口愈合了；此桥在2～3 s内形成。在Ⅱ、Ⅲ和Ⅳ区内，正常情况下，没有发现凝固壳断裂的现象，凝固壳与某些传送器接触的周期，有时为几秒。在整个浇铸时间内，凝固壳与结晶器壁接触的平均时间表明，沿结晶器整个长度上没有紧密的接触区或者相等的空隙；凝固壳与结晶器壁处于部分接触状态。相对接触时间随着离结晶器入口距离增加而递减。各测试区相对接触时间列于表3-1。

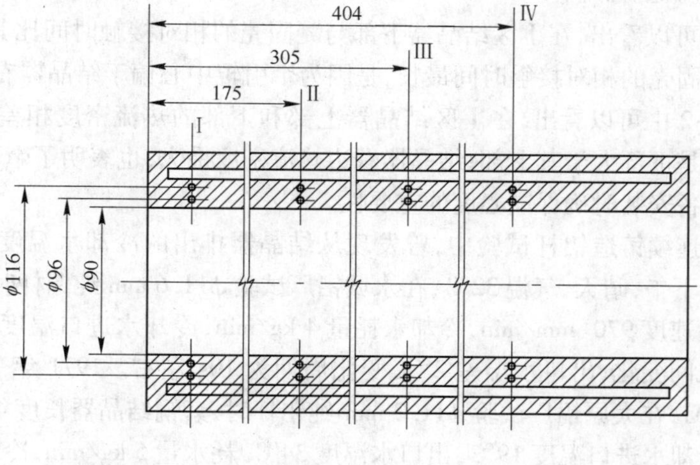

图3-1 水平连续铸钢试验中热电偶安装示意图[4]

表3-1 沿结晶器长度上的相对接触时间[4,5]

接触地点	Ⅰ区 上部	Ⅰ区 下部	Ⅰ区 右边	Ⅰ区 左边	Ⅱ区	Ⅲ区	Ⅳ区	结晶器表面的中部
至结晶器入口距离/mm					175	305	404	
相对接触时间/%	38.0	31.6	52.5	24.7	43.7	37.0	28.0	36.0

根据测量点的温度关系计算热流密度。热流密度值沿结晶器长度由入口向出口递减，其平均数为1195.56～1263.02 kW/m²，接近于立式连续铸钢时的热流量；最大热流密度达到3791.38 kW/m²，即比立式连铸钢锭时大20%～40%。根据记录的两层热电偶的热电势数据，计算出各测试区的热流密度列于表3-2。

表3-2 沿结晶器长度上热流密度的分布情况[4]

数据 / 区域 / 部位	Ⅰ区 3 mm处	Ⅰ区 13 mm处	Ⅱ区 3 mm处	Ⅱ区 13 mm处	Ⅲ区 3 mm处	Ⅲ区 13 mm处	Ⅳ区 3 mm处	Ⅳ区 13 mm处	结晶器全长的平均值 3 mm处	结晶器全长的平均值 13 mm处
上部/kJ·(m²·h)$^{-1}$	6.991956 $\times10^6$	6.950088 $\times10^6$	3.935592 $\times10^6$	3.1401 $\times10^6$	3.307572 $\times10^6$	3.181968 $\times10^6$	1.549116 $\times10^6$	2.637684 $\times10^6$	3.9481524 $\times10^6$	3.9690864 $\times10^6$
下部/kJ·(m²·h)$^{-1}$	6.866352 $\times10^6$	5.987124 $\times10^6$	4.270536 $\times10^6$	4.438008 $\times10^6$	—	3.851856 $\times10^6$	1.842192 $\times10^6$	2.51208 $\times10^6$	3.9230316 $\times10^6$	4.1868 $\times10^6$

续表 3-2

数据 区域 部位	Ⅰ区		Ⅱ区		Ⅲ区		Ⅳ区		结晶器全长的平均值	
	3 mm 处	13 mm 处	3 mm 处	13 mm 处	3 mm 处	13 mm 处	3 mm 处	13 mm 处	3 mm 处	13 mm 处
右边/kJ·(m²·h)⁻¹	9.797112×10^6	9.62964×10^6	5.359104×10^6	4.81482×10^6	3.098232×10^6	3.684384×10^6	1.8966204×10^6	2.805156×10^6	5.0367204×10^6	5.484708×10^6
区域平均/kJ·(m²·h)⁻¹	7.787448×10^6	7.494372×10^6	4.521744×10^6	4.103064×10^6	3.181968×10^6	3.55878×10^6	1.7626428×10^6	2.637684×10^6	4.3040304×10^6	4.5468648×10^6

注：1 kJ/(m²·h) = 0.000278 kW/m²。

从表 3-1 中可以看出，在Ⅰ区结晶器下部与凝固壳的相对接触时间比其上部小 6.4%；结晶器右边与凝固壳的相对接触时间最长，是因为牵引辊中心偏于结晶器右边，致使铸锭向右偏移。从表 3-2 中可以看出，在Ⅰ区结晶器上部和下部的热流密度相差不大，其余各区的热流值基本上是下部大于其上部；结晶器右边热流密度最大，也表明了牵引辊中心右偏的现象。这说明设备安装时确保同心度的重要性。

我们在水平连续铸造铝杆试验中，曾发现从结晶器排出的冷却水温度呈周期性波动。1971 年 6 月 6 日下午，晴天，气温 32℃，在永城铝厂试验 ϕ11.6 mm 纯铝杆时，中间槽内铝液温度 700℃，铸造速度 970 mm/min，冷却水耗量 4 kg/min，冷却水进口温度 19℃，出口水温度在 36～38℃之间变化，出口水温差 2℃，变化周期为 10s 左右。1971 年 7 月 25 日，阴雨天，气温 24～26℃，在太原铝厂试验 ϕ11.2 mm 纯铝杆时，紫铜结晶器长度 40 mm，铸造速度 1600 mm/min，冷却水进口温度 19℃，出口水温度 34℃，耗水量 5 kg/min，冷却水出口温度变化 1℃，变化周期 10s 左右。这种传热的周期性变化可佐证接触区的波动性。

凝固薄壳与结晶器壁直接接触的波动性，在立式连续铸锭过程同样存在。B. C. 鲁捷斯等人对 150 mm × 580 mm 的 3 号钢连续铸锭进行试验[7]，当铸速为 400 mm/min 时，距结晶顶端 400 mm 处宽壁一段内的热流较高，为 $(2.93076\sim4.1868)\times10^6$ kJ/(m²·h)，在窄壁上是距结晶器顶端 200 mm 处一段内的热流密度较高。在这些区域以下，宽壁上的热流密度减少到 1.67472×10^6 kJ/(m²·h)，窄壁上减少到 1.25604×10^6kJ/(m²·h)。凝固壳的宽面在距结晶器顶端 400～500 mm 处、窄面距顶端 150～200 mm 处，最后离开结晶器壁。凝固壳完全离开结晶器壁之前，由于钢液静压力作用及其从液态变为固态时的收缩作用，而不止一次出现空隙。凝固壳与结晶器壁直接接触区的长度，沿窄壁比沿宽壁小得多，这是由于窄面凝固壳有较大的刚性；接触区的长度随着浇铸速度的增加而增加。Л. С. Рудой 等人研究了 420 mm × 175 mm 钢锭在往复运动时凝固壳同结晶器壁的接触情况[8]，当拉坯速度为 0.6 m/min 时沿结晶器高度的接触状态，窄面不超过 50%，宽面约等于 25%。拉坯速度由 0.4 m/min 增至 0.6 m/min 时，平均值由 17% 增至 25%。G. Fratina 等人研究 UNI3569 铝合金（相当于 6063）立式连续铸锭时[9]，铸锭直径为 180 mm，结晶器高度为 80 mm；浇铸温度 730℃，铸造速度 100 mm/min，冷却水流量 2000 L/h，金属与结晶器接触区高度 50 mm。结晶器工作壁上的温度分布如图 3-2 所示。左图是铸锭具有正常表面时结晶器壁的温度波动情况，右图是铸锭具有热表面时结晶器壁的温度波动情况。图中 L_1、L_2、L_3 和 L_4 四支热电偶至结晶器顶面的距离分别为 5 mm、40 mm、60 mm 和 78 mm，L_2 和 L_3 处于实际接触区，温度波动很明显。因此，有的资料早就明确提出[12]，结晶器中的热传导，部分接触理论计算值远比紧密接触理论计算值接近实验资料。

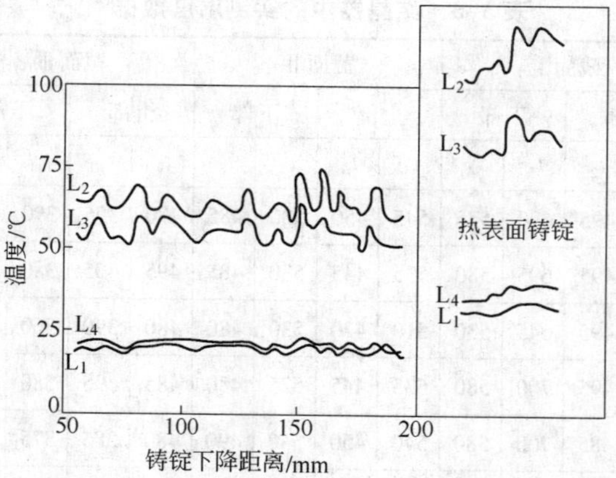

图 3-2 连续铸锭时结晶器壁的温度特性[9]

左—正常表面的铸锭；右—“热”表面的铸锭

3.2 接触区传热的不对称性

在立式连续铸锭过程中，从理论上讲凝固壳与结晶器壁的接触区，其传热过程是对称的。在水平连续铸锭过程中，由于铸锭的重力作用和液态金属的静压力作用，接触区的传热过程是不对称的。从表 3-2 中可以看出，距结晶器壁 3 mm 的热流密度，在结晶器入口处的Ⅰ区距结晶器上部和下部相差不很大，其余各区的热流密度下部大于上部。

在铜合金的水平连续铸锭方面，B. A. Радзиховский 等人[11]，在顿涅茨有色合金厂对连体式 УНИИМ 水平连铸机铸造黄铜锭时结晶器的热工作情况进行过实测。结晶器为石墨内壁，外套为水冷铜套，长度为 180 mm。沿结晶器长度上四个截面的上部和下部安设 16 支直径 0.5 mm 的克罗梅尔铬镍合金 - 阿留麦尔镍合金和克罗梅尔铬镍合金 - 考铜热电偶，每个截面上各 4 支；极间以及它们与石墨结晶器之间用浸过酚醛漆的玻璃套筒绝缘。热电偶与 ЭПП-09 型电位差计相联。热电偶的安装位置如图 3-3 所示。结晶器中的实测温度数据列于表 3-3。

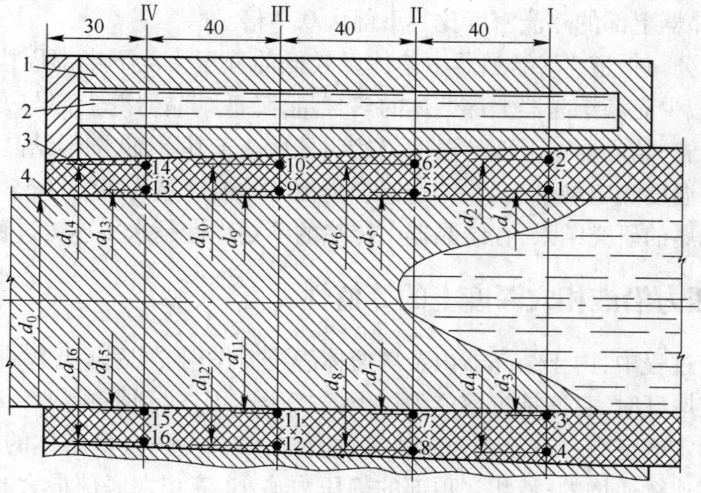

图 3-3 结晶器中热电偶分布图[11]

1—水冷铜套；2—冷却水；3—石墨结晶器；4—铸锭

表 3-3　结晶器中的实测温度数据[11]

温度/℃ 部位 铸造速度/$m \cdot s^{-1}$	截面Ⅰ				截面Ⅱ				截面Ⅲ				截面Ⅳ			
	上部		下部		上部		下部		上部		下部		上部		下部	
	t_1	t_2	t_3	t_4	t_5	t_6	t_7	t_8	t_9	t_{10}	t_{11}	t_{12}	t_{13}	t_{14}①	t_{15}	t_{16}
0.002	680	495	690	575	545	450	530	485	490	395	390	350	380	—	300	285
0.002	675	495	695	580	535	445	530	485	495	405	380	340	390	—	305	285
0.0023	685	495	645	530	510	420	530	480	480	390	360	320	395	—	300	280
0.002	675	495	700	580	535	445	525	480	485	395	380	335	370	—	310	290
0.0025	660	485	700	580	540	450	540	490	480	385	375	335	370	—	300	280
0.0025	655	470	645	530	545	445	530	485	510	420	375	335	370	—	320	300
0.0025	625	445	630	510	550	450	515	465	490	395	400	360	380	—	305	285
0.00226(平均)	665	480	670	555	540	445	530	480	490	400	380	340	380	—	305	285

① 热电偶从测量点失落。

从表 3-3 中可以看出，石墨结晶器壁上的平均温度，在Ⅰ区结晶器下部的温度略高于上部；在Ⅱ至Ⅳ区内结晶器上部的温度高于下部，并且其差值呈递增状态。

Л. Д. Кельман 等人在连体式 УНИИМ 水平连铸机上浇铸直径 60 mm 的 HPb59－1 黄铜锭时实测结果表明[12]：在铸锭形成区段内，石墨壁上部的温度（863℃）比其下部的温度（817℃）高；在平行于液相穴底面的截面内，石墨壁上部的温度为 814℃，下部温度为 817℃。在铸锭形成区段内，依石墨壁温度梯度分布的热流密度，结晶器上部（595000 W/m^2）比其下部（344000 W/m^2）高；平均热流密度，上部（320000 W/m^2）明显高于下部（124000 W/m^2）。

В. А. Камин 在连体式 УНИИМ 水平连铸机上结晶器的热力研究中[13]，采用同 В. А. Радзиховский 等人相同的试验方法，在结晶器石墨衬套和铜套壁上沿长度方向选取四个垂直截面，在每个截面内上、下和一侧各设热电偶，以测量和记录结晶器温度场的参数；结晶器冷却水进出口水温用水银温度计测量；冷却水耗量每 10 min 测一次。试验结果表明，铸造铸铁时，结晶器上部的热流密度比其下部大 0.7 倍。

据美国铝业公司报道[14]，结晶器中熔体以较低的静压头从下半部周边导入，使熔体排出部分热量，以减少充满结晶器上部熔体的热含量，降低结晶器壁上部与下部的温度差值。即使采取如此措施，结晶器壁上部的温度仍然明显地高于其下部，圆形结晶器中沿其顶部至底部中心位置的温度测定结果表明，铸造铝合金锭时的温度差为 22.3～55.6℃。

根据不同金属的研究结果，在结晶器中传热的不对称性是水平连铸过程的特征之一。

3.3　熔体静压力沿液相穴深度上的等值性

在连续铸锭过程中，由于结晶器内金属熔体静压力作用，凝固薄壳紧贴结晶器壁。待凝固壳生长达一定厚度时，它能抵抗熔体静压力的挤压作用，达到平衡状态，使凝固壳与结晶器壁之间形成稳定的空隙。在立式连续铸锭过程中，结晶器内金属熔体的静压力是自上而下沿液相穴深度连续递增的；液相穴顶部的静压力最小，液相穴底部最大。在结晶器内，其顶部金属熔体入口处静压力最小，在结晶器出口处最大。熔体静压力等高面与铸锭轴线垂直。当稳定空隙形成后，随着冷却时间的延长凝固壳厚度和空隙值增加，结晶器壁散热减弱。因而结晶器壁上的温度,由上而下从最小增至最大,复而减小。根据重庆钢铁三厂和北京科技大学对立式连铸 170 mm × 250 mm × 1250 mm的结晶器铜壁温度的测定结果[18],宽边最高温度点的瞬时温度最高达 500℃,一般变化在 300 ~ 400℃ 范围内;窄边的温度变化比较平稳,波动不像宽边那么活跃,最高温度点瞬时温度达 300℃,一般变化在 250 ~ 300℃ 范围内。一般随浇铸时间的增加,特别是在浇铸后期,窄边温度变化比较平稳,沿结晶器高度上铜壁温度分布,最高温度在钢液面以下部位;在宽面最高温度处距结晶器顶面约 220 mm,窄面最高温度处距结晶器顶面约 350 mm。宽边沿高度上温度变化比窄边显著,一般宽边比窄边高 100 ~ 150℃,两者温差愈近结晶器出口处愈小。在结晶器出口处铜壁的温度在 200℃ 左右。沿结晶器高度上的温度变化如图 3-4 所示。在横断面上,最高温度在各边的中部;中部至角部的温度有明显的降落,最大达 250 ~ 300℃,宽边与窄边的边部温差仅有 100℃ 左右。横断面上最高温度分布如图 3-5所示。

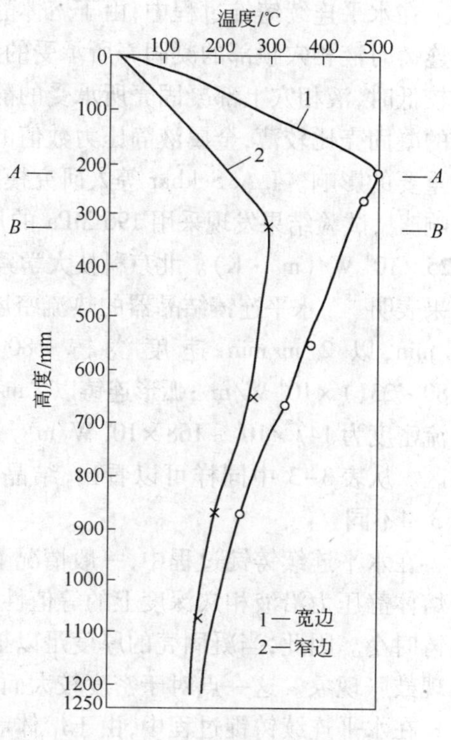

图 3-4 沿结晶器高度上的温度变化

M. C. 巴依青柯也有类似的描述[15],罗西式结晶器上部散热值最大,往下逐渐降低,结晶器下部散热最小。结晶器下部散热速度的回升,是由于铸坯离开结晶器壁后被铸坯中心的热加热到高温,外壳在金属液静压力作用下又重新与结晶器壁接触,因而使散热量增加了。

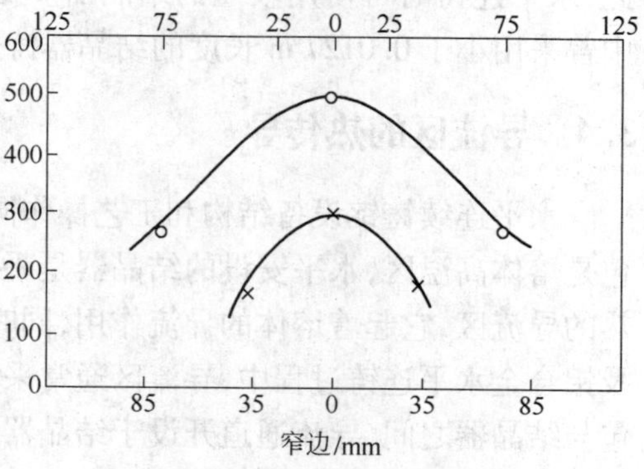

图 3-5 沿结晶器横断面最高温度变化
(图 3-4 中 A—A、B—B 断面)

姚曼教授等人的研究结果[16],在 ϕ178 mm、长度为 780 mm 的铜结晶器中,立式连铸钢锭,拉坯速度 1.4 ~ 2.6 m/min,结晶器铜壁厚度 14 mm,在弯月面附近(0 ~ 40 mm),平均热流密度值较低,小于 800 kW/m^2;在弯月面下 30 mm 区域内小于 500 kW/m^2。随后平均热流急剧增加,在弯月面下 70 ~ 110 mm 区域内达到最大值(4300 kW/m^2),形成狭窄的高热流区;此时,热流对工艺参数的变化很敏感,其波动较大。热流达到最大值后,急剧下降,在弯月面下 150 mm 以下,平均热流保持在 1000 ~ 2000 kW/m^2 范围内。

在水平连续铸锭过程中,由于铸锭沿水平方向运动,液相穴中金属熔体的静压力仅依中间包内的金属液面高度而定,与铸锭的运动方向无关:只要中间包内的金属液面高度固定,液相穴内的熔体静压力即处于恒定状态。沿液相穴深度的熔体静压力等高面与铸锭轴线平行，并且沿铸锭横截面自上而下静压力值递增。这一点与立式连续铸锭过程截然不同。

在水平连续铸锭过程中，由于熔体静压力沿液相穴深度上的等值性特征，一般情况下水平连铸时液相穴顶部的凝固壳所承受的静压力数值远大于立式连铸时。当中间包内金属液面较低时，液相穴上部凝固壳所承受的静压力数值可能小于立式连铸时的数值。液相穴顶部的凝固壳比较薄，金属液静压力数值的变化，对凝固壳与结晶器壁之间的传热系数无疑有着重要的影响。J. A. Sekhar 等人研究模铸凝固时的压力对金属与模壁间隙之间传热系数的影响[17]，试验结果发现采用 196 MPa 的压力可使传热系数从 3.4×10^3 W/(m^2 · K)增加到 5.25×10^4 W/(m^2 · K)。北京科技大学蔡开科先生和马鞍山钢铁公司章仲禹先生等人的研究结果表明[18]，水平连铸结晶器的热流密度高于小方坯弧形连铸机，水平连铸拉坯频率为 100 次/min，以 2 m/min 速度浇铸 ϕ80 mm 的 20 钢锭时，结晶器的热流密度为 $(189\sim231)\times10^4$ W/m^2；弧形连铸以 2 m/min 速度浇铸 120 mm × 120 mm 的钢锭时，结晶器的热流密度为 $147\times10^6\sim168\times10^6$ W/m^2。从表 3-2 中也可以看出这一点，I 区的热流大于其他各区。从表 3-3 中同样可以看出，结晶器壁上的温度从入口到出口，是递降的，这一点与图 3-4不同。

在水平连续铸锭过程中，一般情况下，中间包内金属液面的高度略高于铸锭上表面。由于熔体静压力沿液相穴深度上的等值性，近液相穴底部的凝固壳所承受的静压力远比立式连铸时小。因此，当凝固壳的厚度足以抵抗静压力的作用时，近液相穴底部的凝固壳不容易出现鼓胀现象。这一点对于密度较大而热扩散率较低的金属实行水平连铸是很有利的。

在水平连续铸锭过程中，由于熔体静压力沿液相穴深度上的等值性，增强了液相穴顶部所处区段结晶器的热流密度，同时又减弱了近液相穴底部凝固壳所承受的静压力作用；因此，水平连铸时可使用较短的结晶器。据资料报道[19]，法国 Venthon 铝厂在水平连铸试验中曾采用小于 0.0127 m 长度的结晶器铸造铝母线。

3.4 导流区的热传导

水平连续铸锭设备结构和工艺操作同立式连续铸锭有着很大的差异。水平连铸时中间包是熔体高温区，水平安设的结晶器是凝固壳的激冷区；在结晶器与中间包水口之间设置绝热的导流区，它起着熔体的导流作用，同时对中间包与结晶器前壁之间起热绝缘作用。在铝及铝合金水平连铸过程中，导流区通常采用两种结构形式：一种是直接用石棉板压紧于中间包与结晶器之间，导流通道开设于结晶器中心线的下方，靠近结晶器下壁；另一种是用 Marihite 耐火材料做成带弧形的碗状，称为喇叭碗，导流通道一般设于喇叭碗中心部位。

水平连铸时，在结晶器上部聚集着气体和蒸气，这是由于润滑剂的汽化和燃烧产物所形成的。在水平连续铸造直径 10 mm 的铝杆时，经常可以看到与结晶器相连的铸口砖内壁处的铝液弯月面上冒着黄火苗。由于结晶器内存在着气（汽）体，散热性能就不好。为了消除此弊病而达到较高的铸造速度，美国 Olin Mathieson 化学公司介绍了一种能使铸造时产生的气（汽）体导走的装置，如图 3-6 所示[20]。在喇叭碗的上部是抽气（汽）管，它与环形集气（汽）室相通。抽气孔很小，以不使金属熔体流入其中为准。集气（汽）室同真空泵连接。集气（汽）室的压力为 0.6665 ~ 16.663 kPa。低压的数值根据金属熔体、润滑剂的用量、品种及其流入点来调整。在这里，导流区兼有排气（汽）的作用，可以间接地提高结晶器的散热系数。

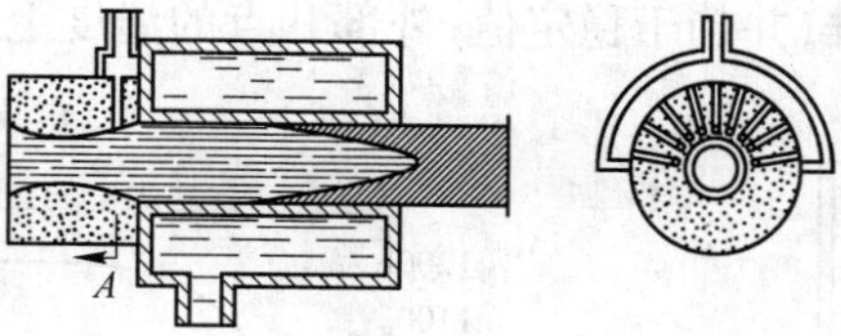

图 3-6 排气(汽)装置示意图[20]

在铜及铜合金的水平连续铸锭过程中，由于金属熔体的温度比较高，导流区不能使用石棉制品。通常采用石墨制作结晶器工作壁，并将导流区与结晶器工作壁联成一体，其一端紧固于水冷铜套内，而另一端插入中间包的水口内；在结晶器水冷铜套与中间包之间的石墨外壁周围设置感应加热器，用高频电流加热，当作导流区。导流区被加热到 1000～1100℃，使被铸的金属在此保持液体状态[21]。在这种情况下，导流区的熔体通道断面与结晶器的型腔断面相同，即所谓"直通道"系统，即如连体式 УНИИМ 水平连铸的浇铸系统。在直通道系统连铸时，导流区与一次冷却区之间不存在稳定的界定面，其间的温度是连续递变的；并且初始凝固壳很容易被拉断，出现"悬挂"现象。

当连铸能溶解石墨的金属时，例如连续铸造钢锭时，就不能采用石墨做结晶器和导流区，而是采用不溶解于被铸金属的低热导率的耐火材料做导流区，例如碳化硼或氮化硼(BN)等。在水平连续铸钢中，通常称导流区为分离环，其安装结构如图 3-7 所示[25]。何光先生等人对水平连续铸钢机分离环的温度场和应力场进行过研究[22]。以 ϕ78 mm 的圆钢锭为例，对两种氮化硼质分离环的结构进行了研究。两种分离环的结构如图 3-8 所示。

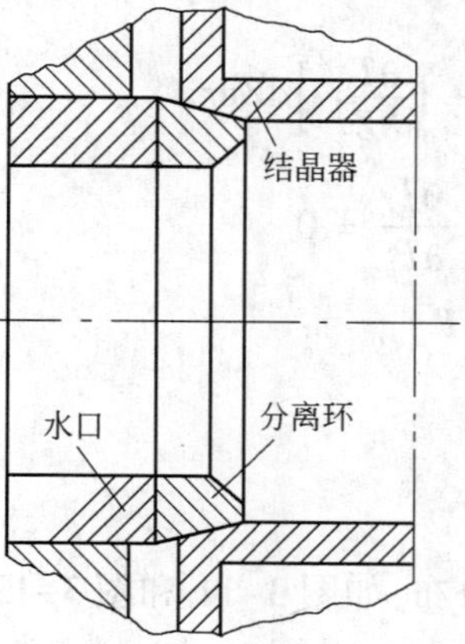

图 3-7 中间包水口与结晶器的连接[22]

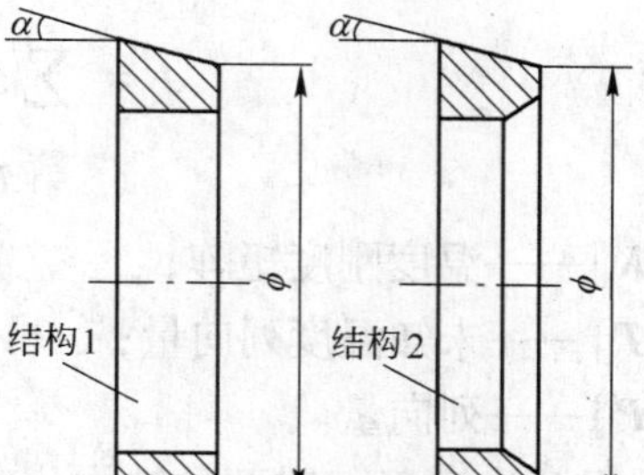

图 3-8 两种分离环的结构[22]

根据水平连铸机的工作情况，在生产工艺条件基本不变的情况下，可以认为分离环的温度场是由一个非稳态趋于一个稳定温度场。分离环达到稳态后，采用第一类边界条件，计算其温度场。为了确定生产条件下边界点的温度值，对分离环边界点上的温度进行了热态模拟试验。测温装置如图 3-9 所示。将铜质结晶器垂直放置，原入口端方向朝下与分离环相结合。分离环用氮化硼(BN)制成。分离环与水口相联，水口底部封闭。水口周围填充保温料，整个结晶器用支架固定。在分离环边界上的不同点放置热电偶，对两种不同结构的分离环进行了测试。将过热钢液浇入测试装置内，即可测试各点的温度。图 3-10 为一次对第一种结构分离环测得的边界上几点的测温曲线。由图 3-10 可知，分离环与钢液相接触的内壁温度开浇后很快地上升,并趋于稳定值,外部几点的温度上升较慢,但也趋于稳定值。

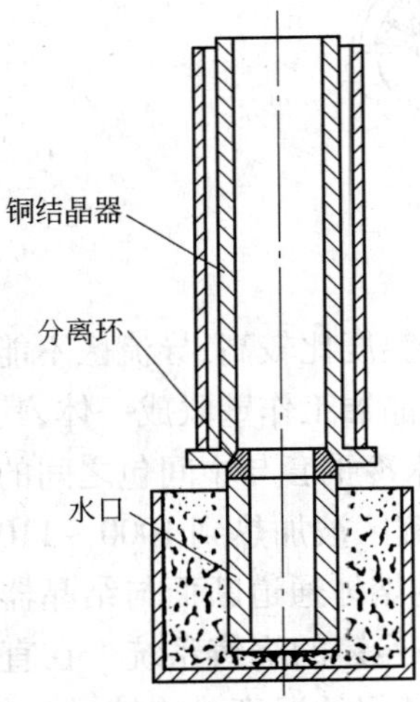

图 3-9　测试装置示意图 [22]

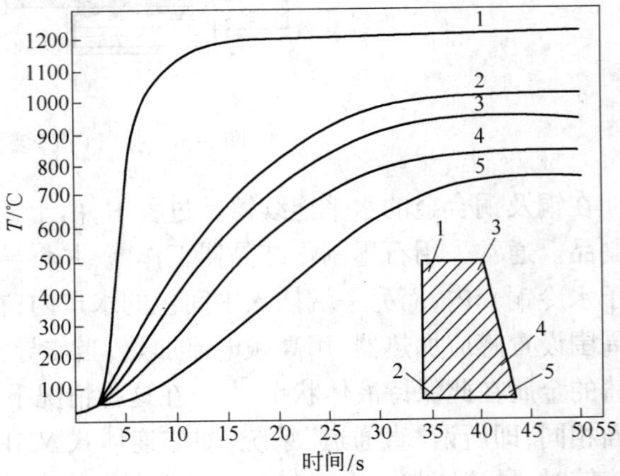

图 3-10　分离环边界点(1~5)上的测温曲线 [22]

根据所测得的边界点温度,采用有限元法计算分离环的温度。用柱坐标轴对称形式,视为无内热源第一类边界条件的温度场。方程为:

$$\frac{\partial^2 T}{\partial Z^2}+\frac{\partial^2 T}{\partial r^2}+\frac{1}{r}\frac{\partial T}{\partial r}=0$$

$$T_{(Z,r)}\mid_{J}=f_{(Z,r)}$$

相应的泛函形式为:

$$J[T_{(Z,r)}]=\iint \frac{kr}{2}\left[\left(\frac{\partial T}{\partial r}\right)^2+\left(\frac{\partial T}{\partial Z}\right)^2\right]\mathrm{d}Z\mathrm{d}r$$

$$J=\sum J^e\frac{\partial J}{\partial T_k}=\sum\frac{\partial J_e}{\partial T_k}=0$$

得

$$[\boldsymbol{K}]\cdot[\boldsymbol{T}]=[\boldsymbol{P}]$$

式中　$[\boldsymbol{K}]$——温度刚度矩阵;

$[\boldsymbol{T}]$——未知温度列向量;

$[\boldsymbol{P}]$——列向量。

计算得开浇后 40 s 时两种结构分离环的温度分布,如图 3-11 和图 3-12 所示。

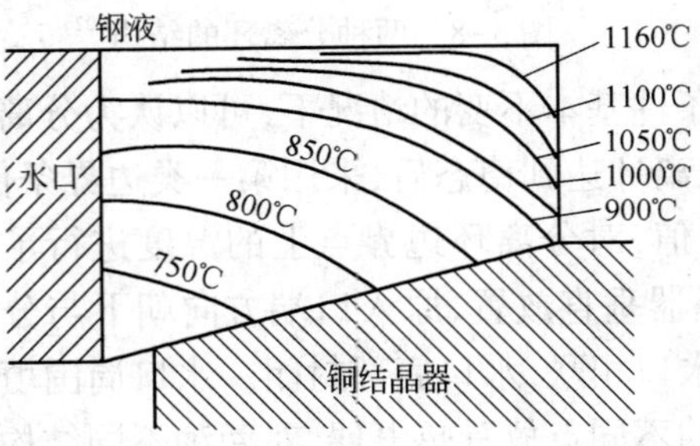

图 3-11　开浇后 40 s 第一种结构分离环断面上的温度分布 [22]

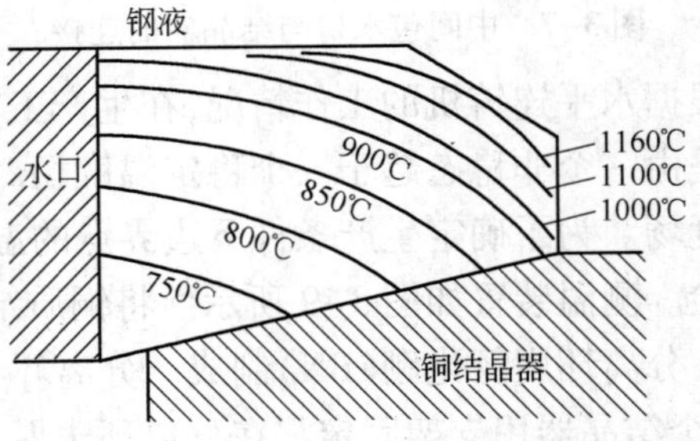

图 3-12　开浇后 40 s 第二种结构分离环断面上的温度分布 [22]

由图3-11和图3-12可知，分离环与钢液接触的相邻部分温度很高，分离环外部与结晶器相接触的相邻部分较前者低。在不同的α角情况下进行计算的结果表明，α角变化范围不大时，分离环温度分布的变化不大。

第二种结构的分离环与喇叭碗导流区类似。从图3-11和图3-12中可以看出，分离环在结晶器型腔内的突沿尺寸对分离环与结晶器壁交角处的温度场有一定的影响，突沿短时交角处的温度相对高些，突沿长时交角处的温度相对低些。根据这一特点，可以适当调整导流区相对于结晶器型腔上下壁的突沿尺寸，以控制交角处的传热速度。导流区的金属液流通道设于结晶器中心线下方，即出于此目的。

在导流区与结晶器型腔壁的交角处也会存在像立式连铸时的液态金属弯月面。在水平连续铸造铝锭的过程中，可以观察到结晶器周壁上距入口边缘约8 mm的范围内为炭黑油污所覆盖，未被凝固壳刮磨，可以推断弯月面的存在。根据这种现象，保持交角处规整的垂直面是很重要的；可以充分利用液态金属表面张力的作用，形成散热较慢的弯月面过渡区。从形成弯月面的角度来说，将导流区做成无垂直交角的喇叭碗状，对水平连铸过程是不利的。在水平连续铸锭的生产中，当中间包与结晶器之间压接石棉板作导流区时，在交角处用润滑油调和的石棉绒抹成斜坡也是无益之举。

导流区在结晶器型腔内的突沿尺寸，应与铸造速度相适应。铸造速度快，突沿可长一点；铸造速度慢，宜短一点。但是，不宜过短，否则容易使凝固前沿伸入到导流区。目的是控制弯月面的冷却强度，使其不至于固化，更不能让凝固前沿伸入到导流区的通道内。

3.5 水平连续铸锭结晶器的传热特性

在水平连续铸锭过程中，由于结晶器水平放置，它直接与中间包连接，金属熔体经过导流区进入结晶器内就立即冷凝成坯壳。由于金属熔体静压力沿液相穴深度上的等值性特点，而液相穴顶端的凝固壳较薄，使相对接触时间增长，相对接触面积增大。但是，要直接确定具体的面积是难以实现的。B. B. Сачк 等人根据部分接触的规律性提出[23]，假如凝固壳同结晶器壁之间存在着紧密接触，其接触过程的特性可以用下式描述：

$$\tau_0^T = 100\% \qquad F_k^T = F_H = 1$$

实际上为部分接触。在这种情况下，某一凝固时间内凝固壳同结晶器壁接触的特征可以用下面的式子来描述：

$$\tau_0^T < 100\% \qquad F_k^r < 1$$

$$F_k^{oTH} = \frac{F_k^r}{F_H} = \frac{\tau_0^r}{\tau_0^T} \leqslant 1 \tag{3-1}$$

式中 F_k^{oTH}——相对接触面积；

τ_0^r, τ_0^T——部分接触和紧密接触时的相应接触时间；

F_k^r, F_k^T——部分接触和紧密接触时凝固壳同结晶器壁的接触面积；

F_H——铸坯同结晶器壁的名义接触面积。

式(3-1)的比值即相对接触面积，表明凝固壳同结晶器壁相互接触面积同它们之间的名义接触面积的比例。τ_0^r/τ_0^T的比值即相对接触时间，τ_0^T即凝固壳在结晶器内停留的时间。在水平连续铸锭过程中，由于相对接触面积增大，所以结晶器的导热能力大于立式连铸。

3.5.1　多级结晶器的传热特征

在水平连铸过程中，由于熔体静压力液相穴深度上的等值性，而结晶器前段的凝固壳又较薄，传热主要集中在结晶器的前段。张凤禄等根据试验结果[24]，当平均热流密度为 9×10^3 kW/m^2 和铸造速度为 2.3 m/min 时，以实际铸坯凝固壳厚度为基础，通过数学模型计算得出水平连铸和立式弧形连铸沿结晶器长度上导出的瞬时热流分布情况，如图 3–13 所示。

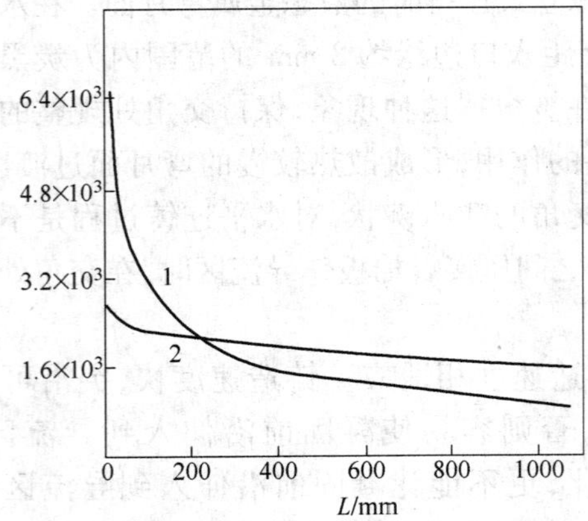

图 3–13　沿结晶器长度的热流分布[24]

1—水平连铸结晶器；2—弧形结晶器

($\bar{q}=1.9\times10^3$ kW/m^2；$v=2.3$ m/min)

图 3–13 中曲线 1 是马鞍山钢铁公司水平连铸 $\phi80$ mm 钢锭的试验结果，结晶器是一次冷却和二次冷却相结合的多级式结构，一次冷却段为铜壁，二次冷却段为石墨壁；铸造速度为 2.3 m/min。按此曲线计算的铸坯出铜壁和石墨壁的凝固壳厚度与快速退火炉所得的实际凝固壳厚度是接近的。图 3–13 曲线 2 是在相同的平均热流密度下弧形结晶器内的热流密度分布；该曲线是按 Mizikar 等人通过实验确定的经验公式计算得出的。比较曲线 1 和曲线 2 可以明显地看出，水平连铸时在结晶器前部（铜壁）的传热效率大大地超过了一般弧形连铸时结晶器前部的传热效率，这是水平连铸的重要特点之一。

图 3–13 所示的结晶器热流密度分布可近似地用下述公式描述：

$$q = A + B\tau^{-\frac{1}{2}} \tag{3-2}$$

式中，A 和 B 为系数，由平均热流密度得出：

$$\bar{q} = \frac{1}{\tau}\int_0^{\tau}\left(A + B\tau^{-\frac{1}{2}}\right)\mathrm{d}t \tag{3-3}$$

多级式结晶器铜壁是用铍青铜制成。在起铸后 3s，铜壁的温度就达到稳定状态。结晶器头部靠近铸坯的铜壁表面温度为 287℃，尾部为 195.3℃。在连续铸锭过程中，冷却水耗量为 21×10^3 kg/h、拉坯速度为 2.3 m/min 时，结晶器铜壁和石墨壁的温度变化如图 3–14 所示。

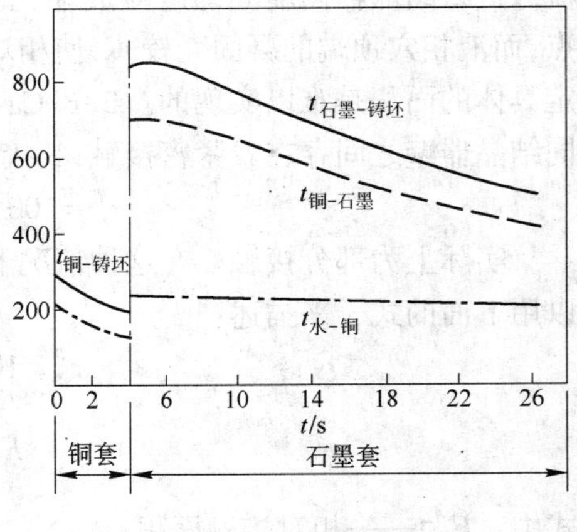

图 3–14　结晶器沿长度的温度变化[24]

（水量：21×10^3 kg/h；拉速：2.3 m/min）

从图 3–14 可以清楚地看出，在多级结晶器中，由于结晶器材料性能的不同，在两级交界处，沿其长度上的温度分布呈突变状态；由于第一级较短、有一定的倒锥度、铸造速度较高，凝固壳与结晶器壁之间尚未出现稳定性气隙，温度曲线上不显示出回升段。这是多级结晶器的传热特点。

3.5.2 单级结晶器的传热特征

单级式结晶器的内壁材料为单一材料。因此,沿结晶器壁长度上的热流分布从入口向出口递降。当绝热保温的导流区与激冷的结晶器以各自独立的结构相连接时,沿结晶器长度上的热流分布与多级式结晶器的铍钴铜套上的热流分布相似;但是,在对应于稳定气隙开始形成处会出现一定的跃变状态。

当结晶器内壁与导流区以同一材料作成一体时,特别是采用热导率和导温系数较低的石墨材料作成连体的结晶器内壁和导流区时,在铸锭横截面内上部凝固迟缓于下部的现象更为明显。在铸锭成形区内,在同一横截面内,石墨壁上部的温度比其下部高;热流分布,结晶器上部高于其下部。在结晶器入口处上下部温差很小,出口处上下部温差较大。

Л. Д. Кельман 等人[12],在水平连铸直径 60 mm 的黄铜时,测得与导流区连体的石墨结晶器壁上的温度变化。在铸锭成形区内,结晶器上部石墨壁的温度为 863℃,其下部的温度为 817℃。在平行于金属液相穴底面的横截面内,上部温度为 814℃,而其下部温度为 817℃。在铸锭成形区内,依石墨壁温度梯度分布的热流密度,结晶器上部为 595000 W/m^2,其下部为 344000 W/m^2。平均热流密度,上部为 320000 W/m^2,其下部为 124000 W/m^2。由于液态金属在结晶器内温度的不均匀性,使铸锭上部的开始凝固总是比其下部迟缓,并使铸锭的热中心偏移其几何中心的上方。连铸时计算液相穴轮廓的示意图如图 3-15 所示。

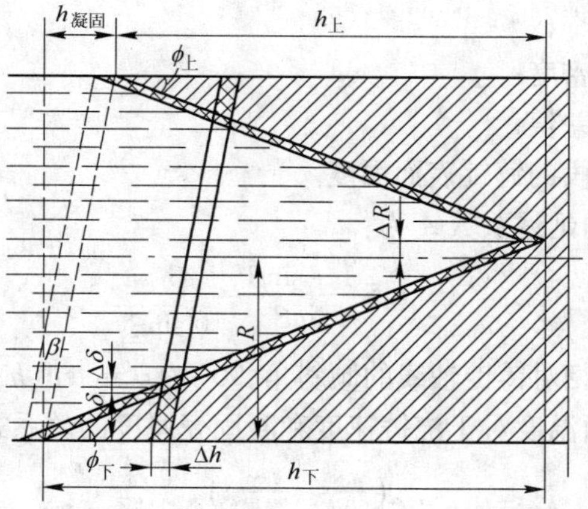

图 3-15 黄铜锭在石墨结晶器内凝固示意图[12]

图 3-15 中的凝固滞后量,可利用立式连铸以恒定的拉坯速度推导出来的液相穴深度 h 公式确定:

$$h_{上(下)} = \frac{R\rho c v_0}{2\alpha} \cdot \frac{t_{上(下)} - t_{结晶}}{t_{上(下)} - t_{器壁}} \tag{3-4}$$

式中 $h_{上(下)}$——按上部或下部金属液温度计算的液相穴深度;

$t_{上(下)}$——液态金属上部或下部的温度,℃;

$t_{结晶}$——结晶温度,℃;

$t_{器壁}$——结晶器壁的温度,℃;

R——铸锭的折合尺寸;

ρ——液态金属的密度；

c——液态金属的热容；

v_0——浇铸速度；

α——液态金属向结晶器壁的传热系数。

根据铸锭上部和下部的凝固差值，即得出金属液相穴顶面的偏移数值：

$$h_{凝固} = \frac{\Delta t}{t_{结晶} + \Delta t - t_{器壁}} \cdot \frac{R\rho c v_0}{2\alpha} \tag{3-5}$$

式中　Δt——凝固前沿上部和下部之间液态金属温差，℃。

铸锭的凝固条件，结晶器上部和下部都是一样的。从图 3-15 示出的图解得出：

$$\frac{2\Delta R}{h_{凝固}} = \frac{R}{h_{轴心}} = \tan\phi \tag{3-6}$$

式中　ΔR——铸锭的凝固中心偏移值；

R——铸锭半径；

$h_{轴心}$——在水平轴向平面内金属液相穴的最小深度；

ϕ——凝固等温线的斜角。

由式(3-6)得出：

$$\Delta R = \frac{2\lambda h_{凝固}(t_{结晶} - t_{表})}{\rho I R v_0} \tag{3-7}$$

式中　λ——金属的热导率；

ρ——固态金属的密度；

I——金属的热焓差值；

$t_{表}$——液相穴顶区段的铸锭表面温度。

铸锭上部开始凝固的延迟系数 A 为：

$$A = 1.5\frac{1 + \sin\beta}{\sin\beta} - \frac{1}{\sqrt{\sin\beta}} \tag{3-8}$$

式中　β——液相穴顶面相对铸锭轴线的倾斜角，$90 - \beta = \arctan(h_3/2R)$。

经试验得出铸锭表面温度对于浇铸速度和凝固壳厚度的关系式：

$$t_{表} = t_{结晶} \cdot e^{\left(\frac{\alpha_{锭}}{\alpha_{石墨}}v_0 + \frac{\delta_{石墨}}{L_{结晶器}}\delta\right)} \cdot e^{\frac{1 - e^{-W_{水}}}{\frac{\alpha_{锭}}{\alpha_{石墨}} + 0.1W_{水}}} \tag{3-9}$$

式中　$\alpha_{锭}$，$\alpha_{石墨}$——铸锭和结晶器壁石墨的热导率；

$\delta_{石墨}$——结晶器石墨壁的厚度；

$L_{结晶器}$——结晶器的长度；

δ——给定切面内凝固壳的厚度；

$W_{水}$——结晶器内冷却水流速。

变换铸锭表面温度 $t_{表}$，可得出凝固壳的热焓值：

$$I = q_{结晶} + \frac{1}{2}c(t_{结晶} - t_{表})$$

式中　$q_{结晶}$——结晶潜热。

在振摆式牵引或反推过程中，铸锭进入新的拉坯周期时，形成的凝固壳向液态金属运动，而导致凝固壳局部冲刷。冲刷系数 $K_{冲刷}$ 可按下式计算：

$$K_{冲刷} = \mathrm{e}^{-\frac{Fo_{冲程}}{\alpha}\left(1-\frac{Re_{临界}}{Re}\right)}$$

式中 $Fo_{冲程}$——傅里叶准数；

$Re_{临界}$——雷诺准数临界值；

Re——铸造条件下的雷诺数；

α——与金属的热学参数及浇铸的水力学条件有关的系数。

根据铸锭在水平连铸结晶器内形成的特点，利用立式连铸以恒定拉坯速度的条件下得出的凝固速度公式，运用上述系数进行换算的结果，可以得到确定水平连铸过程中沿金属液相穴长度上任何截面的凝固速度的公式：

$$v_{凝固} = \frac{2 \cdot \lambda \cdot k_{冲刷} \cdot (t_{结晶} - t_{表})}{A \cdot \rho \cdot I \cdot r \cdot \ln \dfrac{R}{r}} \tag{3-10}$$

式中 r——凝固前沿等温线坐标，$r = R - \delta$。

运用式(3-10)可以确定一个周期内任何时刻金属液相穴的轮廓，以及研究在全部周期内的动力学变化。直径 75 mm 的 HPb59-1 黄铜锭，当拉坯制度为拉 7 s 停 13 s、拉距 50 mm、平均浇铸速度 9 m/h 时，凝固的平均等温线，其计算结果和实测结果如图 3-16所示。

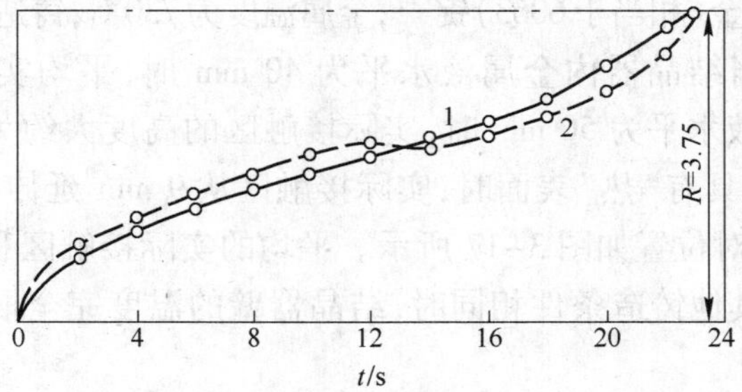

图 3-16 凝固的平均等温线[12]

1—实测等温线；2—按理论公式计算的等温线

3.5.3 平均热流密度

前两节所述热流密度分布均指瞬时热流。平均热流密度 $\bar{q}$(W/m²)是通过结晶器的冷却水量w(kg/h)和进出口水温差 Δt(℃)应用下式计算出来的：

$$\bar{q} = \frac{w \cdot c \cdot \Delta t}{3600 \cdot F} \tag{3-11}$$

式中 c——冷却水的质量热容，J/(kg · ℃)；

F——结晶器导出热流的面积，m²。

通常在应用式(3-11)计算平均热流密度时，采用铸坯同结晶器壁的名义接触面积作为结晶器的导热面积。在连续铸锭过程中，铸锭的凝固壳与结晶器壁的接触不是全面性的，实际上部分接触，遵循式(3-1)所描述的规律。从原理上来说，结晶器导出热流的面积 F 是相对接触面积 $F_{接触}^{相对}$。在水平连铸过程中，由于熔体静压力沿液相穴深度上的等值性，而液相穴顶部的凝固壳又很薄，凝固壳与结晶器壁之间的相对接触面积大于立式连铸时。因此，水平连续结晶器的平均热流密度大于立式连铸时。正如资料[18]所报道，水平连铸 ϕ80 mm 的20号钢锭，拉坯速度为 2 m/min 时，结晶器的热流密度为 189 ~ 231 W/cm^2；弧形连铸120 mm × 120 mm 的钢锭，拉坯速度为 2 m/min 时，结晶器的热流密度为 147 × 10^4 ~ 168 × 10^4 W/m^2。

3.6　热顶铸造的传热过程

热顶铸造是立式连续铸锭的发展，在结晶器顶端置一耐火材料储液槽，如图 2-9 所示。

3.6.1　热顶铸造的传热特征

在热顶铸造过程中，由于结晶器顶端紧联着绝热储液槽（热顶），所以热顶铸造兼有立式连铸和水平连铸的传热特点。当结晶器的材料采用铝时，保持结晶器工作壁的温度高于冷却水温度 38 ~ 114℃（100 ~ 300 ℉），被铸金属的凝固壳每 0.0254m（1in）长度上的温度变化周期率约 0.5 ~ 10 个周期，每周期内结晶器壁的温度波动在 25℉（4℃）左右[25]。

目前，热顶铸造主要应用于铝及铝合金的连续铸锭生产中。铝的相对密度比较小，因此熔体的静压力比较小，铸锭凝固壳与结晶器壁之间的实际接触区比较短，也就是说结晶器的有效热交换区比较短。例如，在通常的立式连铸过程中，使用高度为 80 mm 的结晶器，铸造直径180 mm 的 UNI3569 铝合金（相当于6063）锭[9]，金属温度为730℃，铸造速度为100 mm/min，冷却水流量为2000 L/h，当结晶器内金属液水平为 40 mm 时，平均实际接触区的高度大约8 mm；当结晶器内金属液水平为 50 mm 时，实际接触区的高度大约为 9 mm；当凝固壳受到严重的共晶偏析影响而具有“热”表面时，实际接触区从 9 mm 延伸到 18 mm，增加 100%。实验时热电偶放置的相对位置如图 3-17 所示。平均的实际接触区和相应的结晶器内表温度如图 3-18 所示。在其他铸造条件相同时，结晶器壁的温度完全取决于实际接触区的大小及其相对位置。

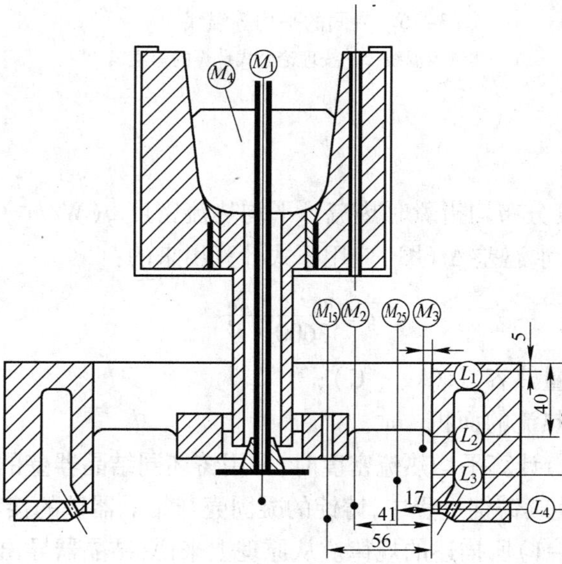

图 3-17　热电偶放置的相对位置[9]

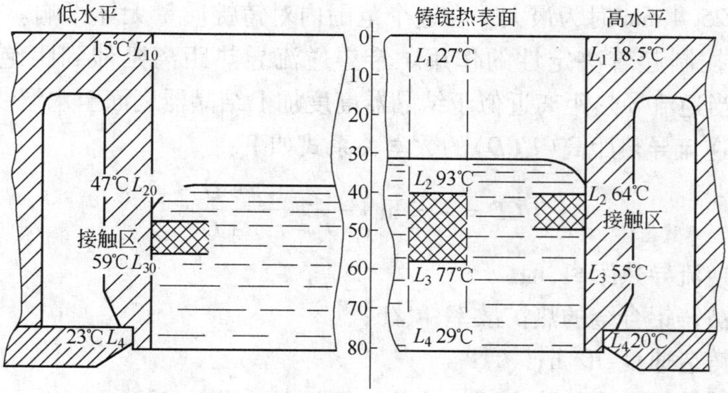

图 3-18 实际接触区在结晶器中的相对位置[9]

在热顶铸造中，一般热顶分为两层。美国 ASCAST 公司的热顶，下层高为 20 mm，上层高为 25 mm。有的资料报道[26]，下层高为 40 mm，上层高为 80 mm。由于金属熔体的液位高于普通的立式连铸，熔体静压力稍高于普通立式连铸，凝固壳与结晶器壁之间的实际接触区的高度也会高于普通立式连铸时。如同水平连铸一样，液相穴顶部的凝固壳与结晶器壁之间的相对接触时间多于普通立式连铸，即相对接触面积大于后者。因此，热顶铸造时的平均热流密度高于普通立式连铸，使用的结晶器长度比较短，可降低到 30 ~ 35 mm [26]。

由于铝的高温机械强度比较小，在 600℃ 时为 3 MPa，凝固薄壳容易被拉破，因此其铸造速度一般比较低。但是，铝的热导率和热扩散率相对说来比较高。因此，二次冷却的散热效果能够影响到结晶器的一次冷却强度。单靠结晶器壁在铸锭表面上产生的向下冷却距离，称为结晶器单独冷却距离（*MAL*）。由铸锭直接喷水线向上的冷却作用至铸锭表面凝固起始线之间的距离，称为逆流导热距离 *UCD*（upstream conduction distance 的缩写）。结晶器单独冷却距离（*MAL*）与逆流导热距离（*UCD*）的相对位置如图 3-19 所示，表示出凝固壳的传热原理。

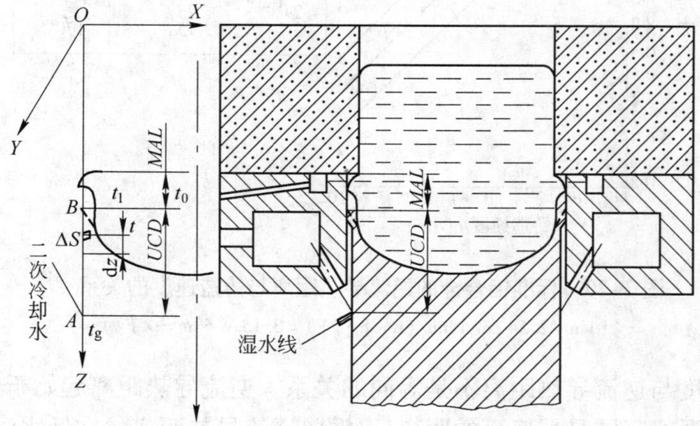

图 3-19 凝固壳传热原理示意图

根据生产实践结果，通过铸造速度的控制，可以使结晶器的热导率由零变至最大。即当逆流导热距离延伸至绝热储液槽底边时，结晶器的热导率为零；当逆流导热距离至绝热储液槽底边约 12.7 ~ 25.4 mm 时为最大。在这个范围内对铸锭质量无坏影响。在这种情况下，逆流导热距离的控制起着决定性的作用。希望逆流导热距离延伸到距绝热储液槽底面 12.7 mm 以内。当逆流导热距离近似于结晶器高度加上结晶器底面至水湿线的距离时可获得最佳值。确定逆流导热距离（*UCD*）的数学关系式如下：

$$UCD = -\frac{\alpha}{v}\ln\frac{c_p(t_o - t_1) + Q}{c_p(t_o - t_g) + Q} \tag{3-12}$$

式中　*UCD*——逆流导热距离，ft；

α——被铸铝合金的热扩散率，ft^2/h；

v——铸造速度，ft/ h；

c_p——被铸铝合金的热容，Btu /（lb · ℉）（1Btu/lb = 2326 J/kg）；

t_g——二次冷却带的激冷温度，℉；

t_1——凝固温度，℉；

t_o——储液槽顶部液体温度，℉；

Q——熔化潜热，Btu/lb。

从式（3-12）可以看出，对于一定的合金和冷却水来说，逆流导热距离是铸造速度和浇铸温度的函数。逆流导热距离与铸造速度的关系如图 3-20 所示。对于不同的合金，热扩散率和熔点变化，则逆流导热距离随之变化。实验表明逆流导热距离与铸锭尺寸无关。

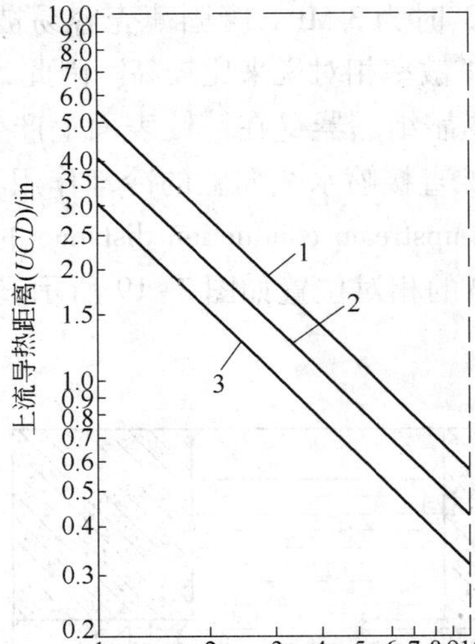

直线	热导率/Btu·(ft·h·°F)$^{-1}$	过热/°F
1	100	无
2 }(同)	175	170
2	75	无
3	75	170

图 3-20　标准铝合金的逆流导热距离与铸造速度的关系[25]

（1in = 2.54 cm，1Btu/（ft · h · °F）= 3.15 W/（m^2 · °F））

结晶器的高度与逆流导热距离不是等同的关系。逆流导热距离起始于铸锭表面的直接水湿线。改变水湿线至结晶器底面的距离，可调整逆流导热距离。在低水流速度下，有时会形成水流膜，妨碍水湿铸锭的长度达 25.4 mm 以上（从喷水起点向下），大大降低冷却强度。因此，在足够的冷却水流量和速度下消除水流膜的形成对于保持逆流导热的凝固面恒定来说，冷却水流速均匀是很重要的。采用独立的冷却水套调整水湿线位置和喷水角度，改变水湿线的距离来调整逆流导热距离,可使结晶壁温度每周期波动保持在2°F左右。

3.6.2 逆流导热距离的计算

图3-19是以匀速 v_{zh} 而连续下降的铸锭纵剖面图。*A* 点为铸锭表面上二次冷却水的落水点,*B* 点为二次冷却形成的凝固前沿在铸锭表面上的起始点。*AB* 线段即为逆流导热距离 *UCD*。也就是说 *UCD* 是由于铸锭受二次冷却水直接冷却的逆流导热(导冷)作用而形成的凝固区高度。这个凝固区高度不同于凝固壳与结晶器壁之间的接触区,而基本上是处在气隙区内。因此,当 *UCD* 延伸到绝热储液槽底面时,从理论上讲结晶器的热导率为零;当 *UCD* 的 *B* 点距储液槽底面12.7 mm(1/2in)时,结晶器的热导率最大。结晶器单独冷却距离 *MAL* 是凝固壳同结晶器壁的实际接触区高度与金属液弯月面高度之和。

张绍祥先生等人对式(3-12)的建立过程进行了推导[27]。在连续铸造过程中,属于稳定而平衡的传热过程。在给定的合金成分和给定的铸造速度 v_{zh} 时,*A*、*B* 点在空间坐标不变。在铸锭边部垂直于凝固区高度的任意微小截面 ΔS 中,单位时间内通过的金属质量为一定值,热流量也为定值。设 ΔS 处的温度为 t,通过 $\mathrm{d}z$ 距离的热平衡有如下关系式:

$$v_{zh}\cdot\rho\cdot\Delta S\cdot c_p\cdot t_0+v_{zh}\cdot\rho\cdot\Delta S\cdot q=v_{zh}\cdot\rho\cdot c_p\cdot t-\lambda\cdot(\mathrm{d}t/\mathrm{d}z)\cdot\Delta S \tag{3-13}$$

式中 v_{zh}——铸造速度, cm /s;

ρ——金属密度, g/cm^3;

c_p——在温度 t 时的热容,J/(kg · K);

λ——金属的热导率,W/(m · K);

q——金属的凝固潜热, J/g;

t_0——金属熔体的平均温度, K。

式(3-13)中,左边第一项为过热金属熔体的热容量,第二项为金属凝固时释放的潜热。等式右边第一项为固体金属所含的热容量,第二项为冷却过程中散出的热量。将式(3-13)整理后得到:

$$-\lambda\cdot\frac{\mathrm{d}t}{\mathrm{d}z}=v_{zh}\rho c_p\left(t_0-t+\frac{q}{c_p}\right)$$

由于

$$\alpha=\frac{\lambda}{c_p\rho}$$

所以

$$-\frac{\alpha}{v_{zh}}\frac{\mathrm{d}t}{\mathrm{d}z}=t_0-t+\frac{q}{c_p} \tag{3-14}$$

将式(3-14)分离变换得:

$$\mathrm{d}z=\frac{-\alpha}{v_{zh}}\frac{\mathrm{d}t}{t_0-t+\dfrac{q}{c_p}}=\frac{\alpha}{v_{zh}}\frac{\mathrm{d}\left(t_0-t+\dfrac{q}{c_p}\right)}{t_0-t+\dfrac{q}{c_p}} \tag{3-15}$$

将式(3-15)积分,得:

$$\int_{Z_B}^{Z_A}\mathrm{d}z=\frac{\alpha}{v_{zh}}\int_{t_1}^{t_g}\frac{\mathrm{d}\left(t_0-t+\dfrac{q}{c_p}\right)}{t_0-t+\dfrac{q}{c_p}}$$

等式左边的积分限界为铸锭表面上 AB 两点；等式两边积分，得：

$$AB=\frac{\alpha}{v_{\rm zh}}\ln\left(t_0-t+\frac{q}{c_p}\right)\Bigg|_{t_1}^{t_g}$$

AB 区段即逆流导热距离 UCD，所以

$$UCD=\frac{\alpha}{v_{\rm zh}}\ln\frac{t_0-t_g+\dfrac{q}{c_p}}{t_0-t_1+\dfrac{q}{c_p}}=-\frac{\alpha}{v_{\rm zh}}\ln\frac{t_0-t_1+\dfrac{q}{c_p}}{t_0-t_g+\dfrac{q}{c_p}}$$

整理等式结果，得：

$$UCD=-\frac{\alpha}{v_{\rm zh}}\ln\frac{c_p(t_0-t_1)+q}{c_p(t_0-t_g)+q} \tag{3-16}$$

式中 UCD——逆流导热距离，cm；

α——热扩散率，$\mathrm{cm^2/s}$；

t_1——金属凝固开始温度，K；

t_g——铸锭表面上二次冷却水落水点处的温度，K；

其余同式(3-13)中所述。

式(3-16)就是式(3-12)按公制推导出来结论式。

公式(3-12)还可以根据三维热传导微分方程演绎得出。取铸锭径向为 X 轴；铸锭轴向为 Z 轴；Y 轴为铸锭周边，垂直于 X、Z 轴；原点可在铸锭表面任意选取，见图 3-19 所示。根据热传导方程：

$$\frac{\partial t}{\partial\tau}+v_{\rm zh}\frac{\partial t}{\partial z}=\alpha\left(\frac{\partial^2 t}{\partial x^2}+\frac{\partial^2 t}{\partial y^2}+\frac{\partial^2 t}{\partial z^2}\right) \tag{3-17}$$

稳定的连续铸造为稳定热传导过程，在空间坐标任一点，其温度都不随时间变化，即为定值，故$(\partial t)/(\partial\tau)=0$。从理论上讲，对于圆锭，在同一水平截面上周边各点无温度差，所以无热传导，故$(\partial^2 t)/(\partial y^2)=0$。又因计算轴向（$Z$ 轴）的热传导，取 $X=0$，故$(\partial^2 t)/(\partial x^2)$可省略。因此，可将式(3-17)简化成：

$$v_{\rm zh}\frac{\partial t}{\partial z}=\alpha\frac{\partial^2 t}{\partial z^2}\quad 或\quad \frac{{\rm d}t}{{\rm d}z}=\frac{\alpha}{v_{\rm zh}}\frac{{\rm d}^2 t}{{\rm d}z^2} \tag{3-18}$$

将式(3-18)积分，得：

$$\frac{\alpha}{v_{\rm zh}}\frac{{\rm d}t}{{\rm d}z}=t+C \tag{3-19}$$

当金属由液态转变成固态时，不仅热含量减少，而且还有潜热放出。根据其物理意义，在凝固区任一点应为：

$$t_0-t+\frac{q}{c_p}=-\frac{\alpha}{v_{\rm zh}}\frac{{\rm d}t}{{\rm d}z} \tag{3-20}$$

因此，式(3-19)中积分常数 C 在这里取(t_0+q/c_p)值。同时，式(3-20)微分满足式(3-18)。故

$$
{\rm d}z=\frac{\alpha}{v_{\rm zh}}\frac{{\rm d}\left(t_0-t+\dfrac{q}{c_p}\right)}{t_0-t+\dfrac{q}{c_p}}=\frac{\alpha}{v_{\rm zh}}{\rm d}\ln\left(t_0-t+\frac{q}{c_p}\right) \tag{3-21}$$

将式(3-21)积分：

$$\int_{Z_B}^{Z_A} \mathrm{d}z = \frac{\alpha}{v_{zh}} \int_{t_1}^{t_g} \mathrm{d}\ln\left(t_0 - t + \frac{q}{c_p}\right)$$

积分结果，得：

$$UCD = \frac{\alpha}{v_{zh}} \ln \frac{c_p(t_0 - t_g) + q}{c_p(t_0 - t_1) + q}$$

即：

$$UCD = -\frac{\alpha}{v_{zh}} \ln \frac{c_p(t_0 - t_1) + q}{c_p(t_0 - t_g) + q}$$

此式与用前一种方法推导的结果相同。

实际计算举例：

在式(3-16)中，$\alpha = \lambda/(c_p \cdot \rho)$；$c_p$、$\rho$、$t_1$、$q$ 和 λ 为常数；c_p 和 λ 为从 t_g 至 t_1 的平均值。

例 1 工业纯铝

已知 $\lambda = 0.49\text{cal}/(\text{cm} \cdot \text{s} \cdot ℃)$ [$1\ \text{kcal}/(\text{cm} \cdot \text{s} \cdot ℃) = 4.187\ \text{W}/(\text{cm} \cdot ℃)$]；$t_1 = 655℃$；$c_p = 0.3818\ \text{cal}/(\text{g} \cdot ℃)$；$q = 93\ \text{cal/g}$；$\rho = 2.7\ \text{g/cm}^3$。实测资料：$t_0 = 680℃$；$t_g = 60℃$。当 $v_{zh} = 0.12\ \text{cm/s}$ 时，将上述资料代入 UCD 关系式，得：

$$UCD = -\frac{0.49}{0.3818 \times 2.7 \times 0.12} \ln \frac{0.3818(680 - 655) + 93}{0.3818(680 - 60) + 93} = 4.61(\text{cm})$$

例 2 2A12(LY12)

已知 $\lambda = 0.33\ \text{cal}/(\text{cm} \cdot \text{s} \cdot ℃)$；$t_1 = 610℃$；$\rho = 2.8\ \text{g/cm}^3$；$q = 92\ \text{cal/g}$；$c_p = 0.28\text{cal}/(\text{g} \cdot ℃)$。实测资料：$t_0 = 680℃$；$t_g = 60℃$。当 $v_{zh} = 0.093\ \text{cm/s}$ 时，将上述资料代入 UCD 关系式，得：

$$UCD = -\frac{0.33}{0.28 \times 2.8 \times 0.093} \ln \frac{0.28(680 - 610) + 92}{0.28(680 - 60) + 92} = 3.92(\text{cm})$$

理论计算的 UCD 值与实际测得的 UCD 值偏差在几毫米范围内。

例 3 UNI3569 合金(6063)

根据 G. Fratina 等人的试验结果[9]，已知 $t_0 = 730℃$，$t_1 = 655℃$，$v_{zh} = 0.167\ \text{cm/s}$；经资料查得，$\rho = 2690\ \text{kg/m}^3$，$c_p = 900\ \text{J}/(\text{kg} \cdot \text{K})$，$\lambda = 201\ \text{W}/(\text{m} \cdot \text{K})$；取 $q = 3.894 \times 10^5\ \text{J/kg}$，$t_g = 60℃$。计算 $\alpha = \lambda/(\rho \cdot c_p) = 201/(2690 \times 900) = 0.830235\ \text{cm}^2/\text{s}$。将上述资料代入 UCD 关系式，得：

$$UCD = -\frac{0.83}{0.167} \ln \frac{900(730 - 655) + 3.894 \times 10^5}{900(730 - 60) + 3.894 \times 15^5} = 3.86(\text{cm})$$

从图 3-18 中已知，当结晶器内金属液水平为 50 mm 时，实际接触区的高度为 9 mm，出现“热”表面时的实际接触区高度伸长到 18 mm。根据试验结果[9]，弯月面的半径约为 9 mm；铸锭表面上二次冷却水落水点至结晶器出口 20 mm。由此，金属液面至二次冷却水落水点距离 70 mm，正常时弯月面和接触区的总高度为 18 mm，而出现“热”表面时弯月面和接触区高度之和为 27 mm；即实际 UCD 值为 43 mm，大于计算值 4.4 mm。当结晶器内金属液水平为 40 时，金属液面至二次冷却水落水点距离为 60，弯月面和实际接触区高度之和为 17 mm；即实际 UCD 值仍为 43，大于计算值 4.4 mm。从这个实例中可知，控制实际 UCD 值对防止“热”表面的出现是有实际意义的。

例 4　紫铜锭

已知 $\alpha=1.14\ cm^2/s$，$c_p=0.092\ cal/(g\cdot ℃)$，$q=48.5\ cal/g$，$t_0=1160℃$，$t_1=1083℃$；取 $t_g=100℃$；当 $v_{zh}=0.22\ cm/s$ 时，将上述资料代入 UCD 关系式，得：

$$UCD=-\frac{1.14}{0.22}\ln\frac{0.092(1160-1093)+48.5}{0.092(1160-100)+48.5}=5(cm)$$

由例 4 可知，对于铜等热导率和热扩散率较高的金属，在连铸过程中可以充分利用逆流导热的作用，紫铜的效果比纯铝还要好一些。

逆流导热的作用，对于水平连铸同样是有实际意义的。

3.6.3　影响逆流导热距离的因素

从上述计算逆流导热距离的实例中可以看出，被铸金属的物理性能和铸造工艺条件对 UCD 值有着不同的影响。

3.6.3.1　金属的热扩散率

金属的热扩散率是不同金属的特性。在热学过程中，热扩散率标志温度变化的速度。在相同的加热和冷却条件下，热扩散率愈大，则物体内各处温度差愈小。从式(3-16)中可以看出，逆流导热距离 UCD 值随被铸金属的热扩散率 α 增大而增加。金、铜、铝和镁等金属的热扩散率都比较高，分别为 $1.217\ cm^2/s$、$1.14\ cm^2/s$、$0.985\ cm^2/s$ 和 $0.89\ cm^2/s$。铁的热扩散率比较低，只有 $0.207\ cm^2/s$。值得注意的是金属的热导率高，其热扩散率不一定高。例如银的热导率为 $4.1868\ W/(cm\cdot ℃)$，高于其他常用金属的数值，而其热扩散率仅为 $0.54\ cm^2/s$；金的热导率虽然只有 $2.951694\ W/(cm\cdot ℃)$，其热扩散率却大大高于银。这说明在连续铸锭过程中，热扩散率的意义更重于热导率。

3.6.3.2　铸造速度的影响

对于任何一种金属及合金，都对应着一定的 α、c_p、t_1 和 q 四个参数，均视平均值为其常数。当 t_0 和 t_g 不变时，则 UCD 与 v_{zh} 的关系为双曲线函数，如图 3-21 所示。此时，式(3-16)变为：

$$UCD=\frac{A}{v_{zh}}\tag{3-22}$$

式中，A 为常数；即 $UCD\cdot v_{zh}=A=$常数。

$$A=-\alpha\ln\frac{c_p(t_0-t_1)+q}{c_p(t_0-t_g)+q}$$

从式(3-22)可以看出，逆流导热距离与铸造速度成反比。石峰先生等人对工业纯铝和 Al—Cu—Mg 系 2A12 铝合金的 UCD 值与铸造速度的关系进行过计算[28]。计算时，工业纯铝的取值：$\lambda=205.2\ W/(m\cdot K)$，$t_0=680℃$，$t_1=655℃$，$t_g=60℃$，$c_p=1035.3\ J/(kg\cdot K)$，$q=389.3\ J/g$，$\rho=2.7\ g/cm^3$。2A12 合金的取值：$\lambda=138.2\ W/(m\cdot K)$，$t_0=680℃$，$t_1=610℃$，$t_g=60℃$，$c_p=1172.3\ J/(kg\cdot K)$，$q=385.1\ J/g$，$\gamma=2.8\ g/cm^3$。计算结果如图 3-22所示。

由图 3-21 和图 3-22 中可以看出，铸造速度快时，速度对 UCD 值的影响较小；铸造速度慢时，速度对 UCD 值的影响较为显著。例如，2A12(LY12)铝合金，当铸造速度从 110 mm/min 增加到 120 mm/min 时，UCD 值只减少 0.16 cm；当铸造速度从 20 mm/min 增加到 30 mm/min 时，UCD 却减少 3.46 cm。

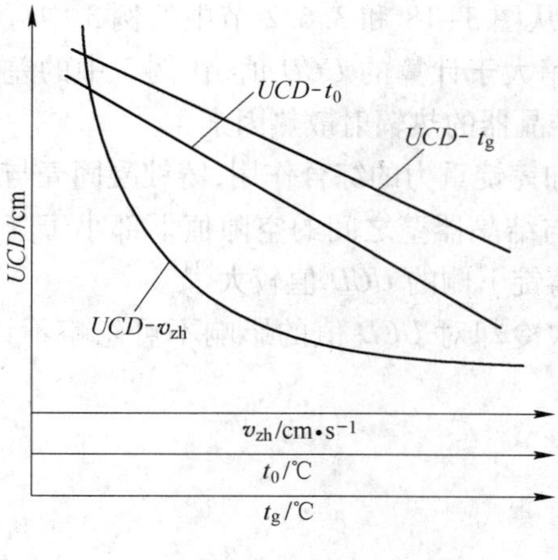

图 3-21 UCD 值与 v_{zh}、t_0、t_g 的关系[27]

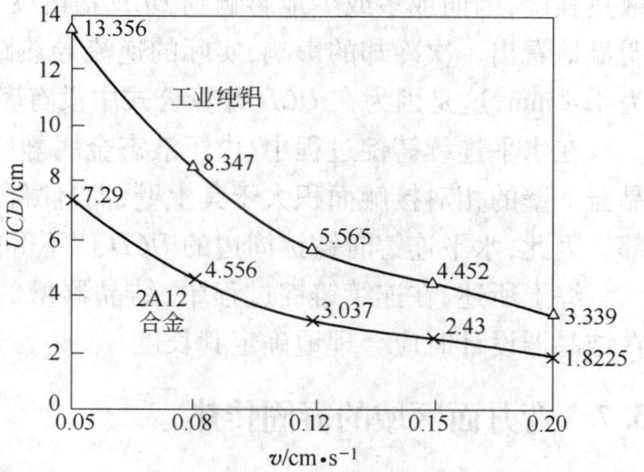

图 3-22 UCD 值与铸锭下降速度 v 的关系[28]

从图 3-22 中可以看出,在铸造工艺相同的情况下,2A12 合金的 *UCD* 值低于工业纯铝。主要是因为 2A12 合金的热扩散率 α 值(0.421 cm^2/s)小于工业纯铝的 α 值(0.734 cm^2/s)。

3.6.3.3 铸造温度的影响

在给定的条件下,当 v_{zh} 和 t_g 为常数时,*UCD* 值与 t_0 的关系近似直线函数,如图 3-21 所示。*UCD* 随 t_0 增高而减少。例如,在图 3-22 的试验条件下,工业纯铝的铸造速度 v_{zh} 取 0.12 cm/s,t_0 值每变化 10℃,其 *UCD* 值仅变化 1 mm 左右;2A12 合金的铸造速度取 0.093 cm/s时, t_0 值每变化 10℃,其 *UCD* 值变化小于 1 mm;在 2A12 合金的铸造工艺范围内, t_0 值每变化 10℃,*UCD* 平均变化值为 0.6 mm。

铸造温度通常指水平连铸的中间包和热顶铸造的绝热储液槽内金属液温度。*UCD* 计算公式中的 t_0 值应指铸锭液相穴内熔体的温度。铸造温度与 t_0 值有一定差值。实测结果表明,在正常铸造过程中, t_0 值的变化是比较小的。

在式(3-16)中, t_0—t_1之差值即液相穴内金属液的过热温度值。降低金属液的过热温度值,可以增加 *UCD* 值;特别是对于固态热容较大的高熔点金属,*UCD* 值增加会更明显。

3.6.3.4 二次冷却强度的影响

在式(3-16)中,t_g 是指铸锭表面上二次冷却水落水点处的温度。这实际上体现了二次冷却的强度。*UCD* 值与 t_g 值的关系也近似直线函数,*UCD* 值随 t_g 增高而减少。但 t_g 值对 *UCD* 的影响小于 t_0 的作用,如图 3-21 所示。例如,在图 3-22 的试验条件下,工业纯铝的 v_{zh}值取 0.12 cm/s,2A12 合金的 v_{zh}值取 0.093 cm/s 时, t_g 值每变化 20℃,工业纯铝和 2A12 合金的 *UCD* 值仅变化约 1 mm。在 2A12(LY12)合金的铸造工艺条件范围内, t_g 值每变化 10 ℃,其 *UCD* 平均变化值为 0.52 mm。

3.6.3.5 结晶器一次冷却的影响

生产实践表明,导入结晶器内的液态金属先是在结晶器壁激冷下形成凝固薄壳,在液态金属静压力和凝固收缩等因素的作用下凝固薄壳与结晶器壁呈波动形接触,随即铸锭在连续运动的过程中其凝固壳厚度逐渐增加;当凝固壳的厚度增长达一定尺寸后能抵抗液态金属静压力的作用,使凝固壳与结晶器壁之间产生稳定的空隙。这种波动性接触区就是结晶器单独冷却距离(*MAL*)。当结晶器壁与凝固壳之间形成稳定的空隙之后,结晶器壁的激冷代之以辐射传热,其散热强度大大地降低;但由于凝固壳表面的温度比较高,仍然有一定的散热强度,因而或多或少地影响到 *UCD* 值的变化。从图 3-18 和 3.6.2 节中的例 3 中可以明显地看出一次冷却的影响,实际的逆流导热距离稍大于计算的 *UCD* 值,在例 3 中的差值为 4.4 mm,这是因为在 *UCD* 计算公式中没有考虑结晶器的热辐射散热因素。

在水平连续铸锭过程中,由于液态金属静压力和铸锭重力的综合作用,铸锭凝固壳与结晶器下壁的相对接触面积大于其上壁,而且凝固壳与结晶器壁之间的空隙值下部小于其上部。因此,水平连铸时铸锭周边的 *UCD* 值不等同,铸锭下侧的 *UCD* 值较大[28]。

综上所述,在连续铸锭过程中,结晶器壁的一次冷却对 *UCD* 值的影响不可忽略不计。在结晶器设计时应合理地确定其长度。

3.7　弯月面区域的凝固传热

3.7.1　弯月面的成因

根据物理化学的原理知道,在液体与气体及液体与固体的分界面上,分子、原子和离子是处在特殊的状态,即存在一种力图使液体表面缩小的张力,称为表面张力。在表面张力的作用下液体力图缩小成球状,因为球形具有较小的表面。例如,在 20℃ 时的水,其表面张力为 72.583×10^{-3} N/m。金属熔体也是如此,而且其表面张力值比较高;例如,铝液在 700℃ 时为 900×10^{-3} N/m,铜液在 1131℃ 时为 1103×10^{-3} N/m,铁液在 1650℃ 时为 1030×10^{-3} N/m。

在普通立式连续铸锭过程中,由于金属熔体表面张力的作用,钢液与结晶器铜壁接触处形成一个半径很小的弯月面,弯月面的半径 r 可表示为[29]:

$$r = 5.43 \times 10^{-2}\sqrt{\frac{\sigma_M}{\rho_M}} \tag{3-23}$$

式中　σ_M——钢液表面张力, dyn/cm ,$1\text{dyn} = 10^{-5}$N;

ρ_M——钢液的密度, g/cm^3。

铁液的密度为 6.9 g/cm^3。铁液的相关资料代入式(3-23)中,计算所得弯月面的半径 r 值为 0.66 cm 。在 3.6.2 节例 3 中已知 6063 铝合金液的弯月面半径为 9 mm。

在弯月面根部,由于水冷结晶器壁的冷却速度很快(100℃/s),初生坯壳最先在此处很快形成。在表面张力的作用下,弯月面具有弹性薄膜的性能,能抵抗剪切力。

在水平连铸过程中,导流区与结晶器端面接触处形成的直角区,是金属液弯月面的形成区。在热顶铸造过程中,储液槽与结晶器顶面接触处形成的直角区,也是金属液弯月面的形成区。实际上这个区域对于稳定的连续铸锭过程是很重要的。在这个直角区内,由于金属液弯月面的形成,金属液表面与结晶器及导流区(或储液槽)之间会形成较大空隙,使弯月面处的液态金属散热速度大为减慢。处在空隙处的弯月面,实际上是铸锭初生凝固壳与液态金属的过渡区。同时,由于弯月面处的空隙存在,也便于润滑剂的加入。这就是 Airslip 技术发展的实践基础。在热顶铸造过程中,利用结晶器壁与储液槽底面之间形成的直角区注入气体与润滑油,以便形成稳定的弯月面,使铝铸锭的表面质量大大提高。

在普通的立式连铸过程中,金属液弯月面是在自然条件下形成的。在水平连铸和热顶铸造过程中,金属由液相过渡到固相的转换过程是在封闭的条件下完成的。当用一次冷却水从结晶器内喷射出来而落在铸锭表面上时,由于射流作用,容易使结晶器壁与凝固壳之间的空隙内形成不稳定的负压,不便于形成稳定的弯月面。在结晶器壁与储液槽底面之间构成的直角区，人为地供给气体，造成较为稳定的气压，有利于稳定的弯月面形成。

在水平连铸和热顶铸造过程中，要使金属由液相转换为固相的时空范围内形成稳定的弯月面过渡区，其先决条件是在结晶器入口处使结晶器壁与导流区出口端面（或储液槽底面）的接触处形成直角区，以便形成尽可能的最大空隙区，有利于金属液与空隙区的气体形成最大的气液界面。这对于控制稳定的连铸过程是很有意义。特别是对弯月面半径较小的被铸金属更为重要。从图3-11和图3-12中可以清楚地看出，在分离环与结晶器铜壁的交角处，其表面温度是比较低的。构成上述的直角区，有利于金属液远离导流区（或储液槽）的低温点。基于此，与结晶器壁交角处无直角区的喇叭碗导流结构，对连铸过程是不利的。

3.7.2 弯月面区域凝固传热的数值模拟

在连续铸锭过程中，弯月面是被铸金属从液相转换为固相的过渡区。这个区域很小，但是弯月面区域的凝固传热对初生坯壳的均匀形成、铸锭的表面质量以及稳定的连铸生产过程有着重要的影响。因此，了解和控制弯月面区域的传热强度，传热的均匀性及其影响因素，有着十分重要的意义。过去在这方面的研究很少。近些年来，在立式连续铸钢方面对弯月面区域凝固传热的研究逐渐增多。今以陈栋梁等先生对立式连铸弯月面区域凝固传热的数值仿真研究结果[30]为例介绍如下。

3.7.2.1 弯月面区域凝固传热的模型

结晶器内的物理系统如图3-23所示[30]。钢液通过浇包的水口穿过保护渣层注入结晶器内，并以拉坯速度整体向下运动，保护渣浮于钢液表面上。这种状态颇似热顶铸造结构。

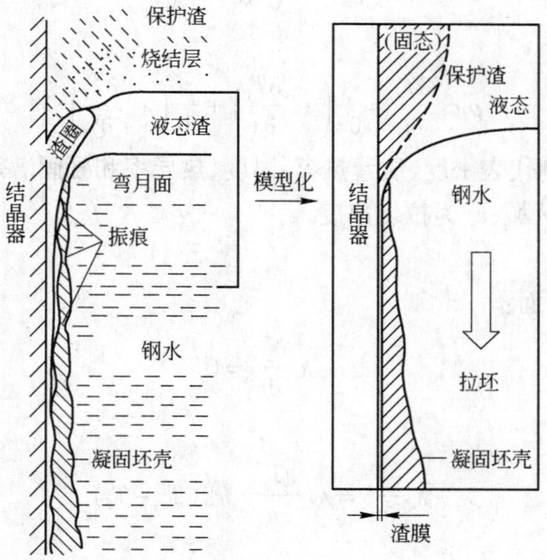

图3-23 结晶器内的物理系统及模型化[30]

由于弯月面区域存在保护渣、结晶器以及钢液、初始凝固壳的相互作用，使得难以应用实验方法模拟该区域的传热情况。弯月面区域凝固传热数值模拟的难点在于如何解决钢液区的拉坯运动问题。J. K. Brimacombe Takeshi Takawa 和 Shuji Takeuchi 分别应用有限差分和直接差分法对其进行了模拟研究，采用“表面更新”理论来处理钢液区域的拉坯运动。

B. C. Елисов 对 2A12(LY12)铝合金 ϕ330 mm 铸锭以 40 mm/min 速度铸造的研究结果表明，为了消除铸造过程中冷隔的形成，必须保证供给结晶器周边距离上、单位时间内的熔体量不少于 0.12 kg[31]。杨文改、陈栋梁等先生曾采用相似的原理应用有限单元法对此进行过研究。

上述方法因在钢液区域传热控制方程中忽略了因拉坯而造成的速度影响项，采用节点变量的传输来模拟拉坯运动，这不仅要求钢液区域的单元节点沿拉坯方向对准，而且单元在拉坯方向的尺寸与拉坯速度之间需满足一定的关系，这在钢液区域下部几乎不能实现。同时这种方法在迭代过程中要求在钢液表面加入新钢液是不连续的，给计算带来很大误差。实际计算中，为减少误差，常采用较小的时间步长，这又导致细密的单元网格，增加了计算量。为了克服上述方法的不足，在钢液区域传热控制方程中引入速度影响项，建立钢液区域传热的有限元模型，如图 3-23 中右图所示。

3.7.2.2　弯月面区域凝固传热的数学模型

弯月面区域由结晶器铜壁、保护渣、钢液及凝固坯壳组成；各部分的传热控制方程分别介绍如下。

钢液和凝固坯壳区域：

$$\rho_s c_s\left(\frac{\partial T_s}{\partial t}+v_s\frac{\partial T_s}{\partial y}\right)=\frac{\partial}{\partial x}\left(\lambda\frac{\partial T_s}{\partial x}\right)+\frac{\partial}{\partial y}\left(\lambda\frac{\partial T_s}{\partial y}\right)-S \tag{3-24}$$

结晶器铜壁区域：

$$\rho_c c_c\frac{\partial T_c}{\partial t}=\lambda\left(\frac{\partial^2 T_c}{\partial x^2}+\frac{\partial^2 T_c}{\partial y^2}\right) \tag{3-25}$$

保护渣区域及渣膜：

$$\rho_f c_f\frac{\partial T_f}{\partial t}=\frac{\partial}{\partial x}\left(\lambda_f\frac{\partial T_f}{\partial x}\right)+\frac{\partial}{\partial y}\left(\lambda_f\frac{\partial T_f}{\partial y}\right) \tag{3-26}$$

式中，ρ、c、T、λ 和 S 分别代表密度、质量热容、温度、热导率和凝固潜热；下标 s、c 和 f 分别表示钢液、铜壁和保护渣区域；v_s 为拉坯速度。

边界条件：

结晶器铜壁上下端面：

$$-\lambda\frac{\partial T_c}{\partial n}=0 \tag{3-27}$$

铜壁与保护渣界面：

$$-\lambda\frac{\partial T_c}{\partial n}=\lambda_f\frac{\partial T_f}{\partial n}=h_{cf}(T_c-T_f) \tag{3-28}$$

铜壁与冷却水界面：

$$-\lambda\frac{\partial T_c}{\partial n}=h_{cw}(T_c-T_w) \tag{3-29}$$

钢液与保护渣界面：

$$T_s=T_f \tag{3-30}$$

渣表面：

$$-\lambda_f\frac{\partial T_f}{\partial n}=h_f(T_f-T_a)+\varepsilon\Gamma(T_f^4-T_a^4) \tag{3-31}$$

$x=X$ 面为绝热面。

钢液区域下端面，取因拉坯运动带走的热量为边界条件：

$$-\lambda_s\frac{\partial T_s}{\partial n}=\rho_s\cdot v_s\int_0^T c(\phi)\cdot \mathrm{d}\phi \tag{3-32}$$

式中，$c(\phi)$ 为钢液的质量热容；下标 a 表示空气，w 表示水，h 表示传热系数。

3.7.2.3 有限元基本方程

将微分方程式(3-24)～式(3-26)归为统一的方程式：

$$\rho c\left(\frac{\partial T}{\partial t}+v\frac{\partial T}{\partial y}\right)=\frac{\partial}{\partial x}\left(\lambda\frac{\partial T}{\partial x}\right)+\frac{\partial}{\partial y}\left(\lambda\frac{\partial T}{\partial y}\right)-S \tag{3-33}$$

将边界条件式(3-27)～式(3-32)归为统一的方程式：

$$\lambda\frac{\partial T}{\partial n}=q_s \tag{3-34}$$

因弯月面的存在，计算区域被分为不规则区域，采用有限元法进行离散。将计算区域离散为单元，采用等参元，其内部任一点温度可由节点温度插值得到：

$$T=[N]_e\{T\}_e \tag{3-35}$$

式中，$[N]_e$ 为形函数矩阵；$\{T\}_e$ 为单元节点温度向量。

应用 Galerkin 法建立有限元基本方程：

$$\sum_{e=1}^{E}\iint_e\left[\frac{\partial}{\partial x}\left(\lambda\frac{\partial T}{\partial x}\right)+\frac{\partial}{\partial y}\left(\lambda\frac{\partial T}{\partial y}\right)-S-\rho c\left(\frac{\partial T}{\partial t}+v\frac{\partial T}{\partial y}\right)\right][N]_e\mathrm{d}\Omega=0 \tag{3-36}$$

将式(3-36)分步积分并在时间上采用中心差分，可建立有限元平衡方程：

$$[\hat{K}]_{t+\frac{\Delta t}{2}}\{T\}_{t+\frac{\Delta t}{2}}=\{\hat{R}\}_{t+\frac{\Delta t}{2}} \tag{3-37}$$

式中，$[\hat{K}]_{t+\Delta t/2}$ 为有效热传导矩阵；$[\hat{R}]_{t+\Delta t/2}$ 为有效热流列阵。

$$\{T\}_{t+\frac{\Delta t}{2}}=\frac{1}{2}(\{T\}_{t+\Delta t}+\{T\}_t) \tag{3-38}$$

方程式(3-37)中 $[\hat{K}]_{t+\Delta t/2}$ 和 $[\hat{R}]_{t+\Delta t/2}$ 均为温度的函数，故实为非线性方程组，采用修正的 Newton-Raphson 方法迭代求解。

3.7.2.4 弯月面区域凝固传热的计算

应用上述的数学模型，对板坯连铸弯月面区域的凝固传热进行仿真研究。计算模型和有限元网格如图 3-24所示。

图 3-24 计算模型及有限元网格[30]

A 计算参数

保护渣膜厚度取为 0.1 mm。

钢液的材料参数考虑了随温度变化的影响。凝固潜热 $S=272$ kJ/kg；质量热容[J/(kg·K)] $c_{ps}=(0.1162+2.4091\times10^{-5}T)\times4184$；密度(kg/m^3) $\rho_s=(7.8517-4.9615\times10^{-4}T)\times1000$；热导率[W/(m·K)] $\lambda_s=(0.15185+1.2726\times10^{-4}T)\times1000$。

结晶器壁的材料常数为：质量热容 $c_{pc}=390\ \mathrm{J/(cm^2\cdot K)}$；热导率 $\lambda_c=403\ \mathrm{W/(m\cdot K)}$；

铜壁与保护渣的传热系数：$h_{cf}=500\ \mathrm{W/(m^2\cdot K)}$；

铜壁冷却水的传热系数：$h_{cw}=3000\ \mathrm{W/(m^2\cdot K)}$。

B　凝固潜热的处理

在式(3-24)中，潜热释放项 $S=-\rho H(\partial f/\partial t)$，往往不是显式地给出，通常是温度 T 的函数。根据陈栋梁先生等人的研究[32]，相变在平衡条件下进行时，按平衡相图计算固相体积分数 f_s。

$$f_s=-f_l=\Psi_{(T)}\cdot T$$

$$\Psi_{(T)}=\frac{(C_l-C_0)\dfrac{\partial c_s}{\partial T}+(C_0-C_s)\dfrac{\partial C_l}{\partial T}}{(C_l-C_s)^2}\tag{3-39}$$

所以

$$S=-\rho\cdot H\cdot\Psi_{(T)}\cdot T\tag{3-40}$$

式中，H 为凝固潜热，C_0 为初始成分；C_l 为液相线成分；C_s 为固相线成分。

C　计算结果与讨论

弯月面附近区域凝固传热的计算结果如图 3-25 所示，图中表示拉坯速度分别为 1 m/min、2 m/min和 3 m/min 时弯月面附近区域的凝固传热情况。

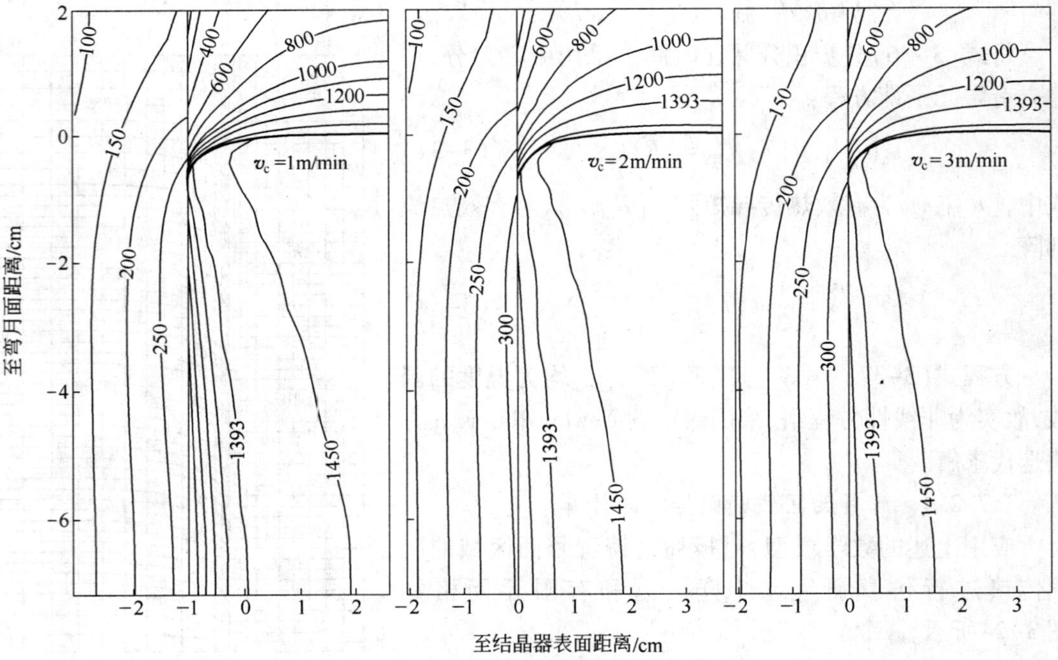

图 3-25　不同拉坯速度下弯月面区域的分布[30]

从图 3-25 中可以看出：

(1) 拉坯速度对结晶器铜壁温度分布有较大的影响，拉坯速度增加，铜壁的温度明显升高。

(2) 拉坯速度对保护渣内的温度分布影响不大。

(3) 拉坯速度增加使初生坯壳明显减薄。初生坯壳减薄，抵抗钢液静压力减小，在结晶器振动的正滑动期间易于被压回,因此振痕减轻;这与生产中采用高速连铸时振痕减轻、表面质量提高相吻合,这是有利的一面;另一方面,初生壳减薄,在其他条件相同的情况下,承受正滑动期间因结晶器向上振动而造成的摩擦力的能力明显降低,容易造成初生坯壳撕裂,进而诱发黏结性漏钢。因此,在高速浇铸时,应通过合理选取低黏度的保护渣及降低结晶器振动正滑动期间结晶器与初生坯壳的相对速度来降低结晶器摩擦力,从而减少初生坯壳所受的拉应力,防止初生坯壳的撕裂。

3.7.3 影响弯月面稳定性的因素

在连续铸锭过程中,稳定而合理的弯月面对稳定的连铸生产过程及铸锭的表面质量有着重要的影响。弯月面的存在是由于金属液表面张力的作用。一般来说,金属液的表面张力越大,弯月面的半径越大,弯月面区域的面积越大,弯月面的弹性薄膜功能越强,抵抗剪切力的能力越大。因此,凡影响表面张力的因素均能影响弯月面的稳定性。

3.7.3.1 温度的影响

多数金属的表面张力随温度的升高而降低,虽然数值上相差并不很悬殊。例如,铝在660℃ 时表面张力为0.914 N/m,700℃ 时为0.9 N/m, 800℃ 时为0.865 N/m;镁在651℃时为0.556 N/m,740℃ 时为0.528 N/m;但是铜和镉例外,铜在1140℃ 时为11.2 N/m,在1200℃ 时表面张力增长为11.6 N/m,1250℃时为11.93 N/m, 1300℃时为11.26 N/m;镉的表面张力始终随温度升高而提高,在390~410℃ 间达到最大值,而后又随温度升高而微降。

不同过热度下的钢液,其表面张力略有差别。根据韩秋影先生等人采用水力模拟钢液弯月面行为的研究结果[33],钢液的浇铸温度越低,钢液弯月面的高度(弯月面半径)越高,弹性势能越强。如图3-26所示。

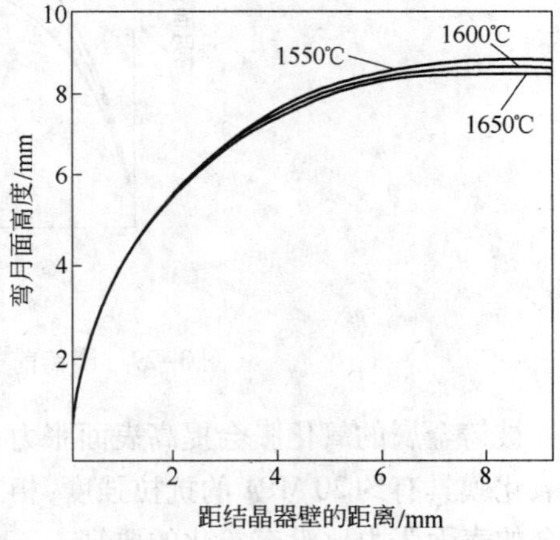

图3-26 不同浇铸温度下的钢液弯月面[33]

从图3-25中可以清楚地看出来,在弯月面与结晶器铜壁接触的根部,其温度剧烈地降低,弯月面被激冷成铸锭凝固壳的表面层,形成初生凝固壳。弯月面上的温度分布是连续变化的,其根部的温度最低;凝固点沿着弯月面扩展的距离随拉坯速度提高而缩小。弯月面固化的距离决定着铸锭表面上冷隔的深度,固化距离越短,冷隔越浅。因此,保持适宜的拉坯速度,控制弯月面上的温度分布,以利液态金属弯月面稳定存在。

3.7.3.2 金属成分的影响

表面张力随金属成分而异。例如,铜和硅会降低铝的表面张力;在铝和铝硅合金中,溶入的氢会降低它们的表面张力;而在铝-铜合金中,溶入的氢会增加表面张力。在立式连续铸钢中,当钢液中夹杂物上浮到钢渣界面而未被保护渣吸收时,夹杂物会使钢液的表面张力降低,如 Al_2O_3 夹渣会使钢液的表面张力降低到约原来值的二分之一;弯月面半径减小,致使弯月面弹性薄膜性能消失,弯月面破裂,在铸坯表面形成粗糙区域,或使 Al_2O_3夹杂牢固地粘在初生坯壳上,形成表面夹渣。根据韩秋影先生等人的水力模拟研究结果[33],钢液的洁净度越高,弹性势能越好,如图3-27所示。钢中的碳含量对弯月面影响较小，如图 3-28所示。由于 Al_2O_3 等夹杂物的影响，在一个多炉连浇的周期里，浇注始末的表面张力差别很大。开浇时通常在 1.7 N/m 以上；弯月面高度很高，接近 8 mm。夹杂物不断积聚，表面张力下降到 0.8 N/m 以下，弯月面高度降至 5 mm左右。如图 3-29 所示。

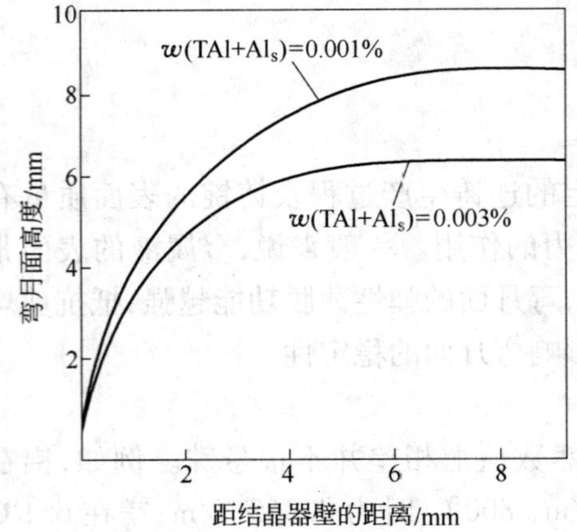

图 3-27　洁净钢与一般钢种的弯月面形状[33]

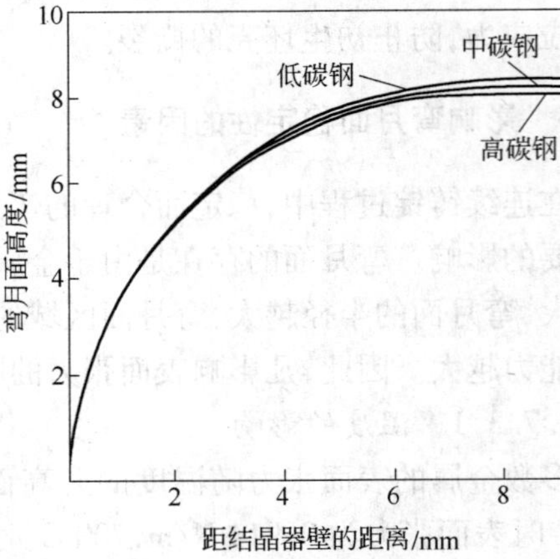

图 3-28　1600℃时不同钢种的弯月面模拟结果[33]

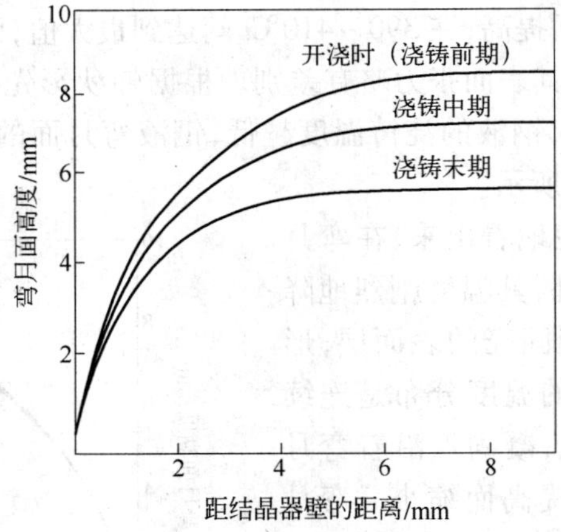

图 3-29　浇铸前、中、后期的钢液弯月面高度[33]

被铸金属的氧化膜会提高表面张力；氧化膜愈厚，强度愈大，表面张力也愈高。例如，铝的氧化膜具有约 20 MPa 的抗拉强度，相当于 1.960 N/m 的表面张力；因此，氧化了的铝或铝合金的表面张力比没有氧化的要高 1 ~2 倍。

根据吉布斯公式：

$$\Gamma = -(C/RT) \cdot (\mathrm{d}\sigma/\mathrm{d}c)$$

式中，Γ 为溶质在表面处的过多量；C 为浓度；σ 为在温度为 T 时的表面张力；R 为气体常数。

凡能降低基体金属表面张力的溶质将更多地存在于金属液体的表面。

3.7.3.3　液态金属密度的影响

表面张力与该金属摩尔体积（cm^3/mol）的倒数成近似比例关系。因此，碱金属（K、Na

等）具有最低的表面张力，其次是锡、铅和铋（Bi 的表面张力略低，但高于 Na），而高熔点低原子体积的金属如铜、铁等则具有较高的表面张力。根据式（3-23）的关系，弯月面的半径与液态金属密度的平方成反比。因此，密度较大的金属，其弯月面半径较小。例如，铁在1650℃ 时弯月面计算半径为 6.6 mm；而 6063 铝合金在 730℃ 时的实测弯月面半径为 9 mm。在连续铸锭过程中，铝、镁等轻金属比钢、铜等高密度金属对弯月面的影响会更容易控制些。

3.7.3.4　静压力的影响

金属液的表面张力使液体表面积缩至最小。而液体的静压力从内部力图向外扩展液体表面积，从而起到类似降低表面张力的作用，使弯月面半径减小。

在普通的立式连铸过程中，弯月面处在液面顶层，几乎不承受金属静压力的作用。在水平连铸过程中，金属液面引至中间包内，高于导流区与结晶器入口交角处的弯月面，因此，金属液静压力的作用是比较明显的。在热顶铸造过程中也是如此，美国的 ASCAST 公司，热顶的总高为 45 mm。有的资料报道[26]，热顶的总高为 120 mm。

金属静压力数值的影响因素主要有两方面，一是金属液面至弯月面处的垂直高度，液面高度愈大，金属静压力愈大；二是液态金属的密度，金属密度愈高，静压力愈大。两者叠加，静压力更大。因此，连铸铜、钢等密度高的金属锭时，弯月面所承受的静压力总是大于铝、镁等轻金属连铸时。水平连铸小断面铸锭时，弯月面所承受的静压力总是小于大断面铸锭连铸时，这对于近终形连续铸锭过程是很有利的。

从发挥弯月面积极作用的角度来考虑，热顶铸造时储液槽内金属液面宜低些；在水平连铸过程中，中间包内的金属液面也宜低些，只要稍高于结晶器壁上表面，能稳定操作即可。

3.7.3.5　设备结构的影响

在敞露液面的立式连铸过程中，弯月面是在自然条件下形成的。在水平连铸和热顶铸造过程中，金属由液相过渡到固相的转换过程是在封闭的条件下完成的，形成稳定弯月面的前提是在结晶器入口处使结晶器壁与导流区端面（或储液槽底面）的交角处形成直角区，以便弯月面同结晶器壁及导流区端面（或储液槽底面）之间形成相对较大的空隙。

从图 3-25 可以清楚地看出，保护渣层与结晶器壁交角处的温度很低。从图 3-11 和图 3-12 中也可以清楚地看出，分离环与结晶器壁交角处的温度是比较低的，而且分离环端面温度沿径向变化的梯度随着导流口边缘至结晶器壁的距离缩短而增大。导流口边缘至结晶器壁的距离称之为突沿。调节突沿的尺寸，可控制分离环端面温度变化的梯度，避免弯月面固化。在热顶铸造铝合金锭时，突沿距离应控制在 0 ~ 3.175 mm 以内[25]。有的资料指出[26]，为了得到高质量的铸锭表面和横截面上均匀的显微结构，热顶向结晶器中突出的尺寸应尽可能小，不论浇铸的铸锭直径多大应不大于 15 mm。

从图 3-11 和图 3-12 中还可以看出，分离环嵌接于结晶器壁内，降低了分离环端面的温度。从提高导流区端面的温度考虑，其端面与结晶器入口端面压接为好，以利于直角区保持较高的温度，避免弯月面固化。这对于弯月面半径较小的金属连铸时更为有益。

3.8　连续铸锭凝固传热过程的数值模拟

以前研究连续铸锭的凝固传热过程都是采用试验方法，也曾应用过水力模拟研究方法。随着电子计算机技术的发展和应用，为连续铸锭过程提供了数值模拟研究方法，并为连铸生产过程的自动控制提供了理论依据。近二十年来,在连铸过程的数值模拟研究方面比较活跃,特别是水平连续铸钢过程的数值模拟研究在中国做了许多工作[24,34~45]。

3.8.1　水平连铸多级式结晶器的传热数学模型

在水平连铸过程中,结晶器水平放置与立式结晶器的传热特性有着较大的区别。将一次冷却和二次冷却结合成一体的多级式结晶器。一次冷却区的工作面用铜套做成,二次冷却区的工作面用石墨套做成,铸坯首先在铜套内冷却凝固,形成初始凝固壳后,进入石墨套缓慢地冷却。与一般连铸机的喷水冷却相比,这种方式有助于提高铸坯质量。马鞍山钢铁公司等工厂在水平连续铸钢生产中采用了这种多级式结晶器。结晶器全长 1105 mm,第一段铜套长 150 mm,石墨套 910 mm。以马钢水平连铸 ϕ80 mm 的圆铸坯为例,用数值模拟表达多级式结晶器的凝固传热过程。结晶器的示意结构如图 3-30 所示[24]。

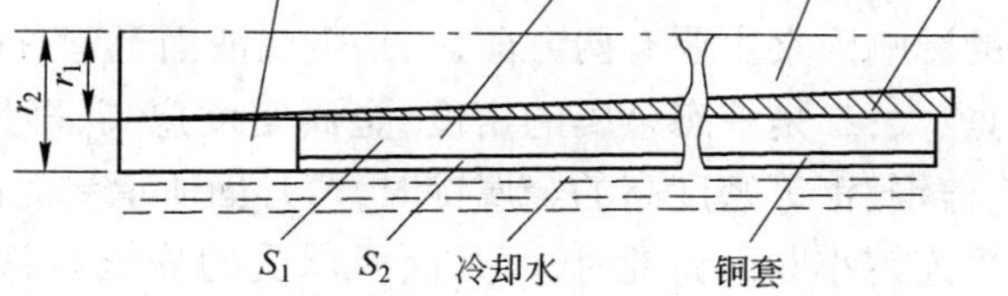

图 3-30　结晶器示意图[24]

钢液在结晶器铜套内通过铜壁以对流(包括局部沸腾)方式将热量传给冷却水。当铸坯经过石墨套时,热量通过双层壁(铜壁和石墨壁)传给冷却水。铸坯在结晶器内的传热过程是很复杂的,为了简化计算作如下假设,建立一个准静态模型:

(1) 钢液被视为不可压缩的牛顿流体;

(2) 系统没有内热源;

(3) 铸坯在正常条件下进行连续稳定的浇注,钢液仅因拉坯生产整体运动;

(4) 从 3.6 节中已知,在连续铸钢中逆流导热的距离很小,拉坯方向上的导热可以忽略。考虑到水平连铸凝固铸坯温度场沿圆周的不均匀性,可视为二维(沿半径和圆周方向)导热过程;

(5) 忽略石墨套内铜壁与石墨壁之间的接触热阻;

(6) 凝固时钢的密度不变,为一常数。

铸坯在结晶器内的传热可以看作圆柱体通过被冷却的圆筒壁之间的传热。经过上述限定和简化之后,有关流体(牛顿流体)的连续方程、动量方程和能量方程,仅用能量方程就够了,且简化成圆柱体二维轴对称的热平衡方程,以柱坐标形式表示如下:

$$\rho \frac{\partial H}{\partial \tau} = \frac{\partial}{\partial r}\left(k \frac{\partial t}{\partial r}\right) + \frac{k}{r}\left(\frac{\partial t}{\partial r}\right) + \frac{1}{r^2} \cdot \frac{\partial}{\partial \theta}\left(\kappa \frac{\partial t}{\partial \theta}\right) \tag{3-41}$$

式中　ρ——钢液密度,g/cm³;

H——热焓;

τ——时间,s;

t——温度,℃;

r——径向坐标,cm;

θ——角坐标;

κ——热导率。

铸坯的计算区域选在以导流区(分离环)出口端面和结晶器壁为边的长方形截面的环形体内。对于铸坯和结晶器壁,它们的单值性条件是不同的:

(1) 对于铸坯:

几何条件:半径为 r_1 的圆柱体(见图 3-30);

初始条件:$\tau = 0, t = t_{注}$,

$$-k\frac{\partial t}{\partial r}|_{r=r_1} = q$$

边界条件:$\tau > 0$,

$$q = A + B\tau^{-n}$$

式中 q——铸坯导出的瞬时热流密度,W/m^2。

水平连铸的瞬时热流与弧形连铸时有很大的不同,沿结晶器长度上热流分布如图 3-13 所示,可近似地用式(3-2)表示;A 与 B 为计算瞬时热流的系数,由平均热流密度计算公式(3-3)得出。

(2) 对于结晶器壁:

几何条件: 厚度为 S(或 $S_1 + S_2$) 的圆筒壁(见图 3-30);

初始条件:$\tau = 0; t = t_{始}$

边界条件:$\tau > 0$;

$$r = r_1, \ q = A + B\tau^{-n}$$

$$r = r_2, t'_s < t_{饱和} \qquad -k\frac{\partial t}{\partial r}|_{r=r_2} = q_{对}$$

$$r = r_2, t'_s > t_{饱和} \qquad -k\frac{\partial t}{\partial r}|_{r=r_2} = q_{对} + q_{沸}$$

式中 t'_s——铜壁水侧表面温度, ℃;

$t_{饱和}$——冷却水的饱和温度,℃;

$q_{对}$——冷却水对流传热的热流密度;

$q_{沸}$——冷却水沸腾时沸腾液传热的热流密度。

$q_{对} = h(t'_s - t_w)$, 传热系数 h 按下式计算:

$$\frac{hD}{k} = 0.019\left(\frac{DV}{\mu}\right)^{0.5}\left(\frac{c\mu}{k}\right)^{0.4}$$

$q_{沸}$ 按罗塞瑙提出的泡态沸腾经验公式计算:

$$\frac{c_{pL}\Delta T}{rPr_L^{1.7}} = c_{WL}\left[\frac{q}{\mu_L r}\sqrt{\frac{\sigma}{g(\rho_L - \rho_V)}}\right]^{0.33}$$

式中 c_{pL}——饱和液体质量定压热容, J/(kg · ℃);

ΔT——沸腾温差, ℃;

r——潜热,J/(kg · ℃);

Pr_L——饱和液普朗特数;

c_{WL}——实验确定的常数；

q——热流密度，W/m^2；

μ_L——液体动力黏度，Pa · s；

σ——表面张力，N/m；

ρ_L——沸腾液密度，kg/m^3；

ρ_V——气泡内蒸汽密度，kg/m^3；

下标 L——层流；

g——重力加速度，m/s^2。

上述数学模型是变系数二维偏微分方程，用分析法很难求解，必须进行数值计算。方法是将上述微分方程转化为有限差分方程，然后编制成计算机程序，通过计算机求解。

在 20 号钢水平连铸 ϕ80 mm 圆锭试验中，浇注温度 1530 ~ 1560 ℃，起铸拉坯速度为 0.6 ~ 1.0 m/min。冷却水量 20×10^3 ~ 21×10^3 kg/h。红坯出结晶器后，根据三重点温度和圆坯表面温度，增加拉坯速度至 2 ~ 2.8 m/min，拉坯频率为 100 次/min，出结晶器时圆坯表面温度为 1200 ~ 1300 ℃。拉坯过程中，结晶器导出的热量 Q、热流密度 q 以及拉坯速度 v 随拉坯时间的变化如图 3-31 所示[18]。拉坯速度增加，结晶器热流密度增加。统计表明，拉坯速度每增加 0.1 m/min，热流密度增加约 8.4 W/cm^2（相当于增加 4%）。这是由于凝固壳与结晶器壁之间的相对接触面积随拉坯速度增加而增加的缘故。结晶器铜壁和石墨壁上的温度变化如图 3-14 所示。

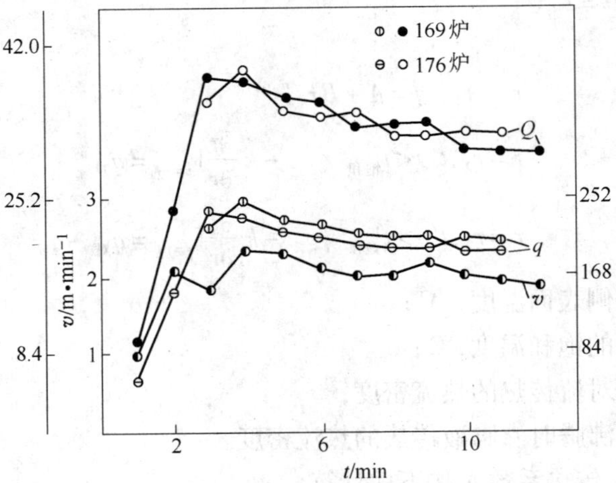

图 3-31 结晶器导出的热量 Q、热流密度 q 及拉坯速度 v 随拉坯时间的变化[18]

铸坯表面温度随结晶器铜壁和石墨壁温度变化而变化。在铜套内由于铜壁导热性能好，壁温较低，铸坯表面温度下降较快，形成较厚的初始凝固壳；进入石墨套后，由于石墨的热扩散率较低，石墨内壁温度较高，铸坯表面温降缓慢。这和结晶器内热流分布规律是一致的。

上述数学模型是从凝固壳厚度、铸坯表面温度和液相穴长度三个方面的计算值与实测值对比进行验证的。计算结果基本上与实测值一致。该数学模型有如下特点：

(1) 铸坯的冷却和结晶器的传热同时计算。这样可以在得到铸坯温度场的同时，计算出结晶器内部的温度分布；

（2）由于钢液静压力的作用等因素，使铸坯在铜套内以及随后在石墨套内沿圆周凝固速度不同，一般上部凝固壳比下部凝固壳薄，造成热流沿四周分布不均。考虑上述因素，引入热流分布系数，该系数是根据在结晶器内实际凝固壳厚度（通过拉漏和快速退火炉得到的）通过反复试算确定的，见式(3-3)；

（3）根据该结晶器冷却水量小、温差大、铜壁温度高的特点，在水侧除了强制对流外，还考虑了局部过冷沸腾换热；

（4）铸坯导出的瞬时热流密度 $q=f(\tau)$ 是根据水平连铸传热的特点，经过反复试算得出的，见式(3-2)。

3.8.2 水平连铸单级式结晶器的传热数学模型

水平连铸单级铜结晶器的传热数学模型可参照上述多级式结晶器第一级的传热数学模型。О. А. Шатагин 等人曾研究过铜－陶瓷结晶器在水平连铸机上的应用[50]，用陶瓷管代替耐火材料水口把铜质结晶器与中间包连接起来。陶瓷管嵌入铜质结晶器内，其内部口径与铜结晶器断面相等，表面比耐火材料管光滑。陶瓷材料为氧化物组成，导热性能差。这种结构实际上是单级铜质结晶器。根据埋设的热电偶实测的结果，在金属开始凝固的前 10～15s 内，铜－陶瓷结晶器内的热流比铜结晶器低 15%～20%。结晶器内有效传热系数 α 值随时间的变化情况列于表 3-4[46]。

表 3-4 结晶器有效传热系数与凝固时间的关系

凝固时间 τ/s	6.4	11.6	21.3	31.3
有效传热系数 α/kJ·(m^2·h·℃)$^{-1}$	5442.84	3035.43	2595.816	2093.4

当凝固时间超过 31.3 s 时，传热系数可取 2093.4 kJ/(m^2·h·℃)。水平连铸 ϕ80 mm 和 ϕ144 mm 的 3 号钢锭时，结晶器内热流密度 q 变化与铸坯凝固时间的关系如图 3-32 所示。

从图 3-32 可以看出，从凝固开始 10～15s 以内，特别是初始时，结晶器下部的热流密度高于其上部；此后，情况相反，结晶器上部的热流密度略高于其下部。但是，上部和下部的初始凝固是同步进行的，这是传热较快的铜结晶器的特点。

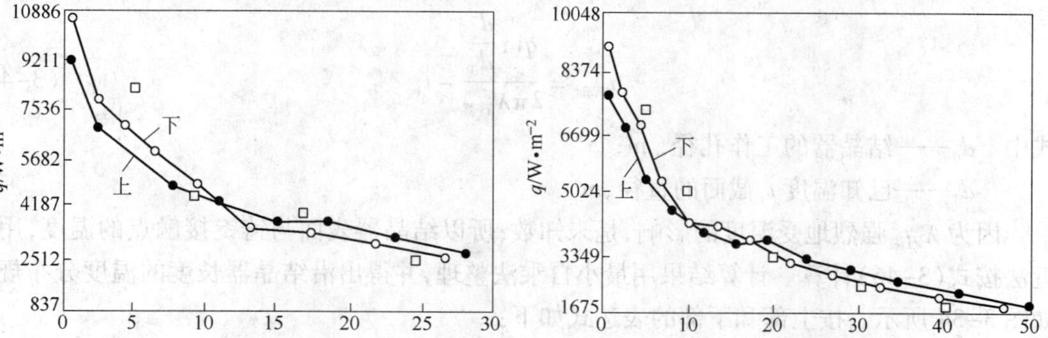

图 3-32 结晶器内热流密度变化与凝固时间的关系[46]

a—ϕ80 mm 铸锭；b—ϕ144 mm 铸锭

在水平连铸铜和铸铁铸锭时,目前均采用单级石墨结晶器。石墨套管直接与中间包连接,石墨管紧嵌于水冷铜套内。

3.8.2.1 水平连铸铜及铜合金的结晶器传热数学模型

水平连铸在铜合金坯锭生产中应用较早,大都用石墨做成单级式结晶器。乌克兰金属科学研究所对结晶器内壁与导流区连成一体的单级式结晶器进行过较为系统的研究工作[11,12]。B. A. Радзиховский 等人在顿涅茨有色合金厂对水平连铸黄铜锭时结晶器的传热过程进行过实测[11]。研究的方法是连续测定和记录沿结晶器长度不同截面上的石墨壁温度。热电偶在结晶器中的分布如图 3-3 所示,实测温度数据列于表 3-3 中。通过结晶器壁不同截面的热流密度 q 值,根据实测温度资料用通过圆筒壁的传热公式确定:

$$q=\frac{2\pi\lambda_{石墨}}{\ln\frac{d_1}{d_2}}(t_1-t_2) \tag{3-42}$$

式中 $\lambda_{石墨}$——结晶器壁石墨材料的热导率,W/(m · ℃);

$\lambda_{石墨}=186.6e^{-0.0012T}$;

t_1-t_2——确定 q 部位的温度差, ℃;

d_1,d_2——结晶器壁测温点的内外直径,m。

因为 $\lambda_{石墨}$ 是依赖于温度的变量,所以为了计算单位热流数值,必须用 $\lambda_{石墨}$ 的区间平均积分值代入公式(3-42)中。

$$\lambda_{石墨}=\int_{T_1}^{T_2}\frac{186.6}{-0.0012(T_1-T_2)}(e^{-0.0012T_1}-e^{-0.0012T_2}) \tag{3-43}$$

把式(3-43)代入式(3-42)之后,计算出通过结晶器各个截面上的 q 值,并以最小自乘法整理。沿结晶器距冷端的长度 x(m)上热流密度 q 的分布规律如图 3-33 所示。按上部和下部的表达式如下:

$$q_{上}=179590e^{8.05x} \tag{3-44}$$

$$q_{下}=205800e^{3.69x} \tag{3-45}$$

已知任何截面上的热流密度 q 值及距表面已知距离上石墨壁的温度,就可以确定结晶器工作面与铸锭接触点的温度:

$$t_{界面}=\frac{q\ln\frac{d_1}{d_0}}{2\pi\lambda_{石墨}}-t_1 \tag{3-46}$$

式中 d_0——结晶器的工作孔径, m;

d_1——已知温度 t_1 截面的直径,m。

因为 $\lambda_{石墨}$ 强烈地受温度的影响,是未知数;所以结晶器表面与铸锭接触点的温度,用渐近法按式(3-46)计算。计算结果用最小自乘法整理,并得出沿结晶器长度的温度分布规律如图 3-34 所示。按上部和下部的表达式如下:

$$t_{界面}^{上}=t_{结晶}\cdot e^{-(0.972-5.72x)} \tag{3-47}$$

$$t_{界面}^{下}=t_{结晶}\cdot e^{-(1.22-7.34x)} \tag{3-48}$$

式中 $t_{界面}$——石墨壁内表面与铸锭接触点的温度,℃;

$t_{结晶}$——金属的凝固点温度,℃。

铸锭向结晶器散热的热流密度 q 值与接触点温度的关系可用下式表达：

$$q = \alpha(t_{金属} - t_{界面}) \tag{3-49}$$

式中 α——铸锭向结晶器壁的传热系数，W/(m^2·℃)；

$t_{金属}$——铸锭温度，℃；

$t_{界面}$——石墨壁内表面与铸锭接触点的温度，℃。

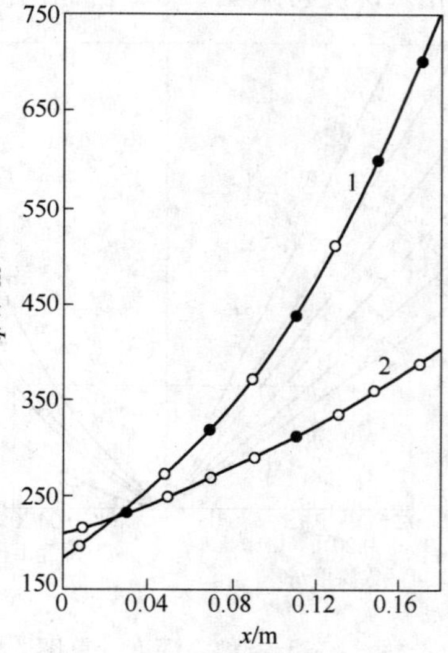

图 3-33 沿结晶器长度上的热流密度分布[11]

1—上部；2—下部

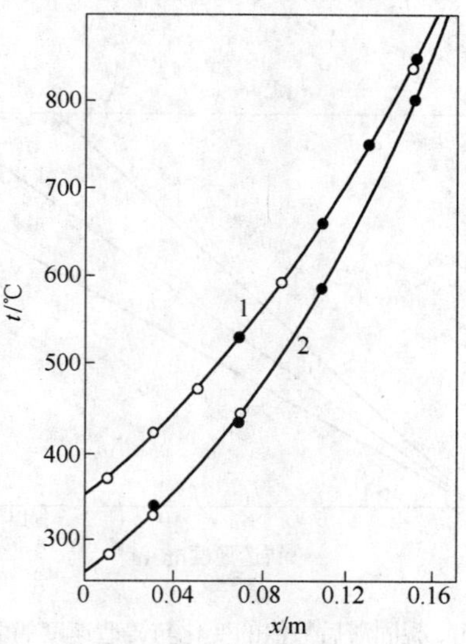

图 3-34 沿结晶器长度上的温度分布[11]

1—上部；2—下部

运用所研究过的结果，可以推论出传热系数 α 沿结晶器长度上分布的近似规律。利用热流密度和温度分布规律的数据，根据式(3-49)确定两个极限位置即铸锭开始凝固和出结晶器口的 α 值。在铸锭凝固开始时，$\alpha_1 = 520000:25 = 20800$ W/(m^2·℃)；从结晶器出口时，$\alpha_2 = 193000:390 = 495$ W/(m^2·℃)。铸锭向结晶器壁的传热系数 α 值的变化近似于指数规律，得出如下公式：

$$\alpha = 20800e^{-23.4h} \tag{3-50}$$

式中 h——从建立金属液相穴算起的坐标。

把得到的热流密度 q 值、$t_{界面}$和 α 数值代入式(3-49)，即得出确定铸锭表面沿结晶器长度上温度分布的关系式：

$$t_{表} = 4.63e^{23.4h}[e^{8.05(L-h)}] + e^{3.69(L-h)} + 450\{e^{-[0.927-5.72(L-h)]} + e^{-[1.22-7.34(L-h)]}\} \tag{3-51}$$

式中 $t_{表}$——铸锭表面温度，℃；

L——结晶器长度(在结晶器内铸锭的固态长度)，m。

从图 3-3 和表 3-3 中，已知截面Ⅳ的热流密度和 No.13($x = 0.03$ m)热电偶指示出来的温度，$q = 228655$ W/m^2，$t_{界面}^{上} = 425$℃。按式(3-42)计算的温度等于 385℃，实测为 $t_{13} = 380$℃(见表 3-3)，误差为 1.3%，表明仪器的偏差很小，由此所得公式是可靠的。

利用上述公式，可以确定每一个截面上的瞬时凝固速度、铸锭表面温度随壳厚的变化，同时可建立金属液相穴的轮廓。

当 $t_{界面}^{上}=t_{界面}^{下}=t_{结晶}$ 时，解方程式(3-47)和式(3-48)，得出建立液相穴距结晶器冷端的距离，$X_{上}=0.162$ m，$X_{下}=0.166$ m；也就是说结晶器上部和下部开始凝固的差距为4 mm，或者说建立液相穴斜面的角度为4°(3°50′)；实测结果这个角度为3°～5°。证实所得公式是正确的。

各种金属的凝固滞后量各不相同。图3-35是三种铜合金的凝固滞后量与铸造速度的关系[47]。当铸锭规格和拉坯速度一定时，某些合金的液相穴深度可从图3-36中查出来。

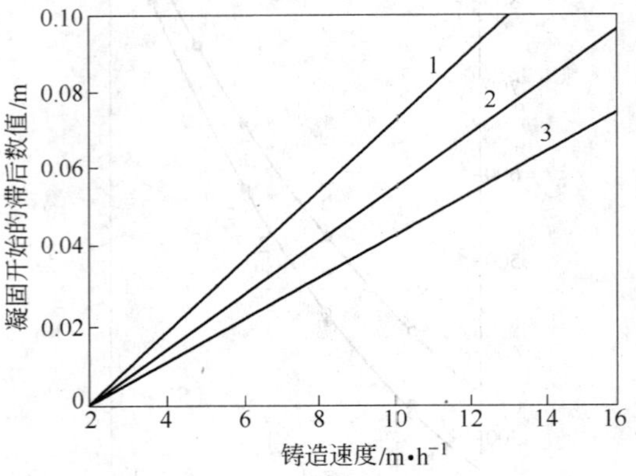

图3-35　凝固滞后数值的变化与铸造速度的关系[47]

1—紫铜；2—黄铜；3—青铜

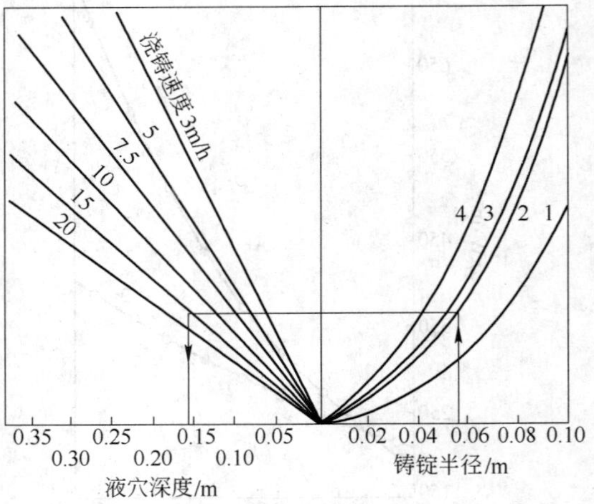

图3-36　液相穴深度计算图[47]

1—T_2；2—QSn5-5-5；3—HPb59-1；4—QSn6.5-0.4

A. A. Офенгинден 等人对水平连铸 ϕ80 mm 的锡青铜合金锭时的热传导进行研究[48]，用32支热电偶自动记录石墨结晶器和水冷铜套的温度以及结晶器中金属凝固的温度场。研究表明，铸造工艺参数、水冷强度和石墨壁润滑等，对结晶器长度方向上工作面的温度分布特征均有实际的影响。

3.8.2.2　水平连铸铸铁锭凝固传热过程数值模拟

铸铁含碳量在2.06%～6.67%之间，共晶白口铁含碳量为4.3%；大大高于钢中的碳含量。因此，在连续铸锭生产中，对于铸铁可以使用石墨结晶器，可以忽略碳对铸锭成分的影响。石墨结晶器结构与水平连铸铜合金锭时基本相同。

连续铸锭结晶器内凝固传热过程的数值模拟，目前大都是用二维稳定传热微分方程。略去了拉坯方向的传热影响。在立式连铸过程中，从理论上来说，结晶器中的温度分布为轴对称，其传热过程的二维微分方程中不计横截面周界上的传热，仅计径向和拉坯方向的传热影响。在水平连铸方面，也有用径向和轴向传热的二维微分方程来描述结晶器内凝固传热的过程[34,35]。朱宪华教授等人对水平连铸 ϕ46 mm 的灰铸铁棒锭进行过凝固数值模拟[35]。他们的研究方法特点是，通过实测石墨套内温度场及数值计算，用传热学反问题求解方法确定铸锭表面热流分布函数，进行了计算及铸锭径向和轴向传热的凝固数值模拟。

A　铸锭表面的换热边界条件

在连续铸锭中，铸锭表面与结晶器之间的换热边界条件是铸锭传热过程的控制因素，对凝固模拟的精度影响很大。

在水平连铸灰铸铁圆锭过程中，采用单级石墨结晶器，石墨套嵌于水冷套内。因而形成多个界面,使换热情况更为复杂。在传热过程中,从铸锭表面传出的热流,等于由石墨套内壁表面传入石墨套的热流。为此,可用 3.8.2.1 中所述的实验方法首先实测出石墨套的温度场,通过数值计算反推出石墨套内壁表面的热流边界条件,以此作为铸锭表面的换热边界条件。

结晶器石墨套内测温点的布置如图 3-37 所示。在稳定生产过程中,石墨套中的温度分布不随时间变化,假定石墨套中的温度分布为轴对称,则可采用圆柱坐标系,用二维稳定传热来描述石墨套中的传热。按图 3-37 实测石墨壁内各测温点的温度和结晶器入口处的铁水温度 T_0。将实测所得数据进行插值和回归处理,得出 $r=R$ 圆柱面上的温度分布函数 $T_R(x)$, $r=R_m$ 圆柱面上的温度分布函数 $T_{Rm}(x)$ 和 $X=L$(L 近似于石墨套长度)圆环面上的温度分布函数 $T_L(r)$。

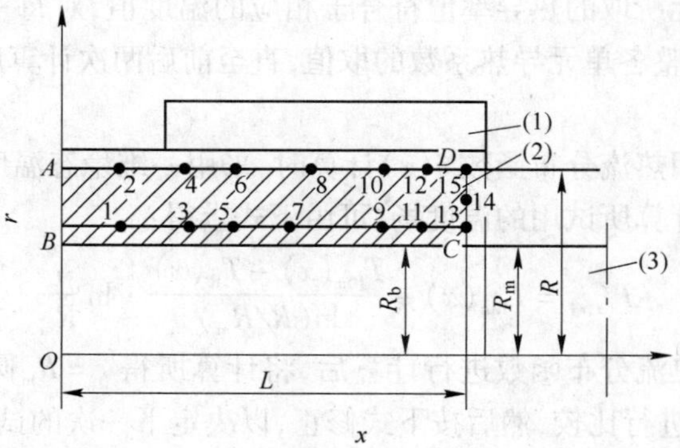

图 3-37 热电偶位置与反问题计算时所取的边界及坐标[35]
(1)— 水冷外套;(2)— 石墨套;(3) — 铸锭;1 ~ 15— 热电偶布置点

对图 3-37 中 $ABCD$ 截面所表示的圆筒体进行传热数值解析。二维稳定传热的热平衡微分方程为:

$$\frac{\partial}{\partial r}\left(\lambda\frac{\partial T}{\partial r}\right)+\frac{\lambda}{r}\cdot\frac{\partial T}{\partial r}+\frac{\partial}{\partial x}\left(\lambda\frac{\partial T}{\partial x}\right)=0 \tag{3-52}$$

式中 λ——石墨热导率;
r——径向坐标;
x——轴向坐标;
T——石墨套内待定温度,℃。

对于所分析的圆筒体,除待求的内侧表面边界条件外,其他三个均为实测温度边界条件:

$$\left.\begin{aligned} x&=0, & T&=T_0 \\ x&=L, & T&=T_L(r) \\ r&=R, & T&=T_R(x) \end{aligned}\right\} \tag{3-53}$$

此外,内部 $r=R_m$ 圆柱面上的温度分布 $T_{Rm}(x)$ 也由实测得到。反问题求解就是用上述实测温度边界条件;而在石墨套内侧,则用热流密度分布函数作为边界条件,即

$$-\lambda\frac{\partial T}{\partial r}\Big|_{r=R_b}=q(x) \tag{3-54}$$

式中 λ——石墨热导率;
$q(x)$——热流密度分布函数。

用数值计算方法计算出石墨套内部的温度分布,并不断修正边界条件式(3-54)中的

$q(x)$，直至计算所得 $r=R_m$ 圆柱面上的温度分布逼近实测温度分布函数 $T_{Rm}(x)$ 为止，此时所采用的 $q(x)$ 即为石墨套内侧热流边界条件。

第一次计算的试用热流分布函数，采用忽略轴向传热，即只考虑径向一维传热的热传导分布函数，可由下式获得：

$$q'(x)=\frac{\lambda[T_{Rm}(x)-T_R(x)]}{R_b\cdot\ln(R/R_m)} \tag{3-55}$$

石墨套的热导率是温度的函数，通过实验测定，并将测定结果经回归处理得下式：

$T<845℃$，$\lambda=0.7975-28.3854\times10^{-5}T+12.3660\times10^{-8}T^2$ [W/(cm · ℃)]

$T\geqslant845℃$，$\lambda=0.7894-41.7188\times10^{-5}T+6.5875\times10^{-8}T^2$ [W/(cm · ℃)]

为了使各剖分单元所取的热导率值符合于相应的温度值，对每一试用热流分布函数需进行多次迭代计算，调整各单元导热系数的取值，直至前后两次计算所得相同单元温度差的最小值小于 0.5℃。

在应用第一次试用热流分布函数 $q(x)$ 计算时，采用一维稳态温度分布作为第一次调整热导率而进行的迭代计算所试用的温度场，可由下式求得：

$$T_{(x,r)}=T_{Rm}(x)-\frac{T_{Rm}(x)-T_R(x)}{\ln(R/R_m)}\cdot\ln\frac{r}{R_m} \tag{3-56}$$

每次经修正试用热流分布函数进行计算后，将计算所得 $r=R_m$ 圆柱面上的温度分布与实测温度分布 $T_{Rm}(x)$ 进行比较，然后按下式修正，以决定下一次的试用热流密度分布函数：

$$q^{n+1}(x)=q^n(x)+k_q[T_{Rm}(x)-T_R(x)] \tag{3-57}$$

式中　k_q——修正系数，经多次试算取值 0.26；

$T_{Rm}(x)$——计算所得 $r=R_m$ 圆柱面上的温度分布；

$q^{n+1}(x)$——下次计算应采用的热流密度分布函数；

$q^n(x)$——本次计算所采用的热流密度分布函数。

热流密度分布函数的迭代修正一直进行到 $r=R_m$ 处各单元的计算温度 $T(x,R_m)$ 满足下式为止：

$$\max\{|T(x,R_m)-T_{Rm}(x,R_m)|\}\leqslant0.5℃ \tag{3-58}$$

用此方法求得的石墨套内侧热流密度分布曲线如图 3-38 所示。该热流密度分布曲线即可用于铸锭凝固模拟中作为铸锭表面热流边界条件。

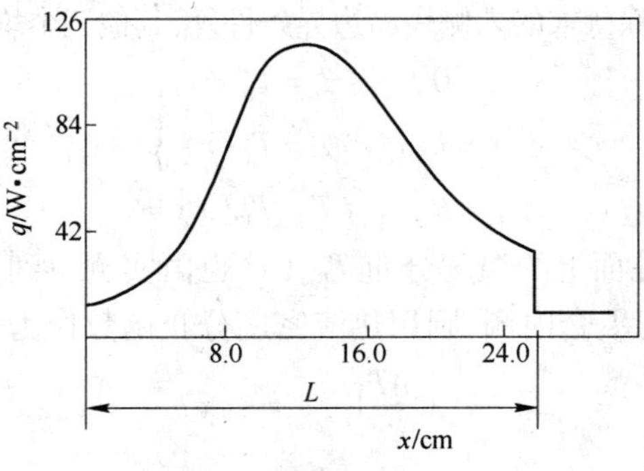

图 3-38　石墨套内侧热流密度分布曲线[35]

为了检验反问题求解所得热流密度分布函数的正确程度，将该热流密度分布曲线在石墨套总长度上进行积分，可获得单位时间内石墨套自内侧吸收的总热量。再根据实测所得冷却水流量和进出口水的温度，可算得单位时间内冷却水所带走的总热量。两者相差仅为1.6%，与3.8.2.1中所得误差（1.3%）相近，表明所得热流密度边界条件符合实际。

B 铸锭凝固过程的数值模拟

按固定坐标分析，连续铸锭的热量传输是由径向传热、轴向传热和由于铸锭移动引起的热量传输三部分组成。在连续铸钢的凝固数值模拟中一般都忽略轴向传热，从而简化为按一维不稳定或二维稳定问题来处理。

在连铸生产的稳定过程中，采用固定坐标时，铸锭中各坐标点的温度是不随时间而改变的。若忽略轴向传热，则属于一维稳定传热，其热平衡微分方程为

$$v\frac{\partial T}{\partial x}=\alpha_b\left(\frac{\partial^2 T}{\partial r^2}+\frac{1}{2}\cdot\frac{\partial T}{\partial r}\right) \tag{3-59}$$

式中 v——拉坯速度；

α_b——铸锭的热扩散率。

由于 $v\cdot(\partial T/\partial x)=(\partial T/\partial t)$，因此可用时间步长来代替 x 方向的空间步长，将上述微分方程转化为下列等效微分方程：

$$\frac{\partial T}{\partial t}=\alpha_b\left(\frac{\partial^2 T}{\partial r^2}+\frac{1}{2}\cdot\frac{\partial T}{\partial r}\right) \tag{3-60}$$

将坐标原点取在石墨套入口端的中心（见图3-37），则边界条件为：

$$\left.\begin{aligned}&r=0, && (\partial T/\partial r)=0\\ &r=R_b,(x\leqslant L), && -\lambda_b(\partial T/\partial r)|_x=q(x)\\ &r=R_b,(x>L), && -\lambda_b(\partial T/\partial r)=\sigma\varepsilon(T_{表}{}^4-T_{环}{}^4)\end{aligned}\right\} \tag{3-61}$$

式中 λ_b——铸锭的热导率；

$q(x)$——由上述用反问题求解获得的热流密度分布函数；

σ——Stefan-Boltzmann 常数；

ε——铸锭表面的黑度。

等效初始条件为：

$$t=0（即\ x=0），T=T_0 \tag{3-62}$$

式中 T_0——实测入口端铁水温度。

采用显式直接差分法，首先将铸锭剖分成许多 Δx 薄片，每一薄片又剖分成许多 Δr 的圆环单元，如图3-39所示。由于石墨套入口端的铁水温度为已知，而所形成的 Δx 薄片以拉坯速度 $v=(\Delta x/\Delta t)$ 向前移动，即每经 Δt 时间移动 Δx 距离。根据第Ⅰ片各单元的温度即可算出第Ⅱ片各单元的温度，逐片求解即可获得只考虑径向传热时铸锭的温度场。

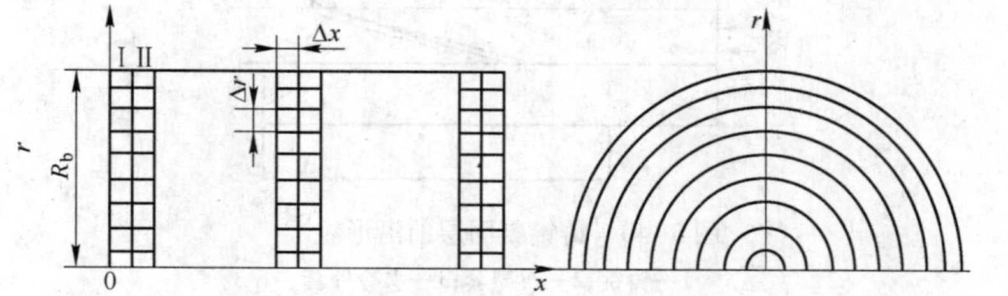

图3-39 铸锭剖分图[35]

在水平连铸灰铸铁锭的条件下，拉坯速度和结晶器的冷却强度均较小，必须将轴向传热考虑到数学模型中。由此，按固定坐标分析应属二维稳定传热，其对应的等效热平衡微分方程为：

$$\frac{\partial T}{\partial t} = \alpha_b\left(\frac{\partial^2 T}{\partial r^2} + \frac{1}{r}\cdot\frac{\partial T}{\partial r} + \frac{\partial^2 T}{\partial x^2}\right) \tag{3-63}$$

在这种情况下，除上述一维传热的边界条件及等效初始条件之外，还有下列边界条件：

$$\left.\begin{aligned} x &= 0, \quad T = T_0 \\ x &= 2L, \ (\partial T/\partial x) = 0 \end{aligned}\right\} \tag{3-64}$$

式中，$x = 2L$。$(\partial T/\partial x) = 0$ 是考虑到在两倍石墨套长度处铸锭的轴向温差已很小，可假定为绝热边界。

考虑轴向传热的二维模拟方法是：先按式(3-60)进行一维凝固模拟，将模拟结果作为第一次近似温度场，再按式(3-63)进行多次迭代数值计算，直至前后两次的计算结果相逼近，即满足下式：

$$\max\{|T^{n+1}(x,r) - T^n(x,r)|\} \leqslant 0.5℃$$

$$\max\{|f_s^{n+1}(x,r) - f^n(x,r)|\} \leqslant 0.1\%$$

式中，f_s为固相率。应用上述模型进行铸锭凝固模拟时，时间步长 Δt 已为所选用的拉坯速度 v 和 x 方向的空间步长 Δx 所制约，即 $\Delta t = \Delta x/v$。但采用显式差分法必须满足稳定性条件，即采用的时间步长必须满足：

$$\Delta\tau \leqslant \frac{1}{2\sigma_b\left[\frac{1}{(\Delta x)^2} + \frac{1}{(\Delta r)^2}\right]} \tag{3-65}$$

为了解决这一矛盾，在每一个 Δt 时间间隔（相应于铸锭移动 Δx 距离）内进行 $n(n = \Delta t/\Delta\tau)$ 次计算。通过数值模拟，获得了在现行工艺条件下铸锭的温度场及固相率如图 3-40 所示。考虑轴向传热的凝固模拟所得凝固层前沿形貌如图 3-40 中虚线 B 所示。忽略轴向传热的凝固模拟结果如图 3-40 中点划线 C 所示。为了检验凝固模拟的可靠性，在测定石墨套温度的同一实验中，在稳定生产阶段将铸锭突然快速拉出，测得铸锭实际凝固层前沿形貌如图 3-40 中实线 A 所示。由图 3-40 中可以看出，考虑轴向传热进行的凝固数值模拟结果与实验结果大体接近。同时也可以看出，一维计算结果与二维传热的差别。在实际铸锭中同一横断面上的凝固层厚度上薄下厚相差较大，这可能是由于液体金属的自然对流，以及

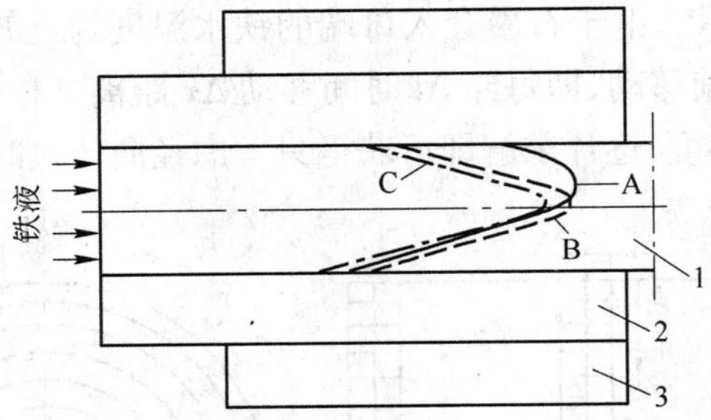

图 3-40　铸锭凝固层前沿形貌[35]

1—铸锭；2—石墨套；3—水冷外套

A—实际凝固层前沿；B—考虑轴向传热的凝固模拟前沿；C—一维数值模拟凝固前沿

凝固层形成后由于铸锭自重而使上部间隙大于下部所致;同时在突然快速拉出时尚有液体金属滞留在下部没有流净,也加厚了下部凝固层厚度。这些因素在凝固数值模拟中未予考虑。

C 主要工艺参数对结晶器出口处凝固层厚度的影响

利用所建立的凝固数值模拟模型,分别改变主要工艺参数:石墨套入口处铁水温度、结晶器的冷却强度和拉坯速度,以求得上述各工艺参数与结晶器出口处凝固层厚度之间的定量关系。其中结晶器的冷却强度用单位时间内冷却水带走的热量来衡量。模拟结果如图 3-41所示。

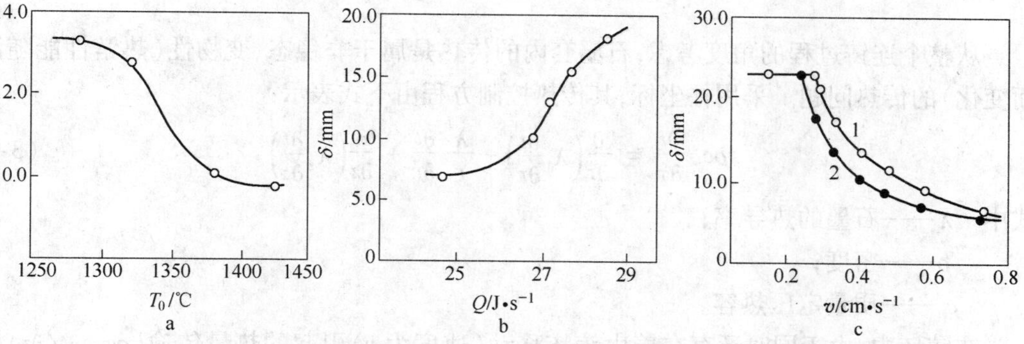

图 3-41 入口铁水温度 T_0、冷却强度和拉坯速度对结晶器出口处凝固层厚度的影响[35]

a—凝固层厚度 δ 与浇铸温度 T_0 的关系(条件:拉坯速度 0.45 cm/s;冷却水流量 222.2 cm^3/s);

b—凝固层厚度 δ 与冷却强度 Q 的关系(条件:浇铸温度 1319 ℃;拉坯速度 0.45 cm/s);

c—凝固层厚度 δ 与拉坯速度 v 的关系(条件:冷却水流量 222.2 cm^3/s;浇铸温度,1 约为 1319℃,2 约为 1370℃)

由此,如果由实验或生产经验获得不致造成拉漏的结晶器出口处最小凝固层厚度,则可用凝固模拟来优选生产工艺参数。

采用上述模拟方法研究不同尺寸的铸坯在不同生产工艺条件下的凝固过程时,需实测相应条件下的石墨套温度。为此,张云鹏先生等人采用自由热收缩模型计算铸坯与结晶器之间的界面换热系数,将包括铸坯与结晶器在内的整个传热系统作为模拟对象,从非稳传热的角度进行凝固数值模拟,在数学模型中考虑了轴向传热,使得所建立的模拟方法具有通用性[43]。模拟对象及其传热系统的示意见图 3-42。

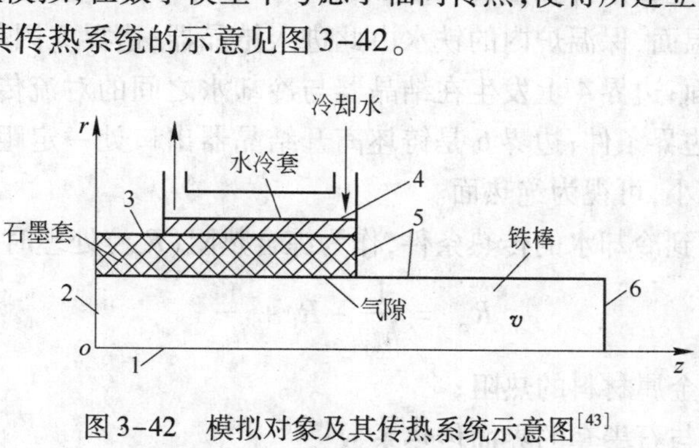

图 3-42 模拟对象及其传热系统示意图[43]

1~6—热交换界面

当采用综合热阻反映从石墨套外表面到冷却水的传热过程时,数值计算的几何空间可以进一步转化为仅由铸坯与石墨套构成的部分,如图 3-43 所示。

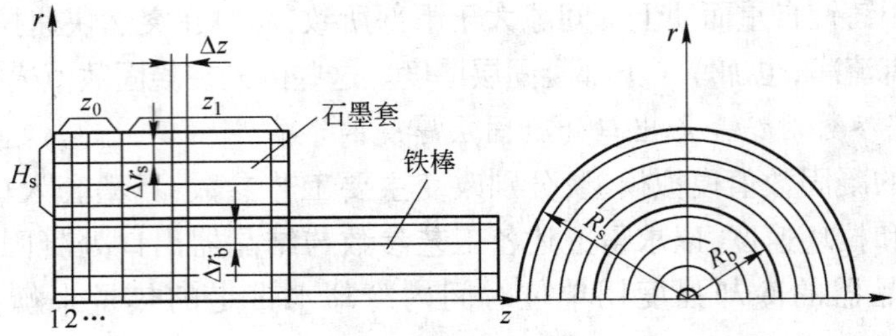

图 3-43 数值计算的区域及其离散化[43]

从整个连铸过程的角度考虑，石墨套内的传热是属于非稳态、变物性（热学性能随温度而变化）的传热问题。采用柱坐标，其传热控制方程由下式表示：

$$\rho c_p \frac{\partial t}{\partial \tau} = \frac{\partial}{\partial r}\left(\lambda \frac{\partial t}{\partial r}\right) + \frac{\lambda}{r}\frac{\partial t}{\partial r} + \frac{\partial}{\partial z}\left(\lambda \frac{\partial t}{\partial z}\right) \tag{3-66}$$

式中 λ——石墨的热导率；

ρ——密度；

c_p——质量定压热容。

在铸坯内，由于同时还存在着由铸坯移动（速度为 v）引起的热量传输（$\rho c_p v \partial t/\partial z$）以及相变产生的热源项（$Q$），其控制方程为：

$$\rho c_p \frac{\partial t}{\partial \tau} = \frac{\partial}{\partial r}\left(\lambda \frac{\partial t}{\partial r}\right) + \frac{\lambda}{r}\frac{\partial t}{\partial r} + \frac{\partial}{\partial z}\left(\lambda \frac{\partial t}{\partial z}\right) + Q - \rho c_p U \frac{\partial t}{\partial \tau} \tag{3-67}$$

取与拉坯速度相同的运动坐标系描述铸坯的传热过程时，铸坯与坐标系无相对运动，式(3-67)可以简化为：

$$\rho c_p \frac{\partial t}{\partial \tau} = \frac{\partial}{\partial r}\left(\lambda \frac{\partial t}{\partial r}\right) + \frac{\lambda}{r}\frac{\partial t}{\partial r} + \frac{\partial}{\partial z'}\left(\lambda \frac{\partial t}{\partial z'}\right) + Q \tag{3-68}$$

方程式(3-68)中反映凝固潜热的热源项采用等价热容与温度修正相结合的方法处理，即在每一时间步长内的计算中，先不计热源项进行数值求解，得到“名义温度”，然后用改进的温度回升法对其修正得到真值。

模拟对象的传热边界条件如图3-42 所示。其中边界 1 是铸坯的中心线，属于绝热的边界条件；边界 2 是等温面，保温炉内的铁水由此进入结晶器；边界 3 因与保温炉的耐火材料接触，可看作是绝热面；边界 4 上发生在结晶器与冷却水之间的对流传热；边界 5 上进行辐射传热，属于第三类边界条件；边界 6 是铸坯离开结晶器出口处一定距离后的截面，自该处以后铸坯轴向温差较小，可视为绝热面。

从石墨套外表面到冷却水的传热条件，作为综合热阻（R_{gw}）处理时，R_{gw}可用下式表示：

$$R_{gw} = \frac{1}{h_{wj}} + R_j + \frac{1}{h_{jg}} \tag{3-69}$$

式中 R_j——水冷套金属材料的热阻；

h_{jg}——水冷套与石墨套的界面传热系数；

h_{wj}——水冷套外表面与冷却水之间的界面传热系数。

铸坯表面与石墨套之间的热交换是整个传热过程的控制因素，但最难精确计算。根据自由热收缩模型，可用下式作为铸坯与石墨套界面传热系数 h_{ig}的数学模型：

$$h_{ig} = \frac{\lambda_{(t)}}{B + C_{(\delta)}\Delta b} \tag{3-70}$$

式中 $\lambda_{(t)}$——与温度 t 相关的气隙热导率；

Δb——根据铸坯自由热收缩公式得到的间隙宽度的计算值；

$B, C_{(\delta)}$——体现石墨套表面粗糙度与液体金属静压力影响的修正系数，可通过实验与计算相结合的方法确定。

在模拟对象中，沿 z 方向将石墨套的伸出端 z_0 作 n 等分，得到 Δz，以此作为整个模拟对象 z 方向上的空间步长；在径向上分别对 R_b、H_s 进行 m_b、m_s 等分，得到铸坯与石墨套径向的空间步长分别为 Δr_b、Δr_s。这样数值计算中的剖分单元是由 Δz 与 Δr（Δr_b 或 Δr_s）构成的半圆环。作此离散处理的模拟对象如图 3-43 所示。

为了实现模拟过程，需将静止石墨套二维非稳态传热数值计算与移动的铸坯含有热源项二维稳态凝固数值计算相耦合。取时间步长为：

$$\Delta\tau_1 = \frac{\Delta z}{U} \tag{3-71}$$

式(3-71)意味着每经 $\Delta\tau_1$ 时间，铸坯移动 Δz 距离。这样，每完成一个时间步长的计算便将铸坯各单元的计算传递一个空间步长，并作为下一个时间步长内再次进行计算的初值，即

$$\left.\begin{aligned} t_{i,j}^{(p)+1} &\rightarrow t_{i+1,j}^{(p+1)} \\ t_{i-1,j}^{(p)+1} &\rightarrow t_{i,j}^{(p+1)} \end{aligned}\right\} \tag{3-72}$$

以此实现动坐标系中的计算值向静坐标系中的温度场值的转换。

由于显式差分法所要求的时间步长必须满足稳定性条件，一般来说，允许的时间步长（$\Delta\tau_2$）远小于 $\Delta\tau_1$。为了解决这一矛盾，在每个 $\Delta\tau_1$（相当于铸坯移动 Δz）内进行 m（$m = \Delta\tau_1/\Delta\tau_2$）次计算。

采用式(3-70)计算铸坯与石墨套界面传热系数时，对于固相率小于 0.8 的单元，认为被铸金属与石墨套之间是液态接触，间隙为零。当铸坯表面单元固相率大于 0.8 时，式(3-70)中的 Δb 可由下式确定：

$$\Delta b = \Delta H_1 + \Delta H_2$$

式中 ΔH_1——铸坯的收缩量；

ΔH_2——石墨套的收缩量。

式(3-70)中的 t 值取铸坯表面单元温度与石墨套表面单元温度的平均值。铸坯表面单元温度及石墨套表面单元温度由数值计算自身确定。

计算时，假设在连铸开始前，引锭头塞入结晶器后，其端面与连接在保温炉上的水冷套端面平齐；并且，引锭头前面的空腔（伸出端内腔）在连铸开始时瞬间充满金属液体。这样，伸出端内腔金属的初始温度取保温炉铁水温度（t_0），其余部分取室温，即

$$\left.\begin{aligned} &\tau = 0: z < z_0, t = t_0 \\ &z_0 \leqslant z \leqslant L, t = 28℃ \\ &0 \leqslant z \leqslant (z_0 + z_1),\ t_m = 28℃ \end{aligned}\right\} \tag{3-73}$$

式中 t——铸坯（或引锭头）的温度；

t_m——石墨套的温度；

L——铸坯被模拟的总长度。

模拟计算进行到相邻两个周期(L)相应时刻的计算结果逼近,即满足下式:

$$\left.\begin{array}{l}\max\{|\ t^{\tau_1+L}(z,r)-f^{\tau_1}(z,r)\ |\}\leqslant 0.5℃\\ \max\{|\ t_m{}^{\tau_1+L}(z,r)-t_m{}^{\tau_1}(z,r)\ |\}\leqslant 0.5℃\\ \max\{|\ f_s^{\tau_1+L}(z,r)-f_s^{\tau_1}(z,r)\ |\}\leqslant 0.5\%\end{array}\right\}\quad(3\text{-}74)$$

认为连铸达到稳定生产阶段,终止计算。

为了验证上述模拟计算方法的可靠性与通用性,在直径 52 mm 的铸铁锭稳定生产过程中,对石墨套内三个不同位置的温度进行测量,并与相同工艺条件下的模拟结果进行比较。结果列于表 3-5。

表 3-5　直径 52 mm 铸坯连铸过程中石墨套的测温结果与模拟结果[43]

坐标点(z,r)/mm	实测温度/℃	计算温度/℃	误差/%
29.9,54.1	1038.7	1075.6	3.55
279.9,52.8	274.8	292.1	6.33
305.0,54.2	271.1	261.1	3.70

注:Z 是从石墨套入口算起的轴线距离(见图 3-42),石墨套长 310 mm;r 是从石墨套中心算起的半径距离(见图 3-43)。

在直径 80 mm 的铸铁锭正常生产结束前,将其突然快速拉出,观测凝固前沿的形貌,如图 3-44 所示。凝固前沿的实测结果与模拟结果比较如图 3-45 所示。

图 3-44　直径 80 mm 铸坯凝固前沿实际形貌[43]

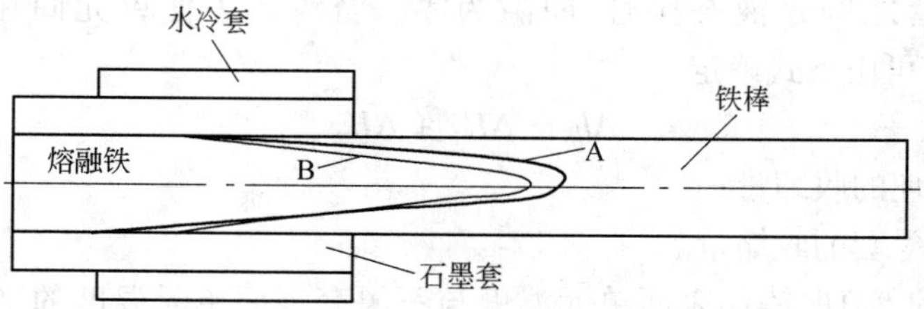

图 3-45　直径 80 mm 铸坯凝固前沿形貌的模拟结果与实测结果[43]

A—实测结果;B—计算结果

从图 3-45 中可以看出,铸坯的实际凝固层厚度上下略有差别,这可能是凝固层形成后由于铸坯自重而使上部间隙大于其下部所致;同时,在突然快速拉出时尚有液态金属滞留于下部,增加了下部的凝固层厚度。这些因素在凝固过程数值模拟中未予考虑。

3.8.3　水平连铸数值模拟的准确性

连续铸锭凝固过程的数值模拟,可以定量地研究在不同工艺条件下的凝固过程,达到不经试制或经少量试制即可优化工艺参数,成为研究连铸凝固过程及指导连铸生产的重要手段。数值模拟的准确性是冶金工作者关注的重要问题。

从图 3-40 和图 3-45 中特别是凝固壳上部的厚度可以清楚地看出,计算数值均大于实测结果。

温度场的数值模拟是铸锭凝固过程中其他场(如应力场、浓度场)、液态金属对流、组织和性能等模拟和优化的基础。铸坯表面与结晶器壁之间的界面传热系数是控制铸坯凝固传热过程的制约因素。为了有效提高温度场数值模拟的准确性,张丹等人对界面传热系数的模型进行了改进和参数化[45];根据界面传热系数三阶段演变模型,提出了数值模拟与优化计算相结合的反向求解方法。

根据大量的试验研究结果,被铸金属与结晶器壁之间的热交换形式为接触界面的热交换和形成间隙时的热辐射。界面上的传热系数 h 不是一个常数,而是随时间变化的。不考虑充型过程的影响,多数界面传热系数的变化可分为 4 个阶段:(1)常数阶段。当液态金属浇入结晶器时,液态金属与结晶器壁成紧密接触状态,液态金属的热量很快被结晶器吸收。在保持液态金属与结晶器壁紧密接触的阶段,由结晶器传走的热量仅为接触部分液态金属的显热。由于被铸金属液的过热度很有限,这种紧密接触的时间很短。在紧密接触阶段中,界面传热系数稳定,是整个热传导过程中界面传热系数的最大值,即界面传热系数的初值。在连铸过程中起铸的初始阶段,大量液态金属刚流入结晶器的瞬间,会呈现这种紧密接触状态。在连体式 УНИИМ 水平连铸过程中,结晶器入口端也会出现这种紧密接触状态。当结晶器与导流区之间液态金属能形成弯月面时,正常连铸过程中,连续的紧密接触在结晶器内不存在。(2)波动性渐降阶段。当结晶器壁表面附近的液态金属冷却凝固形成一层薄薄的金属壳时,在液态金属静压力和凝固壳收缩力的综合作用下,凝固壳与结晶器壁之间产生波动性接触。根据 О. А. Шатагин 等人对水平连铸钢锭过程的研究结果[4],在这种情况下,凝固壳的振动频率达到 15 ~20 次/s。因为铸锭不同高度处所受静压头大小不同,所以在不同位置的界面传热系数值不同,并且在这一阶段界面传热系数随时间延长而保持着缓慢递降的波动性变化。界面传热系数,在接触时数值最大,出现间隙时数值最小;最大值不会超过初值,最小值不小于形成稳定间隙时的数值。(3)迅速下降阶段。随着凝固时间的延长,凝固壳变厚而且刚度也越来越大,当足以抵抗静压强时,冷却收缩的凝固壳和受热膨胀的结晶器壁之间产生稳定间隙,由于气体间隙的界面热阻抗远大于紧密接触的界面热阻抗,由铸锭凝固壳至结晶器的热量传递速率就会急剧下降,界面传热系数值随之迅速减小。在这一阶段,由于界面传热系数骤降,凝固壳层的温度回升,使热辐射量相应增加,在凝固壳与结晶器壁之间建立新的热平衡。这一阶段持续的时间是很短的。(4)缓慢下降阶段。随着凝固壳表面温度缓慢降低和凝固壳的厚度增加,间隙宽度缓慢增大,界面传热系数逐渐降低。在连铸的结晶器中,被铸金属与结晶器壁之间的传热过程有两种形式,直接接触的界面传热和形成间隙时的热辐射。第一阶段为直接接触的界面传热;第二阶段,既有直接接触的界面传热,又有辐射传热;第三和第四阶段为辐射传热。在结晶器热工计算中,早期将第一阶段和第二阶段并为一个阶段,认为液态金属和初生凝固薄壳同结晶器壁的接触都是直接紧密接触的,是计算结果大于实测数据的主要原因。

在铸件与铸型壁之间的界面传热系数三阶段连续模型中,将常数阶段与波动阶段合在一起,统称为常数阶段。根据上述分析,张丹等人建立的铸件与铸型壁之间界面传热系数三阶段数学模型,可以作为连铸过程中凝固壳与结晶器壁之间的界面传热系数四阶段数学模型:

$$h = h_c \frac{1}{1 + e^{a(t-t_c)}} + C \cdot t^{-n} \frac{1}{1 + e^{a(-t+t_c)}} \tag{3-75}$$

式中　h——界面传热系数；

h_c——界面传热系数的初值；

t——凝固时间；

C,n——对应于不同结晶器壁材料及铸造工艺取值的系数；

t_c——临界时间；

$1/[1+e^{a(-t+t_c)}]$——类似于一个开关函数；

a——直接关系到开关函数的突变程度的一个大数字，此处取 10。

式中右边第一项表示第一和第二阶段的接触传热变化，第二项表示迅速和缓慢下降的两个阶段以及第二阶段形成间隙时由于热辐射产生的传热变化。当 $t<t_c$ 时，第二项趋近于零；当 $t>t_c$ 时，$1/[1+e^{a(-t+t_c)}]$ 趋近于 1，第二项趋近于 Ct^{-n}。

式(3-75)中的 h_c、C 和 n 三参数需要给出，以便求得界面传热系数的变化。通过优化技术和数值模拟的结合，可以将它们作为设计变量，根据实测温度场采用无约束优化问题进行优化求解。优化目标：

$$\min:f(h) = \frac{\sum_{i=1}^{n}[T_{est}^1(h) - T_{exp}^1(h)]^2}{n} + \frac{\sum_{i=1}^{m}[T_{est}^2(h) - T_{exp}^2(h)]^2}{m} + \frac{\sum_{i=1}^{k}[T_{est}^3(h) - T_{exp}^3(h)]^2}{k} \tag{3-76}$$

式中　T_{est}——数值模拟解；

T_{exp}——实验测量值；

n,m,k——分别为测量时间段。

采用全局收敛改进方法(GCM)，对优化目标进行改动，以避免可行域为空。

$$\min:f(h) + (My + y^2/2) \tag{3-77}$$

$$\text{s.t.} f(h) - y \leqslant 0,\ y \geqslant 0, i = 1,\cdots,m$$

式中，M 是一个非常大的实数；y 是人工变量，作用是将非可行域的设计变量引入到可行域；通常这两个参数为零。首先给定当前迭代值$(x^{(k)},y^{(k)})$，然后用一个凸函数 $g^k(x)$ 近似替代原函数 $f(h)$；这个近似取决于当前迭代点和上一步迭代点的梯度。采用有限差分法计算设计变量的灵敏度。

张丹等人根据水平放置的半径 36 mm 的圆柱形金属铸型分别浇入 Sn－5Pb 和 Sn－15Pb 合金的试验结果，求得 h_c、C 和 n 三个参数的优化解列于表 3-6；两种合金的温度曲线的模拟结果和实测结果如图 3-46 所示。

表 3-6　设计变量的优化解[45]

热电偶位置	Sn－5Pb			Sn－15Pb		
	h_c/W·(m²·K)⁻¹	C	n	h_c/W·(m²·K)⁻¹	C	n
1	5194.94	2072.19	－0.39	7602.71	2025.43	－0.28
2	6900.07	3938.39	－0.55	9130.70	4826.35	－0.31
3	10682.28	7901.23	－0.36	12732.28	8534.21	－0.27

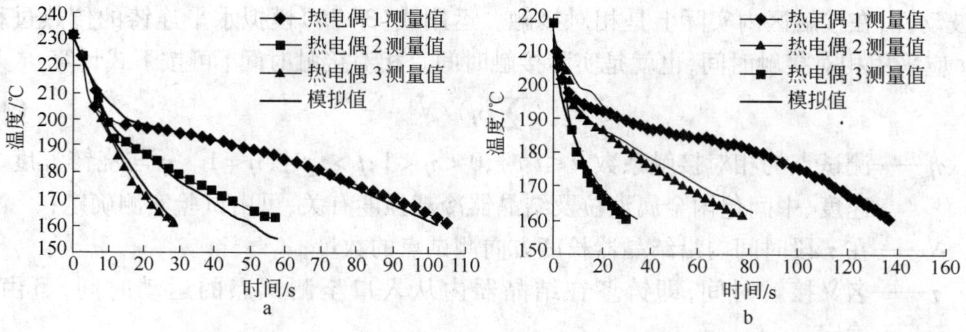

图 3-46 数值模拟合试验值的对比[45]

a—Sn-5Pb 合金拟合曲线；b—Sn-15Pb 合金拟合曲线

试验用金属铸型的型腔直径为 72 mm。热电偶的安装位置在同一圆周上，距铸型界面5 mm。1 号热电偶在水平轴线上，2 号热电偶在 45°位置上，3 号热电偶在底部垂直轴线上。Sn－5Pb 合金的界面传热系数及间隙宽度随时间变化的数值模拟结果如图 3-47 所示。

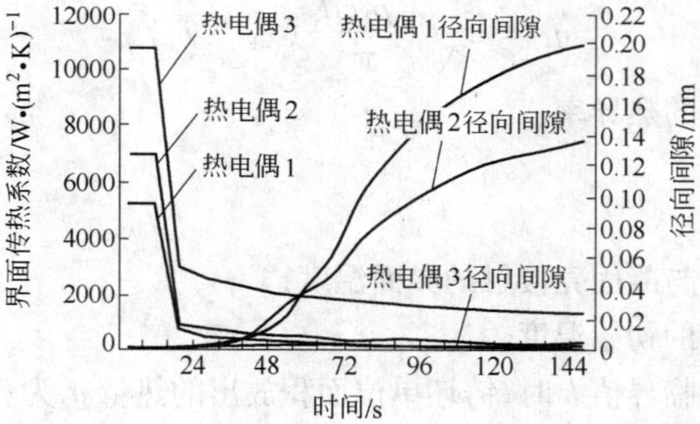

图 3-47 不同区域界面传热系数及径向间隙的变化曲线[45]

从图 3-47 中可以看出，铸件底部的界面传热系数最大，而气隙的宽度相对很小；沿圆周往上气隙宽度不断增大，水平处宽度值达到最大，界面传热系数也不断减小。这说明液态金属静压力和铸件自重的作用。从图 3-46 中温度曲线的斜率也可以看出来，底部曲线的斜率最大。

从表 3－5 中可以看出，石墨套中的温度值，实测结果与数值模拟结果的误差为 3.55% ~6.33%。图 3-46 中的实线给出了优化后界面传热系数模拟的温度，对于 Sn－5Pb 合金在 0 ~110 s 之间 3 个热电偶处模拟与实测结果相对误差为 3.12%；对于 Sn－15Pb 合金在0 ~150 s之间 3 个热电偶处模拟与实测结果相对误差为 2.81%。说明按式(3-75)数学模型计算的结果，准确度有所提高。目前，在数值模拟过程中大都采用统一的铸坯运动时间作为计算参数。在结晶器接触区内，铸坯运动时间是名义接触时间；实际接触时间小于对应的名义接触时间，并渐次缩小差值。合理地调整接触时间计算值，可进一步提高模拟值的精度。

图 3-46 和图 3-47 是在静态浇铸条件下模拟和试验的结果。在连续铸造条件下，铸坯与结晶器之间始终存在着相对运动。在连续铸造过程中，铸坯凝固壳与结晶器壁之间的接

触呈波动性；在接触区内实际上是相对接触。运用式(3-75)模拟水平连铸的传热过程时，时间 t 应采用相对接触时间，也就是实际接触时间。相对接触时间 t 可按下式计算：

$$t = [(\sum \eta)/N] \cdot \tau \tag{3-78}$$

式中　η——测试点的相对接触系数，$t \leqslant t_c$ 时，$0 < \eta < 1$；$t > t_c$ 时，$\eta = 1$。η 与浇铸温度、铸造速度、中间包内金属液位及结晶器冷却强度有关，可由试验实测确定；

N——在 τ 段时间内沿结晶器长度方向测试点的数量；

τ——名义接触时间，即铸坯在结晶器内从入口至测试点的运动时间，可由下式确定：

$$\tau = L/v$$

L——从结晶器入口至试测点的长度，mm；

v——铸造速度，mm/s。

临界时间 t_c 为铸坯凝固壳的强度与液态金属静压力在凝固壳层产生的应力平衡时形成稳定间隙所需凝固壳厚度的凝固时间。以圆锭为例，由一维微分方程可求得结晶器单位面积在 t_c 时间内吸收的热量 q_1 为：

$$q_1 = 2\sqrt{\frac{\lambda_1 \rho_1 c_1 t_c}{\pi}}(T_F - T_1)$$

式中　λ_1——结晶器壁的热导率；

ρ_1——密度；

c_1——质量热容；

T_F——结晶器壁与凝固壳接触的界面温度，℃；

T_1——结晶器壁的初始温度，℃。

当凝固壳厚度达到临界值 b 时，铸坯单位面积放出的热量 q_2 为：

$$q_2 = b\rho_2\left[Q + c'_2(T_p - T_s) + c''_2\left(T_s - \sqrt{\frac{T_s^2 + T_F^2}{2}}\right)\right]$$

式中　ρ_2——金属密度；

Q——金属凝固潜热；

c'_2——液态金属质量热容；

T_p——铸造温度，℃；

T_s——金属固相线温度，℃；

c''_2——固态金属质量热容。

铸坯凝固时放出的热量 q_2 与结晶器吸收的热量 q_1 相等，求得 t_c 为：

$$t_c = b^2 \frac{\pi \rho_2^2}{4\lambda_1 \rho_1 c_1}\left[\frac{Q + c'_2(T_p - T_s) + c''_2\left(T_s - \sqrt{\frac{T_s^2 + T_f^2}{2}}\right)}{T_F - T_1}\right]^2 \tag{3-79}$$

在水平连铸生产过程中，液态金属的静压力可以认为是恒定不变的；但是，当它作用在不同厚度的凝固壳上时，对形成间隙的影响能力是不同的。因此，它对间隙的影响应该是关于凝固壳厚度的函数。其表达式可以根据张云鹏等人的研究分析得到[40]。液态金属静压力均匀作用于凝固壳上，对于圆锭如图 3-48 所示。液态金属静压力使凝固壳内部产生拉应力的状况如图 3－49 所示。

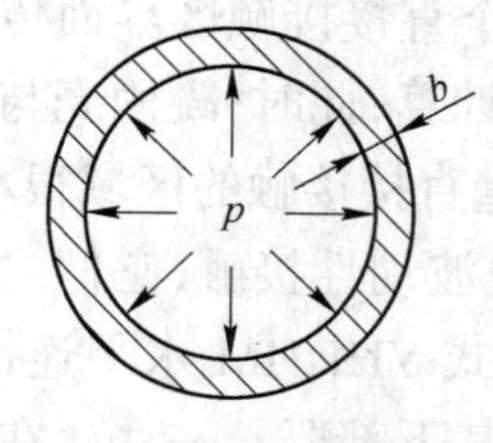

图 3－48　液态金属静压力均匀作用于凝固壳上

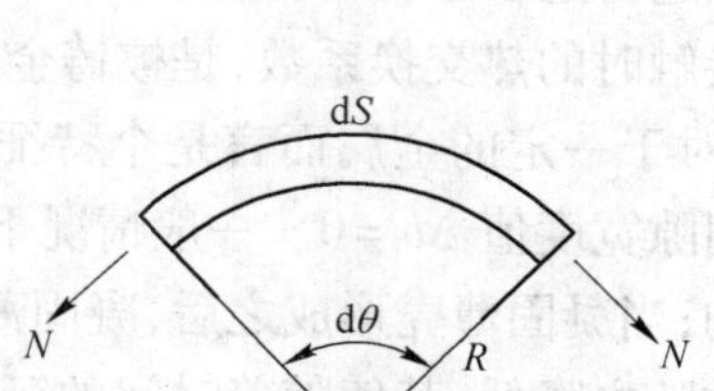

图 3－49　凝固壳内部受拉应力的状况

设铸锭半径为 R，凝固壳厚度为 b，凝固壳的平均半径为 R'，内部液态金属静压力为 p，由于液态金属静压力的作用而存在于凝固壳内的拉力为 N。如图 3－49 所示，取圆心角为 $\mathrm{d}\theta$ 的微段弧进行受力分析可以得到：

$$2N \cdot \sin(\mathrm{d}\theta/2) = p\mathrm{d}s \cdot 1$$

由于 $\mathrm{d}s = R'\mathrm{d}\theta, \sin(\mathrm{d}\theta/2) \approx \mathrm{d}\theta/2$，所以 $N = pR'$。由此，凝固壳厚度截面上的拉应力为 $\sigma = N/b = pR'/b$。而 $R' = R - b/2$，所以

$$\sigma = \frac{p\left(R - \frac{b}{2}\right)}{b} = p\left(\frac{R}{b} - \frac{1}{2}\right)$$

令 $\delta_k = b/R$，称为相对凝固壳厚度；当内部液态金属静压力一定时，则凝固壳厚度截面上的拉应力为相对凝固壳厚度的函数，即 $\sigma = f(\delta_k)$。在凝固壳与结晶器壁的接触区内，凝固壳厚度截面上的拉应力大于凝固壳层平均温度下的金属强度；当凝固壳厚度截面上的拉应力等于凝固壳层平均温度下的金属强度时，在凝固壳与结晶器壁之间开始产生稳定的气隙。凝固壳单位面积上液态金属静压力 $p = \rho_2 gH$，代入上式；据此可求得产生稳定间隙时的凝固壳临界厚度 b 值：

$$b = \frac{2\rho_2 gHR}{2\sigma + \rho_2 gH}$$

式中　H——计算点的金属液位高度；

　　　g——重力加速度；

　　　σ——凝固壳层平均温度下的金属强度。

由此，式(3-79)可表示为：

$$t_c = \frac{\pi\rho_2^4 g^2 H^2 R^2}{\lambda_1\rho_1 c_1(2\sigma + \rho_2 gH)^2}\left[\frac{Q + c_2'(T_p - T_s) + c_2''\left(T - \sqrt{\frac{T_s^2 + T_f^2}{2}}\right)}{T_F - T_1}\right]^2 \tag{3-80}$$

临界时间 t_c 也是相对接触时间。从式(3-80)中可以看出，被铸金属的熔点和凝固潜热越高，临界时间越长；被铸金属的密度增大和金属液位增高，临界时间相对延长。结晶器材料的导热系数、密度和质量热容越大，临界时间越短。铸锭直径越大，临界时间越长；这表明浇铸大直径的铸锭时，结晶器应适当长一点。因此，选用高热导率的重金属制作结晶器有利于缩短接触区的长度；而临界时间可作为缩短结晶器长度的下限条件。

从式(3-80)中还可以看出，被铸金属的高温强度越大，临界时间越短。这大概是不锈钢等金属连铸时容易出现穿晶的原因。

在连铸过程中，被铸金属与结晶器壁之间界面传热系数的初值，即液态金属与结晶器壁直接接触时的热交换系数，是被铸金属与结晶器壁之间整个直接接触区界面传热系数的最大值，对于一定的金属而言是个特征值，可以按式(3-70)计算，此时，凝固壳与结晶器壁之间的间隙宽度值 $\Delta b=0$。一般情况下，液态金属与结晶器壁直接接触的区域很小，接触是瞬时性的；当凝固薄壳形成之后，凝固薄壳与结晶器壁之间呈波动性接触，它们之间的界面传热系数随之降低，其值随着时间的延长逐渐减小。在连体式 УНИИМ 水平连铸过程中，液态金属与结晶器壁之间的直接接触区比较大，而且上部比其下部要长一些。在热交换过程中，由于波动性接触区的存在，接触区内金属的凝固时间 t 和临界时间 t_c 均为相对接触时间。由于液态金属静压力的作用，铸锭凝固壳各点的相对接触时间不等；凝固壳下部的相对接触时间最长，上部最短。因此，下部的界面传热系数最大，上部的界面传热系数最小。许多试验研究结果表明，这种差别不是十分悬殊，特别是在结晶器入口处上下部差值不大；这一点从表 3-2 中的热流值可以清楚地看出来，结晶器入口处通过至结晶器壁内表面 3 mm 点的热流密度，上部为 6.99×10^6 kJ/(m^2·h)，下部为 6.87×10^6 kJ/(m^2·h)。表 3-6 和图 3-47 中界面传热系数初值，各点有很大的差别，是由同样的初值最终优化到不同的值所致，大概是在静态浇铸试验条件下和采用名义接触时间计算的结果。

3.8.4 水平电磁连续铸造凝固传热过程的数值模拟

前面所讲的连铸传热过程都是在接触式结晶器中进行的。在接触式结晶器中连续铸锭时，铸锭表面上容易产生一些缺陷。在铝及铝合金锭连铸过程中，为了消除其表面缺陷，苏联在 20 世纪 60 年代中期开发了立式电磁连续铸锭法，并推广到铜连铸。但应用于低电导率、低热导率及高密度金属铸造时，则要求设备巨大化且拉坯速度极慢。为此，开发了一种直流电磁铸造法[49~51]；根据左手法则，在液体金属中通入直流电流与直流磁场垂直相交，在液态金属内部产生电磁力，其方向与重力方向相反，使液态金属悬浮在空中进行冷却凝固。由于电流与磁场直接作用于液态金属，应用于钢等高密度金属时，不需要巨大设备便可铸造，而且有可能应用于薄板连铸；这对水平连铸在接触式结晶器中克服重力作用也是有意义的。

上述连铸凝固传热过程的数值模拟，都是以二维稳定传热微分方程为基础；其径向传热是共同遵守的原则，余则或取铸锭周边传热或取轴向传热。从逆流导热计算中已知，当铸造速度较低而被铸金属的温度传导系数较高时，逆流导热的影响是不可忽略的。在凝固壳与结晶器的接触区内，由于波动性的影响，凝固壳周边上的温度也处于波动状态，在水平连铸中其上下温差也是明显的。在这里以沈明钢对水平电磁连铸铝及铝合金锭的研究为例，介绍三维传热过程的数学模拟[49]；从中可以看出二维传热的计算结果与三维传热的差别。

3.8.3.1 水平电磁连铸试验原理

水平电磁连铸坯有两种力的平衡，一种为直流电流与直流磁场间产生的电磁力与重力的平衡；另一种为电流产生的压缩力与表面张力之和同液态金属静压力的平衡。

电磁力计算公式为：

$$F = J \times B \tag{3-81}$$

式中 F——电磁力，N/m^2；

J——电流密度，A/m^2；

B——磁场强度，T。

电磁力必须与重力保持平衡，即：

$$JB = \rho g \tag{3-82}$$

式中　ρ——金属密度，kg/m^3；

g——重力加速度，m/s^2。

电流产生的压缩力为：

$$\frac{\mu_0 I^2}{4\pi\alpha_0^2}$$

式中　μ_0——透磁率，H/m；

I——电流，A；

α_0——圆棒的半径，m。

液态金属静压力为：　$\rho g h_0$

式中　h_0——金属液面高度，m；

ρ——液态金属密度，kg/m^3。

压缩力与表面张力之和必须同液态金属静压力平衡：

$$\rho g h_0 = \frac{2\nu}{a_0} + \frac{\mu_0 \cdot I^2}{4\pi \cdot a_0^2} \tag{3-83}$$

式中　等式右边第一项为表面张力；

ν——金属液表面张力，N/m。

3.8.3.2　试验装置及过程

试验装置如图3-50所示。将金属放入坩埚，用电热元件加热使金属熔化，并调节温度。使液态金属以一定的压力通过汤道，由出口流出，水平控制仪使坩埚内液面保持在一定水平高度。将直流电流和直流磁场通过从出口流出的液态金属并垂直相交。电磁力与重力相平衡使液态金属悬浮在空中。出口处的引锭杆由电机以一定的速度向右方向移动，吹入气体使液态金属凝固。试验条件列于表3-7中。

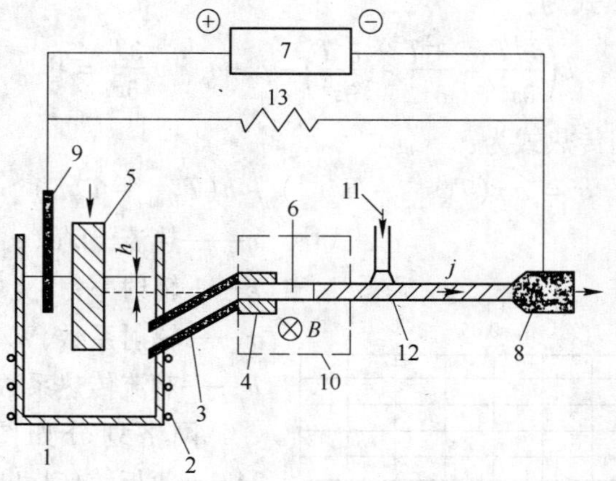

图3-50　试验装置[49]

1—坩埚；2—电热元件；3—金属液流管；4—出流口；5—液位控制仪；6—金属液柱；7—直流供电装置；8—电流接线负极；9—电流接线正极；10—直流磁场装置；11—风冷管；12—铸棒；13—直流电流调节器

表 3–7　铝及铝合金试验条件

金属品种	纯铝		Al – Si(8%)
铸坯尺寸/mm(×mm)	ϕ20	9×24	ϕ20
磁场密度/T	0.4	0.4	0.4
电流强度/A	20	20～22	20～32

3.8.3.3　三维传热数学模型

在水平电磁连铸试验过程中，由于采用使液态金属悬浮在空中进行冷却的方法，不能向液态金属通水冷却而仅能吹入气体冷却，冷却速度很慢，影响拉坯速度的提高。为此，进行水平电磁连铸三维传热计算，传热计算中做如下假设：

(1) 忽略液态金属中的对流传热；
(2) 温度仅是空间的函数；
(3) 密度、热容、热导率等物性参数为常数；
(4) 坩埚出口处温度为常数；
(5) 引锭杆温度为常数；
(6) 引锭杆与坩埚出口的距离为常数；
(7) 空气温度为常数。

根据假设(1)，传热式为

$$\rho \cdot c_p \cdot \frac{\partial T}{\partial t} = k\left(\frac{\partial^2 T}{\partial x^2} + \frac{\partial^2 T}{\partial y^2} + \frac{\partial^2 T}{\partial z^2}\right) - \rho \cdot c_p \cdot v\frac{\partial T}{\partial z} \tag{3-84}$$

式中　T——温度，K；
t——时间，s；
c_p——质量热容，J/(kg · K)；
k——热导率，W/(m · K)；
v——拉坯速度，m/s；
x, y, z——空间坐标，m。

根据假设(2)，传热式为：

$$k\left(\frac{\partial^2 T}{\partial x^2} + \frac{\partial^2 T}{\partial y^2} + \frac{\partial^2 T}{\partial z^2}\right) - \rho \cdot c_p \cdot v\frac{\partial T}{\partial z} = 0 \tag{3-85}$$

铸坯表面与空气间传热式为：

$$q = \varepsilon\sigma(T_{表面}{}^4 - T_{空气}{}^4) + h(T_{表面} - T_{空气}) \tag{3-86}$$

式中　q——热流，J/m^2；
ε——辐射率；
σ——辐射系数，W/(m^2 · K^4)；
h——对流传热系数，W/(m^2 · K)。

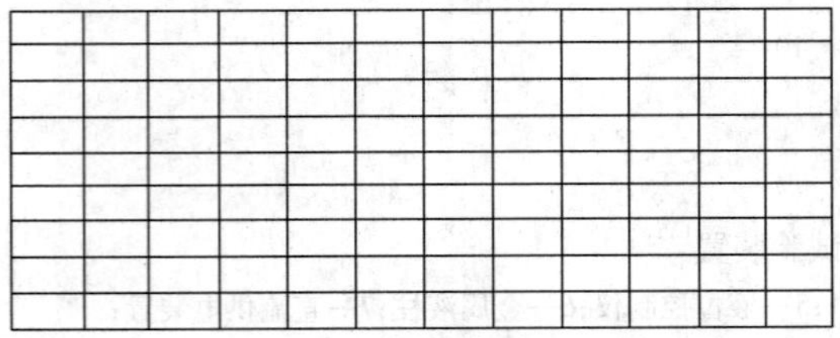

图 3–51　网格划分[49]

网格划分如图 3–51 所示，为 9×24 mm薄板铸坯横断面的 1/4。x 轴方向划分为 12 个网格，间隔为 0.1 cm；y 轴划分为 9 个网格，间隔为 0.05 cm 。引锭杆与坩埚出口的距离为 10 cm，划分为 20 个网格。

边界节点为空气结点。

计算时，首先采用隐式差分法(LOD 格式)，忽略 Z 轴方向的传导传热，解式(3-87)，以此为初值，采用迭代法解式(3-85)。

$$k\left(\frac{\partial^2 T}{\partial x^2}+\frac{\partial^2 T}{\partial y^2}\right)-\rho\cdot c_p\cdot v\frac{\partial T}{\partial z}=0 \tag{3-87}$$

LOD 格式如式(3-88)所示：

$$\left.\begin{aligned} T_{i,j,z+\frac{1}{2}}-T_{i,j,z} &= \frac{k\Delta z}{2\rho c_p v}\left(\frac{T_{i-1,j,z}-2T_{i,j,z}+T_{i+1,j,z}}{(\Delta x)^2}+\frac{T_{i-1,j,z+\frac{1}{2}}-2T_{i,j,z+\frac{1}{2}}+T_{i+1,j,z+\frac{1}{2}}}{(\Delta x)^2}\right)\\ T_{i,j,z+1}-T_{i,j,z+\frac{1}{2}} &= \frac{k\Delta z}{2\rho c_p v}\left(\frac{T_{i,j-1,z+\frac{1}{2}}-2T_{i,j,z+\frac{1}{2}}+T_{i,j+1,z+\frac{1}{2}}}{(\Delta y)^2}+\frac{T_{i,j-1,z+1}-2T_{i,j,z+1}+T_{i,j+1,z+1}}{(\Delta y)^2}\right)\end{aligned}\right\} \tag{3-88}$$

程序框图如下所示：

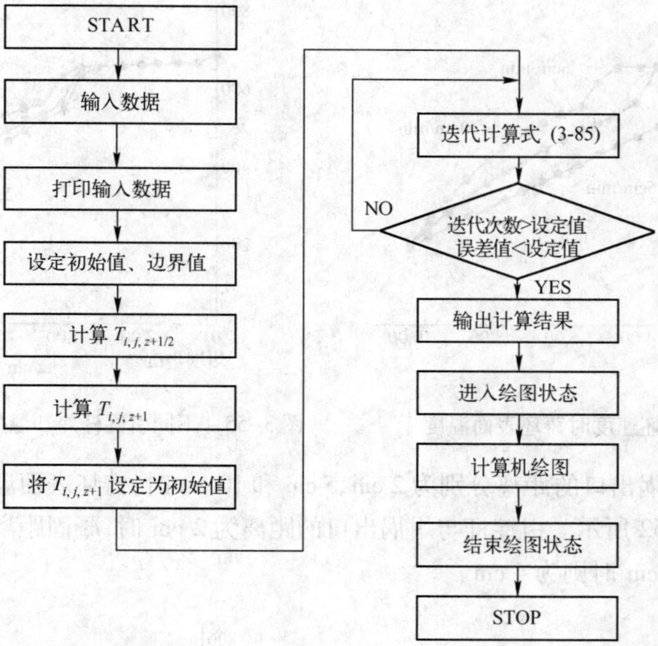

3.8.3.4 计算结果及分析

9 mm×24 mm 薄板纯铝铸坯的表面温度分布如图 3-52 所示。试验拉坯速度为 3 cm/min，实线为三维传热计算结果，点划线为二维计算结果；从图 3-52 中可以看出，从坩埚出口的凝固距离(以下简称为凝固距离)两者几乎没有差别。当拉坯速度提高到 6 cm/min时，计算结果如图 3-53 所示；三维与二维传热计算结果两者之间的凝固距离差值变大。

拉坯速度分别为 1.5 cm/min、3 cm/min 和 6 cm/min 时，铸坯的表面温度分别如图 3-54 所示。从图 3-54 中可以看出，提高拉坯速度，凝固距离变长。

引锭杆的冷却介质温度分别为 50℃、200℃ 和 400℃ 时，铸坯的表面温度分别如图 3-55所示。从图中可以看出，引锭杆冷却介质温度为 200℃ 和 400℃ 时，凝固距离几乎没有差别；50℃ 时凝固距离稍微变短。

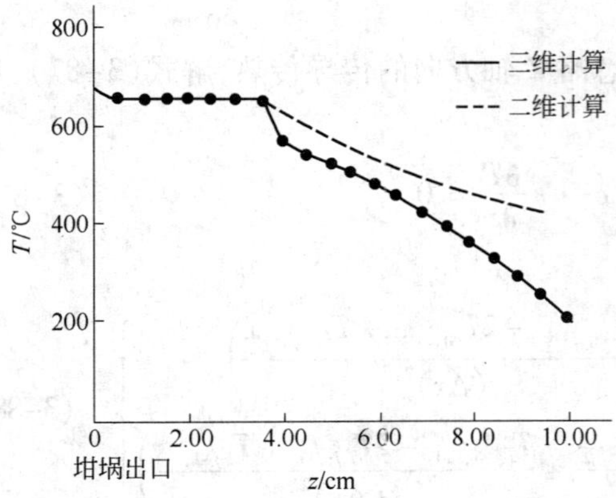

图 3-52　拉坯速度 3 cm/min 时的铸坯表面温度[49]

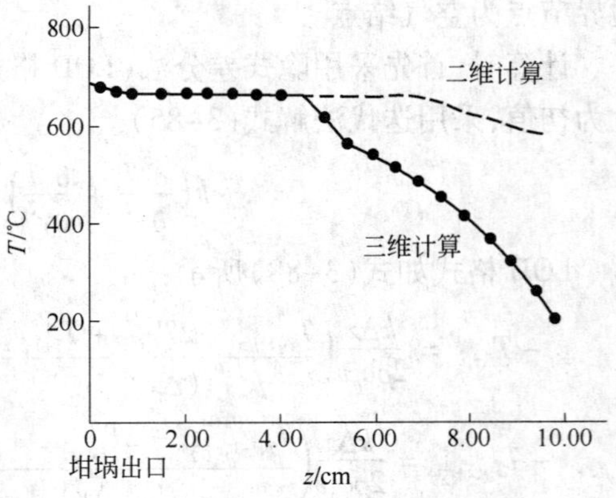

图 3-53　拉坯速度 6 cm/min 时的铸坯表面温度[49]

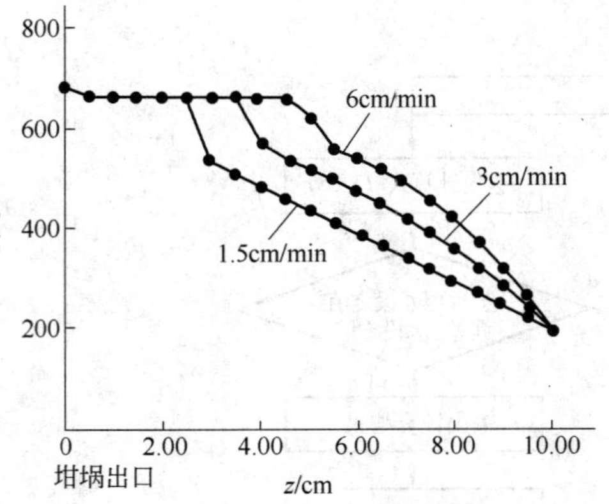

图 3-54　不同拉坯速度时铸坯表面温度[49]

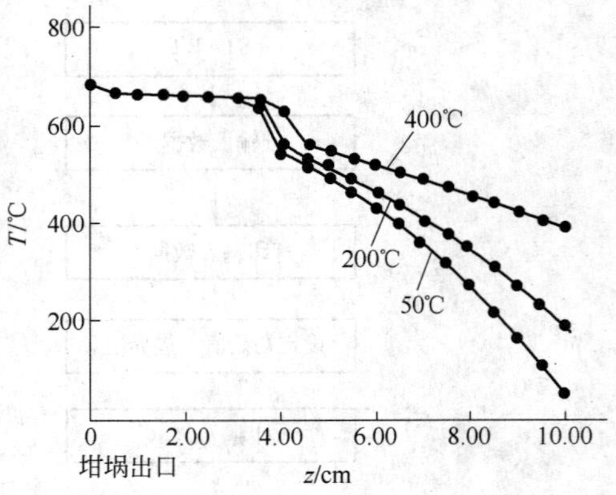

图 3-55　不同引锭杆冷却温度时铸坯表面温度[49]

引锭杆与坩埚出口的距离分别为 2 cm、5 cm 和 10 cm 时，铸坯表面温度分别如图 3-56、图 3-57 和图 3-52 所示。引锭杆与坩埚出口的距离为 2 cm 时，凝固距离仅为 0. 5 cm ；5 cm 时为 2. 4 cm ；10 cm 时则为 4 cm。

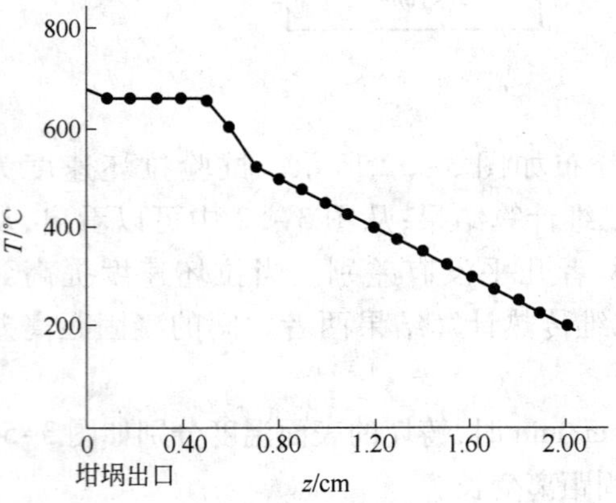

图 3-56　引锭杆与坩埚出口距离为 2 cm 时铸坯表面温度[49]

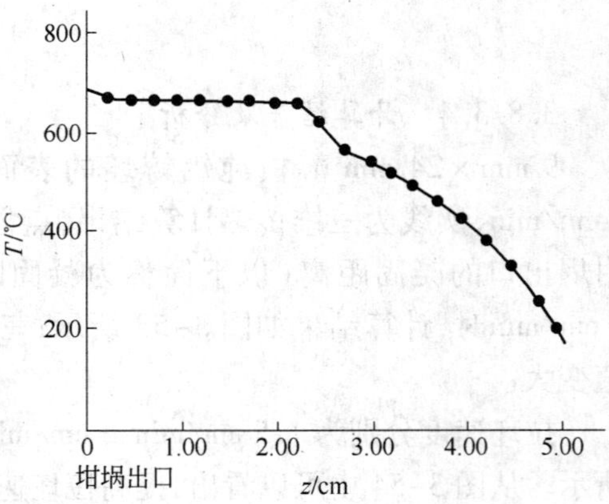

图 3-57　引锭杆与坩埚出口距离为 5 cm 时铸坯表面温度[49]

铸坯尺寸分别为 6 cm × 24 cm、9 cm × 24 cm 和 12 cm × 24 cm 时，铸坯表面温度分别如图 3-58所示。从图中可以看出，凝固距离随铸坯尺寸变大而增长。

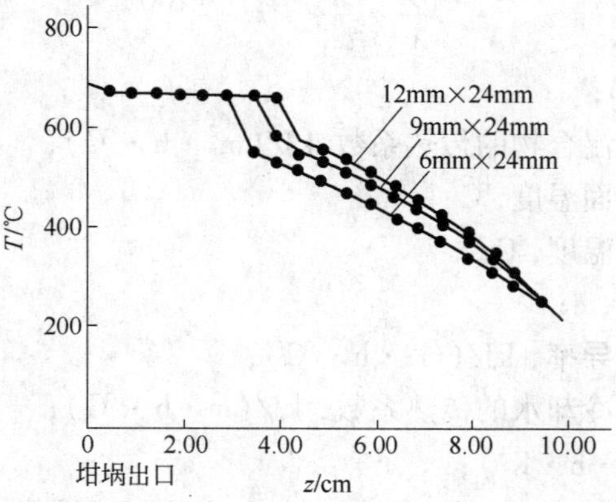

图 3-58 不同铸坯尺寸时铸坯表面温度[49]

由以上计算得出，拉坯速度、引锭杆冷却温度、铸坯尺寸、引锭杆与坩埚出口距离中，以引锭杆与坩埚出口的距离影响最大，其次是拉坯速度。为提高拉坯速度，除应向液态金属吹入气体强化冷却外，还应向已凝固部分喷水来缩短凝固距离。

长江先司等人曾应用水平电磁铸造法对纯铝和 Al - Si(8%)合金铸造了 ϕ10 mm 和 ϕ20 mm 的棒和横截面 5 mm × 15 mm 的条[50]。铸造温度 973 ~ 1023 K，铸造速度 0.15 ~ 0.70 mm/s，悬浮液体部分长度 10 ~ 20 mm，冷却气体温度 273K。磁束密度和电流随棒径而变化。用水平电磁铸造法铸出的铸锭表面光洁，沿铸造方向由单向凝固的晶粒组织组成。Al - Si 合金棒的表层部分含硅量高，共晶组织多，认为是逆偏析的结果。根据液态金属静压力平衡计算，本方法可能铸造的最大直径棒只限于约 40 mm。

水平电磁铸造法是在表面张力成型法的基础上施以电磁场的作用，从而可扩大铸锭的断面；同时又克服了水平连铸过程中结晶器给铸坯表层带来的缺陷。

3.9 影响凝固传热过程的因素

3.9.1 影响结晶器内凝固传热的因素

从以上所述可以清楚地看到，液态金属在结晶器内凝固传热过程是很复杂的。对铸锭凝固传热过程的影响因素比较多。

3.9.1.1 气隙因素

在连续铸锭过程中，对结晶器内凝固传热影响最大的因素是气隙。在敞露液面的立式连铸过程中，气隙的热阻占 71%[1]；气隙中的传热系数为 0.2W/(cm^2 · ℃)[29]。气隙从两个方面影响有效传热系数，一是气隙中气体混合物的热导率；二是气隙厚度尺寸。润滑剂的影响归结于气隙中。在气隙区，对热流大小和有效传热系数的主要影响，依气隙中气体的导热性而定，这与气体混合物中所含的氢量有关。氢气由润滑剂分解结果而来；润滑剂(熔融石蜡、植物油或矿物油)是在浇铸过程中加入的。气体的导热性通常以氢气的热导率作为参照对象，将氢气的热导率通常定为100%。各种气体的相对热导率列于表 3-8。气隙的厚度 δ'可按下式确定[2]：

$$\delta' = \frac{\lambda'(t_{表} - t_1)}{\dfrac{t_1 - t_{表}}{\dfrac{\delta}{\lambda} + \dfrac{1}{\alpha_{水}}} - \varepsilon C_0 \left(\dfrac{t_{表}}{100}\right)^4} \tag{3-89}$$

式中 δ'——气隙厚度,m;

λ'——气隙内气体混合物的传热系数,kJ/(m^2·h·℃);

$t_{表}$——凝固壳的表面温度,℃;

t_1——结晶器表面温度,℃;

δ——结晶器壁厚,m;

λ——结晶器的热导率,kJ/(m^2·h·℃);

$\alpha_{水}$——结晶器壁对冷却水的传热系数,kJ/(m·h·℃);

C_0——4.9 kJ/(m^2·h·K^4);

ε——当量黑度,在两个平行壁相互辐射时,可按下式计算:

$$\varepsilon = \frac{1}{\dfrac{1}{\varepsilon_1} + \dfrac{1}{\varepsilon_2} - 1} \tag{3-90}$$

式中,ε_1和ε_2分别为被浇金属和结晶器壁外表面的黑度。根据 M. A. Михеев 的资料[5],对于氧化铁 $\varepsilon_1=0.85$,对于铜 $\varepsilon_2=0.7$,则 $\varepsilon=0.623$。

表 3-8 各种气体的相对热导率[2]

气体名称	H_2	O_2	N_2	CO_2	H_2O	CO	CH_4
在700℃时的相对热导率/%	100	14.4	13.2	14.5	13.6	10.7	14

从表 3-8 中可以看出,其他气体的热导率大大低于氢气的热导率。当气隙中含有上述气体时,使气体混合物的热导率大为降低。为了确定气隙中气体混合物的氢含量问题,A. A. Скворцов 等人在立式连续铸钢中进行过专门的实验[2]。气体试验是通过距结晶下缘 675 mm 和 375 mm 距离的两个小孔用通常的抽气器从结晶器中取出来;气体的压力用 U 形压力表测量。试验中,用人工大概按 0.5 ~ 1.0 min 的时间间隔加入润滑剂;润滑剂的平均加入量为 20 ~ 35 cm^3/min。试验结果列于表 3-9。气隙中气体混合物的氢含量与润滑剂加入到取样时间间隔的关系如图 3-59 所示。

表 3-9 气隙中气体混合物的氢含量[2]

熔次号	取样地点	从加入润滑剂的瞬间到取样瞬间的时间间隔/min	气体体积分数/%				空隙中的气压/mmH_2O		
			H_2	CO	CO_2	O_2	最大值	最小值	20 min 的平均值
1	中间	10	12	17	0.4	—	25	7	13
2	中间	3	20.8	22.8	—	—	41	6	105
	下部	23	1.4	—	15.6	—	33	7	19
3	下部	4	27	—	—	6	—	—	—
	下部	37	4.9	0.3	—	—	40	10	12
4	下部	5	36	—	—	8.4	—	—	—
	下部	1.0	53	—	—	11.1	—	—	—
5	中间	3.0	29	—	—	—	—	—	—

注:1 mmH_2O = 9.8Pa。

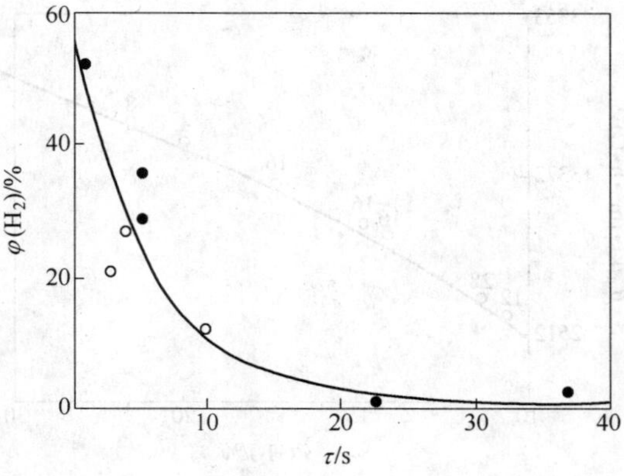

图 3-59 空隙中气体混合物的氢含量与从加入润滑剂到取样之间时间间隔的关系[2]
○—结晶器上部;●—结晶器下部

从图 3-59 中可以看出,气体混合物的成分与润滑剂从结晶器入口瞬间到取样瞬间的时间关系。在润滑剂加入同时取样,气体压力和氢气的含量达到最大值。经实验指出,气隙中氢含量在 1% ~53% 范围内变化。气隙中平均氢气含量大约等于 12%。这说明气体混合物的热导率是随时间延长而降低的,初始阶段变化最快。

气体混合物的热导率,不能按单个组分的热导率相加的原则来确定。根据 Иббс 和 Херст 的试验结果及 B. C. Чиркин 的资料,H_2-N_2混合物的热导率如图 3-60 所示。

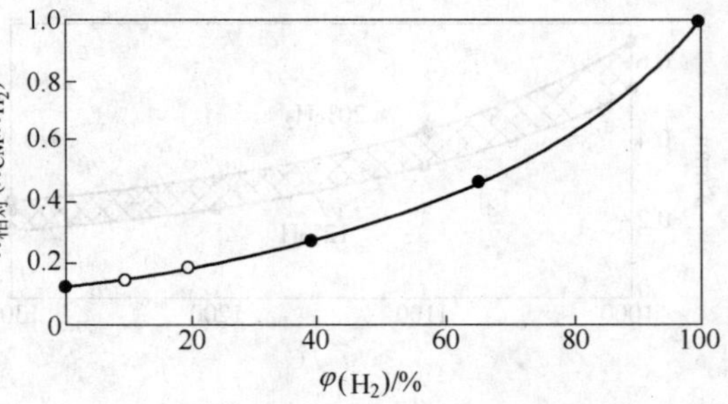

图 3-60 气体混合物的相对热导率与其中氢含量的关系(H_2-N_2混合物)[2]
○—B. C. Чиркин 资料;●—Иббс 和 Херст 资料

气隙中氢含量对平均有效传热系数 β_m的影响如图 3-61 所示。图中曲线是同一熔次的实验中实际记录的结果;其实验条件为:拉坯速度 0.7 m/min,耗水量 130 m^3/h。在试验点上方的数字是按全部计量相应点的百分数;按图 3-61 中的数据可准确计算出平均含氢量,与上述数值相吻合。例如:$\varphi(H_2)=(12\times10.5+28\times11.0+16\times14.0+16\times14.5+16\times17.5+4\times20+8\times23)/100=12.6\%$。

在拉坯速度为 0.6 m/min、0.66 m/min 和 0.7 m/min、自动连续供润滑剂时,传热系数大约降低 2% ~4%。这种降低,显然与润滑剂供量减少并大量烧损有关。

试验研究表明,气隙的厚度尺寸是不稳定的。在立式连铸钢锭时,ЦНИИЧМ 借助安装在距结晶器下缘 280 mm 处的电动传感器测量的结果,气隙的数值稳定于 0.5 ~2.5 mm 之间。Л. С. Рудого 的试验表明,气隙波动的数值相当大,而且受铸锭与结晶器壁周期性接触的影响。气隙波动的现象为其他许多事实间接得到证实。在上述试验时发现,在一定的时

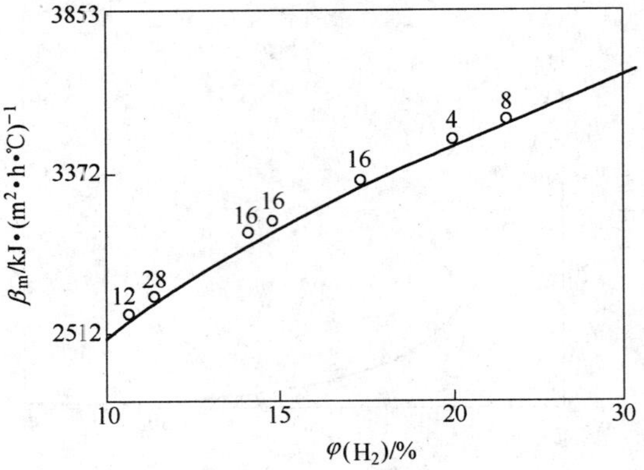

图 3-61　平均有效传热系数与气隙中氢含量的关系[2]

刻上部区域的气体压力大于下部;随即情况变了,下部区域的压力变化大于上部区域。这种现象表明气隙的周期性变化。变化的气隙存在表明同样的情况,当用热电偶测量结晶器壁中的温度时,温度值常常在某个平均值周围摆动。特别是在凝固壳与结晶器壁的接触区域内,这种波动性更为明显。在连续铸钢设备上用肉眼观察时即能发现,铸锭从结晶器出口时表面上的温度分布常常变化着。这种波动性主要是凝固壳上热流的脉动所致;此外还有机械因素的影响。根据式(3-89)得出的气隙厚度 δ 与钢锭凝固壳表面温度 $t_{表}$ 的关系式 $\delta'=f(t_{表})$,如图 3-62 所示。

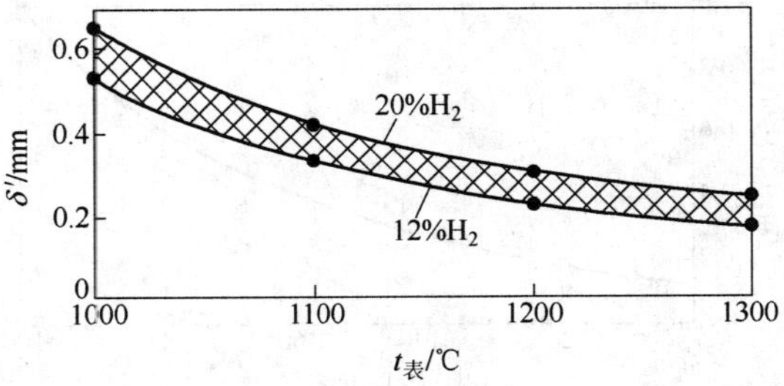

图 3-62　结晶器中气隙有效平均值波动范围与铸锭表面温度的关系[2]

作为式(3-89)的实际应用形式,是确定 $t_{表}=f(Fo)$ 关系式。其中 Fo 为根据铸锭在结晶器内停留时间计算的傅里叶准数。在结晶器内停留时间 τ,可根据结晶器的有效长度和拉坯速度确定。A. A. Скворцов 等人借助水力学模拟试验确定连续铸钢在结晶器中凝固过程的 $t_{表}=f(Fo)$ 关系式。模拟试验时,散热变化按结晶器长度划分为三个独立的区段:高强度区(在结晶器上部)、中等强度区和低强度区(在下部)。模拟试验条件:结晶器长度为 1000 mm、1250 mm 和 1500 mm ,拉坯速度为 0. 6 m/min、0. 7 m/min 和 0. 8 m/min。用水力分析法确定相对时间(Fo);扁锭和矩形锭的凝固过程中水力模拟试验结果如图 3-63 所示。

根据铸锭在结晶器内停留时间计算的相对时间 Fo(傅里叶准数)可按下式计算:

$$Fo=\frac{a\cdot\tau}{x_1^2} \tag{3-91}$$

式中　a——金属的热扩散率,m^2/h;

　　τ——铸锭在结晶器内停留的时间,s;

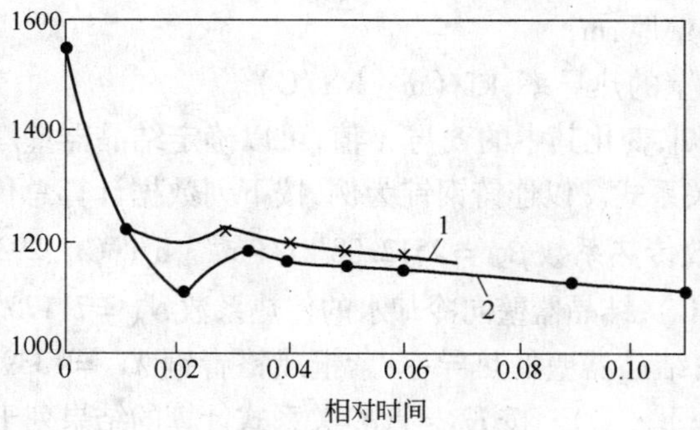

图 3-63　结晶器中铸锭表面温度与相对时间(Fo)的关系[2]

1—矩形锭；2—扁锭

x_1——铸锭厚度的一半，m。

铸锭在结晶器内停留的时间 τ 可按下式计算：

$$\tau = \frac{L_1}{c} = \frac{L - L_0}{c} \tag{3-92}$$

式中　L——结晶器长度，m；

L_0——结晶器上端至液态金属表面的距离，m；对于水平连铸和热顶铸造 $L_0 = 0$；

L_1——结晶器的有效长度，m；

c——拉坯速度，m/min。

利用图 3-63 可以确定在各种拉坯速度时铸锭表面大致的温度；根据铸锭在结晶器内停留时间和拉坯速度，可以确定结晶器的有效长度。

在连续铸锭过程中，实际上铸锭凝固壳与结晶器壁之间的气隙是自始至终存在的，并非仅出现在结晶器下(后)部。在结晶器上(前)部的接触区内，气隙也是波动地出现；只是在那里气隙的厚度很小，持续时间很短，而且不会是连续的。因此，用相对接触面积 $F_{接触}^{相对}$ 来描述凝固壳与结晶器壁之间的接触状态，是比较合乎实际的，$F_{接触}^{相对} = F_{接触}^{部分}/F_{名义} = \tau_0^{部分}/\tau_0^{紧密} \leqslant 1$。通过试验测定 $\tau_0^{部分}$ 值，即可确定 $F_{接触}^{相对}$ 值。$1 - F_{接触}^{相对}$ 值即为接触区的相对气隙面积。从理论上来说，在稳定的气隙区内 $F_{接触}^{相对}$ 为零。

在结晶器壁与凝固壳之间形成气隙之后，大大降低了有效热导率，从这方面来说是有害的。但是，对连铸过程又是有益的，在凝固中再讨论。

3.9.1.2　结晶器结构因素的影响

在连续铸锭过程中，结晶器结构因素对凝固传热的影响主要包括：结晶器壁材质、壁厚、结晶器长度和锥度等几个方面。

铸锭在结晶器中停留的全部时间内，沿结晶器长度上的平均总传热系数 $K_{总}$ 可按下式计算：

$$K_{总} = \frac{1}{\dfrac{1}{\beta_{液}} + \dfrac{\delta}{\lambda} + \dfrac{1}{\alpha_{水}}} \tag{3-93}$$

式中　$\alpha_{水}$——结晶器壁向冷却水的传热系数，kJ/(m^2·h·℃)；

$\beta_{液}$——液态金属向结晶器壁的有效传热系数，kJ/(m^2·h·℃)；

δ——结晶器壁厚,m;

λ——结晶器壁的热导率,kJ/(m·h·℃)。

从式(3-93)中可知,变化其中的δ与λ值,可以确定结晶器壁厚及材料对总传热系数的影响,得出$K_{总}=f(\delta)$关系式。以连铸钢锭为例,按下列数据计算总传热系数$K_{总}$值:液态金属向结晶器壁的平均有效传热系数$\beta_{液}=2512.08$ kJ/(m²·h·℃)、2930.76 kJ/(m²·h·℃)和3349.44 kJ/(m²·h·℃);结晶器壁向冷却水的传热系数$\alpha_{水}=71175.6$ kJ/(m²·h·℃);结晶器壁厚$\delta=0\sim60$ mm;结晶器壁的热导率:紫铜或铬青铜$\lambda_{铜}=1339.776$ kJ/(m·h·℃),钢$\lambda_{钢}=192.5928$ kJ/(m·h·℃)。按$K_{总}=f(\delta)$关系式计算的结果列于图3-64。

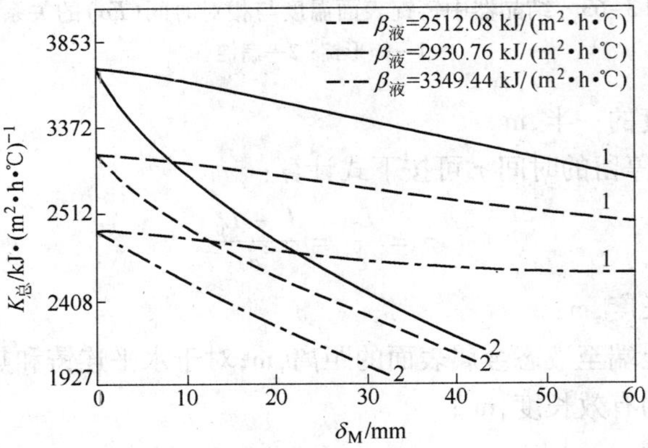

图3-64 结晶器的总传热系数同结晶器材料与壁厚的关系[2]
1—铜;2—钢

从图3-64可得出如下结论:

(1)当铜壁厚度$\delta_{铜}=10\sim25$ mm时,结晶器壁热阻是不大的。

(2)继续增加铜壁厚度,明显降低总传热系数;在这种情况下是否适宜,必须考虑到结晶器壁与凝固壳接触面上温度的升高。

(3)当采用热导率较低的钢结晶器壁时,为了保持通常范围的传热系数,应使壁厚$\delta_{钢}=3\sim4$ mm。

结晶器上(前)部壁与液态金属接触面上的温度t_1可依据下式计算:

$$t_1=t_{液}-\frac{(t_{液}-t_{水})K_{总}}{\beta_{液}} \tag{3-94}$$

式中,以立式连铸钢锭为例,$t_{液}=1550$℃为液态金属温度,即浇铸温度,℃;$t_{水}=20$℃为冷却水温度,℃;$\beta_{液}=7536.24$ kJ/(m²·h·℃)为液态金属向结晶器壁的有效传热系数;$K_{总}$为在给定的$\beta_{液}$和δ/λ比例时计算的直接接触区总传热系数,kJ/(m²·h·℃)。

在连铸过程中,结晶器上(前)部壁表面的温度最高。在立式连续铸钢中,当$\beta_{液}=7745.58$ kJ/(m²·h·℃)和$\alpha_{水}=71175.6$ kJ/(m²·h·℃)时,根据式(3-94)的计算结果,结晶器壁上部表面温度同结晶器材料及壁厚的关系如图3-65所示。从图中可以看出,热导率高的材料,结晶器壁表面的温度比较低。

关于结晶器铜壁表面温度的允许值,需要进行专门的试验研究来确定。高温时铜的力学性能如图3-66所示。从图中可以看出,当温度高于200℃时,铜的力学性能开始恶化。δ

=25 mm 厚整体式结晶器的工作试验表明，在壁温 t_1 为 300℃ 时工作是完全可能的。采用 $t_1=400$℃ 作上限时，对于铜允许壁厚为 42 mm[$\lambda=1339.776$ kJ/(m·h·℃)]，对于钢允许壁厚为 7.5 mm[$\lambda=192.5928$ kJ/(m·h·℃)]。

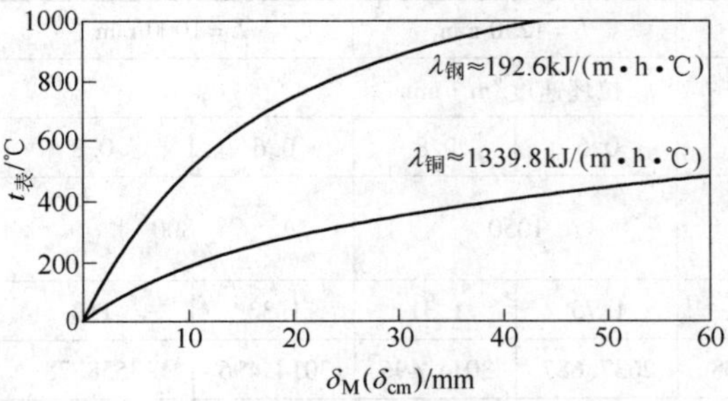

图 3-65 结晶器壁上部表面温度与壁厚及其材料的关系[2]

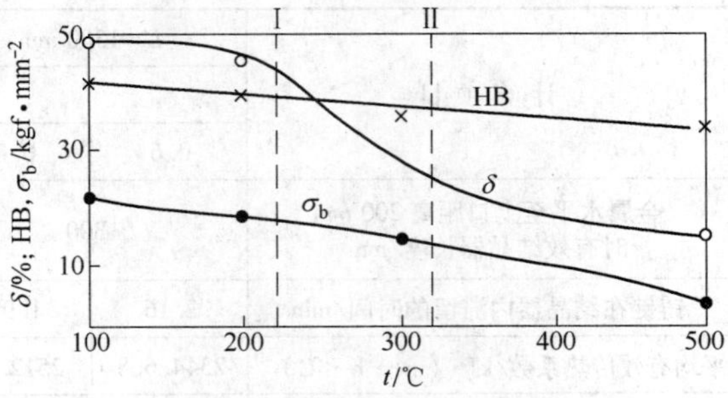

图 3-66 高温时铜的力学性能[2]

(1 kgf/mm² = 10 MPa)

I —组装式结晶器工作条件，壁厚 $\delta=13$ mm；

II—整体式结晶器工作条件，壁厚 $\delta=20\sim25$ mm

在下述条件下：$\beta_{液}=2930.76$ kJ/(m²·h·℃)，$\alpha_{水}=71175.6$ kJ/(m²·h·℃)，$\lambda_{铜}=1339.776$ kJ/(m·h·℃)，$\delta=13$ mm；在这种情况下，可得到 $K_{总}=2838.6504$ kJ/(m²·h·℃)。将结晶器壁厚从 13 mm 增加到 40 mm，传热系数 $K_{总}$ 则降低到 2671.1784 kJ/(m²·h·℃)。降低的程度为：

$$[(2838.6504-2671.1784)/2838.6504]\times100=5.9\%\approx6\%$$

在其他的 $\beta_{液}$ 值时计算可得到类似的结果。因此，增加铜壁厚度可降低散热 6%～10%。

结晶器长度对结晶器散热的影响，主要在稳定的气隙区。A. A. Скворцов 等人曾经对立式连续铸钢结晶器的长度进行过试验研究[2]。首先采用水力模拟法对 420 mm×175 mm 的板锭结晶器进行研究，当拉坯速度为 0.6 m/min 时，求得结晶器长度为 1250 mm 的条件下在结晶器出口处两相区凝固壳厚度为 25 mm，认为是标准极限。模拟向结晶器内浇注钢液的过程表明，结晶器内金属液面水平低于 1000 mm 时，液态金属不致溢漏。然后做成 1250 mm长的结晶器进行生产试验。在双流连铸机上，试验结晶器长度 1250 mm，对比结晶器长度为 1500 mm；在相同的工艺条件下进行对比试验。试验结晶器有效长度为 1050 mm。经 40 熔次的试验结果列于表 3-10。

表 3-10 缩短结晶器长度的试验结果[2]

项目 \ 机号	No. 1 机($L=1250$ mm)	No. 2 机($L=1500$ mm)
结晶器中耗水量/kg·h^{-1}	118000	121000
结晶器中冷却水温差/℃	7.5	8.3
冷却水带走的热量(结晶器散出)/kJ·h^{-1}	3705318	4228668
拉坯速度/m·min^{-1}	0.6	0.6
缩短结晶器时散热的降低值/%	12.4	—
结晶器中的平均热流密度/kJ·(m²·h)$^{-1}$	2964254.4	2729793.6
缩短结晶器时热流密度的降低值/%	8.6	—
结晶器中平均有效传热系数/kJ·(m²·h·℃)$^{-1}$	2646.0576	2428.344

缩短结晶器的热力计算结果列于表3-11。计算热流时,结晶器的有效长度与有效传热系数同表3-10的数据。

表3-11　缩短结晶器长度时的计算热力指标[2]

计算项目		$L=1500$ mm		$L=1250$ mm		$L=1000$ mm	
		拉坯速度/$m \cdot min^{-1}$					
		0.6	0.8	0.6	0.8	0.6	0.8
金属水平至上口距离200 mm时有效结晶器长度/mm		1300		1050		800	
铸锭在结晶器内滞留的时间/min		2.16	1.92	1.75	1.31	1.33	1.0
平均有效传热系数/$kJ \cdot (m^2 \cdot h \cdot ℃)^{-1}$		2344.608	2512.08	2637.687	3014.496	3014.496	3558.78
冷却水温20℃时的壁温/℃		57	60	63	70	70	75
铸锭出结晶器口时表面温度/℃		1110	1120	1120	1140	1140	1160
表面平均温度/℃		1175	1180	1180	1190	1190	1200
热流密度/$kJ \cdot (m^2 \cdot h)^{-1}$		2671.1784	2813.5296	2909.826	3353.6268	3391.308	3956.526
结晶器主要热力指标变化($L=1500$ mm的指标为100%)	有效传热系数	100	100	111	120	129	142
	热流密度	100	100	109	119	127	140
	净散热量	100	100	88	96	78	86
出结晶器口处凝固壳厚度/mm		35	31	32	26	26	25

对比表3-10和表3-11中的工艺条件和平均有效传热系数表明,计算和试验数据很好地吻合。结晶器缩短后,散热量虽然减少了,而平均有效传热系数和热流值却提高了。这是因为结晶器下(后)部离出口愈近,气隙厚度愈大,热阻值也愈大。从这个角度来说缩短结晶器是很有意义的。

从提高平均有效传热系数的角度来说,结晶器的有效长度应以避免形成稳定的气隙为限,使其达到最大值。结晶器的有效长度依铸锭在结晶器内滞留的时间而定,以便凝固壳有足够的厚度能抵抗液相穴内液态金属静压力的作用。结晶器有效长度大,有利于提高铸造速度。例如英国联合钢厂的巴路工厂的立弯式连续铸钢机,结晶器长度为0.81 m,二次冷却区长度为2.6 m;浇铸50 mm方坯时铸造速度达到5.6～7.6 m/min,曾达到过14.5 m/min;浇铸76 mm方坯时铸造速度达到3.5～4.8 m/min,曾达到过5.0 m/min;浇铸50 mm×150 mm扁坯时,铸造速度达到2.0～2.8 m/min,曾达到过3.8 m/min[3]。浇铸50 mm方坯时,结晶器有效长度以0.6 m计,平均铸造速度以6 m/min计,铸锭在结晶器内滞留时间约6.1 s,最短只有2.52 s。同时,结晶器有效长度还要考虑到适宜的冷却强度,以避免铸锭产生裂纹。

在水平连铸过程中,由于沿液相穴深度的液态金属静压力的等值性,其作用力一般都小于立式连铸。因此,有利于缩短结晶器的长度;在水平连铸生产中使用的结晶器都很短,水平连铸纯铝锭时结晶器的长度小于12.7 mm[19],铸造速度在203～508 mm/min之间,铸锭在结晶器内滞留的时间3.75～1.55 s。

结晶器锥度对连铸传热过程的影响,是通过改变结晶器壁与凝固壳之间的气隙厚度体现出来的。当结晶器型腔的出口断面积小于其入口时,称为倒锥度,当结晶器的出口断面积大于其入口时,称为正锥度。结晶器型腔呈倒锥状时,铸锭冷凝后形成的气隙厚度值减小,使平均有效传热系数提高。结晶器型腔呈正锥状时,情况则相反。ЦНИИЧМ(中央黑色冶金科学研究所)对结晶器锥度的影响做过试验研究[2],试验中以无锥度的结晶器在拉坯速度为0.8 m/min时的平均有效散热系数值为基准,定为100%。试验结果列于表3-12。

表3-12 结晶器锥度对导热的影响

锥度/%	在各种拉坯速度(m/min)时的导热效果/%			
	0.8	0.7	0.6	0.5
-1	109	104	93	84
0	100	92	83	75
2.8	82	77	72	64

试验研究表明,在连铸过程中,由于凝固壳与结晶器壁摩擦的结果,工作几天之后锥度的影响明显减弱。

3.9.1.3 冷却强度的影响

目前,在连续铸锭生产中,都是采用水作为冷却介质。冷却强度对结晶器传热过程的影响,是通过冷却水的流速、温度和压力起作用的,它们直接影响结晶器壁与冷却水之间的热交换系数$\alpha_水$值大小。

当水流速度$\omega_水 \geqslant 4$ m/s时,铸锭在结晶器中停留时间内,平均总传热系数$K_总$为:

$$K_总 = \frac{1}{\dfrac{1}{\beta_液} + \dfrac{\delta}{\lambda} + \dfrac{1}{\alpha_水}} = \frac{1}{\dfrac{1}{\beta_液} + \dfrac{\delta}{\lambda} + B\dfrac{d_当^{0.2}}{(\rho_水 \cdot \omega_水)^{0.8}}} \tag{3-95}$$

式中 $d_当$——沟槽水力学直径,m;

B——水温关系系数;

$\rho_水$——水的密度,kg/m^3;

$\beta_液$——液态金属向结晶器壁的平均有效传热系数,kJ/(m^2·h·℃);

其他符号意义同前。

根据M. A. Михеев的资料,系数B和水的密度值列于表3-13。

表3-13 水的密度和系数B[2]

水温/℃	水的密度$\gamma_水$/kg·m^{-3}	系数B
0	991.8	4.91
20	998.2	6.45
40	992.2	7.98
60	983.2	9.30

根据试验结果,结晶器的总水阻Δp可按下式确定[2]:

$$\Delta p = \xi \frac{W_水^2}{2g}\rho_水 \tag{3-96}$$

式中 Δp——结晶器的总水阻;

ξ——水阻系数,组装式结晶器$\xi = 20 \sim 25$。

计算的 $K_{总}$ 值、水阻 Δp 及供水的电能消耗比 N 同冷却水沟内水速的关系如图 3-67 所示。图中的供水能耗比以 $W_{水}=6.0\ \mathrm{m/min}$ 时的耗电量为基准。从图中可知，冷却水速增高，能耗增加。因此，提高冷却水速，将导致水和泵站系统电能的浪费。

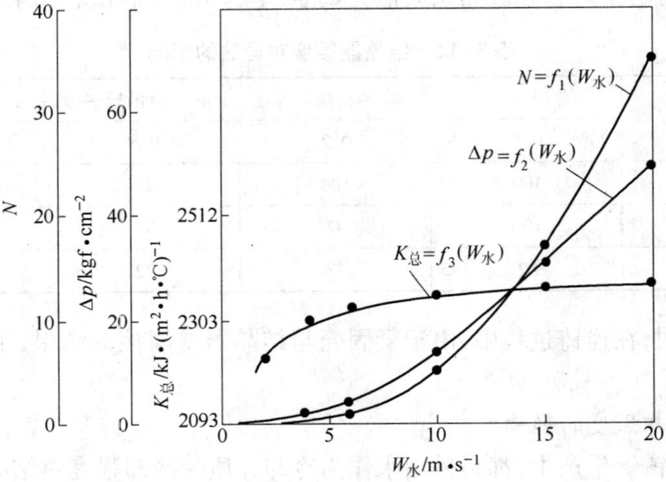

图 3-67　总传热系数 $K_{总}$ 水阻 Δp 及供水能耗比 N 同冷却水流速的关系[2]

在 420 mm × 175 mm 的连铸钢锭中，结晶器长度为 1500 mm，拉坯速度为 0.7 m/min 时，结晶器的总传热系数 $K_{总}$ 与计算的冷却水流速的关系如图 3-68 所示。从图中可知，当水速小于 4 m/s 时，水局部汽化与无汽化时数值之间的离散特别明显；当存在局部汽化时，$K_{总}$ 值增加。

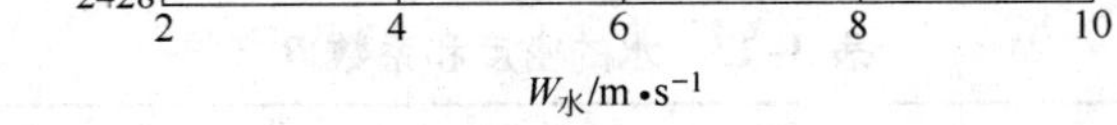

图 3-68　总散热系数 $K_{总}$ 与冷却水流速 $W_{水}$ 的关系[2]

1—无局部汽化；2—局部汽化；○，●—试验资料

Б. Тарман 和 О. Клейнгауэр 认为冷却水流速 $W_{水}=0.5\sim1.5\ \mathrm{m/s}$ 时，结晶器能满意地工作着[2]。Б. Тарман 运用 А. Шака 算式计算，进一步说明降低冷却水流速而提高传热系数的可能性：

$$\alpha_{水} = 2900 W_{水}^{0.85}(1 + 0.014 t_{水}) \times 4.1868 \tag{3-97}$$

传热系数 $\alpha_{水}$ 的增大，说明存在局部汽化，此处结晶器壁温超过 100℃。ЦКТМ（中央锅炉透平研究所）进行的研究表明，允许局部沸腾时，对于热流密度值 $q=(600\sim1200)\times 4.1868\times10^3\ \mathrm{kJ/(m^2\cdot h)}$ 范围内和冷却水平均压力 $p=101.325\sim405.3\ \mathrm{kPa}$ 的条件，可以用 $\alpha_{水}=f(W_{水})$ 关系式计算，计算结果如图 3-69 所示。

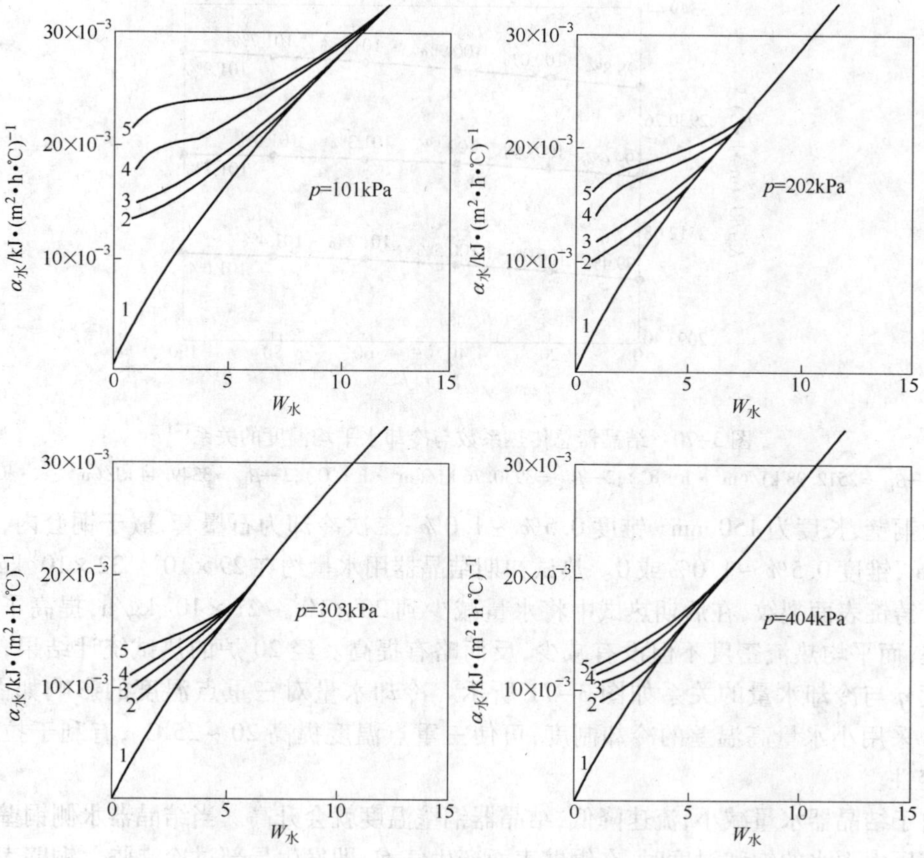

图 3-69 传热系数 $\alpha_水$ 与局部汽化时水速的关系[2]

1—无局部汽化的理论曲线；2—平均热流密度 $q=600\times4.1868\times10^3$ kJ/(m²·h)；3—$q=800\times4.1868\times10^3$ kJ/(m²·h)；4—$q=1000\times4.1868\times10^3$ kJ/(m²·h)；5—$q=1200\times4.1868\times10^3$ kJ/(m²·h)

由图 3-69 中形成的曲线可得出如下结论：

(1) 当冷却水流速小于 4 m/s 时，由于局部汽化，传热系数 $\alpha_水$ 显著增加。

(2) 传热强度随热流密度增加而增大，并且随沟槽内平均水压的增大而降低。

世界上第一台连续铸钢的设备，结晶器的冷却水流速达 30 m/s，这显然是不合理的。

平均总传热系数 $K_总$ 与冷却水温度的关系，可根据式(3-95)来确定；按下列数据计算的结果，如图 3-70 所示。$\delta=0.013$ m，$\lambda=1339.776$ kJ/(m·h·℃)，$W_水=6$ m/s，$d_当=0.01$ m。从图中可以看出，当冷却水平均温度 $t_水$ 升高时，所得的平均总传热系数增加；总传热系数升高值的比例为 1.013。冷却水温从 20 ℃升高到 60℃ 时，总传热系数大致提高 2%。

冷却水平均温度对结晶器总传热量的影响不大。例如，结晶器中凝固壳表面的平均温度为 1180℃ ，冷却水平均温度从 20℃ 升到 60℃时，总传热量依下式变化：

$$\frac{Q_{t=60}}{Q_{t=20}}=\frac{1180-60}{1180-20}\times1.013=0.98$$

据此，冷却水平均温度升高，总传热量降低不大。

马鞍山钢铁公司在水平连铸机生产 $\phi80$ mm 的钢锭时，采用多级式结晶器[18,24]。一次

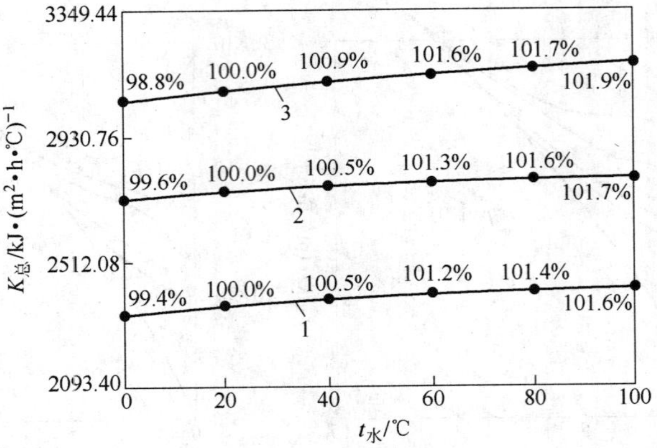

图 3-70　结晶器总传热系数与冷却水平均温度的关系[2]

1—$\beta_{液}$ = 2512.08 kJ/(m^2·h·℃)；2—$\beta_{液}$ = 3930.76 kJ/(m^2·h·℃)；3—$\beta_{液}$ = 3349.44 kJ/(m^2·h·℃)

冷却为铜壁，长度为 150 mm，锥度 0.5% ~ 1.0%；二次冷却为石墨套，嵌于铜套内，长度为 910 mm，锥度 0.5% ~ 1.0% 或 0。热试初期结晶器用水量约在 29×10^3 ~ 32×10^3 kg/h。为了减少铸锭表面裂纹，在后期热试中将水量减少到 20×10^3 ~ 21×10^3 kg/h，提高了冷却水的温差，而平均热流密度不但没有减少，反而略有提高。经 20 炉的热试统计结果，平均热流密度 q 与冷却水量的关系如图 3-71 所示。冷却水量对三重点温度的影响如图 3-72 所示。采用小水量高温差的冷却制度，可使三重点温度提高 20 ~ 25℃，有利于拉坯操作的稳定性。

由于结晶器水量减小，流速降低，结晶器铜壁温度就会升高。当结晶器水侧铜壁温度大于一定压力下水的饱和温度时，在铜壁表面产生气泡，即发生局部过冷沸腾。铜壁表面产生的气泡在水流带动下脱离壁面又回到水中冷凝。气泡冷凝时放出大量的气化潜热，提高了水温，水温差增大，使结晶器导出的热流增大。泡态沸腾带走的热量是温差（$\Delta t = t'_s - t_{和}$）的三次方关系。因此，随着过热度的增加，热流密度和传热系数显著增加。

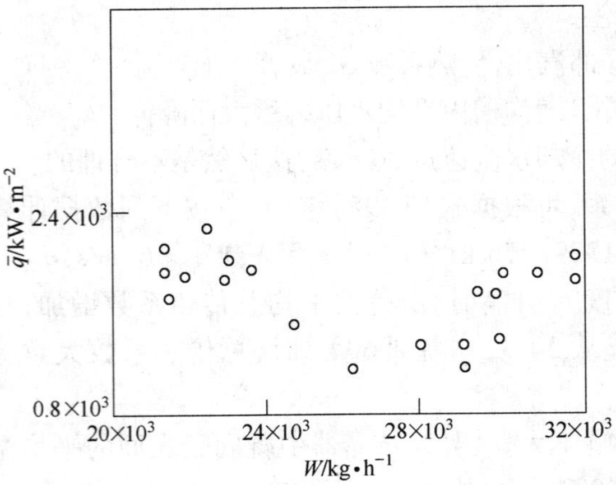

图 3-71　热试时结晶器水量与平均热流密度的关系[24]

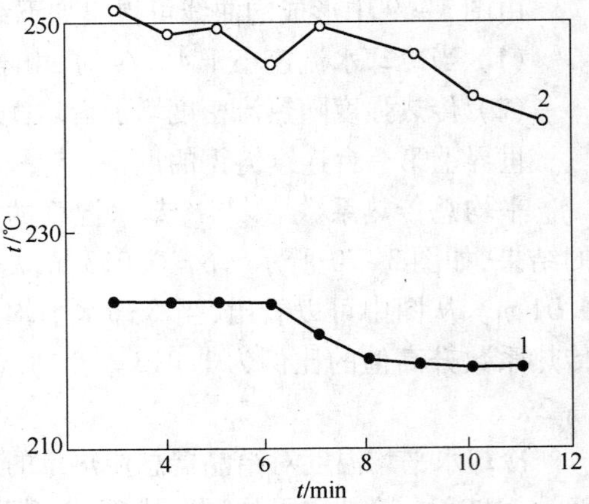

图 3-72　冷却水量对三重点温度的影响[18]

1—大冷却水量；2—小冷却水量

过冷沸腾虽然提高了传热量，但是，若不加以控制，过冷沸腾发展至饱和沸腾，继而越过临界点转变为膜态沸腾，就会产生“传热危机”，烧毁结晶器。控制局部沸腾使之在有利的范围内的方法是控制水缝内水的压力。结晶器水缝内水的压力愈大,水的饱和温度愈高,就允许有较高的铜壁温度。因此,马鞍山钢铁公司采取了退水背压的冷却制度,有助于减少铸坯表面热应力和裂纹,提高铸锭表面质量。

冷却水温升高的上限,以避免结晶器水侧壁形成结垢的可能性为原则。表 3-14 列出了在 20 ~ 100℃ 温度范围内主要结垢剂的可溶性数量。

表 3-14 结垢剂可溶性[2](mg/L)

温度/℃	$CaSO_4$	$CaSO_3$	$Ca(OH)_2$	$Mg(OH)_2$
20	2040	58	1590	9.8
40	2110	39	1360	9.5
50	2080	32	1240	8.8
60	2015	27	1125	8.0
100	1695	14.8	658	4.5

从表 3-14 可以看出,在 20 ~ 60 ℃ 温度范围内,主要结垢剂的可溶程度变化不大。在这种条件下根据试验证实结垢的可能性不大。

在连续铸锭过程中,结晶器的冷却水,温度落差通常不超过 20℃,而出口水的温度在低纬度地区夏季甚至超过 60℃。正如实验表明,在这样的条件下,当水流速度 $W_{水} = 6$ m/s 和供水总硬度约 5 mg/L(当量数)时,水沟壁上不会出现明显的结垢。当水沟壁上黏附结垢后,结晶器壁的热阻大为增加,使壁温升高,甚至烧毁结晶器壁。在水平连续铸钢时,规定冷却水进水温度一般不超过 35℃,水流速度应控制在 10 ~ 12 m/s 之间为好[52]。

为了控制冷却水的温度,有的工厂使冷却水在进入结晶器前进行冷却处理;特别是使循环水生产时,设置大面积凉水池。也有的工厂采用蒸发器冷却结晶器,例如前苏联曾在 420 mm × 175 mm 双流连续铸钢设备上安装一对工作量为 3 ~ 5 t/h 的冷却蒸发器[2]。采用蒸发器冷却,减少了冷却水耗量,可使用软化水。

结晶器的冷却强度(一次冷却)对连铸过程中传热的影响,归根到底是对凝固壳层的形成及其强度的影响。OhmL 等人实验模拟了连续铸造的一维凝固层的生长和受力过程[53]。结果表明,铸造过程中冷却中断时,凝固壳层被重新加热,其强度显著降低,组织粗化。在铸造开始的 10 s 范围内,如果冷却中断,凝固壳层的强度降低尤为明显。因此,连续铸造时,一次冷却不允许中断;一次冷却与二次冷却之间的时间间隔应尽可能短,以保证凝固壳层有足够的强度,使铸造能够顺利进行。

3.9.1.4 拉坯速度的影响

在连续铸锭过程中,拉坯速度对结晶器散热的影响,主要是通过改变波动性接触区的相对接触面积来起作用的;同时也改变了稳定气隙区的散热面积。在结晶器有效长度一定的条件下,随着拉坯速度增大,波动性接触区的长度增加,相对接触面积增加;稳定气隙区的长度缩短,稳定气隙区的散热面积减小。在立式连续铸钢结晶器的波动性接触区是高散热区,$q_1 = (8373.6 \sim 10467) \times 10^3$ kJ/(m² · h);在气隙区的散热强度就低得多了,$q_2 = (1256.04 \sim 2512.04) \times 10^3$ kJ/(m² · h)。只是在一般情况下,波动性接触区的长度大大地小于稳定气隙区;因而使铸锭向结晶器壁的散热量有 70% ~ 80% 在气隙区进行。由此看来,拉坯速度对结晶器散热的影响主要是对凝固壳与结晶器壁之间的相对接触面积的影响,也就是对结晶器冷却效果的影响，而不是对结晶器冷却强度的影响；在一定的范围内，随着铸造速度提高，结晶器的冷却效果增加。因此，随着拉坯速度的增大，结晶器的平均传热系数 $K_{总}$、平均有效传热系数 $\beta_{液}$ 和热流密度增加。马鞍山钢铁公司的水平连续铸钢多级式结晶器的热流密度与拉坯速度的关系如图 3-73 所示[18]。高尔基工学院对立式连续铸钢结晶器中的热平衡进行了试验，试验结果列于表 3-15。

表 3-15　结晶器中热平衡的试验结果[2]

拉坯速度 v/m · min^{-1}	铸锭在结晶器中停留时间 τ/min	平均传热系数 $K_{总}$/kJ · (m^2 · h · ℃)$^{-1}$	平均有效散热系数 $\beta_{液}$/kJ · (m^2 · h · ℃)$^{-1}$
0. 6	2. 17	2373. 9156	2449. 278
0. 7	1. 86	2574. 882	2671. 1784
0. 8	1. 62	2972. 628	3077. 298
1. 0	1. 30	3516. 912	3726. 252

对于各种长度的结晶器、平均有效传热系数 $\beta_{液}$ 与拉坯速度 v 的关系，按 $\beta_{液}=f(v)$ 计算的结果列于图 3-74。

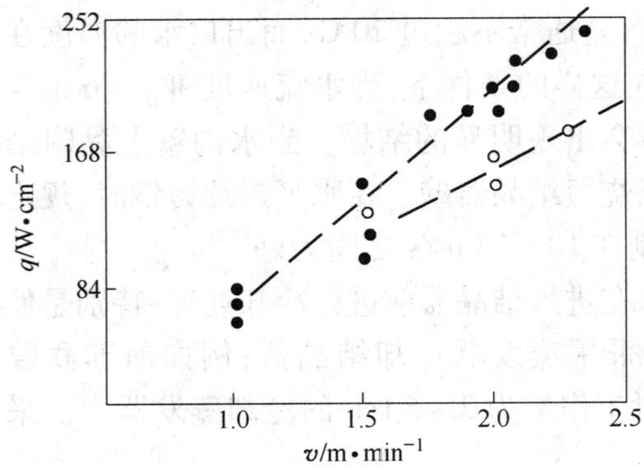

图 3-73　拉速 v 对热流密度 q 的影响[18]

●—水平连铸；○—弧形连铸

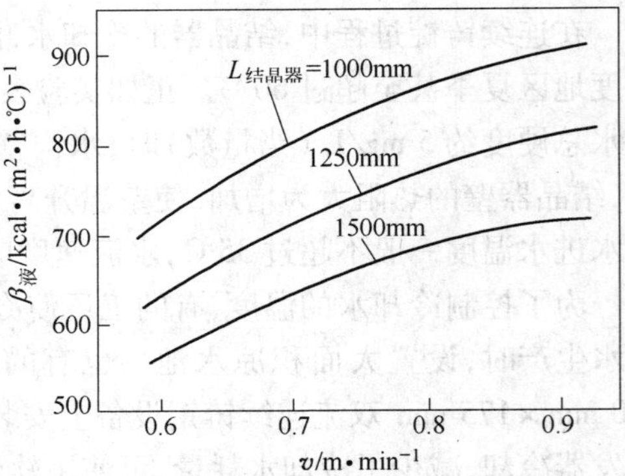

图 3-74　结晶器内平均有效传热系数与拉坯速度的关系[2]

从图 3-74 中可以看出，平均有效传热系数 $\beta_{液}$ 随着拉坯速度增快而增加；并且随着结晶器长度的缩短而增加。

根据马鞍山钢铁公司在水平连续铸钢多级式结晶器的试验统计数表明[18]，拉坯速度每增加 0. 1 m/min，热流密度增加约 8. 4 W/cm^2，相当于增加 4%。

经过上述逐项分析，А. А. Скворцов 等人对立式连续铸钢根据计算和试验结果作出了综合列线图[2]，如图 3-75 和图 3-76 所示。并认为对于结晶器中散热的确定因素，始终是拉坯速度和结晶器的长度；如果这些条件不变，那么其他因素改变传热系数的变化量为 10%。

从图 3-76 中可以看出，相对于实际值的平均差数波动在 83. 736 ~ 209. 34 kJ/(m^2 · h · ℃) 范围内。

3. 9. 1. 5　过热度的影响

在连续铸锭过程中，被铸金属的浇铸温度与该金属凝固点之差，即为液态金属的过热度。生产中多采用 40 ~ 150℃ 的过热度或取液相点的 1. 05 ~ 1. 13 倍温度作为浇铸温度。

浇铸温度高,液态金属的显热多。

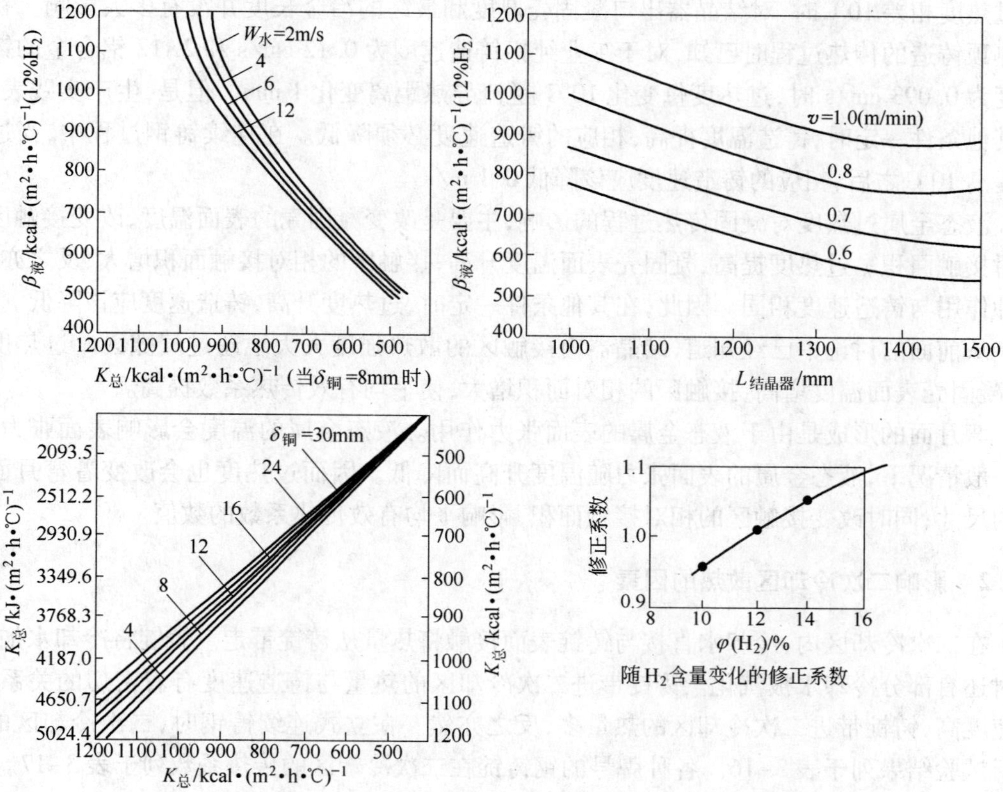

图 3-75 扁锭和方锭的总传热系数列线图[2]

v—拉坯速度;$W_水$—冷却水流速;$\delta_铜$—铜壁厚度;$L_{结晶器}$—结晶器的结构长度

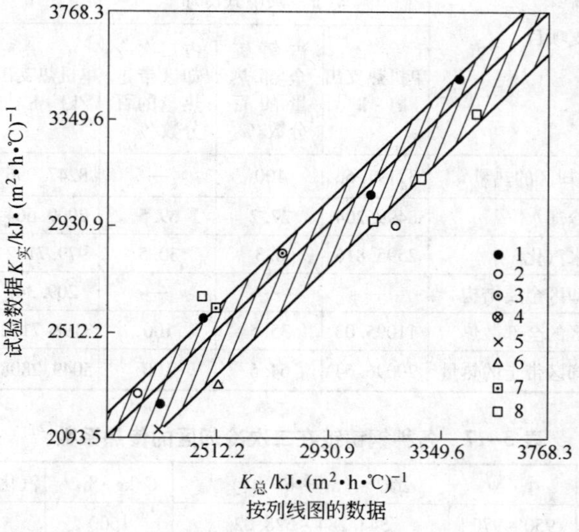

图 3-76 结晶器传热系数按列线图计算的结果与试验数据对比[2]

铸锭规格:1—420 mm×185 mm;2—170 mm×1020 mm;3—150 mm×770 mm;4—150 mm×620 mm(图中未示出);5—180 mm×550 mm;6—220 mm×220 mm;7—225 mm×225 mm;8—200 mm×200 mm

在连续铸锭凝固传热数学模型的求解过程中，过热度是自然参与和消散的。以此求解的过热度相差10℃时，对结晶器出口凝固壳厚度和最终的冶金长度并没有多大影响。在讨论热顶铸造的传热过程时已知，对于工业纯铝铸造速度为0.12 cm/s和2A12铝合金的铸造速度为0.093 cm/s时，过热度每变化10℃ 逆流导热距离变化1 mm。但是，生产实践表明，在其他条件一定时，铸造温度提高，相应的铸造速度必须降低。在连续铸钢过程中，当过热度提高10℃之后，相应的铸造速度应该降低0.1 m/s。

液态金属过热度对凝固传热过程的影响，主要是改变凝固壳的表面温度，改变接触区的相对接触面积。过热度提高，凝固壳表面温度升高，接触区的相对接触面积增大，反之亦然。这种作用与铸造速度相同。因此，在其他条件一定时，过热度升高，铸造速度应该降低。

从前面的讨论中已经知道，结晶器内接触区的散热强度大大地超过气隙区。过热度升高，凝固壳表面温度增高，接触区的相对面积增大，使平均有效传热系数提高。

弯月面的形成是由于液态金属的表面张力作用。液态金属的温度会影响表面张力值；在一般情况下，液态金属的表面张力随温度升高而降低。因而过热度也会改变着弯月面半径的尺寸；同时改变接触区的相对接触面积，影响平均有效传热系数的数值。

3.9.2 影响二次冷却区散热的因素

在二次冷却区内，冷却水直接与铸锭表面接触将热量从铸锭带走。铸锭将冷却水加热，同时还有部分冷却水被汽化。铸锭带进二次冷却区的热量与铸造速度有着密切的关系；铸造速度高，铸锭带进二次冷却区的热量多，反之亦然。在立式连续铸钢时，二次冷却区的热平衡试验结果列于表3-16。各种牌号的钢铸锭在二次冷却区的传热系数列于表3-17。

表3-16 二次冷却区的热平衡[2]

热平衡项目	热收支项目	铸锭420 mm×175 mm，v=0.8 m/min；进入二次冷却区时，$t_{表}$=1100℃；辊子-喷嘴式冷却			铸锭630 mm×150 mm，v=0.55 m/min；进入二次冷却区时，$t_{表}$=1080℃；辊式冷却		
		单机热支出/kJ·h^{-1}	占铸锭全部热量的百分数/%	占二次冷却区带走热量的百分数/%	单机热支出/kJ·h^{-1}	占铸锭全部热量的百分数/%	占二次冷却区带走热量的百分数/%
热收入	进入二次冷却区的热量	31191.66	100	—	8247.996	100	—
热支出	加热冷却水	8499.204	27.2	69.5	2009.664	24.3	63.0
	冷却水汽化	2595.816	8.3	30.5	979.7112	22.9	30.5
	加热二次冷却区金属结构	—	—	—	209.34	2.5	6.5
	在二次冷却区的全部散热	11095.02	35.5	100	3198.7152	38.7	100
	铸锭从二次冷却区带走的热量	20096.64	64.5	100	5049.2808	61.3	—

表3-17 各种钢铸锭在二次冷却区的传热系数[2]

钢的牌号	$t_{终}$/℃	α/kJ·(m^2·h·℃)$^{-1}$	G/kg·h^{-1}	汽化系数(D/G)/%	备 注
0号，Q235，10，15，20，20Mn	950～970	544.284～628.02	1600	7	大批浇注
30，35，40，45	920～940	711.756～837.36	1600	7	大批浇注
T7，T8，85Cr	870～910	921.096～1046.7	1600	7	大批浇注
Q235，15，T8	900～920	921.096	24000	4.5	试验浇注

3.9.2.1　喷水冷却的影响

在铝及铝合金锭的连铸过程中，冷却水冷却结晶器壁后从结晶器内出来直接喷射到铸锭表面上。在高熔点金属锭连铸时，如钢锭由于液相穴较深，二次冷却区较长，在二次冷却区采用喷嘴喷水冷却铸锭。A. A. Скворцов 等人对连续铸钢时喷嘴冷却进行系统的试验研究[2]；喷嘴冷却真实传热系数的变化曲线如图 3-77 所示。

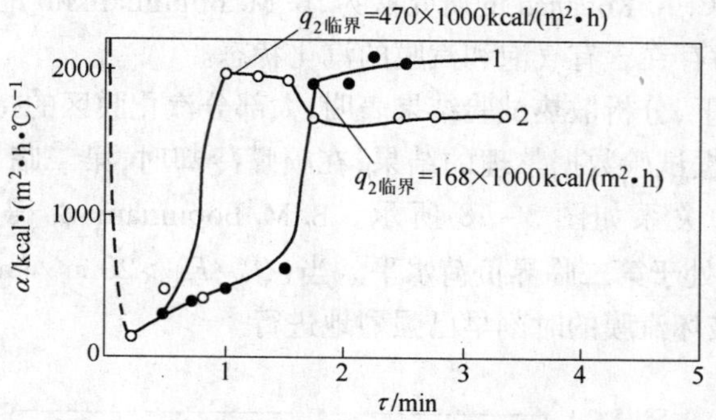

图 3-77　喷嘴冷却时传热系数的变化曲线[2]

单位耗水量：1—8 $m^3/(m^2 \cdot h)$；2—46 $m^3/(m^2 \cdot h)$

从图 3-77 可以看出，喷嘴冷却过程如下：

（1）过程的形成；

（2）蒸汽膜阶段，以存在汽化膜为特征，较大地降低传热系数；

（3）汽膜的破坏，形成短暂的气泡沸腾；

（4）无汽化的对流散热阶段。

二次冷却区的喷水冷却是在大气压下进行的热交换。水在受热情况下会出现两种沸腾方式，即核态沸腾和膜态沸腾。通常水的温度达到 100℃ 开始沸腾，称这个温度为第一临界点温度，以气泡形式出现，称之为核态沸腾（气泡沸腾）；随着水的温度继续升高，气泡连片形成而成为汽膜，称之为膜态沸腾。达到膜态沸腾的温度称之为第二临界点温度；一般情况下，连铸时核态沸腾与膜态沸腾换热的临界点温度为 150 ~ 350℃[57]，临界热流密度为 5 ~ 6 MW/m^2，传热系数最大值为 50 ~ 60 $kW/(m^2 \cdot ℃)$；膜态沸腾时传热系数为 5 ~ 10 $kW/(m^2 \cdot ℃)$；对流传热系数约为 3000 ~ 6000 $W/(m^2 \cdot ℃)$。众所周知，汽膜的破坏，在冷却过程中已进行到称为加热的第二临界点 $q_{2临界}$。根据 B. M. Боришанский 的研究，在第一和第二临界负荷之间液体的饱和温度时，存在下述关系：

$$\frac{q_{2临界}}{q_{1临界}} = 0.17 \sim 0.22 \tag{3-98}$$

对于水，$p = 101.325$ kPa 和 $t_{沸} = 100℃$ 时，$q_{1临界} = 4.1868 \times 10^6 kJ/(m^2 \cdot h)$。因而，$q_{2临界} = (170 \sim 220) \times 4.1868 \times 10^3\ kJ/(m^2 \cdot h)$。如果液体温度 $t_{液}$ 小于饱和温度 $t_{沸}$ 时，在加热时第二临界负荷 $q_{2临界}$ 等于：

$$q'_{2临界} = q_{2临界} \frac{r + c(t_{沸} - t_{液})}{r} \tag{3-99}$$

式中　r——水的汽化热，$r = 540 \times 4.1868$ kJ/kg；

　　c——水的热容，$c \approx 4.1868$ kJ/kg；

$t_{液}$——水的平均温度,℃;

$t_{沸}$——水在大气压时的沸腾温度,℃。

当取 $t_{液}=30$℃时,把这些数据代入式(3-99)得:

$q'_{2临界}=(170\sim220)\times4.1868\times10^3\times\{[540+1.0(100-30)]/540\}=(816.426\sim1046.7)\times10^3\,\mathrm{kJ/(m^2\cdot h)}$

В. С. Петухов 和 С. А. Ковалев 的研究认为,В. М. Боришанкий 的试验符合暂时的或平衡的热负荷,可能同时存在含有气泡和汽膜的汽化状态。

在喷嘴冷却条件下,分析散热试验结果表明,大部分汽化膜区的持续时间与单位冷却表面上耗水量有关。根据试验数据整理的结果,在喷嘴冷却时,第二临界负荷 $q_{2临界}$ 与单位面积上耗水量 $Q_水/F$ 的关系如图 3-78 所示。В. М. Боришанкий 得到的数据,大概达到 20 m³/(m²·h)时,即处于第二临界负荷水平。当$(Q_水/F)>20$ m³/(m²·h)时,第二临界负荷值猛烈增加,因为破坏汽膜的时刻早已强烈地进行。

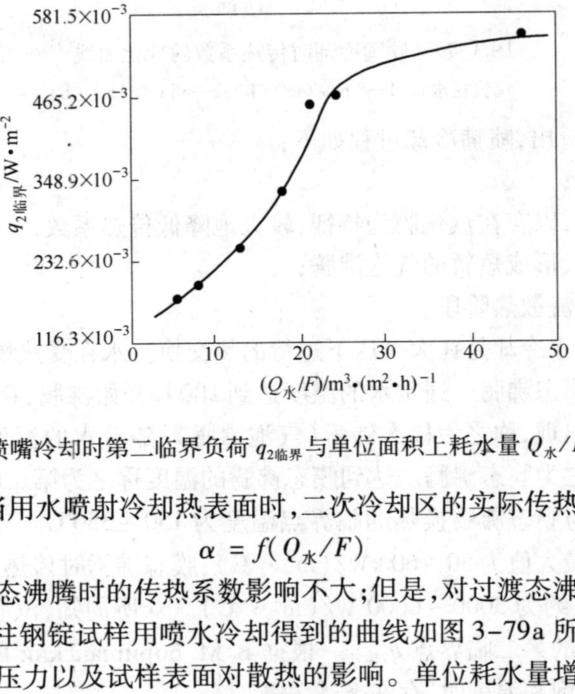

图 3-78 喷嘴冷却时第二临界负荷 $q_{2临界}$ 与单位面积上耗水量 $Q_水/F$ 的关系[2]

根据以上所述,当用水喷射冷却热表面时,二次冷却区的实际传热系数 α 可以表示为:

$$\alpha=f(Q_水/F)$$

冷却水流量对核态沸腾时的传热系数影响不大;但是,对过渡态沸腾的传热系数影响较大。根据 ϕ65 mm 圆柱钢锭试样用喷水冷却得到的曲线如图 3-79a 所示。图 3-79 中表示了冷却水耗量、温度、压力以及试样表面对散热的影响。单位耗水量增加显示出对散热的影响增高,其他因素对散热的影响降低。当增加单位耗水量超过约 20 m³/(m²·h)时,实际 α 系数保持恒定。这种现象,在生产设备上就能看到,当冷却水量增加到某一定值之后,实际上散热强度不再跳跃式增加。

二次冷却区的冷却强度受下述各种因素的影响。

(1) 耗水量的影响。试验结果表明,随着冷却水耗量增加,传热系数增大。

在二次冷却区内,强烈地冷却铸坯,可使二次冷却区的散热速度大大超过它在结晶器内的散热速度。例如以 0.5~0.8 m/min 的速度浇铸 150 mm×475 mm 的碳素钢扁锭时,二次冷却区的耗水量为 5 kg/(kg 钢),铸坯在二次冷却区的散热速度可达 1850.5656~2239.938 kJ/s。在相同条件下,结晶器内的散热速度为 1289.5344~1394.2044 kJ/s。

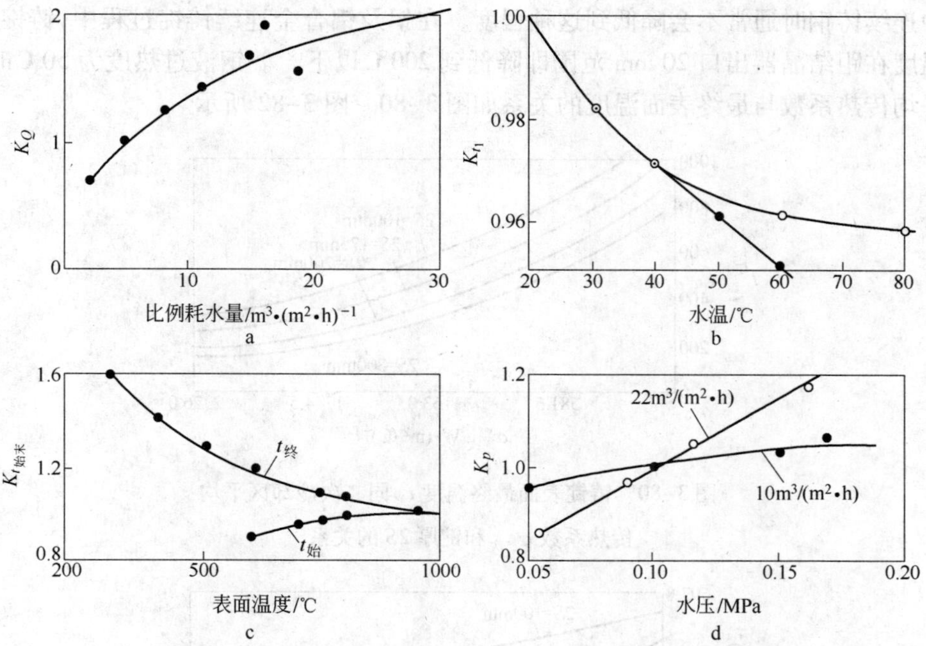

图 3-79 计算单位耗水量变化的修正系数 K_Q(a)、冷却水温度修正系数 K_{t1}(b)、铸锭表面始末温度修正系数 $K_{t始末}$(c)和水压修正系数 K_p(d)对表面散热的影响[2]

（2）冷却水温度的影响。一些研究结果表明[53]，水温在 5 ~ 30℃之间对换热系数没有影响，而 35℃以上的水温将会降低临界转变点温度，但是增加核态沸腾区的热流密度。水温升高还将降低临界温度点的热流密度。

冷却水从 $t_水=20℃$ 到指定温度的平均温度变化的修正系数 K_t 值，基于式(3-100)计算：

$$K_t = \frac{r + c(t_沸 - t_水)}{r + c(t_沸 - t_0)} \tag{3-100}$$

式中 r——汽化热，kJ/kg；

c——热容，J/(kg · K)；

$t_沸$——水的沸点温度，℃；

t_0——20℃；

$t_水$——计算点水温，℃。

图 3-79b 中表示计算和试验得到的关系式 $K_t=f(t_水)$。大概在 40℃ 以下两条曲线相合；大于此值则两条曲线离散，看来说明有局部汽化现象存在。据此能够断定，冷却水温度在 40 ~ 50℃ 以下，对二次冷却散热的影响甚微。在实际生产中，可以利用从结晶器内出来的温度升高的冷却水进行铸锭的二次冷却。

（3）铸锭表面的最终和起始温度的影响。在图 3-79c 中，同时表示出铸锭表面的起始温度和最终温度对散热过程的影响。从图中可以看出，当铸锭表面温度高于 900℃ 时，两条曲线相合；低于此值两曲线离散。因此，可以适当地升高铸锭表面的最终温度，以降低整个二次冷却区的单位耗水量，而又适当地提高了平均传热系数。当最终温度约 800℃ 和同样比例的耗水量时连铸过程稳定，而传热系数变为独立依赖于最终温度的关系。当最终温度降至 600℃时，传热系数明显变化；此时，冷却水耗量增大，也增大了铸锭的温差应力，实际生产中连续铸钢时通常不会降低到这种程度。在铝及铝合金连续铸锭过程中，铸锭表面的最终温度在距结晶器出口 20 mm 范围即降低到 200℃以下[9]。钢液过热度为 50℃时，方钢锭的平均传热系数与最终表面温度的关系如图 3-80 ~ 图 3-82 所示。

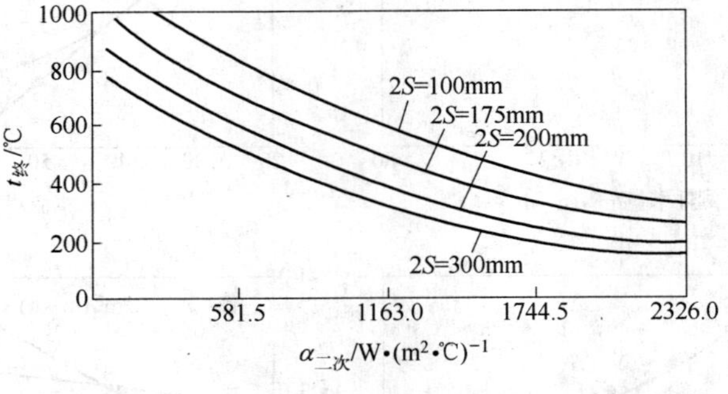

图 3-80　铸锭表面最终温度 $t_{终}$ 同二次冷却区平均传热系数 $\alpha_{二次}$ 和锭厚 2S 的关系[2]

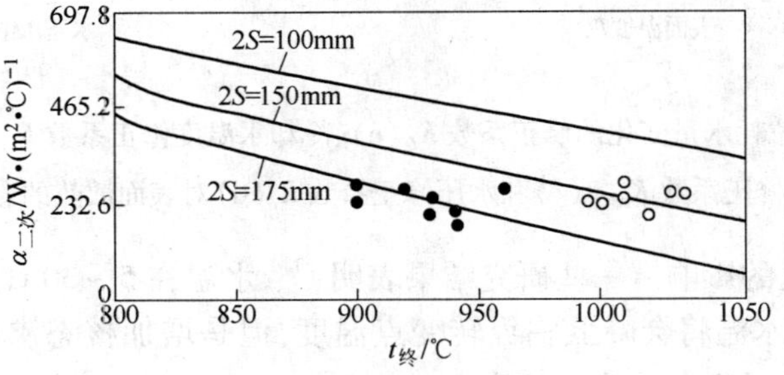

图 3-81　在不大的冷却强度时 $\alpha = f(t_{表})$ 的关系[2]

●—2S = 180 mm；○—2S = 150 mm

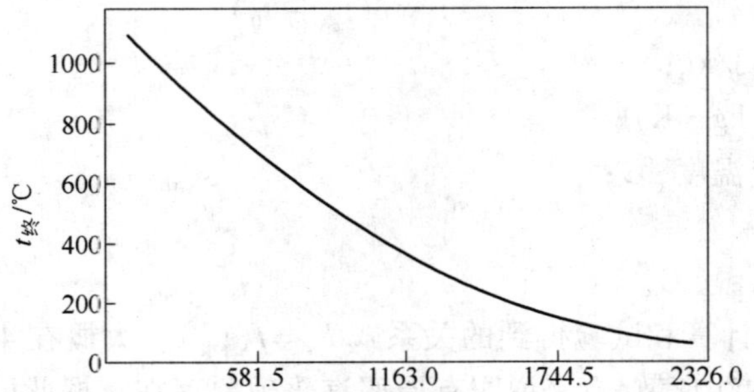

图 3-82　200 mm × 200 mm 方锭的平均传热系数与最终表面温度的关系[2]

铸锭表面温度主要影响对流换热和沸腾换热的模式。随着被冷却物体的表面温度增高，冷却水与被冷却物体表面的换热模式从对流换热转向沸腾换热，并且从核态沸腾模式向不稳定膜态沸腾（或过渡态沸腾）、继而向稳定膜态沸腾模式变化，如图 3-83 所示。图中表示水平换热界面上的热流密度随着被冷却物体表面温度与冷却水沸腾点之差 Δt 不同而变化的情况。当换热物体之间的温差较小时，沸腾尚未开始，换热服从单项自然对流规律。随

着 Δt 增加，出现沸腾换热，气泡大量增加，强烈搅拌冷却水，热流密度急剧增大，这时的沸腾模式是核态沸腾，换热界面上的热流密度急剧增加。随着 Δt 继续增加，气泡连成片而形成薄膜，由核态沸腾过渡到膜态沸腾，换热界面上的热流密度急剧减少。从图 3-83 中可以看出，在核态沸腾区，铸锭表面温度在第二临界温度以下，换热界面上的热流密度随着铸锭表面温度升高而增加。Maemer 等人发现，起始阶段如果结晶器出口处铸锭表面的温度较高[54]，例如达到 500℃时，则会导致膜态沸腾发生，传热系数很低。

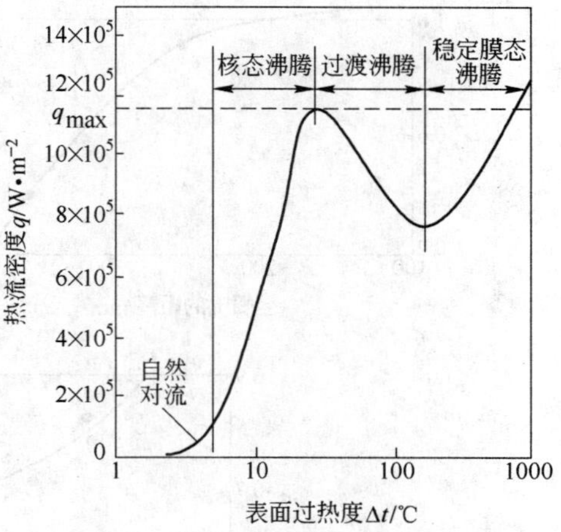

图 3-83　水在水平换热界面上随温度差而变化的沸腾曲线[54]

（4）冷却水压力的影响。在冷却结构一定的条件下，冷却水压力的大小决定冷却水流速的快慢。一些研究结果表明[54]，水流速度对换热效果的影响比较大，冷却水流速越大，传热系数越大；流速越大，膜态沸腾转为核态沸腾的温度越高，也就是说，膜态沸腾在流速快而水流量大时更不容易发生。随着水流量的增加，临界温度点的传热系数增加，但不是线性关系，最大热流密度正比于喷水密度的 0. 17 次方；因此，为了增加热流密度，水流速度需要增加很大，而且水流速度达到一定值时，再增加影响已不大。同时，水流速度增大，水温将有所降低，进而影响冷却强度。

从图 3-79d 中可以看出，传热系数随着冷却水压力的增大而增加，冷却水耗量小时，传热系数增加的速度缓慢。试验表明，当单位耗水量为 10 $m^3/(m^2 \cdot h)$ 时，降低水压的影响甚微。在大单位耗水量时，这个影响比较大，从经济角度和铸锭质量方面考虑，实际生产中不能被采用。

当一次冷却水冷却结晶器之后直接从结晶器里喷出作为二次冷却水冷却铸锭时，冷却水在铸锭表面上形成冲击区。冲击区是指冷却水流股冲击到铸锭表面的冲击区域，在立式连铸过程中其高度大约有 3 ~ 10 mm[54]；在这个区域里由于水流速度较大，形成的蒸汽泡不断被水流冲走，通常是核态沸腾换热，而不是膜态换热。紧接着冲击区下面是流水区。流水区是指冲击区下方冷却水顺着铸锭下滑的冷却区域，该区的水流速度小得多，通常只有冲击区的 50%。流水区的水幕厚度随着水流速度的增加而增加，水幕厚度通常为 1 ~ 3 mm，下落速度约为 1 m/s[54]。在喷水点下方附近铸锭表面温度较高的区域可能会有不稳定的膜态沸腾发生。喷射的流股直径通常为 1 ~ 2 mm，喷水点水流向上的爬升高度通常为 3 mm。冲击点水流速度越低，热流密度越小。

在连铸过程中，起始段希望水冷强度低一些，沸腾方式是膜态沸腾；而稳定阶段则希望增加换热效率，防止凝固壳破漏，沸腾方式是核态沸腾。

（5）喷嘴至冷却表面距离的影响。喷嘴至冷却表面距离的变化，会引起喷射水流能量的变化，影响水流对汽化膜破坏的能力，影响二次冷却的散热强度。A. A. Скворцов 等人对喷嘴至冷却表面距离的影响进行过专门的试验研究[2]。试验中以喷嘴至冷却表面距离 $L=$ 150 mm 时的传热系数作为基准进行对比。试验表明，增大这个距离超过 200 mm 时，在很大程度上降低散热的强度，如图 3-84a 所示。

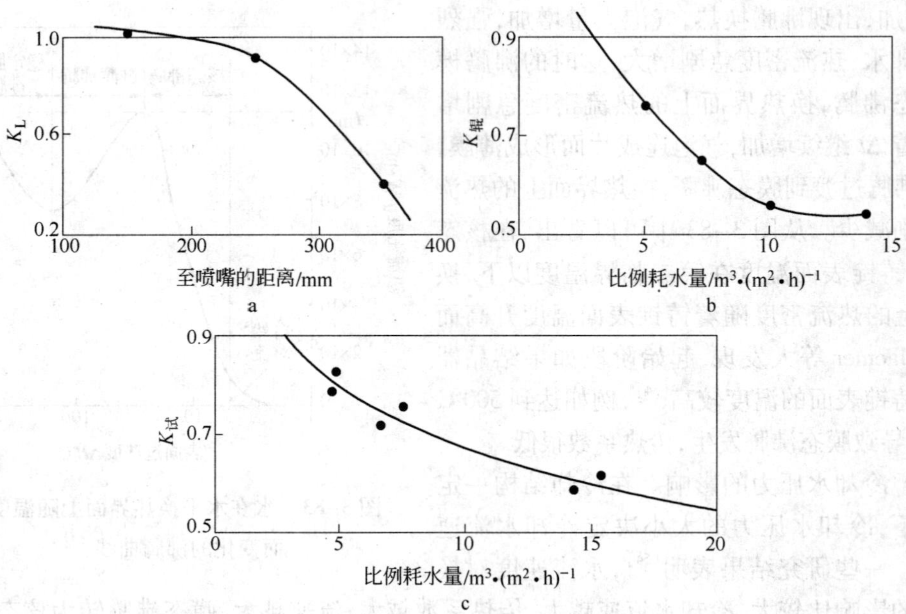

图 3-84 喷嘴至冷却表面距离变化的修正系数 K_L(a)、辊式冷却的修正系数 $K_{辊}$(b)、支撑辊结构修正系数 $K_{试}$(c)对传热系数的影响[2]

(6) 支撑辊的影响。支撑辊安装在喷嘴与冷却表面之间,辊间间隔为 30 mm,影响喷水冷却。为了研究支撑辊的影响,在没有支撑辊时确定关系式 $\alpha_{热} = f(Q_{水}/F)$。试验以 $K_{试} = f(Q_{水}/F)$ 式进行调整。

$$K_{试} = \alpha_{辊}/\alpha_0$$

式中 $\alpha_{辊}$——有辊时的传热系数;

α_0——取消辊时的传热系数。

从图 3-84c 中可以看出,安装支撑辊,降低了传热系数;传热修正系数随着冷却水单位面积上的耗水量增大而降低。

试验表明,减小辊间间隔,同利用的冷却面积减小的程度有关,导致传热系数的减少。

(7) 汽化系数。在连续铸锭过程中,二次冷却区由于部分冷却水被汽化;特别是在生产大断面铸锭和高熔点金属锭时,二次冷却水被汽化的现象更为强烈。根据上述分析并确定冷却水温度和耗水量之后,汽化系数 X 由下述热平衡方程式计算:

$$Q_{二次} = G[(1 - X)(t_2 - t_1) + X(640 - t_1)] \tag{3-101}$$

式中 $Q_{二次}$——铸锭从二次冷却区散出的热量,kJ/h;

G——水表指示的冷却水流量,kg/h;

t_2, t_1——二次冷却水的终始温度,℃。

解式(3-101)得:

$$X = \frac{\dfrac{Q_{二次}}{G} - \Delta t_{水}}{640 - (t_1 - \Delta t_{水})} \tag{3-102}$$

式中,$\Delta t_{水} = t_2 - t_1$,℃。二次冷却水温差 $\Delta t_{水}$ 值与许多因素有关,其中首先是比例耗水量。根据热平衡试验结果建立的 $\Delta t_{水} = f(Q_{水}/F)$ 关系式如图 3-85 所示。

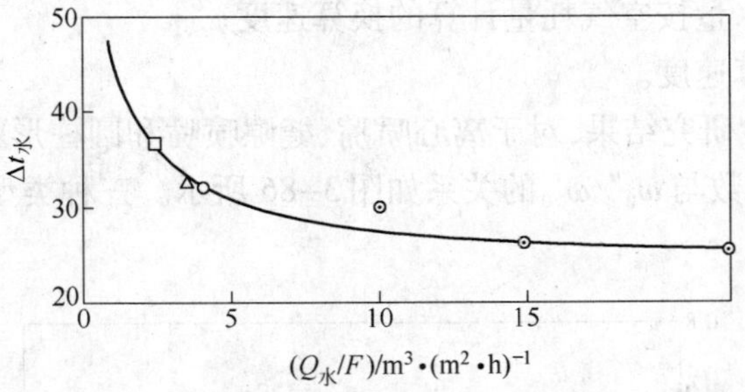

图 3-85 $\Delta t_{水}$值与比例耗水量的关系[2]

在喷射和辊式方法作为二次冷却时，根据图 3-85 和式(3-102)可大致计算出汽化系数值。

3.9.2.2 辊式冷却的影响

在连续铸锭的二次冷却区，采用无喷嘴的辊式冷却方法时，冷却水以低压从聚水管水缝中流出洒在支撑辊外表面上，冷却支撑辊。实际上，在冷却辊面的过程中部分水直接流到铸锭表面上。单纯的辊式冷却，铸锭的散热强度大大低于喷射冷却时。由辊－喷嘴式冷却转换为单纯辊式冷却时传热系数的修正系数与比例耗水量的关系如图 3-84b 所示。从图中可以看出，在大水量时，传热系数降低值较大；这与汽化膜的破坏程度有关，在喷射条件下汽化膜容易被破坏。根据图 3-84b 的数据，可以大致估计由辊－喷嘴冷却转换为单纯辊式冷却时传热强度降低的系数值。试验结果表明[2]，辊式冷却时，比例冷却水耗量在 3～10 $m^3/(m^2 \cdot h)$范围内的冷却强度变化不大。这对于铸锭的冷却均匀性创造较为顺利的条件，因为沿铸锭四周及其长度上的耗水量不可避免地波动对冷却过程的影响不大。另外，用辊式冷却时不可能实现大范围调整冷却强度。

在水平连续铸锭过程中，只需要在铸锭底部安设承托结构，铸锭上方无须设支撑辊。在这种条件下，二次冷却结构可以比立式连铸时简单些。在生产设备上进行二次冷却区的热平衡试验是相当困难的。

3.9.2.3 气水混合冷却的散热

在连续铸锭过程中，二次冷却区采用混合的水和空气冷却，使喷射的水流雾化，可减少冷却水耗量，减弱二次冷却强度。水中的气体对传热系数的影响比较复杂，气体一方面增加核态沸腾的形核量，另一方面使从膜态沸腾转向核态沸腾的温度降低，延长了膜态沸腾的时间。因此，如果在第二临界点温度以上，气体减少热流密度；而在临界点温度以下，气体增加热流密度。

研究发现，水里溶解 CO_2气体使膜态沸腾发生的可能性增大。

实际生产中多采用气水雾化喷嘴。试验结果表明，在水－空气混合物流出时，通过喷嘴的能力 $q_{混}$ 可以按下式确定：

$$q_{混} = \mu_{换} \cdot q_0 \tag{3-103}$$

式中 q_0——消耗系数 $\mu = 1.0$ 时，纯水工作的理论通过能力；

$\mu_{换}$——消耗量换算系数。

试验表明，$\mu_{换}$存在如下关系：

$$\mu_{换} = f(\omega''_0/\omega'_0) \tag{3-104}$$

式中　ω_0''——忽略耗水量按空气耗量计算的换算速度；

ω'_0——水的换算速度。

根据ЦКТИ的试验研究结果，对于离心喷嘴、缝隙喷嘴和圆柱形喷嘴，水－空气混合物流出时的消耗量换算系数与ω_0''/ω'_0的关系如图3-86所示。三种类型喷嘴的试验点处于同一直线上。

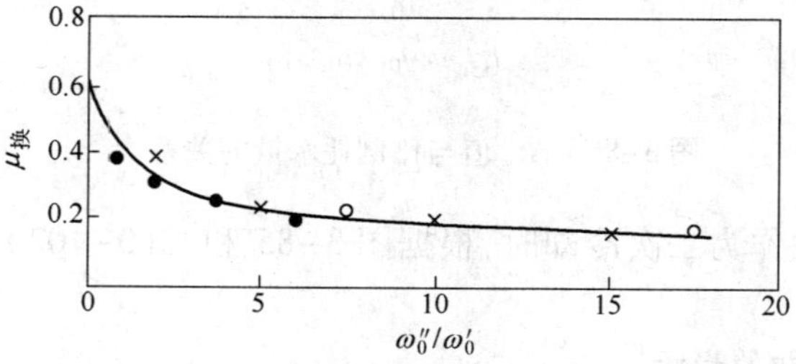

图3-86　水－空气混合物流出时各种ω''_0/ω'_0值的耗量换算系数[2]

●—离心喷嘴；○—缝隙喷嘴；×—圆柱形喷嘴

在上述类似的条件下，用圆柱形喷嘴的水－空气冷却和压缩空气冷却，初始温度约1050℃时，传热系数α与表面温度的关系式$\alpha=f(t_{表})$，经试验整理如图3-87所示。

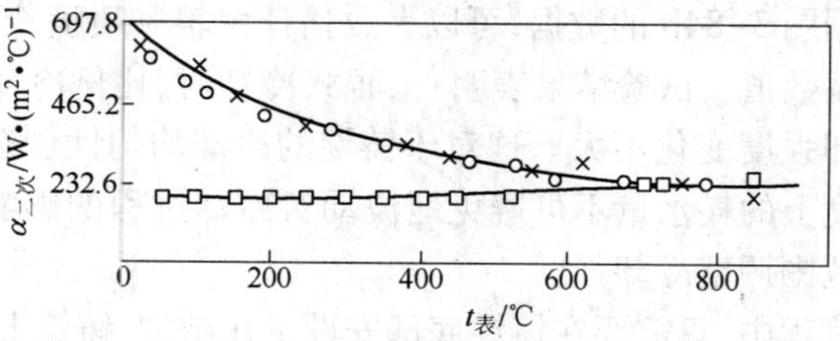

图3-87　压缩空气冷却和水－空气冷却时传热系数α与表面温度$t_{表}$的关系[2]

□—压力为0.3 MPa时的压缩空气；○，×—气压相应为0.25 MPa和0.45 MPa的组合冷却

从图3-87可以看出，当铸锭表面温度高于600℃时，水空气混合物和纯压缩空气冷却时计算的传热系数相等，辐射热交换占优势。

水－空气组合冷却时的传热强度低于纯水冷却时。根据试验结果，组合冷却时降低传热强度的程度列于表3-18中[2]。

表3-18　对比传热强度[2]

$(Q_{水}/F)$/m³·(m²·h)⁻¹	辊－喷嘴水冷却	辊－喷嘴水－空气组合冷却
5	1.0	0.6
10	1.0	0.58
15	1.0	0.54
20	1.0	0.53
25	1.0	0.53

在连续铸锭生产实践中，早期多采用喷嘴喷水作为二次冷却。由于降低二次冷却强度

有利于改善铸锭质量，同时节省了用水量。例如，上海钢铁一厂[55]，1972 年建成三台 150 mm × 1050 mm 板坯连铸机，二次冷却系统采用普通的直接喷水冷却工艺。1983 年本厂自制气－水喷嘴用于生产，各经 10 炉对比试验，测定铸锭表温的结果，铸坯表面最大温差为 70℃，平均温差为 32℃；而在一般喷水冷却工艺条件下，铸坯表面最大温差达 150℃，平均温差为 104℃。铸坯表面温度值稍高于一般喷水冷却时。两种工艺条件下，铸坯表面温度沿横断面上的分布情况如图 3-88 所示。

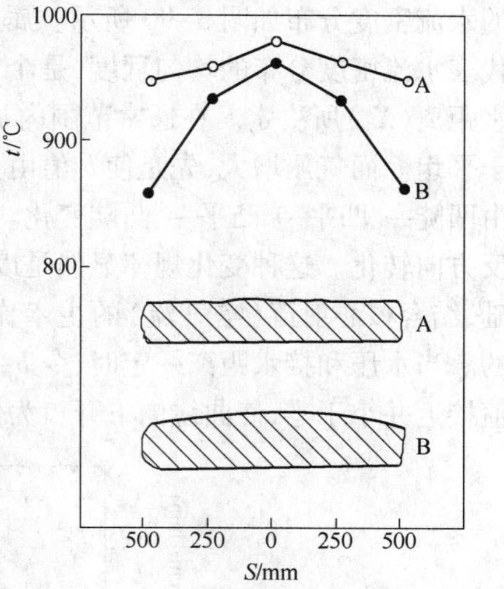

图 3-88 铸坯表面温度分布[55]
A—气－水雾化冷却工艺；B——一般喷水冷却工艺

对比试验表明，气水雾化冷却时，铸坯无明显的裂纹等缺陷，坯形基本平整。而一般喷水冷却时，铸坯有皮下细裂纹，铸坯内部疏松，并伴有 0.5 mm 宽 815 mm 长的中心裂纹一条，坯形上下左右都呈鼓肚现象，鼓肚量为 12 mm。表面缺陷，气－水雾化冷却时表面裂纹指数为 1.24%，而一般喷水冷却时为 2.70%。气－水雾化冷却时，冷却效率高，可节约用水 40%，由于冷却均匀，铸坯表面温差小，故可减少表面裂纹缺陷 1.46%。

气－水雾化喷嘴的冷却效果在于水的雾化程度，水滴大小直接影响水在热坯表面的蒸发速度。冯春荣先生等人的研究表明[56]，内直交气－水雾化喷嘴（简称 ICA 喷嘴），水量和气量对水滴大小的影响如图 3-89 所示。

图 3-89 的回归方程为：

$$d_{Zr} = 126.55 - 18.03X_1 - 44.41X_2 + 1.89X_1 \cdot X_2 + 2.22X_1^2 + 16.29X_2^2 \quad (3\text{-}105)$$

式中 X_1, X_2——水量和气量；

d_{Zr}——太索尔平均直径，μm。

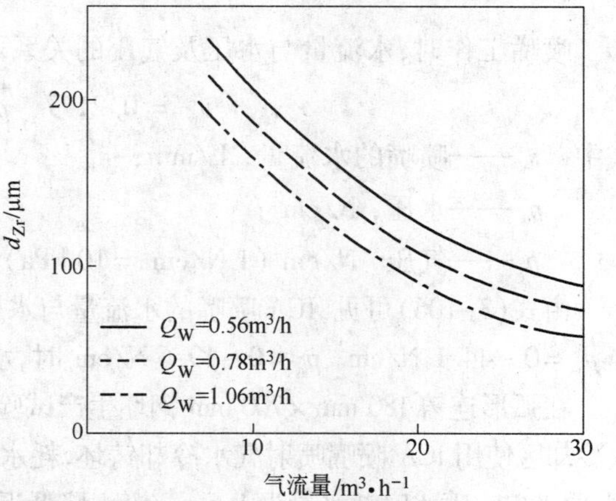

图 3-89 水量和气量对 ICA 喷嘴水滴直径的影响[56]

水的雾化状态分为三种：不雾、粗雾和细雾。一般所说的雾化细流是指细雾状态，其中大部分水滴直径处于 20 ~ 100 μm 范围。水滴大小直接影响水在热坯表面上的蒸发速率，从而影响其冷却效果。喷嘴结构一定时，雾化水滴的大小由水量、气量和接水距离决定。从图 3-89 和式（3-105）中可以看出，水滴直径随混合的水量和气量增加而减小，呈抛物线规律变化。当接水距离一定时（图中此处定为 250 mm），气水体积比为 20 ~ 45（相当于气水质量比为 0.026 ~ 0.058）时，ICA 喷嘴便能形成细雾流。这个数值与当前国外对气水雾化喷嘴所采用的气水比推荐值 0.5 ~ 0.30 相比要低，说明 ICA 喷嘴的雾化能力是很强的。

具有足够冲击速度的细雾化流将是最理想的。ICA 喷嘴试验表明，水滴直径随接水距离增长而明显变小。例如，气水体积比为 38.4，接水距离为 250 mm 时，测得小于 50 μm 的水滴占 48.28%，小于 100 μm 的水滴占 81.77%，水滴直径的峰值为 300 μm。喷嘴的水滴大小分布是相当均匀的。

铸锭表面温度分布的均匀度主要取决于该面的水流密度分布。ICA 喷嘴横向中心线上的水流密度分布如图 3-90 所示。属于抛物线型,说明中部空气射流起主宰作用。其斜率 b 代表水流密度分布的均匀程度,是个重要的参数。b 值的大小由水压(X_1)、气压(X_2)和接水距离(X_3)所决定。在通常范围内加大水压和接水距离,总是使 b 值接近于零,使曲线趋于平坦。而气压增大,先是使 b 值由大变小,由正变负,曲线开口方向由向上变为向下,曲线由凹陡→ 凹平→ 凸平→ 凸陡变化。但当气压升到某一值时,继续增大气压,曲线则朝着相反方向转化。这种变化规律显然是以扁平式压力喷嘴的水流密度分布(呈"马鞍"形)为基础,结合核心射流(空气流)的主宰作用——先是以抽引水滴为主后则以排斥为主而形成的。当水压和接水距离一定时,令 $b \to 0$,即可得气压(X_2)的一元二次方程式。一般选择 b 值接近并小于零,使曲线向下开口为优。

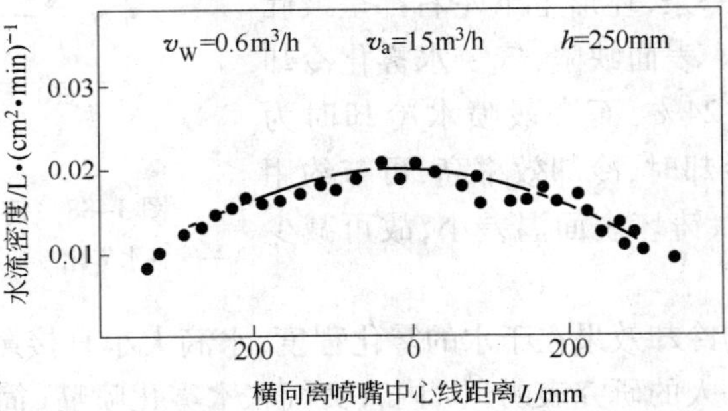

图 3-90　ICA 喷嘴的射流在横向中心线上的水流密度分布[56]

喷嘴工作时,水流量与水压及气压的关系可用下式表示:

$$v_w = 0.2177\sqrt{p_w} - 0.0113p_a \tag{3-106}$$

式中　v_w——喷嘴的水流量, L/min;

p_w——水压, N/cm²;

p_a——气压, N/cm²(1 N/cm² = 10 kPa)。

由式(3-106)可见,ICA 喷嘴的水流量与水压的平方根成正比,随气压的增大呈直线下降。当 $p_w = 0 \sim 44.1$ N/cm²,$p_a = 0 \sim 19.6$ N/cm²时,水流量 v_w 的可调范围为 0 ~ 20.4 L/min。

在弧形连铸 180 mm × 700 mm 钢坯生产试验中,弧半径 5250 mm,拉坯速度为 0.7 m/min,二次冷却区使用 ICA 喷嘴喷射气水冷却铸坯,耗水量一般为 0.75 ~ 1.0 m³/t 钢,平均为 0.81 m³/t 钢;原来单一喷水时耗水量为 1.6 m³/t 钢,降低近 50%。使用 ICA 喷嘴气水组合冷却,二次冷却区铸坯横断面上表面温度分布均匀,最大温差 80℃;铸坯纵向表面温度变化列于表 3-19。

表 3-19　使用 ICA 喷嘴时铸坯纵向温度变化[56]

地　段	温度/℃		
	铸　号		
	3—6933	3—6934	3—6948
2 ~ 3 段之间	1010	970	940
3 ~ 4 段之间	1010	970	910

续表 3-19

地 段	温度/℃		
	铸 号		
	3—6933	3—6934	3—6948
4~5 段之间	1000	980	920
5~6 段之间	960	960	920
拉辊前	950	930	870
矫直前	950	940	800
矫直后	—	950	—

3.9.2.4 带强制供风的二次冷却

在连续铸锭过程中,降低二次冷却区的散热强度,会带来一定的工艺优点。从图 3-88 中可以看出,采用气水组合冷却铸锭,铸锭表面的温度稍高于通常单一喷水冷却时,其散热强度有所降低。采用空气冷却铸锭,铸锭的传热强度会降低得更多一些。各种风冷对传热系数 α 的影响,其试验结果列于表 3-20。

表 3-20 风冷对 α 系数的影响[2]

冷却方案	空气压力 /kPa(atm)	空气耗量 $/m^3\cdot(m^2\cdot h)^{-1}$	各种温度间隔时的 α 系数		
			1000~500 ℃	1000~400 ℃	1000~300 ℃
压缩空气	304(3.0)	1000	200	180	175
鼓风机空气	10.13(0.1)	1630	123	82	80
鼓风机空气	5.067(0.05)	1160	105	78	71
自然对流	—	—	70.0	60.5	58.5

用压缩空气冷却铸锭时,传热系数 α 与铸锭表面温度的关系如图 3-87 所示。从图中可以看出,当铸锭表面温度高于 600℃之后,压缩空气冷却时计算的传热系数与气水组合冷却时相等,此时辐射热交换占优势。因此,利用空气冷却的实际可能性,依赖于辐射热交换时对通风和压缩空气消费量的要求。例如,在 420 mm×175 mm 扁钢锭的双流连铸机上,二次冷却铸锭表面 7.15 m^2,按表 3-20 中空气耗量考虑,对通风和压缩空气必要数量的计算结果,列于表 3-21。

表 3-21 420 mm×175 mm 钢锭二次冷却的空气需要量[2]

冷 却 器	空气$/m^3\cdot h^{-1}$	需要的动力/kW
$p=0.01$ MPa 时风机通风	7.15×2×1630=22600	130
压缩空气	7.15×2×1000=14300	1430

基于上述条件,在二次冷却区加热压缩空气时,压缩空气的温差 Δt 将等于:

$$\Delta t=Q_{二次}/(v\cdot c)=(2200\times4.1868\times10^3)/(14300\times0.31\times4.1868)=495℃$$

式中 $Q_{二次}=2200\times4.1868\times10^3$ kJ/h——双流机器的二次冷却区散热量;

$v=14300\ m^3/h$——空气需要量(见表 3-21);

$c=0.31\ \times4.1868$ kJ/($m^3\cdot$℃)——空气热容。

排除加热达500℃ 的空气,实在困难。采用加热 $\Delta t = 200℃$,所需部分的空气量等于(495 / 200) × 14300 = 35200 m^3。要得到这么大数量的压缩空气,要求旋涡空气压缩机功率3000 ~ 3500 kW。

从表3-20中可以看出,在二次冷却区使用通风机吹风冷却铸锭与自然对流空气冷却比较起来,其冷却强度增加的幅度不大,还需要附加的通风设备。

在连续铸钢过程中,二次冷却区使用压缩空气冷却,铸锭表面温度很高时其散热强度与气水组合冷却相当,但是需要大能量的压缩空气设备。从循环经济的角度考虑,如果能充分合理地利用这些高温空气,将是很有意义的。

3.9.2.5　水质对热交换的影响

冷却水里的 NaCl 和 $CaCO_3$ 等溶解物或固体微粒将增加核态沸腾发生的可能性,并且增加热流密度,和淬火一样,硬水比纯净水的冷却强度更大。但是,经硬水冷却后,铸锭表面上会形成一层盐膜,将影响后续工序的质量,这是不允许的。

水里的油使膜态沸腾更容易发生,油浓度达 10^{-5} 以上将显著减小冷却强度[54]。因此,可以减少结晶器润滑油的用量,并过滤冷却水中的油,以便增加冷却强度。

参考文献

[1]　陈存中. 有色金属熔炼与铸造. 北京:冶金工业出版社,1988.

[2]　Скворцов А А, Акименко А Д. Теплопередача и Затвердевание Стали Вустановках Непрерыной Разливки(钢在连铸设备中的传热与凝固). Москва:Издательство “Металдургия”,1966.

[3]　徐宝陞. 连续铸锭装置. 北京:冶金工业出版社,1959:92.

[4]　Шатагин О А. 水平连续铸钢时铸锭与结晶器之间的热交换. Бюлетень,ЦИИНЧМ,1963,5(457):32 ~ 34.

[5]　Сладкоштеев В Т,Шатагин О А,Курицкий М А,идр. 水平连续铸钢工艺. Сталь,1964,(9):795 ~797.

[6]　Сладкоштеев В Т,идр. 水平连续铸钢. Бюлетень ЦИИНЧМ,1962,4(14):422.

[7]　Рутес В С,Евтеев Д П. Исследование Процесса Непрерывной Разливки Стали(连续铸钢过程的研究). 见:苏联科学院. 连续铸锭论文集(中文版). 北京:冶金工业出版社,1957:16.

[8]　Рудой Л С, Майоров Н П, Кушнарев И Т. 连铸过程中铸锭同结晶器壁的接触. Сталь,1966,(12):1093 ~ 1095.

[9]　Fratina G,et al. 直接水冷铸造铸锭凝固时的温度分布. Light Metal Age,1978,36(5):11,18 ~ 21.

[10]　连铸结晶器中传热和气隙形成的理论. Jounal Iron and Steel Institute,1962,200(1):41 ~ 47.

[11]　Радзиховский В А,Кельман Л Д. 铸锭表面沿结晶器长度上的温度变化. Цветные Металлы,1971,(10):64 ~ 66.

[12]　Кельман Л Д,Сладкоштеев В Т,Шатагин О А,идр. 水平连铸黄铜时的凝固. Цветные Металлы,1971,(11):57 ~ 61.

[13]　Камин В А. 金属水平铸造结晶器热力研究. Металлы,1980,(3):101 ~ 105.

[14]　美国铝业公司专利. 铸锭水平连续铸造法及其装置. 见:哈尔滨第五号信箱技术情报室. 铝合金水平连续铸造(译文集),哈尔滨:第五号信箱技术情报室,1971:8 ~ 13(内部资料).

[15]　Бойченко М С. 连续铸锭. 孙伟,知水译. 北京:冶金工业出版社,1959.

[16]　姚曼,吴翔宇,尹合壁,等. 圆坯连铸结晶器热流研究. 钢铁研究学报,2006,18(10):16 ~ 19.

[17]　Sekhar J A,et al. 凝固时的压力对金属与模壁间隙之间热传导系数的影响. Material Science and En-

gineering,1979,40(1):105~110.

[18] 蔡开科,章仲禹,邢文彬,等. 水平连铸圆坯凝固特性研究. 钢铁,1986,21(11):18~22.

[19] Angleys P. Horizotal Continuous Casting Process(水平连铸法). Modern Metals,1964,20(5):44~48.

[20] 哈尔滨第五号信箱技术情报室. 图片简介. 见:哈尔滨第五号信箱技术情报室. 铝合金水平连续铸造(译文集). 哈尔滨:第五号信箱技术情报室,1971:27(内部资料).

[21] Сладкоштеев В Т,Курицкий М А,Шатагин О А,идр. 用УНИИМ水平连铸机浇铸青铜. Цветные Металлы,1962,(3): 67~74.

[22] 何光,刘慰俭,汪建农. 水平连铸机分离环的温度场和应力场的分析. 上海工业大学学报,1987,8(1):36~42.

[23] Сачко В В,идр. 水平连铸钢坯的成型机理. Металлы,1972,(2):109~113.

[24] 张凤禄,周筠清,章仲禹. 水平连铸结晶器的传热特性研究. 钢铁,1986, 21(12):53~57.

[25] 高泽生译. 连续铸造的控制——热顶铸造. 轻合金加工技术(铸锭质量控制专辑)1974,(3):16,47~53.

[26] Жернов А И. 改进连铸铝合金锭的工艺. Цветные Металлы,1985,(6):68~71.

[27] 张绍祥,曲镜海. 关于连续铸锭周边凝固区高度的确定及其在实际中的应用. 轻金属,1981,(10):52~57.

[28] 石峰,彭学仕. 铝合金半连续铸造时影响逆流导热距离值的因素分析. 轻合金加工技术,2005, 33(8):20~23.

[29] 陈雷. 连续铸钢. 北京:冶金工业出版社,2004.

[30] 陈栋梁,杨文改,干勇,等. 连铸弯月面区域凝固传热的数值仿真研究. 钢铁,1997,32(8):26~29.

[31] Елисов В С. 连铸铝合金锭时结晶器中熔体敞露表面的导热. Цветные Металлы,1976, (10):54~56.

[32] 陈栋梁,干勇,杨文改 等. 关于糊状区传热模拟方法的研究. 钢铁,1996, 31(6):22~26.

[33] 韩秋影,张洪波,李任春. 连铸结晶器内弯月面行为的研究. 河北冶金,2006,(6):8~11.

[34] 鲁守智,张长悌,等. 水平连铸凝固过程的数值模拟. 钢铁,1987,22(10):17~21.

[35] 朱宪华,董增章,等. 水平连铸铸铁棒凝固过程数值模拟. 金属学报,1990,26(3):B171~177.

[36] 周筠清,张俊涛,魏林. 圆坯水平连铸凝固传热过程数学模拟及分析. 钢管,1996,(5):28~32.

[37] 周筠清,张俊涛,付军隆. 水平连铸二冷区喷水冷却过程数学模拟. 北京科技大学学报,1996,8(2):179~183.

[38] 董绍璋,阎小林. 水平连铸初期坯壳形成的数学模型. 连铸通讯,1986,(6):1~6.

[39] 文光华,李刚,张建春. 薄板坯连铸结晶器三维流场和温度场的数值模拟. 炼钢,1997,13(4):25~29.

[40] 张云鹏,梁海奇,杨秉俭 等. 铸铁水平连铸中铸坯与石墨套界面换热的数学模型. 西安交通大学学报,1998,32(7):90~93.

[41] 刘青,田乃媛,王英群. 矩形坯连铸凝固传热的数学模型. 钢铁,1997,32(2):28~32.

[42] 吴兴宝. 连铸数学模型研究新进展. 钢铁研究,1996,(6):12~16.

[43] 张云鹏,苏俊义,陈铮 等. 铸铁水平连铸中圆坯凝固过程的数值模拟. 金属学报,2001, 37(3):287~290.

[44] 郭佳,吴钢玮,蔡开科. 连铸板坯结晶器温度场数学模型. 钢铁,1995,30(4):24~28.

[45] 张 丹,张卫红,朱继宏. 一种求解水平连铸中瞬态界面换热系数的新方法. 特种铸造及有色合金,2006, 26(3):147~149.

[46] Шатагин О А, Сладкоштеев В Т,Рутес В С. 铜-陶瓷结晶器在水平连铸机上的应用. Сталь,1972,(12):1083~1086.

[47] 洛阳铜加工厂,等. 重有色金属材料加工手册(第2分册). 北京:冶金工业出版社,1988:148~149.

[48] Офенгинден А А,идр. 水平连铸锡青铜时热传导研究. Металлы,1990,(3):74~80.

[49]　沈明钢．水平电磁连续铸造法的研究．鞍山钢铁学院学报,1990, 13(2):21～26.
[50]　长江先司,と．铝小径棒和条的水平电磁铸造．住友轻金属技报,1990,31(3):13～19.
[51]　河濑顺洋,と．利用电磁力和表面张力控制金属熔体形状的数值分析．住友轻金属技报,1989,30(2):1～8.
[52]　章仲禹．水平连续铸钢机结晶器的设计．冶金设备,1988,(2):12～16.
[53]　Ohm L,et al. 凝固壳层的强度．Aluminium,1988,64(5):513.
[54]　李朝霞,郑贤淑,金俊泽．连续铸造铝锭水冷边界换热条件的分析．铸造技术,2001,(1):17～20.
[55]　陈水仔,潘元一,孙公权．连铸用气水雾化冷却喷嘴及雾滴直径的测定．钢铁,1986,21(7):48～53.
[56]　冯春荣,田荫东,何维泉．连铸用内直交气水雾化喷嘴的研究．钢铁,1986, 21(7):5～9.

4 连续铸锭的凝固过程

金属的凝固是金属由液态变为固态的相变过程。除某些液态金属合金在$10^5 \sim 10^{10}$ K/s激冷的条件下“冻结”成具有无定形结构的非晶体金属之外，在大多数情况下金属的凝固是晶体或晶粒生成和长大的过程。在连续铸锭过程中，铸锭的冷却速度不至于使液态金属“冻结”成无定形结构。因此连续铸锭的凝固过程，仍然是晶体生成和长大的过程。在金属凝固的过程中还伴随着体积变化、气体脱溶、元素偏析和声发射等现象。

4.1 凝固区

纯金属和共晶成分合金，其铸锭在凝固过程中，断面上一般只存在两个区域：固相区和液相区。金属的熔点和合金的共晶点温度为这种两相区的分界线。其他合金铸锭在凝固过程中，其断面一般都存在三个区域：固相区、凝固区和液相区，如图4-1所示。

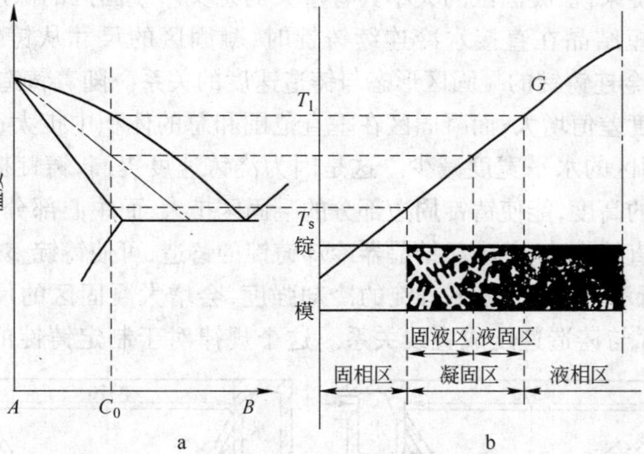

图4-1 凝固区与结晶温度及温度梯度的关系[1]
a—相图；b—铸锭断面温度分布与凝固区

凝固区又称为过渡区或两相区，是指铸锭正在结晶的体积中，上至宏观意义上连续的结晶前沿（液相线），下至固相面（固相线）的部分。凝固区又可分为以固相为主的固液区和以液相为主的液固区。在液固区内，固相悬浮于液体当中，可以自由移动和长大。在固液区内，固体已连成一个整体的晶体骨架，枝晶间残留着少量的液体却互不流通。铸造这类合金时，结晶面强度较差，用探棒即可插入其中。如铸造硬铝铸锭时，可以插入5～10 mm深。在同样的冷却条件下，当铸锭具有等轴组织时，与具有柱状组织时相比，插入的深度要大一些。而纯铝、硅铝明和3A21（LF21）合金的结晶面是相当坚固的，探棒插不进去。

在液固区内，存在大量连续的可以相对移动的液体，并且同时存在一定数量的晶体，对成分偏析过程的发展作用很大。在固液相区内，由于是液相数量较少的坚硬的骨架，固相连续而液相不连续，固相和液相都不能相对运动，因而对于热裂的产生和发展具有很大意义，树枝晶疏松也发生在这一区域内。

由图4-1b可知，凝固区的宽度 b 可表示为：

$$b=(T_l-T_s)/G \tag{4-1}$$

式中　T_l-T_s——合金的平衡结晶温度范围；

T_l——液相线温度；

T_s——固相线温度；

G——铸锭断面的温度梯度。

由式(4-1)可知，合金铸锭凝固区的宽度取决于合金的结晶温度范围和铸锭断面的温度梯度。当合金成分一定时，即(T_l-T_s)一定，G 大则凝固区窄；反之，G 一定时，(T_l-T_s)大，则凝固区宽。因此，在生产中可采用调整工艺的方法来改变 G 的大小，从而控制凝固区的宽窄。用实测方法测定铸锭的凝固区比较困难，实际上只能用热电偶凝固于铸锭来测量铸锭凝固过程中温度分布情况，决定其液相线和固相线，从而求得此区域的范围。

在固液区内，最后凝固收缩时，枝晶间得不到别处液体金属的补充而形成缩松。整个凝固区的尺寸和形状决定着铸锭中区域偏析及枝晶疏松的特征和程度。凝固区的扩大会使铸锭塑性显著降低。

对于连续铸锭来说，凝固区的大小具有重大的意义。凝固区的深度和宽度随铸锭断面增大而增加。用短结晶在直接水冷连续铸锭时，凝固区的尺寸从铸锭周边向中心增大。图4-2为硬铝合金连铸锭的凝固区形态与铸造速度的关系。随着铸造速度的增加，周边与中心的凝固区宽度差值增大；而凝固区在垂直范围和总的体积中扩大；就水平断面来说，浇铸速度提高，凝固区的水平宽度减少。这是因为浇铸速度提高，铸锭横断面上温度梯度增大。增加结晶器的高度，能使铸锭周边部分的凝固区扩大，而中心部分并不增加，如图4-3所示。而不采用直接水冷，单独靠结晶器冷却铸锭的铸造，可使铸锭整个断面的凝固区显著增大，如图4-4所示。因此，减小铸锭的冷却强度，会增大凝固区的尺寸。使用短结晶器时，凝固区的尺寸与铸造速度成直线关系。这个规律对于制定铸锭的铸造工艺具有决定

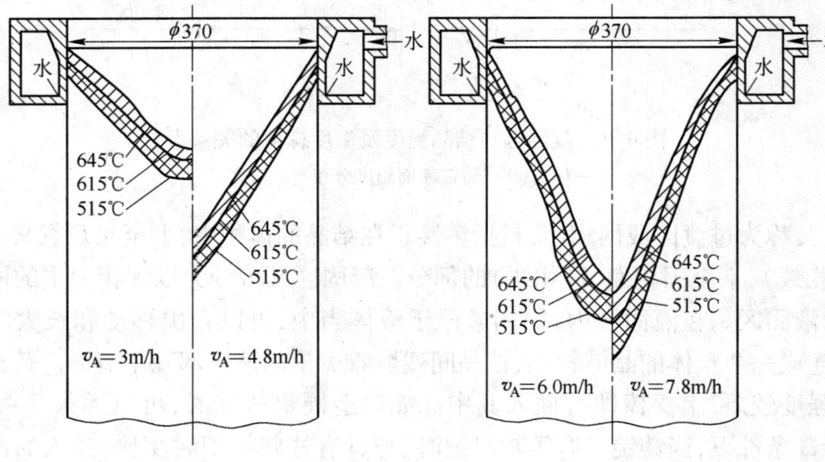

图4-2　硬铝合金连铸锭的凝固区与浇注速度的关系[2]

性意义,因为结晶速度和凝固区尺寸在很大程度上是决定铸锭质量的主要因素。对于小断面铸锭来说,当凝固区的绝对尺寸不太大时,结晶速度是主要因素。因此,铸造很大断面的铸锭时,大大降低铸造速度是合理的,虽然此时结晶速度有些降低。

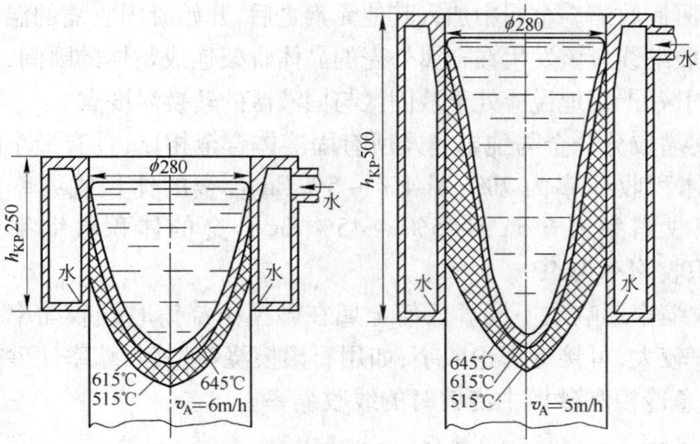

图 4-3 凝固区与结晶器高度的关系[2]

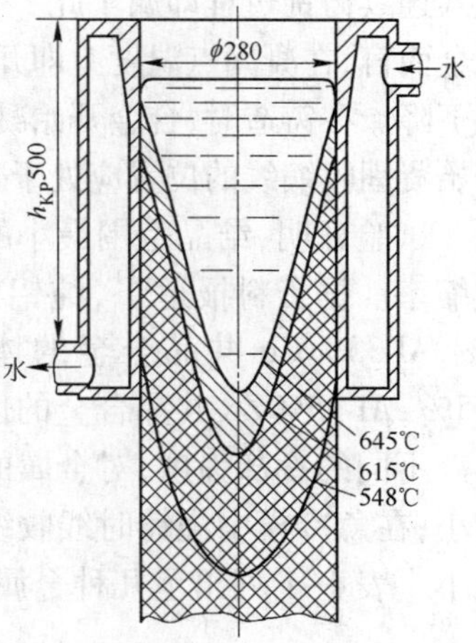

图 4-4 单独结晶器冷却时的凝固区[2]

4.2 金属凝固时的体积变化

大多数常用金属及其合金,从液相变到固相时发生体积收缩。这种现象对铸锭和铸件生产来说是很重要的。金属在凝固和冷却过程中发生的体积变化包括以下三部分:

(1) 液态收缩。即从铸造温度冷却到液相线时所发生的收缩。在这一阶段,金属的体积随温度而成直线性变化。

(2) 凝固收缩。即在凝固温度或凝固温度范围内,由液相变为固相时所发生的收缩。在这一阶段,金属的体积发生突变。纯铝在熔点时的体积收缩率约为 6.6%。

(3) 固态收缩。即从固相线冷却到室温所发生的收缩。在这一阶段,除了发生相变而引起的体积突变之外,金属的体积随温度而成直线性变化。

金属在凝固和冷却过程中发生的体积变化如图 4-5 所示。

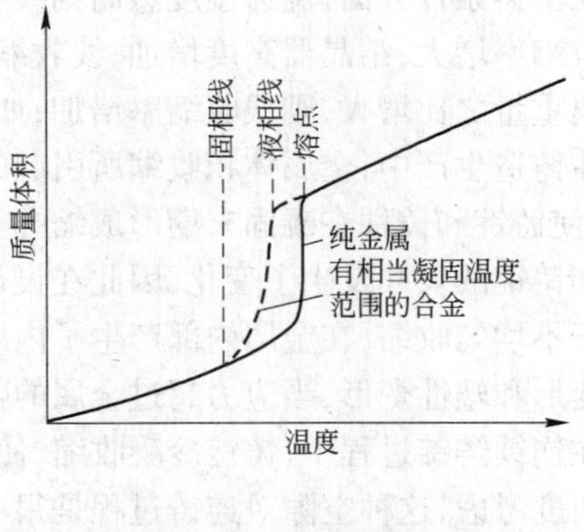

图 4-5 纯金属和有相当凝固温度范围的合金的质量体积与温度关系示意图[3]

对于有相当凝固温度范围的合金,凝固收缩应是下列两项收缩之和:

(1) 由液态变为固态时的收缩。

(2) 在不同温度下凝固的不同成分的固态金属,从它们的凝固温度到固相线之间发生的固态收缩。

因而凝固温度范围很大的合金,其凝固收缩要比该合金的基体金属的凝固收缩大得多。图 4-5 中在固相线与液相线之间的曲线的具体形状,主要是由在此范围不同温度下结晶出来的固体金属量所决定的。在很多合金系中,大部分固体在液相-固相范围的上半部分结晶出来,因此大部收缩发生在这一部分。

当液态金属表面没有凝固时,已结晶部分的收缩只是使铸模内金属液的水平面降低而已。立式连续铸锭过程即属于此。金属在凝固时,收缩使整个铸锭的体积减小。就纯金属和共晶合金而言,在凝固点温度上即开始凝固收缩。金属中加入其他元素之后,开始凝固收缩的温度便下降。在铸造时,合金开始凝固收缩线应该发生在金属外壳的晶体骨架连成整体的瞬间,即开始凝固收缩线的位置应处于凝固区,严格地说应处于液固区与固液区的转换温度点。

试验证明,结晶范围最小的共晶成分合金与纯金属及所有固溶体合金相比,具有最小的收缩率。据资料报道[4],纯铝的体积收缩率为7%;Al-4%～5% Cu 合金的体积收缩率为8%,Al-33% Cu 共晶合金的体积收缩率为6%;Al-35%～45% Zn 合金的体积收缩率为7.5%,Al-95% Zn 共晶合金的体积收缩率为4%。

不同的冷却强度,对金属的收缩率影响也不同。任何金属在砂模中浇铸时线收缩率都较小;在急冷模中浇铸时线收缩率较大,可接近理论数字;如用石墨模浇铸,其收缩率比砂模还小。表4-1列出了几种金属在急冷模和砂模中浇铸时的线收缩率。

表4-1　金属在急冷模及砂模中的线收缩率[3]

金　属	线收缩率/%		
	在急冷模中	在砂模中	理论数值
铝	1.9	1.7	2.0
硬铝	1.6	1.3	1.7
铜	2.1	1.8	2.0
铁	2.4	—	—
铅	0.9	0.75	0.95

在浇铸条件方面,浇铸温度愈高则线收缩率愈小。在连续铸造过程中,铸造速度提高,则线收缩率增大;结晶器高度增加,线收缩率减小。在普通金属模中浇铸时,铸模重量与被铸金属重量之比增大,则线收缩率增加;如果将铸模加以预热,则线收缩率减少。

在铸造生产中,金属体积收缩所引起的最主要的效应之一首先是金属凝固时形成的多孔性,使铸锭和铸件在凝固末期形成缩孔。其次是由于收缩,整个铸锭的体积减小,金属的密度和铸锭的尺寸发生了变化,因此在设计结晶器时要充分考虑这种线收缩的影响。再次是由于不均匀收缩,在金属内部产生了内应力,即所谓残余应力,这种应力往往导致金属的弹性变形和塑性变形,当应力超过金属的强度时会产生裂纹。

在连续铸锭过程中,铸锭冷凝收缩,使铸锭凝固壳与结晶器壁之间产生空隙。从凝固传热的角度考虑,这种空隙对连铸过程是很不利的,致使激冷形成的凝固壳层温度回升,以至重熔。从凝固壳表面与结晶器壁之间相对运动的角度来考虑,这种空隙的形成使连续铸锭过程得以实现,因为空隙有利于铸锭从结晶器内拉出来,而且有利于润滑剂的导入而降低接触面的摩擦系数,避免磨破凝固薄壳。在连续铸锭过程中应适其利而避其害;利处在结晶器内的接触区,害处主要在稳定的空隙区。

4.3　凝固方式与晶体的形态

根据凝固区宽度的划分,铸锭的凝固方式有三种:顺序凝固、同时凝固和中间凝固。从式(4–1) 中可知,合金凝固区的宽度取决于合金的结晶温度范围和铸锭断面的温度梯度。随着合金元素的含量、相图的形式和凝固条件的不同,凝固区的宽度有三种不同情况,即没有凝固区(或凝固区很窄)与凝固区较宽,以及介于两者之间的状况。伴随可以得到三种不同的结晶结构。

纯金属和共晶合金的结晶温度范围等于零,它们在凝固过程中只出现固相区和液相区,没有凝固区。铸锭在凝固过程中,随着温度的降低,固–液界面向铸锭中心推移,如图 4–6a 所示。这种凝固方式称为顺序凝固。图 4–6a 中 T_1是金属的熔点,T_1和 T_2是铸锭断面两个不同时刻的温度。顺序凝固时,固–液界面是平滑的,当液态金属凝固发生体积收缩时,可以不断地得到液态金属的补充,因而铸锭产生分散性缩孔的倾向小,在铸锭最后凝固的部位却容易形成集中缩孔。当界面附近出现裂纹时,也因为有液态金属及时填充而得以愈合,因而铸锭的热裂倾向较小。

在合金的结晶温度范围很小或铸锭断面的温度梯度较大的情况下,凝固区的宽度很窄。此时,铸锭也可能以顺序方式凝固。但与纯金属或共晶合金的凝固特点有所不同,其固–液界面不是平滑的,而是呈现锯齿状。在工业纯铝连续铸锭过程中,常见这种情形,如图 4–6b 所示。图 4–6b 中 b 为凝固区的宽度,T_1和 T_s分别为合金的液相线和固相线温度。这种合金铸锭形成分散性缩孔的倾向也较小,而易于形成集中缩孔。

铸锭顺序凝固时容易形成柱状晶。凝固区愈窄,铸锭中形成柱状晶的倾向愈大。保持狭小的凝固区宽度是获得柱状晶的重要条件之一。纯金属的凝固区宽度接近于零,因而纯金属比合金更容易形成柱状晶。当合金成分一定时,连续铸锭比静态铁模铸造时柱状晶发达。这是因为连续铸锭时冷却强度大,铸锭断面的温度梯度大,使凝固区变窄。

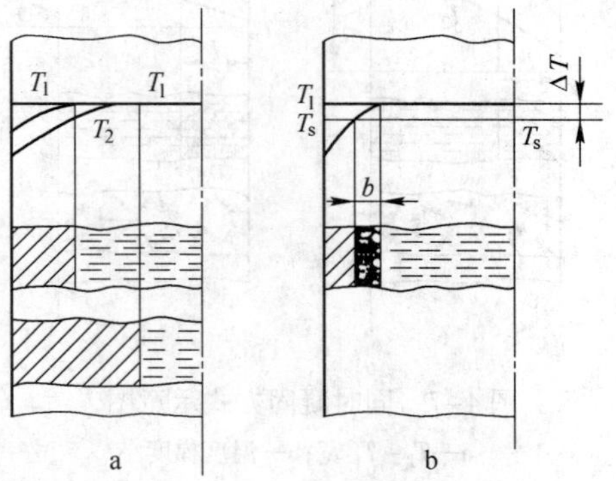

图 4–6 顺序凝固方式示意图[1]
a—结晶温度范围为零;b—结晶温度范围很小

在立式连续铸造 100 mm × 100 mm 工业纯铝锭时,观察到铸锭顶部最后凝固的端面呈树木年轮状凹陷;其外圈成方形台阶下落,趋近中心成圆状台阶下落。垂直台阶的轮廓很明显。外环的台阶较宽,内环的台阶宽度趋小。在水平连铸工业纯铝锭也观察到同样的情况。例如,生产 125 mm × 440 mm 纯铝锭时,紫铜结晶器有效长度 60 mm,铸造速度 120 mm/min,冷却水压 0.11 MPa;实测液相穴深度约 50 mm,在铸锭中心线上下各有五个台阶,分明可见。水平连铸在生产 100 mm × 500 mm 的工业纯铝锭时,铸锭化学成分为 0.09% Fe 和 0.14% Si;紫铜结晶器有效长度 60 mm,中间包液面高于结晶器上表面约 150 mm,冷却水压 0.68 MPa,铸造速度 180 mm/min;观察到液相穴底下部有四个分明的台阶,实测台阶的高度约 6 mm,水平宽约 1 mm。这种台阶说明在一次冷却与二次冷却的综合作用下,结晶过程以层式向前推进。

当合金的结晶温度范围宽或铸锭断面的温度梯度小时,凝固区宽,铸锭凝固时在凝固区内靠近固相前沿的液态金属中,首先形成一批小晶体,同时在其周围的熔融金属溶液中由于出现溶质偏析,使该部分液态金属的凝固点降低,晶体的生长受到抑制,因而在该溶质偏析区外围过冷液体中,立即形成另一批小晶体,并很快也被溶质偏析的液体所包围,晶体的生长受阻，继而再形成第三批小晶体。如此往复下去，小晶体很快布满整个凝固区，如图4-7所示。这种过程很快，几乎是在整个凝固区内同时进行的。这种凝固方式称为同时凝固，亦称为体凝固。体凝固时容易得到等轴枝晶。

铸锭以同时凝固方式进行凝固时，由于温度梯度小，结晶潜热散失慢及溶质的偏析，熔融金属溶液的过冷度减小，能达到临界尺寸的晶核总数并不很多，因而为数不多的小晶体在宽凝固区内易于自由长大成粗大的等轴枝晶。粗大枝晶连接后，封闭住的残余液体最后凝固，由于液体凝固发生体积收缩时得不到液体补充，形成分散性缩孔。宽凝固区的合金枝晶发达，流动性差，一旦出现晶间裂纹，难以得到液体的填充使其愈合，因而热裂倾向较大。

当合金的结晶温度范围较窄或铸锭断面温度梯度较大，而凝固区宽度介于顺序凝固与同时凝固的凝固区宽度之间时，其凝固特点也介于两者之间，铸锭中既有柱状晶，也有等轴晶，如图4-8所示。这种凝固方式称为中间凝固。这种合金的流动性比窄结晶温度范围的合金差，但优于宽结晶温度范围的合金。因此，这种合金铸锭产生热裂和缩孔的倾向性，也介于上述两者之间。

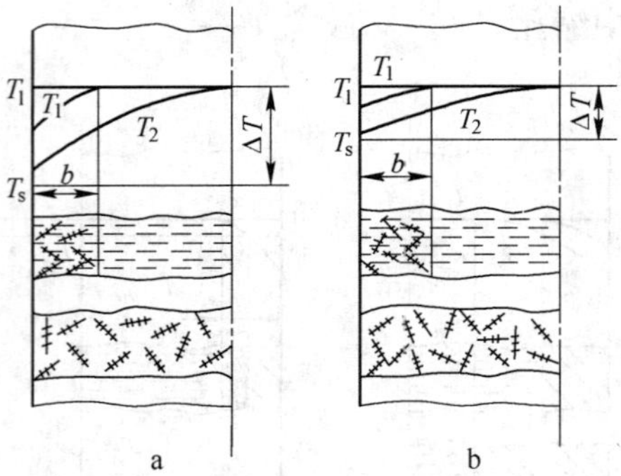

图4-7　同时凝固方式示意图[1]

a—T_l-T_s 宽；b—温度梯度小

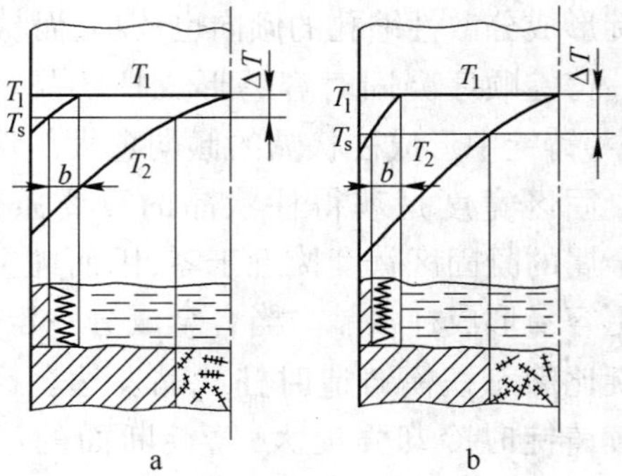

图4-8　中间凝固方式示意图[1]

a—T_l-T_s 较小；b—温度梯度较大

根据合金的凝固区宽度划分其凝固方式时，对于成分一定的合金，凝固方式随温度梯度而变化。温度梯度较大时，即使结晶温度宽的合金，也有可能以中间凝固方式，甚至以顺序凝固方式进行凝固。反之，温度梯度很小时，即使结晶温度范围窄的合金，也有可能以同时凝固方式进行凝固。例如，工业纯铝的(T_l-T_s)约为6℃，熔点低，结晶潜热和热导率较大；低碳钢的(T_l-T_s)约为22℃，熔点高，结晶潜热和热导率较小。当两者用锭模铸锭时，纯铝铸锭断面的温度梯度很小，以同时凝固方式进行凝固；而低碳钢的铸锭断面温度梯度较大，以顺序凝固方式进行凝固。这说明合金的凝固方式不仅与其本身的性质有关，而且与凝固传热条件密切相关。因此，在连续铸锭过程中，应根据不同的金属性质，选择合理的工艺制度，创造适宜的凝固传热条件。

液态金属以普通铸造方法凝固时的冷却速度通常在1℃/s以下。直接水冷的连续铸锭时，冷却速度为0.5～20℃/s。当热流沿单向传走时，晶体便沿着平行于热流方向朝着热流方向相反的方向生长。如果只有一个晶粒这样生长便成为单晶，多个晶粒平行生长即成为柱状晶。当凝固冷却速率大于10^2～10^5℃/s时，可以获得微米数量级的微晶。快速凝固可以很大地扩大多数合金的固溶范围，大幅度地减小偏析以及显著地细化晶粒尺寸。在铝合金中，各种元素的固溶度都很低，并且随温度的降低而急剧下降，若采用快速凝固，使冷却速度高于10^3℃/s时，固溶度大大提高。表4-2为快速凝固对各种元素在铁中固溶极限的影响。金属的晶粒尺寸通常随冷却速度的提高而细化，细化的程度视金属的不同而异。微晶尺寸一般在0.1～10 μm，有的甚至可达3 nm。

表4-2 快速凝固对各种元素在铁中固溶极限的影响

溶质元素	相	快冷方法	固溶极限（原子分数）/%	
			快冷	平衡
Cu	γ	喷枪法	15	7.2
Ga	α	喷枪法	50	18
Ti	α	锤砧法	16	9.8
Rh		喷枪法	100	约55
Mo			40.6	26
W			20.8	13
W		激光扫描	18	13

当液态金属的冷却速度高达10^5～10^{10}℃/s时，可以有效地抑制液态金属在冷却过程中的结晶成核和长大，而得到非晶态的固体。根据计算机模拟结果，甚至纯金属冷却速率在大于10^{12}℃/s时，用熔体急冷法也可以得到非晶态金属。非晶态金属又名无定形金属或金属玻璃，它是一种没有原子的三维周期性排列的金属或合金固体，即在超过几个原子间距范围以外，不具长程有序的晶体点阵排布。非晶态金属从热力学上讲是处于非平衡状态，有向更稳定的低能态转变的趋势，发生结构弛豫和晶化。目前，在快速冷却的条件下所得到的微晶合金只能是尺寸很小的粉末、薄片或薄层。在铝薄带坯高速连续铸轧过程中，冷却速度高达10^4～10^5℃/s，使铝熔体的凝固速度提高10～100倍。

4.4 合金元素的偏析

合金在凝固过程中，由于元素的再分配，发生合金元素的偏析。所谓偏析，就是在结晶时破坏了铸锭成分统计上的均一性，或者是破坏了合金组分统计上的均匀分布。偏析的类型很多，大体上可分为宏观偏析和微观偏析。金属凝固过程中合金元素的分配如图4-9所示。

宏观偏析表现为不同位置的宏观体积的成分存在显著差别，这主要是由于液态金属的宏观流动造成的。区域偏析和密度偏析即属宏观偏析。易熔组分在铸锭断面上的不均匀分布称为区域偏析，它多半是固溶体结晶型的合金所特有的。密度偏析表现为沿铸锭高度上发生的成分变化，它是熔体或坠落晶体在密度上有很大差别的、杂质结晶型的合金所特有的。

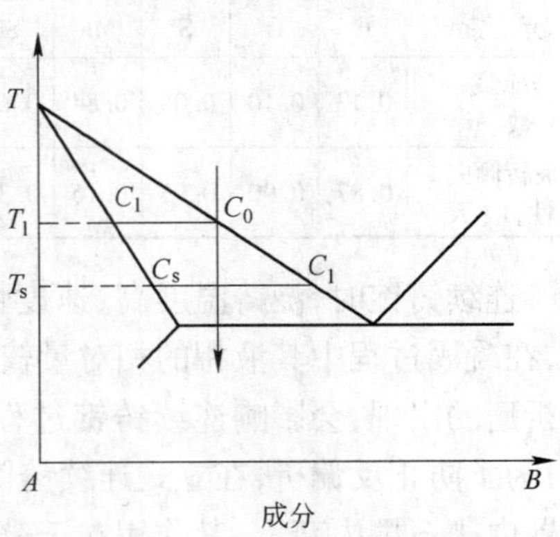

图4-9 金属凝固过程中合金元素的分配

根据铸锭断面上易熔组分富集部位的不同，区域偏析又可分为正偏析、逆偏析和中间偏析。铸锭在凝固过程中，其周边最先受到冷却、结晶，而后逐步向铸锭中心推移。随着固-液界面向中心迁移，铸锭中心部分富集易熔组分，称为正偏析或正常偏析。当铸锭周边富集、而中心贫乏易熔组分时，称为逆偏析或反偏析。在连续铸锭表面出现的铸瘤，通常为逆偏析瘤。当易熔组分主要分布在上面两者之间的中间区时，称为中间偏析或心外偏析。

微观偏析表现为一个晶粒内的合金成分由于结晶条件不平衡而引起的变化。它的产生与结晶过程中在固相内和在固相与液相之间发生不完全扩散有关。微观偏析包括枝晶偏析和晶界偏析等。发生枝晶偏析的过程可从合金相图来解释，如图 4-9 所示。由 AB 两组元组成的成分为 C_0 的液态合金，当温度下降到 T_1 时，开始凝固出成分为 C_1 的固体，组元 B 的含量比 C_0 为低，而剩余液体含 B 的数量增高，偏离了原来的平均成分，因而不同温度凝固出来的固体成分是不一致的，这样就形成了合金元素的偏析。假定凝固的固体不发生扩散，而剩余的液体扩散完全，经常保持均匀，则温度为 T_s 时，固－液界面的固相与液相成分分别为 C_s 及 C_l，$K = C_s/C_l$ 为元素在两项中的分配系数。假定 K 为常数，则一个平均成分为 C_0 的合金，在固－液界面的合金元素的浓度为：

$$C_s = KC_0(1 - f_s)^{k-1} \tag{4-2}$$

式中，f_s 为凝固相的体积分数。

一种元素在一个合金中的 K 值愈大（当 $K < 1$ 时），分配就愈均匀，即偏析愈小，所以 $(1-K)$ 代表元素的偏析程度或发生液析的倾向性。一些元素在铝中的偏析系数列于表 4－3 中。不同元素在钢中的分配系数及液析倾向性列于表 4-4 中。

表 4-3　一些元素在铝中的偏析系数[2]

元　素	Ti	Zr	Ni	Be	Fe	Si	Cu	Cr	Mg	Zn	Mn
$1-K$	7	1.5	0.99	0.98	0.97	0.86	0.83	0.80	0.70	0.56	0.30

金属在正常的凝固过程中，一般以树枝状结晶的形式先生长成骨架，而后液体金属填补于树枝晶之间，从而造成严重的枝晶偏析。树枝状晶可分为初级、次级及三级。初级枝晶轴平行于晶粒生长方向，即沿柱晶方向。枝晶间距愈大，元素的偏析程度愈大，有时高达几十倍。在严重偏析区形成易腐蚀的低熔点区，称为点状偏析。

表 4-4　不同元素在钢中的分配系数和液析倾向性

元　素	C	O	S	Mn	Si	P	Cu	Ni	Cr	Mo	W	Al	V	Ti	Co
分配系数，K	0.13	0.10	0.05	0.84	0.66	0.07	0.56	0.80	0.95	0.70	0.95	0.92	0.90	0.05	0.92
液析倾向性，$1-K$	0.87	0.90	0.95	0.16	0.34	0.93	0.44	0.20	0.05	0.30	0.05	0.08	0.10	0.95	0.08

连续铸锭时，浇铸温度高、速度快，液相穴深，容易形成反偏析。结晶温度范围大的合金，在凝固过程中其液相的相对量较多，容易形成反偏析，在铸锭表面上出现反偏析瘤。反偏析瘤的出现，会影响连续铸锭过程的稳定性。例如锡磷青铜凝固范围大，易于产生反偏析；为了防止反偏析，在立式连续铸锭过程中，应使结晶器自然振动或采取机械振动或在结晶器内镶石墨内套[5]，其作用在于避免凝固壳破裂。自然振动是利用锡磷青铜的线收缩率小（1.45%），铸造时容易产生悬挂的特点，将结晶器置于弹性垫板上。当铸锭下降时，由于凝固壳与结晶器壁之间的摩擦阻力较大，结晶器随铸锭同步下降；当垫板向下弯曲产生的弹力大于摩擦阻力时，结晶器突然上弹跳回原位。在工艺条件一定时，自然振动的振幅和频率

范围随铸锭规格、断面形状以及铸造速度的不同而变化。总的规律是:频率较低、振幅较大时,铸锭表面质量更好。实测结果列于表 4-5。

表 4-5 自然振动时振幅、频率随铸锭规格和铸造速度而变化的情况[5]

铸锭类别	铸锭规格/mm(× mm)	铸造速度/$m \cdot h^{-1}$	振幅/mm	频率/次 · min^{-1}
扁 锭	140 × 640	2.5 ~ 3.5	0.3 ~ 0.5	90 ~ 120
圆 锭	ϕ195	4.8 ~ 5.0	0.3 ~ 1.4	40 ~ 130

机械振动时,振幅 $S = 1 \sim 23$ mm,频率 $f = 10 \sim 150$ 次/min;结晶器下降速度可与铸造速度一致。振动频率 f 可由下式确定:

$$f = K(v_{zh}/S)$$

式中 K——结晶器向下运动的时间与结晶器上下运动一次总时间之比,可取 $K = 2/3 \sim 7/8$;

v_{zh}——铸造速度,mm/min。

4.5 金属凝固过程中的声发射特点

材料或构件因受力产生变形或断裂,以弹性波的形式释放出应变能称为声发射。材料的塑性变形、相变、裂纹扩展、应力腐蚀以及焊接过程产生的裂纹和飞溅等,都有声发射现象。检测到声发射信号,就可以连续监视材料内部变化的整个过程。声发射检测是一种动态无损检测方法。声发射技术的应用已较广泛,可检测到长度小于 0.01 mm 的裂纹扩展。

声发射技术是测定合金相图的有效工具之一,有较高的灵敏度及精度,且无滞后现象。利用凝固过程中的声发射测定了 Al-Zn 合金相图[6],发现合金在开始结晶析出固相时,产生了爆炸式声发射信号;第二个声发射高峰出现在共晶结晶时;共析转变时为第三强信号。同时记录声发射的温度和时间,得到了声发射信号值与温度、时间的关系,便可绘出该合金系相图。

研究 319 铝合金试棒在凝固过程中的声发射与铸造缺陷形成的关系时[7],发现在 0 ~ 20 s 内有初晶形成时,信号为爆发式,信号的连续时间约 1.9 ms,平均峰值电压为 230 mV;在 30 ~ 120 s 内共晶凝固开始,信号为连续或爆发式,持续时间约 1.5 ms,平均峰值电压为 260 mV;形成疏松时,信号为爆发式,持续时间 1.3 ms,峰值电压为 190 mV;出现热裂纹时,信号由连续到爆发式,持续时间由 3.2 ~ 10.8 ms,峰值电压在 480 ~ 940 mV 之间。

从金属凝固过程中的声发射特点来看,液态金属从结晶开始,固态金属即处在应力状态中,即使在平衡状态下也是如此。从 319 铝合金凝固时的声发射特点来看,还可以判断 319 液态铝合金在平衡状态下,初晶在 20 s 以内出现,凝固瞬时约 1.9 ms。在连续铸锭过程中,液态金属的凝固过程处于非平衡状态,初晶的出现时间将是非常短的;凝固壳层始终处于应力状态中。

4.6 连续铸锭的正常晶粒组织

连续铸锭横断面上的晶粒组织,按晶粒大小和形状以及晶粒的方向划分,通常由三个区域组成:周边细等轴晶区(又称激冷晶区)、柱状晶区和中心等轴晶区。这种组织通常又称为宏观组织。但并非所有的连续铸锭晶粒组织都是由上述三个晶区组成的。经细化处理的铝合金连续铸锭中,往往全部为等轴晶,没有柱状晶区。

4.6.1　表面等轴晶区的形成

连续铸锭晶粒组织的激冷晶区紧靠结晶器壁,由无定向的细小等轴晶体组成。当过热的液态金属注入结晶器时,由于水冷结晶器壁的冷却强度很大,靠近结晶器壁的液态金属就会产生过冷现象,晶核也就在此处产生。晶核的数量与成长速度则取决于这一过程所放出的潜热与结晶器壁所能传出的热量之间的平衡。与结晶器壁接触的那一部分液态金属的热量被吸去得愈快,引起的冷却强度愈大,则生成的晶核数量就愈多。当与结晶器壁接触的一层液态金属受到强烈激冷时,产生极大过冷度,并由于结晶器壁形核作用,同时由于结晶潜热放出形成的再炽热现象受到抑制,因而在结晶器壁附近的过冷液体中产生大量的晶核,同时生长成细等轴晶粒。表面细等轴晶在形成过程中,放出的结晶潜热既能由结晶器壁导走,也能向过冷液体中散失。因此,受结晶器壁散热方向的影响较小。晶粒的一次轴有的垂直于结晶器壁,有的则倾斜,晶粒成杂乱方向生长。这是表面细等轴晶区形成的传统理论。

金属凝固进一步研究证明[8],金属凝固时铸锭内部熔体流动因熔体温度和浓度分布不均、凝固收缩不均匀、浇注温度以及电磁搅拌等因素而发生变化。在激冷层形成之前,在模壁上形成颈缩晶体,该晶体脱离模壁因熔体对流而游离。浇注时流柱引起的动量对流,液体内外温差引起的热对流,以及由对流引起的起伏,均可促使模壁上形成的晶粒脱落和游离,增加凝固区内的晶核数量,因而形成了表面细等轴晶区。如果液体金属不产生对流,即使有强烈的激冷,也不一定形成表面细等轴晶区。例如,把 Al-0.1% Ti 合金于 750℃浇入冰水激冷的薄壁不锈钢模中静置冷却时,铸锭外部为柱状晶。这一实验结果表明[1],激冷而无对流时,模壁上会迅速形成稳定的凝壳,晶粒难以脱离模壁,无晶核增殖作用,故不能形成表面细等轴晶区。这个试验的结果说明液体金属的对流对表面细等轴区的形成有着决定性的影响。脱落和游离的晶体因熔体对流作用而进入铸锭中心区。

表面细等轴晶区的宽窄与合金成分、浇注工艺、模温和模壁的散热能力以及模壁的表面状态等因素有关。合金中合金化元素含量较高时,晶粒和枝晶根部容易形成缩颈而游离,表面细等轴晶区变宽。当浇注温度高时,液态金属的显热增多,显热释出使模壁温度迅速升高,形成稳定晶核的数量相应减少,脱离模壁的晶粒少,形成的晶粒易于被重熔而消失,因而表面细等轴晶区窄。模壁的导热能力大,壁温低,使液态金属与模壁接触处的过冷度增大,壁面形成的晶核数量增多,表面细等轴晶区宽;但是,当模壁的冷却能力大到某种程度时,在模壁上容易形成稳定的凝固壳,细表面等轴晶区反而变窄甚至消失[9];而铸模冷却能力过小,则模壁上的晶粒被重熔。因此,模壁的冷却能力过大或过小都不能得到细微的铸造组织。模壁的表面粗糙度越大,等轴晶所占的面积比率越大。在使用多种物质的混合物制成的铸模时,结晶优先在易于成核的物质上成核,因此物质的分布大大影响等轴晶的生成。据研究 Al-4.5% Cu 合金等轴晶在成长中于结晶器壁上生成不均质的核[10],等轴晶内的成长面是(111)面。

上述关于细表面等轴晶区形成的过程,都是基于凝固前沿处在相对静止的条件下而言的。在连续铸锭过程中,铸锭凝固壳因冷却收缩而产生应力,使凝固薄壳出现失稳现象。在收缩应力和液态金属静压力的综合作用下,铸锭凝固壳与结晶器壁之间呈现波动性接触;凝固薄壳频繁振动,会促使凝固前沿的枝晶碎裂,促进表面细等轴晶区的形成。这种作用随着相对接触的总时间增长而增加。

4.6.2　柱状晶区的形成

根据 X 射线衍射法和腐蚀痕迹法对 Al-4.5% Cu 合金等轴晶和树枝状晶的结晶方位进行的研究结果[10]，树枝状晶的优先生长方位和等轴晶同样是 <100> 方向，在等轴晶与树枝状晶之间的过渡区域内未观察到蚀痕。这说明等轴晶与树枝晶有着共同的生长规律。固液相界面原子的堆垛以密排最稳定，因而柱状晶的取向便不是任意的，而是随金属的晶体结构而不同，见表 4-6。

表 4-6　不同晶体结构金属的柱状晶生长方向

晶体结构	体心立方	面心立方	六角密堆	体心正方	三角晶系
金属举例	Al，Fe-4.3% Si，β-黄铜	铅，铜，α-黄铜	镉，锌	β-锡	铋
柱状晶生长方向	[100]	[100]	[1010]	[110]	[111]

在表面细等轴晶区内，生长方向与散热方向平行的晶粒优先长大，而与散热方向不平行的晶粒则被压抑。这种竞争生长的结果，使晶粒的数量趋向铸锭内部减少，优先生长的晶粒最后单向生长并互相接触而形成柱状晶区，如图 4-10 所示。由此可见，柱状晶区是在单向导热及顺序凝固条件下形成的。此时固液界面前沿温度梯度大，凝固区窄，从界面上脱落的枝晶易于被完全熔化。例如，超纯度铝的砂型铸件，在液态金属与型壁的接触面处有一些过冷（1～3℃），但由于迅速发生了再炽热现象，铸件内部就没有什么过冷现象。因此，首先在型壁处生成的结晶可向内生长而不受铸件内新的晶核的干扰，以至整个铸件的晶粒可形成柱状结晶。

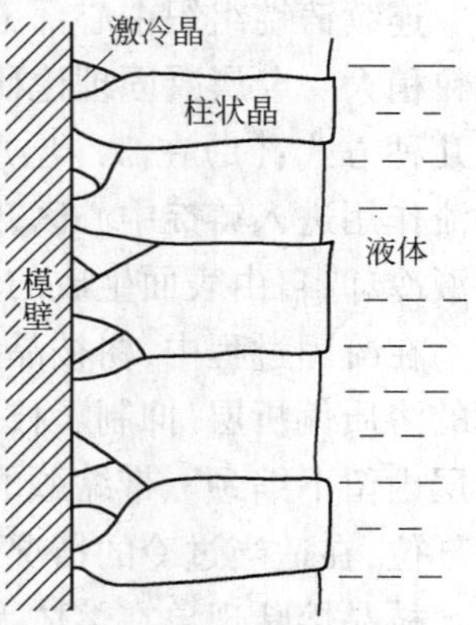

图 4-10　激冷区内晶粒竞争生长形成柱状晶区示意图[1]

一般来说，高温浇铸时，金属的纯度高及温度梯度大都促进柱状晶形成。当铸模的冷却能力大到某种程度时，在铸模壁上形成稳定的凝固壳，不生成等轴晶，而形成柱状晶带。抑制液态金属内的对流，也可以促进柱状晶的形成。实验证明，液态金属凝固时，施以不太强的稳定磁场或沿着一个方向旋转铸模，会显著削弱甚至抑制金属液内部的对流，因而阻止晶体的游离，容易得到柱状晶。凡能阻止晶体脱离模壁和在固－液界面前沿形核的因素，均有利于扩大柱状晶区。测量温度表明，为了得到柱状晶组织，必须缩小与成长晶体棱面毗连的过冷区，同时使紧靠结晶面的熔体温度保持等于或高于液相线温度。大多数研究者认为，柱状晶是在铸锭液体部分消失过热的瞬间停止生长的。

在正常的铸造条件下，柱状晶组织常在结晶区间窄的合金中出现。在所有标准变形铝合金中，均能得到柱状晶组织。在铝合金中的钛含量具有决定性意义：降低钛的含量或长时间置于高温下使其活性除去，会增加所有合金产生柱状晶组织的趋势。铝合金中含有钛，不仅影响柱状晶组织的出现，同时还影响柱状晶横向尺寸。含钛量愈高，柱状晶就愈细。这可能是由于直接在模壁处形成的并促使柱状晶开始生长的晶粒细化的缘故。

在立式连续铸锭时，如果在液相穴上层存在金属过热就会使铸锭边缘出现柱状晶区。改变过热金属向液相穴中导入的方式，可改变临近结晶面各区域的温度分布，从而可在铸锭任意区域内得到柱状晶组织。当边缘部分存在很宽的等轴晶区时,将熔体以集中液流导入铸锭中部,会促使铸锭中心得到柱状晶组织。液流偏斜会导致主要柱状晶区偏移。通过大直径的分配漏斗供给金属液时,会使各单个液流流向铸锭边缘的地方生长柱状晶。将过热金属液流导入铸锭结晶面任意区域,都会在该区域内形成柱状晶组织。

上述关于柱状晶形成的过程,都是基于凝固前沿处在相对静止的条件下而言的。在连续铸锭过程中,当凝固壳与结晶器壁之间形成稳定的气隙之后,凝固壳的振动频率大为减弱,凝固壳的凝固前沿即满足了柱状晶的生长条件。因此,可以认为在连续铸锭过程中柱状晶区是在结晶器内形成稳定的气隙之后形成的。对于高温强度较高的金属,连铸时容易出现穿晶组织,大概就是出于这种原因;当金属的高温强度大时,容易形成稳定的气隙,凝固壳的振动性减弱,促进了柱状晶的形成。

4.6.3　中心等轴晶区的形成

连续铸锭组织中心部分是由等轴形状、无定向的晶粒组成,但它们的尺寸比激冷晶区的晶粒稍大。金属凝固理论研究认为[8],由于凝固条件变化,形成中心等轴晶区的机构有如下几种方式:(1)在激冷层形成之前,在铸模壁上形成颈缩晶体,该晶体脱离模壁借助熔体对流作用进入铸锭中心区,残存而形成等轴晶晶核;(2)树枝状晶根部颈缩而游离;(3)金属熔液冷却,自由表面生成的晶体沉积;(4)铸锭中心过冷熔体均质或非均质形核并长大。

在凝固过程中,树枝晶被熔断的现象已得到实验证明。枝晶长大时,在其周围会形成很薄的溶质偏析层,抑制了枝晶生长;当枝晶一旦穿过该偏析层时,就会迅速生长变粗,而在偏析层内留下缩颈。带缩颈的枝晶,在熔体对流作用下容易被熔断,离析的枝晶游移至铸锭中心部位,在适当过冷的情况下成长为等轴晶。枝晶缩颈的形成过程如图 4-11 所示。

枝晶熔断现象在熔体无对流的情况下也可能发生。由于枝晶缩颈处表面张力大,熔点较低,在固液两相共存温度下保温,枝晶粗化过程中释放的结晶潜热使缩颈处有可能被熔断。此外,因强烈过冷形成的细小枝晶,在结晶潜热的作用下,也会被熔断而形成极为细小的粒状晶。这些因熔断而游离的枝晶,当熔体对流出现时,都容易形成中心等轴晶。

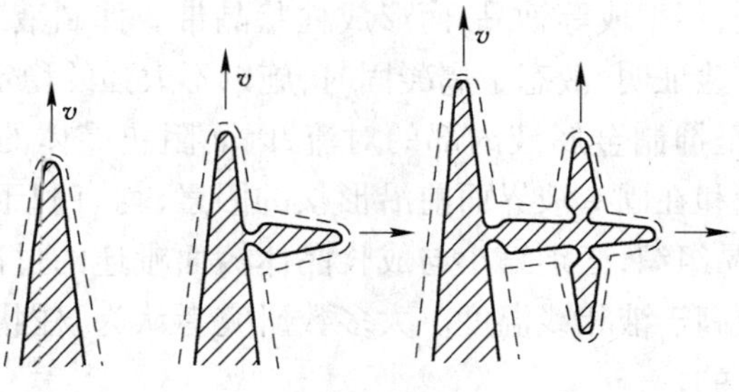

图 4-11　枝晶缩颈的形成示意图[1]
(虚线表示溶质偏析层)

铸锭敞露液面的结晶情况,В. И. Добаткин 等人曾进行过研究[11]。试验结果发现,立式连铸纯铝铸锭时,在停止往液相穴中供给过热熔体以后仅仅数秒钟便在表面形成树枝晶并往下坠落。在这种情况下,铸锭基体部分具有柱状结晶;而在浇口部位,除柱状晶之外,还有等轴晶粒出现。在铸造速度和浇铸温度都很低的情况下,可能在敞露液面上形成单独的晶体。例如,当纯铝铸锭的铸造速度为 4.5m/h、铸造温度为

700℃时,在铸锭基体部分发现有类似于浇口部的树枝晶。用烧嘴补充加热敞露液面时,在铸锭敞露液面形成孤立晶体的数量大为减少。用压缩空气冷却敞露液面时,则增加了铸锭浇口部分树枝晶的数量。当铸造温度在730~800℃时,上部液面不容易产生晶体,在铸锭截面上也很少发现这样的晶体。对LF21和LY12以及LC9等铝合金的研究,都发现类似的现象。自由表面生成的晶体沉积于液相穴中,形成中心等轴晶区。在封闭式连铸过程中,液态金属的自由表面远离结晶器,这样的晶体不容易沉积于液相穴中,铸锭中基本上不存在。

铸锭中心过冷熔体均质或非均质形核并长大形成中心等轴晶区是长期以来的观点。从热力学观点来看,结晶前沿上和液相穴中的过冷度,对促使晶体长大是足够的,但对自发形成晶核则不足。试验研究表明,仅靠成分过冷促使非均质生核也是不能保证形成中心等轴晶区的。根据形成等轴区机构的可能形式,形成中心等轴晶区的主要原因是由于溶质偏析产生过冷,阻碍了晶体迅速形成稳定的凝固壳,并使晶粒或枝晶根部形成缩颈,在对流作用下,根部带缩颈的晶粒或枝晶脱离模壁或凝固壳,游离到铸锭中心起晶核增殖作用所致。在连续铸锭过程中,凝固壳的自身振动促使凝固前沿的枝晶断裂,碎裂的枝晶游离到铸锭中心也会起到晶核增殖的作用。

4.6.4　柱状结晶与等轴晶的过渡条件

根据 В. И. Добаткин 等人的研究[11],用上拉法铸造纯铝(99.99% Al)铸锭时,得到柱状组织,结晶前沿几乎是平滑的。用上拉法铸造的铸锭,实际上大多数合金都具有柱状组织。当高纯铝中加入0.05%~0.10% Ti时,便有可能在铸锭中得到等轴晶组织,结晶前沿的不平度显著增加。据此得出结论,晶核是在铸锭液体部分中产生的。因而 В. И. Добаткин 对柱状结晶过渡为等轴结晶的过程提出如下设想:在成长着的柱状晶面上存在过冷,此过冷的大小与凝固壳中的温度梯度及铸锭的凝固速度成直线关系。由于热传导和对流,过冷带向液体部分深处扩展。过冷带的尺寸既取决于正在成长着的晶体面上的过冷,也取决于金属液体部分的状态。加热液体部分会缩小过冷带,冷却或搅拌熔体则会使其增大。并且把冷却带分为两个区:直接与成长着的晶体相毗连的过冷比较剧烈的窄区(第一区)和过冷较弱的宽区(第二区)。过冷带的第一区是永远存在的,不取决于液相穴中熔体的温度条件。如果用预先加热熔体和不断导入足够数量的过热量熔体的办法,防止液相穴中的熔体冷却到低于液相线温度,那么过冷带的第二区则可能不存在。

结晶前沿上和液相穴中的过冷度,对促使晶体长大是足够的,但对自发形成晶核则不足。合金中若存在能够成为结晶核心的杂质,过冷度最小时,杂质质点就能形成晶核。试验还表明,如果铸锭中心的过冷只限于结晶前沿处的窄区内存在而不扩展到液相穴中相当部分体积时,基于杂质形成等轴晶的情况便不会出现。当熔体的温度低于液相线温度时,杂质质点有足够时间存在于液相穴体积内,并且在接近于结晶前沿时已呈晶核存在,即以该合金的亚微晶体或微晶体存在的时候,等轴晶才能出现。在合金中存在活性杂质时,过冷度大小和过冷带扩展范围也有很大的意义;它们愈大,等轴结晶开始也愈快。这时决定性的因素是过冷带的宽度;增大过冷度始终会减小而不是增加柱状结晶的趋势。柱状结晶随冷却强度的提高即过冷度的增大而得到发展,这是由于同时减少了过冷带宽度的原因。В. И. Добаткин 根据在铝及铝合金中加入活性杂质钛的试验,得出从柱状结晶过渡到等轴结晶的条件是熔体中晶核的存在。

当合金中存在该合金的亚微晶体或微晶体时，过冷度大小和过冷带扩展范围即发挥作用。例如，砂型铸造铝及铝合金时，高纯度铝与型壁的接触面处过冷程度较低（1～3℃），凝固开始时模壁上生成的晶粒较少，由于迅速发生再炽热，铸件内部就没有什么过冷现象，因而首先在型壁处生成的结晶可向内生长而不受铸件内部新晶核的干扰，整个铸件的结晶就形成了柱状结晶。含5%铜或4%镍的铝合金，与型壁接触处的过冷程度较大（2～5℃），由型壁形成的晶核数量虽然多一些，但是形成稳定凝固壳所需的时间较长，晶粒脱离模壁的过程不会很快结束，卷入到铸件中部的晶粒数目较多，同时再炽热现象受到了抑制，过冷带扩展到了铸件的内部，结果造成了很多晶核，因此铸件的各部分都出现了粗大的等轴晶。其试验结果列于表4-7。

表4-7　铝及铝合金砂型铸造时型壁与金属接触处及铸件内部的过冷情况[3]

合金类别	冷却速度/℃·s^{-1}	过冷/℃		晶粒大小
		接触面处	内部	
纯铝	1.8	2.2	无	粗大柱状结晶
Al+5%Cu	1.8	5.6	2.4	主要是粗大的等轴结晶
Al+4%Ni	—	4.3	2.1	

铁模比砂模的冷却能力强，凝固开始时模壁上会迅速生长大量晶核，晶粒相互连接形成稳定凝固壳所需要的时间较短，晶粒脱离模壁的过程较快结束，卷入到铸锭中部的晶体数目较少，使柱状晶较为发达。基于相同的原因，连续铸锭比铁模铸锭易于获得柱状晶。

三木功等人研究了Al-Fe合金凝固时枝晶晶臂距离与冷却速度的关系[12]，得出结论：

$$D \times C^{0.33} = 33.4 \tag{4-3}$$

式中，D为枝晶晶臂距离，μm；C为冷却速度，℃/s。试验结果列于表4-8。

表4-8　枝晶晶臂距离与冷却速度的关系[12]

冷却速度/℃·s^{-1}	42	29	18	13	12	7.6	4.4	0.1	0.01
枝晶晶臂距离/μm	7.8～11.5	12～13.5	27～50	15～18	10～17	14.5～18	19～23	70～80	150～200

根据三木功的研究结果，推测出各种工业铸造方法的冷却速度为：Hunter法的冷却速度为200～700℃/s；压模铸造法为20～80℃/s；直接水冷铸造法为0.5～20℃/s；Properzi法为0.5～13℃/s；金属模铸造法约为0.1℃/s；壳模铸造法约为0.01℃/s。

铃木俊夫通过观察Cu、Cu-10%Ni和Cu-8%Sn合金的过冷凝固组织[13]，研究了过冷溶液中树枝晶的生长形态，树枝晶形状和晶粒度的关系以及在不同冷却条件下枝晶长大的情况。研究结果得出：在中小程度的过冷液中，一般生成一个由二次或三次枝晶组成的圆锥形树枝晶体，而在高过冷度下由圆锥形改变为在生核点各向同性长大的长条形枝晶体；在小过冷度下生长的细晶粒是由于上述枝晶重熔断裂所致，而在中等过冷条件下形成完整的树枝晶。在高过冷度看到的Cu-10%Ni细晶是由各向同性长大的长条形枝晶组成。过冷凝固时再生过冷后在晶界附近结晶第3、第4枝晶粗化树枝晶体，和单向凝固时一样，枝晶间距大致与该部分凝固时间的1/3乘方成正比。

B. B. Телешов 等人强调了金属液运动对铸锭组织形成的作用[14]，如果说枝晶网格粗细是由结晶速度或冷却强度确定的，那么晶粒大小则由晶核的数量确定。运动的金属液中晶核数量大为增加，使铸锭的液相穴形状变为平缓，使晶粒细化，枝网变细密。

上述关于从柱状晶向等轴晶过渡的条件，都是基于凝固前沿处在相对静止的条件下而言的。在连续铸锭过程中，当凝固壳与结晶器壁之间形成稳定的气隙时，凝固壳层的温度会很快回升，使凝固前沿上的晶粒被熔化，小于临界尺寸的晶核消融，甚至细小的晶粒也会产生尖灭现象。钢水与凝固坯壳的传热试验表明，约有1/4的过热度在结晶器内消除，其余的过热在铸锭出结晶器后散出。在全部过热度中约有一半是消耗于溶解已形成的晶核。因此，可以认为形成稳定气隙时，从凝固壳层的温度开始回升至回落的时限内，是周边细等轴晶区向柱状晶区过渡的阶段，为柱状晶区的形成创造了充分的条件。控制这段时限，有利于控制柱状晶的大小。在静态的模铸过程中，也会存在类似的情况。

从以上所述可知，影响铸锭晶粒组织的因素是多方面的。在连铸生产中，应根据不同的条件采取相应的有效措施。热顶铸造和敞露液面的立式连铸(DC)法相比，有良好的铸锭表面状态，而且粗晶层较薄。这大概是因为在热顶铸造过程中液态金属静压力大于敞露液面的立式连铸(DC)时，凝固壳与结晶器壁之间的波动性接触产生的凝固壳振动，比敞露液面的立式连铸时的作用大，相对接触时间长。在水平连铸过程中，也是基于同样的原因，铸锭周边细等轴晶区的厚度，往往铸锭的下部大于其上部；在倾斜式连铸过程中，这种现象表现得更为明显。

4.7 立式连续铸锭凝固过程的研究

连续铸锭凝固过程的研究，可以采用以下的方法：数学模拟计算方法，水热模拟法、向连续铸锭的液相穴中浇注放射性同位素或硫化亚铁(连铸钢锭时)的试验方法。为了显示液相穴深度，还有在立式连铸的液相穴中浇入熔化铅的试验方法及直接观察的试验方法。

用试验方法研究连续铸锭的凝固过程，直观性强。B. И. Добаткин 等人用放射同位素Ca45研究连续浇注铝锭时的凝固过程[15]。在试验过程中，用直径为280 mm的工业纯铝锭，结晶器高度为180 mm，铸造速度为6 m/h，往液相穴内加入总含量约1.85×10^6 Bq同位素钙的熔融合金，同时加入少量650～700℃的熔融铅。从冷却后的铸锭上切取纵向和横向试片，感光45天，得到清晰的液相穴轮廓，如图4-12所示。

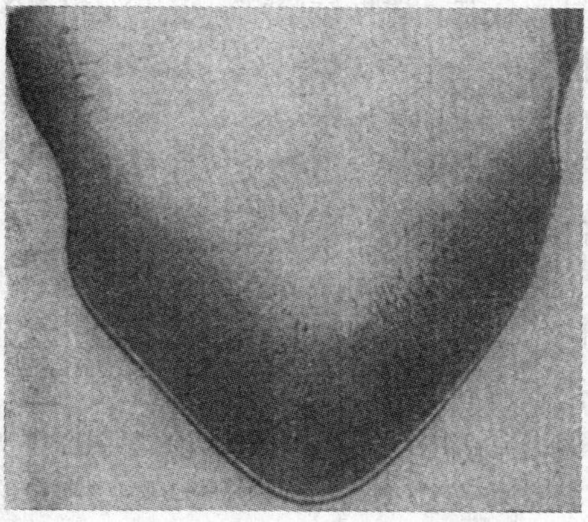

图4-12 工业纯铝锭的液相穴轮廓[15]

从图 4-12 中可以看出,凝固壳周壁的中部比较薄,表明在此部位散热条件恶化,凝固壳因加热而出现重熔现象。在液相穴上部,凝固壳的凸部和凹部分布不均匀,而且交替变换,这表明凝固壳在结晶器内周期性运动的特点。在研究硬铝锭时,没有发现凝固壳周壁变薄的现象。如第 3 章中所述,在结晶器内散热条件恶化,主要是凝固壳因激冷收缩使凝固壳与结晶器壁之间产生空隙所致。

G. Fratina 等人用试验方法测定了连续铸锭凝固时的温度分布状况[16]。试验采用 Al-Mg-Si 系的 6063 铝合金,铸锭直径为 180 mm,结晶器高度为 80 mm,浇注温度为 730℃,铸造速度为 100 mm/min,冷却水流量为 200 L/h,结晶器内金属液面高度为 40 mm 和 50 mm。测量铸锭和结晶器壁温度的热电偶安装位置如图 3-17 所示。与铸锭接触的热电偶(M 系统)沿铸锭半径方向分布,并且沿垂直方向可以上下移动,以便连续地测量金属液相穴的温度变化。与结晶器壁接触的热电偶(L 系统)安装在一定的位置,随着结晶器中金属液面高度的不同,金属温度相应地发生变化,因为它与金属的相对位置有关。每次试验的工作内容包括:(1)控制静置炉的温度;(2)测量冷却水的温度;(3)控制冷却水的流量;(4)控制铸造速度(无级调速);(5)测量结晶器内金属液面的高度;(6)从铸造开始到铸造结束,连续测量结晶器的温度;(7)用刻度杆探测稳定状态下金属液相穴的深度;(8)从结晶器内金属液面开始,按间隔深度为 5 mm 测量液相穴的温度变化(M 系统热电偶);(9)周期性地测量入口处金属液的温度;(10)铸造完了,测量润滑油燃烧后残留下来痕迹,这些痕迹反映了铸锭离开结晶器之前,铸锭表面与结晶器壁的接触区域。

用这种方法记录了 20 次铸造试验的数据,其中结晶器内金属液高度为 40 mm 者 5 次。每种铸造方法最后的两次测试中,把三支热电偶插入到液相穴内,这三支热电偶分别位于结晶器中心、距离结晶器壁 15 mm 和 4 mm 处。最后在一个铸次的试验中,用 Al-33% Cu 共晶合金测定了液相穴的形状。用这种方法测出的液相穴形状,可根据随后的低倍检验与温度的测量数值加以比较。

G. Fratina 等人的试验表明,结晶器内金属液面的高(50 mm)和低(40 mm)的等温线等特征有所不同,而且,在高液面的情况下,结晶器壁的温度分布也有所不同。有正常表面的铸锭和“热”表面的铸锭,铸锭与结晶器壁之间的实际接触区如图 3-18 所示。下面分别介绍铸锭液相穴形状、铸锭和结晶器壁的温度分布情况。

(1) 液相穴的形状和温度分布。根据试验结果得出液相穴的形状和液相、两相区、开始凝固部分固相的等温线特性。图 4-13 示出结晶器内高液面水平(50 mm)的情况。图 4-14 示出结晶器内低液面水平(40 mm)的情况。

在该试验条件下,655℃的等温线相当于凝固的起点,630℃的等温线相当于凝固的终点。从理论上讲,6063 铝合金应在 575℃凝固终了,如虚线表示的等温线;实际上在 630℃时固相已超过 90%,凝固已基本完成,因此 630℃的等温线相当于凝固终了点。用 655℃等温线标出的液相穴形状和用 Al-33% Cu 共晶合金测出的液相穴形状完全相符,并与铸锭组织相应的宏观取向完全相符。

铸锭的中心部位,即液流分配盘的下方,处于十分稳定的热状态,因而引起等温线加宽,出现了宽阔的凝固带。由于板状分配器的作用,距结晶器壁大约 60 mm 的等温线非常均匀,几乎是等距离的。距结晶器壁大约 40 mm 时,等温线突然上升并变直。这是直接喷水的二次冷却作用造成的。靠近结晶器壁,等温线呈 S 形,这正是金属与结晶器热交换的结果。最先与结晶器壁接触的部分,等温线是离开结晶器壁的,然后再折回结晶器壁,这是因为凝固壳因激冷而收缩脱离结晶器壁后,热交换作用变得微弱的缘故。最后,冷却水直接喷射到铸锭表面上,铸锭受到逆流导热的影响,因而等温线又离开结晶器壁。

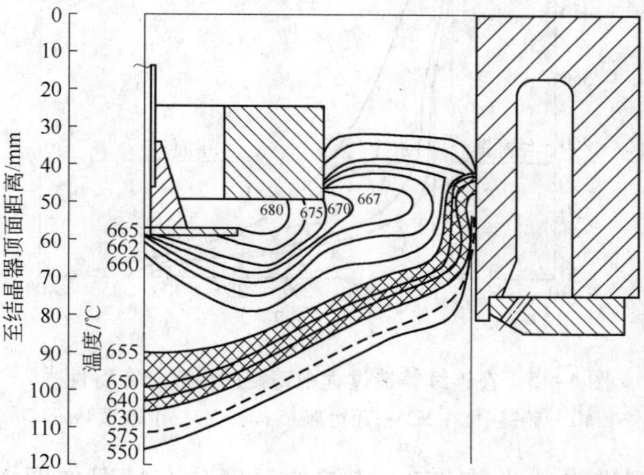

图 4-13 高水平(50 mm)铸造时液体等温线的特性及液相穴的形状[16]

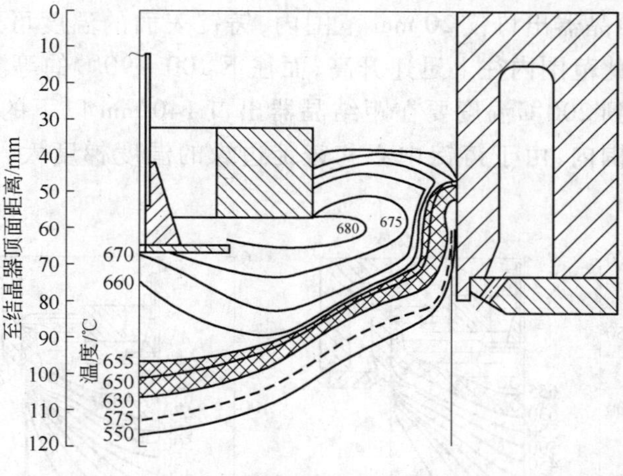

图 4-14 低水平(40 mm)铸造时液体等温线的特性及液相穴的形状[16]

从图 4-13 和图 4-14 中可以看出,结晶器内金属液面高低时的差别在于:低水平时,等温线扁平;低水平时液相穴深度较浅,其形状扁平;低水平时凝固区间窄小均匀;低水平时结晶器出口处凝固壳厚度较薄,为 15 mm,高水平时为 30 mm。这些区别表明,低水平铸造的铸锭质量较高,组织均匀,枝晶细小。但是,由于在结晶器出口处的凝固壳减薄,铸造时容易发生破漏现象。

(2) 铸锭的温度分布。根据铸入铸锭中的热电偶测得的温度特性如图 4-15 所示。三支热电偶 M1、M25 和 M3 的位置位分别位于铸锭的中心和距结晶器壁 15 mm 及 4 mm。

图 4-15 中的热电偶 M3 清楚地反映出结晶器的热交换作用和喷水二次冷却向下及逆流导热作用。直接受到喷水的铸锭表面,冷却速度进一步增加。热电偶 M25 所反映的情况有类似特性,由于它距边部 15 mm,结晶器的特殊的热交换规律对 M25 稍有影响。铸锭中心的热电偶 M1 仍然反映出铸锭下降进入水井前 10 mm 以上的冷却规律基本没有变化;进水井之后由于冷却增加而受到影响。

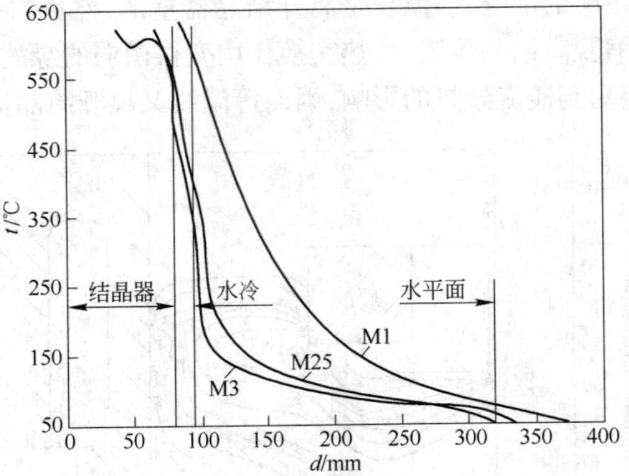

图 4-15　在连续铸造过程中铸锭的温度分布特性[16]

M1—铸锭中心；M25—距边部 15 mm；M3—距边部 4 mm

从结晶器出口到进水井之前，实心铸锭的温度分布情况如图 4-16 所示。这些等温线也是根据铸入铸锭中的 M1、M25 和 M3 三支热电偶实测温度绘制的。从图 4-16 中可以看出，在距结晶器出口仅 20 mm 范围内，铸锭表面的温度可达 200℃。200℃以上的等温线聚集于此范围内往上迅速升高；而往下 200～90℃的等温线，则大致是等距离的。铸锭中心达到 200℃温度要在距结晶器出口 140 mm 以下的地方。在铸锭出结晶器后的15 mm 范围内，由于铸锭中心和铸锭边缘的温度梯度大，铸锭容易产生相当大的热应力。

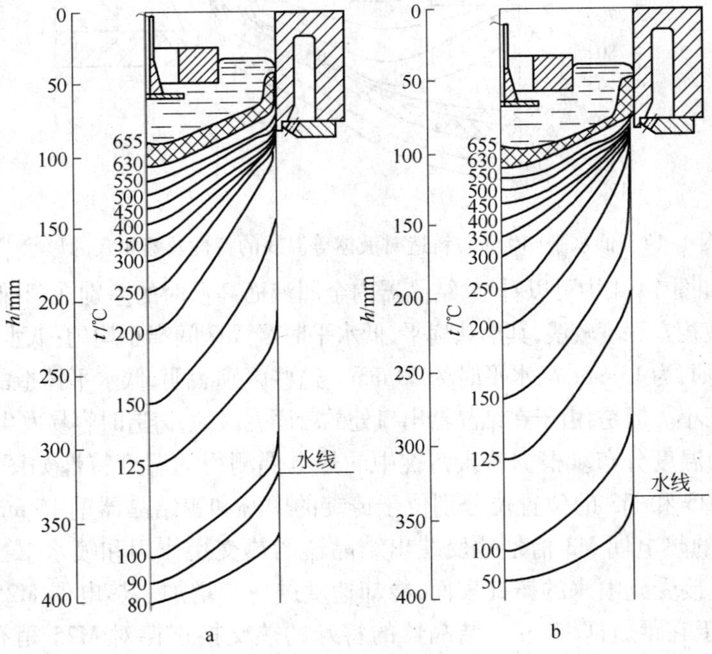

图 4-16　从结晶器至入水井前实心锭等温线特性[16]

a—结晶器内高金属液水平（50 mm）；b—低金属液水平（40 mm）

因此，不难理解，在铸造高强度铝合金锭时，为避免内应力造成的裂纹，必须配备二次冷却系统；水缝及其位置配合适宜的两排水孔，改善了危险区等温线的特征，因而弥补了上述温度分布的缺陷。

铸锭等温线的形状与结晶器中金属液水平的高低关系似乎不大。事实上，第一个等温带（550～350℃）的差别不大，只不过低水平的等温线更扁平而已。在更低温度下的等温线其分布特性基本上相同。

值得注意的是，从图 4－15 中可以明显地看出，在距离结晶器顶面 50 mm 处 M1 温度曲线有显著的温度回升现象。在凝固壳表面处，温度回升值必将更大些。此处相当于凝固壳脱离与结晶器壁实际接触区的位置。

（3）结晶器的温度分布。在冷却水的流量和温度恒定的情况下，结晶器的温度分布，不仅取决于结晶器内的金属液水平的高低及凝固壳与结晶器壁之间接触区的高低，而且也与铸锭的表面质量有关。实际上，铸锭成型时的表面质量和结晶器壁接触的温度有很大的关系。具有正常而光滑表面的铸锭，结晶器壁的温度相对较低。受到严重的共晶偏析影响而具有“热”表面的铸锭，表明结晶器壁处于较高的温度状态。

试验中四支热电偶位于结晶器壁内至结晶器顶面的距离分别为 5 mm（L1）、40 mm（L2）、60 mm（L3）和 78 mm（L4）。L 系统四支热电偶测量的温度在极小的范围内波动。结晶器壁温度的波动受如下因素影响：结晶器内金属液水平的变化、结晶器壁的润滑状况、金属液温度的微小变化等等。当结晶器内金属液水平保持相同时，结晶器壁温度的波动仅限于预先估计的范围内。因此，可以确定与铸锭表面质量有关的特征值。

高金属液水平试验时结晶器壁温度分布的典型例子如图 3-2 所示。左图是铸锭具有正常表面时结晶器壁的温度波动情况；右图是铸锭具有“热”表面时结晶器的温度波动情况。

从图 3-2 中可以看出，结晶器内金属液水平 50 mm 时结晶器壁温度分布情况，在 40 mm 处最高，在 60 mm 处次之，5 mm 和 78 mm 处的温度几乎相等。结晶器内金属液水平 40 mm 时，结晶器壁温度的分布有明显的不同，在 60 mm 处温度最高，在 40 mm 处次之。

结晶器有效的热交换区，上至凝固壳与结晶器壁的接触点，下至凝固壳与结晶器壁的分离点，这一区域称为“结晶器的实际接触区”。铸锭表面的质量与这个区域有关，它是直接水冷铸造工艺中最重要的控制因素。

经试验测得结晶器内金属液的弯月面约为 9 mm；凝固壳与结晶器壁之间的实际接触区，金属液面 50 mm 时大约 9 mm，金属液面 40 mm 时大约为 8 mm；当出现“热”表面时，实际接触区从 9 mm 伸长到 18 mm，增加 100%。在其他铸造条件相同时，结晶器壁的温度分布完全取决于实际接触区的大小和相对位置。高水平和低水平铸造时的平均实际接触区和相应的结晶器壁的温度如图 3-18 所示。

连续铸锭凝固过程的实物试验研究，对于液相穴较短的连续铸锭过程比较容易实现。对于铸造速度很快的连续铸锭过程，如连续铸钢，由于液相穴很长，运用实物试验方法进行连铸凝固过程的研究是很麻烦的，运用水热模拟的方法则简便得多。А. А. Скворцов 等人运用水热模拟法并结合试验法对立式连续铸钢凝固过程进行过系统的研究[17]。水热模拟法只能在专门的试验室内进行，不如实物试验时直观，今已不多使用。

4.8　同水平铸造的凝固过程

同水平铸造是热顶铸造的集合体。

4.8.1　热顶铸造的凝固过程

目前,热顶铸造仅应用于铝及铝合金生产中。热顶铸造的凝固过程基本上与4.7节中所述试验研究相同;由于绝热储液槽的作用,其凝固过程又有差异,如图4-17所示。

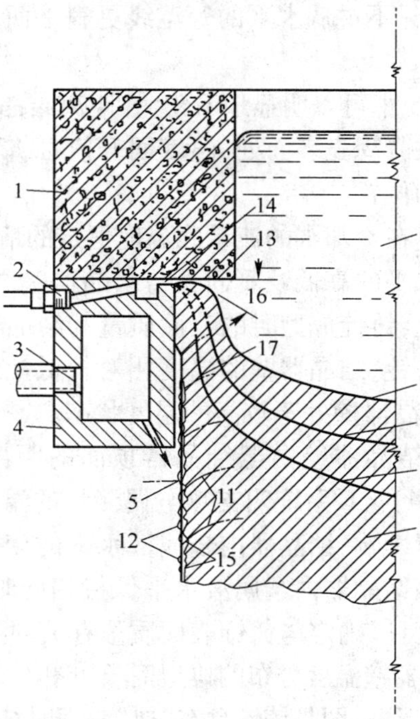

图4-17　热顶铸造凝固示意图[18]

1—储液槽(热顶);2—进油口;3—进水口;4—结晶器;5—水湿线;6—金属液;7—凝固前沿;8—亚稳定态凝固前沿;9—非稳定态凝固前沿;10—铸锭;11—冷隔等缺陷;12—偏析瘤;13—热顶突沿;14—油沟;15—油隔等缺陷;16—凝固壳的生长角度;17—凝固薄壳

当铸造速度较低时,固液相界面(在浇注合金时通常表示约90%金属已凝固的曲线)如图4-17中的7所示。在这种条件下,由于结晶器的散热系数比较高和铸造速度比较低,使凝固外壳的生长角16增大至约90°;此时,由于结晶器壁与储液槽交角处的金属液弯月面受到较强的冷却,表面张力增加,甚至在接近结晶器壁的弯月面发生渐进凝固,以致扩展到储液槽的突沿部13。随着铸锭下降,弯月面上部的空间扩大,接着到达突沿部的边缘。铸锭进一步下降,铸锭凝固前沿7与储液槽突沿部13之间产生桥式结合,从而使铸锭表面产生较深的冷隔缺陷。当铸造速度增加时,凝固前沿移至亚稳定状态位置8;这时铸锭表面的冷隔较浅,但产生熔析12的可能性增大。

对于许多大尺寸的铸锭,当铸造速度高于形成凝固前沿7的时候,会出现裂纹或收缩孔。此时,借助提高润滑油流速的方法来减小冷隔,又往往导致较深的油隔、皱纹或坑凹15。采用油气混合物润滑结晶器时,润滑油量较少,铸锭表面质量得到提高,这就是Airslip技术(油气润滑结晶器壁)的作用。

如果铸锭内部质量完好,可将铸造速度提高到凝固前沿达到9的位置。这时可能有严重的熔析缺陷12,因为初生凝固外壳17往往处于高于固相线的温度之下并且是多孔性的,足以使液体流出。通常,由于铝及铝合金的传热系数和热扩散率都比较高,仅依靠结晶器本身的散热,即使结晶器的传热系数达到最大值,也不足以冷却和形成防止熔析缺陷的足够厚度的初生凝固外壳。

在热顶铸造中,二次冷却产生的逆流导热距离(*UCD*)至关重要。当 *UCD* 延伸到绝热储槽底边时,结晶器单独冷却距离(*MAL*)为零,结晶器有效传热系数为零;当 *UCD* 距离储液槽与结晶器的接触线大约为 12.7 ~25.4 mm 时,结晶器的有效传热系数最大。用铝制作结晶器时,若保持结晶器壁温度比入口冷却水温度高 38 ~149℃,一般能满足这一条件,结晶器壁的温度波动在 25℉$\left(1℉=\frac{5}{9}(F-32)℃\right)$左右。在这个范围内对铸锭质量无不良影响。在设备条件确定之后,*UCD* 值主要通过铸造速度来控制。结晶器的有效传热系数与铸造速度的关系如图 4-18 所示。

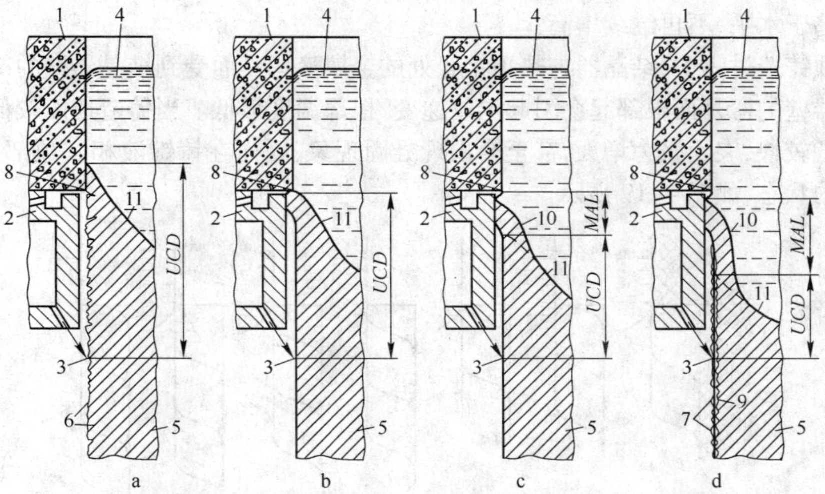

图 4-18　热顶铸造中铸造速度(由 a ~ d,速度递增)和逆流导热距离对铸锭质量的影响[18]
1—热顶;2—结晶器;3—水湿线;4—金属液;5—铸锭;6—冷隔;7—偏析瘤;
8—热顶突沿;9—油隔;10—凝固壳;11—凝固前沿

当铸造速度太慢时,如图 4-18a 所示,使 *UCD* 造成的凝固前沿 11 已进入储液槽突沿部 8 以上。在这种状况下,铸锭表面上会引起拉裂、波纹和冷隔 6。这时结晶器温度与入口冷却水温度之差在 38℃(100 ℉)以下,即没有满足结晶器壁温度比入口水温度高 38 ~149℃(100 ~300 ℉)的适宜条件。

随着铸造速度提高,当凝固前沿 11 正好终止于结晶器 2 与储液槽 1 的结合处,如图 4-18b 所示。此时,结晶器的冷却距离(*MAL*)等于零,*UCD* 达到产生良好铸锭表面的最大值,结晶器壁温度比入口冷却水温度高 38 ~65.6℃,满足了适宜条件。

随着铸造速度继续提高,二次冷却形成的凝固前沿 11 向下移动;结晶器发挥冷却作用,一次冷却形成的凝固前沿处于结晶器与储液槽的结合位置,如图 4-18c 所示。当 *UCD* 达到良好铸锭表面质量的最小值时,结晶器的冷却长度(*MAL*)不超过 25.4 mm,最好不超过 12.7 mm;结晶器的温度达到最高值,比入口冷却水温度高将近 149℃。使 *UCD* 值等于或位于图 4-18b ~ c 之间的任意铸造速度,均将生产出表面缺陷非常浅的铸锭。例如,在铸造纯铝时,表面缺陷深度最大为 3.175 mm,典型的小于 1.5875 mm。而敞露液面的立式连铸

(DC)工艺生产的铸锭,表面缺陷深度常常达到12.7 mm乃至更深。为了使冷隔深度不超过3.175～1.5875 mm,还必须保持结晶器壁温度波动在25 ℉左右;此温度波动高于25 ℉将有冷隔形成。调整铸造速度不仅可使结晶器壁温度保持高于入口冷却水温度在38～149℃范围内,而且当被铸金属在25.4 mm长度上的温度变化周期率约为0.5～10个周期时,可使每个周期里结晶器壁温度波动保持在25 ℉左右。冷隔的深度还与储液槽的突沿尺寸有关,应控制在0～3.175 mm以内,越短越好。

当铸造速度进一步提高时,二次冷却形成的凝固前沿趋近于水湿线3,如图4-18d所示。这时由结晶器壁冷却收缩形成的很薄的初生外壳10在达到凝固前沿11以前将经过一段低冷却区。在这种情况下,薄壳10处于高于合金固相线温度之下而且是多孔性的,因而导致熔析或偏析浮出物7的产生。薄壳10还容易因润滑剂的积蓄而引起变形,机械地造成油隔或波纹9。结晶器的温度与入口冷却水温度之差值达到最大值149℃之后,随铸造速度的提高而趋于水平,不再继续增高。

在热顶铸造过程中,结晶器与热顶结合处的金属液弯月面受到结晶器壁的冷却作用,从接触结晶器壁的弯月面根部起会引起温度递变,根部温度最低。当铸造速度较低时,弯月面的温度降低较快,表面张力增大,甚至会出现凝固现象,因而在铸锭液相穴顶部易于出现不连续凝固的状态,如图4-19所示。

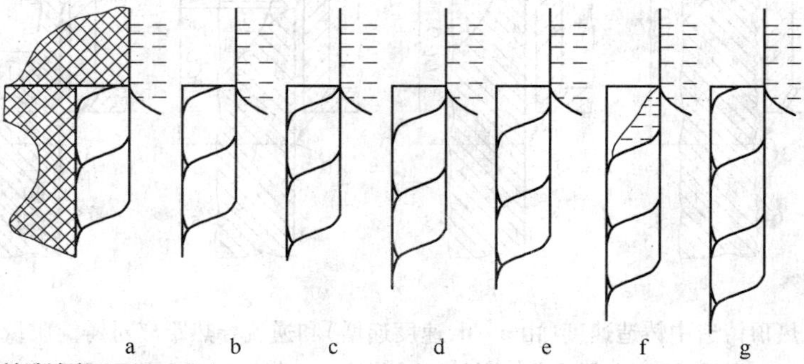

铸造速度:101.6mm/min
铸造温度:700℃
周期时间(a～g):1.5s

图4-19　ϕ229 mm 6063铝合金锭铸造中不连续凝固模型[18]

图4-19示出了直径229 mm的6063铝合金圆锭的热顶铸造过程。热顶底面至结晶器内壁的突沿为1.5875 mm。在结晶器内壁与热顶底面结合处,液态金属形成弯月面,如图4-19a所示。随着铸锭下降,弯月面与结晶器壁接触处的根部伴随下降,当弯月面的表面张力较大而足以抵抗液态金属的静压力时,弯月面上部的空隙扩大,弯月面与热顶底面的接触向铸锭中心移动,如图4-19b所示。铸锭继续下降,弯月面与热顶底面的接触达到突沿的边缘,如图4-19c所示。铸锭进一步下降,弯月面上部与热顶突沿的边缘继续保持桥式结合,如图4-19d、e所示。伴随着弯月面上部空隙扩大,弯月面的有效散热系数减小,因而桥式结合的温度上升,表面张力下降不足以抵抗液态金属的静压力,接着桥式结合部破裂,液态金属流入弯月面上部空隙处,如图4-19f所示;至此回复到弯月面变化的开始阶段,过程反复进行,如图4-19g所示。图4-19a～g周期的时间为1.5 s,每个阶段为0.25 s。为了铸锭表面不形成冷隔,应使每个周期内结晶器壁温度波动保持在25 ℉左右,因此铸锭25.4 mm长度上的温度变化周期约反复10次。

在图4-19d、e阶段所存在的桥式结合部，因其内侧部分的凝固速度慢，所以溶质元素向内侧邻接熔体中的扩散量增多，此时，固相中的溶质元素含量降低。铸锭的外周低倍组织如图4-20和图4-21所示，从其组织中可以看出有明亮的带状区，即为低溶质凝固区。图4-21的明亮带上方箭头所指部分向外侧弯曲，显然是受内部熔体的向外静压力所致。当此带破裂时，则内侧高溶质的熔体便向外周部流去，在此处凝固，便出现了与明亮带相邻接的黑色带。据检查结果，以铸造速度76 mm/min生产的ϕ229 mm 6063铝合金锭，在高冷却条件下，在这一部分合金元素的浓度分布状况如图4-22所示。Fe、Si和Mg的分布曲线都在弯月面的横切面位置出现了急剧的峰值。这一事实，证实了上述的熔融金属流动机理。

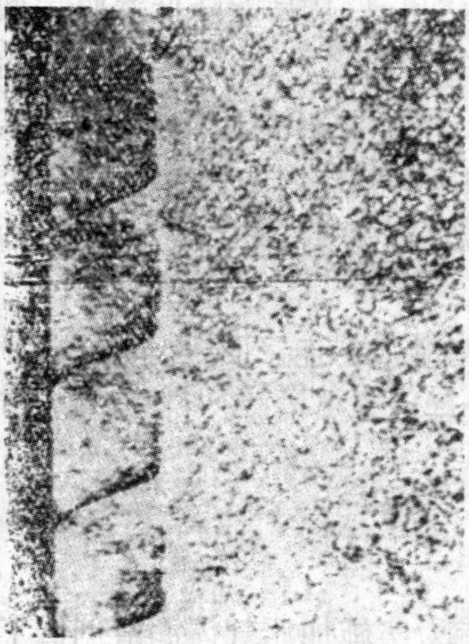

图4-20　ϕ229 mm 6063铝合金锭外周部的低倍组织纵断面(10×)[18]

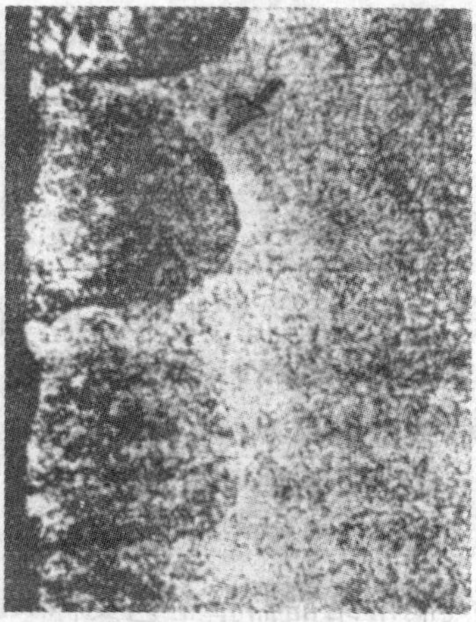

图4-21　ϕ305 mm Al-4.25%Zn-2.25%Mg合金锭外周部低倍组织纵断面(10×)[18]

图4-20和图4-21所示的铸锭外周附近的组织特点，综合示意于图4-23中。图4-23中a为共晶成分的表面层；b为向铸锭内部伸展很小一段距离的曲面，属共晶浓化区；c为平行于铸锭平面的狭窄带，此处的合金元素浓度在正常成分以下；d为共晶含量正常区。

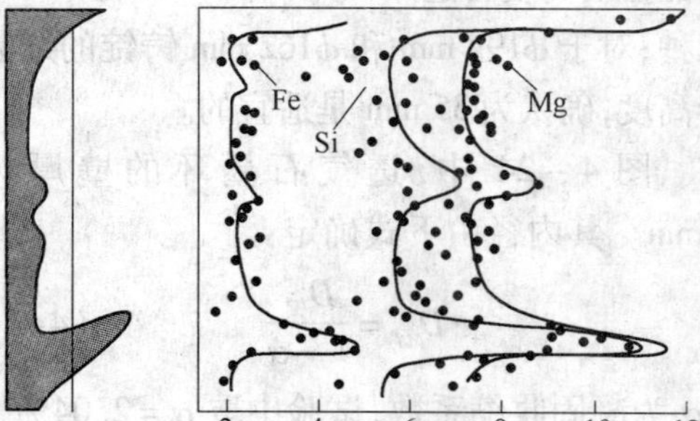

图4-22　ϕ229 mm 6063(LD31)铝合金锭距表面0.76 mm内的组织变化[18]

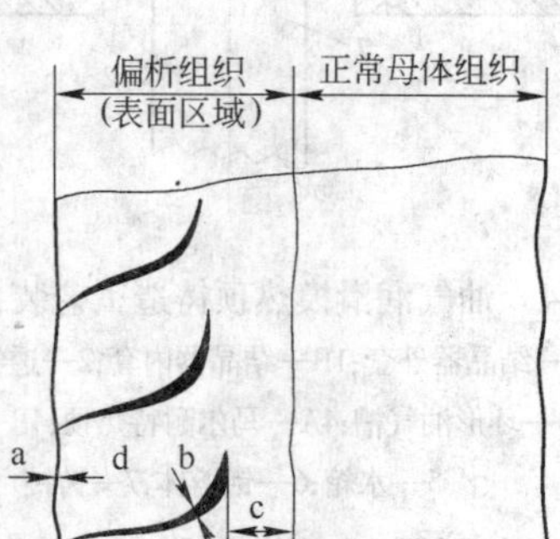

图4-23　铸锭表面下的组织图解[18]

a,b—共晶含量高；c—共晶含量低；

d—共晶含量正常

铸锭外周偏析组织特点为:第一,偏析区的深度与绝热储液槽内侧突沿距离成正比;第二,弯月面与储液槽底面的结合桥的长度,取决于铸造速度;第三,偏析程度与此处的热平衡有关系。

根据这种偏析组织的特点,可以采取相应的措施减少偏析现象。从减少周边偏析程度考虑,储液槽底面的突沿越短越好。在减少偏析的措施中,最易变更的因素是调整铸锭初生外壳的冷却速度。扩大结晶器壁与铸锭凝固壳之间的气隙会明显减少凝固壳的有效散热系数。缩短结晶器的高度,合理利用逆流导热距离的作用,合理选择结晶器壁材料,都可以减少偏析。

合金成分对外周偏析有较大的影响。从第 1 章中已经知道,凡是能降低溶媒表面张力的溶质将更多地存在于液体的表面。如铜和硅会降低铝的表面张力,镁对铝液的表面张力并无显著影响。上述 6063 铝合金中含有较多的硅和镁,硅等降低铝液表面张力的元素偏集弯月面上是很自然的现象。因此,预防热顶铸造过程中的冷隔和外周偏析现象,最主要的措施是减弱弯月面的有效传热系数,使弯月面保持适宜的温度。采用油气润滑模热顶铸造工艺实为有效措施。

以上所述是基于整个热顶采用绝热材料制作并直接与结晶器连接而言。如果热顶底面采用热导率较高的材料制作,在热顶与结晶器之间采取合理的绝热措施,对控制弯月面区的温度和桥式结合以及铸锭表面的冷隔等都是有益的。

4.8.2 油气润滑模热顶铸造

油气润滑结晶器壁工艺又称 Airslip 技术。热顶铸造为实施加压气体润滑创造了有利条件。我国东北轻合金加工厂的油气润滑模热顶铸造工艺试验装备如图 4-24 所示[19]。

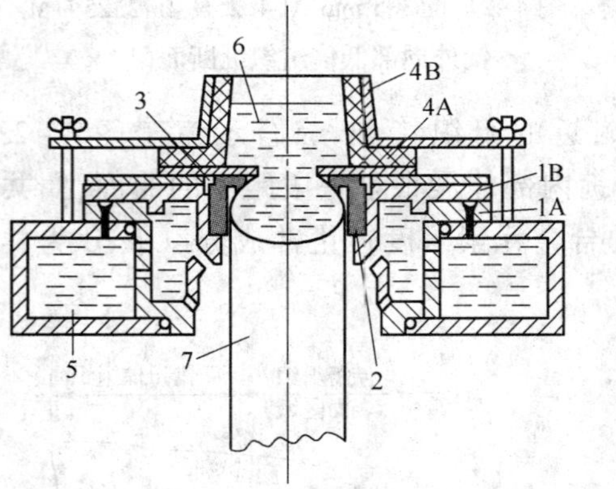

图 4-24 油气润滑模热顶铸造工艺装备示意图[19]
1A—结晶器外套;1B—结晶器内套;2—透气石墨环;3—环形油气槽;4A—马尔耐特热顶;4B—铁壳;5—水箱;6—铝熔体;7—铸锭

图 4-24 中,结晶器由外套和内套组成。结晶器下端设有两排冷却水,其喷水线与铸锭轴线的夹角为:第一排 25°,第二排 30°。两排水在铸锭表面上的润湿点间距为 30 mm。结晶器的高度曾选用 30 mm、35 mm 和 40 mm 三种;对于 ϕ192 mm 和 ϕ162 mm 铸锭的结晶器高度,确认为 35 mm 是适宜的。

图 4-24 中,透气石墨环的壁厚为 4 mm。其内径由下式确定:

$$D_{石} = \frac{D_{锭}}{1 - \alpha} \tag{4-4}$$

式中,$D_{石}$为石墨环内径,mm;$D_{锭}$为铸锭直径,mm;α 为凝固收缩系数,试验中取 $\alpha = 2.04\%$。

试验研究证明,石墨环的高度取 25 mm 是合适的。石墨环上缘直径比定径区直径小 10 mm,设有曲率半径为 1.5 ~ 2 mm 的润滑过渡区,其目的是使该区形成气环,以防止产生黏铝、光晶环及拉裂缺陷,也有助于铸锭的润滑。试验用三种石墨材料的性能列于表 4-9。

表 4-9 石墨材料性能[19]

材料代号	透气率/%	黏结剂类型	断口特征	石墨化程度
1号	33	黏土质	孔径小	六方晶体和立方晶体混合
2号	27	黏土质	孔径小	六方晶体和立方晶体混合
3号		有机质	孔径小	六方晶体多,立方晶体少

试验表明,3 号石墨的油气渗透性良好,不到 10 min 可在全环上透油气。1 号和 2 号石墨全环上透油气的时间在 40 min 以上;这是因为这两种石墨的黏结剂是黏土质,这是降低自润滑性能的重要因素。3 号石墨的石墨化程度高,六方晶体多,有利于提高自润滑性能。因此,3 号石墨是适用的。

图 4-24 中,环形油气槽的位置是关键性问题。在研究试验中选择了两种位置:一是油气槽上缘距结晶器上缘 3 mm,另一种是距结晶器上缘 11 mm,油槽的内腔尺寸为 4 mm × 4 mm。试验结果表明,油气槽上缘距结晶器上缘 11 mm 时,铸造过程中该处的凝固壳极薄,容易产生拉裂和泄漏的缺陷。环形油气槽上移时,在结晶器上缘与热顶帽交界处凝固壳较厚,铸造时形成弯月面,在正常铸造条件下,该处冷却强度较低;当有油气供给以后,增大了冷却强度,又易导致冷隔的形成,这时必须提高铸造速度。这表明环形油气槽的位置对铸锭冷却有一定影响;因为石墨的导热性能比金属铝约低 50%,在结晶器内壁嵌有石墨环,降低了铸锭周边的一次冷却强度;环形油气槽上缘距结晶器上缘大时,该处的冷却强度进一步降低。根据试验结果,选择了油槽上缘距结晶器上缘 3 mm 的位置。在铸造过程中,环形油气槽的油气是由结晶器润滑装置供给的,并通过透气石墨来润滑铸锭。实施加压气体润滑时,气体从热顶与结晶器交界处的微缝中导入,其效果会更好一些。

图 4-24 中,热顶帽由两部分组成,4A 部分是用马尔耐特加工而成,置于结晶器石墨环上端;4B 是铁质外壳内衬以硅酸铝纤维帽套,并将 4A 固定。铸造时,液态金属从热顶帽侧部导入,有利于实现多模同水平铸造。

试验中,结晶器润滑装置内设有调温油箱,主体为 16 条油路的曲轴传动式柱塞组合泵,另一油泵从油箱中向柱塞泵供油。气源为压缩空气,每个柱塞以油滴方式分别滴入润滑管路中。美国 Wagstaff 公司的 Airslip 技术,气体通常是氮气混合少量的氧气。Al_2O_3 薄膜的抗拉强度相当于铝液表面张力值的两倍。表面张力大,强化了弯月面的桥式结合,对防止外周偏析不利,影响铸锭表面质量。采用氧气含量少的氮气作油气润滑剂,可控制弯月面的氧化程度,抑制弯月面的桥式结合作用,有利于提高铸锭的表面质量。

研究对象有 Al-Cu-Mg 系的 2A11(LY11)和 2A12(LY12)合金以及 Al-Mg 系的 5A06(LF6)合金。配料基本上采用同系合金的一级废料,熔炼按正常工艺进行。铸锭规格为 ϕ192 mm。

试验中,冷却水入口温度为 8℃;供润滑用的气体介质温度为 6 ~ 7℃,油的温度为 10 ~ 12℃,油气混合物的温度为 8℃。

硬铝合金系列的 2A11(LY11)和 2A12(LY12)合金,结晶温度范围宽,2A11(LY11)为 515 ~ 645℃,2A12(LY12)为 502 ~ 638℃,裂纹倾向性较大。高镁铝合金 5A06(LF6)合金的液态流动性、导热性和线收缩系数较低。根据这些特点,采用的铸造工艺参数分别列于表 4-10 ~ 表 4-12 中。

表 4-10　2A11(LY11)合金铸造工艺参数[19]

铸锭编号	铸造速度/mm · min^{-1}	铸造温度/℃	水压/MPa	油气润滑参数	
				气压/MPa	油量/mL · min^{-1}
1	95	710	0.01 ~ 0.051	0.08 ~ 0.1	1.2
2	110	710	0.015 ~ 0.020	0.08 ~ 0.1	1.2
3	110	715	0.02 ~ 0.025	0.08 ~ 0.1	1.2
4	120	715	0.025	0.08 ~ 0.1	1.2
5	128	715	0.02 ~ 0.025	0.10	1.2
6	128	715	0.02	0.10	1.2
7	140	715	0.02	0.10	1.2
8	145	715	0.02	0.10	1.2

表 4-11　2A12(LY12)合金铸造工艺参数[19]

铸锭编号	铸造速度/mm · min^{-1}	铸造温度/℃	水压/MPa	油气润滑参数	
				气压/MPa	油量/mL · min^{-1}
1	125	715	0.015 ~ 0.02	0.09 ~ 0.1	1.7
2	125	715	0.012 ~ 0.02	0.09 ~ 0.1	1.7
3	135	715	0.012 ~ 0.015	0.09 ~ 0.1	1.7
4	125	715	0.012 ~ 0.015	0.09 ~ 0.1	1.7

表 4-12　5A06(LF6)合金铸造工艺参数[19]

铸锭编号	铸造速度/mm · min^{-1}	铸造温度/℃	水压/MPa	油气润滑参数	
				气压/MPa	油量/mL · min^{-1}
1	92	718	0.01 ~ 0.015	0.09 ~ 0.1	1.7
2	102	720	0.01 ~ 0.015	0.09 ~ 0.1	1.7
3	102	720	0.01 ~ 0.015	0.09 ~ 0.1	1.7
4	112	720	0.01 ~ 0.015	0.09 ~ 0.1	1.7

表 4-10 ~ 表 4-12 中的工艺参数试验的结果表明:2A11(LY11)合金第一铸次的铸造速度为 95 mm/min 时,铸造表面有拉裂和漏铝现象;第二铸次的铸造速度提高到 110 mm/min,其他参数相同,铸锭表面一般;当铸造速度提高到 120 mm/min,铸造温度提高到 715℃时,其他参数相同,铸锭表面良好;当铸造速度再提高到 128 ~ 140 mm/min 时,其他参数相同,铸锭表面光滑。2A12(LY12)合金,铸造速度为 125 mm/min 时,铸锭表面光滑;将铸造速度提高到135 mm/min 时,其他参数不变,铸锭表面拉裂。5A06(LF6)合金,铸造速度 92 mm/min 时,铸锭表面一般;当铸造速度提高到 102 mm/min 时,铸锭表面良好;当铸造速度提高到 112 mm/min 时,铸锭表面光滑。

上述三种合金的工艺参数对铸锭表面质量的影响有着共同的规律性。当铸造速度偏低时,铸锭表面出现轻微成层;提高铸造速度,有助于提高表面质量。铸造速度过低时,在结晶器内弯月面处有结晶成壳出现,是导致铸锭表面成层的原因。铸造速度过高时,铸锭浇口部的缩孔加深,液相穴的深度随铸造速度提高而增加,将导致铸锭裂纹倾向增加。例如,2A11(LY11)合金当铸造速度为 140 ~ 145 mm/min 时,其收缩孔深度可达40 ~ 50 mm。

油气润滑模热顶铸造的铸造速度高于热顶铸造,更高于普通立式连铸,这是油气润滑模热顶铸造的特点。试验结果表明,获得铸锭表面光滑的、内部组织无缺陷的铸造速度是:2A11(LY11)合金为 128 mm/min,2A12(LY12)合金为 125 mm/min,5A06(LF6)合金为112 mm/min。

根据表4-10中6号试样、表4-11中2号试样和表4-12中3号试样所做的宏观组织检验，均未见任何组织缺陷。对代表性的2A12(LY12)合金所做的显微组织分析结果，如图4-25所示。用定量金相显微镜测量的晶粒平均尺寸和显微组织检查结果列于表4-13。

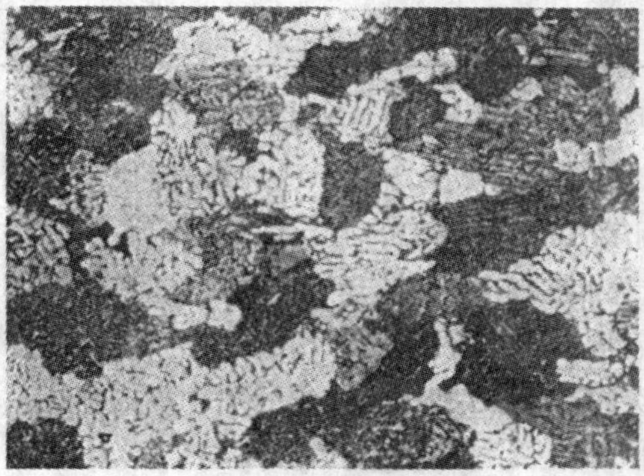

2A12(LY12)合金铸锭边部显微组织(50×)

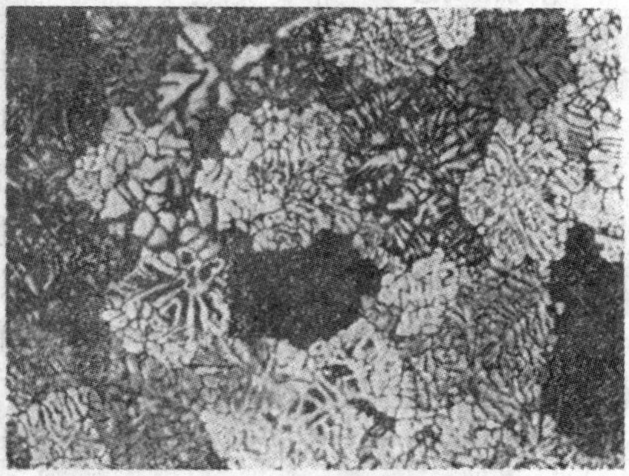

2A12(LY12)合金铸锭1/2R显微组织(50×)

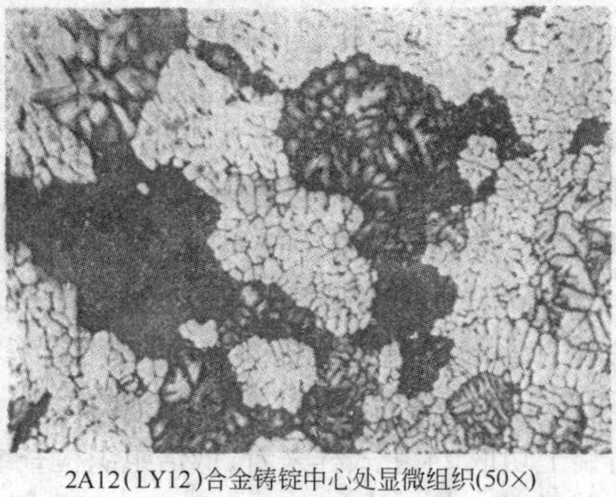

2A12(LY12)合金铸锭中心处显微组织(50×)

图4-25 2A12(LY12)合金锭横断面显微组织[19]

表4-13 2A12(LY12)合金显微组织分析结果[19]

取样部位	晶粒平均尺寸/μm	显微组织	
		相间距/μm	第二相体积分数/%
铸锭边部	210.2	33.4	7.9
铸锭1/2半径处	289.0	41.3	8.8
铸锭中心	302.0	37.3	8.8

2A12(LY12)合金铸锭的横向力学性能与普通热顶铸造及普通立式连续铸锭的比较结果列于表4-14。从表中可知，油气润滑模热顶铸造铸锭，其塑性比普通热顶铸造时有显著提高，它具有良好的加工工艺性能。油气润滑模热顶铸造的2A11(LY11)和5A06(LF6)合金锭也有良好的塑性。

表 4-14　2A12(LY12)合金铸锭横向力学性能比较[19]

铸造方式	力学性能		
	σ_b/MPa	$\sigma_{0.2}$/MPa	δ/%
油气润滑模热顶铸造	266	226	7.1
普通热顶铸造	295	215	5.4
普通立式半连续铸造	260	217	4.1

根据研究和试生产的结果,油气润滑模热顶铸造的工艺特点主要是:

(1) 铸锭过程中,减弱了一次冷却,增强了二次冷却。从第 3 章中已知,铸锭凝固壳与结晶器壁之间的气隙对结晶器的有效传热系数影响最大;而气隙中的氢含量又决定着气隙的传热系数。采用油气混合物润滑结晶器壁时,以空气为主要组分的油气混合物中油量减少,即减少了气隙中的氢含量,从而减弱了一次冷却强度。采用较短的结晶器,其长度为 35 mm;在结晶器出口端又设置了两排喷射冷却水,加强了二次冷却,充分利用了逆流导热距离的作用。由于二次冷却增强了铸锭轴向冷却,易使液相穴底平滑,稳定了铸造工艺性能。

(2) 获得铸锭表面光滑而内部组织无缺陷的铸造速度范围扩大了。研究的 2A11(LY11)、2A12(LY12)和 5A06(LF6)合金铸锭,油气润滑模热顶铸造时铸造速度比普通连铸时分别提高 50.6%、41.7% 和 72.3%。按惯例,这样高的铸造速度会产生中心裂纹;实际上均未发现中心裂纹。分析其原因,主要是加强了二次冷却强度,铸锭轴向冷却增强,使液相穴底平滑;而一次冷却减弱,使凝固壳的温差应力减弱。

(3) 降低了铸锭形成羽毛晶的倾向。羽毛晶是柱状晶的变种,它具有明显的方向性,是铝合金铸锭组织的一种缺陷。多年连续铸造生产实践证明,铸锭结晶前沿有强烈的热交换时,容易产生羽毛晶。油气润滑模热顶铸造时,铸锭的一次冷却强度减弱,在铸锭边部的结晶前沿不会有强烈的热交换;又由于铸造速度提高,液相穴相对下移,铸锭中部的结晶前沿附近的液流也相对平稳,不利于羽毛晶的产生。从试生产的 2A11(LY11)、2A12(LY12)和 5A06(LF6)三种合金的铸锭上切取 24 个式样来看,低倍组织检查结果均未发现羽毛晶。

(4) 扩大了结晶前沿与敞露液面间的距离。由于这段距离增加,改善了在结晶时析出的气体和卷入液相穴中的非金属夹渣上浮至液面的条件,有利于铸锭内部组织纯洁度的提高。在试生产中,所投入的炉料均为一级废料,铸造前又未进行熔体精炼,但是所切取的低倍试片,均未发现气体和非金属夹渣缺陷,这可能与结晶前沿至敞露液面的距离扩大有关。

根据油气润滑模热顶铸造的试验和生产实践结果可知,由于润滑条件改善,在同等冷却条件下,油气润滑模热顶铸造使用的结晶器比普通热顶铸造时高,因而适宜于结晶温度范围宽的硬铝合金和收缩系数小、导热性差的其他合金系列的生产。

4.8.3　同水平铸造

同水平铸造是将各个热顶铸造的储液槽(热顶帽)上部开一个切口,熔体分流盘与各个热顶的切口及熔体流槽连成可卸式整体;铸造过程中,使结晶器顶端热顶内的熔体水平与分流盘和流槽中的金属水平一致。

隔热模铸造是 20 世纪 70 年代发展起来的铝合金立式半连续铸造技术[20,21],隔热模铸造的结晶器结构如图 4-26 所示。扁锭结晶器的高度一般为 76 ~ 102 mm。在结晶器的上部,内壁粘贴着硅酸铝纤维毡或称之为 Fiberfrax 的挠性绝热板(硅酸铝纤维),绝热板厚度 1 ~ 2 mm 即可满足工作需要[21]。绝热板做成长短两层,其叠合厚度约 6 ~ 13 mm。两层绝热板用一种以硅酸钠为基的黏合剂黏结。绝热板底边位置最好距结晶器底边 22 ~ 32 mm,保持 25 mm 更好些;其内层向下伸展超过外层底边 25 mm 左右,距结晶器底边 28 mm 左右。因为在通常的铸造速度下,考虑二次冷却水的冷却效应,实际上逆流导热距离约为 25 ~ 38 mm;控制逆流导热距离的顶端距硅酸铝纤维板下缘在 0 ~ 12 mm 之间为最佳状态。圆锭结晶器,有时在结晶器下部的内壁嵌有高纯石墨;在结晶器上部的内壁粘贴着两层硅酸铝纤维毡,其内层下缘超过外层下缘,外层粘贴于金属结晶器壁上,内层下段粘贴于石墨壁上。因此,结晶器上部的散热作用微弱,熔体基本上稳定在液相线以上。结晶器下部的传热系数也不是很高。由于绝热板下缘至结晶器底面距离为 25 ~ 28 mm,*UCD* 距离能达到此处。由此,隔热模铸造法的铸锭冷却过程基本上只有两个阶段,即微弱的一次冷却和强烈的二次冷却。

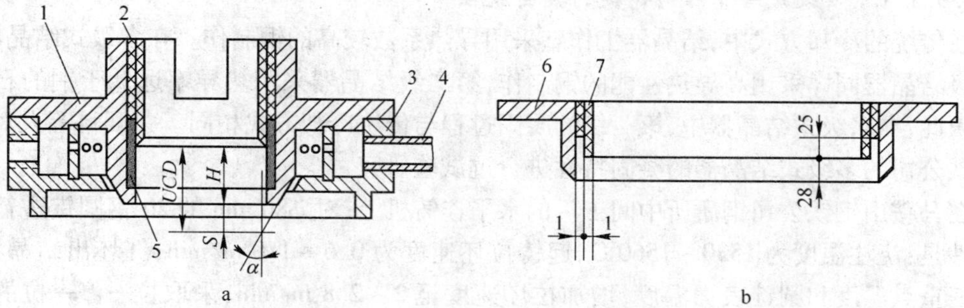

图 4-26　隔热模铸造结晶器示意图[20,21]

a—铸造 ϕ290 mm LY12 铝合金锭的结晶器;b—铸造 710 mm × 200 mm 铝合金锭的结晶器

1—结晶器内套;2—硅酸铝纤维毡;3—结晶器外套;4—冷却水入口管;5—石墨套;6—结晶器;7—绝热板

图 4-26a 是铸造 ϕ290 mm 2A12(LY12)铝合金锭的结晶器结构[20]。*H* 为有效结晶器高度,*S* 为湿水线至结晶器底缘的距离。试验中,用探棒实测距结晶器壁约 3 ~ 4 mm 处的结晶前沿在硅酸铝纤维毡下缘 3 ~ 8 mm 时,铸锭表面光滑。超过 8 mm 时,铸锭表面会出现极轻微的偏析浮出物。在工业生产情况下,偶尔会造成偏离正常工艺的现象,也会产生偏析浮出物,但浮出物的高度只有 0.5 mm。

图 4-26b 是铸造 710 mm × 200 mm 的铝合金锭结晶器结构[21]。在结晶器内壁贴以两层 1 mm 厚的 Fiberfrax 绝热板,其内层向下伸展超过外层底边 25 mm 左右,距结晶器底边 28 mm 左右。铸造温度 680 ~ 690℃。结晶器内金属水平面在绝热板底边以上 25 mm 左右的位置。冷却水耗量 0.19 m^3/min,经一次冷却后流到铸锭表面上进行二次冷却。铸造速度对于 2S 工业纯铝和 Al - 1.25% Mn 铝合金为 95 ~ 108 mm/min,生产出来的铸锭具有非常光滑的表面。

绝热板的厚度指压缩的厚度。Fiberfrax 绝热板的厚度,是用朔珀测纸计在 0.056 MPa 压力下测出的。

隔热模铸造的生产操作简便;油气润滑模热顶铸造在质量控制和提高生产率方面优于隔热模铸造。同水平铸造避免了液态金属在转注过程中的液流落差现象,使精炼后的液态能保持其纯洁度,避免再次污染。目前,同水平铸造大都是油气润滑模热顶铸造技术。

4.9　水平连铸的凝固过程

水平连续铸锭的凝固过程与热顶铸造具有共同的规律性。由于在水平连续铸锭过程中将结晶器水平放置，在重力和液态金属静压力的作用下，其凝固过程的规律性与立式连续铸锭及热顶铸造又有着不同的特点。

4.9.1　水平连续铸钢的凝固过程

水平连续铸钢的凝固冷却有两种方式：一是传统的“一冷”+“二冷”方法，即液态钢在结晶器内经一次冷却生成初期坯壳，然后进入二次冷却区经喷水冷却使铸锭完全凝固，如乌克兰金属研究院的 УНИИМ 水平连铸机。二是将“一冷”和“二冷”结合在一起，组成多级式结晶器，铸锭从结晶器拉出后，在空气中继续冷却凝固，如我国马鞍山钢铁公司等企业广泛应用的 TG 型结晶器的水平连铸机。

4.9.1.1　多级式结晶器内铸锭的凝固过程

在传统的冷却方式中，结晶器工作壁采用导热系数较高的铜制作。在多级式结晶器中，第一级结晶器同样采用高导热性能的铜制作，第二级结晶器采用热导率远低于铜的石墨制作。因此，在多级式结晶器中，第一级的凝固过程与传统冷却方式相同。蔡开科等人对马鞍山钢铁公司的多级式结晶器的凝固特性进行过试验研究[22]。

在马鞍山钢铁公司钢研所中间工厂的水平连铸机上，对 ϕ80 mm 的 20 钢圆锭进行的试验条件是：浇注温度为 1530 ~ 1560℃，起铸拉坯速度为 0.6 ~ 1.0 m/min；红坯出结晶器后，根据三重点温度和圆锭表面温度，增加拉坯速度至 2 ~ 2.8 m/min；采取拉—停—拉的拉坯制度，拉坯频率为 100 次/min；多级式结晶器的第一区段为铜结晶器，长度为 150 mm；第二区段为石墨结晶器，长度为 910 mm；出结晶器时圆锭表面的温度为 1200 ~ 1300℃。

在试验过程中，记录了结晶器冷却水消耗量、进出口水温度、浇注温度和拉坯速度等参数的变化，计算了结晶器的热平衡。在拉坯结束时，将中间包与结晶器分开，使液相穴内的钢液快速流出来（漏钢法），将铸锭沿拉坯方向选取不同位置切开，以观察凝固断面的变化状况。根据试验中记录的结晶器冷却水消耗量和进出口水温度数据，计算出冷却水从铸锭中带走的热量。钢液进入结晶器后，假定钢液凝固时放出的热量全部被冷却水带走，则凝固壳的厚度可按下式计算：

$$e = \frac{Q}{2\pi r v \rho L_f'} \tag{4-5}$$

$$L_f' = L_f + c\Delta T \tag{4-6}$$

式中　e——凝固壳厚度，mm；

Q——冷却水带走的热量，kJ/min；

r——圆锭的半径，cm；

v——拉坯速度，m/min；

ρ——钢液密度，7000 kg/m^3；

L_f'——单位质量钢液凝固时放出的热含量；

L_f——钢液的凝固潜热，336 kJ/kg；

c——钢液质量热容，0.84 kJ/(kg · K)；

ΔT——钢液过热度，℃。

按式(4-5)计算的起铸阶段结晶器内凝固壳厚度的生长规律，如图4-27所示，计算的起铸速度为0.6～1.0 m/min。沿铸锭纵向的凝固壳厚度变化情况，如图4-28所示。

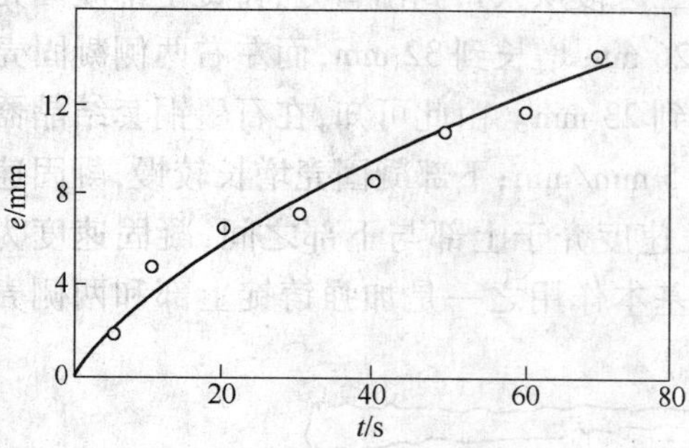

图4-27 起铸阶段结晶器内坯壳厚度 e 与钢液在结晶器中停留时间的关系[22]

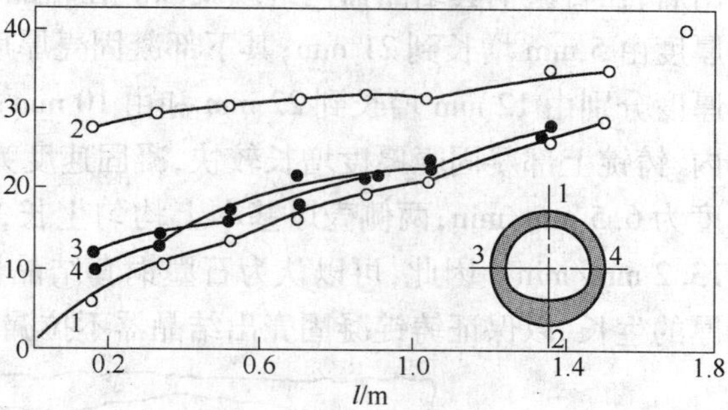

图4-28 圆坯凝固壳厚度沿液相穴长度上的变化[22]
r—圆坯半径；l—液相穴长度

从图4-28中可以看出，沿铸锭周界上凝固壳的厚度是不均匀的。凝固壳厚度的增长服从于 $e=Kt^n$ 规律，K 为凝固系数，mm/min$^{\frac{1}{2}}$；根据铸锭凝固壳厚度的增长，求出 $n\approx0.5$，$K=34.8$ mm/min$^{\frac{1}{2}}$。而小方坯弧形连铸机二冷区的 K 值为25～30 mm/min$^{\frac{1}{2}}$。比较两者K值，说明水平连铸多级式结晶器的冷却效果比直接喷水冷却还好，且铸锭表面温度均匀。

在多级式结晶器内第一区段和第二区段的凝固系数 K 值不等。铸锭凝固壳厚度是不均匀的。如以铸锭上表面凝固壳厚度为准，第一区铜结晶器 K 值为21.9 mm/min$^{\frac{1}{2}}$；第二区石墨结晶器 K 值为26.8 mm/min$^{\frac{1}{2}}$。

根据快速漏钢法，沿铸锭拉坯方向的不同位置切取的试样，铸锭的凝固断面形貌如图4-29所示。结晶器第一区段内上部和下部的凝固壳厚度变化状况如图4-30所示。

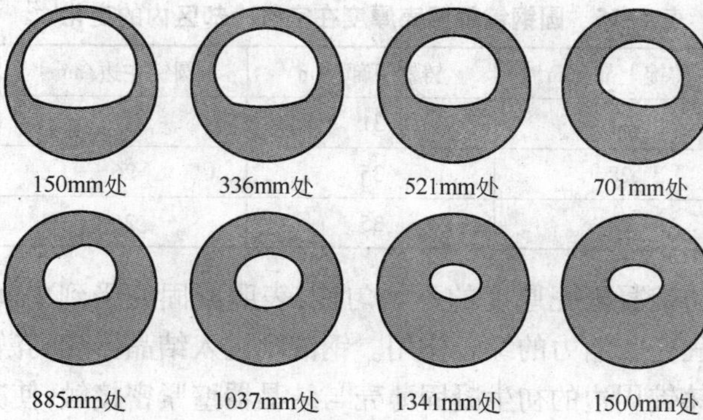

图4-29 铸锭凝固断面的变化[22]

试验结果表明，铸锭凝固壳的生长特点在结晶器内和空冷区各有不同。在第一区段铜结晶器内，铸锭凝固壳厚度有明显的不对称性和不均匀性。铸锭上部凝固壳厚度为3～5 mm，最薄之处为2 mm；铸锭下部凝固壳厚度为18～20 mm；而铸锭两侧凝固壳厚度相差不大。铸锭凝固壳上部内表面有明显的拉坯行程痕迹，行程间距为 20 mm，在痕迹处凝固壳厚度为 4 mm，两条痕迹之间凝固壳厚度仅为 2 mm，形成了凝固壳厚度的不均匀性；这在结晶器初始凝固部分最为明显。在第二区段石墨铜套结晶器内，铸锭从第一区段铜结晶器内拉出后，在石墨铜套结晶器内继续凝固。在结晶器第二区段从入口到出口处，铸锭上部凝固壳厚度由 5 mm 增长到 21 mm；其下部凝固壳厚度由 26 mm 增长到 32 mm；而左右两侧凝固壳厚度分别由 12 mm 增长到 22 mm 和由 10 mm 增长到 23 mm。由此可知，在石墨铜套结晶器内，铸锭上部凝固壳厚度增长较快，凝固速度为 17. 5 mm/min；下部凝固壳增长较慢，凝固速度为 6. 5 mm/min；两侧壳厚基本上均匀生长，增长速度介于上部与下部之间，凝固速度为 13. 2 mm/min。因此，可以认为石墨铜套结晶器的基本作用之一是加强铸锭上部和两侧壳厚的生长，以保证铸锭凝固壳出结晶器不拉漏。

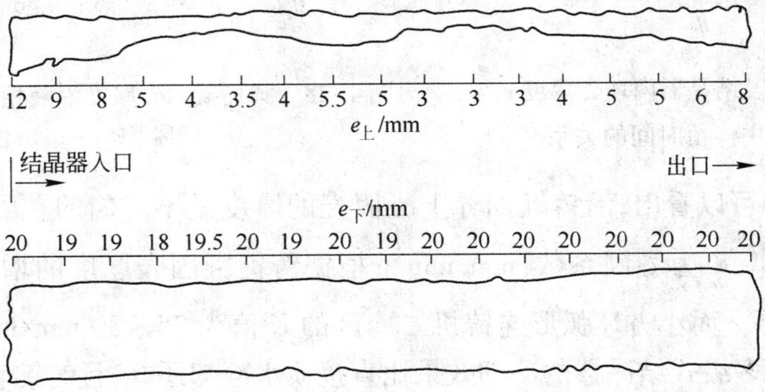

图 4-30　铜结晶器内凝固壳生长形貌[22]

铸锭出结晶器后，其表面温度为 1200 ~ 1300℃。铸锭在空气中依靠辐射和对流传热向空气中散热。在这里，由于铸锭表面上部和下部的温度不同，其散热速度不等，上部坯壳凝固较快，下部凝固较慢，直至最后完全凝固为止。铸锭在空气中冷却凝固壳厚度沿长度方向上变化的实测结果列于表 4-15 中。

表 4-15　圆钢锭凝固壳厚度在空气冷却区内的变化[22]

取样位置/mm	铸锭上部/mm	铸锭下部/mm	圆锭左边/mm	圆锭右边/mm
1037	21	31	22	23
1341	28	35	26	27
1500	28	35	26	27

在铜结晶器内，铸锭凝固壳厚度的不均匀性，表明凝固壳受到中间包内液态金属静压力、铸锭的重力和凝固壳收缩力的综合作用。钢液刚进入结晶器受到激冷开始凝固时，由于钢液静压力的作用，铸锭周边的初生凝固薄壳与结晶器壁紧密接触，使凝固壳迅速生长。待凝固壳生长达到一定厚度并由于凝固壳外表面的温度降低，铸锭周边收缩，使凝固壳与结晶器之间产生气隙，在钢液静压力和铸锭重力作用下，铸锭上部和下部有效传热系数数值相差较大，造成凝固壳厚度不均匀。

从图 4-30 中可以看出，铸锭凝固壳厚度沿结晶器长度上的分布呈波浪式变化。在入口处的凝固壳厚度较大，表明分离环的冷却作用；在反推工艺条件下，这种现象会更加明显。两段薄区的存在，表明气隙的影响，这是凝固壳与结晶器壁接触的波动性必然结果。这一点在第 3 章中论述得更透彻。蔡开科等人从钢液流动方面进行分析，钢液从分离环进入结晶器可能产生两股向上的回流：一是向上部的回流，二是靠近圆锭下部的流动而后向上的回流；同时，由于凝固时圆锭热中心上移，过热钢液的流动会冲刷上部凝固前沿，熔化已凝固的晶体，使凝固壳薄厚不均。图 4-30 中铸锭下部的凝固壳厚度显得很均匀，特别是在结晶器入口处，这可能与倾出钢液时残存的液流凝固有关。

在多级式结晶器中，铸锭的凝固速度比较快，还与结晶器的倒锥度有关。一般情况下，浇铸碳钢与一般合金钢时铜套的倒锥度 K 值为 2% ~5%，第一段石墨套的 K 值为 0.5% ~1.0%；浇铸不锈钢时铜套的 K 值为 1% ~3%，第一段石墨套的 K 值为 0.5% ~1.0%。第二段石墨套的 K 值可以等于第一段石墨套 K 值或为零。

4.9.1.2 单级结晶器内铸锭的凝固过程

在传统的水平连铸过程中，都是采用通体均质材料制作结晶器。在连续铸钢中，结晶器工作壁通常采用高导热的铜制作。乌克兰金属科学研究院对这种形式的结晶器内铸锭的凝固过程进行过较为广泛的试验研究[23~27]，这种设备称为 УНИИМ 水平连铸机。

在连续铸钢的 УНИИМ 水平连铸机上，结晶器工作壁用锻造铜棒制成，长度为 500 ~ 700 mm。结晶器与中间包之间用黏土石墨管连接起来；黏土石墨管内径与结晶器型腔等断面，即为分体式 УНИИМ 水平连铸机。结晶器往复振动，振幅为 25 ~ 50 mm，连续拉坯。结晶器与铸锭同方向运动时，与铸锭同步或者以 0.5 ~ 8 mm 前滑量的运动速度运动；结晶器做反向运动时以拉坯速度的三倍速度快速返回原位。

在这台试验设备上浇铸过碳素钢、不锈钢和轴承钢，铸锭直径为 80 ~ 90 mm。采用 500 mm 长的紫铜结晶器连铸时，铸锭的液相穴长度和完全凝固时间同铸造速度的关系，根据六炉测定的结果列于表 4-16。

表 4-16 浇铸参数的测定结果[27]

炉 号	铸锭直径/mm	浇铸速度/m · min^{-1}	液相穴长度/m	完全凝固时间/min
1	82	1.20	1.54	1.24
2	82	2.40	3.04	1.27
3	82	1.35	1.66	1.24
4	82	0.98	1.29	1.31
5	80	0.98	1.23	1.24
6	80	0.97	1.23	1.26

从表 4-16 中可以看出，液相穴长度与浇铸速度有关；浇铸速度增快，液相穴长度增大。在水平连续浇铸圆形钢锭时，液相穴长度可按下述经验公式来确定：

$$l = 1.3v \tag{4-7}$$

式中 l——液相穴长度，m；

v——浇铸速度，m/min。

保证铸锭凝固过程的连续性，是水平连续铸钢最重要的问题之一。研究者认为中间包和结晶器一起相对铸锭做往复运动，能令人满意地解决这一问题；试验表明，结晶器前滑

0. 5 mm,以 25 mm 的振幅往复运动时,达到最大的满意效果[26]。钢液进入结晶器后,便开始凝固形成坯壳;形成的坯壳同时朝着与结晶器相连接的黏土石墨管方向生长一段距离,这一段距离的温度介于水冷的结晶器壁和被加热的黏土石墨管的温度之间。当结晶器相对于拉坯做反向运动时,在开始拉坯的一瞬时,薄弱的坯壳可能由于"黏结"在结晶器或黏土石墨管内壁上而被拉断。随即钢液填充在断口处并凝固着,在拉动的坯壳与"黏结"住的坯壳之间形成桥式连接。这种金属连接"桥"在 2 ~3 s 的时间内就能形成[23]。当结晶器与铸锭同向运动时,两部分坯壳被牢固地焊接在一起。在新的振动周期开始时,上一次被"黏结"的坯壳可能被拉脱下来。为了克服坯壳"黏结"于黏土石墨管壁上的现象,曾用具有光滑表面的陶瓷管代替黏土管[25],取得较好效果。

在试验研究中发现,在坯壳开始形成之后,有的地方便与结晶器壁脱离而形成气隙,有的地方仍然与结晶器壁保持着接触,而且接触点的位置和数目是不断地变化的。在与结晶器壁接触的地方,由于冷却强度比较大,坯壳的成长速度比较快。因此,铸坯的内腔实际上是一个角数与接触点数目相等的多边形。在结晶器内,铸坯内腔断面的多边形化程度波动在 25% ~50% 之间。在二次冷却区内它仍然十分大。由此可以推断,铸坯在结晶器内并不是始终只与下壁接触着。B. T. Сладкоштеев 等人根据在 500 mm 长的铜结晶器中的试验结果进而断定,在铸坯的整个横断面上,坯壳的厚度实际上是一样的[27]。据后来的资料报道[23],在所研究的铸坯中,坯壳厚度上部小于下部的约占 41. 5% ,上下厚度完全相等的约占 13% ,其余 45. 5% 的铸坯,上部坯壳甚至比下部还厚。并认为在二次冷却区内,铸坯下部的结晶速度变得大于上部的结晶速度,因而凝固中心向上偏离几何中心 1 ~3 mm。二次冷却区内,铸坯横断面的上部结晶速度之所以有所减慢,看来是由于上部通过的钢流温度比较高,而温度比较低的钢流下降到下部的缘故。钢流的这种分布情况已为加入钢流中的硫化铁和放射性硫的记录结果所证实。

大多数研究者认为,在结晶器内铸锭下部的凝固壳厚度大于其上部。后来,O. A. Шатагин 和 B. T. Сладкоштеев 等人在铜 - 陶瓷结晶器中的试验结果也表明了这一点,ϕ80 mm 的 3 号钢圆锭试验结果如图 4-31 所示。图中还示出根据 BM 计算机计算的温度场资料所作的结晶器内铸坯凝固界面的等温线;金相分析和计算结果一致表明,直径 80 mm 的钢锭,其完全凝固时间为 115 s。

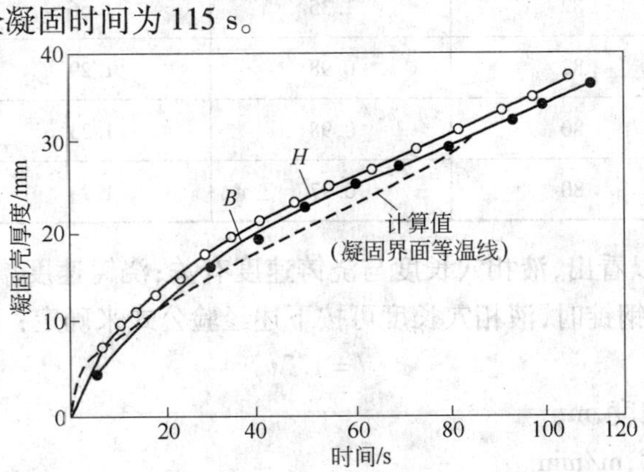

图 4-31　铸锭凝固壳厚度变化与凝固时间的关系[25]
B—上部壳厚曲线;H—下部壳厚曲线

从图 4-31 中可以看出，铸锭凝固壳上部的厚度小于其下部，但相差不是很大；在结晶器内凝固初始阶段上下部凝固壳厚度差值更小。

在往复运动式水平连续浇铸的铸锭中，沿铸锭长度上中心疏松段和致密段交替分布，致密段往往是在每次振动的开始或结束处[27]。所试验的 ϕ80 mm、ϕ85 mm、ϕ90 mm 和ϕ120 mm 的钢锭，其孔隙的数量和分布情况受到同样因素的影响。随着拉坯速度降低（降到 1m/min 时）和结晶器往复行程减少（减到 25 mm），中心区的粗大孔隙将大大减少[23]。

4.9.2 水平连铸铜合金锭的凝固过程

目前，在水平连铸铜合金锭的过程中，结晶器的工作壁都采用石墨制作，嵌于水冷铜套内。在这方面，乌克兰金属研究所进行了长期的广泛研究，其试验设备即为连体式 УНИИМ 水平连铸机，结晶器的工作壁与导流区连成一体。

Л. Д. Кельман 等人对水平连铸黄铜锭的凝固过程做过较为系统的研究[28,29]。从 3.5 节结晶器传热特性中已经知道，在 180 mm 长的石墨结晶器内浇铸黄铜锭时，结晶器壁上部与下部的温度沿长度方向分布的规律不同，可用公式表达如下：

$$t^{上} = t_{结晶} e^{-(0.927-5.72x)}$$
$$t^{下} = t_{结晶} e^{-(1.22-7.34x)} \tag{4-8}$$

式中 $t^{上}$——结晶器上部表面温度，℃；

$t^{下}$——结晶器壁下部表面温度，℃；

$t_{结晶}$——铜合金的凝固点温度，℃；

x——计算点至结晶器冷端（出口）的距离，m。

当 $t^{上} = t^{下} = t_{结晶}$ 时，解上述方程式，得出建立液相穴至结晶器冷端的距离，$x^{上}$ = 0.126 m，$x_{上}$ = 0.166 m。也就是说结晶器上部和下部开始凝固的差距为 4 mm，或者说建立金属液相穴斜面的角度约为 4°。实测这个角度为 3° ~ 5°，因此，在石墨结晶器内水平连续浇铸黄铜锭的特点是，在铸锭横截面内上部的凝固比其下部迟缓，而且液相穴底位于凝固的铸锭纵向几何轴线的上方，如图 4-32 所示。

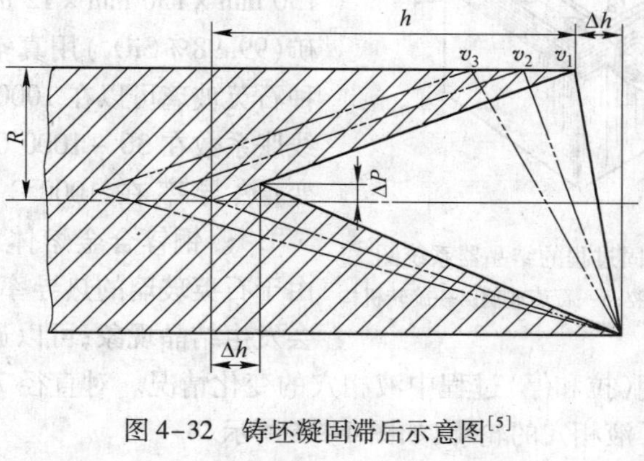

图 4-32 铸坯凝固滞后示意图[5]

图 4-32 中的凝固滞后量，可以利用式（4-9）计算；也可以根据图 3-35 查找[5]。

$$\Delta h = \frac{(t_{zh} - t_{ji}) R\rho c v_{zh}}{2\alpha(t_{zh} - t_{bi})} \tag{4-9}$$

式中　Δh——铸锭开始凝固的滞后数值，m；

t_{zh}——金属或合金的铸造温度，℃；

t_{bi}——结晶器上部内壁表面的温度，℃；

t_{ji}——结晶温度，℃；

ρ——液体金属密度；

R——铸锭半径，m；

v_{zh}——铸造速度，m/h；

α——从铸锭向结晶器的传热系数，W/(m²·℃)；

c——液体金属质量热容，W/(kg·℃)。

水平连铸的液相穴深度可用下式计算：

$$h_{YX} = \frac{I\rho R^2 v_{zh}}{4\lambda t_{ji}\left[1 - e^{\frac{x}{0.18}\ln\frac{450+5000(R-0.02)}{967}}\right]} \tag{4-10}$$

式中　I——在铸造温度和$(t_{ji} + t_{db})/2$温度时的热含量差，W/kg；

λ——热导率，W/(m·℃)；

x——凝固线开始时的坐标，m；

t_{db}——铸锭表面温度，℃；

其余符号含义与式(4-9)中相同。

根据式(4-10)作成的计算图，如图3-36所示；当拉坯速度和铸锭规格一定时，某些合金的液相穴深度可以从图中直接查找出来。

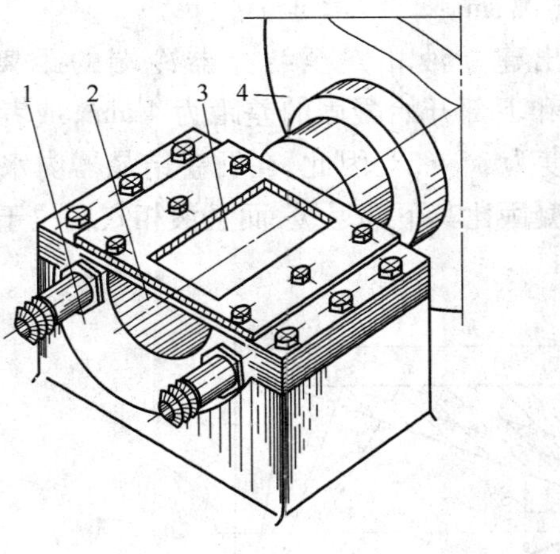

图4-33　直接观察凝固过程的结晶器系统图[28]

1—半剖面结晶器；2—型腔；3—石英玻璃；4—旋转机构

为了印证理论研究结果，Л. Д. Кельман 等人还运用直接观察水平连铸结晶器内铸锭凝固过程的方法，并用电影胶片连续记录了凝固过程。试验时，将结晶器沿中心轴线切成两半，用石英玻璃固定在其中一半的切面上，如图4-33所示。透明工业石英玻璃规格为130 mm×130 mm×12 mm，是将水晶和石英富矿(99.98% SiO_2)用真空压缩方法制成的。这种石英玻璃可以在1000～1100℃下长期使用；线胀系数在30～1000℃温度范围内实际上不变；热导率在1000℃时，λ = 2.326 W/(m·℃)。铜锌合金熔体对石英玻璃不起反应。由于石英玻璃的热导率很低，在石英玻璃上不会发生结晶现象；可以通过它直接观察液相穴轮廓及连续浇铸周期(拉和停)过程中液相穴的变化情况。对直径75 mm的HPb59-1黄铜锭用电影胶片记录了液相穴的轮廓，如图4-34所示。

Л. Д. Кельман 等人根据影片记录的结果，建立了以周期停歇方式进行的水平连续铸锭的凝固机理图，如图4-35所示。

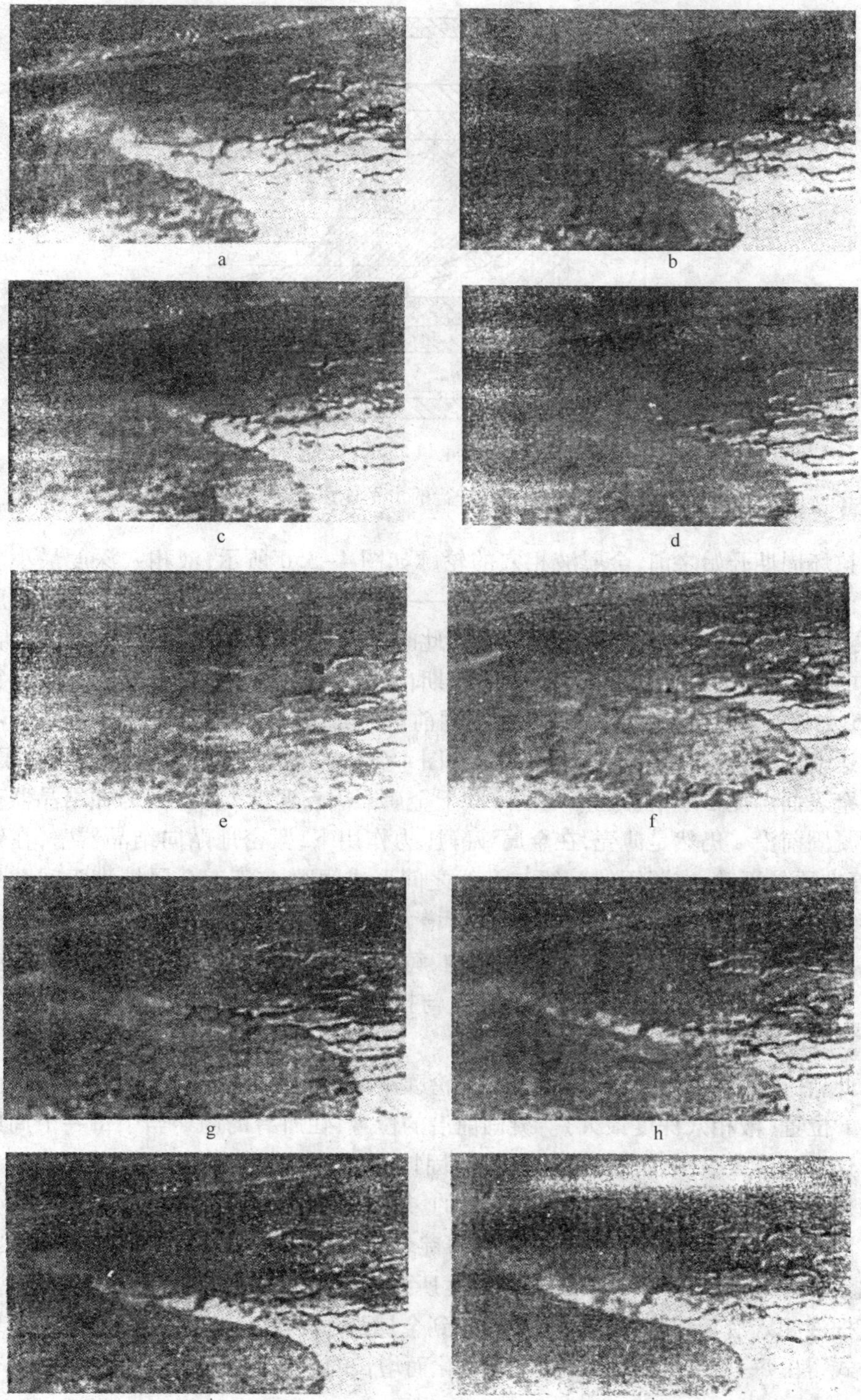

图 4-34 液相穴轮廓影片[28]

a ~ e— 经过 1 s 拉坯周期；f ~ j— 经过 2 s 停歇周期

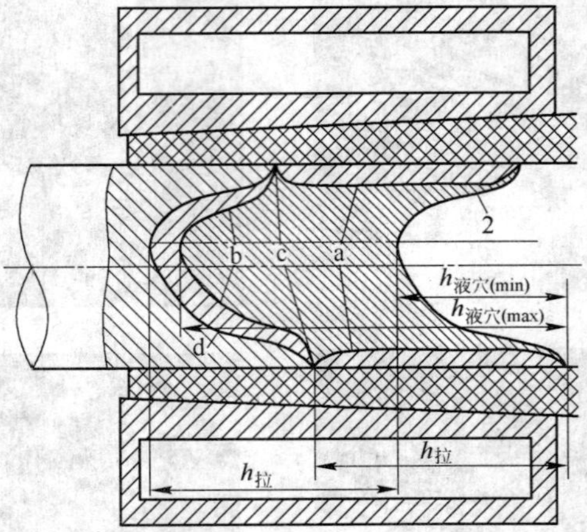

图 4-35　以周期停歇方式进行的水平连续铸锭的形成示意图[28]

在拉坯周期开始之前，金属液相穴的轮廓如图 4-35d 所示，液相穴深度最小。在凝固前沿的前面，可以看到一条比较亮的地带——金属固液层，即在 d 线与 b 线之间形成凝固区；d 线为黄铜的固相线，b 线为其液相线。此时，液相穴的实际轮廓如图 4-34c 所示，相应于拉坯的中间范围。由此可见，在拉坯周期内，铸锭形成两个凝固前沿：第一个相当于图 4-35 中铸锭沿金属液相穴表面 b 的凝固前沿，第二个相当于液相穴顶在结晶器壁上初凝而与运动着的铸锭相脱离的凝固前沿，即图 4-35 中 a 线与 b 线断开后形成的凝固前沿；结晶器壁表面温度低于铸锭已形成的 a 线上金属凝固点温度 $t_{结晶}$。因为在结晶器壁上初凝固的新凝固前沿 a 仍然是薄壳，在金属液静压力作用下，紧密地贴向结晶器壁，在铸锭运动时，它停在原处不动，在凝固的 a 线与 b 线之间形成间隙 c，液态金属填满于间隙处。液相穴深度在停歇时刻最小，在拉坯周期中逐渐增大。

图 4-34 中 f ~ g 图表明，在停歇周期内，铸锭凝固壳厚度增加。在停歇开始的时刻，液态金属在间隙 c 内瞬时凝固，由于凝固速度与拉坯方向迎面液流冲击而形成统一的凝固前沿；在停歇终了时回复到起始位置 d。

因此，在周期性拉坯时，金属液相穴的轮廓周期性地从 d 位置（液相穴深度最小）变化到 a、b、c 位置（液相穴深度最大）。凝固前沿的位置，在所有的周期当中每一个周期都是相同的。这是连体式 УНИИМ 水平连铸的凝固特点。

根据一个周期内金属液相穴轮廓变化的影片，经数学整理之后可以得出凝固壳的生长规律。液相穴底的第一个弯折点，对应于铸锭表面与结晶器壁之间形成气隙而使凝固速度的变化处；第二个弯折点由于凝固壳的厚度所致，对应于结晶半径 $r_{结晶}=0.37R$ 处。这两个弯折点把液相穴沿其深度分成三段。考虑到金属液过热影响的修正系数 A，按斯切凡的平方根公式得出每一段凝固壳厚度随时间变化而增长的规律：

$$\delta = K\sqrt{\tau} + A \tag{4-11}$$

式中　δ——凝固壳厚度；

K——凝固常数；

τ——浇铸时间；

A——过热液态金属的修正系数。

在每一段凝固壳的任何截面上，按径向可测量出两条等温线之间的凝固壳厚度；已知其浇铸时间，即可计算出该区段的凝固速度，然后确定每段凝固的持续时间。依1~3段凝固壳的生长规律，得出如下各段凝固的持续时间：

$$\delta_1 = 3.8\sqrt{\tau} + 2.5 \qquad \tau = 2\ \text{s} \tag{4-12}$$

$$\delta_2 = 6.0\sqrt{\tau} - 0.5 \qquad \tau = 14\ \text{s} \tag{4-13}$$

$$\delta_3 = 17.5\sqrt{\tau} - 46.5 \qquad \tau = 7\ \text{s} \tag{4-14}$$

从上述研究结果来看，整个铸锭的凝固过程是周期性分段进行的。在周期停歇牵引铸锭的情况下，停歇时被拉断而停留的凝固壳与铸锭上的凝固壳能焊接起来，焊口有足够的强度，才能保证连续浇铸过程的稳定性。在无周期停歇牵引铸锭的情况下，停留的凝固壳则不能与运动的铸锭凝固壳焊合，停留的凝固壳会阻塞液态金属的通道，导致浇铸过程中断。即使采用停歇拉坯工艺能保证连续浇铸过程的稳定性，在焊口处总是要影响铸锭的表面质量，产生周期性变化。这种周期性变化的距离与拉坯间距相对应。例如，水平连铸直径55 mm 的 ZQSn5－5－5 青铜锭时[30]，结晶器石墨套外壁的水冷铜套长度200 mm，以40~200 mm 间距和停留4~45 s 的周期拉坯时，停留时间不小于10 s，过程的连续性才得以保证；但铸锭表面有着深的鳞皮和冷隔。以周期拉坯浇铸时，在铸锭表面形成两种冷隔：一种是刮线型，位于毗连的拉坯间距接口处，这种刮线不向深处扩展，仅仅随着铸锭氧化的颜色变化而变化；另一种冷隔，总是在每个周期的停留与拉动部分的连接处形成。当以150~200 mm 的拉坯间距浇铸时，这些冷隔具有粗糙的气孔形态；而当以90~150 mm 的拉坯间距浇铸时，具有外形与气孔相同粗糙的鳞皮状态，其长度取决于间距的长度。当间距为90~150 mm 时它等于35~85 mm；当拉坯间距为40~90 mm 时，气孔或鳞皮变为粗糙的结晶前沿接口，其宽度为5~7 mm，深度为2~3 mm。因此，В. Т. Сладкоштеев 等人认为，水平连铸浇铸 ZQSn5－5－5 青铜锭时，以周期拉坯的浇铸制度，不能保证得到表面满意的铸锭。当以0.22 m/min 连续拉坯，结晶器往复运动时，可以得到很好的铸锭表面。铸锭的凝固过程如2.2.3节所述。相应于摆距的冷隔和结晶前沿的冷隔接口，不会向铸锭深处扩展，不会恶化铸锭质量。当结晶器以25 mm 摆距往复运动连续拉坯时，沿铸锭整个长度上金属具有致密的显微组织。铸锭出结晶器的表面温度为100~150℃；在二次冷却区达到50~70℃。

上述青铜锭水平连铸试验表明，铜套内冷却水流速度对散热的影响很大，当水流速度为0.1 m/s 时，虽然石墨套与铜套之间紧密接触，但仍不能保证散热的需要。当把水缝减小到6 mm 时，水流速度提高1.25 m/s 之后，结晶器即能满足必要的散热要求。

在铜合金水平连续铸锭过程中，由于采用石墨套与水冷铜套的组合式结晶器，而石墨的热导率又大大低于铜铝等金属材料，因而结晶器的散热速度大大低于水冷铜铝等金属结晶器。从表3-3中可以清楚地看出，在结晶器入口端石墨结晶器壁上的温度相当高；这表明铜合金锭的凝固壳是在接近于合金结晶温度的石墨结晶器内壁上形成的，不仅凝固速度低，而且凝固壳表面的温度也比较高，金属材料的高温强度极限低，致使凝固壳容易拉裂。周永健先生根据生产实践中对铸锭状况的观察及低倍组织的检查的结果分析，铜合金水平连铸锭在结晶器内的凝固有以下几种形式[31]：

（1）当引锭阻力小时，结晶器内凝固壳未被拉断。铸锭的凝固成形可用图 4-36 表示（假设铸锭上下凝固是对称的）。图 4-36 中 h 表示周期引锭行程，虚线表示引锭过程中原铸锭结晶前沿移动情况。开始引锭由于熔体对结晶器壁的加热，进入的液体金属未能马上在铸锭一次结晶区Ⅰ腾出的结晶器壁上凝固。随着引锭过程的进行，在铸锭腾出的结晶器壁上出现独立凝固的凝固层，即二次结晶区Ⅱ。结晶区Ⅱ在引锭过程中不断扩大；而在被拉出的铸锭上，随着引锭过程的进行，一次结晶区Ⅰ也发生连续凝固、增长，区Ⅰ与区Ⅱ相会于 O_2 处。铸锭停止运动期间，液相穴内液体金属继续凝固，使凝固区Ⅰ与Ⅱ连接在一起并出现凝固区Ⅲ，结晶前沿恢复到拉锭前的位置，完成了一个引锭周期。区Ⅰ与区Ⅱ的交界处 O_2 是铸锭的薄弱环节，一是因为该处容易集中金属氧化物和偏析；二是若停歇的时间不够，该处就不能形成足够强度的“桥”；因而铸锭的表面缺陷往往发生在该处。三个区的长度随引锭工艺参数的改变而变化。增加停歇时间，会增加凝固区Ⅲ。降低引锭速度使区Ⅰ增加，区Ⅱ和Ⅲ减少；当引锭速度降低至某一值后，区Ⅱ消失，出现图 4-37 所示的铸锭凝固成形情况。随着引锭频率的提高，引锭行程减少，区Ⅰ和区Ⅱ缩短，最终导致区Ⅱ消失，同样出现图 4-37 所示的铸锭凝固成形情况。

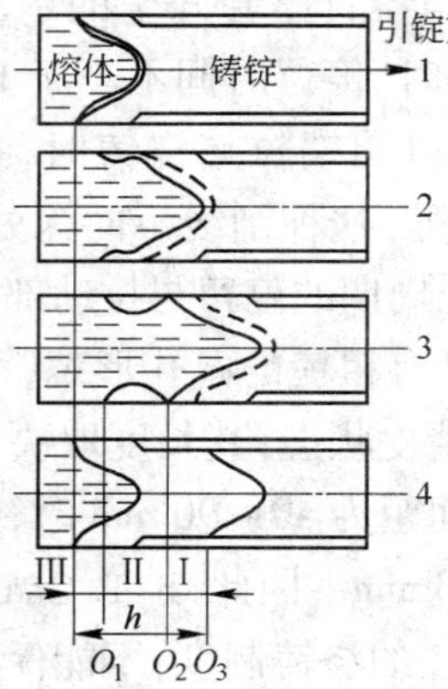

图 4-36　当引锭阻力小，结晶器内凝固壳未被拉断时的凝固过程示意图[31]

1—引锭开始；2—引锭过程中；3—引锭中止；4—停歇过程中；Ⅰ—引锭时被拉出铸锭上增长的凝固区段；Ⅱ—二次结晶区段；Ⅲ—停歇时形成的凝固区段；O_1—引锭开始线；O_2—凝固区段Ⅰ和Ⅱ的交界线；O_3—引锭中止线；h—周期引锭行程

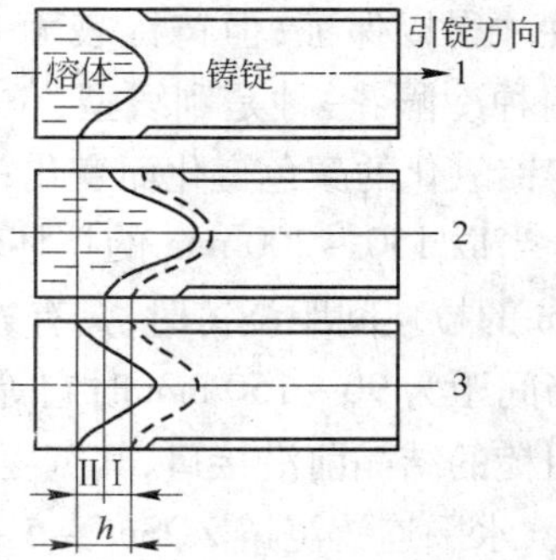

图 4-37　引锭阻力小，引锭行程短或拉速慢时铸锭的凝固成形图[31]

1—引锭开始；2—引锭中止；3—停歇过程中；Ⅰ—引锭时被拉出铸锭上增长的凝固区段；Ⅱ—停歇时形成的凝固区段；h—周期引锭行程

（2）当引锭阻力大时，结晶器内凝固壳被拉断，铸锭的凝固过程可用图 4-38 来说明。引锭时结晶器内的凝固壳在 O_1 处被拉断。引锭过程中一方面是液态金属不断地补充进入裂缝处；另一方面是发生两个不同方向的凝固，从被拉断的凝固壳向铸锭方向凝固，而从移动着的铸锭向被拉断部分方向凝固。铸锭运动停止时，这两个方向的凝固前沿在 O_2 处相交；随后液体金属继续凝固，凝固前沿恢复到引锭前的形状，完成一个引锭周期。引锭过程中，由于铸造工艺参数的不同，悬挂区段的变化可以是多种多样的。浇铸温度高，拉坯速度快，悬挂区段会局部熔化直至全部熔化。引锭阻力大，停歇时间短，冷却强度低，在 O_3 处不能形成足够强度的“桥”时，被拉断的区段可以扩展到很大的尺寸。

(3) 一定的条件下,引锭过程中结晶器内凝固壳发生局部拉裂。铜合金水平连续铸锭时,液相穴内上部和下部的凝固形式是不同的。上部由于引锭阻力小,易于出现非断裂型凝固形式;而下部由于引锭阻力大,易于出现断裂型或局部拉裂型凝固形式。

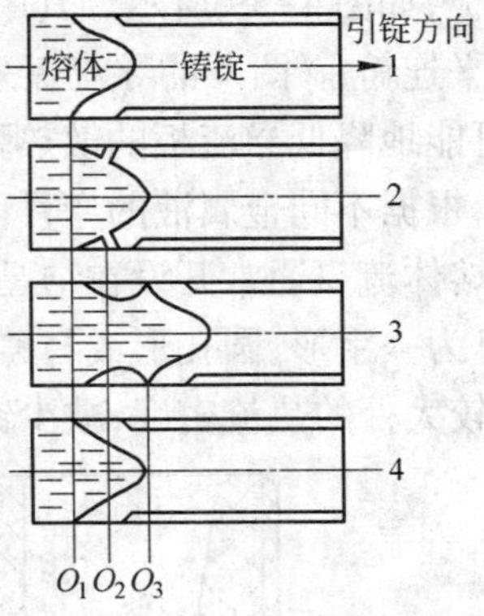

图4-38 引锭阻力大而凝固壳被拉断时的凝固过程示意图[31]

1—引锭开始;2—引锭过程中;3—引锭中止;4—停歇过程中;O_1—引锭开始线;O_2—凝固壳断裂线;O_3—停歇时悬挂区段和被拉出铸锭的交界线

生产实践和试验研究结果表明,铜合金水平连续铸锭时容易产生铸锭表面缺陷。这种缺陷主要发生在一次结晶区和二次结晶区的交接处及凝固壳被拉断处。为了使铸锭组织均匀,应尽可能地避免二次结晶区的形成。在凝固壳发生断裂的情况下,创造条件焊合好裂缝。上述的结晶器振动和铸锭拉停的工艺制度都是为了这个目的。铸锭拉停的时间比例对裂缝焊合质量有很大影响。在上述黄铜和青铜水平连续铸锭试验研究中,停歇与拉坯时间的比例为2∶1。提高停歇与拉坯时间的比例,有利于提高裂缝的焊合质量;有的企业将其提高到8∶1,同时提高拉坯速度。对于难于铸造的多元铜合金,采用反推法。即在每个拉坯周期中,停歇后反向推动铸锭,然后立刻正向拉坯,形成拉-停-反推-拉的工艺制度。反推的作用能使被拉裂的凝固壳在压力下重新焊合,在凝固壳表面受压力的情况下脱离铸锭与结晶器壁之间的粘连,能够补偿铸锭的收缩。结晶器振动过程中有反推的作用,但不如反推法的作用大。用反推法拉铸成坯,其铸锭质量比停-拉式或结晶器振动法要好得多。

4.9.3 铝及铝合金水平连铸的凝固过程

铝及铝合金水平连续铸锭设备和工艺制度,早期如同钢铁和铜合金水平连铸一样,也曾采取拉停方式或结晶器往复振动。例如,Hunter式水平连铸机[32],在浇铸时结晶器与拉坯同相缓慢移动,及至指定位置停止运动。停留的时间,依合金成分和铸锭的直径而定,波动在6~40 s之间。然后很快地回复到原位,重复新的工作周期。也就是说,在凝固的过程中,铸锭与结晶器壁不发生相对运动,因此凝固壳与结晶器壁之间不产生摩擦力。Terssman式水平连续铸锭机[33],结晶器很长,用900 mm的铜管制作,其工作面镀以铬层,在水平方向上的50 mm区间内摆动。

Ugine法结晶器很短并且固定不动,连续拉坯。例如,浇铸60 mm×500 mm的板坯时,结晶器长度为41 mm。冷却水在结晶器内进行一次冷却后,从结晶器出口处的喷水孔喷射到铸锭表面上进行二次冷却。这种生产设备简单,操作方便,投资少。

经过试验研究和广泛的生产实践,Ugine法水平连铸工艺得到迅速发展。目前,在铝及铝合金水平连续铸锭生产方面,国内外都是采用这种生产方式。不过在凝固传热等理论研究方面不如钢和铜合金水平连铸的系统研究深入。

目前,在铝及铝合金水平连续铸锭的导流区和结晶器结构方面,主要存在两种形式:一是突变式导流;二是渐变式导流。

4.9.3.1 突变式导流水平连续铸锭的凝固过程

在突变式导流水平连续铸锭过程中,结晶器与中间包放流口(导流区)之间紧压着一块绝热导流板，如图4-39所示。其中图a的导流板用可压缩性绝热材料制作，结构简单，适于纯金属水平连铸。图b的导流板采用导热性能好的材料制作，导流板两侧放置可压缩性绝热垫，尽可能地降低导流板的散热强度，适于水平连铸铝合金锭生产。绝热密封垫的尺寸应严格控制，根据不同金属液的弯月面半径具体确定，其内廓尺寸应略小于结晶器型腔尺寸。导流板上熔体流口通常开设在结晶器纵向中心线下方，靠近结晶器下部表面处。熔体流口的形状，可为一字形、圆孔形或与铸锭下半部周边相似。熔体流口开设的目的，是为了平衡冷却强度较大处的热流密度，减少铸锭凝固中心的偏移量，确保连铸过程的稳定性。

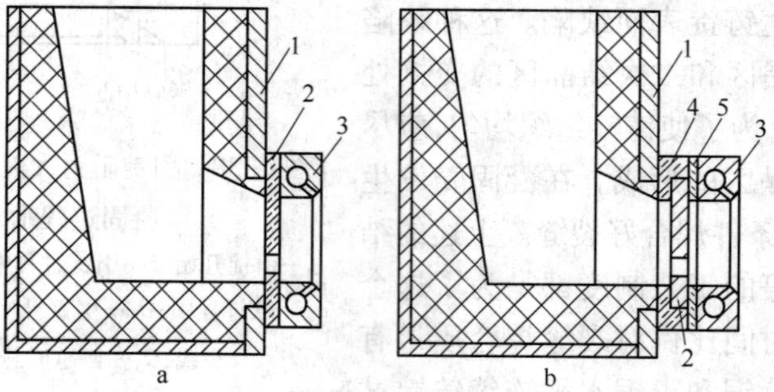

图4-39　突变式导流水平连续浇铸系统示意图

a—用可压缩性绝热材料制作的导流板；b—用导热性能好的材料制作的导流板

1—中间包；2—导流控制板；3—结晶器；4—保温密封垫；5—绝热密封垫

绝热导流板的作用，一是将低温激冷区与高温导流区截然分开；二是将熔体引导到结晶器的合适部位；三是使结晶器与导流区形成直交空间，以便扩大弯月面处的气隙。第三个作用往往被人们忽视了，实际上这对连续铸锭过程是很重要的，下面将另行讨论。

结晶器用紫铜或铝制作，其传热系数和热扩散率都比较大，也曾使用过石墨结晶器。在结晶器出口端，沿着工作壁周边钻有许多小孔。冷却水经一次冷却后从这些小孔内流出来，直接喷射到铸锭表面上，进行二次冷却。喷水射线与铸锭中心之间的夹角一般为20°～30°。短结晶器和这样的二次冷却结构，有利于发挥二次冷却的逆流导热作用。

水平连铸过程中，先用引锭头送入结晶器内，将结晶器出口端的型腔封闭住。液态金属进入激冷的结晶器即开始冷凝，形成凝固薄壳。由于冷却水在冷却结晶器同时冷却引锭头，因此，在结晶器工作壁与引锭头端面结合处的冷却强度最大，最先形成较厚的凝固壳，并向棱角的两边扩展，直至铸锭中心部位和导流板处。

铸锭拉出结晶器之后，将铸造速度调至正常值。在铸锭的热平衡达到稳定之后，液相穴的轮廓达到稳定状态。因为结晶器固定不动，铸造速度恒定，液相穴的空间位置则保持不变。

当液相穴空间位置固定时，凝固前沿的起始点在弯月面的根部。在连铸过程正常的条件下，弯月面的根部应是液态金属与结晶器壁的唯一接触线。随着铸锭的连续运动，从这条接触线起沿铸锭径向向中心伸展，凝固壳厚度增加。铸锭周界在冷凝作用下产生收缩。在液态金属静压力的作用下，凝固薄壳沿铸锭周边与结晶器壁之间产生不连续的接触，因而也就产生不连续的气隙。凝固壳表面温度在接触区骤降，在气隙区剧升。这种不连续接触是波动不定的。随着铸锭连续运动，凝固壳厚度增加及逆向导热的作用，使不连续接触区减少，不连续的气隙区扩大；当凝固壳增至一定厚度而能抵抗液态金属的静压力作用时，凝固壳与结晶器壁之间形成稳定的气隙区。此时，由于使用短结晶器，铸造速度比较低，逆流导热发挥作用,凝固壳表面温度不致回升。因此,连续铸锭过程能够稳定进行。

在连续铸锭过程中,随着铸锭的连续的运动,液态金属沿着弯月面流动与结晶器壁连续接触,形成连续的凝固壳表面。当弯月面处冷却强度过大时,容易形成较大较深的冷隔;特别在铸锭下部容易出现这种缺陷。

在结晶器固定不动和恒定连续拉坯的条件下,凝固壳表面与结晶器壁之间始终处在相对运动之中,始终存在着单向摩擦。在这种情况下,凝固壳与结晶器壁之间的连续润滑是很重要的;特别是结晶器壁下表面的润滑尤其重要,避免磨伤凝固壳表面及拉裂现象;由于铸锭的重力作用,结晶器壁上表面的润滑不是很重要的,从提高铸锭上部的散热强度考虑,宜适当减弱这一部位的润滑。

水平连续铸锭,对结晶器部位来说是封闭式铸造。冷却水经一次冷却后从结晶器内喷射出来落在铸锭表面上。一束流体从喷管中喷出的流动是无规则、杂乱的扩散运动,在流动过程中必然会撞击射流周边的静止空气,随之带着它们一起向前运动,这种现象称为卷吸作用,或称抽吸作用。由于喷射冷却水的抽吸作用,在凝固壳表面与结晶器壁之间的空隙内形成负压。特别是采用水缝式喷水冷却时,由于附壁效应更容易形成负压。在试验和生产过程中,都能看到随喷射出来的二次冷却水带出来的油烟气体。因此,采用油气模热顶铸造的润滑方式是很有必要的,以保持弯月面处适当的气体压力。

4.9.3.2 渐变式导流水平连续铸锭的凝固过程

在渐变式导流水平连铸过程中,在导流区出口与结晶器入口交接处,用导热系数较低的耐火材料作成喇叭口形,称之为“喇叭碗”。喇叭碗入口处孔径稍小些,其出口断面与结晶器型腔断面相等,从入口到出口呈弧形渐变;喇叭碗入口中心可稍低于结晶器型腔中心。在这种条件下,结晶器工作壁与导流区之间呈坡形变化。其他条件与突变式导流水平连铸相同,如图4-40所示。

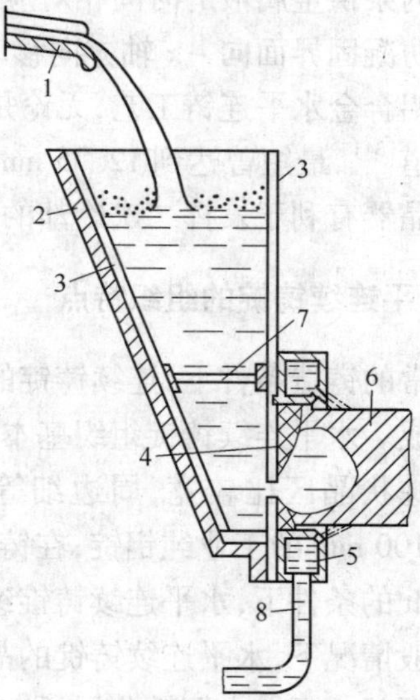

图4-40 渐变式导流的水平连铸示意图

1—静置炉流口;2—中间包外壳;3—石棉或镁砂衬里;4—喇叭碗;5—结晶槽;6—铸锭;7—支撑杆;8—冷却水

在渐变式导流水平连铸过程中,凝固壳的形成过程与突变式导流相似。只是在结晶器与导流区交接口处不会形成液态金属的弯月面,不存在从液相到固相的过渡区。液相穴的凝固前沿很容易伸展到喇叭碗出口处的斜壁上,容易损坏铸锭表面质量,甚至会破坏连续铸锭过程的稳定性。为了避免液相穴的凝固前沿伸展到喇叭碗的表面上,结晶器工作壁多采用石墨制作,以减弱结晶器的冷却强度,并兼有润滑作用。

所谓破坏浇铸过程的稳定性,是指在结晶过程中凝固界面在空间上发生了移动。铸锭凝固过程的坐标系如图4-41所示。在水平连铸过程中,凝固界面不可能只沿 x 轴变动,在沿 x 轴移动的同时也可能沿 $\pm y$ 轴或 $\pm z$ 轴移动。表征凝固过程稳定性的主要方向是 $+x$ 轴方向,即与浇铸工艺轴心重合的方向。据此,可以把由凝固界面在 $+x$ 轴方向移动引起的稳定性破坏的现象称作拉漏；而在 $-x$ 轴方向移动就会引起液态金属在导流区甚至中间包内凝固，导致铸坯拉断的后果。

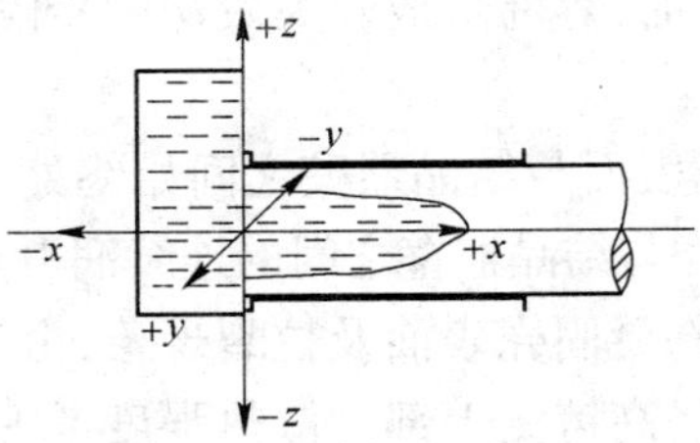

图 4-41　解释铸坯拉漏和拉断现象的示意图

铸锭凝固壳被拉漏的现象，除了过程开始所特有的原因之外，可能有以下几种原因：

(1) 结晶器内冷却水的流量和压力降低，或者短时间的完全中断。这样就会导致铸坯从内部熔化，将凝固壳熔穿，使液态金属流出。结晶器内冷却强度过大时，液相穴的凝固前沿伸展到喇叭碗内，增大拉坯阻力，将凝固薄壳拉断，使液态金属流出，并产生悬挂现象；在这种情况下，类似于连体式 УНИИМ 水平连铸时的凝固过程。

(2) 浇铸温度波动，金属温度过高，已凝固的坯壳受到后续液体金属的熔化，致使液相穴体积和长度增大，亦即使凝固壳的厚度减薄。

(3) 金属液流的流体动力学作用，使液相穴受到冲刷。在立式连铸中已知，采用"液面下供流法"（潜流法）供应液态金属时会使液态金属的潜入深度增加。采用"液面上敞流法"供应中间包内液态金属时，液流相对平稳些。在水平连铸镁锭时，曾发现每次拉漏时间都与往中间包内泵供金属液的时间相对应。

在预防凝固界面向 $-x$ 轴方向移动方面，突变式导流的结构优于渐变式导流。

铝及铝合金水平连铸工艺，无论是突变式导流还是渐变式导流，都采用较短的结晶器；据资料报道[34]，最短曾达到 12.75 mm。由于铝及铝合金锭连铸时的铸造速度比较低，采用较短的结晶器有利于发挥二次冷却的逆流导热作用。

4.9.4　水平连续铸锭的组织特点

在通常的铸造条件下，连续铸锭的晶粒组织由周边细等轴晶、柱状晶和中心粗等轴晶三个区域组成。水平连续铸锭组织基本上也是如此；但是，各区组织的宽度有所不同，并且铸锭上部的柱状晶区比较宽，周边细等轴晶带不明显。用 65 mm 长的铝结晶器水平连铸 100 mm × 100 mm 的工业纯铝锭，在铸造温度为 680℃、铸造速度为 220 mm/min 和冷却水量为 15.2 t/h 的条件下，水平连续铸锭组织如图 4-42 所示，图中右侧为铸锭下部。

在一般情况下，水平连续铸锭的晶粒组织，周边细等轴晶区下部宽于上部，柱状晶区上部大于其下部。石景山钢铁公司研究所和重型机械研究所于 1963 年曾对倾斜式连续铸钢进行研究。结晶器的中心线与地平线成 30°角倾斜；中间包浇口中心线与结晶器中心线平行；铜结晶器型腔断面尺寸为150 mm × 150 mm × 1180 mm。出钢温度为 1530℃，开始浇铸温度 1480 ~ 1490℃，铸造速度为 1.2 m/min，二次冷却水流量为 17.8 m^3/h。铸出的碳素钢锭的断面为 145 mm × 145 mm。铸造过程中，结晶器冷却水温升高情况为：在 2 min 以内，温度基本不变，上下壁比两侧壁高出约 0.5℃；在 6 ~ 7 min 时，达到最大温升，以后稳定不变；进口水温度为 15℃。最大温升列于表 4-17。

金相检验实际晶粒度，中心部位 7 级，边缘部位 6 级。从整个截面来看，结晶组织比较致密。在倾斜式连铸过程中，凝固壳与结晶器壁接触区的长度，下部大于上部；周边细等轴晶带的宽度，下部大于上部。钢锭的三区晶带宽度列于表 4-18。

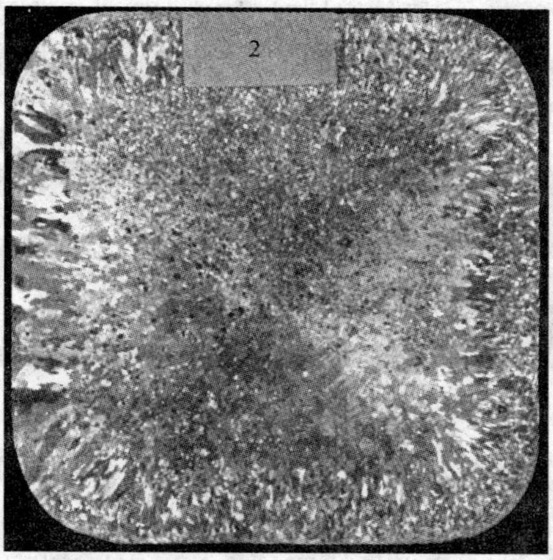

图4-42 工业纯铝水平连续铸锭宏观组织(图中2为试样标号)

表4-17 结晶器冷却水温升情况

部 位	上 壁	下 壁	东 侧 壁	西 侧 壁
升温值/℃	3	7.2	4.8	5.0

表4-18 倾斜连铸碳钢锭的晶带宽度

晶带区	上 部	下 部	两 侧
周边细等轴晶带/mm	6~8	10~15	7~9
柱状晶带/mm	延伸至结晶中心	30左右	延伸至结晶中心
中心粗等轴晶带/mm	结晶中心下部,结晶中心一般向上偏离几何中心0.5~2 mm,个别达4.5 mm		

W. Schneider对AlMg3、Al98.5、Al99.5和AlMn铝合金锭的激冷层进行过研究[35],冷却水量为3.5 m^3/h和5 m^3/h,铸造速度为100~200 mm/min,凝固壳与结晶器接触长度为20 mm、25 mm和30 mm。试验结果表明,激冷层厚度与接触长度约成正比;在相同接触条件下,各种金属的激冷层厚度按上述顺序依次减少;铸造速度对激冷层厚度影响不大,主要影响激冷层结构。

B. T. Сладкштее等人的研究也表明[23,25,27],用500~700 mm的铜结晶器水平连铸直径80 mm和144 mm的3号钢锭时,柱状枝晶区在钢锭断面的上部比较发达,凝固中心向上偏移几何中心1~3 mm。铸锭上部的柱状晶带比下部宽10.3%~11.9%。当浇铸速度由0.4 m/min增加到1.0 m/min时,铸锭上部的柱状晶带宽度增加3.5 mm,而下部几乎没变;在这种情况下,树枝状组织区的不对称性大致增加2%,沿铸锭长度上树枝状组织是相同的。有些铸锭中甚至没有周边细等轴晶带,而出现穿晶带,从表面开始直接形成柱状晶。拉坯速度提高一倍,柱状晶带大致增加0.5倍。提高中间包内钢液的温度,碳钢和不锈钢提高到1580℃,耐热合金钢提高到1520℃,有利于克服铸锭各个组织区的不对称性。

不锈钢的组织对金属液温度的变化特别敏感。在高温浇铸时,铸锭整个断面上的穿晶区均等发展;随着金属液温度降低,沿铸锭下部的柱状晶区完全消失,而当继续降低金属液的温度时,沿铸锭整个断面上的组织是相等的[26]。

水平连续铸锭宏观组织的特点是凝固中心相对于其几何中心向上方偏移。例如,ϕ80 mm的碳钢锭偏移量不超过3.5 mm,平均1.1 mm,为钢锭半径的2.6%;ϕ144 mm的碳钢锭偏移量不超过7.5 mm,平均2.8 mm,为铸锭半径的4%;ϕ110~150 mm的镍基合金锭偏移量为2~3 mm。

在水平连续铸造直径10 mm一级纯铝杆时，铸造温度为730℃，冷却水耗量10.91 kg/kg(Al)，冷却水温升26℃，铸造速度1090 mm/min所得的铸造组织如图4-43所示。在图中凝固中心偏移和柱状晶组织清晰可见。

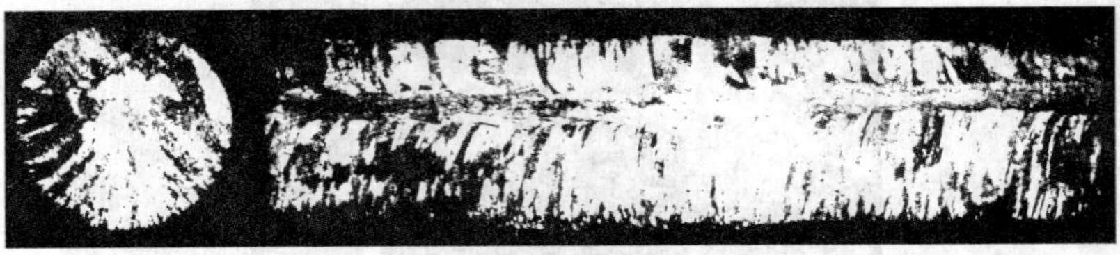

图4-43　水平连铸 ϕ10 mm铝杆宏观组织

根据现代的结晶理论，对树枝状组织不对称的原因可以做如下的解释：在液态金属对流和循环的影响下，液相穴内的等温线出现了不对称性。结果，在铸锭下部的结晶前沿附近造成了实际上较小的温度梯度，而在上部造成了较大的温度梯度。按照浓度过冷理论，在铸锭下部凝固前沿附近便出现了比上部宽的过冷带。因此，铸锭下部凝固前沿前面的枝晶生核区就扩大了，从而使柱状晶的生长受到了抑制。而在铸锭的上部，因为结晶前沿附近的生核区较窄，不具备抑制柱状晶生长的条件。此外，还有一个重要的原因不可忽视，那就是因激冷形成的凝固薄壳与结晶器壁接触的波动性。凝固壳的波动区即实际接触区。据此可以推断，结晶器周壁的冷却条件相同，铸锭周边的初始凝固壳基本等厚，由于频繁的波动，会碎裂凝固薄壳上的枝晶，成为游离枝晶，在铸锭下部被碎裂的枝晶由于重力作用会沉积于凝固前沿附近，增加了晶核数量；在铸锭上部被碎裂的枝晶由于重力的作用而下降，部分脱离凝固前沿被高温液态金属熔蚀，有的游离枝晶甚至穿越高温熔体区而落入下部凝固前沿，上部凝固前沿增加的晶核数量少，而且上部的波动区比下部要短一些。因此，铸锭下部的细等轴晶区比上部宽，而上部的柱状晶区比下部要宽一些。因此，进而可以推断，周边细等轴晶区主要是在凝固壳与结晶器壁的接触区内形成的。

凝固壳在接触区的波动性对枝晶的碎裂作用，还与金属的高温强度有关。金属相对于其熔点的高温强度大，凝固壳的波动性差，碎裂作用也会小些。35号钢在1440℃时的抗拉强度约2.0 MPa，铝在600℃抗拉强度约为3.0 MPa。可能因为这个原因，钢的周边细等轴区比较宽，达10 mm左右；而铝的周边细等轴区比较窄，通常只有几个晶粒的厚度。不锈钢的高温强度大于碳钢，容易出现穿晶。

在连续铸锭过程中，结晶器采用高导热材料制作，由于激冷却作用，凝固壳表面接触瞬时温度低而壳厚又薄，会促进凝固壳波动频率的提高。水平连铸钢锭时，在结晶器入口区凝固薄壳的振动频率达到15～20次/s。铸锭凝固壳的厚度，随着冷却时间的延长而增加。当凝固壳增至一定厚度、表面温度降至一定值之后，凝固壳能抵抗液态金属静压力的作用，使凝固壳与结晶器壁之间形成稳定的气隙。稳定气隙形成的短暂时间内，凝固壳层的温度回升至一定温度时，以热辐射的形式达到新的热平衡。在壳层温度回升的过程中，温度回升处的凝固前沿部分晶粒的生长被抑制甚至被熔蚀，当新的热平衡建立起来时，由于晶粒竞争生长的结果，往铸锭内部生长的晶粒数减少；并由于在稳定气隙区内凝固壳的波动性大为减弱，从而促使柱状晶的形成和发展。在铸锭上部，由于凝固壳与结晶器壁之间出现稳定气隙的时间早于铸锭下部，并且由于上部凝固壳在接触区内晶核数量少于铸锭下部，因此，铸锭上部的柱状晶比铸锭下部发达。据此推断，柱状晶区的形成主要始于逆流导热距离不起作用的稳定气隙区内；在稳定气隙出现的瞬间，凝固壳层的温度回升至回落区段是周边细等轴晶区向柱状晶区转换的过渡区。

4.10　连续铸锭凝固过程中的应力状态

在连续铸锭的结晶器中和二次冷却区，凝固壳的温度通常或高或低地出现快速降低或升高的现象，使铸锭周边收缩或膨胀。在这种情况下，铸锭的液态中心不会整体改变，因为液态金属静压力的作用妨碍凝固壳的收缩，如图 4-44a 所示。在凝固壳与结晶器壁之间形成气隙的瞬间，铸锭表面温度会迅速升高。铸锭从结晶器出口，如果二次冷却区的散热系数低于结晶器时，铸锭表面温度也会迅速升高。连铸钢锭，液相穴很长，如果在铸锭牵引辊以前尚未完全凝固，而此时铸锭进入了空气冷却区，铸锭表面温度也会回升，同时凝固壳又承受了牵引辊的压力，如图 4 -44b 所示。

液态金属静压力和牵引辊压力所产生的应力，对于凝固壳来说是外应力；由于凝固壳温度变化而产生的应力称为内应力。在凝固壳层中产生的应力，往往很大，会在薄弱处出现撕裂现象。在结晶器内，最先形成气隙的凝固壳常常比较薄，容易在此处产生纵向外部裂纹。

A. A. Скворцов 等人对立式连续铸钢时凝固壳的应力状态进行了计算和水力模拟研究[17]。在结晶器内，由于金属的收缩作用，凝固壳收缩自身的尺寸，而液态金属静压力却迫使凝固壳贴近结晶器壁。两种力相互作用的结果，在凝固壳与结晶器壁之间形成气隙瞬间的同时在凝固壳中产生应力。液态金属静压力沿凝固壳 Δh 部位的高度上的分布状态，如图 4-45 所示。

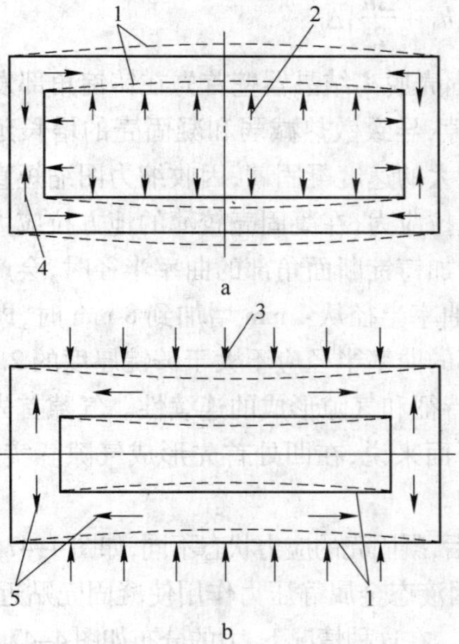

图 4-44　在设备不同区域连续铸锭凝固壳的应力和应变示意图[17]

a—在结晶器和二次冷却区表面温度降低时；
b—在空气冷却区表面温度升高时
1—变形图像；2—液态金属静压力；3—牵引辊的压力；
4—凝固壳的收缩方向；5—凝固壳膨胀方向

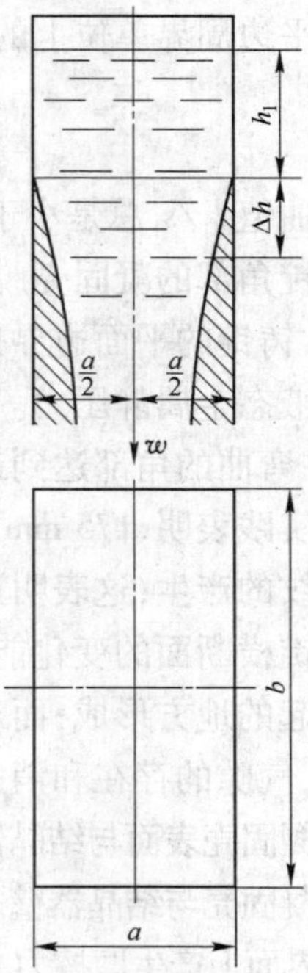

图 4-45　在结晶器内凝固壳初始部分受液态金属静压力作用示意图[17]

根据图 4-45，液态金属静压力（单位：kgf，1 kgf = 9.8 N）沿凝固壳 Δh 部位的高度上分布的数值，对于扁锭的宽边为：

$$p_b = \rho\left(h_1 + \frac{\Delta h}{2}\right) b \cdot \Delta h \tag{4-15}$$

对于扁锭的窄边为：

$$p_a = \rho\left(h_1 + \frac{\Delta h}{2}\right) a \cdot \Delta h \tag{4-16}$$

力 p_a 总是小于 p_b，在结晶器型腔无锥度的情况下，窄边形成的气隙先于铸锭的宽边。

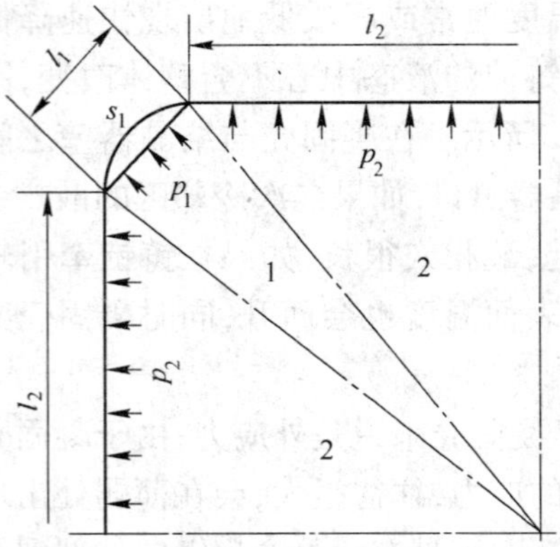

图 4-46　液态金属静压力在铸锭角部凝固壳层的分布示意图[17]

液态金属静压力在铸锭角部凝固壳层的分布，分为弯曲部分（区段 1）和平坦的直边部分（区段 2），如图 4-46 所示。

在弯曲表面上总的压力等于流体静压力的积在这个表面上的投影，因此，角部的液态金属静压力等于：

$$p_1 = \rho\left(h_1 + \frac{\Delta h}{2}\right) l_1 \cdot \Delta h \tag{4-17}$$

角部周边单位长度上的比例压力（kgf/m）为：

$$p_1' = \frac{p_1}{s_1} = \rho\left(h_1 + \frac{\Delta h}{2}\right) \frac{l_1}{s_1} \cdot \Delta h \tag{4-18}$$

在平边周界单位上的比例压力为：

$$p_2' = \frac{p_2}{l_2} = \rho\left(h_1 + \frac{\Delta h}{2}\right) \Delta h \tag{4-19}$$

弯曲值 l_1/s_1 总是小于 1，因而 $p_1' < p_2'$，凝固壳脱离结晶器壁首先在铸锭角部发生。

铸锭角部的凝固壳脱离结晶器壁形成气隙，导致散热减弱和凝固壳的增长延缓。在这个瞬间，铸锭的平面边界挤向结晶器壁而以较大的速度凝固着，因收缩力图缩短直边的尺寸以抵抗液态金属静压力。因此，在锭壳中产生拉应力，在凝固壳较薄的地方拉应力达到最大值，即在弯曲的角部达到最大值。这说明当增加铸锭断面角部的曲率半径时，会产生外部纵裂纹。实践表明，175 mm ×420 mm 扁钢锭的曲率半径从 4 mm 增加到 8 mm 时，即已导致细浅纵裂纹的产生；这表明连续铸锭时铸锭角部的曲率半径应不大于铸锭厚度的 2.5%。

铸锭横断面的变化能改变收缩力的分布特征和气隙形成的连续性。气隙首先在铸锭断面有隆起的地方形成；而对于结晶器和锭模断面来说，在凹处首先形成气隙。实际上，在接触区内，气隙的存在和消失是频繁交替变换的。

在凝固壳表面与结晶器壁之间形成气隙前后，凝固壳的应力状态不同，如图 4-47 所示。

在凝固壳与结晶器壁之间形成气隙之前，因液态金属静压力作用使凝固壳贴近结晶器壁。因此在界面上产生摩擦力，阻碍凝固壳自由收缩。在这种情况下，力的分布如图 4-47a 所示。

在凝固壳收缩过程中，沿结晶器宽面，凝固壳必须克服液态金属静压力 $p_{静压}$ 和摩擦力 $p_{摩}$。因此，根据图 4-47，在横向应力中能撕破凝固壳的力（kgf）为：

$$p = p_{静压} + p_{摩} = 2\rho\left(h_1 + \frac{\Delta h}{2}\right)(a + \mu b)\Delta h \tag{4-20}$$

横向作用力 p 所产生的应力（单位：kgf/cm^2，1 kgf/cm^2 = 0.1 MPa）为：

$$\sigma_{缩}=\frac{p}{2\varepsilon_{平均}\cdot\Delta h}=\frac{\rho(h_1+\Delta h/2)(a+\mu b)}{\varepsilon_{平均}} \tag{4-21}$$

式中 μ——凝固壳与结晶器壁之间的摩擦系数；

$\varepsilon_{平均}$——凝固壳在 Δh 区段的平均厚度，cm；

ρ——液态金属的密度，kg/cm^3。

气隙形成后，沿铸锭凝固壳断面的整个周边可视为框架。由液态金属静压力产生的均布载荷从内部作用于框架上。在均布载荷的作用下，在凝固壳内瞬时产生一些弯曲力矩。这些力矩力图使靠近角部的凝固壳收缩向断面内部变形；而在平面边界的中心，凝固壳收缩反而突起挤向结晶器壁，如图 4-47b 所示。在角部使凝固壳压向断面内部的弯矩（kgf·cm，1 kgf·cm≈10 N·cm）为：

$$M_E=\frac{\rho\cdot h_{液}}{12}\cdot\frac{b^2-a^2\cdot\phi}{1+\phi} \tag{4-22}$$

在铸锭宽面中心，力图使凝固壳隆起而挤向结晶器壁的弯矩为：

$$M_b=M_d=M_E+\frac{\rho\cdot h_{液}\cdot b^2}{8} \tag{4-23}$$

在铸锭窄面中心，弯矩为：

$$M_a=M_c=M_E+\frac{\rho\cdot h_{液}\cdot a^2}{8} \tag{4-24}$$

式中 $h_{液}$——结晶器中金属液柱的高度；

ϕ——考虑到矩形断面形状的系数，$\phi=(K_2^3/K_1^3)\cdot(a/b)$，其中 K_1 和 K_2 为对于宽边和窄边的凝固系数，对于正方形断面的铸锭 $\phi=1.0$。

最大的拉应力（kgf/cm^2）在铸锭宽面中心外表面上，计算公式为：

$$\sigma_b=\frac{M_b}{\omega}=\frac{6\rho\cdot h_{液}\left[\frac{b^2}{8}+\frac{b^2+a^2\cdot\phi}{12(1+\phi)}\right]}{\varepsilon_{平均}^2(h_{液}-h_1)} \tag{4-25}$$

式中 ω——凝固壳抗力综合系数，cm^3，$\omega=[\varepsilon_{平均}^2(h_{液}-h_1)]/6$；

$\varepsilon_{平均}=(2/3)\cdot\varepsilon_{结晶器}$，cm；

$\varepsilon_{结晶器}$——在结晶器出口处凝固壳厚度，cm。

在气隙形成初期凝固壳中产生的应力不一定就是凝固壳破裂应力。凝固壳能否破裂，还得视当时温度下的材料许用应力而定。当气隙形成后，凝固壳外表面的温度会迅速回升；而且凝固壳外表面的温度与气隙形成至凝固开始的时间间隔有关，凝固开始至出现气隙的时间间隔越长，凝固壳生长厚度越大，而凝固壳外表面的温度越高。根据水力模拟试验计算结果，凝固开始后经过不同时间形成气隙瞬间的凝固壳中温度分布如图 4-48 所示。

凝固壳在接触区内的温度差别很大，特别是在凝固壳形成的瞬间内外表面温差很大。由于温差的存在，凝固壳内会产生温差应力。温差应力可按下式计算：

$$\sigma_{温}=0.95\beta\cdot E\cdot\Delta t \tag{4-26}$$

式中 β——钢的线（膨）胀系数，1/℃；

E——弹性模量，kgf/cm^2；

Δt——凝固壳中的温差。

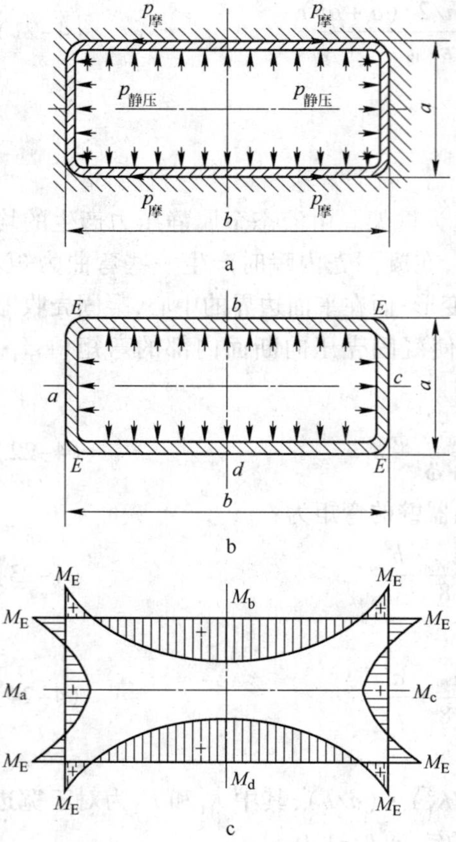

图 4-47　扁锭凝固壳上的作用力分布[17]
a—形成气隙前；b—形成气隙后；c—凝固壳脱离结晶器壁瞬间凝固壳中的应力图像

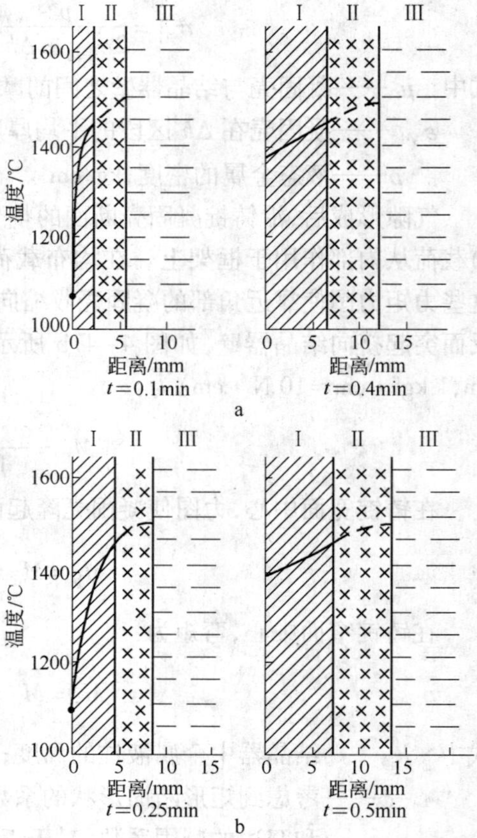

图 4-48　在结晶器中凝固壳内的温度分布[17]
在凝固开始后：a—经过 0.1 min；b—经过 0.25 min
Ⅰ—凝固层；Ⅱ—结晶层；Ⅲ—液体层

以 200 mm × 1000 mm 扁钢锭为例，计算凝固开始后经过 0.1 min 形成气隙瞬间在凝固壳中产生的应力。拉坯速度为 0.6 m/min；当 $h_1=0$ 时（在热顶铸造和水平连铸中 $h_1\neq 0$），计算凝固壳形成初始段的应力。形成气隙前因收缩产生的拉应力为：

$$\sigma_{缩}=\frac{0.5\rho C\tau_1(a+\mu b)}{\varepsilon_{平均}}=\frac{0.0071\times 0.5\times 60\times 0.1(20+0.4\times 100)}{0.2}=6.3(\text{kgf/cm}^2)=0.63(\text{MPa})$$

式中　ρ——液态钢密度，0.0071 kg/cm³；

a,b——铸锭断面的边长，$a=20$ cm，$b=100$ cm；

μ——摩擦系数，采用 $\mu=0.4$；

$\varepsilon_{平均}$——气隙形成前凝固壳的平均厚度，根据水力模拟试验计算结果取 $\varepsilon_{平均}=0.2$ cm。

$\Delta h=C\cdot\tau_1$，cm，其中 C 为铸造速度，60 cm/min，τ_1 为凝固开始至气隙形成前的时间，0.1 min；

从图 4-48 中可知，凝固开始后 0.1 min 凝固壳外表面温度约 1060℃。此时凝固壳中的温差应力为：

$$\sigma_{温}=0.95\beta\cdot E\cdot\Delta t=0.95\times 2\times 10^{-5}\times 7000\times 390=51.87(\text{kgf/cm}^2)$$

式中　β——钢接近熔点时的线（膨）胀系数，$\beta=2\times 10^{-5}$/℃；

E——钢接近熔点时的弹性模量，$E=7000\ \text{kgf/cm}^2$；

Δt——钢的凝固点与凝固壳外表面的温差，$\Delta t = 1450-1060=390℃$。

当降低凝固壳表面温度时，在凝固壳外表面产生拉应力。因此，凝固壳冷却收缩时的总应力为：

$$\sigma_{总}=\sigma_{缩}+\sigma_{温}=6.3+51.87=58.17(\text{kgf/cm}^2)=5.817(\text{MPa})$$

从图 1-3 中可知，在温度为 1330℃时，35 号钢的强度极限约等于 8.5 MPa（85 kgf/cm^2）。这个温度相当于凝固壳开始形成后经过 0.1 min 时凝固壳的平均温度。据此，凝固壳的强度极限高于凝固壳在降温过程中产生的总应力；在形成气隙之前凝固壳外表面不会产生纵裂纹。

当形成气隙之后，由于液态金属静压力作用使凝固壳产生弯曲。当 $h_1=0$ 时，最大拉应力发生在铸锭大面中心凝固壳上，按式（4-25）计算：

$$\sigma_{弯}=\frac{6\rho\left[\frac{b^2}{8}+\frac{b^2+\phi a^2}{12(1+\phi)}\right]}{\varepsilon^2_{平均}}=\frac{6\times 0.0071\left[\frac{100^2}{8}+\frac{100^2+0.2\times 20^2}{12(1+0.2)}\right]}{0.7^2}=169.53(\text{kgf/cm}^2)=16.953(\text{MPa})$$

式中　$\varepsilon_{平均}$——在 0.1 ~ 0.4 min 时间范围内空隙形成后凝固壳的平均厚度，$\varepsilon_{平均}=0.7\ \text{cm}$；

$\phi=(K_2^{\ 3}/K_1^{\ 3})\cdot(a/b)=1\times(20/100)=0.2$。

从图 4-48 中已知，凝固壳形成后经过 0.4 min 时铸锭表面的温度为 1390℃。铸锭窄面和宽面的凝固系数 K_2 和 K_1 相等。此时凝固壳上的温差应力为：

$$\sigma_{温}=0.95\times 2\times 10^{-5}\times 7000(1450-1390)=7.98(\text{kgf/cm}^2)=0.798(\text{MPa})$$

当凝固壳温度升高时，在凝固壳外表面上产生压缩应力。凝固壳上承受的总应力为：

$$\sigma_{总}=169.53-7.89=161.55(\text{kgf/cm}^2)=16.155(\text{MPa})$$

从图 1-3 中可知，凝固壳平均温度约为 1420℃时，35 号钢的强度极限约为 3 MPa。上述计算结果表明，当凝固壳与结晶器壁之间产生整体的气隙之后，凝固壳外表面产生的应力大于其当时的强度极限 5 倍；在这种情况下，产生外表面纵裂纹而撕破凝固壳是不可避免的。但是，凝固壳形成开始经过 0.1 min 产生气隙时，可能不是在宽面的总长度上发生，而是发生在某个区段。如果气隙长度等于 $0.75b=75$ cm，那么 $\sigma_{弯}=10$ MPa；如果气隙长度等于 $0.5b=50$ cm，则 $\sigma_{弯}=4.4$ MPa。因此，如果宽面上气隙长度小于 50 cm 时，则形成纵裂纹的可能性减小，在凝固壳中产生的应力是均匀分布的或者较短时间的抗力。这表明气隙的连续线性尺寸对凝固壳内应力的影响是很大的，铸锭宽面上的气隙长度大容易引发外部裂纹的产生，气隙长度短则引发外部裂纹的可能性小。在水平连铸 40 mm × 350 mm 铝母线的过程中，我们曾观察到宽面中心出现纵裂纹时，提高铸造速度即可消除纵裂纹，大概就是出于这个原因；铸造速度提高，在波动性接触区，凝固壳与结晶器壁之间的相对接触时间增加，相对接触面积增大，气隙的连续线性尺寸缩小，有利于消除外部裂纹。

同样，对凝固壳开始形成后经过 0.25 min 产生气隙的条件进行计算表明，气隙形成前总应力 $\sigma_{总}=43.8\ \text{kgf/cm}^2=4.38$ MPa；气隙形成后的总应力 $\sigma_{总}=120\ \text{kgf/cm}^2=12.0$ MPa；当沿宽度的气隙长度为 50 cm 时，$\sigma_{弯}=33.5\ \text{kgf/cm}^2=3.35$ MPa。因此，当气隙形成较晚时，凝固壳厚度增大，产生的应力较小，形成裂纹的几率减少。

实际上，在凝固壳与结晶器壁之间形成稳定的整体性气隙之前，凝固壳与结晶器壁的接触是频繁波动着的，相对接触时间开始较长，渐次缩短。也就是说开始相对接触面积大，气隙面积小；随时间推移，相对接触面积渐减，而气隙区面积渐增；沿结晶器长度上的分布，入口处相对接触时间最长，向出口方向渐减。这一点从表 3-1 中可以清楚地看出来。在水平连铸 ϕ80 mm 和 ϕ120 mm 的钢锭时，距结晶器入口 404 mm 处的相对接触时间为 28%；凝固壳在入口处即开始形成，至 404 mm 处历时在 0.27 min 左右。根据上述计算数值，在这种情况下，凝固壳产生裂纹的几率比较小。

在连续铸锭过程中，铸锭产生外部裂纹和内部裂纹的原理相同。凝固壳内产生应力是必然的现象；但是，产生裂纹的可能性还与凝固壳当时温度下的塑性有关。在所处温度时金属是塑性的，则应力引起的拉伸能使凝固壳产生塑性变形，而不撕裂凝固壳；如果金属的塑性差，则容易产生裂纹。在铝合金连续铸锭过程中，如果合金在固－液态下，其伸长率超过 0.3%，那么将不发生热裂纹；如果合金凝固后，其伸长率超过 1.5%，则将不发生冷裂纹。高温时，钢的塑性与钢中的碳、硫及其他杂质含量有关，也与熔炼时脱氧程度有关。含碳量为 0.17% ~0.22% 的碳钢，在高温时塑性好，发生外部和内部裂纹的危险性特别小；在含碳量为 0.02% ~0.04% 范围内增加硫含量，会导致连续铸锭的外部和内部产生裂纹，大量增加废品。

上述有关应力的计算大致地揭示出产生纵向外部裂纹的概况，但不是很精确，因为高温下金属的线（膨）胀系数 α 值、弹性模量 E 值和强度极限 σ 值随温度变化的情况，有待深入研究。不过，上述纵向外部裂纹的形成机理是被许多研究者经试验确认过的。在 Ново－Тульского 冶金厂的连续铸钢设备上，用一个凹块压入试验结晶器的宽面中间，在凝固壳与结晶器壁之间形成人造气隙；当液态金属水平距这个凹块的距离不太大时，铸锭表面在这个部位产生外部裂纹；当增大液态金属水平至凹块的距离时，由于凝固壳通过人工气隙时有足够的厚度，铸锭表面不会产生外部裂纹。

在矩形铸锭的宽边上，防止外部裂纹的方法可以采用降低拉坯速度和波浪形宽边，如在铸铁铸模中的大型矩形锭铸造时即采用波浪形宽边。

张立夫等人对沟槽结晶器的初生坯壳热力耦合进行过模拟研究[36]。在1300 mm × 210 mm 的结晶器铜板内壁上刻划纵向细沟槽，沟槽宽度为 0.1 mm，深度为 2 mm，沟槽间距为 13 mm、16 mm、20 mm、26 mm、29 mm、37 mm。结晶器宽面锥度为零，窄面锥度为 1.2%/m。被铸钢中碳的质量分数为 0.19%；浇注温度为 1550℃；拉坯速度为 1.2 m/min。坯壳形成过程中，以固相率 $f_s=0.8$ 对应的等温线作为凝固坯壳的内表面。计算结果表明，结晶器铜板内壁无刻槽时，坯壳形成初期，角部和偏角区的气隙严重影响了坯壳与铜壁间的导热，使气隙部坯壳表面热流明显低于宽面大部分区域，最大可低于宽面平均热流的 50% 以上。宽面大部分和角部传热条件优于偏角面区，最终导致在铸坯形成过程中，坯壳厚度分布不均匀，偏角区坯壳最薄，表面温度最高，从而使偏角区的应力始终高于宽面中心位置和角部。铜壁内表面刻划沟槽后，在相同条件和工艺参数下，同一时刻的铸坯凝固状况，随沟槽间距减小，波峰高度减小，坯壳形状趋于均匀，而且坯壳不均匀度趋于零的时间越早，即初生坯壳趋于平面的时间越早。随着沟槽间距减小，坯壳表面附近的等效应力，其总体呈下降趋势，在沟槽间距为30 mm 左右时，应力明显降低，达到 2.5 MPa 左右；而后稍有回升，沟槽间距减小到 15 mm 左右时，应力又降到 1.5 MPa 左右；在更小的沟槽间距时，应力值变化较小。由此，沟槽间距在 15 mm 以下时，可显著改善坯壳与结晶器铜壁之间的传热过程，有利于坯壳的均匀形成，减小裂纹发生的可能性。

水力模拟试验结果表明，对于厚度 175 mm 的扁钢锭，浇铸温度 1550℃（过热 50℃），以

0.8 m/min速度从结晶器内出来，当二次冷却的总传热系数低于 $\alpha = 581.5 \sim 930.4\ W/(m^2 \cdot ℃)$，将导致凝固时间大大延长，液相穴深度增加；$\alpha = 186.1\ W/(m^2 \cdot ℃)$时，铸锭的表面温度回升；二次冷却强度高于 $\alpha = 988.6\ W/(m^2 \cdot ℃)$时，对缩短凝固时间的影响小，液相穴深度缩短不多。二次冷却强度 $\alpha \geqslant 930.4\ W/(m^2 \cdot ℃)$时，铸锭从冷却区出口出来时铸锭表面温度强烈地降低到250~500℃，扩大了沿凝固壳中厚度上的温度范围，在凝固壳中的内部和外表面温差很大，产生不均匀收缩从而产生很大的温差应力，容易出现表面裂痕。二次冷却强度很低时，相当于在空气中冷却那样，在结晶器出口处铸锭表面温度回升，凝固壳表面膨胀，而其内部结晶层承受拉应力作用，会产生内部热裂纹。因此，在生产中二次冷却强度通常保持在 $\alpha = 290.8 \sim 581.5\ W/(m^2 \cdot ℃)$的水平上。这样，虽然或多或少地导致液相穴深度较大地增加，同样会导致内部缩松区有某种程度增加，但是可以避免裂纹的出现。

M. Я. Бровман 等人根据研究结果[37]，提出了在结晶过程中计算铸锭的应力和变形的方法。计算结果表明，张应力在内部大于铸锭的加热层。

凝固层应力 σ 和应变 ε 的最大值为：

$$\sigma = C_1 \cdot E \cdot \alpha \cdot \Delta t \tag{4-27}$$

$$\varepsilon = C_2 \cdot \alpha \cdot \Delta t \tag{4-28}$$

式中 α——线(膨)胀系数；

Δt——熔点与铸锭表面温度差，℃；

E——弹性模量；

C_1, C_2——常数，对于弹性介质采用 $C_2 = 0.16$，对于塑性变形 $C_2 = 0.34$。

当温差 Δt 值很大时，变形可达产生裂纹的数值。

沿铸锭长度上恒定的冷却强度，不能保证铸锭质量得到最佳效果。使二次冷却区整个长度上的变形残留最小，这样的二次冷却制度是最为合理的。根据式(4-28)，这相当于在二次冷却区整个铸锭表面上的温度恒定；此时要求沿整个铸锭长度上分布的冷却强度必须是变化着的。下面讨论二次冷却强度的变化规律。

凝固壳厚度 δ 随时间 τ 按平方根规律增长，即 $\delta = \sqrt{k\tau}$，式中比例系数 k 为：

$$k = \frac{2\Delta t \cdot \lambda}{Q\rho} \tag{4-29}$$

式中 λ——热导率；

Q——结晶潜热；

ρ——密度。

因此，冷却强度 q 可按下式确定：

$$q = Q\rho \frac{d\delta}{d\tau}\left[1 + \frac{c\rho}{\lambda} \cdot \delta \cdot \frac{d\delta}{d\tau}\right] = \frac{\lambda \cdot \Delta t}{\delta}\left(1 + \frac{2\Delta t \cdot c}{Q}\right) \tag{4-30}$$

式中 c—金属热容。

冷却强度 q 即铸锭冷却过程中的平均热流为：

$$q = \alpha(t_{表} - t_{水})$$

式中 α——传热系数；

$t_{表}$——二次冷却区内铸锭表面的平均温度，℃；

$t_{水}$——二次冷却水的温度，℃，与 $t_{表}$ 相比很小，可忽略不计，则 $q = \alpha t_{表}$。

因此，传热系数可按下式计算

$$\alpha = q/t_{表} \tag{4-31}$$

在连铸设备上，α 值取决于单位时间内铸锭单位表面上的比例耗水量 R($m^3/(m^2 \cdot h)$)。

以厚度为 0.15 m 的扁钢锭为例，按下述数据进行计算：$\lambda = 0.029$ W/(m·℃)；$Q = 268$ J/kg；$t_0 = 1500$℃；$c = 0.628$ J/(kg·℃)；$\rho = 7000$ kg/m³；根据实践经验，铸锭的表面温度沿二次冷却区的长度上从1200℃到900℃变化着，铸锭不至于出现内裂废品，据此凝固壳内平均温差为450℃。代入式(4-29)可得：

$$k = (2 \times 450 \times 25)/(64 \times 7000) = 0.05(m^2/h)$$

因此，$\delta = 0.224\sqrt{\tau}$ 。而 q 值为：

$$q = \frac{450 \times 25}{0.224\sqrt{\tau}}\left(1 + \frac{2 \times 450 \times 0.15}{64}\right) = \frac{15 \times 10^2}{\sqrt{\tau}} \tag{4-32}$$

$$\alpha = (15 \times 10^4\sqrt{\tau})/1060.7 = 140/\sqrt{\tau} \tag{4-33}$$

完全凝固时间 $\tau_0 = 0.112$ h。

М. Я. Бровман 等人试验研究表明，传热系数与比例耗水量呈直线变化：

$$\alpha = (70 \sim 80)R \tag{4-34}$$

二次冷却传热系数与比例耗水量的这种关系，在 А. Д. Акименко 等人的研究中也得到证实，相当于比例系数等于68。取 $\alpha = 70R$，则二次冷却比例耗水量的变化规律可采用如下形式：

$$R = \frac{2}{\sqrt{\tau}} \quad m^3/(m^2 \cdot h) \tag{4-35}$$

根据式(4-32)、式(4-33)和式(4-35)测量的结果，凝固过程中，q、α 和 R 随时间的变化如图4-49所示。

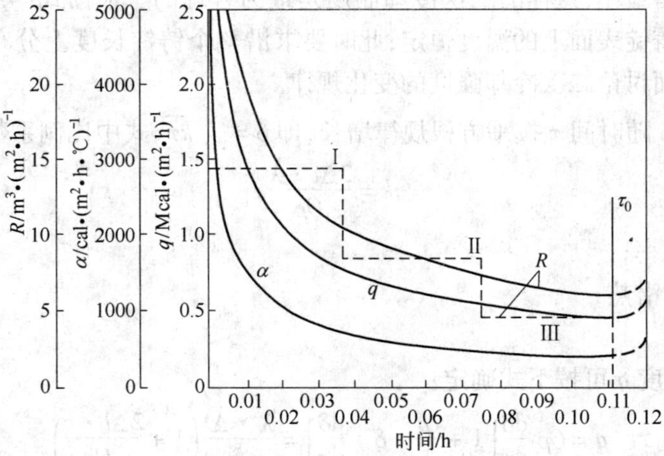

图4-49　沿二次冷却区铸锭长度分布的热流 q、传热系数 α 和比例耗水量 R 数值关系[37]

Ⅰ～Ⅲ—新 Лепель 冶金厂 УНРС 设备的三段实际耗水量

在二次冷却区开始时，希望 R 值增加不大，以期不出现大的内部拉应力。随后逐渐减小耗水量，使铸锭表面温度缓慢下降，并使铸锭在结晶终了以前，铸锭表面温度不低于塑性变形温度。Ⅰ～Ⅲ段呈梯形变化的虚线是新 Лепель 冶金厂 УНРС 设备上二次冷却实际比例耗水量 R 值的分配原则，这样便于实际操作。现在使用计算机可以实现智能优化控制。

4.11 弯月面在连续铸锭过程中的作用

在敞露液面的立式连续铸锭中，弯月面直接影响铸锭的表面质量。在封闭式连续铸锭过程中，仍然可以充分有效地利用弯月面的作用，以确保连续铸锭过程的稳定性，使铸锭获得良好的表面质量。

4.11.1 弯月面在封闭式连续铸锭过程中形成过渡区

水平连铸和热顶铸造相对于铸锭在结晶器内成形而言均属封闭式连续铸锭。在封闭式连续铸锭过程中，作为自然形成的弯月面已引至中间包或储液槽内液面处，对封闭式连续铸锭过程不会发生什么不良影响。在这里主要是探讨结晶器入口端面与储液槽或导流区（分离环）出口端面交接处弯月面的作用。此处的弯月面实际上是可以人为控制的。

通常储液槽或导流区都是用绝热材料做成，而结晶器采用导热性能好的材料制作，两者导热性能相差悬殊。在储液槽或导流区内，被铸金属处于液态高温下，而在结晶器内液态金属被激冷成固态；在两者之间发生了相变，而且在相变的过程中，铸锭还连续运动着，因而使封闭连续铸锭过程比敞露液面立式连铸变得复杂，操作也更困难。

在储液槽或导流区与结晶器之间形成稳定的过渡区，有利于连续铸锭过程的稳定控制。液态金属的弯月面是由于液态金属的表面张力而形成的。表面张力有微弱的定形能力，而又能使弯月面保持液态。可以在设备结构上创造条件，以便形成冷热突变区。在被铸金属的液相与固相之间形成转换的过渡区，有利于保持连铸过程中的连续性。因此，在储液槽或导流区与结晶器之间建立稳定的弯月面过渡区，对于封闭式连续铸锭是至关重要的，而且是可能实现的。这一点在铝及铝合金的热顶铸造和水平连续铸造过程中得到充分的证实。

在弯月面上保持最大的气相空间很有必要。弯月面上的气相空间大，弯月面热辐射距离增加，可减慢弯月面的散热速度。弯月面呈圆弧形，因此，储液槽或导流区与结晶器端面之间成直角相交，可使弯月面上的气相空间达到最大值，降低弯月面的散热速度，避免液相穴的凝固前沿伸展到导流区。

分离环（导流区）与结晶器交角处的温度比较低，在角顶处分离环上的表面温度最低。如果分离环液流口边缘至结晶器壁的距离缩短，则角顶处分离环上的表面温度增高。因此，适当调节结晶器内储液槽或导流区的突缘尺寸是很有必要的。各种金属的弯月面半径和表面张力值是不同的，应根据具体条件适当调整突缘尺寸，在铝合金锭的热顶铸造中，应控制在 0～3.2 mm 以内。ϕ180 mm 的 6063 铝合金锭，在 730℃时以 100 mm/min 速度铸造，冷却水耗量为 2000 L/h，在敞露液面的结晶器内，弯月面的半径为 9 mm。在水平连铸工业纯铝母线的过程中，我们经常可以看到结晶器入口处约 8 mm 的纵向范围内，结晶器内表面为黑色的油污所覆盖，其后被铸锭刮磨得白亮。这表明在结晶器入口端的 8 mm 范围内，凝固壳没有直接接触结晶器壁。这个数值与上述立式连铸 6063 铝合金锭时的弯月面半径值相近。我们在水平连续铸造 ϕ10 mm 的工业纯铝杆时，导流板液流孔边缘距结晶器壁的距离为 1 mm 左右，铸造速度 1 m/min 左右，铝杆表面光洁。

在封闭式连续铸锭过程中，建立稳定的弯月面过渡区最根本的目的，是要控制液相穴的凝固前沿起始于结晶器壁上弯月面的根部。这一点只要使结晶器有足够的散热强度即可实现。从 3.1.1 节中已知，在激冷的结晶器内，凝固壳与结晶器壁之间的接触是频繁波动的；

在水平连铸结晶器入口处的波动频率最高，在水平连铸钢锭过程中，凝固薄壳的振动频率达到15～20次/s。这一点与立式连铸不同，因为在水平连铸过程中液态金属静压力沿液相穴长度上分布是相等的，而结晶器入口处凝固壳最薄，而且，在水平连铸激冷的结晶器入口处上下凝固壳的波动频率相差比较小。当水平连铸结晶器的散热强度比较低时，凝固壳的波动频率将会大大降低；而且结晶器入口处上下部凝固壳的厚度相差比较大，使液相穴的凝固前沿始点难以控制。这一点在连体式УНИИМ水平连铸铜合金锭时，可以清楚地看出来；采用水冷铜套内镶嵌石墨套的结晶器，而且通体石墨套管兼有冷却和导流的作用，无法准确控制凝固前沿。在这里并非因为石墨的热传导性能差，最主要的是在导流区与结晶器之间没有冷热突变的结构空间，未能充分利用液态金属弯月面的作用。

在封闭式连续铸锭过程中，由于储液槽或中间包内液态金属静压力的作用，导流区与结晶器交界处的弯月面曲率半径，会小于敞露液面立式连铸时自然形成的弯月面曲率半径。在水平连铸80 mm×400 mm铝母线的试验过程中，结晶器长度42 mm，沿400 mm宽面垂直安装，中间包内铝液面距母线中心的高度为300 mm，导流区的两个铝液流口中心至两个窄面的距离各为100 mm。作者曾观察到铝母线宽面上的冷隔宽度，下部小于其上部，并且随着铸造速度提高而缩小。例如，在同一铸次的铝母线宽面上，每100 mm长度内的冷隔个数，铸造速度为260 mm/min时，上端45个、中部47个、下端147个；铸造速度为310 mm/min时，上端85个、中部127个、下端164个。液态金属静压力作用于弯月面上，相当于降低了液态金属的表面张力。从式(3-23)中可知，液态金属的表面张力降低，弯月面的曲率半径减小。在封闭式连续铸造过程中，铸锭表面的冷隔宽度会小于敞露液面立式连铸时的冷隔宽度。

假设储液槽或中间包内液态金属水平面至弯月面上切点(根部)的高度为 h，自然形成的弯月面半径为 R，则弯月面承受的静压力 P 为：

$$P=\rho\left(h+\frac{R}{2}\right)LR \tag{4-36}$$

式中　P——静压力，gf(1 gf＝0.01 N)；

ρ——液态金属密度，g/cm^3；

h——弯月面上部切点处的液柱高度，cm；

R——自然形成的弯月面半径，cm；

L——弯月面弦长，cm，$L=(\sqrt{2})R$。

设弯月面的弧长为 S，则弯月面上单位长度的比例静压力 p 为：

$$p=\frac{P}{S}=\rho\left(h+\frac{R}{2}\right)\frac{L}{S}R \tag{4-37}$$

式中　p——比例静压力，gf/cm；

S——弯月面弧长，cm，$S=\pi R/2$。

已知弯月面的半径 r(cm)可表示为：

$$r=K\sqrt{\frac{\sigma}{\rho}} \tag{4-38}$$

式中　K——常数，对于钢 $K=5.43\times10^{-2}$；

σ——液态金属的表面张力，dyn/cm($1\ dyn=10^{-5}\ N$)；

ρ——液态金属密度，g/cm^3。

在封闭式连续铸锭过程中,弯月面所承受的液态金属静压力 p 相当于降低弯月面的表面张力。将式(4-37)计入式(4-38),则导流区与结晶器交界处的弯月面半径 r 为:

$$r = k\sqrt{\frac{\sigma}{\rho} - \left(h + \frac{R}{2}\right)\frac{2\sqrt{2}}{\pi}R} \tag{4-39}$$

从式(4-39)中可以看出,为了充分发挥弯月面的作用,储液槽或中间包内的液位不宜过高。

4.11.2 弯月面为封闭式连续铸锭提供润滑空间

在敞露液面的立式连续铸锭过程中,凭借弯月面处可顺利进行连续润滑。在封闭式连续铸锭过程中,由于液态金属静压力的作用,不仅将液固相变区封闭住了,而且使液相穴顶部的凝固壳比敞露液面时更紧密接触结晶器壁,给连续润滑带来困难。在导流区与结晶器交界处形成冷热突变结构空间,形成液态金属弯月面;在弯月面上部可提供一定的稳定空间,有利于润滑剂从此处导入。这一点从热顶铸造中可以清楚地看出来。

采用石墨结晶器时,虽然可以达到润滑的目的,但是润滑效果的可控性差,而且容易磨损;对于有的被铸金属,例如钢锭不能采用石墨来制作结晶器。在封闭式连续铸锭过程中,弯月面处可顺利实现可控性连续润滑。例如,热顶铸造中的油气模润滑技术,能取得良好的润滑效果,可以控制润滑剂的成分,控制润滑剂的耗量,改变弯月面上部空间的气氛,还可以借调节润滑剂的温度来控制弯月面散热速度。

在封闭式连铸过程中,建立稳定的弯月面过渡区,最根本的目的是避免弯月面过度散热。仅有建立弯月面的有效空间,还不能自然达到这个目的,必须通过润滑等措施来控制弯月面的散热速度,才能控制液相穴凝固前沿始于弯月面与结晶器壁接触的根部。

弯月面的曲率半径随不同金属而异。润滑剂引入的空间位置,可以根据具体情况确定。我们在水平连续铸造铝锭的过程中,根据实践结果,将润滑剂引入位置至结晶器入口处确定为6 mm。也可以从结晶器与导流区交接处引入润滑剂。

4.11.3 弯月面对铸锭表面质量的影响

在连续铸锭过程中,铸锭的表面往往出现冷隔缺陷和表层偏析组织。这些都与弯月面的散热状况有关。热顶铸造的铝合金锭表层偏析现象,前面已经讨论过。值得提出的是,形成表层偏析过程的桥式结合源于弯月面的表面张力。合理地控制弯月面的散热速度,就是合理地利用其表面张力,削弱乃至消除桥式结合作用,有利于减弱乃至消除表层偏析。

在弯月面与结晶器壁接触的根部,当冷却强度较大或连续充型的金属液流供应不足时,弯月面的形状被冷凝固定,随着冷却过程持续进行,使弯月面的固化区域向铸锭中心扩展。当弯月面固化过程失去平衡时,金属熔体再次充型达到结晶器壁与之接触,形成新的弯月面。如此周而复始地进行,形成有规律的波浪面。这种固化的弯月面称为冷隔。随着冷却强度的增大,弯月面的固化区域扩大,形成的冷隔宽而深。这种现象在方锭的角部最容易出现,因为角部的散热最快。所以通常结晶器内壁的角部做成圆弧形,如生产铝方锭时圆弧半径为15~20 mm。

冷隔是扁锭侧裂、圆锭横向裂纹的起因。同时,冷隔的存在增加了铸锭铣面和车皮量,降低了铸锭的成品率。因此,在连铸过程中应尽可能避免弯月面冷凝固化,控制固化区域,防止深的冷隔出现。

使弯月面冷却强度增加的因素有：铸造温度低、铸造速度慢和润滑剂等。铸造温度低，则液态金属过热度低、显热少，达到凝固点的时间短，容易扩大弯月面的固化区域。铸造速度慢，逆流导热距离增加；弯月面根部的冷却强度增大，加强弯月面的散热速度。

液体润滑剂在高温下会发生热分解和燃烧现象。碳氢化合物热分解后会产生许多氢气。气隙内的氢含量增加，能增加气隙的热导率，因而加入液体润滑剂会增强弯月面处的散热速度，润滑剂的温度低会加强这种效果。采用油气混合物作为润滑剂，减少气隙中的氢含量，对控制弯月面的散热速度有利。油气模润滑技术的应用，使铸锭表面质量良好。

根据 B. C. Елисов 在敞露液面立式连铸过程中对 ϕ330 mm 2A12（LY12）铝合金锭以 40 mm/min速度铸造的研究结果[38]，冷隔间距为 9 mm，表明弯月面半径为 9 mm，与 G. Fratina 等人在6063（LD31）铝合金锭连铸中所得的数值相同。为了消除铸造过程中冷隔的形成，必须保证供给结晶器周边单位距离上单位时间内的金属熔体量不少于 0.12 kg；保证结晶器中熔体水平最高位置及铸机平台匀速移动。欲保证供给结晶器周边的熔体量为 0.12 kg/（cm · min），则相当于铸造速度为506 mm/min。这一速度与 B. Г. 郭罗夫斯金法连铸时的速度相吻合，利用铝液表面张力成形，铸造速度一般为 600 mm/min 左右。我们在水平连续铸造 ϕ10 mm 的铝杆时，铸造速度为 1000 mm/min 左右，铝杆表面不出现冷隔缺陷。

4.12 气隙对封闭式连续铸锭过程的作用

在连续铸锭过程中，凝固壳与结晶器壁之间产生气隙之后，结晶器的散热速度大为减弱。从传热的角度来说，气隙对连铸过程是有害的，应尽可能避免气隙的不利影响。

在连续铸锭过程中，气隙对结晶器散热的有害作用主要在稳定的气隙区。特别是在结晶器内直接接触区与稳定气隙区交界处，凝固壳表层温度回升，容易产生表面纵裂纹。人们通常所说的气隙有害作用指的就是这一区域。这一区域的长度，主要可以通过结晶器的有效长度和铸造速度来控制。缩短结晶器的有效长度，即可缩短稳定气隙区的长度。当结晶器的有效长度一定时，提高铸造速度，可缩短稳定气隙区的长度。对于热导率和热扩散率较高的被铸金属，当铸造速度比较低时，二次冷却的逆流导热距离可以延伸到稳定气隙区，甚至可达直接接触区。

在连续铸锭的结晶器内，凝固壳与结晶器壁之间的接触是波动性的。也就是在接触区内同时存在不连续的气隙；这种气隙也是波动的。波动的气隙对连续铸锭是有益的，应充分利用它。小尺寸波动气隙的有益作用主要有两方面：一是可减弱连铸过程中的应力作用；二是为铸锭与结晶器之间的相对运动创造了有利条件，使稳定的连铸过程得以实现。

连续铸锭过程的稳定性，一方面决定于开始成形区内凝固壳的强度极限和塑性之间的对比关系；另一方面还决定于由摩擦力、液态金属静压力、温度梯度、金属冷却收缩和黏附等作用在凝固壳内产生的应力大小，它们与凝固壳同结晶器壁接触面积的大小有关。

凝固壳同结晶器壁之间的直接接触，具有部分接触的规律性。B. B. Сачко 等人对水平连续铸钢的成形机理进行过研究[39]，假如凝固壳同结晶器壁之间存在着紧密接触，在这两种情况下，某一时间内凝固壳同结晶器壁接触过程的特征可以用下式来描述：

部分接触时：$\tau_o^r < 100\%$，$F_k^r < 1$；

紧密接触时：$\tau_o^T = 100\%$，$F_k^T = F_H = 1$；

$$F_k^o = F_k^r / F_H = \tau_o^r / \tau_o^T \leqslant 1 \tag{4-40}$$

式中 F_k^o——相对接触面积；

τ_o^r, τ_o^T——部分接触和紧密接触时的相对接触时间，%；

F_k^r, F_k^T——部分接触和紧密接触时凝固壳同结晶器壁的接触面积；

F_H——凝固壳同结晶器壁的名义接触面积。

式(4-40)表明，凝固壳与结晶器壁相互接触的面积同它们之间的名义接触面积之比例关系，其比值是相对接触面积。部分接触面积 F_k^r 难以测量；但是，某点的部分相对接触时间 τ_o^r 可以准确测定。

考虑到相对接触面积这个参数，在开始凝固的初期(20 s 前)，凝固壳上部表面的正常压力和摩擦力产生的应力 σ^B(Pa)可由下式求出[40]：

$$\sigma^B = \frac{\rho g H_B F_H (1 + \mu_{摩})}{b \xi_B} \cdot F_k^o \cdot \frac{\delta_y}{\delta_\Sigma} \tag{4-41}$$

式中 ρ——液态金属密度，kg/m^3；

H_B——相对于凝固壳上部表面凝固前沿的金属液柱高度，m；

$\mu_{摩}$——凝固壳与结晶器壁之间的平均摩擦系数，钢与铜壁之间等于 0.5；

b——铸锭宽度，m；

ξ_B——上部凝固壳厚度，m；

δ_y——固态金属接近结晶温度下伸长率的弹性分量，%；

δ_Σ——固态金属接近结晶温度下破裂前的全部变形量，%；对于含碳量为 0.16% 的碳钢，δ_y/δ_Σ 之比值等于 0.4；

g——重力加速度，m/s^2。

凝固壳下部表面的正常压力和摩擦力产生的应力 σ^H(Pa)可由下式求出：

$$\sigma^H = \frac{(\rho g H_H F_H + Q)(1 + \mu_{摩})}{b \xi_H} \cdot F_k^o \cdot \frac{\delta_y}{\delta_\Sigma} \tag{4-42}$$

式中 H_H——相对于凝固壳下部表面凝固前沿金属液柱的高度，m；

Q——凝固壳的重量，N；

ξ_H——下部凝固壳的厚度，m。

凝固壳收缩阻力产生的应力为：

$$\sigma_y = \alpha E \Delta T_s F_k^o \cdot \frac{\delta_y}{\delta_\Sigma} \tag{4-43}$$

式中 α——金属的线收缩系数，1/K，对于钢等于$(2 \sim 3.6) \times 10^{-5}$/K；

E——金属在临近结晶温度时的弹性模量，N/m^2；

ΔT_s——凝固壳表面平均温降，K。

凝固壳上温度梯度产生的温差应力(Pa)为：

$$\sigma_T = \frac{1}{2}(T_b - T_s) \frac{\alpha E \mu}{1 - \mu^2} \cdot \frac{\delta_y}{\delta_\Sigma} \tag{4-44}$$

式中 T_b——开始凝固温度，K；

T_s——凝固壳表面温度，K；

μ——泊松系数，钢为 0.4。

凝固壳表面温度 T_s(K)可按下式求出:

$$T_s = T_b - q_{f(\tau)} \cdot \xi_{f(\tau)}/\lambda \tag{4-45}$$

式中　$q_{f(\tau)}$——热流密度,W/m²;

$\xi_{f(\tau)}$——凝固壳厚度,m;

λ——金属在临近结晶温度下热导率,对于钢在 1273 ~ 1773 K 等于 24.3 ~ 36.4 W/(m·K)。

凝固壳内总应力为:

$$\Sigma\sigma = \sigma + \sigma_y + \sigma_T \tag{4-46}$$

以 75 mm×500 mm 3 号扁钢锭为例,在 900 mm 长的水冷铜结晶器内水平连续铸锭。ρ = 7000 kg/m³,中间包内钢液水平至结晶器中心线高度为 0.250 m,即 H_B = 0.213 m,H_H = 0.287 m;T_b = 1773 K;$\mu_{摩}$ = 0.5;δ_y/δ_Σ = 0.4;μ = 0.4;α = (2 ~ 3.6) ×10⁻⁵/K;λ = 24.3 ~ 36.4 W/(m·K)。按上述方法计算凝固壳的纵向作用应力,计算结果如图 4-50 所示。

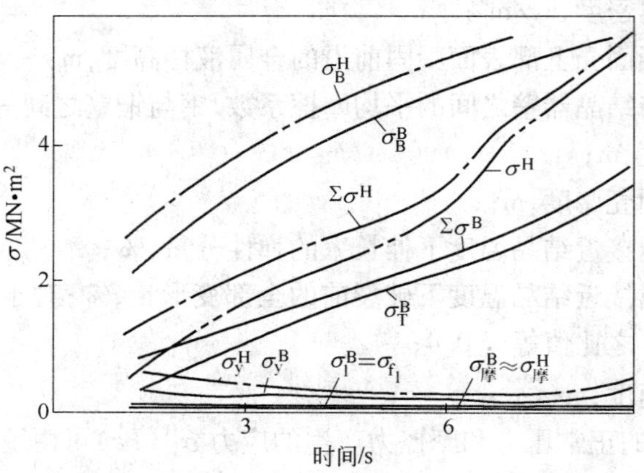

图 4-50　75 mm×500 mm 凝固壳上、下部表面应力值与时间的关系[39]

$\sigma_{摩}^B$ 和 $\sigma_{摩}^H$—凝固壳上下部表面由正常摩擦力产生的应力(未考虑黏着力);σ_{f_1}—金属的实际断裂强度

根据计算结果表明,在 1 ~10 s 的凝固时间内,凝固壳上、下部两个表面的总应力都小于 3 号钢的强度极限。凝固壳上部表面的应力值总是小于下部表面的应力值。因此,这些应力不可能导致凝固壳横向破裂。

B. B. Сачко 等人还分析了钢和结晶器入口端的黏土连接管(导流区)之间的热交换情况,分析结果表明,当结晶器内钢液的温度高于 1783 K 时,钢液不可能在黏土连接管壁上凝固成形。因而,凝固壳由于悬挂在连接管(导流区)壁而被拉断的情况也就不存在。在这里,B. B. Сачко 等人忽略了结晶器冷却所形成的逆流导热作用。

因此,可以认为,凝固壳在结晶器内每个相对移动周期内,凝固壳的横向破裂都是由于上述几种应力和凝固壳同结晶器壁之间的黏结应力综合作用的结果。根据实验数据,保证破裂区凝固壳之间形成坚固的连接"桥"所必需的时间不能小于 0.5 ~1 s。

如果在水平连铸的结晶器内,凝固壳的破裂是发生在凝固的第 1 s 时,那么,破裂时摩擦系数 $\mu_{摩}$(Pa)的可能数值可由下式求出:

$$\mu_{摩} \geqslant \frac{b\xi(\sigma_b - \Sigma\sigma)}{\rho g H F_H} \tag{4-47}$$

式中 σ_b——金属在临近结晶温度下的强度极限,Pa;

$\Sigma\sigma$——凝固壳内的总应力,Pa。

根据上述数据计算的结果,沿凝固壳上部表面破裂时,摩擦系数 $\mu_{摩}\geqslant 11.5$;沿凝固壳下部表面破裂时,摩擦系数 $\mu_{摩}\geqslant 10.8$。凝固壳下部表面破裂时的摩擦系数比较小,是因为下部表面同上部表面比较起来,其总应力比较大所造成的。这一点已为凝固壳下部表面破裂的几率比上部表面大的事实所证实。

В. В. Сачко 等人根据结晶器振动的拉坯制度,为保证第一个行程区域内凝固壳强度所必须的条件,得出一个估计水平连铸极限浇铸速度(m/s)的公式:

$$v\leqslant\left[\frac{(\sigma_b-\sum\sigma)K}{\mu_{摩}\rho gHF_k^{\circ}}\right]^2\cdot\frac{1}{t} \tag{4-48}$$

式中 K——凝固系数,$m/s^{\frac{1}{2}}$;

t——拉坯行程,m。

由式(4-48)可以看出,要想提高浇铸速度,必须使凝固速度和凝固壳内的总应力具有一个合适的比例关系,降低液态金属的静压力,降低摩擦系数,缩短拉坯行程。

根据式(4-48)的计算,对于 75 mm×500 mm 的 3 号钢锭,拉坯步距为 0.02 m,周期为 2 s,极限浇铸速度为 0.065 m/s。试验中,这种断面铸锭的浇铸速度没有超过 0.017 m/s。浇铸速度的差别,认为是因为结晶器壁缺乏润滑,钢与铜壁的黏结现象比较严重,而且铸锭没有二次冷却。实际上,在分体式 УНИИМ 水平连铸过程中,凝固前沿容易伸入到导流区内,特别是在停歇和振摆过程中更容易出现这种现象,致使凝固壳破裂。

根据上述对水平连铸结晶器内凝固壳横向破裂与应力的关系分析,凝固壳上产生的应力与相对接触面积有着密切的关系。由于气隙的形成,接触区的实际接触面积减小;因而凝固壳上产生的应力降低,在拉坯过程中避免了凝固壳横向破裂,保证了连续铸锭过程的稳定性。由于液态金属静压力沿液相穴长度上的等值性,而液相穴顶部的凝固壳厚度最薄,因此,在结晶器入口处的凝固壳同结晶器壁相对接触的面积最大,总应力值也最大。

4.13 结晶器激冷对连续铸锭的作用

在连续铸锭过程中,铸锭的成形全靠结晶器的冷却作用。凝固壳以一定的速度冷却,不仅有利于连续铸锭过程的稳定,而且有利于提高铸锭的表面质量和内部质量。

4.13.1 结晶器激冷可促进凝固壳与结晶器接触的波动性

在连续铸锭过程中,采用水冷铜结晶器时,冷却速度是很快的。据资料报道[40],液态铝吹洒在水冷铜板上急速冷却,过冷度可达 160℃;此时的冷却速度达到 14000℃/s。在这样高的冷却速度下,液态金属与水冷铜壁接触则急剧冷凝成形,但凝固壳的厚度很薄;同时由于高速冷却,凝固壳表面的温度很低,凝固壳层的平均温度也比较低,壳层瞬时强度极限比较高。因而,由于凝固壳冷却收缩和液态金属静压力的作用而引起凝固壳与结晶器壁接触的波动频率增加。Л. С. Рудой 等人研究了立式连铸 420 mm×175 mm 钢锭往复运动时的接触情况[41],拉坯速度为 0.6 m/min 时,相对接触面积沿高度分布,窄面不超过 50%,宽面约等于 25%;拉坯速度由 0.4 m/min 增至 0.6 m/min,平均为 17% 增至 25%。结晶器壁近处无液相或固-液相。

根据连续铸钢过程中结晶器的热传导测试结果[42]，对于150 mm×580 mm×1400 mm的结晶器，铜壁厚度为10 mm，无锥度；3号钢液的浇铸温度为1560～1580℃；铸造速度为400 mm/min；热电偶的位置为：离铜壁内表面2 mm，距铜壁外表面1 mm。测量结果为，结晶器铜壁上部温度，在靠近铸锭那一面达到100～120℃，有个别瞬间达到了180～200℃；在靠近冷却水那一面的温度约为80～90℃。在结晶器接触区内铸锭表面温度已降低到600～900℃；后因稳定气隙生成，铸锭表面温度又有回升现象；此后又逐渐下降；在出结晶器时，铸锭表面温度，宽边为600～1100℃，窄边为1100～1250℃。若是铸造速度加快，则出结晶器时铸锭表面的温度还会高些。

从图3－2中可以看出，浇铸6063铝合金锭时，结晶器工作表面的温度在接触区为50～70℃，其波动性明显；这说明铸锭凝固壳与结晶器壁的接触是波动的。这一点从图4-15在连续铸造过程中铸锭的温度分布特性中也可以看出来，凝固壳表面可降低到600℃左右。

结晶器的激冷作用，使凝固壳表面温度剧降，既促进了凝固壳与结晶器壁之间接触的波动性，又可提高凝固壳的瞬时强度极限，可以提高连续铸锭过程的稳定性。这一点对水平连铸是特别有意义的。根据Б. З. Кононов对"悬挂"现象的原因分析[43]，认为"悬挂"现象是因新生凝固层黏结在结晶器内壁上所造成的。这种黏着力，在液固区或固液区两相混合物相互作用时，增加得最厉害。因此，在开始结晶区内，液态金属与结晶器内壁相接触的地方才会产生这种力。在这种情况下，不施加任何外力即可产生悬挂现象，在铸坯纵向凝固层之间形成断裂面，因为在两相区内未形成密实的整体凝固层。当凝固层产生断裂时，黏着力已经作用在断裂面上，而不是作用在金属表面上，使悬挂的凝固层在原处不动。Б. З. Кононов的这种解释，在结晶器冷却强度较低时起作用。例如，采用石墨套结晶器水平连铸铜合金锭时，石墨结晶器工作壁的温度接近铜合金的固相线温度。这一点从表3－3结晶器中的实测温度数据中可以看出来。水平连铸ϕ60 mm的HPb59-1黄铜锭时[28]，在铸锭成形区内，石墨结晶器壁上部的温度为863℃，其下部的温度为817℃；在液相穴底的断面内，石墨壁上部的温度仍为814℃，其下部的温度仍为817℃，而HPb59-1黄铜的凝固温度范围为896～886℃。在这样的条件下，凝固壳层的温度很高，凝固壳的波动性很差，凝固壳与结晶器壁的相对接触面积比较大，凝固薄壳容易被拉裂。众所周知，任何钢种都存在三个脆性温度区，Ⅰ区T_m～1200℃，由于沿枝状晶界面驻留的液相薄膜导致界面强度差，拉裂为沿晶界断裂；Ⅱ区1200～900℃，钢处于奥氏体状态，由于结晶过程中P、S以及氧化物等杂质在奥氏体的晶界析出提供了晶界空洞源，而导致塑性下降；Ⅲ区900～600℃，由于共析体薄膜的形成，导致基体(晶内)强化和晶界的滑动。连续铸钢过程中，在结晶器内铸坯尚未离开结晶器壁时，铸坯表面温度已降低到600～900℃[42]。充分利用结晶器激冷作用的有利条件，可以避免凝固壳表面的两相区存在，有可能越过钢的脆性温度区。

在结晶器激冷的条件下，凝固壳瞬间形成，可将液相穴的凝固前沿始于弯月面与结晶器壁接触的根部，因而可避免两相区的黏着作用。在水平连铸铝锭过程中，采用水冷铜结晶器，我们观察到铸造终了时，锭尾表面总是很光滑的。在水平连铸65 mm×300 mm的铝扁锭时，带石墨内套的结晶器的铸造速度为140～160 mm/min；紫铜结晶器的铸造速度为250～300 mm/min，比前者快一倍，而且铸坯质量也比前者好得多。这表明在铜结晶器激冷的条件下，凝固壳层的平均强度得以提高。具有正常而光滑表面的铸锭，其结晶器壁的温度相对较低。

4.13.2 激冷对铸锭周边细等轴晶区的影响

液态金属在快速凝固条件下能获得晶粒尺寸为微米数量级的金属。为了获得微晶结构，一般要求凝固冷却速率大于$10^2 \sim 10^5$℃/s。前面已提到，液态纯铝滴在水冷铜板上，其冷却速度达14000℃/s。据此，在水冷铜结晶器内，液态金属被激冷，铸锭周边获得细小晶粒组织是具备必要条件的。例如，知水先生在立式连铸变压器硅钢铸锭时[44]，铜板装配式结晶器为90 mm×90 mm×1000 mm，铸锭组织为三带：边缘为细小等轴晶带，一般3～4 mm，方向性很强的柱状晶带为25～30 mm左右，中心为大晶粒等轴晶。从前述已知，在倾斜连铸碳钢锭时，铸锭周边细等轴晶带，上部一般为6～8 mm，其下部为10～15 mm，两侧一般为7～9 mm。

封闭式连续铸锭时，结晶器激冷主要从两个方面影响铸锭周边细等轴晶区：一是快速冷却细化晶粒；二是促进凝固壳的波动性接触的频率提高，碎裂凝固前沿的枝晶。

热模水平连铸Sn-5%～50%Pb合金锭时[45]，铸锭表面非常光滑，宏观组织为定向凝固组织，无等轴晶。用8 mm×300 mm的结晶器[46]，以700 mm/min的速度水平连铸Al-2%Fe合金带坯时，由于铸带的高速冷却形成过饱和含铁量；根据树枝晶臂间距测定结果，其冷却速度是板坯锭铸造时的几十倍。

由于结晶器的激冷作用，促进了凝固壳与结晶器壁之间的波动性接触频率的提高，有利于铸锭周边细等轴晶区的形成。茂木彻一等人的喷射结晶学说有着相似的原理[47]，他用NH_4Cl-H_2O模拟凝固过程，直接观察了等轴晶的生成结构；接着观察了纯铝、Al-Cu和Al-Ti合金熔液在种种气体压力下，液面冷却凝固后的宏观组织。在模拟试验中，从液面下成长的树枝状晶体的侧枝没有熔断。在凝固初期形成的覆盖于液面上的极薄的NH_4Cl结晶变成的凝固壳，由于自身的脉动，一部分破坏，其微小的碎片分散于熔液内，认为这就是喷射结晶的起源。99.99%Al铸锭，无论在什么条件下都是柱状晶组织。99.8%Al在炉内处理的铸锭，当凝固时液面被破坏，在大的气体压力下进行冷却时，生成等轴晶。在Al-Cu和Al-Ti合金中，Cu和Ti是溶质元素，液面上凝固壳的界面形状不稳定，因此在炉内处理时即使在气体压力小的场合，也观察到等轴晶。在这里说明，等轴晶的形成既与合金本身的性质有关，又与凝固壳的波动有关。

在封闭式铸造过程中，由于液态金属静压力的作用，在液相穴顶部凝固壳的波动性大于敞露液面的立式连铸时的波动性。因此，在激冷的作用下，封闭式连铸的铸锭周边细等轴区会更宽些；这一点从前面所列连续铸钢的铸锭周边细等轴晶区宽度的数值可以看出来。

4.13.3 激冷对气隙区散热的影响

结晶器壁内表面的温度降低，气隙区散热的热流增大，散热强度增加。反之，结晶器壁内表面的温度升高，气隙区的散热强度降低。

结晶器壁内表面的温度，与制作结晶器壁的材料性能密切相关。从图3-64中可以清楚地看出这种关系。因为不同材料的传热系数和热扩散率等物理性能各不相同，并且随温度变化而变化。材料的热扩散率表征温度扩散的速度快慢，传热系数则表征该材料的热传导速度的快慢。两者之间有依赖关系，但不是等同关系。例如，铜的传热系数约为铝的1.78倍，但铜的热扩散率仅为铝的1.25倍。因此，在铝合金的连续铸锭过程中，采用铝制作结晶器壁，也能产生激冷的效果。从提高结晶器的激冷效果考虑，宜使用铜制作结晶器壁。

石墨的热扩散率比铜和铝小得多,其传热系数更小。因此,采用石墨做结晶器壁时,结晶器的激冷效果差得多,特别是在被铸金属的熔点较高的情况下,激冷效果会更差些。石墨晶体多属六方晶系,由于层状结构的影响,性能的异向性明显;平行于层状结构的传热系数大于垂直于层状结构时,其热扩散率可与铝相近。

4.13.4 冷却水对结晶器激冷效果的影响

在目前的生产条件下,连续铸锭过程中通常都是采用水作为冷却介质。经结晶器壁传递的热量,通过冷却水与之交换把热量带走。铜质结晶器壁的热阻值小于水与结晶器壁之间热交换的热阻值。因此,冷却水对结晶器的激冷效果有着明显的影响。克伦纳尔和塔尔曼曾用铜制的和铁制的两种结晶器做过试验[42]。结晶器的长度为 300 mm,直径为 80 mm;铜的结晶器壁厚度为 5 mm,铁的结晶器壁厚度为 3 mm。测出各部分的传热系数列于表 4-19。结晶器各部分的热阻占总热阻的百分数列于表 4-20。

表 4-19 结晶器内各部分的传热系数实测结果[42]

型别 \ 实测资料	总传热系数 α /W·(m²·℃)⁻¹	气隙的传热系数 α_1 /W·(m²·℃)⁻¹	结晶器壁与水热交换之间的传热系数 α_2 /W·(m²·℃)⁻¹	结晶器壁 λ/d /W·(m²·℃)⁻¹
铜结晶器	2081.77	2326	23260 ~ 34890	68412.312
铁结晶器	1907.32	2326	23260 ~ 34890	17357.775

表 4-20 结晶器各部分热阻所占比例数[42]

结晶部位	局部热阻占总热阻的百分比/%	
	铜结晶器壁厚 5 mm	铁结晶器壁厚 3 mm
冷却水至结晶器壁外表面之间	7	7
结晶器壁	3	11
结晶器壁内表面至铸坯表面间的气隙	90	82

从表 4-19 和表 4-20 可以清楚地看出,结晶器壁材料不同,结晶器的传热系数差别很大;采用铜做结晶器壁时,水与结晶器壁之间的热阻大大超过了结晶器壁的热阻。从上述已知,连铸钢锭时铜结晶器壁接触铸锭的表面温度最高达 200℃。而在铝合金连铸时,采用 AlMgSi0.5 铝合金做结晶器,根据 J. Baumgarten 等人的立式连铸试验结果[48],浇铸温度为 690 ~ 700℃,结晶器内液面高度 50 mm,铸造速度为 140 mm/min 或 150 mm/min,冷却水耗量约为 35 L/min,结晶器壁靠近铸锭的表面温度为:铸造 99.5% Al 时最高温度略高于 300℃,铸造 AlMgSi0.5 时达 400℃。从提高结晶器的激冷效果考虑,首先要选用热导率和热扩散率高的材料制作结晶器,同时要很好地控制冷却水与结晶器壁之间的热阻值。

冷却水对结晶器的热导率和结晶器壁温度的影响,主要取决于水温和水流速度。冷却水温度低,传热系数高,而壁温低。根据常川雅功的研究结果[49],水温每升高 1℃,传热系数约减小 1%。

沙明红等人对连续铸钢结晶器的温度场进行了试验研究[50]。用紫铜制作壁厚为 5 mm 和 8 mm 两个尺寸的结晶器,试验装置如图 4-51 所示。

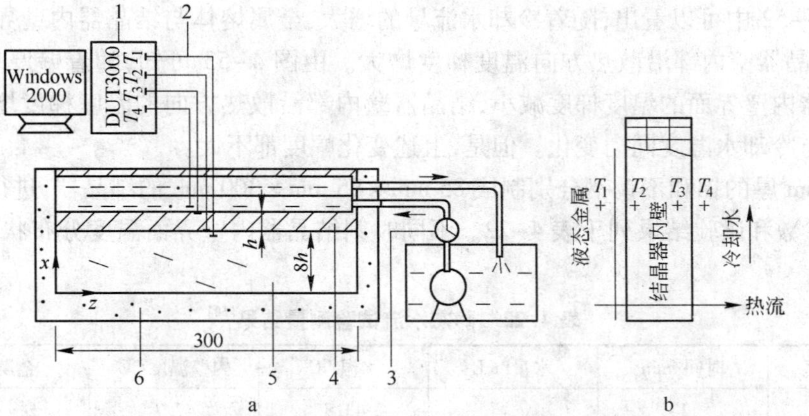

图 4-51　结晶器实验装置及其边界热流[50]

a—结晶器内壁温度分布实验装置；b—结晶器内壁边界热流

1—DUT3000 铸造性能测试仪；2—热电偶；3—流量计；4—铜结晶器；5—液态金属；6—绝热容器

结晶器内通冷却水，进水管接流量计。考虑到锡铅合金的密度和传热系数与钢接近，且熔点低，试验选用 Sn-5% Pb 合金加热至 280℃，置于绝热容器中，用 K 型 NiCr-NiSi 铠装热电偶点测金属液内部，测量结果作为铸坯中心温度。冷却水进口温度 20℃。T_1 热电偶插入金属液中靠近结晶器底部位置，测量结果作为铸坯表面温度。T_2、T_3 和 T_4 热电偶分别测量结晶器内壁两点及冷却水的温度。测量热电偶与 DUT3000 铸造性能测试仪数字化采集系统连接，同时记录四点的温度。

动态水流试验的相关参数和试验结果列于表 4-21。冷却水流量和结晶器壁厚对结晶器内壁界面温度分布的影响分别如图 4-52 和图 4-53 所示。

表 4-21　动态水流试验测量结果[50]

结晶器壁厚/mm	冷却水流量/L · h^{-1}	冷却水温度(T_4)/℃	金属液温度(T_1)/℃	结晶器内壁温度(T_2,T_3)/℃
5	120	33.6	254	88.5
8	120	33.4	248.3	93.8(81.4)
	120	33	223.9	81.4(75.6)
	80	36.8	241	99.2(87.6)
	160	32.1	222.6	76.2(68.7)

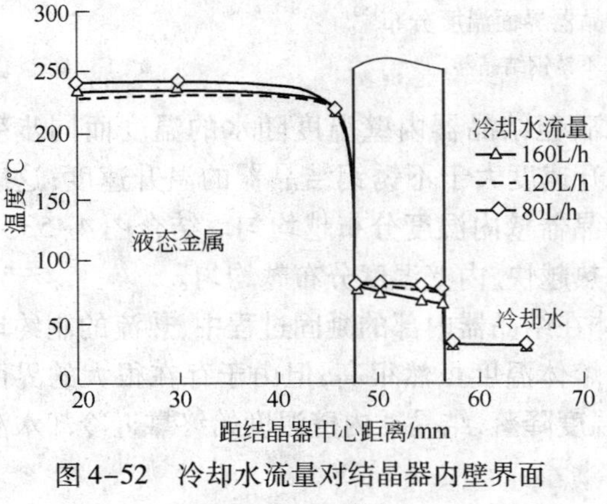

图 4-52　冷却水流量对结晶器内壁界面温度的影响[50]

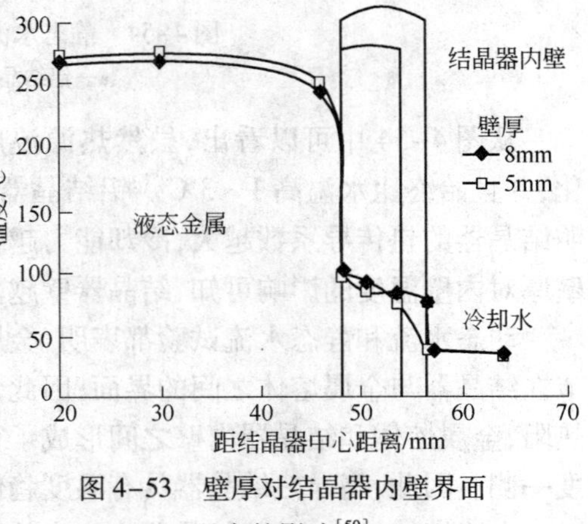

图 4-53　壁厚对结晶器内壁界面温度的影响[50]

从图 4-52 中可以看出，随着冷却水流量的增大，金属熔体与结晶器内壁界面的温度梯度增大，结晶器壁内部沿散热方向温度梯度增大。由图 4-53 可知，随着壁厚增加，金属熔体与结晶器内壁界面的温度梯度减小，结晶器壁内部沿散热方向的温度梯度增大。结晶器内壁温度与冷却水温度同向变化。但是，上述变化幅度都不大。

用 1 mm 厚的铝和不锈钢分别制成 85 mm × 85 mm × 300 mm 的结晶器，进行静态水流试验。相关参数和试验结果列于表 4-22。不同时刻结晶器内壁界面温度分布状况如图 4-54 所示。

表 4-22　静态水流试验测量结果[50]

结晶器类型	时间/min	水量/mL	水温/℃	内壁温度/℃	金属液温度/℃
铝	1	2000	43.8	47.7	225.7
	3		68.9	72.2	227
	5		91.2	96	227
	5.87		99.9	101.3	227
不锈钢	1	2000	45.1	46.4	238.4
	3		63.8	66.9	266
	6		91.2	93.7	266
	6.95		100	100.9	266

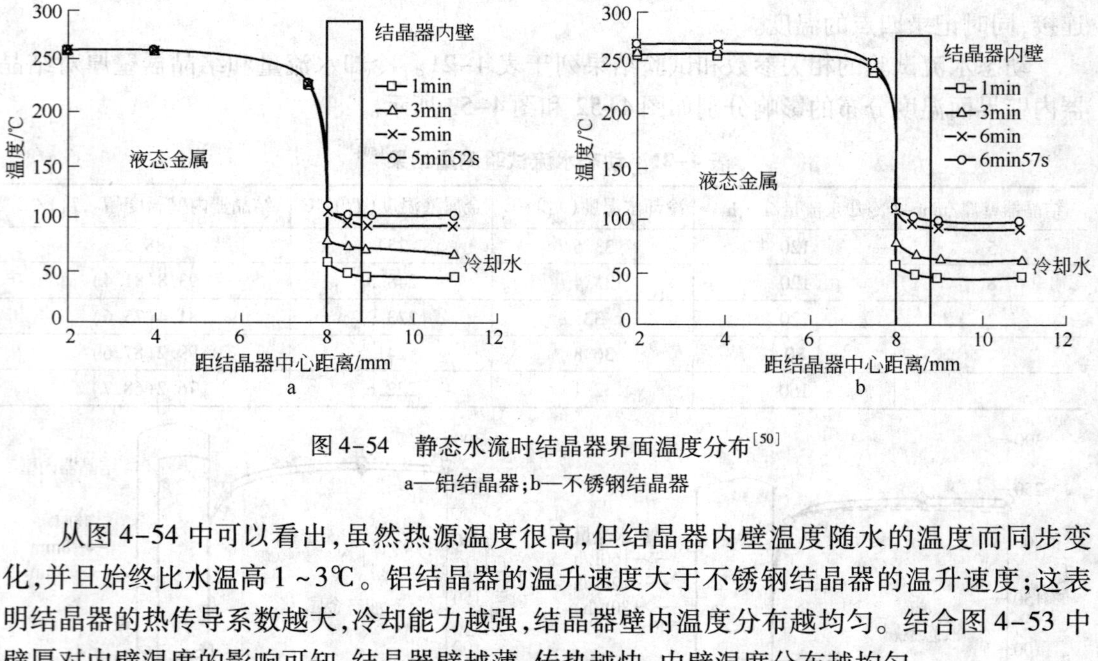

图 4-54　静态水流时结晶器界面温度分布[50]
a—铝结晶器；b—不锈钢结晶器

从图 4-54 中可以看出，虽然热源温度很高，但结晶器内壁温度随水的温度而同步变化，并且始终比水温高 1 ~ 3℃。铝结晶器的温升速度大于不锈钢结晶器的温升速度；这表明结晶器的热传导系数越大，冷却能力越强，结晶器壁内温度分布越均匀。结合图 4-53 中壁厚对内壁温度的影响可知，结晶器壁越薄，传热越快，内壁温度分布越均匀。

动态水流和静态水流试验都表明，金属熔体在结晶器内部的凝固过程中，热流的制约环节在结晶器与金属熔体之间的界面；因此，金属熔体温度虽然很高，但由于存在很大的界面热阻，金属熔体和结晶器内壁之间形成了很大温度降落，结晶器内壁温度始终靠近冷却水温度一侧。因此，高导热结晶器具有温度趋低性。

在连续铸锭生产中，结晶器冷却水的流速大大超过液态金属的流速。例如，在连续铸钢生产中,冷却水的流速是钢液流速的200多倍。在有色金属连续铸锭中,这种差数就更大了。并且,水的黏度远小于熔融金属。因而,冷却水的传热能力超过了熔融金属。传热系数α表征物质传热快慢的能力,按其数值顺序排列为:铜 > 钢 > 水。铜结晶器的传热系数很大,使其将液态金属传来的热量迅速地传给冷却水,处于紊流状态的冷却水又在瞬间将大量的热量带走。这样就保证了结晶器内壁温度能够靠近低温冷却水而不是高温液态金属。

在低导热结晶器中,结晶器内壁温度趋向与高导热结晶器不同。例如,用石墨套与水冷铜套组合的结晶器,其内壁温度趋近于被铸金属的熔点。C. M. Козаченко 等人对水平连铸易熔焊条圆锭时石墨套与水冷铜套组合结晶器中石墨壁上的温度分布进行过试验研究[51],试验时的结晶器结构如图4-55所示;被铸合金有:$H_1SnPb39$、$H_1SnPb50$、$H_1SnPb58$-2、$H_1SnPb68$-2和$H_1SnPb80$-2易熔合金,凝固范围从183℃到277℃;为了确定试验温度,对每种合金进行三次浇铸,即采取接近凝固范围的上限、下限和平均温度作为浇铸温度,浇铸试验参数列于表4-23。以凝固范围的平均温度t_{cp}浇铸时,确定结晶器的冷却强度对连铸过程稳定性的影响,每级水流速度持续浇铸时间不小于1 h,用ЭПП-09型电位计记录温度,并用渐近法确定石墨套的温度,接近于铸锭t_1和铜套t_2;根据测定的温度数据,按通过圆筒壁均衡传热计算热流。试验数据和计算数据列于表4-24,冷却水流速对石墨套内的温度分布和热流的影响如图4-56所示。

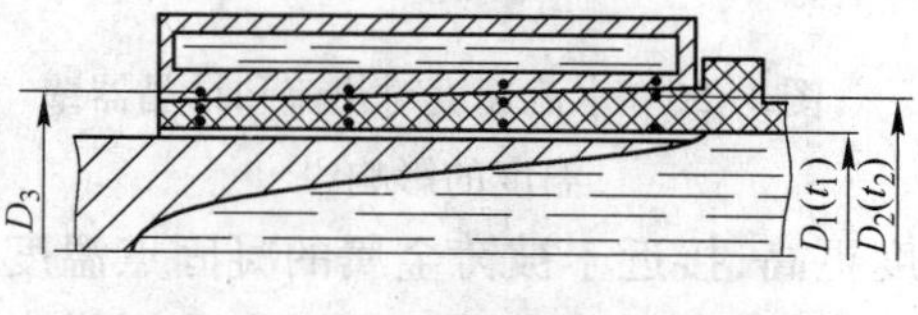

图4-55 石墨铜套结晶器测温热电偶安装示意图[51]

表4-23 浇铸试验参数[51]

合 金	拉坯周期时间/s		v_s/m · h^{-1}	t_{cp}/℃
	牵 引	停		
$H_1SnPb39$	2.5	27.5	4.1	190
$H_1SnPb50$	2.5	27.5	4.1	200
$H_1SnPb58$-2	3.0	27.0	5.4	210
$H_1SnPb68$-2	3.0	27.0	5.4	220
ПОС18	3.5	26.5	5.7	230

表4-24 试验数据和计算数据[51]

ω/m · s^{-1}	试测温度/℃		q/W · m^{-2}	计算温度/℃	
	t_1	t_2		t_1	t_2
0.2	129	117	60015.8	132.4	116.0
0.4	109	90	62141.7	111.2	89.3
0.6	95	78	63671.1	97.3	76.9
0.8	88	72	64448.5	90.4	71.0
1.0	84	68	64896.5	86.4	66.9

用最小自乘法处理表4-24中的计算数据温度t_1和t_2及热流q,得出结晶器石墨壁温度和热流随结晶器内水流速度变化的公式:

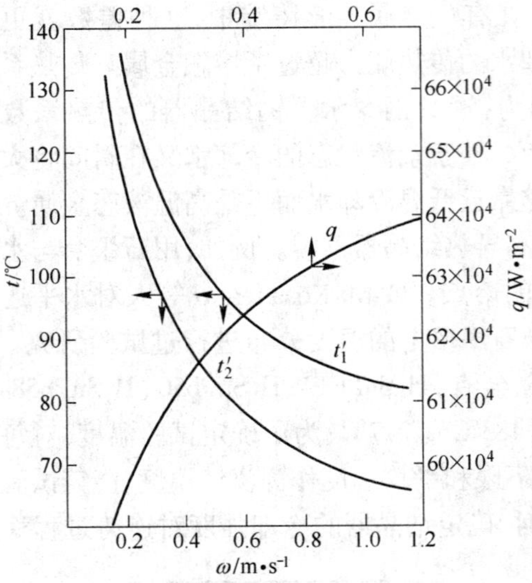

图 4-56　水流速度对热流和结晶器壁温度的影响[51]

$$q = 66320e^{-(0.023/\omega)} \tag{4-49}$$

$$t_1' = -114.7e^{-(0.1736/\omega)} \tag{4-50}$$

$$t_2' = -133.2e^{-(0.1387/\omega)} \tag{4-51}$$

式中　ω——水流速度，m/s。

从表 4-24 和图 4-56 中可以看出，结晶器石墨壁上的温度随冷却水流速的增快而降低，通过的热流随冷却水流速的增快而增大；但是，冷却水流速达到 0.8 m/s 以后，这种变化不大。这是因为金属凝固层传热系数小和气隙随凝固壳厚度增长而增大。

在石墨套与铜套组合的结晶器中，水平连铸 HPb59-1 黄铜锭时，在成形区内石墨壁上部温度高达 863℃，其下部高达 817℃[29]。这说明在高熔点金属的连续铸锭过程中，采用低导热材料制作结晶器时，结晶器壁上的温度更高，接近于被铸金属的凝固点温度。

为了提高传热效率，采用高背压供水操作时，结晶器壁内外表面的温度都会增高。

4.13.5　液态金属与结晶器内壁界面的传热系数

在连续铸锭过程中，结晶器内凝固壳生长时所放出的热量经结晶器壁由高速流动的冷却水带走。液态金属传出的热量有 96% 由冷却水带走，经过结晶器壁时损失约为 4%[52]。液态金属与结晶器内壁边界存在传导传热、对流传热和辐射传热方式。

沙明红等人对立式连续铸钢用铜结晶器的传热过程进行了系统研究[50]，提出了液态金属与结晶器内壁界面传热过程的等效传热系数 K_e 概念，以合理简化边界处理。结晶器的热流如图 4-51b 所示。

在稳定的连续铸锭过程中，结晶器出口处凝固壳厚度一定时，液态金属在经过结晶器的时间内散热总量基本相等。单位时间内冷却水带走的热量为：

$$Q_w = c_w \cdot \rho_w \cdot W \cdot (T_o - T_i) \tag{4-52}$$

式中　Q_w——冷却水带走的热量，J；

c_w——水的质量热容，J/(g·℃)；

ρ_w——水的密度，g/cm³；

W——冷却水流量，m³/h；

T_o，T_i——冷却水出口和入口温度，℃。

单位时间内边界传热以热流形式表示为：

$$Q_{i,i+1} = \frac{Q}{t} = q \cdot \Delta S = \frac{Q_w}{96\%} \tag{4-53}$$

式中　ΔS——有效传热面积，cm²；

t——凝固壳在结晶器内停留的时间，$t = l_1/v_c$；

l_1——有效结晶器长度，m；

v_c——拉坯速度，m/min；

q——平均热流，J/cm²。

把式(4-52)代入式(4-53)，导出冷却水流量与拉坯速度之间的关系式：

$$W = \frac{96\% v_c Q}{c_w \cdot \rho_w \cdot l_1 (T_o - T_i)} \tag{4-54}$$

由式(4-53)得出结晶器平均热流：

$$q = \frac{Q_w}{96\% \Delta S} \tag{4-55}$$

边界传热以等效导热方式表示为：

$$Q_{i,i+1} = q \cdot \Delta S = \frac{2K_e (T_{i+1,j,k} - T_{i,j,k})}{\Delta X_i + \Delta X_{i+1}} \tag{4-56}$$

式中 $T_{i,j,k}$，$T_{i+1,j,k}$——相邻单元温度，℃；

ΔX_i，ΔX_{i+1}——单元尺寸，cm；

K_e——等效传热系数。

将式(4-52)和式(4-55)代入式(4-56)，导出 K_e：

$$K_e = \frac{A_e \cdot W(T_o - T_i)(\Delta X_i + \Delta X_{i+1})}{2(T_{i+1,j,k} - T_{i,j,k})} \tag{4-57}$$

式中，$A_e = (c_w \cdot \rho_w)/96\%$。

在结晶器壁与冷却水边界，将冷却水对流换热转化为等效传热，则边界等效传热系数可表示为：

$$K_e = \frac{\Delta X_i + \Delta X_{i+1}}{\dfrac{\Delta X_i}{K_i} + \dfrac{\Delta X_{i+1}}{K_{ew}}} \tag{4-58}$$

式中 K_i——结晶器单元传热系数；

K_{ew}——冷却水等效传热系数。

将方程式(4-58)代入方程式(4-57)，推导出冷却水等效传热系数：

$$K_{ew} = \frac{\Delta X_{i+1}}{\dfrac{Z(T_{i+1} - T_i)}{A_e \cdot W \cdot (T_o - T_i)} - \dfrac{\Delta X_i}{K_i}} \tag{4-59}$$

在铸坯与结晶器边界，界面的等效热阻用 $R_{i,i+1}$ 表示，则边界等效传热系数为：

$$K_e = \frac{\Delta X_i + \Delta X_{i+1}}{\dfrac{\Delta X_i}{K_i} + \dfrac{\Delta X_{i+1}}{K_{i+1}} + 2R_{i,i+1}} \tag{4-60}$$

式中 K_{i+1}——铸坯单元传热系数。

将方程式(4-60)与方程式(4-57)联立求解，得：

$$R_{i,i+1} = \frac{T_{i+1,j,k} - T_{i,j,k}}{A_e \cdot W(T_o - T_i)} - \frac{\Delta X_i}{2K_i} - \frac{\Delta X_{i+1}}{2K_{i+1}} \tag{4-61}$$

4.13.6 结晶器壁温度场的数值模拟

在连续铸锭过程中，铸坯在结晶器内的传热过程是很复杂的，为了简化计算作如下假设:热物性参数不随温度变化;忽略结晶器锥度和振动对传热的影响;凝固潜热用温度回升法回补;考虑拉坯速度对传热过程的影响;结晶潜热 q 释放形成内热源。因而连铸是空间稳定温度场,结晶器的传热过程可用三维导热微分方程表示:

$$\rho c\frac{\partial T}{\partial t}=\frac{\partial}{\partial x}\left(k\frac{\partial T}{\partial x}\right)+\frac{\partial}{\partial y}\left(k\frac{\partial T}{\partial y}\right)+\frac{\partial}{\partial z}\left(k\frac{\partial T}{\partial z}\right)-c\rho v_c\frac{\partial T}{\partial z}+q \tag{4-62}$$

沙明红等人在立式连续铸钢结晶器温度场的试验研究中[50],根据热平衡原理,将方程式(4-62)转化为交替显式差分方程,对连铸过程中结晶器的温度场进行数值模拟。试验中所取热物性参数列于表4-25。

表4-25 热物性参数[50]

参 数	铜(Cu)	钢(S)	锡(Sn)	水(W)
c/J·(g·℃)$^{-1}$	0.394	0.45	0.26	4.187
λ/W·(cm·℃)$^{-1}$	3.15	0.255	0.608	0.00599
ρ/g·cm^{-3}	8.94	7.8	7.0	1.0

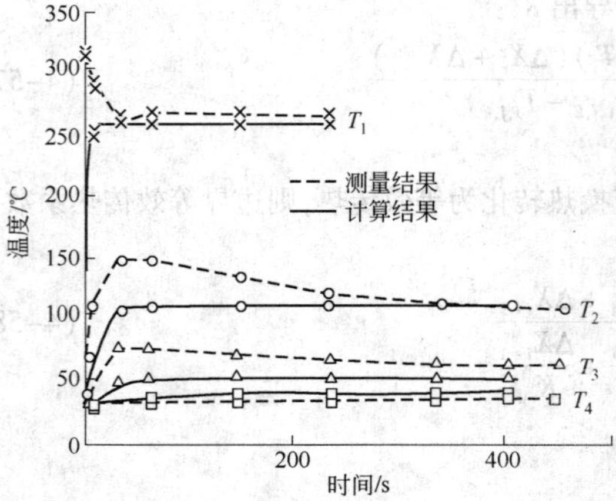

图4-57 结晶器壁温度场模拟结果与实测结果的比较[50]

根据表4-21中的试验数据,由式(4-60)和式(4-61)求出等效传热系数。为便于同试验结果比较,保证相似性,将计算模型中结晶器的高度调整为300 mm,与试验条件相同。将求得的等效传热系数代入结晶器温度场数学模型式(4-62),求出结晶器壁内的温度场,如图4-57所示;并将图4-51中测温点的实测结果与数值模拟结果相比较,两者基本符合。表明等效传热系数和温度场数学模型的可行性。

以等效传热系数处理边界传热,用连铸结晶器温度场的三维数学模型,对100 mm×100 mm Q235钢小方坯立式连铸结晶器的温度场进行数值模拟。初始条件:浇铸温度1560℃,v_c=2.4 m/min,结晶器壁厚6 mm,结晶器长度700 mm,弯月面至结晶器顶面70 mm。连铸过程达到稳态时,各截面的温度分布情况如图4-58所示。图4-58a是结晶器出口处铸坯横截面上的温度曲线,由铸坯中心至表面共11层单元格。图4-58b是结晶器中心纵截面上内外工作面上的温度曲线。从图4-58a可以看出,结晶器出口处的凝固壳厚度在2~3层单元格之间,用温度插值法求出凝固壳厚度 $d\approx10$ mm,满足稳定拉坯条件。此时图4-58b中结晶器内壁(弯月面下)最高温度219.2℃,低于铜的软化温度,能满足结晶器的正常工作条件。

试验研究结果表明,在高温液态金属和冷却水的作用下,液态金属与结晶器内壁边界上有很大的温度降落,高热导率结晶器内壁温度始终趋于冷却水的温度。

建立结晶器边界的等效传热系数概念,使得连续铸锭过程中,结晶器壁内温度场和连续铸锭温度场的数值模拟能够同时进行。

郭佳等人建立了结晶器铜板二维非稳态传热数学模型[53],研究了结晶器铜板温度场,

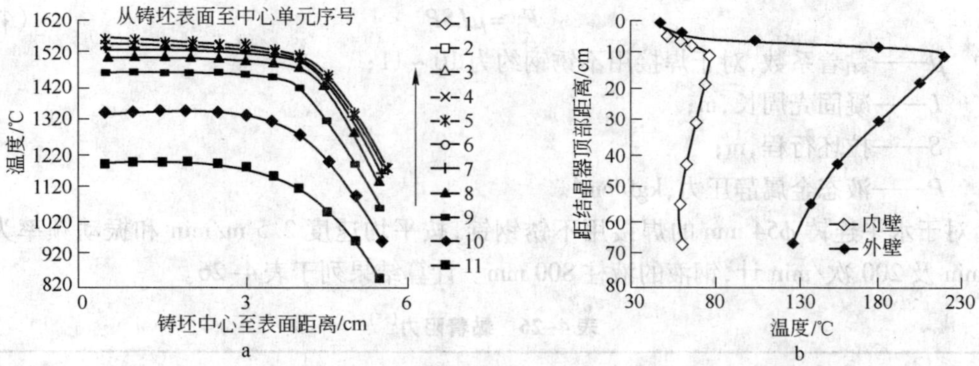

图 4-58 连铸钢坯与结晶器截面上的温度分布[50]

a—结晶器出口处铸坯 1/4 横截面温度分布；b—中心纵截面上结晶器内外壁温度分布

认为拉坯速度是影响铜板温度的主要因素。拉坯速度增加，铜板温度升高；冷却水流速增加，可使铜板温度降低，保持水流速度 6 ~ 8 m/s 是适宜的。铜板镀层材质的传热系数对铜板导热能力有一定影响。

4.14 液态金属静压力的作用

在立式连续铸锭过程中，液态金属静压力随着铸锭下降而逐渐增大，由零变至铸锭完全凝固时达到最大。在水平连铸过程中，沿铸锭长度上具有等值性特点；只要中间包内的液位一定，液态金属静压力值不变。因此，由于液态金属静压力与金属凝固收缩力的相持作用，在立式连铸时，结晶器壁内表面的温度沿长度上的变化呈弧形，由最小变到最大，再变小；在水平连铸时，结晶器入口处的表面温度最高，沿结晶器长度上温度渐次降低。

在连续铸锭过程中，凝固壳与结晶器壁之间接触的正压力主要源于液态金属静压力。特别在水平连铸过程中，液相穴顶部主要受静压力的作用。当中间包内金属液面的高度很大时，凝固壳与结晶器壁之间正压力较高，摩擦力增大；甚至液态金属有时候会钻到铸坯与结晶器壁之间的空隙中，形成二次充型，凝固成焊瘤；金属液面高度越大，铸锭表面上生成的焊瘤就越大。特别是在铸锭的上表面，往往会出现鱼鳞状缺陷。在水平连铸钢锭时，焊瘤长度达到 50 mm，厚 1 ~ 2.5 mm[54]，在个别段落上，整个空隙内部充满了金属。当中间包内金属液面至结晶器中心线的高度为 100 mm 时，连铸过程是稳定的，而且铸锭表面上几乎没有焊瘤。当液面高度为 200 ~ 300 mm 或更高些时，无法取得稳定的浇铸过程，这就给拉坯带来了很大的困难。如果拉坯机构的牵引力不够，铸坯或引锭会在牵引辊内打滑，使拉坯过程终止；于是铸坯的凝固界面迅速向中间包方向移动，破坏了连铸过程的稳定性。如果拉坯机构的牵引力足够，由于焊瘤妨碍拉坯，迫使凝固壳产生塑性变形，以致断裂，破坏连铸过程的稳定性。

在铸坯与结晶器之间产生的摩擦力，可以大到这样一个程度，以致使整个浇铸系统向拉坯机方向移动 5 ~ 50 mm[54]。因此，在水平连铸机设计时，应充分考虑液态金属静压力对拉坯力的影响。液态金属静压力引起的拉坯阻力有：黏着阻力、摩擦阻力和抽吸阻力；以孟茂生所做 ϕ54 mm 焊接用不锈钢锭水平连铸机的设计为例，讨论于下[55]。

液态金属静压力产生的黏着阻力 F_1 可由下式计算得出：

$$F_1 = \mu LSP \tag{4-63}$$

式中　μ——黏着系数，对于焊接用不锈钢约为 10 ~ 11；

L——凝固壳周长，m；

S——拉坯行程，m；

P——液态金属静压力，kgf/cm^2。

对于水平连铸 ϕ54 mm 的焊接用不锈钢锭，按平均速度 2.5 m/min 和振动频率为 150 次/min 及 200 次/min 计，钢液的液柱 800 mm。计算结果列于表 4-26。

表 4-26　黏着阻力[55]

振动频率/次 · min^{-1}	150	200
黏着阻力/kg	177.06	132.54

液态金属静压力引起的摩擦阻力 F_2 为：

$$F_2 = \pi dl\mu P \tag{4-64}$$

式中　d——铸坯直径，cm；

l——结晶器长度，cm；

μ——摩擦系数；

P——液态金属静压力，kgf/cm^2。

对于水平连铸 ϕ54 mm 的焊接用不锈钢锭，结晶器长度为 80cm，摩擦系数为 0.08，钢液柱高度为 80 cm。由此计算出摩擦阻力 $F_2 = 604$ N。

液态金属在结晶器内冷却和凝固时，不仅沿径向产生收缩，同时产生纵向收缩。液相穴顶部凝固壳，在液态金属静压力的作用下与结晶器壁相对接触面积，水平连铸时比敞露液面立式连铸时大得多，摩擦力也要大一些。在纵向收缩力的作用下，液相穴顶部不容易移动，因而在拉坯方向产生抽吸阻力。

液态金属静压力引起的抽吸阻力 F_3 为：

$$F_3 = \pi \cdot d^2 \cdot \rho \cdot H/4 \tag{4-65}$$

式中　d——铸坯直径，cm；

H——液态金属高度，cm；

ρ——液态金属的密度，g/cm^3。

对于水平连铸 ϕ54 mm 的焊接用不锈钢锭，钢液高度为 80 cm，钢液的密度为 7.1g/cm^3。由此计算出钢液静压力引起的抽吸阻力 $F_3 = 128$ N。

在封闭式连续铸锭过程中，由于液态金属静压力的作用，弯月面半径会减小。

液态金属的表面的张力对金属流所产生的背压力 h 为：

$$h = \frac{2\sigma\cos\theta}{r\rho g} \tag{4-66}$$

式中　σ——液态金属的表面张力，dyn/cm（1 dyn = 10^{-5} N）；

r——毛细孔的半径，cm；

ρ——液态金属密度，g/cm^3；

g——重力加速度，cm/s^2；

θ——湿润角。

当0°<θ<90°时，表示液态金属能湿润孔壁，如图4-59a所示；当θ>90°时，表示液态金属不能湿润孔壁，如图4-59b所示。θ不易测量准确。

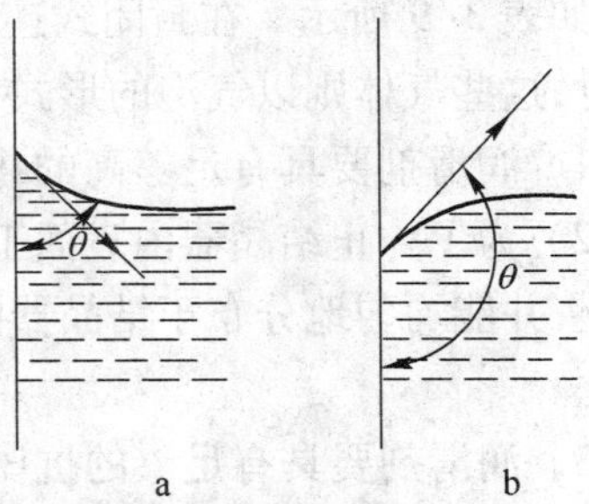

图4-59　液态金属对管壁湿润性示意图[3]
a—0°<θ<90°；b—θ>90°

h值就是液态金属钻入毛细孔所需的压头，也就是毛细孔以上的液态金属高度；在封闭式连铸浇铸装置中，就是中间包内金属液面至毛细孔的高度。式(4-66)可用来估算液态金属钻孔的倾向性。如结晶器壁上润滑油沟孔和结晶器同导流区交界处的缝隙，液态金属在静压力的作用下，可能钻入这些细小的孔隙中，甚至产生上述二次充型现象。结晶器壁上毛细孔的有效半径r和液态金属的密度ρ愈小，或金属的表面张力σ愈大，则使液态金属钻入这一毛细孔所需的压头h也愈大。

在封闭式连铸设备设计时，润滑装置的出口孔隙尺寸应充分考虑液态金属静压力的影响，防止液态金属钻入润滑油孔隙内，以保证连铸过程稳定进行。

液态金属静压力最重要的作用，是与凝固壳的收缩力形成汇交力系，使凝固壳与结晶器壁之间产生波动性接触。倘若没有液态金属静压力的作用，铸锭的完全凝固时间会延长。由于液态金属静压力的作用，封闭式连铸过程中，液相穴顶部的凝固壳与结晶器壁之间的相对接触面积增加，结晶器传热速度增大，拉坯速度比敞露液面的立式连铸高一些。

金属凝固壳的收缩是自然过程，凝固时的收缩力是不可控的。但是，液态金属的静压力在一定范围内可人为控制。因此，可以通过调节静压力来控制波动性接触。

在水平连铸过程中，由于金属液位比较低及液态金属静压力沿结晶器长度上的等值性，在结晶器出口处，铸锭凝固壳所承受的液态金属静压力小于立式连铸时。结晶器出口处凝固壳的安全厚度，水平连铸时可以小于立式连铸，有利于缩短结晶器的长度。因此，水平连铸时使用的结晶器都比较短。

综合以上各种情况，中间包或储液槽内的金属液位尽可能低一些为好。对于高温强度较大的金属，为了保持一定的波动性接触，液态金属静压力值可适当高一些。例如，水平连铸75 mm×500 mm的3号碳钢锭时，中间包内金属液柱高为0.2～0.25m[39]；水平连铸ϕ54 mm焊接用不锈钢锭时，钢液高度为800 mm[55]。

4.15　封闭式连铸过程中的润滑作用

在连续铸锭过程中，初生凝固壳与结晶器壁接触时，界面温度在冷却水强冷作用下虽然很低，但是由于波动气隙的影响，过热液态金属使凝固壳表面的温度迅速回升。高温凝固壳再度接触结晶器壁，摩擦阻力较大。在封闭式连铸过程中，由于液相穴顶部的凝固壳与结晶器壁之间的相对接触时间较长，相对接触面积较大，因而连续润滑更为重要。

为了防止铸锭在形成过程中和从结晶器中引出时金属附着于结晶器壁上，结晶器端部和整个内表面上应供给润滑剂。润滑剂扩散于结晶器内表面上，在凝固壳与结晶器壁之间形成隔膜，阻止金属与结晶器壁直接接触。

润滑剂的工作条件很恶劣，液态金属的温度很高，凝固壳的温度也很高；润滑膜还要承受一定的压力。润滑剂与高温液态金属接触，会马上分解成气体。因为连铸过程中使用的润滑剂，通常为碳氢化合物，在高温下容易分解成炭黑和氢气，部分碳还会形成 CO 和 CO_2 气体，如表 3-9 所示。在封闭式连铸铝及铝合金锭过程中，氢气往往被金属所吸收；在铸坯退火时，这些气体则以气泡的形式显露出来。因此，对工艺润滑剂的要求是：

(1) 润滑剂要具有足够高的化学稳定性，高温工作时不沾污铸坯。

(2) 为了防止结晶器内表面工作时与铸坯粘贴，要求润滑剂能很好地黏附在结晶器内表面上，并能均匀地分布于结晶器内表面上，特别是在铸锭凝固壳与结晶器壁直接接触区更应如此。

(3) 润滑剂要具有足够的抗压能力，以防止水平连铸时铸锭凝固壳下部与结晶器壁紧密接触，以减弱凝固壳下部的冷却强度。

(4) 希望润滑剂的摩擦系数足够低。

(5) 润滑剂应该是无毒的。

在连续铸造铜及铜合金（特别是含锌的铜合金）过程中，基于铸轧用润滑剂的类似原理[56]，采用既作分离剂又作润滑剂的玻璃状盐类混合物，它含 1% ~10%（质量分数）强力氧化剂（Ⅰ）和一种或多种引起固态盐膜从铸锭上剥落的物质（Ⅱ）。氧化剂（Ⅰ）最好是碱（碱土）金属的硝酸盐、过氧化物、金属氧化物或过硫酸盐。物质（Ⅱ）最好含有促进盐膜消失的化合物（常为 1% ~10% CaO）和在固盐中产生可溶性裂缝的物质（常为 NaCl-KCl）。氧化剂（Ⅰ）用量为 1 cm^2 铸锭表面 0.5 ~30 g，常为 1 ~10 g。盐黏在结晶器壁上，能防止铸锭形成气孔，但又不会黏附到铸锭上。这种玻璃状盐类润滑剂，在封闭式连铸过程中也是难以实现连续操作的。

在连续铸锭过程中，油类润滑剂很快被烧损，容易引起冷隔等铸锭表面缺陷。为了进一步提高铸锭表面质量，A. A. Архипов 等人对立式连铸铝锭时的润滑剂成分及其注入方法进行了试验研究[57]，采用添加适量铝粉的脂肪作润滑剂，铝粉含量为 0.5%、1.0%、2.4%、3.0% 和 4.0%。采用有缺陷铸锭长度与铸锭总长度之比值作为评定铸锭表面质量的依据，称为质量系数。试验结果表明：铝粉含量 1% 的润滑效果最好，冷隔和裂纹减少，质量系数为 0.27 ~0.35。为便于在铸造过程中向结晶器壁均匀补充润滑剂，结晶器壁上加工成节距、槽宽和槽深分别为 1.5 mm、1 mm 和 0.6 mm 的沟槽，深入到金属液面之下。

B. A. Ливанов 等人采用气膜结晶器连续生产铝合金锭[58]。此方法的特点是铸锭在气压下成形。气体来源于贴在结晶器壁上的气膜材料升华和热分解产物，它以一定厚度分布在被浇铸金属与结晶器之间。所选用的气膜材料为 ФТОРОПЛАСТ-4 含氟塑料。用小空心锭做试验时，将此材料置于水冷芯子上，材料厚度为 0.8 ~1.5 mm。在铸造 ϕ164 mm/64 mm 的 2A12（LY12）合金空心锭时，浇铸速度为 130 mm/min，在 1.5 ~2.5 h 内，气膜材料厚度从 0.8 ~1.5 mm 减少到 0.15 ~0.2 mm。采用气膜浇铸 ϕ156 mm/（65 ~45）mm 的 2A12（LY12）、2A50（LD5）、5A06（LF6）和 5251（属 Al-Mg 防锈铝合金）合金的所有空心锭，其内表面都很光滑，没有成层和偏析瘤。含氟塑料是有毒的，因此，在结晶器上方应安装排风装置。这种方法只适于半连续生产。

在封闭式连续铸锭过程中，当结晶器工作壁采用铜和铝等金属制作时，通常使用稀油作润滑剂。连铸铝及铝合金锭时，采用蓖麻油和菜籽油等，蓖麻油的润滑效果好些；Alcoa 公司认为使用蓖麻油衍生物和合成二酯比单用猪油和蓖麻油好。目前，润滑效果最好的方式是使用油气混合物作润滑剂，可以控制油和气的量及其温度。在结晶器内，润滑剂的注入部位，宜置于弯月面的根部处，最好不被凝固壳封住注油口。也有资料报道[59]，通过控制铸锭的牵引速度来保持结晶轮廓封住润滑油孔，既能避免润滑油严重消耗，又能避免润滑油流到金属熔体中而准确有效地防止其蒸发和碳化。不过，凝固壳封住润滑油孔时，由于凝固壳与结晶器内壁摩擦而堵塞润滑油孔，结晶器下部的润滑油孔更容易被堵塞。当用一次冷却水从结晶器出口处喷射到铸锭表面上进行二次冷却时，由于射流的卷吸作用，会使凝固壳与结晶器壁之间的空隙中形成负压，对润滑油的扩散会产生作用；在水平连铸过程中时常见有油烟从结晶器出口处喷出。在这种情况下，凝固壳不封住润滑油孔的综合效果会更好些。采用油气混合物作润滑剂，可使弯月面处保持正压，润滑效果更趋理想。

从第3章中已知，结晶器的润滑条件对其冷却强度有着明显的影响。常川雅功等人对连铸铝合金锭时的研究表明[49]，润滑剂浓度每增加 $50\times10^{-4}\%$，传热系数减小约1%，这说明合理地控制润滑油量的重要性。适量润滑油生产出来的铸锭表面光洁平滑。水平连续铸造铝杆在正常生产条件下，导流区的石棉控制板流口直径比结晶器型腔直径小1~2 mm，铸造速度为1000 mm/min左右，表面质量很好；当缺少润滑油时，铝杆的表面质量恶化。笔者曾在淄博铝厂的水平连续铸造铝杆生产过程中采用过一个 ϕ11 mm的样品，缺少润滑油段的长度为1600 mm；起始段约100 mm的下部先出现浅的冷隔，其后整个表面上出现环状冷隔；最后供给正常的润滑油量，冷隔被消除，铝杆的表面质量恢复正常。恢复供油的起始段约9 mm长度范围内，光滑的铝杆直径约为 ϕ10 mm，其上表面有明显的二次充型现象。冷隔处的铝杆直径为 ϕ11 m，缩颈处的铝杆直径约为 ϕ10 mm；铝杆的形状俨如热轧螺纹钢，而且铝杆表面很粗糙。冷隔的间距基本相等，都为4 mm左右；相当于1 s内形成6个冷隔。从这个试样中可以看出，在水平连铸过程中，缺少润滑油时，一次冷却强度增大，液态金属弯月面消失，铝杆的凝固前沿伸展到导流区的石棉控制板流口内；随着凝固前沿伸展，凝固前沿的凝固速度减慢，直至液态金属弯月面瞬间重新建立，周期性地形成竹节状的冷隔。当恢复供给正常的润滑油量时，起始段由于润滑油膜的隔热作用使结晶器的冷却强度大为降低，铝杆的上表面出现铝液二次充型现象，迅速恢复到原有的热平衡过程，铝杆的表面质量恢复正常。在缺少润滑油的情况下，结晶器的工作表面也会磨损得厉害。同时，从这个试样中还可以看出，液态金属的弯月面在水平连铸过程中的意义。

在封闭式连续铸锭过程中，连续润滑的恰当控制是比较困难的。因此，在铜合金和铸铁的水平连铸过程中，目前采用石墨作结晶器内套，利用石墨的自润滑性能，以克服凝固壳与结晶器壁之间的摩擦力。B. H. Терехов等人在研究直径12 mm的QSn6.5-0.4和QSn8-0.3锡磷青铜盘条时[60]，中间包内的液态金属温度1100~1260℃，牵引间距5~40 mm，牵引持续时间1~10 s，停歇持续时间1~10 s，耗水量3~80 L/min；采用石墨结晶器，持续浇铸的时间达150~200 h。用比较软的Mr-1石墨(相当于TSH结构石墨)代替硬的APB石墨，隐蔽的间距裂纹深度降低3~4倍；当中间包内液态金属的温度1180~1200℃时，牵引间距 $L=$ 20~25 mm，牵引时间1 s，停歇时间4~6 s，用Mr-1牌号的软石墨作结晶器，能消除明显和隐蔽的间距裂纹。研究结果表明，不同深度的间距间裂纹，其统计数量与牵引间距、石墨牌号和结晶器的锥度有关，统计结果列于表4-27中。

从表4-26中可以看出，采用软的Mr-1石墨作结晶器，牵引间距从20~25 mm减少到10~15 mm时，大裂纹彻底消除。还可以看出，采用正锥度为0°6′~0°17′的软石墨结晶器时，可彻底消除深度大于1 mm的间距间裂纹；而无裂纹的试样数量，在牵引间距为10~15 mm时，从36%增加到89%。这说明促使减小铸棒牵引时对结晶器表面的摩擦力因素，在减少间距间裂纹起着重要的作用。

表 4-27　铸棒质量的研究结果[60]

结晶器的特点		浇铸数量		L/mm	按间距裂纹深度(mm)所占试样数/%					抗拉强度/MPa		直径 3.4 mm 的合金金属线实收率/%
石墨牌号	结晶器的锥度	坯条数/根	百分比/%		2~3	1~2	0.5~1.0	0.1~0.5	<0.1	δ_{min}	δ_{max}	
ЭГ②	0	4	100	30~40	87	13	—	—	—	43	125	0
				20	79	21	—	—	—	83	183	0
АРВ③(硬的)	0	37	100	40	60	26	14	—	—	41	155	0
				20~25	31	28	15	16	10	66	266	36
МГ-1(软的)	0	8	100	20~25	9	18	26	22	25	108	383	45
				10~15	—	10	18	36	36	125	392	45
МГ-1	0°6′	30	100	10~15	—	—	1.0	10	89	308	500	75
(软的)	0°17′			8~12①	—	—	—	5	95	408	520	92

① 采用感应加热和稳定的牵引工艺后进行浇铸。

② ЭГ 相当于 SPP 普通石墨电极材料;

③ АРВ 相当于 D_1 电化石墨电刷材料。

石墨结晶器的润滑效果虽好,但使用寿命低;即使水平连铸锡铅焊料系列易熔合金锭时,其凝固温度只有 183~277℃,工作 5~7 h 结晶器壁即被磨损而报废[51]。Н. Н. Щипков 等人认为[61],正在结晶的金属黏结到结晶器壁上,是使结晶器表面产生机械磨损的重要原因;对水平连铸锡青铜(Cu-8% Sn)、黄铜(Cu-37% Zn)、白铜(Cu-18% Ni)和德银(Cu-25% Ni)等合金锭的结晶器进行了研究。研究中发现,金属渗透到疏松的石墨组织中,对结晶器工作面的磨损影响很大。Zn 含量增大时,这种现象尤为明显。含镍合金铸造时,引起石墨结晶器磨损的主要原因是金属溶液与碳产生化学反应。因此,在铸造含 Zn 铜合金时,要尽量减少结晶表面的开放性疏松孔;铸造含 Ni 合金时,要降低石墨的化学活性。合金中 Zn 等易蒸发的金属,在凝固过程中趋于以蒸气形式分离出来,而容易形成氧化物沉积于铸锭表面或结晶器壁上。因此,有人提出[62],当凝固壳收缩脱离结晶器壁时,将氩气或氮气导入产生的空隙中,可防止金属蒸气氧化,防止蒸气产物在结晶器壁或铸锭表面上沉积;凝固壳周围的惰性气体流要一直保持通到结晶器的出口。

在这方面,热顶铸造中的油气膜润滑技术值得推广。物体在大气中运动时,摩擦系数为 0.1~0.8;在真空中运动时,摩擦系数超过 1.0。这表明气体可以作为润滑剂使用。采用石墨作结晶器壁时,石墨材料表面吸附的空气对摩擦系数的影响更为明显。在封闭式连铸过程中有利于实施气体加压措施。苏州有色金属加工研究院张建平和张文静工程师等人对所加气压的影响进行了研究[63,64],热顶铸造 ϕ135 mm 的 2A12(LY12)合金锭时,采用空气和油两段润滑方式,上段供气,下段供油,透过多孔石墨环在结晶器内壁形成油气混合物润滑隔热膜,铝液在油气膜的约束下下移,可以明显减少熔融金属经结晶器内壁的热传导;同时减小了结晶器的有效结晶高度,降低一次冷却强度,改善了铸锭的成形条件,使铸锭的表面质量和内部质量有很大改善。当浇铸温度为 710℃、铸造速度为 175 mm/min 和冷却水压为 580 kPa 时,采用不同的气压(0.60 MPa、0.45 MPa、0.30 MPa)进行铸造。气压的大小影响到合金液和凝固壳同结晶器壁之间的间隙大小。试验结果如图 4-60 所示。从图中可以看

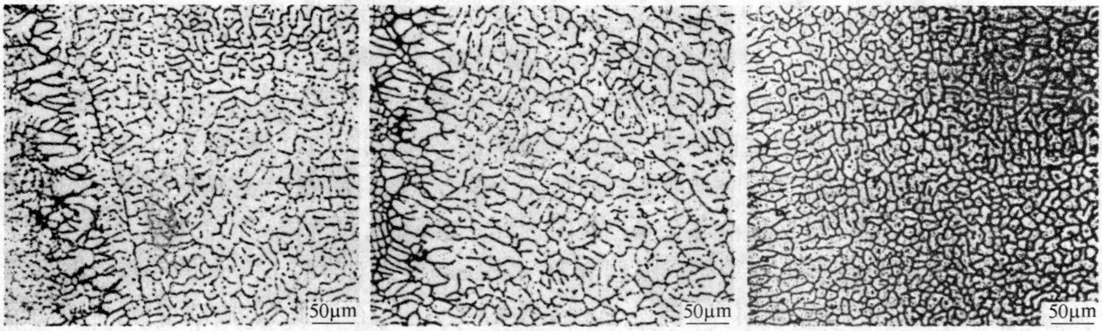

a　　b　　c

图 4-60　气压对铸锭微观组织的影响[63]

a—气压为 0.30 MPa；b—气压为 0.45 MPa；c—气压为 0.60 MPa

出，当所加气压为 0.60 MPa 时，比气压为 0.45 MPa 和 0.30 MPa 时的一次冷却强度要小一些，凝固壳比较薄，组织为沿着散热方向生长的柱状晶。当所加气压为 0.30 MPa 时，凝固壳最厚，周边组织有细小的枝晶和近球形晶粒。从这个试验中可以看出，气压的可控性作用；这一点对于弯月面是很有意义的。ϕ127 mm 的 2A12（LY12）铝合金锭，在浇铸温度为 710～730℃、铸造速度为 160～180 mm/min、气压为0.4 MPa和供油量 0.1 mL/min 的条件下，铸锭表面光滑，无任何冷隔、挂铝等缺陷；经低倍组织检查，铸锭断面无裂纹缺陷，铸锭表面偏析层厚度为 50 μm左右。如图 4-61 所示。在连铸过程中，稳定气隙的形成为柱状晶的产生创造了条件，从图 4-60 的试验结果中可以得到证实。

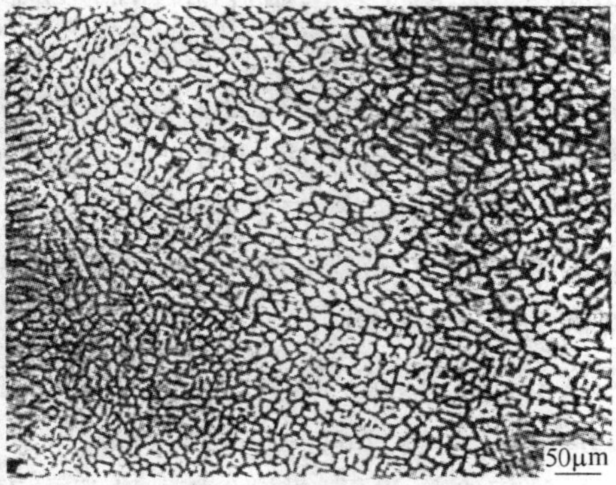

图 4-61　气体润滑铸造 2A12（LY12）合金铸锭表面偏析层[64]

4.16　铸锭凝固壳与结晶器壁的相对运动

在连续铸锭过程中，当铸锭凝固壳形成之后，凝固壳与结晶器壁之间始终处于相对运动状态。从第 2 章已知，它们之间相对运动形式是多样的，归纳起来有如下三种类型：

（1）结晶器固定而铸锭连续匀速单向运动；

（2）结晶器以一定振幅振动而铸锭连续匀速单向运动；

（3）结晶器固定而铸锭以停拉交替周期性断续单向运动，也有在引锭周期中增加反推工序，使被拉裂的凝固壳在压力下重新焊合，在凝固壳表面受压力的情况下，脱开铸锭和结晶器壁的粘连，能够补偿铸锭的收缩。

目前，在轻金属的连续铸锭过程中，国内外均采用第 1 类运动形式；这种运动形式的设备结构简单，工艺操作过程也比较简便。

目前，在连铸铜合金锭和钢锭的过程中，有采用第 2 类运动形式的。在这种情况下，铸锭表面上会产生间距冷隔和凝固界面焊缝。两个相邻间距冷隔的距离与拉坯间距相当，它是在结晶器入口端面与导流区对接处的铸锭表面上形成的。在间距冷隔处往往形成深度约 3 mm 的横向裂纹[23]。凝固界面焊缝产生在间距冷隔之间的铸锭表面上，相应于结晶器内凝固壳被挂住段与拉动段被焊合的裂缝；这种表面裂缝并不向铸锭内部扩散；也有资料报道其深度不超过 0.5 mm[25]。这类运动形式的设备结构相对复杂些。

目前，在钢锭和铜及其合金锭的连铸过程中，国内外多采用第 3 类运动形式。在这种情况下，初生的凝固壳在牵引过程中被拉断，一部分随铸锭移动，而在结晶器入口端的部分凝固壳被滞留在原处；断裂区同时被液态金属填充。在停歇的时间内，上述两段凝固壳的厚度因冷凝而增加；同时断裂区的液态金属也凝固达到一定厚度，将两段凝固壳焊接起来，在下一次的牵引过程中，被一起牵引走。根据 B. H. Терехов 等人对直径 12 mm 的锡磷青铜盘条质量的研究结果[60]，铸坯表面容易产生三种类型的裂纹：Ⅰ，在滞留不动的凝固壳与随锭运动的凝固壳之间的焊缝处产生的明显的间距裂纹；Ⅱ，焊缝处隐蔽的间距裂纹；Ⅲ，隐蔽的间距间裂纹。第Ⅱ和Ⅲ类的裂纹，只有在试样拉伸或盘条拉丝时才显现。第Ⅲ类的裂纹甚至密布盘条的表面。间距裂纹，是牵引铸坯时滞留凝固壳使凝固壳断裂区供给液态金属困难，在断口处出现不好的熔焊晶粒，而形成第Ⅱ类裂纹；当牵引间距增至某一数值时，滞留凝固壳在牵引结束时来得及长到盘条的中心，凝固壳断裂区停止供给液态金属，导致出现破口，形成第Ⅰ类裂纹甚至断裂。试验研究结果表明，间距间裂纹是由于铸坯与结晶器壁之间摩擦引起的；浇铸温度从 1100℃ 提高到 1200℃，停歇时间从 1 s 提高到 6 s，间距间裂纹的深度有某些程度的降低，但不能消除它。凡是使盘条在牵引过程中减小对结晶器表面的摩擦力的因素，在减少间距间裂纹方面起着重要的作用。因为在新形成凝固壳时，沿间距长度上的温度为 900 ~ 995℃（995℃ 是 QSn6.5-0.4 锡磷青铜的上临界点），处于热脆状态；此时抗拉强度 σ_b 大致从 20 MPa 降到零，因此凝固壳很容易被拉裂。依 A. A. Преснякова 的资料，QSn7-0.2 锡磷青铜，在 850℃ 时 $\sigma_b = 31$ MPa，而在 20℃ 时为 350 MPa。

从轻金属水平连铸的发展过程来看，初始阶段也曾采用过第 2 类和第 3 类运动形式。当初使用的结晶器比较长，例如 Tessman 式水平连铸机[33]，结晶器用 900 mm 长的铜管制成。结晶器沿铸锭运动方向往复摆动，摆幅为 50 mm，用稀油润滑。这种设备铸造直径 57 mm的铝锭，铸造速度为 1.5 m/min。美国 Hunter 工程公司安装的水平连铸机[32]，则是第 3 类运动形式的设备。在浇铸过程中，结晶器缓慢移动，至指定位置停止运动。停留时间依合金成分和铸锭的直径而定，在 6 ~ 40 s 之间波动。然后很快地回复到原位，重复新的工作周期。在凝固壳的凝固过程中，铸锭与结晶器壁不发生相对运动，因此凝固壳表面不产生机械拉力，不至于拉破凝固壳。法国 Ugine 公司的水平连铸机[34]，是属于第 1 类运动形式的设备。这种设备的结晶器很短，固定不动；浇铸过程中，铸锭相对于结晶器单向连续而均匀地运动。在轻金属水平连续铸锭过程中，第 1 类运动形式的设备很快得到广泛应用。轻金属水平连铸的发展规律，对重金属和钢铁等水平连铸技术的发展是有借鉴意义的。

从轻金属水平连铸技术的发展过程中可以看出，第 1 类运动形式的设备，其结晶器很短，法国 Venthon 电解铝厂使用的结晶器长度小于 1/2 in（1 in = 25.4 cm），一次冷却水从结晶器出口端喷射出来直接冷却铸锭。在这种情况下，二次冷却区的起始点距结晶器出口很近，二次冷却形成的逆流导热距离能够达到一次冷却的接触区。对于热导率和热扩散率较高的金属，适当缩短结晶器的长度有利于发挥二次冷却形成的逆流导热作用。

在铸锭凝固过程中，结晶器激冷是连续铸锭的共同特点之一。结晶器激冷是铸锭凝固壳与结晶器壁波动性接触的决定因素。连续铸锭过程中，在铸锭凝固壳和结晶器壁之间的界面处，温度和力学的关系决定着铸锭凝固壳的冷却和凝固壳与结晶器壁之间的摩擦状况。

一方面，凝固壳和结晶器壁之间应尽可能连续和紧密的接触，以便得到尽可能大的传热面和良好的传热系数；另一方面，为了防止凝固壳局部的应力集中超过被铸金属的强度，使凝固壳不至于被拉断，拉坯阻力应该是不大的。J. Seifert 曾研究用超声激励的方法来解决水平连铸结晶器中这两方面相互矛盾的要求[65]。通过实验研究证实，在超声激励作用下，能够显著提高可达到的最大铸造速度，同时降低拉力。由于结晶器的超声激励，铸锭表面质量进一步改善，并且细化了晶粒。高学鹏等人对功率超声作用下水平连铸装置进行的研究，获得同样的结果[66]。其研究对象是 Al-Si 铝合金，铸锭直径 10 mm；结晶器长度 65 mm，采用导热性能良好的石墨制作。功率换能器置于中间包液面中，采用夹心式压电换能器，变幅杆的大小端直径分别为 60 mm 和 40 mm，其放大倍数为 4；采用不锈钢制作波导杆，其表面涂以 2 μm 厚的 TiN 膜镀层，以防熔蚀；超声波换能器频率为 22.3 kHz，功率在 0～1 kW 之间，连续可调。试验时，铸造温度 720℃，启铸速度 60 mm/min，慢慢提到 100 mm/min；冷却水量为 40 L/h。超声功率为 1 kW 时，铸锭表面状况及铸造组织如图 4-62 和图 4-63 所示。超声处理后，表面质量显著提高，波纹状形貌消失，近似镜面；晶粒显著细化，尺寸均匀；抗拉强度和伸长率分别提高了 20.5% 和 37.5%。超声功率对力学性能的影响如图 4-64 所示。超声激励，实际上就是强化了凝固壳与结晶器壁之间界面处的波动性接触，因而削弱了长时间的连续接触，降低了摩擦阻力，为固定式结晶器单向连续拉坯创造了有利条件。

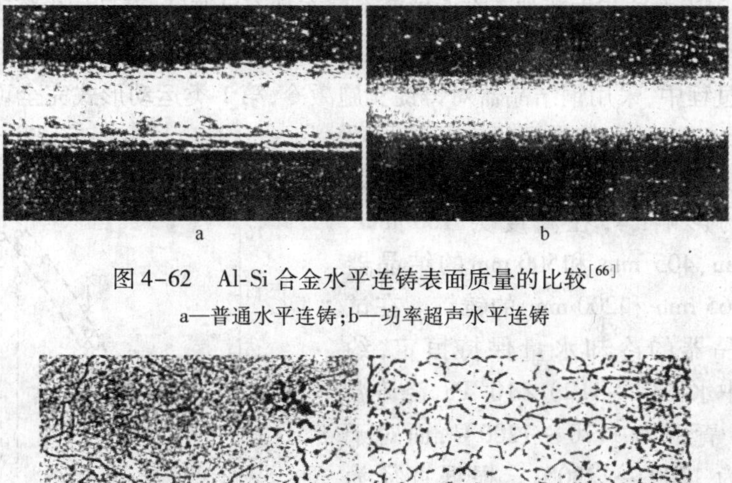

图 4-62　Al-Si 合金水平连铸表面质量的比较[66]

a—普通水平连铸；b—功率超声水平连铸

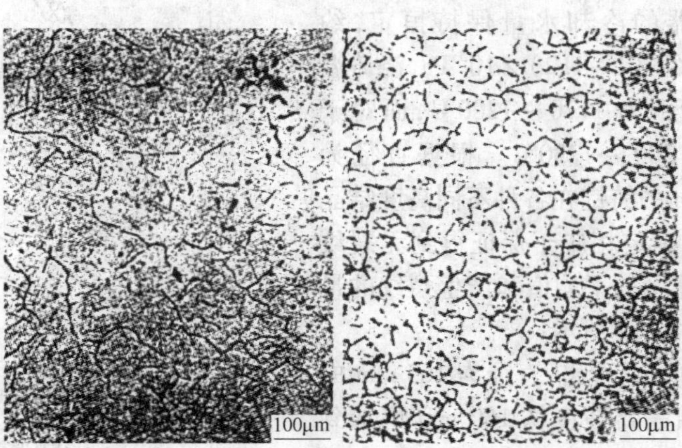

图 4-63　Al-Si 合金水平连铸凝固组织的比较[66]

a—普通水平连铸；b—功率超声水平连铸

目前，在水平连铸铜及铜合金锭过程中，采用石墨结晶器，外嵌水冷铜套。石墨的热导率（W/(m·K)）较低，并且随其温度而变化，可用下式表示：

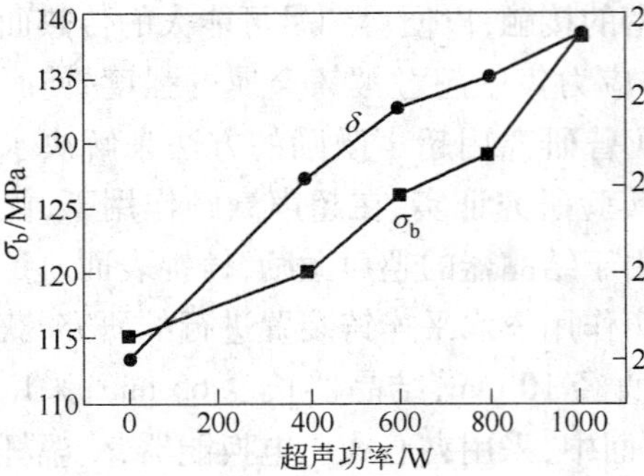

图 4-64　超声功率对 Al-Si 合金铸坯力学性能的影响[66]

$$\lambda_{石墨} = 186.6e^{-0.0012T} \tag{4-67}$$

从式(4-67)中可以看出,随着温度升高,石墨的热导率降低。加上铜套与石墨套之间的安装缝隙的影响,石墨结晶器的冷却强度较低。因此,在石墨结晶器中难以实现激冷的要求;在结晶器与铸锭凝固壳之间的界面处,温度相当高。在这种条件下,水平连铸不可能采用第一类运动形式。特别是生产含锌等易挥发元素的铜合金时,铸锭凝固壳会黏附在结晶器壁上,锌蒸气会钻入石墨壁孔隙中。

采用高传热系数的材料制作结晶器,可以降低铸锭凝固壳与结晶器壁之间的界面温度,有利于抑制锌元素从铸锭凝固壳表面挥发,可为采用第1类运动形式创造条件。

结晶器激冷应在具有金属由液相向固相转变的突变区时实施,才能实现第1种运动形式。在水平连铸过程中,采用很长的石墨套管兼作结晶器和导流区,被铸金属由液相转变为固相的过程沿整个石墨套管长度方向上的温度基本上是渐变的。在这种条件下,是不可能实现第1类运动形式的;因为在液相穴顶部不存在熔融金属弯月面过渡区,而且初生凝固壳与结晶器壁之间的界面温度又很高,凝固壳与结晶器壁之间的波动性接触效果差。实际上,在铜及铜合金锭立式连铸过程中,采用铜结晶器对铸锭实施激冷,第1类运动形式完全可以满足稳定生产的要求;P. A. Бахтиров 等人还研究了结晶器的高度对连续浇铸QSi3-1和QSn4-3青铜合金锭时临界速度的影响[67],在高度为 160 mm、260 mm、380 mm、405 mm 和500 mm的结晶器中,浇铸直径 165 mm 和200 mm 的铸锭。在试验中,所有结晶器的冷却水量保持恒定,约 16 m^3/h,系统中水压$(1 \sim 1.2) \times 10^5$ Pa,浇铸温度对于 QSi3-1 青铜为 1170 ~ 1200℃,而对于 QSn4-3 青铜为 1200 ~ 1230℃。根据直径为 165 mm 和 190 mm 的铸锭在各种不同高度结晶器中浇铸的结果,确定相应于保证得到无裂纹铸锭的最大浇铸速度的平均值和产生裂纹的最小浇铸速度,如图 4-65 所示。

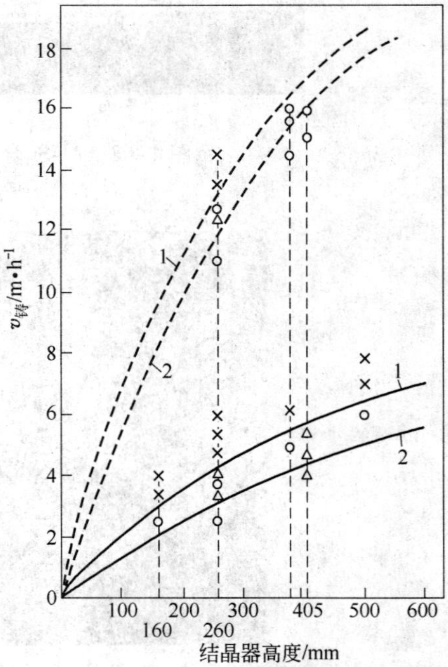

图 4-65　结晶器高度对临界浇铸速度的影响[67]
1—直径 165 mm;2—直径 200 mm;
——QSi3-1;- - -QSn4-3;
×,△—在铸锭中产生中心裂纹的浇铸速度;
○—相应的密实铸锭的浇铸速度

从图 4-65 中可以看出,直径为 165 mm 的 QSi3-1 合金锭,结晶器高度从 160 mm 增加到 500 mm 时,浇铸速度可从 42 mm/min 提高到 100 mm/min;在同样的结晶器高度范围内变换其高度,浇铸直径 200 mm 的 QSi3-1 合金锭,浇铸速度可从 30 mm/min 提高到 76 mm/min。对于 QSn4-3 合金的浇铸速度比较高,在高度为

260 mm的结晶器中，直径为165 mm和200 mm合金锭的临界浇铸速度分别为215 mm/min和190 mm/min；结晶器高度增加到400 mm，浇铸直径为200 mm和165 mm的合金锭时，其临界浇铸速度相应达到270 mm/min和约300 mm/min。这两种合金锭的临界浇铸速度差异，主要是同合金的热导率和收缩率有关，QSn4-3青铜和QSi3-1青铜热导率分别为0.83736 W/(cm·℃)和0.334944~0.460548 W/(cm·℃)，而其线收缩率分别为1.45%和1%~1.6%。

在连续铸锭过程中，选择铸锭相对于结晶器的运动方式，目的是为了确保连续浇铸过程的稳定性和铸锭的表面质量。连续浇铸过程的稳定性，一方面决定于开始成形区内坯壳的强度和塑性之间的对比关系，另一方面还决定于由摩擦力、液态金属的静压力、温度梯度、收缩和黏附作用等在坯壳内产生的应力大小。这些应力的大小，与坯壳同结晶器壁接触面积的大小有关。从4-12节中已知，根据B. B. Сачко等人的研究结果，水平连铸钢锭时，在开始凝固的10 s内，坯壳的总应力小于钢的强度极限。在这种条件下，当采取良好的润滑时，水平连续铸钢是可以采用第1类运动形式的。这一点对水平连续铸钢是很重要的。

4.17 凝固壳的失稳特征

在连续铸锭过程中，凝固壳与结晶器壁之间呈波动性接触。这表明在结晶器的接触区内，凝固壳处于失稳状态。在接触部位凝固壳表面的温度比较低，非接触部位壳面温度比较高。通过结晶器壁上的热流也会相应地变化，相对于接触面积大的部位通过的热流会大一些。姚曼教授等人对立式连续铸钢的试验研究结果即表明了这一点[68]。试验中钢坯直径为178 mm，结晶器铜管长780 mm，壁厚14 mm。同一半径上两支热电偶至结晶器热面的距离为6 mm和9.5 mm；热电偶布置在结晶器壁的6个层面上，1L、2L、3L、4L、5L和6L这6个层面距铜管上端面分别为95 mm、155 mm、245 mm、365 mm、515 mm和650 mm。每个层面上设6个试测点，测点间的角度为60°；每个测点安装一个传感器，共36个。研究结果，平均热流密度沿结晶器高度上的分布如图4-66所示。在弯月面下30 mm区域内，热流密度很小($<500\ kW/m^2$)，随后热流密度急剧增加，在弯月面下70~110 mm范围内达到最大值(约$4300\ kW/m^2$)。然后立即急剧下降，这表明稳定气隙开始形成。

在金属液面距铜管上口端面75 mm条件下，拉坯速度为1.8 m/min，电磁搅拌的电流为280 A、搅拌频率为4.9 Hz时，结晶器不同高度位置的热流密度沿周向的分布情况如图4-67

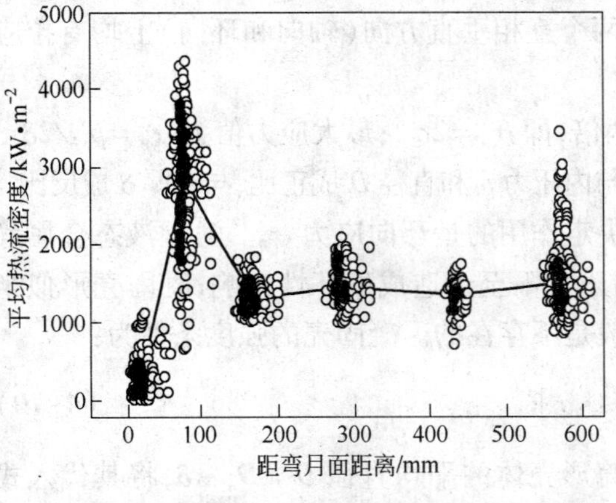

图4-66 平均热流沿结晶器高度的分布规律[68]

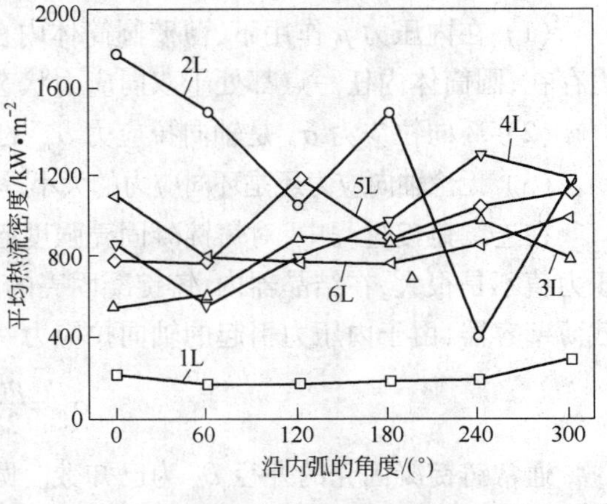

图4-67 结晶器不同高度位置热流密度沿周向的分布[68]

所示。由于保护渣的影响，1L 层的热流密度分布相对均匀，进入 2L 层以下后，同一层的热流密度沿周向分布都不均匀，2L 层变化更大。热流密度沿周向分布的不均匀，表明凝固壳与结晶器壁接触的波动性。

在连续铸锭过程中，液态金属在激烈冷却的结晶器里迅速结晶，形成一定厚度的管状凝固壳。在稳定的铸造工艺条件下，从理论上来说凝固壳的空间形状是固定的，即液相穴的空间位置不变。凝固壳的形状宛如半截压力容器，液相穴底的壳体类似压力容器的封头；只是壳体的壁厚不如压力容器那样均匀，而是趋向液相穴底渐次增厚。在长结晶器里快速连续铸造时，这种相似性会更大，类似于薄壁容器。为此，援引薄壁压力容器的结构理论对连续铸锭凝固壳的失稳特征进行探讨。

压力容器按照器壁的相对厚度可分为薄壁容器和厚壁容器。在工程实际中，一般壁厚与内径之比 $\delta/D_i \leqslant 0.1$ 或外径与内径之比 $K=D_o/D_i \leqslant 1.2$（也有称 $K \leqslant 1.10$）时，称为薄壁容器；$K>1.2$（或 $K>1.10$）时称为厚壁容器。铸锭凝固壳在结晶器内可模拟为薄壁容器。

薄壁容器受压时器壁应力视为两向应力状态，厚壁容器受压时器壁应力为三向应力状态。按容器承压性质可分为内压容器、外压容器和真空容器。容器内部压力大于外部压力时称为内压容器；容器外部压力大于内部压力时称为外压容器；容器内部压力小于外界大气压时称为真空容器。在连续铸锭过程中，凝固壳的承压状况相当于内压容器和外压容器。承受液态金属静压力时，凝固壳相当于内压容器；承受收缩应力时，凝固壳相当于外压容器。在凝固过程中，这两种力相持作用于凝固壳层中。

在内压薄壁容器中，容器承受均匀内压力 p 时，计算在圆筒形壳体轴向拉应力的公式为：

$$\sigma_m = \frac{PD}{4\delta} \tag{4-68}$$

式中　D——圆筒形壳体的平均直径，$D=(D_i+D_o)/2$；

D_o——圆筒外径；

D_i——圆筒内径。

计算环向拉应力 σ_θ 的公式为：

$$\sigma_\theta = \frac{PD}{2\delta} \tag{4-69}$$

比较式(4-68)和式(4-69)，可以得出如下三点结论：

(1) 在内压力 p 作用下，薄壁圆筒体内在两个互相垂直方向（轴向和环向）上均有拉应力存在，圆筒体内任一点都处于双向应力状态。

(2) 环向拉应力 σ_θ 是轴向拉应力 σ_m 的两倍，即 $\sigma_\theta=2\sigma_m$；最大应力值为 $\sigma_\theta=pD/2\delta$。

(3) 无论轴向应力还是环向应力的大小，均与内压力 p 和直径 D 成正比，与壁厚 δ 成反比。

在连续铸锭过程中，对铸锭凝固壳强度起决定作用的是环向应力 σ_θ。通常液态金属静压力值不是很大，在结晶器内，铸锭凝固壳的内压力不至于造成破坏性影响；凝固壳形似半截薄壁容器，由于内压力引起的轴向拉应力一般是不存在的。凝固壳的强度条件为：

$$\sigma_\theta = \frac{pD}{2\delta} \leqslant [\sigma]^t \tag{4-70}$$

通常铸锭凝固壳的外径 D_o 为已知数。圆筒形壳体的平均直径 $D=D_o-\delta$，将其代入式(4-70)；经整理后可得出计算凝固壳为承受内压力 p 所需要的最小厚度：

$$\delta = \frac{pD_o}{2[\sigma]^t + P} \tag{4-71}$$

式中 δ——凝固壳厚度；

p——液态金属静压力；

D_o——凝固壳外径；

$[\sigma]^t$——给定温度下的许用应力。

根据式(4-71)可以概略地计算出铸锭凝固壳出结晶器时所需要的最小厚度；也可以估算出凝固壳与结晶器壁之间形成稳定空隙时凝固壳所需要的最小厚度。在水平连铸过程中，式(4-71)中的内压力 p 原则上是恒定的；因此，铸锭凝固壳出结晶器时所需要的最小厚度等于凝固壳与结晶器壁之间形成稳定空隙时凝固壳所需要的最小厚度。在立式连铸过程中，内压力 p 值随结晶器高度而变化。

凡构件在压缩应力作用下突然失去原有形状的现象称为失稳。发生失稳时的压应力值远小于材料的压缩屈服极限。

壳体外部压力大于内部介质压力的容器称为外压容器。外压容器从其受力的状况来看，与受内压的容器基本一致，只是其受力的方向正好相反，即在内压作用下，容器壁厚度上承受的是拉应力，而外压容器则承受的是压应力，其计算方法与内压容器一致。外压容器受压缩作用，也会发生失稳现象。外压容器的失稳可以按载荷的作用方向和失稳后的形状分为轴向失稳、侧向失稳和局部失稳。大多数外压容器的破坏是由于材料的刚度不足而引起的筒体侧向(环向)失稳。失稳时筒体横截面由原来的圆形突然变成椭圆形或波形，波形数 n 为等于或大于2的正整数，如图4-68所示。

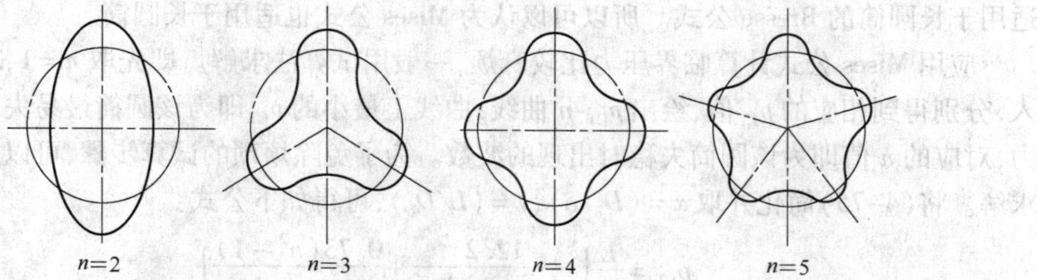

图4-68 外压圆筒侧向失稳时的波形[69]

根据外压圆筒稳定性的理论分析，外压圆筒分为长圆筒、短圆筒和刚性圆筒。在工程上认为圆筒外直径 D_o 和圆筒壁厚度 δ 之比 $(D_o/\delta)<20$ 的圆筒即属刚性圆筒。当圆筒长度超过某一限度时，封头对筒壁中部的支撑作用将全部消失，这种得不到封头支撑作用的圆筒称为长圆筒。反之，称为短圆筒。$(D_o/\delta)\geqslant 20$ 的外压圆筒，在发生压缩性变形以前即会发生弹性失稳现象。薄壁圆筒在均布侧向外压力作用下，有可能在圆筒壁内应力值小于许用应力的条件下发生失稳。发生失稳现象时的外压力称为临界压力 p_{CT}。计算长圆筒和短圆筒的临界压力公式有所不同。

长圆筒与短圆筒分界的临界长度 L_{CT} 可用下式表达：

$$L_{CT} = 1.17D_o\sqrt{\frac{D_o}{\delta}} \tag{4-72}$$

式中,L_{CT}为圆筒的临界计算长度,m,圆筒的计算长度等于筒体长度加上两个封头内高度的三分之一,即 $L = L_{筒} + (2/3)h_i$,$L_{筒}$ 为筒体长度;h_i 为封头内高度。$L > L_{CT}$者,称为长圆筒;$L < L_{CT}$者称为短圆筒。受均布侧向外压力时,长圆筒的临界压力可以用圆环的挠度曲线微分方程导出,其结果临界压力 p_{CT}用 Bresse 公式表达:

$$p_{CT} = \frac{2E}{(1-\mu^2)}\left(\frac{\delta}{D_o}\right)^3 \tag{4-73}$$

式中　p_{CT}——临界压力,MPa 或 Pa;

　　E——圆筒材料的弹性模量,MPa;

　　μ——圆筒材料的泊松比。

显然,公式(4-73)中没有出现波形数 n。长圆筒被压瘪时一般是两个波,即先被压成椭圆形,然后再被压瘪。当 $\mu = 0.3$ 时,可近似地得到:

$$p_{CT} = 2.2E(\delta/D_o)^3 \tag{4-74}$$

受均布侧向外压力的短圆筒,其临界压力 p_{CT}可由线性小挠度理论推导出来,用 Mises 公式表达如下:

$$p_{CT} = \frac{2E\delta}{D_o(1-\mu^2)}\left\{\frac{1-\mu^2}{(n-1)\left[1+\dfrac{4n^2L^2}{\pi^2D_o^2}\right]^2} + \frac{\delta^2}{3D_o^2}\left[(n^2-1) + \frac{2n^2-1-\mu}{1+\dfrac{4n^2L^2}{\pi^2D_o^2}}\right]\right\} \tag{4-75}$$

式中　n——失稳时的波数;

　　L——筒体的计算长度。

在 Mises 公式中,当 L 较大时,忽略包含$[L/D]^2$ 的项,又令 $n = 2$,便可得式(4-73),即适用于长圆筒的 Bresse 公式。所以可以认为 Mises 公式也适用于长圆筒。

应用 Mises 公式计算临界压力比较麻烦,一般用试算法求解。即先取 $n = 1,2,3,4,\cdots$代入,分别得到相应的 p_{CT}值,绘出 p_{CT}-n 曲线;曲线上最小的 p_{CT}即为该圆筒最易失稳的临界压力,对应的 n 值即为该圆筒失稳时出现的波数。为了免除烦琐的试算步骤,可以采用微分法求解。将(4-75)简化并取 $x = (D_o/\delta)$,$y = (L/D_o)$,可得如下公式:

$$p_{CT} = \frac{E}{x}\left[\frac{12.2}{n^4(n^2-1)y^4} + \frac{0.73(n^2-1)}{x^2}\right] \tag{4-76}$$

将式(4-76)对 n 求导,令其等于 0,即得到最小 p_{CT}相对应的 n:

$$n = \sqrt[4]{\frac{7.06x}{y^2}} = \sqrt[4]{\frac{7.06D_o^3}{\delta L^2}} \tag{4-77}$$

最小的 p_{CT}近似式为:

$$p_{CT} = \frac{2.59E}{yx^2\sqrt{x}} = \frac{2.59E\delta^2}{LD_o\sqrt{\dfrac{D_o}{\delta}}} = 2.59E\frac{\left(\dfrac{\delta}{D_o}\right)^{2.5}}{\dfrac{L}{D_o}} \tag{4-78}$$

无论长圆筒或短圆筒,在失稳时的周向应变 ε_{CT}为:

$$\varepsilon_{CT} = \frac{\sigma_{CT}}{E} = \frac{p_{CT}D_o}{2\delta E} \tag{4-79}$$

用 $p_{CT} = m[p]$代入式(4-79),可得筒体在周向失稳时的周向应变为:

$$\varepsilon_{CT}=\frac{m[p]D_o}{2\delta E} \tag{4-80}$$

式中 [p]——许用外压力；

m——外压容器在周向失稳时的稳定性安全系数。

轴向受均匀压力的薄壁圆筒的临界压缩应力 σ_{CT}，根据线性的变形理论导出，用 Timoshenko 公式表达如下：

$$\sigma_{CT}=\frac{2E}{\sqrt{3(1-\mu^2)}}\cdot\frac{\delta}{D_o} \tag{4-81}$$

对于钢材，取 $\mu=0.3$，则：

$$\sigma_{CT}=1.21\frac{E\delta}{D_o} \tag{4-82}$$

实验结果表明，式(4-81)所得的临界压缩应力大约比实测值大5倍左右。其后采用大挠度理论进行分析，才使理论分析与实验结果比较接近。因此在工程应用中，对小挠度理论所得结果采用稳定安全系数为10~15(相当于大挠度理论即为3.0左右)。

从上述各计算公式中可以看出，圆筒直径、筒体长度和圆筒壁厚度等，都是影响外压容器失稳时临界压力的因素。一组外压容器稳定性实验的结果列于表4-28。

表4-28 外压容器稳定性实验结果[69]

实验序号	筒径 D/mm	筒长 L/mm	筒体中间有无加强圈	壁厚 δ/mm	失稳时的真空度/Pa	失稳时波形数/n
①	90	175	无	0.51	66650	4
②	90	175	无	0.3	39990	4
③	90	350	无	0.3	15996~19995	3
④	90	350	有一个	0.3	39990	4

根据表4-28数据，比较实验①和②可知，当 L/D 相同时，δ/D 大者临界压力高；因为筒壁的 δ/D 越大，筒壁抵抗弯曲变形的能力越强。

比较实验②和③可知，当 δ/D 相同时，L/D 小者临界压力高，失稳时的波数多；因为封头的刚性比筒体高，圆筒承受外压时，封头对筒壁起一定的支撑作用。这种支撑作用的效果将随着圆筒几何长度的增长而减弱。

比较实验③和④可知，当 δ/D 和 L/D 都相同时，有加强圈者临界压力高；因为加强圈有足够大的刚性，它可以同样对筒壁起到支撑作用，使原来得不到封头支撑作用的筒壁，得到了加强圈的支撑。

铸锭凝固壳的形成及其随后的冷却，由于冷却而产生的收缩力，对于凝固壳而言类似于外压容器所承受侧向外压力。有色金属铸锭的铸造速度一般比较低，并且由于其传热系数和热扩散率比较高，使用的结晶器比较短，液相穴比较浅，铸锭的椭圆度并不显著。在水平连续铸造钢锭时，采用的结晶器比较长，铸造速度比较高，而钢的传热系数和热扩散率却比较低，液相穴很长；因此，连铸钢锭特别是水平连铸圆管钢锭的椭圆度比较明显。表4-29列出了衡阳钢管(集团)有限公司水平连铸 ϕ150 mm 的 25CrMnMo 钢圆管坯椭圆度统计情况[70]；结晶器的长度为1500 mm，进口直径 ϕ152.36 mm，出口直径 ϕ151.00 mm，铸造工艺参数列于表4-30。

表 4-29　ϕ150 mm 圆管坯椭圆度统计情况[70]

炉　次	样　号	长轴长度/mm	短轴长度/mm	长短轴差/mm	平均值/mm
1	Ⅰ	151.9	143.4	8.5	147.4
	Ⅱ	151.8	143.7	8.1	
2	Ⅰ	151.2	144.4	6.8	147.8
	Ⅱ	151.6	143.9	7.7	
3	Ⅰ	151.7	146.8	3.9	148.2
	Ⅱ	151.7	144.7	6.0	
4	Ⅰ	150.0	146.4	3.6	148.5
	Ⅱ	149.7	147.8	1.9	
平　均　值		150.95	145.14	5.85	148.05

表 4-30　ϕ150 mm(25CrMnMo)拉坯工艺参数控制情况[70]

控制范围	吊包温度/℃	浇注时间/min	拉坯速度/$m \cdot min^{-1}$	正常水量/$m \cdot h^{-1}$	进水温度/℃	出水温度/℃
最　高	1630	65	2.45	35	32	71
最　低	1606	54	2.16	26	27	64
平　均	1616	58	2.29	30	29	67

衡阳钢管(集团)有限公司在生产中发现,当铸坯表面有明显的压痕时,椭圆度较大;没有压痕时椭圆度较小。表明椭圆的长轴在垂直面内。同时观察到结晶器的冷却效果、钢水吊包温度及拉坯速度对铸坯椭圆度也有较大影响。该设备的冶金长度为 10.5 m。在表 4-29 的工艺条件下,激冷层等轴晶厚度达到 15 mm 以上,这表明 ϕ150 mm 铸锭的凝固壳厚度在出结晶器之前在 15 mm 以上;而结晶器长度为 1500 mm,依式(4-72)判断,在结晶器内的凝固壳是典型的长圆筒外压容器;在凝固壳收缩应力的作用下必然失稳,长圆筒外压容器被压瘪时的波形一般为 2,即先压成椭圆形,然后被压瘪。

H. M. Тучкевич 等人在水平连铸镍基合金自耗电极的研究中也观察到圆铸锭的椭圆现象[24],该设备无二次冷却装置,浇铸直径为 100 mm 的镍基合金时,在容量为 150 kg 的中间包内温度为 1450 ~ 1470℃,最适宜的拉坯速度为 0.7 ~ 0.8 m/min,浇铸快结束时为了消除最终的液相穴,拉坯速度降至 0.2 ~ 0.3 m/min;铸坯的断面在垂直轴线上略有增高(0.5 ~ 1.5 mm)。认为这是由于在结晶过程中,从断面下面金属受到比较强烈冷却的缘故。铸坯的末段在水冷铜结晶器内完全冷却下来时,发现这一段的椭圆度最为严重,达 2.5 ~ 3 mm;同时,由于该段的内应力比较大,一般在水平轴面上产生有若干纵向裂纹。镍基合金在水冷铜结晶器内结晶时直径的收缩率,其平均值为 1.9% ~ 3.1%。ϕ100 mm 的镍基合金铸锭,当拉坯速度为 0.5 m/min 时,液相穴长度为 1.25 m;当拉坯速度为 0.75 m/min 时,液相穴长度为 1.875 m。在这种条件下,铸锭凝固壳类似于长圆筒外压容器。末段铸锭在结晶器内完全冷却的过程中,中间包内液态金属静压力的作用已经消除,只有凝固壳收缩应力的作用,壳体的失稳现象加剧,使铸锭的椭圆度增大。椭圆长轴在垂直于铸锭的轴线上,是采用长结晶器时水平连续铸锭凝固壳的失稳特征。这表明长圆筒凝固壳层的收缩应力是铸锭椭圆度的成因。

B. T. Сладкоштеев 等人在水平连铸 $\phi80\sim82$ mm 的碳钢锭的研究过程中发现[27]，在坯壳开始形成之后，有的地方便与结晶器壁脱离而形成空隙，有的地方仍然与结晶器壁保持接触，而且接触点的位置和数目是不断地变化着的。在与结晶器壁接触的地方，由于冷却强度比较大，所以坯壳的成长速度也比较快。因此，铸坯的内腔实际上是一个角数与接触点数目相等的多边形。在结晶器内，铸坯断面的多边形化程度波动在 25% ~50% 之间；在二次冷却区内它仍然十分大。所以，铸坯在结晶器内，并不是始终只与下壁接触着。由此可以断定，在铸坯的整个横断面上，坯壳的厚度实际上是一样的。在结晶器内铸锭凝固壳与结晶器壁之间形成稳定的空隙之前，B. T. Сладкоштеев 等人的推断，从$(D_o/\delta)\geqslant20$ 外压圆筒的失稳理论上来分析是符合客观实际的。不过，这种现象只能在筒体计算长度 $L<1.17D_o\cdot\sqrt{(D_o/\delta)}$ 时才能发生。B. T. Сладкоштеев 等人在研究中，采用 500 mm 长的锻铜结晶器、中间包容量为 100 kg，$\phi80\sim82$ mm 的铸锭，浇铸速度为 0.98 m/min 时，液相穴长度为 1.23 m，凝固时间为 1.24 min。据此判断，铸锭凝固壳出结晶器口时的厚度约为 26 mm。将结晶器的长度视为外压圆筒的计算长度，按式(4-72)可计算出适于外压短圆筒壁的临界厚度：

$$\delta=L^2/(1.17^2\cdot D_o^3)=500^2/(1.17^2\times80^3)=0.357(\text{mm})$$

铸锭凝固壳达到上述厚度，仅需 0.06 s。此壳厚距结晶器入口仅约 0.1 mm，正处于结晶器与导流区交接处，此后的凝固壳厚度当大于此值。在这种情况下，凝固壳可视为外压短圆筒。根据式(4-77)，凝固壳厚度增加，壳体失稳时的波数减少。凝固壳被重熔时壳厚减薄，壳体失稳时的波数增多。波数多，凝固壳与结晶器壁的相对接触时间长，相对接触面积大；波数少，相对接触时间短，相对接触面积小。这与实验观察结果相符合。

根据外压圆筒失稳理论分析，铸锭凝固壳失稳现象必然存在。在水平连续铸锭生产中，采用短结晶是有益的，可以减弱凝固壳的不均匀冷却和椭圆现象。

在水平连续铸锭过程中，当采用往复振动和反推工艺制度时，铸锭凝固壳轴向受到均匀压力。从式(4-81)中可以看出，直径越大或凝固壳壁厚越薄，临界压缩应力越小，铸锭表面很容易产生皱折缺陷，即表层横向内弯曲。据资料报道[71]，水平连铸 20 钢管坯采用反推工艺时，内弯曲深度通常为 0.2 ~1.2 mm，研究者认为拉坯曲线的加速度小，停歇时间短和浇铸温度高时，容易产生皱折。根据外压圆筒失稳理论分析，水平连续铸锭时，不宜采用往复振动和反推工艺制度，这是消除铸锭表层皱折的根本措施。

圆锭凝固壳内腔多边形化和外径椭圆度是连续铸锭过程中凝固壳的失稳特征。外压薄壁长圆筒会出现椭圆现象；外压薄壁短圆筒内腔会出现多边形，随着壁厚增加，多边形的边数减少。

根据外压圆筒失稳理论分析可以看出，铸锭凝固壳的失稳现象是凝固壳与结晶器壁波动性接触的成因。这种波动性接触会促使凝固壳波动性变形。凝固壳波动性变形会促使凝固前沿的枝晶碎裂，从而可以细化铸锭周边的晶粒。因此，凝固壳波动性变形是铸锭周边细等轴晶区的成因之一；也可以说凝固壳的失稳现象是铸锭周边细等轴晶区的成因之一。钢铁的热导率和热扩散率都比较低，连铸过程中的铸造速度比较高，液相穴很深，因此，钢铁连续铸锭凝固壳的失稳现象比较明显，铸锭周边细等轴晶区比较宽；在水平连铸过程中，凝固壳下部的接触区长度略大于其上部，周边细等轴晶区的厚度，下部大于其上部。从图 1-4 中已知，不锈钢锭凝固壳层的强度极限大大高于碳钢。根据式(4-71)，凝固壳层的强度极限越高，则凝固壳为承受内部静压力所需的最小厚度越小，波动性减弱，因此，在不锈钢锭中往往出现穿晶现象。在铝的连续铸锭过程中，结晶器比较短，铸造速度又比较低，液相穴比较浅，封头作用比较明显，铝连续铸锭凝固壳的失稳现象差一些，铸锭周边细等轴晶区不太宽，甚至不明显。

在连铸扁锭的过程中，有着与连铸圆锭时相似的凝固壳失稳特征。扁锭凝固壳的"鼓肚"现象是扁锭凝固壳的失稳特征，犹如连铸圆锭过程中凝固壳层的多边形化现象。因为连铸过程中凝固壳与结晶器壁之间产生波动性接触，冷却条件和铸坯"鼓肚"等因素的影响，使凝固速度时刻在变化。对于同一块板坯，凝固壳较薄时，容易产生较大的"鼓肚"量，凝固壳与结晶器壁之间波动性接触的频率较高；随着凝固时间增长，凝固壳厚度增加，"鼓肚"量减少，凝固壳与结晶器之间波动性接触的频率降低。连续铸锭过程中，在结晶器内凝固壳与结晶器壁之间形成稳定性气隙之前的波动性接触区，特别是在液相穴顶部，凝固壳层很薄，波动的幅度不会是很大的，即"鼓肚"量不会很大，而波动的频率却是很高的。在这种条件下，凝固壳波动的频率对凝固前沿的枝晶碎裂的影响会大于凝固壳波动的振幅作用。

4.18　凝固系数

在金属铸造生产中，经过许多人的研究和长时间的生产实践，得出凝固厚度与浇注时间的平方根成正比的关系，即浇注时间的平方根公式：

$$e = k\sqrt{\tau} \tag{4-83}$$

式中　e——凝固厚度；

k——凝固系数（或凝固常数）；

τ——浇注时间。

凝固系数 k 值，对于一定的金属是个特征值，是个与浇铸条件有关的常数。王铎等人根据以耗散结构理论和不可逆非平衡热力学为基础的开放体系的金属结晶凝固模型指出[72]：给定金属的凝固体系后，凝固系数 k 便是唯一的，并且决定凝固时的临界过冷度值和相对过冷度。过冷度为零的结晶凝固不可能发生；最大极限值为 $(2/3)T_m$，而熔解的过冷度极限可达 $2T_m$。纯金属平均 $k_0 = 0.16$。

根据凝固壳与模壁之间的波动性接触特点，在铸件生产和锭模铸锭时，浇铸开始金属与铸型壁之间的相对接触面积最大，散热最快；随着浇注后的时间延长，波动性接触面积减少，波动性气隙面积增多，散热速度减慢，直至最小值。因此，在静态条件下，凝固系数 k 是整个凝固过程的平均值。

在连续铸锭过程中，结晶器内的波动性接触区面积和稳定性气隙区面积，在一定的设备和工艺条件下，理论上讲可视为固定的，凝固系数 k 是凝固过程的平均常数值。随着铸造速度的变化，波动性接触区面积和稳定性气隙区面积相应变化。当结晶器长度一定时，铸造速度慢，有利于发挥逆流导热作用，波动性接触区长度短、接触区面积小，稳定性气隙区长度长，在结晶器内的总散热量少些，凝固速度相对慢些，凝固系数值相应小一点，完全凝固时间长一点。铸造速度快时，逆流导热作用减弱，波动性接触区长度增长、接触区面积增大，稳定性气隙区长度缩短，在结晶器内的总散热量增多，凝固速度相对快些，凝固系数值相应大一点，完全凝固时间相对缩短。但是，随着铸造速度增快到一定程度，凝固壳出结晶器时的厚度减薄，完全凝固时间相对增长，凝固系数值相应减小一点。

从表 4-15 中可以看出，对于同一直径铸锭的完全凝固时间随铸造速度变化而有差异，只是差值不是很大。在500 mm长的紫铜结晶器中连铸时的完全凝固时间,对于ϕ82 mm的铸锭,铸造速度为1.2 m/min和1.35 m/min时为1.24 min;铸造速度为2.40 m/min时为1.27 min,表明铸锭出结晶器时的凝固壳相对减薄了;铸造速度为0.98 m/min时完全凝固时间为1.31 min,表明凝固壳与结晶器壁之间的稳定气隙区增长了。对于ϕ80 mm的铸锭也表现出相似的情况。这种情况表明,连续铸锭时与静态模铸时有所不同,凝固系数不是常数,而是在很小的范围内随铸造速度变化的动态数值。应用凝固系数k值时,在限定条件中应包括铸造速度。同一断面的铸锭,不同的铸造速度对应不同的完全凝固时间。O. A. Шатагин等人在分体式УНИИМ水平连铸机上浇铸钢锭时[73],用氧烧穿凝固壳之后快速流出液相穴内的钢液,测得凝固壳厚度和完全凝固时间,得出凝固壳比例厚度随凝固比例时间变化的关系式:

$$(x/R)=1.666(\tau/\tau_K)-2.709(\tau/\tau_K)^2+2.043(\tau/\tau_K)^3 \tag{4-84}$$

式中 x——凝固壳厚度,mm;

R——铸锭半径,mm;

τ——浇铸时间,s;

τ_K——完全凝固时间,s;

x/R——凝固壳比例厚度;

τ/τ_K——凝固比例时间。

从表4-15中可以看出,完全凝固时间与铸造速度有关。因此,式(4-84)包含了铸造速度的因素。

在水平连铸和热顶铸造过程中,由于液态金属静压力作用,液相穴顶部的凝固薄壳与结晶器壁之间的相对接触面积比敞露液面的立式连铸时大一些,因此,其凝固系数值大于敞露液面的立式连铸时。蔡开科等人在多级多段式结晶器的水平连铸ϕ80 mm 20碳钢锭试验研究中[22],根据凝固壳平均厚度的增长,计算得出起铸阶段拉坯速度为0.6~1.0 m/min时结晶器内金属的凝固系数$k=34.8\ \text{mm/min}^{\frac{1}{2}}$;而立式小方坯连铸机的二次冷却区凝固系数$k=25\sim30\ \text{mm/min}^{\frac{1}{2}}$。在多级多段式结晶器中,求出铸坯上部的凝固系数$k$值,150 mm铜段内$k=21.9\ \text{mm/min}^{\frac{1}{2}}$,910 mm石墨段内$k=26.8\ \text{mm/min}^{\frac{1}{2}}$。

彭学仕等人在水平连铸铝合金锭研究中指出[74],当6063(LD31)合金的凝固系数$k=3200$和2A12(LY12)合金的凝固系数$k=2800$时,可保证铸出表面质量良好的锭坯。

根据东北轻合金加工厂的试验研究和生产实践[75],立式连铸纯铝锭的水平结晶速度约为71.17 mm/min。连续铸轧纯铝板坯的平均水平结晶速度为476 mm/min,是立式连铸时的6.688倍。这是因为连续铸轧过程中铝板坯处于轻微的轧制状态,铝板坯与铸轧辊之间紧密接触,单位接触面积大,冷却速度很大,结晶速度很快,凝固系数很大。目前,在连续铸钢过程中轻压下技术的应用,特别是离凝固末端较远处进行的轻压下(液芯轻压下),类似连续铸轧过程,将会大大提高铸锭的凝固系数。

4.19 电磁场在连续铸锭过程中的作用

随着电磁磁流体力学理论的系统研究和发展,电磁场越来越多地应用于铸造生产中。感应加热、电磁搅拌、电磁输送、电磁悬浮和电磁铸造等工艺的广泛应用,使金属材料的性能和铸锭的质量得到了显著的提高。电磁场在连续铸锭过程中的作用也受到人们关注。

在水平连铸的结晶器外侧设置电磁线圈，当通以交变电流时，在熔体与周围空间形成近源的感应场。感应线圈内的交变电流在合金熔体内激发变化的磁场 B，产生感应电流 $J=1/[\mu(\nabla\times B)]$，感应电流和变化的磁场 B 交互作用，使合金熔体受到 Lorentz 力 $F=J\times B$ 的作用（F 为体积力）。熔体内部各点受到的 Lorentz 力由下式给出：

$$F=-\nabla[1/(2\mu B^2)]+1/[\mu(B\cdot\nabla)B] \tag{4-85}$$

式中　B——磁感应强度；

μ——合金熔体的磁导率。

式(4-85)中右边第一项是垂直于金属液侧面的力，在金属熔体中产生向心推力，对金属熔体产生约束作用，使熔体与结晶器壁接触压力减小，减弱凝固壳与结晶器壁之间的热交换速度。右边第二项是回旋驱动力，引起金属液流动形成强制对流。交变的电磁场产生的约束作用可促进凝固壳与结晶器壁的波动性接触。强制性对流使结晶器内熔体温度场和溶质分布更加均匀，液相穴变浅；同时加强了结晶器壁处的形核和游离；在一定程度上引起枝晶破碎和熔断，从而增加了形核质点。

在东北大学材料电磁过程实验室里，左玉波博士等人采用低频电磁水平连铸 ϕ100 mm 7A09(LC9)和 7055 等铝合金圆锭[76]，在自制的水平连铸机上进行试验研究。结晶器由铝合金制作，内嵌石墨环；结晶器外的电磁线圈为 100 匝。浇注温度为 730℃，铸造速度为 125 mm/min，施加电流 200 A，磁场频率 30 Hz。合金成分为 Al-10Zn-2.5Mg-2.3Cu-0.15Zr，并与不加磁场时进行对比。

在电磁场作用下，凝固壳与结晶器壁接触压力减小，相当于减小了它们之间的摩擦力，使低频电磁水平连铸（LFEHC）的铸锭表面质量得到较大提高，表面粗糙度显著降低，表面偏析瘤明显减轻。不加电磁场（HDC）时，表面粗糙，并出现了偏析瘤。如图 4-69 所示。

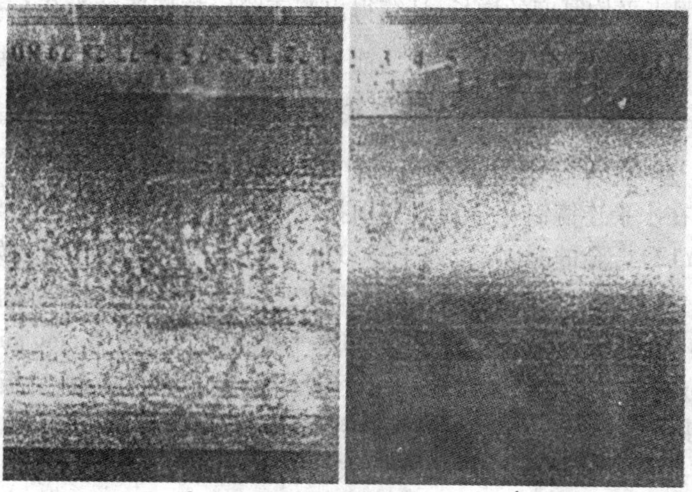

a　　b

图 4-69　低频电磁场对铸锭表面质量的影响[76]

a—HDC 铸锭；b—LFEHC 铸锭

水平连续铸锭，由于合金元素的密度不同，在重力作用下会出现重力偏析。连铸 7000 系铝合金锭通常存在反偏析，而且随合金元素含量增加反偏析会更加严重。在电磁场作用下，强制对流使溶质分布更加均匀，延缓了枝晶网络的形成，并能破碎枝晶，减少了凝固收缩时枝晶间富溶质液体向铸锭表面移动，从而减少了密度偏析，有效地抑制了反偏析，减少了铸锭的宏观偏析，如图 4-70 所示。

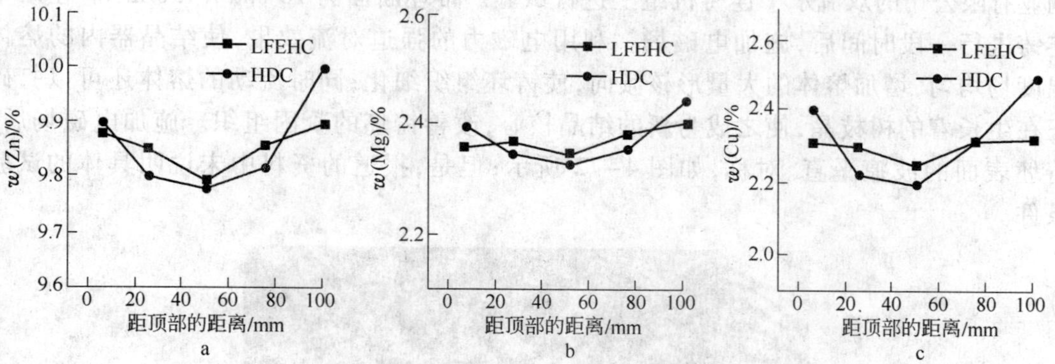

图 4-70　电磁场对铸锭成分的影响[76]

a—Zn；b—Mg；c—Cu

在低频电磁场作用下，增加了形核和游离效果，而且强制对流使溶质分布和温度场趋于均匀，所以组织更加均匀、细小，如图 4-71 所示。不加电磁场时，铸锭周边为细小的蔷薇组织（图 4-71a）；而铸锭内部为非常粗大的枝晶组织（图 4-71c）。在低频电磁场作用下，周边和中心均为均匀细小的蔷薇组织（图 4-71b，d）。

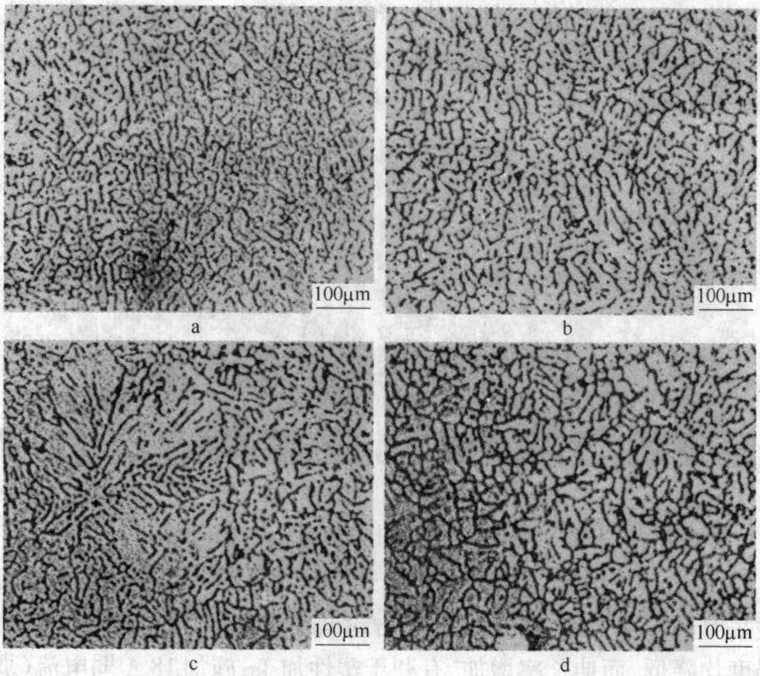

图 4-71　低频电磁场对铸锭显微组织的影响[76]

a—HDC，边部；b—LFEHC，边部；c—HDC，心部；d—LFEHC，心部

低频电磁场水平连铸新型超高强铝合金 ϕ100 mm 铸锭试样，在盐浴炉中两阶段固溶处理后水淬，室温下停放 48 h，然后在 120℃ 时效 12 h，自然冷却到室温。屈服强度达到

742 MPa,抗拉强度为 758 MPa,伸长率为 8.5%。

在大连理工大学材料科学与工程学院,李廷举等人研究了电磁场对水平连铸锡磷青铜带质量的影响[77]。得到相似的结果。铸造合金为 QSn6.5-0.1 锡磷青铜。在浙江八达铜业有限公司的双流水平连铸机组上进行试验。带坯断面为 16 mm×430 mm。在水平连铸进行一段时间后,施加电磁场。利用电磁力的强迫对流效果,使结晶器内的熔体温度场均匀,增加熔体的大量形核倾向,使铸坯组织细化;同时流动的熔体还可以打碎正在生长着的树枝晶,使之成为新的结晶核心,改善铸坯的凝固组织。施加电磁场后,铸坯表面的波痕平直、对称,如图 4-72 所示;但是,报道的资料中未说明具体的试验条件。

图 4-72　施加电磁场条件下铸坯的表面状况[77]

未退火的青铜带坯断口形貌,未加电磁场时晶粒粗大,上下面之间有明显的分层现象;施加电磁场后,断口的晶粒变细,上下面之间的分层现象不明显。放大 300 倍时的断口形貌如图 4-73 所示。断口的韧窝形状取决于应力状态,而韧窝的大小和深浅取决于第二相的数量分布以及基体的塑性变形能力。如果第二相较少、均匀分布,且基体的塑性变形能力强,则韧窝大而深;如果基体的加工硬化能力很强,则得到大而浅的韧窝。从图 4-73 中可以看出,施加电磁场时铸坯的韧窝比未加电磁场时深且大,属于韧性断裂;说明第二相较少,均匀分布,且基体的塑性变形能力强。

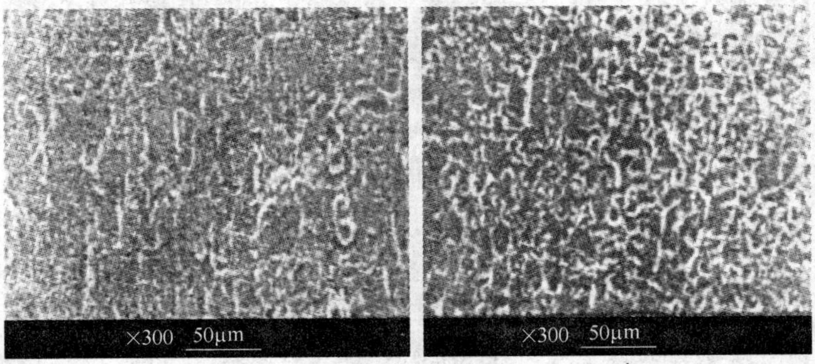

a　　b

图 4-73　放大 300 倍时未退火铸坯的断口形貌[77]

a—未施加电磁场;b—施加电磁场

施加电磁场时的青铜带坯,晶粒细小分布均匀。施加弱电流(弱电磁场)的试样,屈服强度和抗拉强度均降低,而伸长率增加,有利于塑性加工;施加 18 A 弱电流(弱电磁场)的未退火试样,伸长率可达 50.8%。但当电流过大时,试样的伸长率反而降低。电磁场对铸坯力学性能的影响,其实测的平均值列于表 4-31。未施加电磁场时,铸坯的晶粒较粗大,需要 7 h 以上的退火时间;施加电磁场时,由于晶粒细化,可缩短退火时间,经 5 h 退火即可获得很细小的晶粒度;在 670℃下退火时间与晶粒度的关系列于表 4-32。

表 4-31　铸坯的力学性能(平均值)[77]

试样编号	屈服强度/MPa	抗拉强度/MPa	断后伸长率/%
№3(弱电流,退火)	155.3	315.5	60.0
№4(弱电流,未退火)	166.8	329.4	50.8
№5(强电流,未退火)	175.1	333.1	36.7
№6(不加电流,未退火)	173.7	340.4	41.3

表 4-32　670℃下退火时间与晶粒度的关系[77]

退火时间/h		5		6		7		8	
退火状态		退火前	退火后	退火前	退火后	退火前	退火后	退火前	退火后
晶粒度/个·cm^{-2}	不加电磁场	12	57	20	34	11	81	15	59
	施加电磁场	64	102	62	86	70	135	65	98

根据李廷举等人的研究,电磁搅拌可以使凝固前沿的液态金属产生强迫对流,有可能实现低温浇铸。在八达公司,铸造 QSn6.5-0.1 带坯的过程中,正常的铸造温度为 1160～1169℃。施加电磁场后,铸造温度可以降低到 1140～1150℃,即可望使铸造温度降低 10～20℃。施加电磁场后,石墨内衬使用寿命由 7 天增至 14 天。

在试验研究和生产实践中,大多采用交变磁场,较少用稳恒磁场。在上海大学现代冶金与材料制造实验室,于湛等人对铜铁磷合金和铜镍合金板带水平连铸电磁搅拌中熔体的流动和凝固过程进行过试验研究[78],则采用稳恒磁场加直流电流组合的直流电磁场。事先用水银进行熔体流动模拟试验,采用瑞士 DOP2000 超声波多谱测速仪,传感器直径 5 mm,频率为 4 MHz,空间分辨率为 1.45 mm,流场的测量精度为 0.1 mm/s;超声波在水银中的传播速度为 1.450 m/s。直流电磁搅拌的原理和永磁体设置如图 4-74 所示。在有机玻璃结晶器(型腔尺寸:320 mm × 226 mm × 16 mm)中,对应于安装永磁体处的磁感应强度最大,该处水银受到的电磁力最大,首先形成搅拌流,流动的水银遇到器壁分成两个流股,形成回流,形成两个对称的环流,如图 4-75 所示。实测结果,沿拉坯方向水银流速分布(等速度线)如图 4-76所示(以流向超声波传感器的方向为正,反之为负);当输入电流为 25 A 时,在拉坯方向上水银的最大流速达到 80 mm/s;电流增至 50 A 时,该方向上水银的最大流速达到

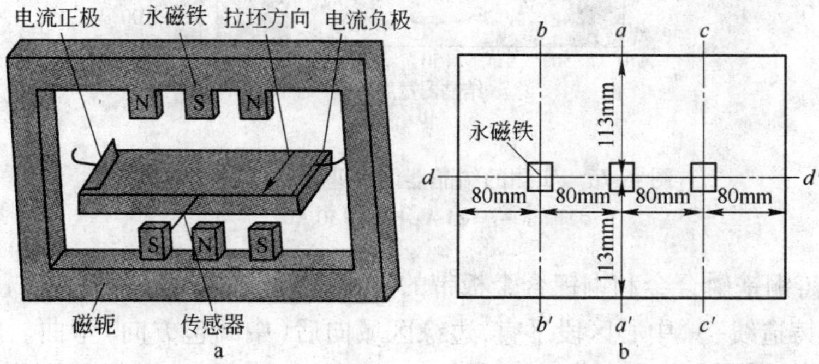

图 4-74　直流电磁搅拌的原理和永磁铁设置[78]

a—直流电磁搅拌原理;b—结晶器中永磁铁分布(俯视)

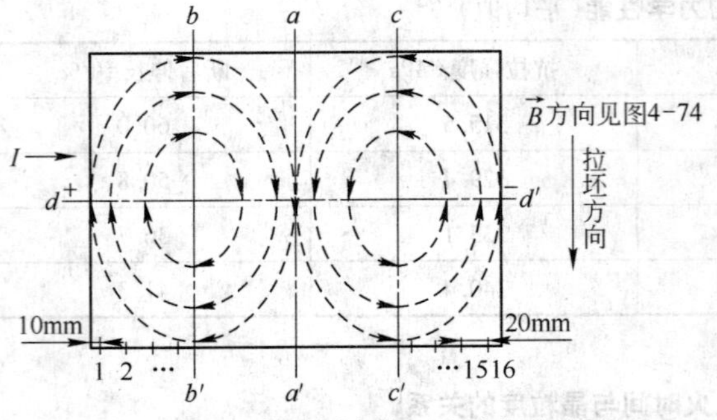

图 4-75　超声波测点位置和水银在电磁搅拌下的流场(俯视)[78]

120 mm/s。当输入电流足够大时,水银形成两个旋涡,在旋涡的中心区域聚集着细小的夹杂物颗粒和气泡。在工业性试验中,结晶器的石墨板厚 40 mm,铜板厚30 mm;在铜板的外侧面上开有导流水槽,通水冷却。将永磁体安装于导流水槽后方,冷却水同时冷却永磁体(工作温度不大于 100℃)。上下磁极的间距 157 mm,结晶器型腔中的磁感应强度经实测为 0.004T。使用的直流电流为 200 ~ 800 A。

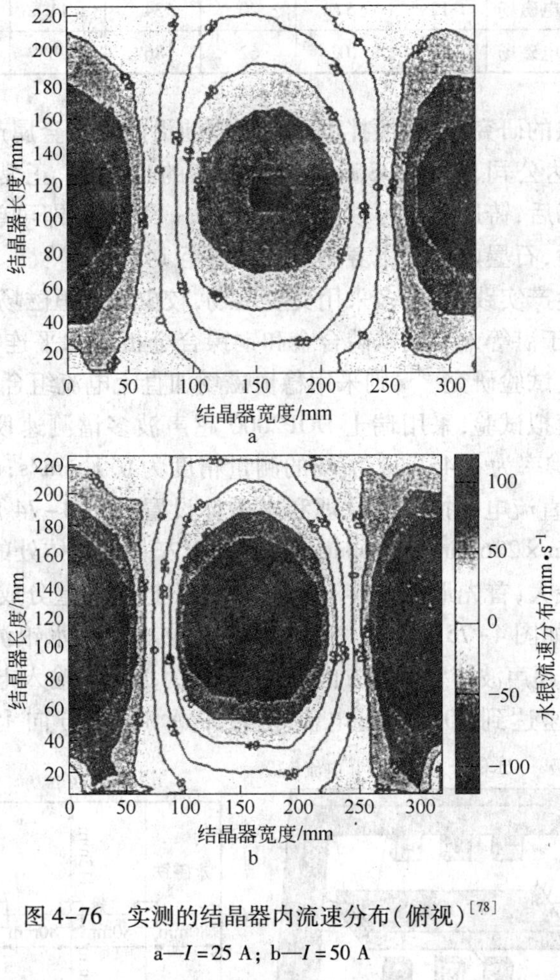

图 4-76　实测的结晶器内流速分布(俯视)[78]
a—I = 25 A; b—I = 50 A

在水平连铸铜铁磷合金和铜镍合金板带的过程中,未施加电磁场搅拌时,铸坯宽面上的波痕(或称为“铸造线”),中心区段平直,边缘区域向后(中间包方向)弯曲。施加电磁场搅拌后,“铸造线”出现局部推移和弯曲的现象;如图 4-77 所示。这种局部推移和弯曲与对铜液电磁搅拌的强度有关,从图 4-77 中可以清楚地看出,当电流为 200 A 时,中心区段的“铸造线”已向后弯曲;当电流为 500 A 时,中心区段的“铸造线”向后弯曲更为明显。从图 4-76

中可以看出，沿结晶器宽度上的熔体流速分布，中心区段和边沿的流速最大，其数值随着电流增强而增大。这种现象反映出电磁搅拌形成的铜液环流使液相穴中的温度趋于均匀，并由于铜液环流对凝固界面的局部冲击使中心区段的凝固壳与结晶器壁之间的相对接触时间增加，加强了该部位的凝固速度；随着电流增大，熔体流速加快，铜液环流对凝固界面的局部冲击增强，使该部位的凝固壳与结晶器壁之间的相对接触时间增加，进一步增大了该部位的凝固速度。通过这一事实可以看出，利用液相穴内熔体流速分布，可以合理地调整板坯宽面上凝固壳与结晶器壁之间的相对接触时间。

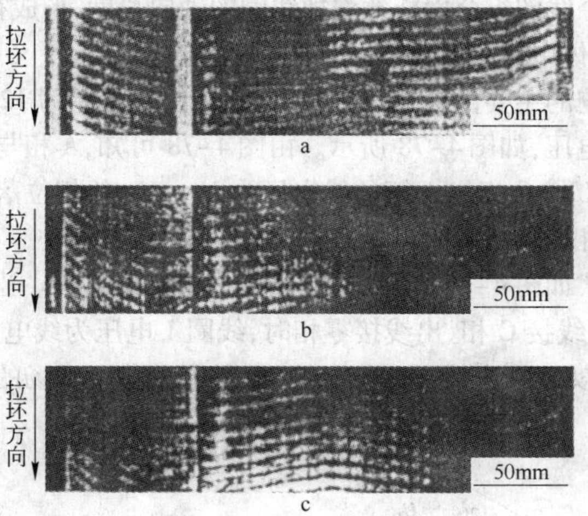

图 4-77　有、无电磁搅拌时铜板带水平连铸“铸造线”形状[78]

a—I = 0 A；b—I = 200 A；c—I = 500 A

在试验中观察到，无电磁搅拌时，铸锭内部温度梯度大，铜镍带坯的柱状晶发育充分，两侧柱状晶直到中心对接。施加电磁搅拌后，铜液冲刷结晶器壁和固 - 液界面，增进了表面形核，使柱状晶细化，同时液相穴内熔体温度趋于均匀，促进了带坯中心层出现等轴晶带。当电流为 200 A 时，柱状晶变细，中心层出现等轴晶带；电流增至 500 A 时，柱状晶进一步细化，等轴晶带加宽，等轴晶比例上升。无电磁搅拌时，铜镍带坯内部存在细小气孔；施加电磁搅拌后，随电流增强，铸坯中气孔出现的概率降低，当电流达到 400 A 以上时，气孔完全消失。电磁搅拌产生的强制对流使铸坯的凝固前沿成分均匀，抑制了溶质元素局部聚集。据铸造速度为 125 mm/min 时实测结果，沿铜铁磷合金锭横断面中心线上铁元素的平均偏析率显著减少。

在水平连铸钢锭的试验中，也可以看到电磁搅拌改善铸锭组织、细化晶粒的效果。从表 6-72 和表 6-73 中清楚地看到这一点。立式连续铸钢研究结果表明，在间歇式磁场作用下，结晶器与凝固壳之间的摩擦阻力降低。周月明的研究表明[79]，在固有频率 7 Hz 附近，保护渣消耗量达到最大值，大于或小于此间歇频率时呈减少趋势。磁通密度 B 值一定（如 0.01T），间歇频率 f_i = 1 Hz 时，铸坯表面存在与间歇频率相应的周期条纹；f_i = 3.5 Hz 时，铸坯表面质量得到明显的改善；f_i = 9 Hz 和 f_i = 11 Hz 时，保护渣消耗量大幅度减少，表面粗糙度也略有升高。从铸坯表面质量均一和保护渣消耗量等综合考虑，选用稍小于固有频率的间歇频率较为适宜。

随着研究的深入发展,由两个和多个线圈所产生的组合磁场在连铸过程中的应用也引起了人们的关注。在东北大学材料电磁过程研究实验室里,朱庆丰等人对异相位组合磁场应用于铝合金水平连铸过程进行了研究[80]。异相位组合磁场是利用三相电路相间电动势的相位差,实现两个或多个线圈产生磁场交互作用于熔体。与单线圈交变磁场相比,组合磁场有如下特点:

(1) 磁场作用区域增加,流道和熔池中的熔体均受到磁场作用;

(2) 磁场强度增加,线圈产生磁场交互作用,增强了各点的磁场强度;

(3) 可以通过多个线圈组合而任意增加线圈的轴向长度,形成行波磁场;而单线圈轴向过长,易使线圈中部熔体中无法形成强制对流,降低搅拌效果。

三相电路电力系统的主要供电方式,三相电动势的相位差为 120°。用向量图表示三相交流电的线电压和相电压,如图 4-78 所示。由图 4-78 可知,A 相与 B 相的线电压为 U_{AB},B 相与 C 相的线电压为 U_{BC},C 相与 A 相的线电压为 U_{CA};U_{AB}的相位落后于 U_C 90°,U_{BC}的相位落后于 U_A 90°,U_{CA}的相位落后于 U_B 90°。

两个线圈缠绕方式如图 4-79 所示,箭头所指为出进线方向。当线圈 1 进线接 A 相、出线接 B 相,而线圈 2 进线接 C 相、出线接零相时,线圈 1 电压为线电压 U_{AB},线圈 2 的电压为相电压 U_C。这样即可实现两个线圈相位相差 90°的异相位电磁场的组合。

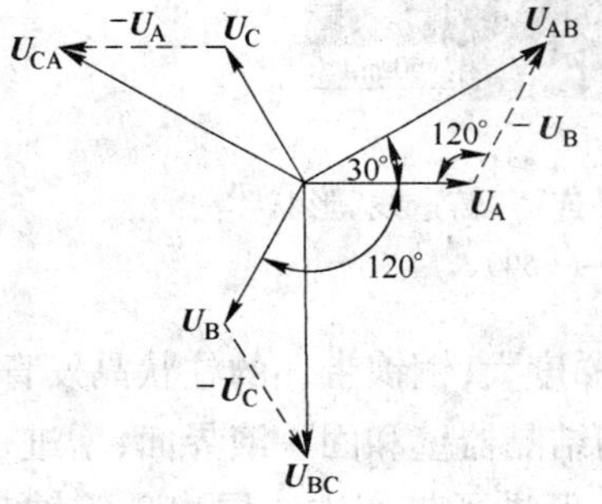

图 4-78　相电压、线电压向量图[80]

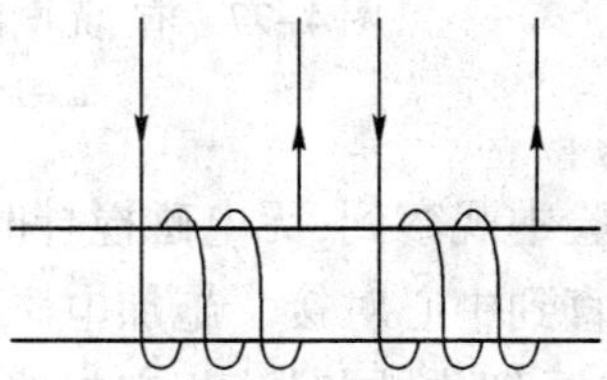
图 4-79　线圈缠绕方式[80]

试验装置主要包括中间包、流道(导流区)、结晶器、加热装置和感应线圈。如图 4-80 所示。中间包由绝热材料制成。流道由碳化硅管制成,外缠加热用的电阻丝。铸锭直径 100 mm。结晶器由铝合金加工而成,内嵌石墨环。两个感应线圈由铜管缠结而成,互相绝缘,内通冷却水,匝数均为 50,分别布置在流道和结晶器外侧。线圈 1 接 A、B 相,线圈 2 接 C 相、零相。为了测量铸造过程中的温度,在结晶器入口处同一垂直面的上、中、下三个位置安装了三支热电偶,如图 4-80 中所示的 1、2、3 点位置;三点位置距结晶器石墨环出口的水平距离为 35 mm,三点之间的垂直距离为 40 mm。

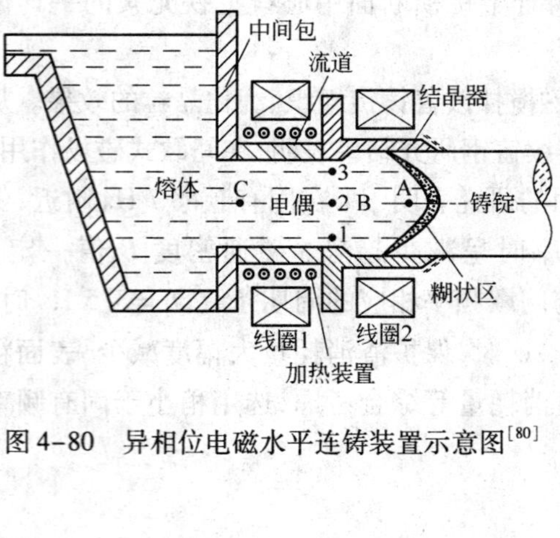

图 4-80　异相位电磁水平连铸装置示意图[80]

试验合金为 5182 铝合金,其成分(质量分数)为 4.8% Mg,0.4% Mn,余量为 Al。在

2RZ30 倾斜式感应炉内熔炼,熔炼温度 760℃。精炼后的熔体转入电阻静置炉内,当静置炉内合金熔体温度降至 710℃时,注入中间包内开始水平连续铸造。ϕ100 mm 铸锭,铸造速度为 120 mm/min。铸造过程中用测温仪记录各点温度随时间变化的情况,并绘成温度时间曲线。在铸造过程中,前一段时间内,感应线圈中不通电流;当牵引出的铸锭长度达到 500 mm 时,两个线圈开始通 50 Hz 的交变电流,电流为 200 A。

试验过程中结晶器入口处三点熔体温度随时间变化的曲线如图 4-81 所示。75 s 以前为感应线圈不通电流时熔体温度随时间变化的情况;75 s 以后为施加异相位组合磁场时熔体温度随时间变化的情况。从图 4-81 中可以看出,感应线圈不通电流时,三点熔体温度分布不均匀。上部熔体温度最高,平均温度为 658℃;下部熔体温度最低,平均温度为 638℃;中部熔体温度居中,平均温度为 644℃。施加组合电磁场后,起初三点所在位置的熔体温度均有较大的波动,随后趋于平缓,三点所在位置的熔体温度基本一致并略有降低,下部熔体温度为 637.2℃,中部熔体温度为 637.9℃,上部熔体温度为 640.5℃。在同样的试验装置条件下(图 4-80),赵志浩等人在水平连铸 ϕ53 mm 的 Al-1%Mg-0.9%Si 铝合金锭时[81],铸造速度 220 mm/min。试验结果为,未加磁场时,沿流道中心线上的三点温度值不等,近液相穴底端的 A 点为 663℃,流道中部和近中间包处的 B 点和 C 点为 670℃左右;连铸 180 s 以后施加异相位组合磁场之后,A、B、C 三点的温度都下降到 655℃以下。这表明施加电磁场后形成强制对流的作用,使液相穴内的熔体温度趋于均匀;同时再一次证实了在水平连铸过程中自然条件下结晶器内上部熔体温度高于其下部熔体温度的事实。

水平连铸的 5182 铝合金锭,施加异相位组合电磁场前后的铸锭组织有明显的差别;铸锭竖直纵切面宏观组织如图 4-82 所示。感应线圈不通电流时,铸锭纵断面大部分为羽毛状晶,只有上下表面附近存在少量的等轴晶和柱状晶。其中铸锭上表面附近为柱状晶,厚度较薄(3 ~5 mm);铸锭下表面附近为柱状晶和等轴晶的混合区,厚度较宽(15 ~20 mm);铸锭纵断面上的羽毛状晶,从铸锭上、下表面的柱状晶区边缘向铸锭中心生长,最终在铸锭中心线上方汇合,铸锭上部羽毛晶的生长方向与轴向的夹角较小,下部羽毛晶生长方向与轴向夹角较大。当施加异相位组合磁场后,铸锭的晶粒形态发生明显变化,铸锭中下部的羽毛状晶区及粗大柱状晶等轴晶混合区消失,取而代之的是细小的等轴晶;铸锭上部的粗大羽毛状晶区及柱状晶区也基本消失,只有在铸锭上表面附近还存在着为数不多的羽毛晶晶粒。在

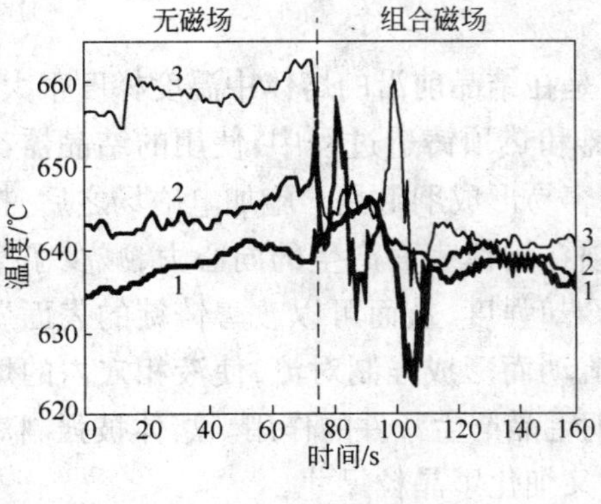

图 4-81 温度时间曲线[80]
1—下部;2—中部;3—上部

图 4-82 磁场条件变化段铸锭竖直纵切面宏观组织[80]

铸锭纵断面上，施加异相位组合磁场前后的结合部有一条明显的铸造组织突变带，如图中的白色曲线所示，其形状基本与液相穴轮廓相吻合。

在水平连铸的 5182 铝合金锭的横断面上，施加异相位组合电磁场前后的铸锭宏观组织如图 4-83 所示。从图 4-83a 中可以看出，未施加磁场时，铸锭横截面表层为细小的等轴晶区，厚度在 1 mm 以内；细小等轴晶区以内是比较粗大的柱状晶和等轴晶混合区，其厚度不均匀，铸锭上半部的混合区较薄；下半部的混合区从横截面两侧向底部逐渐增厚，呈月牙状分布，铸锭底部的混合区最厚在 20 mm 左右；混合区以内为羽毛晶区，羽毛晶从柱状晶和等轴晶混合区的边缘开始生核并长大，一直生长到铸锭中心部位。由图 4-83b 中可以看出，当施加异相位组合磁场后，铸锭横截面表层为细小的等轴晶区，整个横截面上大部分为比较细小均匀的等轴晶区，只有横截面的上半部存在小块的羽毛晶与等轴晶混合区。

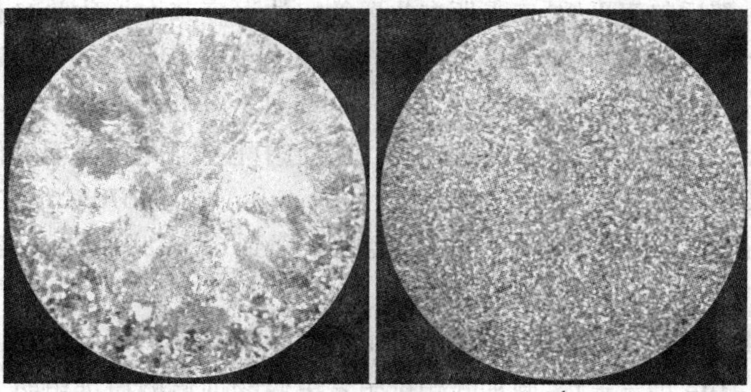

a　　　　　　　　　　b

图 4-83　横截面宏观组织照片[80]

a—无磁场；b—异相位组合磁场

水平连铸的 5182 铝合金锭，施加异相位组合电磁场前后的铸锭微观组织也有明显的差别，铸锭横截面上的微观组织如图 4-84 所示。从图 4-84a 中可以看出，未加磁场时，铸锭的中部和上部为羽毛晶，其中铸锭上部羽毛晶片层基本相互平行，而且间距较小；铸锭中部羽毛晶片层间呈一定角度，而且间距较大；铸锭下部为粗大的等轴晶，平均晶粒尺寸 1.3 mm。从图 4-84b 中可以看出，施加异相位组合磁场后，铸锭中部和下部为比较细小的等轴晶，晶粒平均尺寸 0.2 mm；铸锭上部为羽毛晶和等轴晶相间组织，等轴晶镶嵌在羽毛晶中间，而且羽毛晶片层间距较大。

羽毛状晶是连铸铝合金锭中常见的一种缺陷，它是在结晶前沿的熔体中温度梯度很大、过冷带极为窄小的情况下产生的。在铝合金水平连铸和热顶铸造过程中，使用的结晶器都很短，冷却强度很高；在自然条件下，强烈的定向冷却容易形成羽毛晶。施加电磁场之后，打破了自然状态。从式(4-85)中可知，由右边的第一项在熔体表面产生的向心力，减少了凝固壳与结晶器壁之间的相对接触时间，减弱了一次冷却强度，从而可以改善铸锭的表面质量；由右边第二项在熔体中产生的回旋力，引起熔体流动而形成强制对流，使液相穴内的熔体温度趋于均匀并略有降低。这两种力都起到削弱羽毛晶产生条件的作用。熔体被强制对流，使凝固过程中的枝晶碎裂，既抑制了羽毛晶产生，又细化了晶粒尺寸。

随着深入研究，发现单一施加稳恒磁场具有抑制合金熔体对流和产生热电磁流体效应，有助于合金的组织从等轴晶转变为柱状晶，并有消除宏观偏析及防止金属凝固过程中缺陷

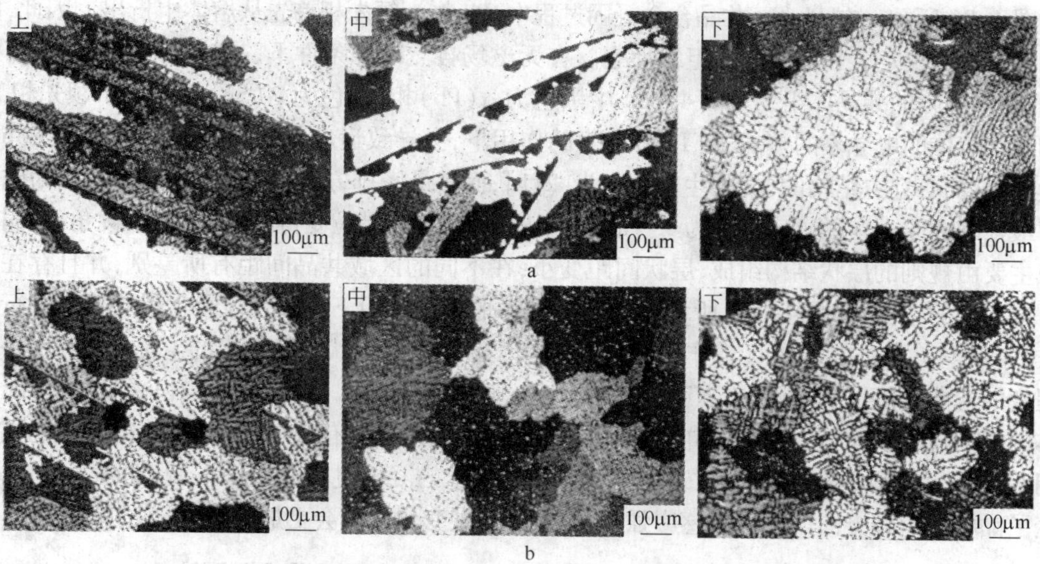

图 4-84 5182 铝合金微观组织[80]

a—无磁场条件下横截面上、中、下三个部位的微观组织；
b—异相位组合磁场条件下横截面上、中、下三个部位的微观组织

形成的作用。众所周知，A、B 两种不同金属的两端点相接，两接触点的温度不相等时，在金属的环路中会出现电动势，并产生电流，即产生热电流。一般来说，热电流的方向与相接触的金属有关。若在热端电流由 A 金属流向 B，在冷端由 B 金属流向 A 金属，则金属 B 的热电动势对金属 A 来说是正的。当沿热电流方向施加磁场时，则热电偶的电动势发生变化。例如，Ni_3Mn 的有序化程度愈大，Cu-Ni_3Mn 热电偶的热电势变化也愈大。在合金熔体凝固过程中，凝固前沿的固液界面处存在温度梯度，固液两相具有不同的热电势，也会产生热电流。热电流与外加磁场相互作用，会产生 Lorentz 力，这种力会驱使固液界面附近处的熔体和枝晶间的熔体在一定的区域内流动。Lorentz 力的方向与熔体流动的方向恰好相反，表明其具有抑制熔体流动、消除紊流和流动的不稳定性的作用。

西北工业大学陈钊等人[82]，研究了单一稳恒磁场的强度和方向改变引起的液体流动对合金凝固组织的影响规律。研究对象为 Pb-61.9Sn 和 Pb-80Sn 合金，试验装置如图 4-85 所示。装置的下部为冷却凝固结构。铅和锡为分析纯，先利用硅油和加热对 Pb 和 Sn 进行重复净化；然后将配料装入石英试管中，并注入 10 mL 硅油，以防氧化。每个试样约为 5 g。加热至液相线温度以上 50 K，保温 15 min，使合金成分均匀。通过更换不同强度和方向的永久磁铁来实现磁场大小和方向的改变，直至合金熔体凝固为止。最后沿试样中部纵、横端面取样分析显微组织。为便于对比，以同样条件制备无磁场作用的试样。

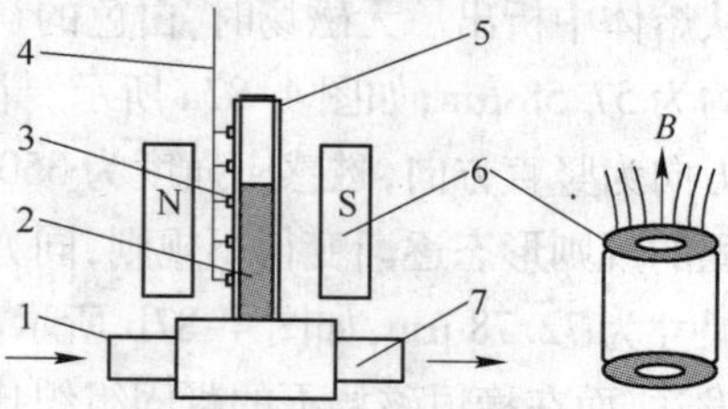

图 4-85 稳恒磁场试验装置示意图[82]

1—冷却水；2—试样；3—硅油；4—热电偶；5—石英管；
6—永久磁铁；7—铜模；8—加热线圈

在 Pb-61.9Sn 共晶合金的试验过程中，单一施加稳恒水平磁场，试验结果的纵剖面组织

如图 4-86 所示。在 Pb-Sn 共晶合金凝固过程中,Pb 作为领先相首先从熔体中析出。因此,Pb 的生长行为决定着共晶合金的组织形态。在无磁场自然冷却条件下,晶粒粗大、圆润,没有规则,是不规则的共晶体组织。图 4-86a 中黑色为 α(Pb)相,白色为 β(Sn)相。由于领先相 Pb 和流动熔体的电导率的差异,在 Lorentz 力的作用下,会导致运动速度和方向的不同。在共晶生长时,面心立方结构的 Pb 的生长方向为[211],而其最密排方向为[111],[111]方向为磁化率最强的方向。在磁感应强度为 350 mT 水平磁场作用下,晶粒变得细小,出现了棱角,凝固组织主要由规则的层状结构组成,层状间距变小,在不同的区域共晶间距有所差别,并且存在着一定程度的弯曲,如图 4-86b 所示。这表明在水平磁场作用下,Pb 沿着最有利的方向进行生长,当其生长方向在 Lorentz 力作用下受到影响以后,Pb-Sn 层状共晶组织的生长方向存在一定程度的弯曲;并且随着磁感应强度的增加,这种弯曲程度增大。同时由于稳恒磁场的作用,熔体的流动被抑制,减弱了原子侧向传输的能力,缩小了侧向的有效扩散距离,使得共晶的层片间距变小。对比可知,水平稳恒磁场影响了共晶合金的凝固过程和组织形貌,细化了晶粒,改变了晶粒的生长方向。随着磁感应强度的增加,这种变化程度会更加强烈。

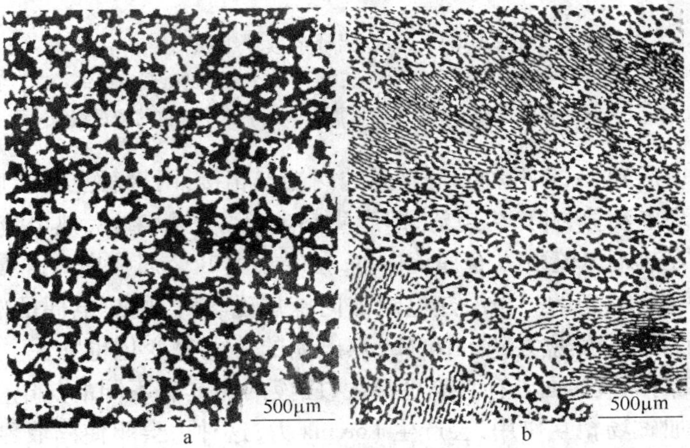

图 4-86　Pb-61.9Sn 共晶合金纵剖面凝固组织[82]
a—常规条件;b—$B=350$ mT

在 Pb-80Sn 过共晶合金的试验过程中,单一施加稳恒垂直磁场,试验结果的横断面组织如图 4-87 所示,纵剖面组织如图 4-88 所示。在 Pb-Sn 过共晶合金凝固过程中,Sn 作为领先相首先从熔体中析出。无磁场时,白色的初生相 Sn 以枝晶形态生长,排列均匀、整齐,平均晶粒尺寸约为 57.58 μm,如图 4-87a 所示。在保持其他条件不变的情况下,改用圆柱形永久磁铁,磁场方向为竖直方向,磁感应强度为 350 mT 时,初生相 Sn 仍以枝晶形式生长,树枝晶由无磁场凝固的规则形态逐渐变得不规则,同方向单位长度上枝晶的数目减少,晶粒尺寸变大,平均晶粒尺寸为 72.78 μm,如图 4-87b 所示。由图 4-88 可以看出,微观组织均由枝晶构成,二次晶臂发达,而在稳恒磁场下的凝固组织比无磁场条件下的粗大,枝晶间距变大,并且枝晶臂有所碎断。这表明施加垂直稳恒磁场,与固液界面处的热电流相互作用,在熔体中产生 Lorentz 力,影响熔体在凝固前沿和枝晶间流动,严重地影响着凝固组织,使晶粒尺寸增大。

根据 Pb-61.9Sn 共晶合金施加稳恒水平磁场和 Pb-80Sn 过共晶合金施加稳恒垂直磁场的试验结果,施加稳恒磁场的方向对凝固组织有着不同的影响。在共晶合金中施加稳恒水

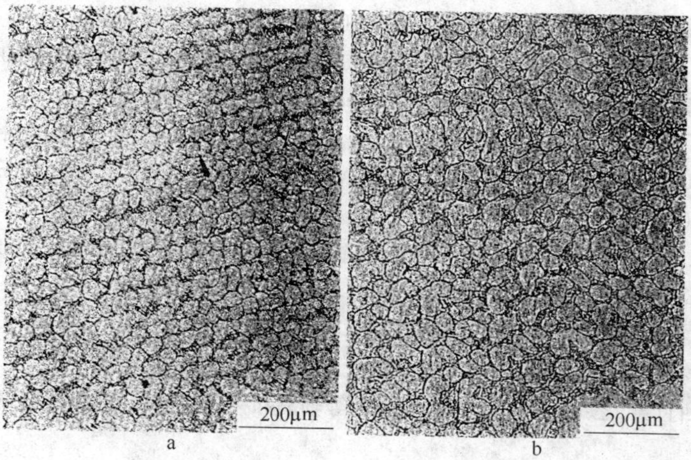

图 4-87 Pb-80Sn 过共晶合金横剖面凝固组织[82]
a—常规条件；b—B = 350 mT

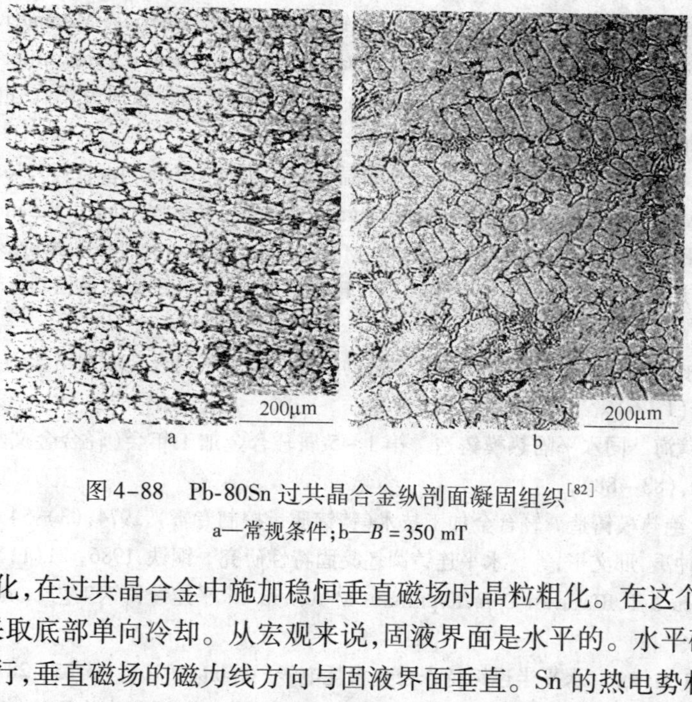

图 4-88 Pb-80Sn 过共晶合金纵剖面凝固组织[82]
a—常规条件；b—B = 350 mT

平磁场时晶粒细化，在过共晶合金中施加稳恒垂直磁场时晶粒粗化。在这个试验中，石英管的热导率很低，采取底部单向冷却。从宏观来说，固液界面是水平的。水平磁场的磁力线方向与固液界面平行，垂直磁场的磁力线方向与固液界面垂直。Sn 的热电势相对于 Pb 为正，热端的热电流从 Pb 流向 Sn。这个试验之间的差别，大概是磁场方向与热电流的方向不同引起的。沿着热电流的方向施加磁场，固液界面处相间的热电势会发生变化。单一施加稳恒垂直磁场可能增强了固液界面处相间的热电势，使其与固液界面的热电流相互作用产生的 Lorentz 力增大，抑制了熔体的流动，使枝晶臂受到的冲刷力变小，枝晶臂碎断和被带入到熔体中的几率降低，减少了凝固过程中的形核数量。如果在同一种合金的凝固过程中，分别单一施加稳恒水平磁场和垂直磁场进行对比，对这种差别会了解得更清楚些。

参 考 文 献

[1] 陈存中．有色金属熔炼与铸锭．北京：冶金工业出版社，1988.

[2]　马龙翔．铝及铝合金熔炼与铸锭．北京:冶金工业出版社,1959.

[3]　陶令桓,荣科,孙凯南,肖柯则．有色金属铸造原理．北京:机械工业出版社,1960.

[4]　Пиунов М В,идр. 合金的体积收缩．Литейное Призводство,1997,(5):17.

[5]　洛阳铜加工厂,等．重有色金属材料加工手册(第2分册)．北京:冶金工业出版社,1988.

[6]　Pen Q F,et al. 用凝固过程中的声发射测定 Al-Zn 合金相图．Trans. Am. Foundrymen'Soc.,1991,(99):199～202.

[7]　Purvis A L,et al. 319 铝合金凝固过程中形成缺陷时的声发射特点．Trans. Am. Foundrymen'Soc.,1991,(99):525～530.

[8]　村上健儿,罔本平．金属凝固研究的最近进展．铸锻造と熱処理,1985,38(5):1～5.

[9]　大野笃美．铸造组织控制原理．铸锻造と熱処理,1981,34(1):23～27.

[10]　竹内宏昌,西直美,と．关于 Al-4.5% Cu 合金等轴晶和树枝状晶的结晶方位．铸物,1985,57(10):642～646.

[11]　Добаткин В И. 铝合金铸锭．乔玉普,等译．北京:中国工业出版社,1964.

[12]　三木功,と．铝－铁合金凝固时铁的影响．轻金属,1975,25(1):1～9.

[13]　铃木俊夫,と．铜与铜合金过冷溶液的树枝晶生长形态．日本金属学会誌,1977,41(8):761～766.

[14]　Телешов В В,идр. 金属液的运动和铝合金铸锭组织的形成．Цветные Металлы,1982,(8):75～77.

[15]　Добаткин В И,Симаковский Б И. Исследование Кристаллизации Алюминия при Непрерывном Литье С Помощью Радиоактивных Изотопов(借助放射性同位素研究铝在连铸时的结晶过程)．Литейное Производство,1960,(10):34～36.

[16]　Fratina G,et al. 直接水冷铸造铸锭凝固时的温度分布．Light Metal Age,1978,36(5):18～21,11,12.

[17]　Скворцов А А,Акименко А Д. Теплопередача и Затвердевание Стали В Установках Непрерывной Разливки(钢在连铸设备中的传热与凝固)．Москва:Издательство"Металлургия", 1966.

[18]　高泽生译．连续铸造的控制——热顶铸造．轻合金加工技术(铸锭质量控制专辑),1974,(3):47～53,16.

[19]　高荫桓,翟永．铝合金油气润滑模热顶铸造的研制．第十届轻合金加工年会(轻合金文集第3集),杭州,1991,(1～6).

[20]　王维伦,曲镜海．同水平隔热模铸造．第1～5届轻合金加工年会(轻合金文集第1集),哈尔滨,1974～1980,(83～88).

[21]　张绍祥译．绝热模铸造．轻合金加工技术(铸锭质量控制专辑),1974,(3):54～56.

[22]　蔡开科,章仲禹,邢文彬,等．水平连铸圆坯凝固特性研究．钢铁,1986, 21(11):18～22.

[23]　Сладкоштеев В Т,Шатагин О А,Курицкий М А,идр. 水平连续铸钢工艺．Сталь,1964,(9):795～797.

[24]　Тучкевич Н М,идр. 水平半连铸特殊合金自耗电极．Сталь,1970,(1):25～28.

[25]　Шатагин О А,Сладкоштеев В Т,Рутес В С,идр. 铜－陶瓷结晶器在水平连铸机上的应用．Сталь,1972,(12):1083～1086.

[26]　Сладкоштеев В Т, Шатагин О А, Курицкий М А. 水平连铸电渣重熔钢．Металлургическая и Горнорудная Промышленность,1962,(5):20～23.

[27]　Сладкоштеев В Т,идр. 水平连续铸钢．Бюлетень ЦИИН ЧМ,1962,(14):442.

[28]　Кельман Л Д, Сладкоштеев В Т, Шатагин О А,идр. 水平连铸黄铜锭时的凝固．Цветные Металлы,1971,(11):57～61.

[29]　Радзиховский В А,Кельман Л Д. 铸锭表面沿结晶器长度上的温度变化．Цветные Металлы,1971,(10):64～66.

[30]　Сладкоштеев В Т, Курицкий М А, Шатагин О А,идр. 用 УНИИМ 水平连铸机浇铸青铜锭.

Цветные Металлы,1962,(3):67~74.

[31] 周永健．水平连铸铜合金锭质量的改善．上海有色金属,1997, 18(3):114~118.

[32] 有色金属连铸的新标志Ⅱ:铝及铝合金．Metall,1961,15(3):201~210.

[33] Terssmann A. H. Method and Apparatus for Continuous Casting(连续铸造的工艺和装置)．美国,2837791[P],Cl. 22-57,2.

[34] Angleys P. Horizontal Continuous Casting Process(水平连铸法). Modern Metals,1964,20(5):44~48.

[35] Schneider W. 铝棒连铸中铸造参数和液流状态对激冷层结构的影响．Aluminium,1985, 61(4):265~269.

[36] 张立夫,沈明钢,苗信成,等．沟槽结晶器初生坯壳热力耦合模拟研究．钢铁,2008,43(6):35~37,65.

[37] Бровман М Я,Сурин Е В,Крулецкий С А. 连续铸钢设备最合理的二次冷却制度．Сталь,1965,(1).

[38] Елисов В С. 连铸铝合金锭时结晶器中熔体敞露表面的导热．Цветные Металлы,1976,(10):54~56.

[39] Сачко В В,идр. 水平连铸钢坯的成型机理．Металлы,1972,(2):109~113.

[40] 大日方一司．アルミニゥムの液相とその凝固(铝液及其凝固)．日本金属学会会報,1966,5(6):391~401.

[41] Рудой Л С,Майоров Н П,Кушнарев И Т. 连铸过程中铸锭同结晶器壁的接触．Сталь,1966,(12):1093~1095.

[42] 徐宝陞．连续铸锭装置．北京:冶金工业出版社,1959:84~86.

[43] Кононов Б З. 用ПНЛ型铸钢机浇铸不锈钢．见:苏联科学院．连续铸锭论文集(中文版)．北京:冶金工业出版社,1957,133~134.．

[44] 知水,等．连续浇注小断面铸坯质量的研究．钢铁,1959,(24).

[45] 本保元次郎,と．热模连铸法生产的Sn-Pb合金的加工性及组织．日本金属学会会誌,1990,54,(3):321~327.

[46] Wieser D,Gruhl W,et al. 凝固条件对铸造Al-Fe合金带材性能的影响．Metall,1986,40(6):584~591.

[47] 茂木徹一,と．铸模内熔液表面冷却时生成的喷射结晶的起源．日本金属学会会誌,1980,44(4):359~366.

[48] Baumgarten J,et al. 连铸Al99.5和AlMgSi0.5时结晶器壁的温度．Aluminium,1979,55(5):334~337.

[49] 常川雅功,と．不同冷却条件对铝铸锭连铸特性的影响．轻金属,1996,46(3):132~137.

[50] 沙明红,等．连续铸钢结晶器温度场的试验研究及其数值模拟．铸造,2005, 54(2):182~186.

[51] Козаченко С М,Сладкоштеев В Т, Шатагин О А,идр. 水平连铸焊条．Цветные Металлы,1971,(10):62~63.

[52] 蔡开科．浇铸与凝固．北京:冶金工业出版社,1987.

[53] 郭佳,吴钢玮,蔡开科．连铸板坯结晶器温度场数学模型．钢铁,1995,30(4):24~28.

[54] 许纯良译．水平连续浇铸过程的一些特点．见:山西省冶金技术情报站．水平连续浇铸(译文专集)．太原:山西省冶金技术情报站,1977. 40~49(内部资料).

[55] 孟茂生．HCCϕ54水平连铸机的设计．铸造技术,2005, 26(1):37~39,41.

[56] 连续铸造中作润滑剂用的玻璃状盐类混合物．西德,类号B22D11/04,No. 2901838[P]. 1980-06-04.

[57] Архинов А А,идр. 铸造铝锭时润滑油成分的合理选择及其注入结晶器的方法．Бюллень Цветной Металлургии,1981,(22):27,28.

[58] Ливанов В А, идр. 采用气膜结晶器连续生产铝合金铸锭. Цветные Металлы, 1976, (10): 52 ~ 54.

[59] 哈尔滨第五号信箱技术情报室. 图片简介. 见: 哈尔滨第五号信箱技术情报室. 铝合金水平连续铸造(译文集). 哈尔滨: 第五号信箱技术情报室, 1971. 26(内部资料).

[60] Терехов В Н, Сладкоштеев В Т, Шатагин О А, идр. 连铸拉伸用青铜盘条的质量. Цветные Металлы, 1970, (8): 59 ~ 61.

[61] Шипков Н Н, Бакман А С, идр. 铜合金水平连铸时石墨结晶器的磨损. Цветные Металлы, 1985, (2): 78 ~ 83.

[62] 金属(特别是黄铜)的水平连续铸造. 美国, 4183394[P]. 1980-01-15.

[63] 张文静, 乐永康, 毛建伟, 等. 气滑铸造工艺参数对 2024 铝合金微观组织的影响. 特种铸造及有色合金, 2007, 27(3): 207 ~ 209.

[64] 张建平, 乐永康, 毛建伟, 等. 2024 铝合金气滑铸造工艺研究. 有色金属加工, 2007, 36(2): 25 ~ 27, 35.

[65] Seifert J. 关于水平连铸时超声激励穿流模的效果. Metall, 1977, 31(2): 159 ~ 162.

[66] 高学鹏, 李新涛, 郄喜望, 等. 功率超声作用下水平连铸装置的设计及试验研究. 特种铸造及有色合金, 2006, 26(10): 639 ~ 641.

[67] Бахтиаров Р А, Покровская Г Н, Краева Т М. 结晶器的高度对连铸铜合金锭临界速度的影响. Цветные Металлы, 1973, (1): 56, 57.

[68] 姚曼, 吴翔宇, 尹合壁, 等. 圆坯连铸结晶器热流研究. 钢铁研究学报, 2006, 18(10): 16 ~ 19.

[69] 全国勘察设计注册工程师机械专业管理委员会秘书处. 全国勘察设计注册工程师执业资格考核认定测试手册. 2006: 120(内部资料).

[70] 朱庆桂. ϕ150 mm 水平连铸管坯的开发与实践. 连铸, 2004, (6): 27 ~ 29.

[71] 宋实. 水平连铸 20 钢管坯表面折皱缺陷的研究. 钢管技术, 1987, (2): 22 ~ 27.

[72] 王铎, 霍文灿, 等. 金属的凝固和凝固系数. 科学与工艺, 1988, 7(4): 99 ~ 106.

[73] Шатагин О А. 水平连续铸钢时铸锭与结晶器之间的热交换. Бюлень ЦИИН ЧМ, 1963, 5(45), 32 ~ 34.

[74] 彭学仕, 赵云清. 铝合金横向连续铸锭的基本规律. 黑龙江冶金, 1988, (4): 22 ~ 25.

[75] 东北轻合金加工厂. 双辊下注式连续铸轧铝板. 轻金属, 1976, (3): 34 ~ 47.

[76] 左玉波, 崔建忠, 赵志浩, 等. 低频电磁水平连铸新型超高强铝合金. 特种铸造及有色合金, 2007, 27(9): 706 ~ 708.

[77] 李廷举, 金铿, 张兴国, 等. 电磁场对水平连铸锡磷青铜带质量的影响. 有色金属加工, 2006, 35(1): 15 ~ 16, 33.

[78] 于湛, 李伟轩, 邓康, 等. 铜板带水平连铸电磁搅拌中熔体的流动和凝固. 特种铸造及有色合金, 2008, 28(3): 229 ~ 231.

[79] 周月明, 佐佐健介, 浅井滋生. 连铸过程中间歇式高频磁场代替结晶器机械振动的可行性研究. 金属学报, 2001, 37(7): 777 ~ 780.

[80] 朱庆丰, 赵志浩, 左玉波, 等. 水平连续铸造 5182 铝合金组合磁场作用下的组织演变. 铸造, 2008, 57(6): 578 ~ 581, 588.

[81] 赵志浩, 朱庆丰, 左玉波, 等. 铝合金异相位电磁连铸技术研究. 铸造技术, 2008, 29(8): 1048 ~ 1051.

[82] 陈钊, 陈长乐, 温晓莉. 稳恒磁场凝固过程中液相流动及对微观组织的影响. 特种铸造及有色合金, 2008, 28(7): 542 ~ 544.

5 连续铸锭生产设备的工艺特性

在封闭式连续铸锭过程中，生产设备的结构特点对连铸过程的稳定和铸锭的质量都有着重要的影响。本章从生产工艺的角度对生产设备的相关部分进行讨论。

5.1 储液槽

在连续铸锭过程中，液态金属在进入结晶器之前必须保持在凝固点以上的适当温度范围内。储液槽就是为实现此目的而设置的。在水平连续铸锭过程中，储液槽通常称为中间包。在同水平铸造中，储液槽一般称为热顶。

5.1.1 中间包

中间包也称为中间罐，其一侧壁的下部与结晶器相连。中间包的外壳通常用钢板焊接而成，其上端为敞口；固定结晶器的侧壁必须垂直于地平面，其下部中心部位开一孔洞作为液态金属的通道。中间包与固定结晶器相对的侧壁呈垂直状，也有做成倾斜状的，使中间包上口宽于其底部；其下部中心部位开一孔洞作为排除包内液态金属的放流口，在生产过程中作为应急处理。中间包内壁衬以石棉板和耐火材料，以减弱包内液态金属的散热。中间包内腔底部窄、上口宽，有利于保持底部液态金属温度的稳定。

在轻金属水平连铸过程中，中间包内衬的耐火材料通常用短石棉绒和黄泥加水调和而成。Ugine-Gautschi 公司水平连铸大型铝母线时[1]，中间包三面用钢板焊成，内壁衬以石棉板和石棉泥耐火材料；而固定结晶器的侧壁完全用石棉和马里奈特(Marinite)耐火材料制成。Marinite 耐火材料由硅藻 - 硅酸、石棉纤维和黏结剂组成。

在中间包内，通常不采用塞棒和水口砖来控制液态金属的流量，而是采用控制中间包内的金属液面高度来确保进入结晶器中的液态金属有恒定的压力和稳定的液流。中间包内腔底部窄、上口宽，有利于金属液流的稳定，金属液面波动小。在轻金属水平连铸过程中均采用这种控制液态金属流量的措施，能很好地满足生产要求。

中间包的高度依包内应储金属液面的高度而定。中间包内金属液面的高度对结晶器内凝固壳的部分接触状况有着明显的影响，因此，中间包的高度除了确保进入结晶器中稳定的金属液流之外，更重要的是要考虑液态金属静压力对铸坯凝固前沿产生的应力的影响。静压力大，铸坯凝固壳表面上产生的应力大；静压力小，凝固壳表面上产生的应力也就小些。B. B. Сачко 等人在研究水平连铸 75 mm × 500 mm 的 3 号钢锭时，中间包内钢液面高于铸坯上表面 0.213 m[2]。在水平连铸 ϕ15.24 cm 含 Mg0.7% 和 Si 0.4% 的铝合金锭时，中间包内液态金属水平保持在比铸锭顶部高 76.2 mm 的位置[3]。对于钢等密度较大的金属，有资料认为[4]，当中间包内金属液面的高度很大时，液态金属有时会钻到铸坯与结晶器壁之间的空隙内凝结成焊瘤；金属液面高度越大，铸坯表面上生成的焊瘤越大；焊瘤长度可达 50 mm，厚1～2.5 mm，在个别段落上，整个空隙内都充满了金属。当液面高度高于结晶器轴心200～300 mm或更高时，是无法取得稳定的浇铸过程的；在液面高度为100 mm时，连铸过程是稳定的，而且铸坯表面没有焊瘤。焊瘤的产生会给拉坯带来很大的困难。因此，控制中间包内金属液面的合理高度对水平连铸过程是很重要的。

铝等轻金属，由于熔点温度相对低一些，而热容和凝固潜热又比较大，散热损失对熔体温度波动的影响相对小一些。生产大断面的铝锭时，中间包可以不加热，只要加强保温即可；水平连铸过程中使用的中间包结构如图5-1所示。图5-1a的蓄热保温性能相对好一些，但是消耗的材料多一点，包重较大；图5-1b结构轻些，消耗材料少一点，但蓄热性能不如图5-1a好。当铝铸坯断面很小，如生产ϕ10 mm铝杆时，中间包除了加强保温之外，还必需采取加热措施。

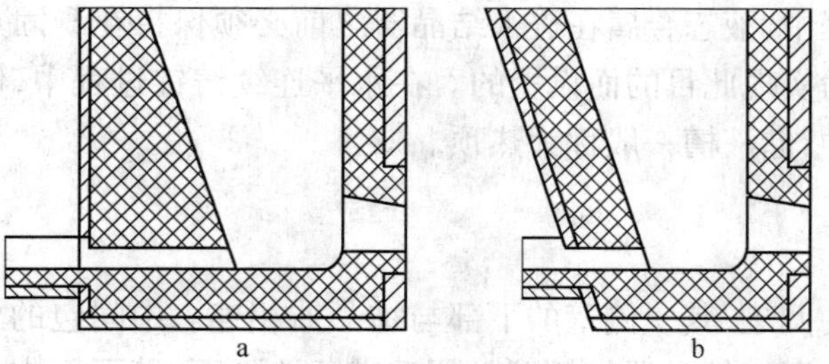

图5-1　水平连铸的中间包结构示意图

a—直体式；b—斜体式

铜和钢铁的熔点温度比较高，而热容和凝固潜热又比较小，散热损失对熔体温度波动的影响较大。为了提高连铸坯锭的质量，通常采取较低的浇铸温度，因此，对中间包内的熔体必须采取加热保温措施。在铜及铜合金锭水平连铸生产中，国内外通常采取感应加热中间包。在钢铁水平连铸生产中，国内外通常采用等离子或中频感应加热中间包。中频感应技术比较成熟，小型水平连铸机上经常采用。在大型水平连铸机上则不太适宜，因为水冷感应线圈缠绕于中间包外，电路和水路必须固定联结，不易快速合分，不易合理处理中间包内的残留熔体，往往造成浪费。同时，中频炉炉衬厚度一般为100～120 mm，容易存在高温熔体穿帮隐患，小型炉正常生产一个多小时出钢即可及时检查炉况；大型设备的规模化生产，一次连铸的平均时间15 h，长时间连铸，炉况难于及时检查处理，安全生产缺乏保障。因此，大型水平连铸的中间包大都采用等离子加热；但钨极枪的使用寿命为300 h，生产成本高。湖北大冶某特钢厂采用三相电极埋弧加热的中间包[5]，如图5-2所示。

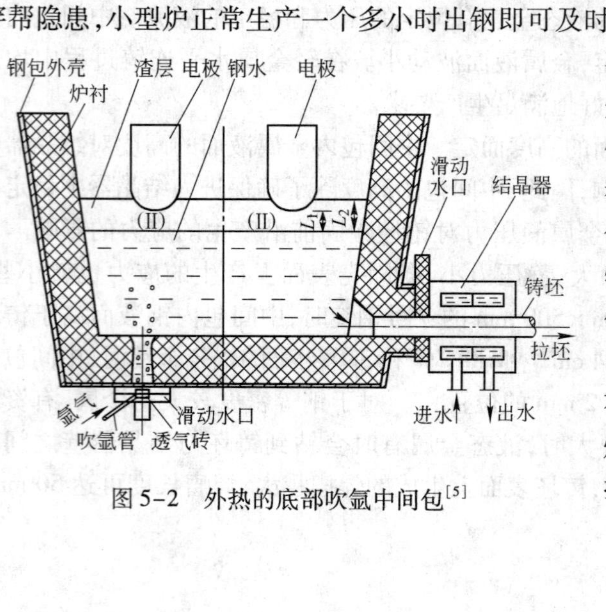

图5-2　外热的底部吹氩中间包[5]

从图5-2中可以看出，中间包底设有透气砖，用氩气通过透气砖可对包内熔体进行在线式精炼，将LF钢包精炼技术与加热中间包系统结合为一体。

在这种加热装置中,加热电极为三相单臂结构,加热电能由电炉变压器供电,采用Y/△结构,次级无中性点引出。石墨电极升降自动控制系统过渡时间0.15 s,控制电极下降速度等于钢水液面下降速度,使弧光始终在钢渣内燃烧(埋弧燃烧),延长钢包盖和钢包内衬的使用寿命。电极支臂的旋转角度为120°,可迅速旋离中间包工作面,以便及时吊运中间包。中间包置于小车上,其左右方向由小车的定位挡块定位,沿拉坯轴线方向用夹紧油缸定位固定。中间包小车用移动油缸沿拉坯轴线在钢轨上移动,将中间包、滑动水口和结晶器压紧,然后降低移动油缸的压力,以其能定位夹紧而不会渗漏钢液为限。

大冶某特钢厂三机五流水平连续铸钢生产线,全部采用埋弧加热包底吹氩的中间包,生产目前国内最大断面的ϕ280 mm无缝钢管铸坯,中间包内的钢液温度为1580℃,过热度控制在25℃以内,温度波动±5℃。由于钢液的过热度低,铸坯内部金相组织好,铸坯合格率99.75%,优良品率90%以上。平均一次连铸时间15 h,过钢量400 t;最长连铸时间23 h,过钢量500 t。几种中间包加热系统的技术指标比较列于表5-1。三相电极埋弧加热的中间包技术经济指标列于表5-2。目前其加热系统运行费用约5元/t。

表5-1 中间包加热系统比较[5]

厂 名	容量/t	加 热 方 式	一次连铸时间/h	过 热 度
奥钢联	6.5	感应	7.5	30℃以内
日本住友	3.0	中频感应	2.5	20~25℃
美国铸钢	35.0	等离子	5.0	30℃以内
湖北大冶某特钢厂	35.0	三相电弧	23.0	25℃以内

表5-2 经济指标比较[5]

项 目	等离子加热	钢包LF精炼炉	三相电弧加热
使用单位	衡阳某厂(英国Tetronic技术)	各钢厂	湖北某特钢厂
电源形式	直流	交流	交流
钢包容量/t		25~4	35
加热电耗/kW·h·t^{-1}	120	40	15
炉衬使用寿命/炉·次$^{-1}$		50~70	180~220
电极消耗	钨极枪使用寿命300 h	石墨电极0.3 kg/t	石墨电极0.15 kg/t
吹氩气量/L·min^{-1}		20~30	10~15
设备造价	68万英镑	80~100万元	40万元

5.1.2 热顶

在同水平铸造中,热顶的作用有三:其一是结晶器顶端保持一定高度的金属液面,可以实现与金属液分流盘、流槽等装置的同液位铸造,克服了金属液流在转注过程中落差冲击影响;可使液态金属以下入式进流,避免了熔体紊流带来的种种不利,无冲击,使金属液流在氧化膜的保护下缓慢而平稳流动,防止了精炼后的液态金属再次污染,提高了被铸金属液的纯洁度。其二是在凝固区上方保持了较高的金属液层,有利于液态金属中非金属夹杂物和金属凝固过程中析出的气体排除,可提高铸锭质量。其三是由于热顶有很好的保温性能,又有

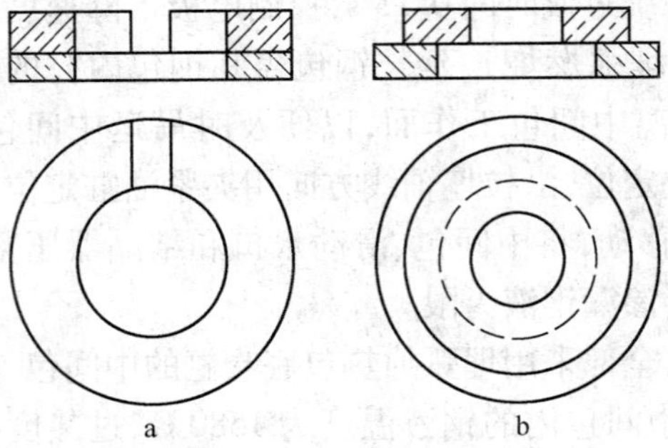

图 5-3　热顶结构示意图
a—同水平用热顶；b—普通热顶

一定的金属液位高度，有利于高温液态金属连续补充到铸锭凝固前沿的弯月面处，可削弱冷隔和偏析层的形成因素；根据 B. C. Елисов 对 Д16 铝合金 ϕ330 mm 铸锭以 40 mm/min 速度敞露液面立式连铸的研究结果[6]，为了消除铸造过程中冷隔的形成，必须保证供结晶器周边单位距离上和单位时间内的熔体量不少于 0.12 kg。铸锭外周偏析层的深度与热顶内侧突出距离成正比[7]，因此，要求热顶突出距离越短越好，但受加工精度所限，此处可作成斜面，倾斜角大于 45°有利于获得良好的铸锭表面。热顶结构如图 5-3 所示。

热顶的首要作用是保持液态金属的温度，使其散热尽可能缓慢。目前，一般采用 Marinite 耐火材料制成热顶。据 A. И. Жернов 介绍[8]，热顶用压紧的浆料制成，浆料的成分为 35% ~ 50% 石棉、28% ~ 30% 硅藻土和 21.5% ~ 28.0% 石灰；压紧的石棉热顶壁厚 40 mm，经热压风干后在电阻炉中热处理制成；为了扩大热顶材料的资源并降低其制造成本，不用制成品石棉，而用硅石灰；压制的石棉绝热顶的性能如下：

受压时的强度/MPa	20 ~ 25
弯曲时的强度/MPa	10 ~ 14
视在密度/g · cm^{-3}	0.98 ~ 1.10
开口空隙度/%	45 ~ 55
吸湿性/%	4 ~ 5
耐急冷急热性能，冷热变换次数：	
出现第一条裂缝	10 ~ 15
达到质量损失 20% 时	50
传热系数/W · (m · ℃)$^{-1}$：	
在 200℃时 0.20	
在 700℃时 0.43	

在连铸生产过程中，热顶的下部比较容易被损坏；因为其下部在浇注时受高温液态金属急热，并受水冷结晶器激冷。为了减少制作热顶的劳动量，通常将热顶做成上下两层；有的将下层压制成 40 mm 高，上层高 80 mm。美国 ASCAST 公司将热顶做成上下两层，下层热顶为圆环状，高度 20 mm，上层热顶为带液态金属流口的圆环状，高度为 25 mm，流口与分流盘相通。热顶内孔采用上下等径结构。在连续浇注条件下，下层热顶的工作周期为 25 ~ 30 次[8]。瑞士 Gautschi 公司生产的热顶，也采用上下两层结构，上层高度 45 mm，下层高度 25 mm；热顶使用寿命为 30 ~ 60 铸次。

高荫桓等人在研究油气润滑热顶铸造技术时[9]，采用整体式热顶，用 Marinite 材料制作而成，上下不分层，置于铁制外壳中；在铁壳与热顶之间垫以硅酸铝纤维帽套，以加强热顶保温；热顶内孔上下等径，如图 4-24 所示。韩国 Koryo 公司生产的热顶，也是采用整体式结构，在热顶上部开口与分流盘相通；热顶内孔采用不等径结构，上部大孔径，而下部为小孔径,不同直径的结晶器,其热顶下部的孔径均为 88.9 mm,其高度为 78.26 mm,热顶总高度 211.61 mm;这种结构便于当某铸锭的连续稳定性被破坏时用塞棒堵住金属液流,其余铸锭仍然可以保持连续铸造的稳定性。热顶内孔采用上大下小差值很大的不等径结构,对消除铸锭表面的冷隔和外周偏析层组织以及气体的排除不利。

刘启林先生在热顶模同水平多模连铸 6063 铝合金锭生产中[10],热顶是用耐火材料从结晶器石墨套的上沿开始向上糊制,并和 $\phi135$ mm × 10 mm × 30 mm 的铁套环糊在一起,如图 5-4 所示。铁套环起加固作用。糊制后要保证牢固,并涂好涂料。热顶的金属熔体流口与分流盘的流出口连接好,并用耐火泥糊制好。在糊制过程中,要特别注意各部位的连接处,一定要密封好,以免液态金属渗漏。糊好用喷灯或其他方法加热烘干。

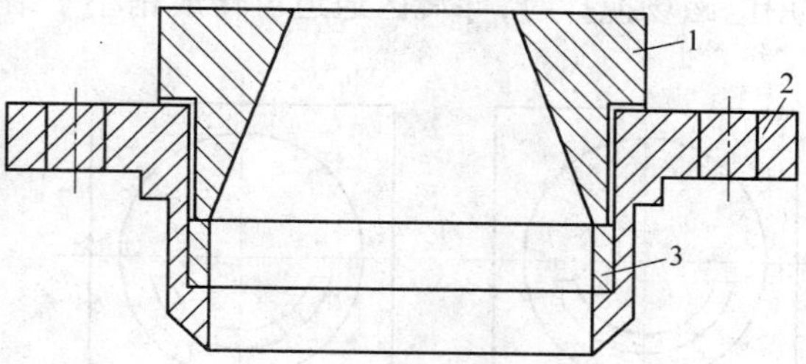

图 5-4 热顶模示意图[10]

1—热顶;2—结晶器铜制套管;3—结晶器石墨环

从图 5-4 中可以看出,热顶内孔采用上部小而下部与结晶器型腔等径的不等径结构。这种结构有利于减弱液态金属的散热损失;但是,对于热顶与结晶器交接处液态金属的热量补充却不利;同时破坏了交接处铸锭凝固前沿的弯月面形成条件,凝固前沿在结晶器急冷强度波动时容易伸入热顶内孔部位。

为了得到高质量的铸锭表面和横截面上均匀的显微结构,热顶向结晶器中突出的尺寸应尽可能小。据资料报道[7],突出距离应在 0 ~ 3.25 mm。A. И. Жернов 认为[8],不论铸锭直径多大,突出距离应不大于 15 mm。瑞士 Gautschi 公司的热顶,其突出距离为 8 mm。韩国 Koryo 公司的热顶,其突出距离很大,如 208 mm 6063 铝合金铸锭的结晶器工作直径为 208.84 mm,而热顶下部的孔径为 88.9 mm,即热顶的突出距离为 60 mm。

5.2 导流区结构

在封闭式连续铸锭过程中,导流区是指储液槽与结晶器入口端面之间的连接区域。在轻金属水平连铸过程中,通常称为金属液流控制板;在钢铁水平连铸过程中,称为分离环。

导流区结构的作用主要有二:一是使储液槽内的液态金属进入结晶器之前不至于有较大的温度降落;二是使储液槽与结晶器入口端面紧密结合,避免液态金属的渗漏现象,避免结合处出现凹坑。一般导流区采用耐热保温材料制作,要有足够的保温层厚度。

在轻金属水平连铸过程中,由于金属液的浇铸温度比较低,如铝及铝合金的浇铸温度在 700℃左右,目前均采用 10 ~ 20 mm 厚的温石棉板作为导流区结构材料。石棉板有较好的压缩性,压接后容易保证结合处严密无缝。安装时,将石棉板的光滑面与结晶器接触。当铸造速度较低时,为了调整结晶器入口处横截面上液态金属的温度分布均匀,石棉板上的液态金属流口通常开设在结晶器中心线的下方,控制液态金属的流向,使高温液态金属从散热较快处流入。因此,又称这种导流区结构为石棉控制板。圆铸锭石棉控制板上的流口通常做成半环型,在生产大锭的情况下,可做成断续环形流口,如图 5-5 所示。方铸锭通常作成 U 形,也可以在两下角处或做成圆孔形,或做成双 L 形,如图 5-6 所示。U 形和双圆形多用断面较小的正方锭，双 L 形多用断面较宽的扁锭平放时。流口的断面依流量而定。这种结构形式又称为轮廓式供给液态金属的方法。在生产很小断面的圆铸锭时，如 ϕ10 mm 的铝杆水平连铸，由于铸造速度很快，通常达 1000 m/min 左右，结晶器内上下温度差别相对小一点，石棉板上的液态金属流口与结晶器型腔同形同心，并小于结晶器型腔直径约 1 mm。当采用电磁场搅拌时，导流区通道可作成稍小于结晶器型腔的断面。

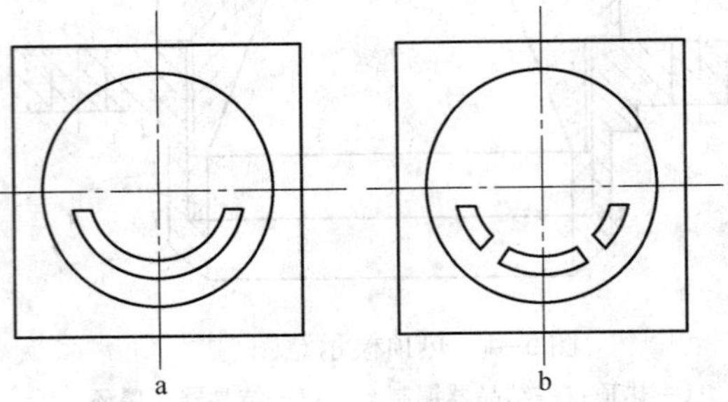

图 5-5　水平连铸圆锭时的导流区

a—半环形流口；b—断续半环形流口

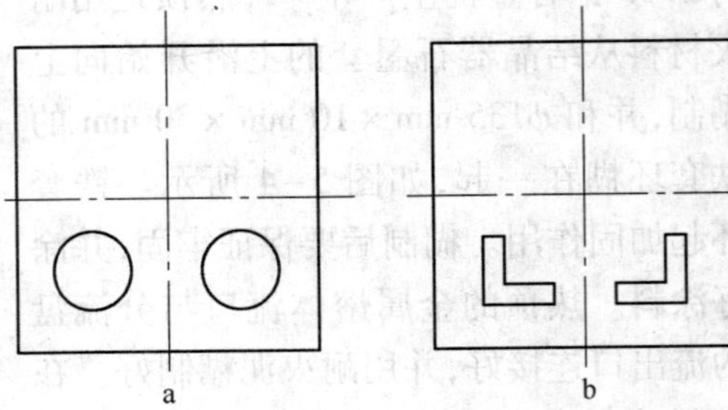

图 5-6　水平连铸方锭时的导流区

a—双圆形流口；b—双 L 形流口

在轻金属水平连铸生产中，采用石棉控制板的导流区结构，生产操作简单方便。在这种结构中，导流区很短，通常为 10 mm，最大为 20 mm。液态金属的温度在导流区降落很小，而且将液态金属分隔在储液槽和结晶器内。这样，进入结晶器的熔体温度，大体上与储液槽内的金属温度相同。石棉控制板上的流口下沿至结晶器型腔下表面的距离，宜与弯月面的半径相当。当铸造速度很高时，此距离可适当小一些。也有采用刚性的陶瓷板作为金属液流控制板，板厚 20 mm 左右；在陶瓷板与结晶器之间压接硅酸铝纤维圈，圈的内廓尺寸稍小于结晶器型腔尺寸。硅酸铝纤维有一定的压缩性，但是压接的厚度应严格控制。

在轻金属水平连铸生产中，也有将导流区结构在结晶器入口处用石棉泥作成喇叭状，喇叭出口与结晶器型腔相同，称之为喇叭碗，如图 5-7 所示。喇叭碗上的浇口一般设在其下半部，早期通常做成这种结构。在这种情况下，一般结晶器型腔内液态金属上下温差较大，同时消除了液态金属形成的弯月面。在水平连铸钢锭过程中也发现这个问题[11]，上部通过的是温度比较高的钢流，而温度比较低的钢流下降到下部；钢流的这种分布情况已为加入钢流中的硫化铁和放射性硫的记录结果所证实。经过生产实践，喇叭碗上的浇口也采用轮廓式供给液态金属的方法；喇叭碗的厚度不大于 20 ~ 30 mm。在水平连铸铝合金时，采用轮廓式供给液态金属的方法，初入的液态金属从接近结晶器下壁处导入，部分金属在下壁凝固，热量迅速被导出，并减少了充满结晶器上部熔体的热含量；根据圆形水冷结晶器中沿顶部至底部中心位置的温度测定结果，铸造铝合金锭时的温度差为 22.3 ~ 55.6℃[3]；认为此温度差对铸锭的晶粒组织不会有坏的影响，检查结果表明，铸锭的横断面组织是均一的。采用轮

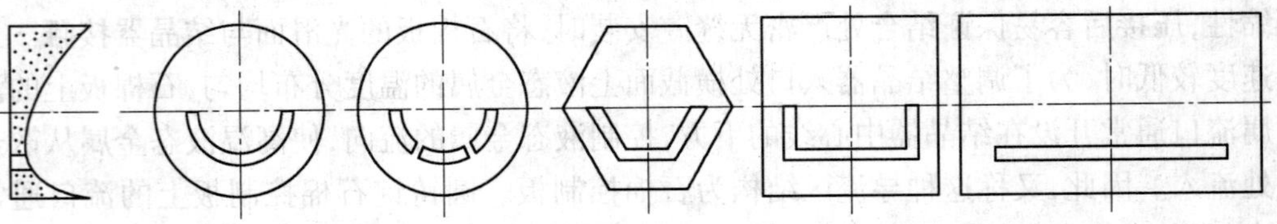

图 5-7　喇叭碗结构及导流方式示意图

廓式供给液态金属的方法，有助于热量的迅速排除，可以改善铸锭内部组织和表面质量，不存在铸锭从液态向固态急剧变化所伴生的裂纹和其他缺陷。

采用轮廓式供给液态金属的方法时；为了使进入结晶器的金属液流比较短，流口断面最好采用燕尾梢形式的；流口横方向的长度为金属液流深度的数倍，延伸流口的全长与宽度之比根据铸锭尺寸可以采用15:1 至125 :1[3]。在这种情况下，金属液流的流速对凝固金属表面的侵蚀和对结晶器壁表面的擦伤是非常微小的。

在水平连铸钢锭过程中，采用分离环作为导流区结构，它将结晶器与中间包的水口连接起来，因此，也被称为连接环。也有在中间包水口与分离环之间增设一个结晶器水口；水口一般采用75%氧化锆制作。分离环的安装结构如图3-8所示。分离环工作性能的好坏直接影响着水平连铸机是否能顺利地工作。分离环的承载特点是：

(1) 开始浇铸时，分离环受过热钢液的热冲击，要求其不剥落，不崩裂。

(2) 过热钢液流过分离环时不进行凝固，要求分离环有良好耐热保温性能。

(3) 在连铸过程中，分离环的内壁与钢液相接触，其外壁与激冷铜结晶器相接触；因此，分离环内部温度梯度很大，会产生一定的温度应力。

(4) 铸坯以一定的振动频率作周期性往复运动，对分离环会形成一定的冲击载荷。

(5) 分离环在钢液的冲刷下工作，要求其具有一定的机械强度和耐熔损性能，对钢液是化学惰性的。

(6) 分离环嵌入结晶器入口处，并与水口砖端面接触，为了使其紧密配合，要求有较高的加工精度，以免钢液渗漏。

根据分离环的承载特点，目前在生产中分离环通常采用热传导性能低的材料碳化硼制成。碳化硼的膨胀系数很小，耐急冷急热性能高，对钢液不润湿并具有化学惰性。

分离环的结构如图5-8所示。分离环的外壁通常作成锥面，它与结晶器入口端的锥面内壁紧密接触，锥面与结晶器纵轴间的角度最好保持在5°[12,13]。水口材料为75%氧化锆，其线胀系数比碳化硼分离环大好几倍。分离环的内径应远大于水口内径，否则容易造成水口冻结事故。从增加分离环端面与结晶器内表面交角处的温度梯度考虑，采用Ⅱ型分离环结构为好。Ⅰ型分离环结构的内孔呈圆柱形，在使用过程中分离环内孔边沿被钢流侵蚀，会自动地呈现流线形状，类似于Ⅱ型分离环结构。

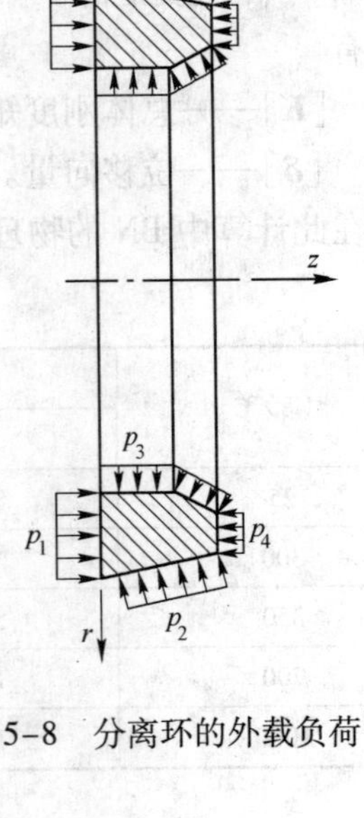

图5-8 分离环的外载负荷[14]

分离环与铜结晶器采用锥面配合，安装时要有一定的预压量；分离环压入后，分离环端面要嵌入铜结晶器内至少1 mm，以防铜套热胀后分离环压入铜套，使水口与分离环轴向接触面间不能紧密结合。

分离环除了因很高的温度梯度而产生的温度应力外，还承受中间包水口对它的压紧力 F_1 产生的压力 p_1，结晶器对它的反力 F_2 产生的压力 p_2，钢液作用于它的静压力 p_3，在振动拉坯过程中的周期性冲击力产生的压力 p_4。分离环的外载负荷分布如图5-8所示。整个分离环中的温度应力、机械应力及最终形成的合应力对分离环的工作性能与使用寿命有着重要的影响，且与分离环的材质、结构、工作条件和压紧力有关。何光等人对这些相关参数进行了分析研究[14]，针对图 3-8 所示两种圆锭分离环的结构以 $\phi78$ mm 为例，分析其温度场、应力场及其与压紧力 F_1 和半锥角 α 的关系。分离环的温度场分析见第 3 章所述。

作用于分离环的载荷中，钢液静压力较小，它随时间在一定范围内变化；铸坯的反推力是一个周期性的冲击力与拉坯工艺及钢种等多个因素有关，由于铸坯处在凝固点附近的低强度区域，很难正确确定其数值。为便于分析，在能够保证必要的计算精度前提下，先不考虑铸坯反推力作用。中间包水口对分离环的反力则与水口对分离环的压紧力及结构参数等因素有关；改变水口对分离环的压紧力及 α 角，能使分离环的应力场发生变化。

5.2.1　分离环温度应力的计算

根据第 3 章中所述分离环的温度场，采用有限元法计算由于温度载荷引起的热应力。

由于温度改变所产生的热载荷为：

$$[\boldsymbol{H}] = \sum_{e=1}^{ne} [\boldsymbol{H}_{\mathrm{i}}]^e = [\boldsymbol{H}_1^T \boldsymbol{H}_2^T \cdots \boldsymbol{H}_x^T]$$

结点 i 温度改变引起的结点力为：

$$[\boldsymbol{H}_{\mathrm{i}}]^e = 2\pi \iint [\boldsymbol{B}_{\mathrm{i}}]^T [\boldsymbol{D}] [\varepsilon_0] r \mathrm{d}r \mathrm{d}z$$

其中

$$[\varepsilon_0] = \begin{bmatrix} \alpha_z T^e \\ \alpha_r T^e \\ \alpha_r T^e \\ 0 \end{bmatrix}$$

式中　α——线胀系数；

$\boldsymbol{D}$——弹性矩阵；

$[\boldsymbol{B}_{\mathrm{i}}]$——应变矩阵。

于是有

$$[\boldsymbol{K}] \cdot [\boldsymbol{\delta}] = [\boldsymbol{H}]$$

式中　$[\boldsymbol{K}]$——总体刚度矩阵；

$[\boldsymbol{\delta}]$——位移向量。

在此计算中 BN 的物理性能列于表 5-3。

表 5-3　BN 的物理性能[14]

温度/℃	弹性模量/MPa		线胀系数/℃ $^{-1}$	
	Ⅱ	Ⅰ	Ⅱ	Ⅰ
25	87200	34400		
300			10.15×10^{-6}	0.59×10^{-6}
350	56200	22500		
700	10500	3500	8.06×10^{-6}	0.89×10^{-6}
1000	11200		7.51×10^{-6}	0.77×10^{-6}

对于轴对称物体，它有四个应力，即 σ_r、σ_z、σ_θ 和 τ_{rz}。计算结果表明，分离环在温度载荷的作用下产生的 τ_{rz} 很小，σ_r 和 σ_z 也较小，而周向应力 σ_θ 比较大。分离环内壁附近的高温区 σ_θ 为压应力，外壁附近低温区 σ_θ 为拉应力。当 α 角在 3° ~18°范围内变化时所得计算结果表明，两种结构的温度应力分布有所不同，它们的最大值也有所不同。同种结构分离环的温度应力在 α 不同的情况下差异不大。

5.2.2 分离环机械应力的计算

分离环的机械应力同样采用有限元法进行计算。计算形式如下：

$$[\boldsymbol{K}]\cdot[\boldsymbol{\delta}]=[\boldsymbol{R}]$$

式中 $[\boldsymbol{K}]$——等效结力点；

$[\boldsymbol{\delta}]$——节点位移矩阵。

在水口对分离环的压紧力及温度载荷同时作用下，对两种结构的分离环进行了计算。计算结果表明，σ_r、σ_z 和 τ_{rz} 仍然比较小，而周向应力 σ_θ 起了明显的变化，压应力区域和压应力数值明显增加，拉应力区域和拉应力数值明显减小。图 5-9 和图 5-10 表示出当 α 角从 3°变化至 18°时两种结构的分离环随压紧力 F_1 变化对其最大应力 σ_{max} 和最小应力 σ_{min} 的影响。在 σ_{max} 与 σ_{min} 之间为分离环工作应力区域。压紧力愈大，负应力也愈大，当压紧力达到某一数值时，能使分离环在全负应力状态下工作。对于脆性材料，减小拉应力区域及其数值，使其在压应力的状态下工作是有利的；但是，并不希望分离环在过大的负应力状态下工作。从图中可以看出，对于某个确定的 α 角，分离环中的负应力以一个较为稳定的速率随着压紧力 F_1 的增加而增加。$F_1=0$ 的情况为温度应力区域，改变 α 角就能改变负应力增加的速率，α 角愈小，负应力增加的速率就愈大。两种结构分离环的温度应力区域有一些不同，但是它们的应力变化规律基本相同。因此，必须合理而有分析地选择分离环的 α 角和施加于分离环的压紧力 F_1，以便分离环在一个合适的应力区域内工作，延长其使用寿命。

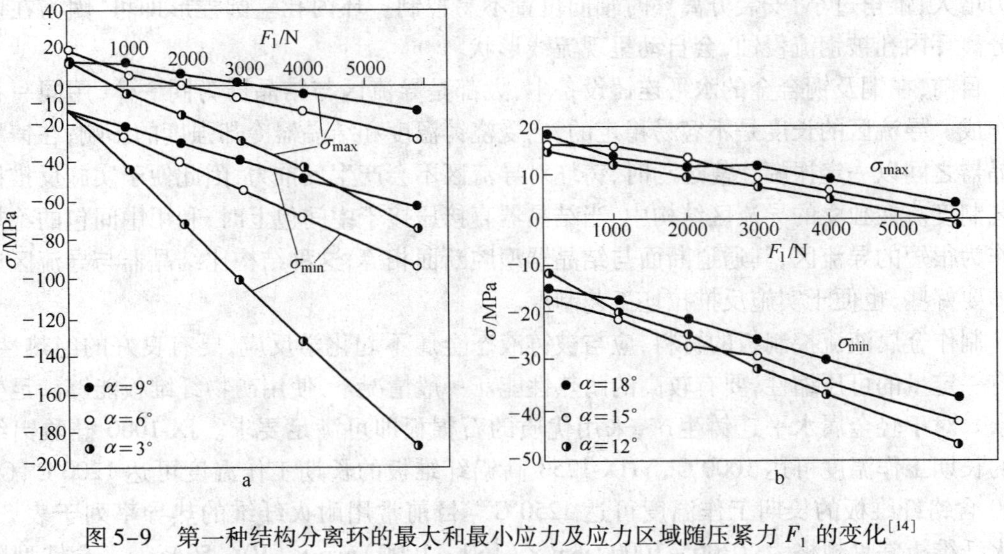

图 5-9 第一种结构分离环的最大和最小应力及应力区域随压紧力 F_1 的变化[14]

a—α = 3°,6°和 9°；b—α = 12°,15°和 18°

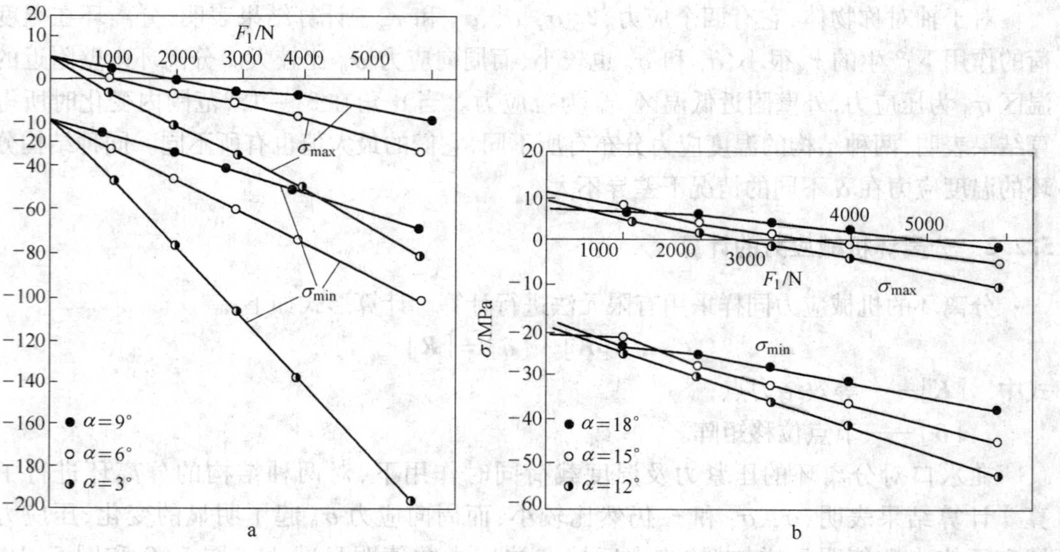

图 5-10　第二种结构分离环的最大和最小应力及应力区域随压紧力 F_1 的变化[14]

a—$\alpha=3°$,6°和 9°;b—$\alpha=12°$,15°和 18°

为了保证水平连铸机的正常工作,分离环必须紧密地与结晶器接触。在铸坯与结晶器之间以一定振幅往复运动的工艺制度下,施加于分离环的压紧力 F_1 必须大于铸坯对分离环的反推力。在铸坯与结晶器之间以单向匀速运动的工艺制度下,则不存在铸坯对分离环的反推力,此时分离环与结晶器的连接关系就简单得多,可采用金属液流控制板的结构形式,只要确保连接处不渗漏液态金属即可。

选择合理的 α 角同压紧力 F_1 和制作分离环的材料强度等因素有着密切的关系。从图 5-9 和图 5-10 可以看出,当材料在高温时抗压强度为 58. 8399 MPa、$F_1=2000$ N 时,不应采用 $\alpha\leqslant3°$;当 $F_1=3500$ N 时,不应采用 $\alpha\leqslant6°$;当 $F_1=5000$ N 时,不应采用 $\alpha\leqslant9°$。分离环外表面锥角一般为 5°。锥角过大,使用时边缘被侵蚀,铸坯初期坯壳前沿将呈喇叭状,使拉坯阻力增大;锥角过小,安装分离环时轴向位置不易控制。环内孔呈圆柱形即可,因为在使用中分离环内孔被钢流侵蚀,会自动呈现流线形状。

目前,在铜及铜合金的水平连铸设备中,大都是导流区与结晶器为同一体,用同一石墨管作成。导流区的长度是不容易稳定的,它受浇铸温度和结晶器冷却强度的影响;在铸坯与结晶器之间以一定振幅往复运动时,铸坯对导流区不会产生反推力,因此便于实施反推拉坯工艺制度。在独立的导流区结构中,当结晶器直接压接于中间包上时,利用中间包的绝热内衬作为很短的导流区,其通道断面与结晶器型腔断面相等;这种结构比结晶器与导流区连成一体要好些,也便于实施反推拉坯工艺制度。

制作金属液流控制板的材料,应与被铸液态金属不起化学反应,要有良好的绝热性能,要有一定量的可压缩性,要有较高的耐热性能。一般情况下,使用矿物纤维板能够满足生产要求。对于轻金属水平连铸生产,采用优质的石棉板即可满足要求。JX-1000 硅酸铝纤维板的长期工作温度可达 1000℃,YHX-1250 高铝纤维板的长期工作温度可达 1200℃,GYX-1300 含铬纤维板的长期工作温度可达 1250℃。目前常用耐火纤维的热导率列于表 5-4。耐火纤维板常见规格为:(300 ~ 1000) mm × (160 ~ 1000) mm × (10 ~ 50) mm。含锆型陶瓷纤维板工作温度可达 1400℃,莫来石型陶瓷纤维板工作温度可达 1600℃。

表 5-4 耐火纤维的热导率

体积质量/kg·m^{-3}	热导率/kJ·(m·h·℃)$^{-1}$				
	300℃	500℃	700℃	900℃	1200℃
64	0.31401	1.130436	1.172304	1.25604	1.88406
105	0.2637684	0.334944	0.4270536	0.5735916	1.067634
167	0.2386476	0.2847024	0.3851856	0.5191632	0.7703712
205			0.3433176	0.4270536	0.6238332

根据水平连铸铝合金锭的生产实践,采用绝热材料制作喇叭碗时,在喇叭碗下部表面上容易形成低温区,使铸锭中的光亮晶和金属间化合物较多。因此,喇叭碗采用石墨或具有良好导热和耐熔体腐蚀性能的混合物压制而成。

导流区采用金属液流控制板结构时,控制板不能承受铸坯的反推力。因此,不能采用反推铸造工艺,只适宜于铸锭以单向连续牵引的制度;在间歇式牵引铸锭过程中,停歇时容易形成较深的冷隔。这种过渡区结构,便于液态金属在交接处形成弯月面过渡区。连续铸钢中的分离环结构,也具有同样的优点。

在热顶铸造过程中,热顶本身就是导流区;热顶的下层相当于分离环的作用。热顶的内径为等断面与结晶器型腔同心。在这种导流区结构中,液态金属从中心导入结晶器内,容易使铸锭液相穴中心区处于高温下,增加了液相穴的深度。从调整结晶器内液相穴的温度场考虑,使其温度梯度减小,应将液态金属沿铸锭周边分散导入结晶器内,避免集中导入。

5.3 结晶器

在连续铸锭生产中,结晶器是整个铸机的关键性部件。在敞露液面的立式连续铸锭过程中,轻金属连铸时的结晶器最短,连续铸钢的结晶器最长,连铸铜锭的结晶器长度介于两者之间而稍长于轻金属连铸时。金属液面距结晶器顶面保持一定距离,轻金属连铸时一般为 40 mm 上下,铜及铜合金连铸时 60 mm 上下,连铸钢锭时 200 mm 上下。连铸钢锭时,铸造速度较快,保持较高的空间,便于结晶器上下往复振动,而有色金属连铸时结晶器固定不动。在这种情况下,液态金属的弯月面均处在激冷结晶器的强冷区段。同时金属液面向周围空间散热,使弯月面散热较快。为了减弱弯月面处的冷却强度,在轻金属连铸时结晶器壁上端通常粘贴 0.5 ~1 mm 的硅酸铝纤维毡;在铜及铜合金连铸时结晶器壁上端嵌入 9 mm 厚的石墨片,其高 120 mm。在连续铸钢时,金属液面加保护渣覆盖,液态金属的弯月面始终处于结晶器的强冷却区段。

在封闭式连续铸锭过程中,金属液面移至结晶器入口端面处。在这里由于储液槽内液态金属的热作用,使结晶器入口端面处的温度有所增加,而且避免了金属液面散热对结晶器内弯月面的影响;从而减弱了结晶器入口端面处的冷却强度。由此可知,这里是封闭式连铸时结晶器冷却强度的最弱处。液态金属的弯月面远离激冷结晶器的强冷区段,这是封闭式连铸时铸锭表面质量优于敞露液面立式连铸的根本原因。热顶铸造中油气润滑技术的应用,进一步削弱了弯月面处的冷却强度,使铸锭表面质量得到提高;因为油气润滑时,减少了用油量，也就减少了铸坯与结晶器壁之间气隙中的氢气含量，同时加入的气体传热又很慢。油气润滑技术若引入水平连铸生产中也会收到同样的效果。为此，首先要创造弯月面的形成区；其次应将弯月面引至激冷结晶器的边界处。

在连续铸锭过程中，结晶器之所以是关键的部件，是因为要在较小的空间、短时间内使铸锭成形，完成金属由液态到固态的相变过程，而且要确保铸锭的表面质量和内部质量。金属的相变过程、铸锭连续成形和铸锭质量，都与结晶器的冷却密切相关。影响结晶器冷却的因素主要有制作结晶器的材料性能、结晶器的长度、壁厚、冷却水和润滑剂的工作状态等；其次还有水质、水温、润滑剂的性质和液态金属的浇铸温度等。前者决定结晶器的结构，后者与结晶器无关。

5.3.1　结晶器材料

制作结晶器的材料性能对结晶器凝固传热的影响，从图 3-64 中可以看出，在相同条件下，结晶器的总散热系数随材料的热导率增加而增大。因此，通常选用热导率大的材料制作结晶器工作壁。渡边精三等人的研究结果表明[15,16]，结晶器壁的热导率 λ 对铸锭的凝固系数 K 值影响很小，铜为 27.0，软钢为 25.5；并推导出 K 与 λ 的关系式：

$$K = 22.0 \cdot \lambda^{0.036} \tag{5-1}$$

根据渡边精三等人的研究，结晶器壁的热导率对凝固壳生长速度的影响是极小的；因此，认为用不着无氧铜那样的高导热性材料来制作结晶器壁。但是结晶器壁所达到的最高温度则随热导率的降低而显著升高，当结晶器壁的热导率为铜的一半时，结晶器壁的温度升高 100℃。因此，认为即使用热导率小一点的材料，只要高温强度高，能抵抗软化就行。连续铸钢时，当拉坯速度为 1 m/min，结晶器铜壁局部地方的温度达 250℃以上；此时铜壁内的热应力在 200 MPa 以上。无氧铜的软化温度为 220℃，300℃时的强度仅为 175 MPa；因此由于热应力的作用，结晶器壁在短时间内就产生塑性变形。渡边精三等人曾研制出 HZ 铜合金材料，软化温度为 400℃，其高温力学性能列于表 5-5。

表 5-5　HZ 铜合金的高温力学性能[16]

强　度	室　温	300℃	500℃
σ_b/MPa	580	500	270
σ_s/MPa	480	410	250

从表 5-5 中可知，在 300℃时 HZ 铜合金的屈服强度为 410 MPa，约为热煅脱氧铜的 5.5 倍、冷加工脱氧铜的 2.3 倍。

实际上，物体往往处于不稳定热交换状态下。因此物体内部的温度变化速度不仅有赖于热导率，而且与改变物体温度所需的热量有关。在这种情况下，控制物体温度变化的是热扩散率 α。结晶器壁材料的热扩散率在连铸生产中有着重要的意义，它直接影响到结晶器的冷却强度。结晶器壁外表面的温度在流动的冷却水作用下保持着较低的数值。结晶器的热扩散率大，结晶器壁内表面的温度比较低，内外表面的温差相对小一些；这样既可以满足结晶器的激冷要求，又可以保护结晶器壁免受高温熔体熔毁。结晶器的热扩散率小，结晶器壁内表面的温度比较高，内外表面的温差相对大一些。但是，结晶器壁内表面均趋近于低温,这一点从图4-54中可以清楚地看出来。结晶器的材料性能对结晶器壁内表面温度的影响在图3-65中可以清楚地看出来。

热扩散率随热导率增大而增加,同时随材料的密度和热容增大而减小。因此,在选用制作结晶器的材料时,首先要考虑热导率大的材料,满足结晶器壁的快速传热的要求。常用金属材料的热导率和热扩散率列于表5-6。

表5-6 常用金属材料的热物理性能

金属名称	熔点/℃	热导率 /W·(cm·℃)$^{-1}$	密度 /g·cm^{-3}	质量热容 /J·(g·℃)$^{-1}$	热扩散率 /cm^2·s^{-1}
Mg	650	1.590984	1.74	1.025766	0.89
Al	660	2.386476	2.69	0.900162	0.985
W	3410	1.7752032	19.3	0.1423512	0.646
Fe	1539	0.7368768	7.87	0.4521744	0.207
Cu	1083	3.935592	8.96	0.3851856	1.14
Au	1063	2.951694	19.3	0.125604	1.27
1A99(LG5)	660	2.428344	2.705	0.900162	0.997
1060(L2)	646~657	2.3404212	2.705	0.900162	0.961
1050A(L3)	646~657	2.3404212	2.705	0.900162	0.961
6063(LD31)RZ	615~655	1.9217412	2.69	0.900162	0.794
6063(LD31),M	615~655	2.1729492	2.69	0.900162	0.897
2A50(LD5)		1.7542692	2.75	0.83736	0.762
2A11(LY11)	513~641	1.3355892	2.79	0.87922	0.544

表5-6中所列的金属材料,铁的热导率和热扩散率都很低,不适宜于做结晶器的材料。在研究水平连铸直径10 mm的铝杆工艺过程中,我们曾试用过钢结晶器,连铸过程不能稳定,铝杆表面非常粗糙。金的热扩散率最高,热导率也很高,但是太贵了,也不适宜做结晶器的材料。唯有铜和铝是常用的结晶器材料,它们的热扩散率都在1 cm^2/s左右,其热导率也都相当高。在轻合金连续铸造棒锭生产中,多采用工业纯铝作结晶器材料,如1060(L2)和1050A(L3)等;连续铸造大断面铝及铝合金扁锭时,则采用紫铜做结晶器材料。因为在大断面扁锭生产过程中,结晶器的宽面容易发生热变形,铜的高温机械性能优于铝。在生产大断面的铝合金圆铸锭时,通常使用2A50(LD5)和2A11(LY11)锻造坯料,经淬火后做结晶器,其力学性能优于纯铝。在锻铝中,6063(LD31)铝合金的热导率和热扩散率均高于其他铝合金,而且退火状态下的数值均高于其本身其他状态的数值;其力学性能低于其他铝合金却高于工业纯铝。铜和铝高温时的屈服极限见表1-21。

从图3-66中可以看出,当材料温度高于200℃时,铜的力学性能开始恶化。在水平连续铸钢研究中,曾有使铜铍合金制作结晶器的强冷却区[13]。我国马鞍山钢铁公司在水平连铸ϕ80 mm的钢锭生产中,采用铍钴青铜制作结晶器的强冷却区[12],其中含铍量0.4%~0.7%,含钴量2.4%~2.7%。铍钴青铜具有良好的导热性能、抗磨性能和较高的抗热变性能;其物理性能列于表5-7。铍青铜的物理性能和力学性能列于表5-8。

表 5-7　铍钴青铜合金的物理性能和挤压材料性能[17]

状态名称	熔化范围/℃	时效处理	密度/$g \cdot cm^{-3}$	热容/$J \cdot (kg \cdot ℃)^{-1}$	热导率/$W \cdot (m \cdot ℃)^{-1}$	弹性模量/GPa	抗拉强度/MPa	屈服强度/MPa	伸长率/%	硬度HRB
TB00	1000～1070	3 h，480℃	8.83	375	200	138	240～380，680～830	130～280，550～690	20～35，10～25	20～50，92～100

表 5-8　铍青铜的物理性能和力学性能[18]

合金代号	液相点/℃	固相点/℃	密度/$g \cdot cm^{-3}$	质量热容/$J \cdot (g \cdot ℃)^{-1}$	热导率/$W \cdot (cm \cdot ℃)^{-1}$	线胀系数 α/$℃^{-1}$			抗拉强度/MPa	屈服强度/MPa
						20～100℃	20～200℃	20～300℃		
QBe2	956	865	8.23	0.41868	0.83736～1.0467	16.6×10^{-6}	—	17.6×10^{-6}	450～500（软） 1250（时效）	250～300（软） 1150（时效）
QBe2.15	956	865	8.22	—	0.83736～1.0467	$(16.5～16.7) \times 10^{-6}$	$(16.6～17.1) \times 10^{-6}$	$(17.5～18.0) \times 10^{-6}$	490（软态） 1210（时效）	—

从材料的热导率和导温系数以及熔点数据来看，钨很适宜用于铜和钢铁连铸结晶器材料。钨的物理性能列于表 5-9。钨的热导率和热扩散率与铍钴青铜的数值相当。从表 1-19 中可知，93W-5Ni-2Cu 钨基合金对于铜及钢铁等高熔点金属的连铸是有实用意义的；在铝合金轮毂低压铸造生产中用它代替 H13 模具钢制造铸造模具。特别是对于水平连续铸锭可提高生产过程中的安全性，避免熔毁结晶器的事故。在水平连续铸锭过程中，结晶器材料的熔点低于浇铸温度，当凝固壳破漏而大量液态金属冲刷结晶器时，容易熔毁结晶器；特别是对于大断面的铸锭水平连铸时，出现这种事故的可能性大些。曾经在水平连铸 80 mm × 400 mm 的铝母线试验中，曾使用铝结晶器，就出现过这样的事故。

表 5-9　钨的物理性能[19]

熔点/℃	温度/K	密度/$g \cdot cm^{-3}$	质量热容/$J \cdot (kg \cdot K)^{-1}$	热导率/$W \cdot (m \cdot K)^{-1}$	线胀系数/$℃^{-1}$
3410 ± 20	293	19.3	0.134×10^{3}	1.67×10^{2}	
	300				4.4×10^{-6}
	773		0.142×10^{3}		4.6×10^{-6}
	1100			1.17×10^{2}	
	1273		0.151×10^{3}		5.2×10^{-6}
	2000			1.01×10^{2}	
	2273		0.172×10^{3}		6.2×10^{-6}

石墨是热和电流的良导体，从热导率来看，它介于铝和软钢之间。石墨的结构是由许多平行于基面的层面连续叠合而成，每一层内的碳原子都成六角相互连接。在自然界里，石墨有两种晶体结构形式，即六方体和菱面体，菱面体占 30%。在人造石墨里，一般没有菱面体。六方晶体的特点是叠合的各个层面互相错开，每个六角网格的中央都与其上下相邻层面上的一个碳原子相对应；因此，第三层的任何一个六角网格都与第一层的六角网格相对应。层与层间仅有极弱的相互作用力；层面间易于滑移，具有良好的自润滑性能。

石墨之所以具有高抗磨性能，是因为在滑动面上由碳原子六方网状组织构成了保护层。

摩擦系数的大小不仅取决于接触表面的性质，而且还取决于温度、滑动速度和介质等因素。温度愈高，摩擦系数愈大。如果在真空高温条件下，采取去气的方法除掉石墨上通常有的、被吸附的气体和蒸汽所形成的表面薄膜之后，滑动表面间的摩擦力便显著增大，摩擦系数由0.15增加到0.5。这说明石墨周边的杂质原子能使摩擦系数减小。由此可以看出，在封闭式连续铸造过程中，使用石墨材料制作结晶器时，采用油气混合润滑剂比单一使用润滑油更有利于减小摩擦系数。碳和石墨材料对各种材料的摩擦系数列于表5-10。

表5-10 碳和石墨在20℃下对各种材料的摩擦系数[20]

摩擦偶	摩擦系数	
	静摩擦系数	滑动摩擦系数
石墨对石墨	0.29	0.22
经氧化处理的铀对石墨	0.56	0.53
加工铀对石墨	0.21	0.20
抛光铝对石墨	—	0.18
抛光钢对未石墨化的碳材料	—	0.22
抛光钢对核石墨	—	0.20

在摩擦偶正常工作条件下，金属和石墨的表面薄膜由于石墨件的磨损而不断得到补充，金属在工作过程中一般不会磨损。石墨材料在摩擦时的工作能力主要取决于气体介质的成分和湿度。各种未浸渍的石墨材料，当摩擦表面有凝结介质形成的薄膜、液滴时，其磨损和摩擦就会增大5～10倍，而用金属浸渍的材料仅增加0.5～1.0倍。在摩擦空隙中，即使形成很薄的液体膜，就会造成类似水气凝结的现象，从而引起摩擦和磨损的急剧增大。此外，由于未浸渍的材料有许多气孔，摩擦空隙里的液体压力不可能增大，所以不可能造成流体动力摩擦的条件。因此，在液体介质中工作，只能采用不透的石墨材料。所有的未浸渍材料，在真空（低于0.1 Pa）和干燥到低于露点的中性气体中，摩擦偶中其容许压强可降到0.4903325～0.784532 MPa。因此采用石墨作结晶器壁材料时，不应将冷却水直接接触石墨表面，只能作为结晶器内套，而接触冷却水的外套用热导率高的金属制作；而且，润滑剂中不能有水分，在铸造过程中应避免二次冷却水返入结晶器内。

石墨材料的热导率在很大程度上决定于材料的散粒结构和晶体结构，并且取决于原料的性质、工艺参数和石墨化程度等因素。由于石墨属六方晶体结构，石墨材料具有各向异性的特点，在沿层面的方向上的热导率要比垂直于层面方向上的高得多。一般接近于理论密度的材料，其导热的各向异性程度就高。各种人造石墨的密度一般为2.16～2.23 g/cm^3。天然石墨和热解石墨，由于其密度大，而且平行于基面取向方向上晶格完善程度也高，所以它们的热导率也高，如表5-11所示。人造石墨因为是多晶结构，因而微观结构不均匀，其热导率约为2 W/(cm·K)。各种碳和石墨材料的热导率列于表5-12。

表5-11 石墨在20℃下的热导率[20]（W/(cm·K)）

测量方向	天然石墨	解热石墨	再结晶石墨
∥	2.72	4.0	2.4
⊥	0.837	0.084	1.30

表 5-12　各种碳和石墨材料在 100～2500K 温度范围内的热导率(kcal/(m · h · K))[20]

材　料 (俄标)	测量方向	温度/K										T/K	λ_{max}	L_a/A^0
		100	200	300	400	500	700	900	1500	2000	2500			
ВПП	∥	135	225	197	168	143	110	—	—	—	—	—	—	—
	⊥	75	134	130	117	106	87	72	50	45	43	230	138	1400
ГМЗ	∥	60	102	120	105	92	76	62	39	33	31	300	120	1200
	⊥	50	97	103	82	72	58	48	32	27	24	300	103	1050
ПРОГ-2400	∥	43	112	120	90	75	61	51	37	32	28	270	128	850
	⊥	—	—	—	52	47	41	34	23	21	20	—	—	—
АРВ	∥	35	68	75	66	60	51	44	30	24	21	260	82	800
	⊥	30	63	65	54	49	42	36	27	22	20	270	72	700
МПГ-8	∥	45	102	122	100	90	76	65	44	35	31	270	132	—
	⊥	30	87	87	78	70	60	51	33	27	25	270	97	—
ЭЭГ	∥	31	89	102	88	79	68	60	42	30	24	300	102	700
	⊥	—	—	—	63	59	52	47	32	23	20	—	—	—
ПГ-50	∥	23	45	45	37	33	27	24	16	12	11	250	46	750
СУ-2	—	—	—	7.0	7.2	7.5	8.0	8.5	10.0	11.0	11.5	—	—	—
热解碳	∥	150	280	330	310	290	240	210	150	125	100	280	340	1900
	⊥	—	—	2.2	2.05	1.95	1.80	1.65	1.40	1.45	2.00	1500	1.4	—
热机械加工石墨	∥	150	240	—	198	172	138	117	80	—	—	200	240	2200
	⊥	36	65	—	58	50	40	34	20	20	—	300	75	1400

注:表中热导率数值单位为 kcal/(m · h · K),换算成 kJ/(m · h · K)时将表中数据乘以 4.1868,ВПП—高密度石墨;ГМЗ 和 МПГ-8—高纯石墨;ПГ-50—多孔石墨;ЭЭГ—金属电蚀加工用石墨;СУ-2—玻璃碳(兼有石墨和玻璃的性能);热解碳系在 2350～2400 K 下的真空中沉积而成;热机械加工石墨系中等颗粒结构,热处理温度为 3100 K;T—λ 最大时的温度;АРВ—石墨电刷材料;ПРОГ-2400—半石墨化材料。

石墨的热容与其他性能不同,很少取决于某一牌号石墨的制造工艺。石墨的热容与绝对温度的平方成正比。在低温(20～60 K)下,石墨的热容与温度的平方大约成正比。在更低温度范围内,石墨的热容则与温度 $T^{2.4}$ 成正比例。在高温(高于 2273 K)范围内,热容升高到 25.1208 J/(mol · ℃)左右。这表明随着温度的升高,石墨的导温系数会相应降低;使用石墨材料制作结晶器时,在铸造过程中,随着温度的升高,结晶器壁的导温系数会相应降低,石墨壁内表面的温度会升高,同时会降低结晶器的冷却强度。在连体式水平连铸过程中,结晶器的入口端这种不利影响会更大一些。石墨的热容与温度的关系列于表 5-13。

表 5-13　温度对石墨热容的影响[20,21]

温度 T/K	293.16	300	500	700	900	1000	1300	1500	1600	1800	2000	2500	3000
c_p/J · (mol · ℃)$^{-1}$	8.61	8.70	14.65	18.54	20.55	21.52	23.32	23.51	24.41	24.42	25.33	26.21	26.88

石墨的强度性能也同其他各种性能一样,具有各向异性的性质,在平行与垂直于成轴方向上的各种性能都不相同。用挤压法制备的石墨,其各向异性程度要比模压石墨高得多。骨料颗粒愈小,石墨材料的强度就愈大。按平行和垂直于颗粒取向的方向测量的同一强度

性能的比值是随颗粒尺寸的减小而增大的。石墨的强度随温度上升而增大,一直增大到2400~2600℃时为止,然后便急剧减小,在3000℃时接近于20℃时的强度。在低温时,强度呈直线增大;在2500℃时,石墨的强度大约比室温时增大1倍。石墨的塑性也随着温度升高而增大。这一特性与金属相反,从这一点来说,采用石墨材料制作结晶器时,对于连铸过程是很有益的,因为连铸过程是在高温下进行的,而工作温度在2500℃以下,随着温度升高,石墨壁的强度增大,可以减少石墨结晶器壁的磨损。表5-14列出了几种牌号石墨的抗拉强度和总变形随温度变化的情况。

表5-14 温度对碳和石墨的抗拉强度和总变形的影响[20]

材料(俄标)	强度特性	测量方向	温度/K					
			293	1300	2300	2800	3100	3300
ГМЗ	抗拉极限强度/MPa	∥	8.826	12.75	16.67	14.09	19.61	14.7
		⊥	6.865	7.355	11.28	10.79	—	—
	总变形/%	∥	0.20	0.26	0.25	0.45	—	—
		⊥	0.23	0.23	0.23	0.40	—	—
ВПП	抗拉极限强度/MPa	∥	14.7	18.6	25.5	28.44	38.25	26.48
		⊥	14.7	16.67	26.48	25.5	33.34	23.05
	总变形/%	∥	0.2	0.17	0.17	0.40	3.42	7.4
		⊥	0.28	0.23	0.23	0.40	4.14	8.3
МПГ-6	抗拉极限强度/MPa	∥	32.85	35.79	41.19	52.466	40.7	22.56
		⊥	30.4	32.85	42.66	39.227	33.34	25.01
	总变形/%	∥	0.54	0.47	0.59	13.5	29.7	24.0
		⊥	0.47	0.44	0.72	4.6	30.7	24.0

在石墨制品中,为多晶体结构,晶体层面趋于挤压方向排列,突显了各向异性特点。在模压制品中,石墨的各向异性特点低于挤压制品。从导热和导温角度考虑,结晶器的轴向与挤压制品的加工方向垂直最为有利;从润滑角度考虑,结晶器的轴向与挤压制品的加工方向平行最为有利。综合考虑宜选用模压制品,兼顾导热与润滑的优势。从表5-12中可以看出,石墨的抗拉强度在2400℃以下随温度升高而增大,这一点与金属不同。因此,选用石墨制作结晶器时主要考虑其导热性能即可。

目前,我国在水平连续铸钢中,多级式结晶器用的石墨套常选用TGS300型石墨。水平连铸铜及铜合金锭时,除高锌黄铜外,常用石墨作结晶器内衬套。水平连铸铝及镁锭时,可以用石墨作结晶器内衬,也可以直接用硬铝或铜作结晶器。

5.3.2 结晶器壁厚

在结晶器冷却水的冷却条件相同的情况下,结晶器壁厚度影响其内表面温度。从图3-65中可以看出,结晶器内壁表面的温度随结晶器壁厚增加而升高;热导率高的材料,结晶器内壁表面的温度比较低,而且随壁厚增加而升高温度值比较小。在连续铸钢过程中,铜结晶器壁厚10 mm时,内表面温度约200℃;壁厚25 mm时,内表面温度300℃。若采用钢结晶器时,壁厚10 mm则内表面温度约500℃;壁厚25 mm则内表面温度800℃。

结晶器壁厚度对其内表面温度影响的同时,也就影响着结晶器的散热总强度。从

图 3-64 中可以清楚地看出这一点。在结晶器冷却水的冷却条件相同的情况下，随着结晶器壁厚度的增加，结晶器的总散热系数降低；而且热导率高的材料，结晶器的总传热系数比较高，随壁厚增加而降低得缓慢。在连续铸钢过程中，液态金属向结晶器壁的平均有效传热系数为 2512.08 kJ/(m^2 · h · ℃)和结晶器壁向冷却水的传热系数为 71175.6 kJ/(m^2 · h · ℃) 的条件下，铜结晶器壁厚度为 10mm 时，结晶器的总传热系数约 3181.968 kJ/(m^2 · h · ℃)；壁厚为 30 mm 时，总传热系数约 2951.694 kJ/(m^2 · h · ℃)。在相同的散热条件下，钢结晶器壁厚为 10 mm 时，结晶器的总传热系数约 2721.42 kJ/(m^2 · h · ℃)；壁厚为 30 mm 时，总传热系数约为 2135.268 kJ/(m^2 · h · ℃)。

结晶器壁材料选定后，其内表面温度的允许值根据材料的高温力学性能而定。例如，铜的机械性能当温度高于 200℃时开始恶化。根据试验表明，结晶器壁内表面的温度为 300℃时工作是完全可能的。从图 3-65 中可知，此时的结晶器壁厚为 25 mm。A. B. 赫里普柯夫在红索尔莫沃工厂连续铸钢的试验结果表明[22]，最合理的铜壁厚度为 13 mm；这样可以按结晶的磨损程度定期进行修理，而后再用，直至 3 mm 尚能用。对于组装式结晶器，其加工制作比较方便些，铜壁厚度通常取为 13 mm。对于整体式结晶器，加工制作比较复杂些，为延长结晶器的使用寿命，铜壁厚度可取为 20 ~ 25 mm。从图 3-66 中可以看出，结晶器铜壁厚度在上述范围取值时，可以满足连续铸钢工作条件的要求。在水平连铸钢锭的多段多级式结晶器中，铜壁和石墨壁的许可重修磨量为 2 mm。

在铝及铝合金连续铸锭生产中，圆锭结晶器铝合金壁厚度通常取为 8 ~ 10 mm；扁锭结晶器铜壁厚度通常取为 10 mm，因为扁锭结晶器的宽面容易变形。100 mm × 100 mm 方锭结晶器纯铝壁厚度为 10 mm。在水平连铸中结晶器采用石墨内套时，其壁厚为 7 mm。

在铜及铜合金水平连铸过程中，为便于石墨内套与金属外套紧密接触，将石墨内套的外径加工成锥形。用 УНИИМ 式水平连铸机浇铸青铜锭时，用 APB 牌号软的人造石墨作结晶器内套，石墨管与水冷铜套的结合面的锥度为 1∶15；石墨管壁厚，在进入铜套的地方为 7.5 mm，在其出口处为 3 mm[23]。石墨管厚壁端在结晶器入口处，从减弱初始凝固壳结晶前沿的冷却强度而同时加强凝固壳轴向的冷却强度考虑，是合理的。

在热顶铸造和同水平铸造生产中，特别是采用油气润滑技术时，在金属结晶器的上端通常嵌以一定高度的石墨环，用以减弱初始凝固壳结晶前沿的冷却强度，增强结晶器上端的润滑效果，提高铸锭的表面质量。石墨环的壁厚 5 mm 左右。

在连续铸锭生产中，通常都采用热导率和热扩散率都比较高的材料制作结晶器。从图 3-64 和图 3-65 中可以看出，采用这种材料时，结晶器的总传热系数和结晶器壁内表面的温度随壁厚增加而变化缓慢。在这种情况下，结晶器的总传热系数和内壁温度的变化，主要受制于冷却水与结晶器工作壁外表面之间的热交换系数。我们在水平连铸 80 mm × 400mm 的铝母线试验中曾观察到这样的现象：结晶器工作壁采用 2A50(LD5)锻铝制作，一次试验结束后发现结晶器壁的宽面中部内表面上出现与铸锭轴向平行的黑白相间的条纹；白亮条纹与结晶器壁外表面上的冷却水沟相对应；黑色条纹系油烟炭黑残存物，处于每两条相邻的冷却水沟之间。结晶器的结构如图 5-11 所示。

从图 5-11 中可以看出，结晶器出口处没有固定机构，仅以联体法兰与冷却水箱压接，因而宽面容易变形。连铸过程中铸锭凝固壳的宽面与结晶器壁接触，白亮条纹处说明接触紧密；黑色条纹处说明凝固壳与结晶器壁之间存在空隙，油烟炭黑残留于空隙间。这种现象

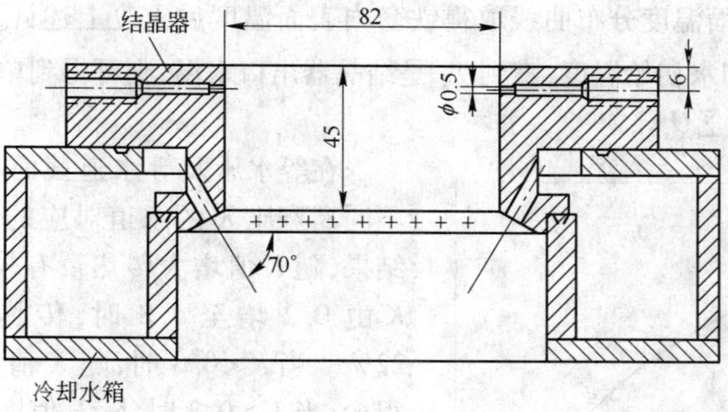

图 5-11 水平连铸 80 mm×400 mm 铝母线的组装式结晶器

说明,冷却水沟处的结晶器壁虽然很薄,其传热系数低于相邻两水沟之间的厚壁处;对应于黑色条纹处的结晶器壁虽然比较厚,但其两侧的冷却水换热面积大大超过水沟的薄壁处,其传热系数却大大高于水沟薄壁处,而对应的内壁表面温度却低于水沟薄壁处,此处相对于水沟薄壁呈冷缩状态,因而与凝固壳之间呈现空隙状态。西汉铜镜能看到背面凸纹图形的影像,大概即缘于此理;凸纹处热交换面积大,传热强度大,收缩量大,磨镜时此处磨削量小。因此,这种现象可以称之为铜镜效应。

在立式连铸大断面铝合金圆锭生产中,有将结晶器外表面车成沟槽状,实则加强了结晶器的传热强度;也就是运用了上述的原理,扩大冷却水与结晶器之间热交换面积,提高了散热强度。徐春杰等对水平连铸铸铁圆锭时矩形截面螺旋水道的效果进行了优化设计数值模拟[24]。取冷却水进口处的一环水道作为计算的第一环,取实测进水温度 T_w 作为冷却水初始温度。利用水道内表面温度 T_i 算出该环冷却水单元时间带走的热量 Q_i 及冷却水经过该环后温度增加值;可按下式计算:

$$Q_i = h_W(T_i - T_W)S \tag{5-2}$$

$$\Delta T = Q/(\rho \cdot V \cdot c) \tag{5-3}$$

$$h_W = (\lambda / d_e) \cdot Nu_f \tag{5-4}$$

$$Nu_f = 0.023 Re_f^{0.8} \cdot Pr_f^{0.4}[1 + 10.3(d_e/R)^3] \tag{5-5}$$

式中 S——单元截面积;
V——冷却水流量;
Nu_f——努塞尔数;
Re_f——雷诺数;
Pr_f——普朗特数;
λ——冷却水的热导率;
R——水道轴线曲率半径;
d_e——水道当量直径;
ρ——冷却水的密度;
c——冷却水的质量热容;
h_W——水道内冷却水对流传热系数。

根据石墨套表面温度分布曲线取得铁套内表面温度后重复上述计算,取 $T_{w_n} = T_{w_{n-1}} + \Delta T$ 作为第 n 环冷却水初始温度,直到 T_w 是结晶器出口水温,则可得到单位时间内结晶器总的传热量 Q,即 $Q = \sum Q_i$。

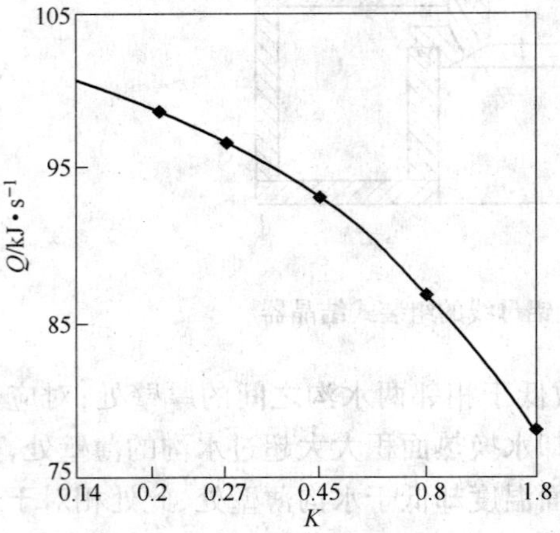

图 5-12　Q 与 K 值的关系[24]

在等水压及等水道截面积情况下分别计算不同高宽比 K 的水道对应的传热量。根据计算结果,随 K 值增大传热量有较大幅度的减小,当 K 由 0.2 增至 1.8 时,传热量非线性减小了 22%。当 $K<0.3$ 时,随 K 值增大而传热量减少很少;当 $K>0.3$ 时,随 K 值增大而传热量明显减小,如图 5-12 所示。这是因为水套传热量 Q 的多少是由水道内冷却水对流传热系数 h_w、水道壁面与冷却水间的温差 ΔT 及水道传热面积 S 共同决定的;不同高宽比的水道对应水道总内表面积随 K 值的增加而增大。但是在水道截面积一定的条件下,K 值增加使水道宽度减小,高度增加。

随高度增加水道侧面会有一部分区域的温度等于甚至低于冷却水温,即有一部分面积对传热不起作用;因而 K 值增加,导致水道内水流速、等效传热面积减少,降低了水套的冷却能力。在结晶器其他条件确定后,可调整 K 值使结晶器水套的冷却能力发生变化。设计强冷却能力的水套时,水道的高宽比值可取 $K = 0.3 \sim 0.5$,在等水压情况下,K 值愈接近 0.3,结晶器所能达到的冷却能力愈强;设计弱冷却能力的结晶器时,应取 $K>0.5$,以减小槽底传热面积,减少冷却水产生沸腾的可能性,达到减少水冷套冷却能力的目的。

对于一定长度的水套,K 值增大致使冷却水流程增长,使水道总的沿程阻力系数 $\lambda_{总}$ 随之增大,如图 5-13 所示。

在等水道截面的情况下,K 值增大,水流速度 v 降低,如图 5-14 所示。水流速度降低势必降低传热系数从而降低水套的冷却能力。

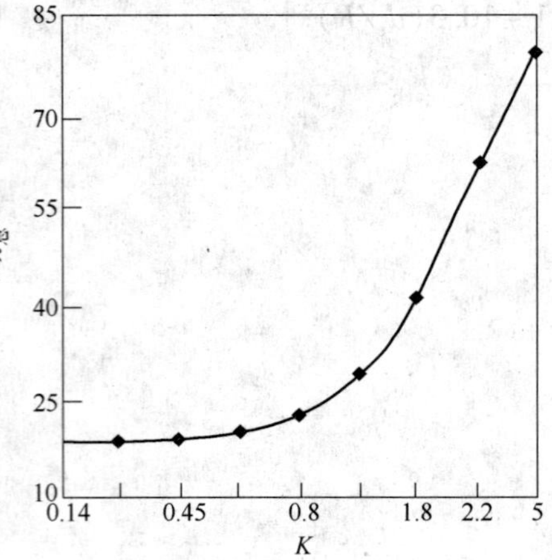

图 5-13　$\lambda_{总}$ 与 K 值的关系[24]

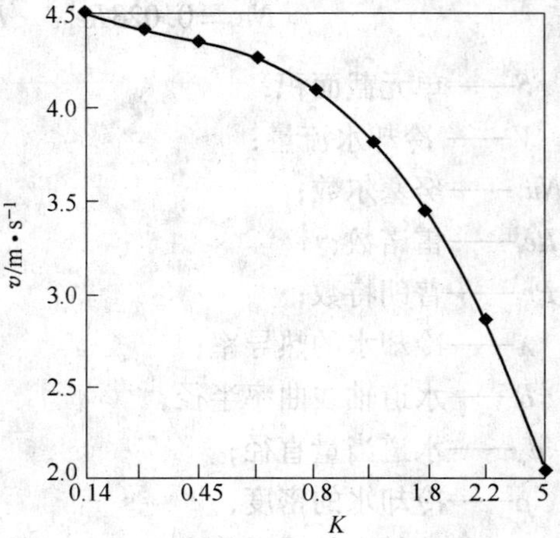

图 5-14　v 与 K 值的关系[24]

韩志伟等对立式连铸钢锭的结晶器铜板上的冷却水槽结构参数影响铜板温度分布情况进行过研究[25]。应用有限元仿真技术,取弯月面处铜板的横向断面作为典型的研究对象,并把不锈钢螺栓视为一个区域;建立的有限元模型如图5-15所示。

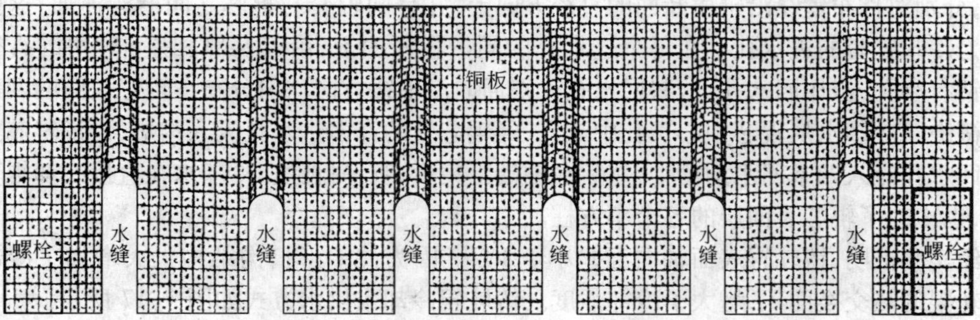

图5-15 结晶器铜板的有限元模型示意图[25]

计算采用的边界条件和物性参数列于表5-15。计算结果列于表5-16。铜板热面温度分布如图5-16所示。

表5-15 边界条件和物性参数[25]

边界条件	参数	边界条件	参数
铜板与钢液的传热系数/W·$(m^2·℃)^{-1}$	1858	铜板与冷却水箱的传热系数/W·$(m^2·℃)^{-1}$	1161
钢液温度/℃	1540	冷却水箱壁温度/℃	30
铜板与冷却水的传热系数/W·$(m^2·℃)^{-1}$	30188	铜的热导率/W·$(m·K)^{-1}$	360
冷却水平均温度/℃	33	不锈钢螺栓的热导率/W·$(m·K)^{-1}$	23.22

表5-16 铜板水缝深度对热面温度的影响[25]

编号	水缝深度/mm						热面温度/℃			最小温度位置
	1	2	3	4	5	6	最大	最小	温差	
方案一	22	19	19	19	19	22	约303	290	13	
方案三	25	23	21	21	23	25	274.5	265	9.5	距螺栓约40 mm
方案四	25	22.5	21	21	22.5	25	275	266	9	距螺栓约40 mm
方案五	25	22	21.5	21.5	22	25	275.6	266.7	8.9	距螺栓的中间位置

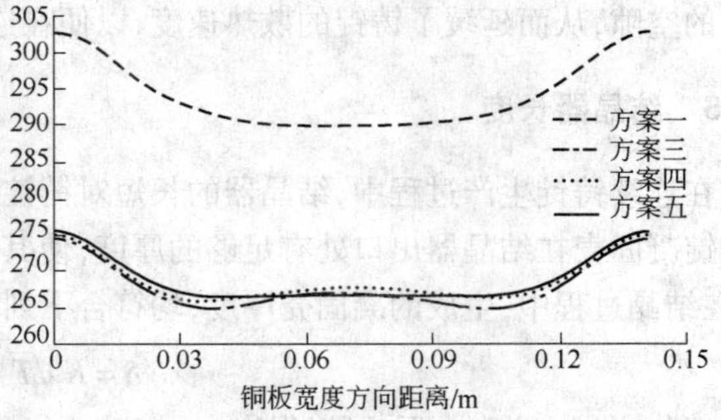

图5-16 方案一、方案三、方案四、方案五热面温度分布[25]

目前,在工业生产中,各种铸造方法的冷却速度和结晶速度最快者当推连续铸轧工艺;连续铸轧时的冷却速度可达10000~100000℃/s[26],铝的平均结晶速度可达476 mm/min[27]。这是因为铸轧过程中铸坯与铸轧辊之间紧密接触,同时得益于铸轧辊独特的冷却结构。尽管铸辊的辊套比较厚,通常为 30 ~ 40 mm；但是，辊芯表面的井字形沟槽结构，使辊套内表面与循环冷却水充分接触。井字形槽沟将辊芯的表面层分割成许多的小方柱，由于辊套与辊芯采取过盈热装，这些小方柱与辊套内表面也是紧密地压接在一起的。在辊芯的中心孔上钻有许多排小孔，每排四个小孔，分别对称布置在沿辊横断面的直径方向上，并且同辊套与辊芯之间槽沟连通；这些小孔作为冷却辊套的进水孔。在每个进水孔的同一横断面上，沿其两侧相差 45°角的直径方向上钻有小孔，当作回水孔，这些回水孔分别通向沿轴线方向均匀分布在辊芯表面的四条回水沟槽中。冷却水从辊芯中心长孔中流入，经辊芯上的许多进水孔流入沟槽，再经辊芯上的许多回水孔流入四条回水沟槽中，然后在轴端汇集后，统一排除。冷却水在直接冷却辊套的同时，也冷却了辊芯表面层的各个小方柱。

经实测证明，铸轧辊表面轴向温差小于 1℃。因为井字形槽沟结构大大增加了冷却水与铸轧辊的热交换面积，增大了冷却强度。铸轧辊冷却水供水方式如图 5-17 所示。

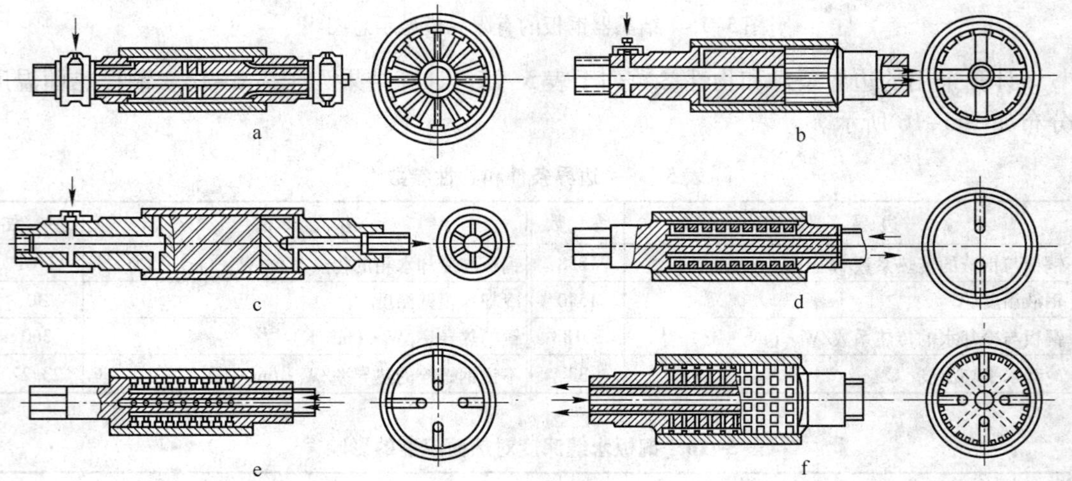

图 5-17　铸轧辊冷却水供水方式[28]

a—两端供水，辊芯带纵向沟槽的铸轧辊结构；b— 一端供水，辊芯带纵向沟槽的铸轧辊结构；
c—辊芯带螺旋沟槽的铸轧辊结构；d—亨特铸轧辊结构；e—3C 法铸轧辊结构；
f—辊芯带纵向、环向沟槽的铸轧辊结构

在立式连铸铝合金生产中，对于某些产品的结晶器，在其内表面的下部沿其长度方向刻有许多沟槽，目的在于减弱结晶器的冷却强度[29]；因为有了切槽，就加大了结晶器壁和铸锭之间的空隙，从而延缓了铸锭的散热速度，以便在连续铸造过程中使铸锭退火。

5.3.3　结晶器长度

在连续铸锭生产过程中，结晶器的长短对铸锭质量影响很大。结晶器的长度，首先要确保铸锭凝固壳在结晶器出口处有足够的厚度，使其不至于破漏。根据许多研究者的试验结果，在结晶过程中，生成的凝固壳厚度，均符合下列结晶公式：

$$\delta = K\sqrt{T} \tag{5-6}$$

把公式(5-6)改一下，可以得出：

$$T = (\delta/K)^2 \tag{5-7}$$

式中 δ—— 生成凝固壳的厚度,cm;

T——自结晶开始到测定时的时间,min;

K——凝固系数,对于钢锭 $K=2.6\sim2.9$。

结晶器的长度 L 可按下式求出:

$$L=v\cdot T \tag{5-8}$$

式中 L——结晶器的长度;

v——铸造速度。

在铸造温度、铸造速度和结晶器的冷却强度相同的情况下,增加结晶器的长度,铸锭冷却强度减弱,降低铸锭的结晶速度,使铸锭周边部分由液态向固态的过渡区显著扩大,液相穴加深。

随着结晶器长度增大,铸锭凝固壳的冷却强度减弱,可以减少铸锭产生中心裂纹的可能性,有利于提高易产生中心裂纹合金的铸造速度。但同时会增加其他类型裂纹的出现,易使铸锭产生中心疏松和某些合金铸锭产生纵向表面裂纹。纵向表面淬火裂纹从边缘向中心方向发展,又称径向裂纹。如圆铸锭的表面径向裂纹是在表面温度接近于固相线温度的铸锭遇到水时和铸锭中心部分抵抗外层收缩的强度很大时产生的。淬火径向裂纹,可以用提高铸造速度或减小结晶器长度的方法来消除。结晶器很短时,即使铸造速度很慢,也不会出现淬火径向裂纹。因此,在选择结晶器时,应考虑在保证铸锭内部质量的前提下,尽量采用短结晶器。

结晶器的长度,由于断面的大小及具体操作情况,可以在很大的范围内变动。若是单纯从铸锭凝固壳与结晶器壁接触的部分来看,在敞露液面的立式连铸钢锭时,结晶器的长度只要有 300~500 mm 就够了;不过为了操作的安全,以及使铸锭凝固壳在出结晶器以前生成一定厚度的凝固层,结晶器最好不要做得太短,一般不要短于 600 mm[30]。世界各国连续铸钢机采用的结晶器长度,最长的达 2000 mm,最短的达 300 mm。其中以 1000~1500 mm 长度的结晶器最为通用。

在敞露液面的立式连铸铝合金锭时,为了提高铸锭质量和消除径向裂纹,大多数工厂都用高度 100~180 mm 的结晶器来代替水冷铸锭的长结晶器[31]。采用长度小于 100mm 的结晶器,在铸造生产中操作有些困难。在铸造 100 mm×100 mm 的纯铝方锭时,结晶器长度为 100 mm。断面比较小的扁锭(200 mm×1000 mm 以下)采用短结晶器。硬铝合金大铸锭,采用在铸锭宽面上长度有变化的异型结晶器;这种结晶器中间部分比较长,其宽面呈梯形或三角形。宽面呈梯形的结晶器,有时叫做围裙式结晶器。P. И. 巴尔巴涅尔最先采用了异型结晶器。B. A. 李万诺夫采用窄面带切口的结晶器生产 1400 mm 宽的铝铸锭;结晶器带切口是为了消除从窄面产生的冷裂纹。扁锭结晶器窄面都带有切口,切口大小及形状因合金而不同;用于硬合金铸造的切口大,目的在于防止窄面裂纹;用于软合金铸造的切口较小,以避免大小面同时见水时因收缩剧烈而造成小面漏铝。扁锭结晶器长度 190 mm 或 200 mm。И. Н. 弗里德良杰尔、Ф. В. 图良金和 В. З. 扎哈罗夫,在铸造 7A09(LC9)铝合金扁锭时,采用不用水直接冷却铸锭的结晶器,并且结晶器的切口与上述相反,宽面中间的长度比其窄面短;在结晶器宽面中间的切口处,用压缩空气进行冷却。在结晶器出口端采用切口的方式能减小铸锭周边和厚度方向的温差,能消除周边层的二次加热,也能消除铸锭表面裂纹。Jan Klys、Zygmunt Pogan 等人设计的短结晶器和长结晶器所铸圆锭[32],直径 310 mm 的结晶器长度为 80 mm,直径 185 mm 的结晶器长度为 60 mm,并对短结晶器和长结晶器所铸圆锭的表面质量进行了比较;实践结果表明,短结晶器可得到较光滑的铸锭表面。铝及铝合金锭热顶铸造时,结晶器长度为 30 ~ 35 mm。

在敞露液面立式连铸铜及铜合金锭时结晶器的长度比连铸铝及铝合金锭时稍长一些。圆锭结晶器的高度与其直径之比在 0.6 ~ 4 之间。连铸铜圆锭结晶器的长度为 150 ~ 200 mm, 连铸铜扁锭时为 200 ~ 250 mm。连铸黄铜圆锭时结晶器长度为 170 ~ 300 mm,连铸扁黄铜锭时为 200 ~ 260 mm。连铸青铜圆锭时结晶器长度为 160 ~ 450 mm,连铸扁青铜锭时为 200 ~ 240 mm。结晶器对结晶器散热的影响,主要在稳定的气隙区。在使用长结晶器时,铸造速度可适当地提高,可以得到如同使用短结晶器时一样的结晶速度,就是合理地利用了稳定的气隙区。在利用长结晶器提高铸造速度的情况下,由于过渡区尺寸大而引起树枝晶疏松增大,使铸锭质量降低。过渡区的扩大会使铸锭的强度和塑性显著下降。

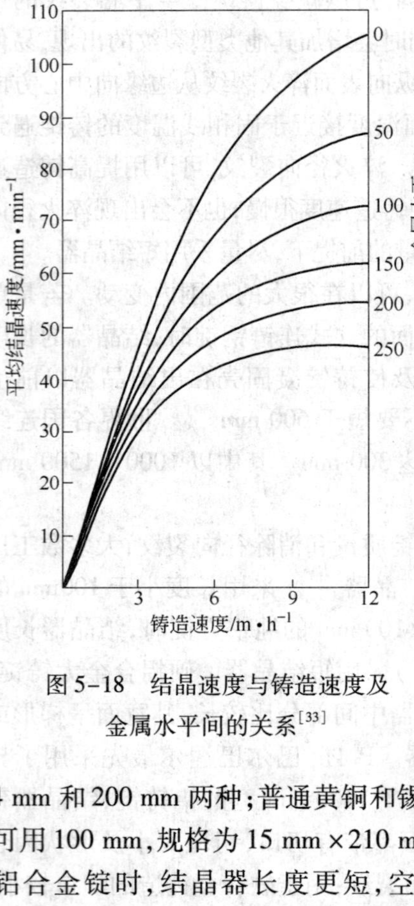

图 5-18 结晶速度与铸造速度及金属水平间的关系[33]

在敞露金属液面的立式连铸过程中,结晶器的有效长度要小于其实际长度。当其他条件一定时,结晶器内金属液水平愈低或结晶器长度愈短,铸造速度愈高时,结晶速度愈大,如图 5-18 所示。这一措施在实际生产中是行之有效的。

在水平连铸和同水平铸造过程中,结晶器长度都比敞露式金属液面立式连铸时短得多;而且,在通常情况下,结晶器的有效长度与实际长度相等。在水平连铸钢锭时,В. Т. Сладкштеев 等人研究 ϕ82 mm 的钢锭时,结晶器长度为 500 mm[11,34];我国马鞍山钢铁公司使用的多级式结晶器总长度 1060 mm[12],其中第一段铜套长为 150 mm,石墨套长为 910 mm。在水平连铸铜及铜合金锭时,结晶器的有效长度是指石墨内壁与冷却壁相配合的长度;结晶器有效长度与同规格铸锭立式连铸时结晶器的高度相近似,即为 73 ~200 mm[31],例如:ϕ10 ~ 15 mm 青铜线锭结晶器的有效长度可为 73 mm;ϕ55 ~ 81 mm 的结晶器(包括空心)的有效长度为:青铜 125 mm、黄铜 144 mm 和 200 mm 两种;普通黄铜和锡青铜扁锭结晶器的有效长度:规格为 15 mm × 100 mm 的可用 100 mm,规格为 15 mm × 210 mm 和 50 mm × 210 mm 的可用 150 mm。在水平连铸铝及铝合金锭时,结晶器长度更短,空心管坯 20 ~ 25 mm,方锭和圆锭 25 ~ 30 mm,扁锭 35 mm[35];也有资料报道,其有效长度达 7 ~ 20 mm[36]。D. C. Weckman 等人在 14.2 mm 长的结晶器中水平连铸直径 20 mm 的铅、锡和锌合金棒试验表明[37],当铸造速度相当低时可观察到铸坯表面有再熔化现象,形成表面缺陷;认为这种现象是由于结晶器过长所致,并采用最低结晶器长度推导出关系式,提出了一种铸造直径为 20 mm 的四种合金棒最佳结晶器长度的设计方法。根据此法,铸造直径 20 mm 的锌棒,确定最佳结晶器长度为 4.7 mm;铸造速度大于 21 mm/s 时,不会出现表面缺陷。

目前在有色金属连续铸锭生产中,通常都采用短结晶器。从图 5-18 中可以看出,结晶器长度愈短,铸造速度愈高时,结晶速度愈大。不过铸造速度的增加是有限度的,因为当铸造速度超过一定限度后，将引起铸锭中心的力学性能降低，液相穴加深，过渡区尺寸变宽，应力裂纹倾向增大，使铸锭质量显著恶化。在使用短结晶器时，过渡区尺寸与铸造速度成直线关系。提高结晶器长度时，在铸锭边缘层首先发生性能降低，这显然与结晶面形状和过渡区尺寸改变有关。过渡区扩大会使铸锭的强度和塑性显著下降。对于小断面铸锭来说，当过渡区的绝对尺寸不太大时，结晶速度是主要因素；而对于大断面铸锭，过渡区尺寸则是主要因素，因为过渡区的深度和宽度随铸锭断面增大而增加。因此，在铸造很大断面的铸锭时，降低铸造速度是合理的。

采用短结晶器时，液相穴深度相对浅一些，穴底比较平坦。使用长结晶器时，液相穴较深，穴底变尖。这一点在轻金属连铸时最为明显。在连铸钢锭时，由于结晶器很长，而铸造速度又很快，液相穴长达数米，穴底也比较尖。液相穴深度随结晶器长度及铸造速度的增加而加深。立式连铸 160 mm × 620 mm 紫铜扁锭的液相穴深度随结晶器长度及铸造速度的关系如图 5-19 所示。

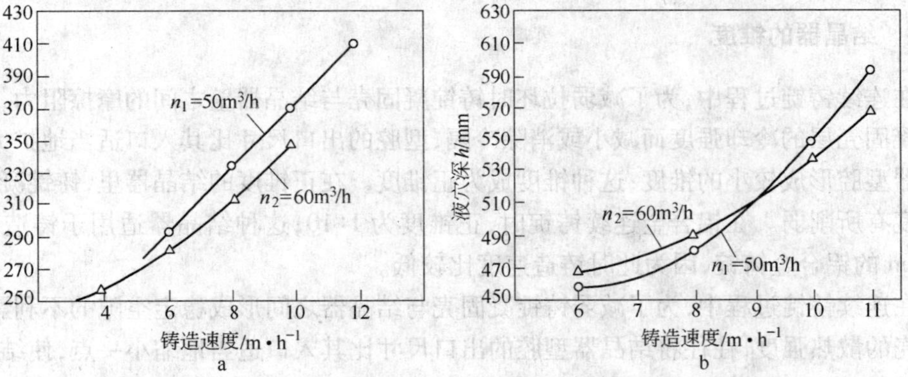

图 5-19 液穴深度随结晶器长度和铸造速度而变化的情况[33]

a—短结晶器（300 mm）；b—长结晶器（500 mm）

（工艺条件：紫铜扁锭；160 mm × 620 mm；铸造温度：1200 ~ 1220℃；n_1，n_2—冷却水耗量）

缩短结晶器的有效长度，使铸锭的冷却速度增大，可以提高铸锭的平均力学性能。立式连铸结晶器高度对 2A50（LD5）铝合金铸锭力学性能的影响列于表 5-17。

表 5-17 结晶器高度对铸锭力学性能的影响[35]

合 金	铸锭规格 /mm	结晶器高度 /mm	铸态性能				均匀化后的性能			
			横 向		顺 向		横 向		顺 向	
			σ_b/MPa	δ/%	σ_b/MPa	δ/%	σ_b/MPa	δ/%	σ_b/MPa	δ/%
2A50（LD5）	192	102	249.0	8.80	243.0	9.66	218.1	11.21	211.0	11.10
		158	224.7	7.94	214.0	7.15	204.5	10.49	208.5	8.14
	290	105	223.9	6.33	277.5	6.80	201.4	8.18	215.3	9.18
		150	204.3	5.34	209.5	5.73	198.0	8.08	202.0	7.61
	350	120	212.8	5.38	217.7	5.89	200.8	7.66	199.1	7.63
		180	203.5	4.98	210.3	4.75	196.5	7.87	195.1	6.97

注：规格相同的铸锭，低结晶器采用的铸造速度比高结晶器的低 5 ~ 10 mm/min。

水平连铸时结晶器长度比立式连铸时短，铸锭表面质量好，力学性能普遍提高。直径124 mm 2A12(LY21)铝合金锭水平连铸与立式连铸的铸态力学性能比较列于表5-18。

表5-18　直径124 mm 2A12(LY21)合金锭的铸态力学性能[35]

试样部位	水平连续铸造						立式连续铸造					
	纵向性能			横向性能			纵向性能			横向性能		
	σ_b/MPa	$\sigma_{0.2}$/MPa	δ/%	σ_b/MPa	$\sigma_{0.2}$/MPa	δ/%	σ_b/MPa	$\sigma_{0.2}$/MPa	δ/%	σ_b/MPa	$\sigma_{0.2}$/MPa	δ/%
头	286	203	5.5	206	203	4.7	223	178	1.8	258	180	3.0
中	326	203	10.6	327	202	9.3	250	192	2.8	253	170	3.1
尾	331	203	10.7	329	202	9.5	242	232	2.3	248	173	3.1
平均	314	203	9.0	317	202	7.8	238	201	2.3	253	174	3.1

综上所述，结晶器的有效长度适当短一点为好，减弱以至消除稳定空隙的不利影响。

5.3.4　结晶器的锥度

在连续铸锭过程中，为了减弱拉坯时铸锭凝固壳与结晶器壁之间的摩擦阻力，降低结晶器中凝固壳层的冷却强度而减小或消除冷隔，型腔的出口尺寸比其入口适当地扩大一点，使结晶器型腔形成较小的锥度；这种锥度成为正锥度。在正锥度的结晶器里，铸锭凝固壳的散热强度有所削弱。在铝合金连续铸锭时，正锥度为1∶10；这种结晶器适用于铸造直径大于300 mm的铝合金铸锭，因为此时铸造速度比较低。

在连续铸锭过程中，为了减弱铸锭凝固壳与结晶器之间形成稳定空隙的不利影响，增加凝固壳的散热强度，往往将结晶器型腔的出口尺寸比其入口适当地缩小一点，使结晶器型腔形成较小的锥度；这种锥度通常称为倒锥度。在生产中，一般采用倒锥度结晶器。在倒锥度的结晶器里，拉坯阻力有所增加。结晶器型腔的倒锥度可由下式确定：

$$Z = \frac{S_1 - S_2}{S_1} \times 100\% \tag{5-9}$$

式中　Z——结晶器的倒锥度，%；

S_1——结晶器的入口尺寸，m；

S_2——结晶器的出口尺寸，m。

对于圆铸锭，S_1 和 S_2 取结晶器型腔的直径。对于扁铸锭，S_1 和 S_2 分别取结晶器型腔宽、厚尺寸。倒锥度 Z 的大小主要取决于高温时凝固壳的收缩率。对于收缩率小的金属或断面尺寸很小的铸坯，绝对收缩量较小，可以不考虑锥度。铝及铝合金铸锭的线收缩率通常在1.6%～3.1%之间，平均值2.44%。铜及铜合金铸锭的线收缩率为0.7%～5.3%。

倒锥度的结晶器内腔下口横断面尺寸也可以按下式选取：

$$A_1 > A_2 \geqslant \frac{A_1 + A_3}{2} \tag{5-10}$$

式中　A_1——结晶器内腔入口横断面；

A_2——结晶器内腔出口横断面；

A_3——冷却到室温时的铸锭（底部除外）横断面。

有色金属水平连铸和热顶铸造的结晶器，一般不带锥度。因为在这种情况下，结晶器长度都比较短，而铸造速度又比较低，二次冷却作用产生的逆流导热距离能伸入结晶器内。

在水平连铸钢锭过程中，生产圆锭采用整体式铜结晶器时，结晶器内腔也不带锥度。在多级式结晶器中采用不同的锥度结构[13]。结晶器的冷却区分为两段，第一段为铜铍合金激冷区（二区），其长度为25.4 mm，采用正锥度，结晶器壁与纵轴之间的角度为5′；第二段在铜铍合金外套内衬以石墨内套（三区），石墨套内腔采用倒锥度，在开始的76.2 mm长范围内，结晶器壁与纵轴之间的角度为4.5′，结晶器最后的660.4 mm长石墨套内腔不带锥度。如图5-20所示。图中一区为耐火材料制作的导流区。铸造直径431.8/406.4 mm的圆钢，结晶器长度增加50.8～101.6 mm时，石墨套内腔的倒锥度区段出口直径约减小0.0508 mm。这样做的好处是，熔融金属在第一区激冷形成的凝固壳，时间非常短暂，凝固是在接触的瞬间开始的。由于凝固是在结晶器的金属部分发生的，熔融金属不与石墨接触，避免了液态钢与碳之间的化学反应；在金属进入第二区石墨段时，凝固壳已有足够厚度，同时温度也较低，与石墨套接触时，就不会有明显的碳扩散作用，铸坯比较容易从结晶器中拉出来。第二区石墨倒锥度段，可以补偿由于凝固继续进行和温度降低使铸坯的收缩，这对于保持铸坯的圆度以及铸坯与结晶器之间的热传导是有效的。第二区最后660.4 mm石墨无锥度段，可以使铸坯与结晶器壁之间的热传导减缓，铸坯表面的温度回升减小，以消除铸坯在出结晶器口时造成裂纹的危险，同时也减少铸坯运动时的摩擦阻力。这种结晶器结构适合于钢及含碳量达2%的铁基金属连续铸锭生产。

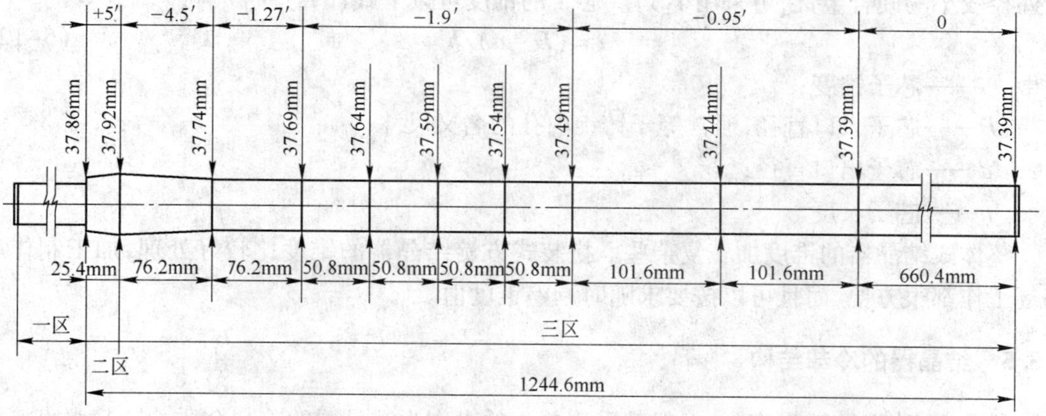

图5-20 水平连铸钢锭用结晶器的锥度变化图[13]

结晶器锥度设计，不仅应考虑不同金属凝固和冷却性能的差异，而且还应考虑铸坯绝对尺寸及结晶器长度对锥度的影响。在水平连续铸钢机上，结晶器内钢液静压力比一般连铸高5～6倍。结晶器内的前端形成的初期坯壳很薄，由于受到较大的内压力而紧贴于结晶器壁，结晶器壁前端热交换最大。水平连铸结晶器的热传导沿其长度上分布比一般连铸机更不均匀，主要集中于前端（约200 mm范围内）。凝固壳冷却收缩率沿结晶器长度上也是变化的，前段最大，中段次之，后段再次之。因此，结晶器内套的锥度必须相应地采用多级锥度值。多段多级式结晶器锥度 K 值可按下式计算：

$$K = \frac{D_1 - D_2}{LD_1} \times 1000 \times 100\% \tag{5-11}$$

式中 D_1——冷却内套进口直径，mm；

D_2——冷却内套出口直径，mm；

L——冷却内套长度，mm。

马鞍山钢铁公司的水平连续铸钢用多段多级式结晶器[12]，全长 1105 mm，其中冷却工作段总长 1060 mm，第一段铍钴青铜套长度 150 mm，第二段石墨套总长度 910 mm。采用倒锥度，一般情况下，浇铸碳钢和一般合金钢时，第一段铜套的锥度 K 值为 2% ~5%；第二段石墨套中的第一级锥度 K 值为 0.5% ~1.0%；浇铸不锈钢时，第一段铜套 K 值为 1% ~3%，第二段的第一级石墨套 K 值为 0.5% ~1.0%。第二段的第二级石墨套锥度可等于第一级锥度或为零。结晶器锥度太小时，形成的空隙大，因此热阻也大，铸坯表面出现螺旋形黑斑，铸坯断面出现椭圆度；结晶器锥度过大时，拉坯阻力大，铸坯表面裂纹多，致使许多拉坯速度降低，且易引起“拉漏”或“冻结”事故。结晶器的锥度尤其是第一段铜套锥度的正确设计，并且在工作中保持正确的锥度是保证正常工作的关键。

结晶器采用倒锥度时，在连铸过程中由于磨损而使锥度减小，在使用过程中应定期修复。

连续铸造空心锭时，为了防止铸坯因凝固和冷却而将芯子包住，结晶器的芯子应带有一定的锥度，使芯子的出口尺寸小于入口尺寸。锥度过小，易使铸锭内孔产生放射性裂纹；锥度过大，会促使铸锭内表面偏析浮出物增多。在铝及铝合金连铸过程中，芯子的锥度一般在 1∶4 ~1∶17 范围内，通常采用 1∶15；对于收缩系数较大的大直径软合金锭，可采用 1∶14；对于外径较小的硬合金锭，可采用 1∶17。芯子的锥度可按下式计算：

$$i = (D - d)/h \tag{5-12}$$

式中　i——芯子锥度；

D——芯子入口直径，通常等于铸锭内孔的名义尺寸；

d——芯子出口直径；

h——芯子长度。

整体式结晶器的锥度加工复杂些。拼装式方锭结晶器的锥度比较好处理，加工制作和修复工作都很方便，而且可以按要求随时调整锥度值。

5.3.5　结晶器的冷却结构

目前，在连续铸锭生产中，一般都采用单一的水作为结晶器的冷却介质。冷却水直接冷却结晶器工作壁的外表面。在铸造过程中，影响铸锭冷却强度的因素很多，如冷却水、结晶器内壁材料、高度和锥度以及铸造温度等。当结晶器结构一定时，其冷却效果主要取决于冷却水与结晶器壁外表面之间的热交换系数。冷却水是影响铸锭冷却强度的决定因素。对于冷却水的进出口温度应有一定的要求，进水温度不超过 35℃；冷却水经热交换后的温度升高值控制在 15 ~20℃范围内，以免出口水温度过高。冷却水温升过高，会使结晶器工作壁外表面的温度升高，一是会直接降低结晶器的散热强度，二是容易使结晶器壁外表面上生成水垢，进而减弱结晶器的散热强度。冷却水温升过低，则消耗的水量过多，很不经济。根据铸锭散发的热量和冷却水温度升高值可以确定冷却水的需要量。金属或合金放出的热量 q_1 为：

$$q_1 = (t_1 - t_2)c_1 m_1 + Q m_1 + (t_3 - t_4)c_2 m_1 \tag{5-13}$$

式中　t_1——浇铸温度，℃；

t_2——金属开始结晶的温度,℃;

c_1——液态金属的热容,J/(g·℃);

m_1——在结晶器内凝固的金属量,kg;

Q——金属的凝固潜热,J/g;

t_3——金属结晶终了的温度,℃;

t_4——铸坯出结晶器口时凝固壳平均温度,℃;

c_2——固态金属的热容,J/(g·℃)。

冷却水需要量 W 可由下式求得:

$$W=\frac{q_1}{c_3(t_5-t_6)} \tag{5-14}$$

式中 W——冷却水需要量,kg;

c_3——水的热容,J/(g·℃);

t_5——冷却水出口温度,℃;

t_6——冷却水进口温度,℃。

在水平连铸钢锭的多段多级式结晶器中[11],冷却水量比一般连铸少1/2~1/3,取决于铸坯的形状和尺寸。结晶器单流所需冷却水量与铸坯尺寸的关系如图5-21所示。图中铸坯尺寸,方坯为边长,圆坯为直径。图5-21是根据结晶器冷却长度所需的水量绘制的,使用时需按结晶器实际冷却工作长度加以修正。

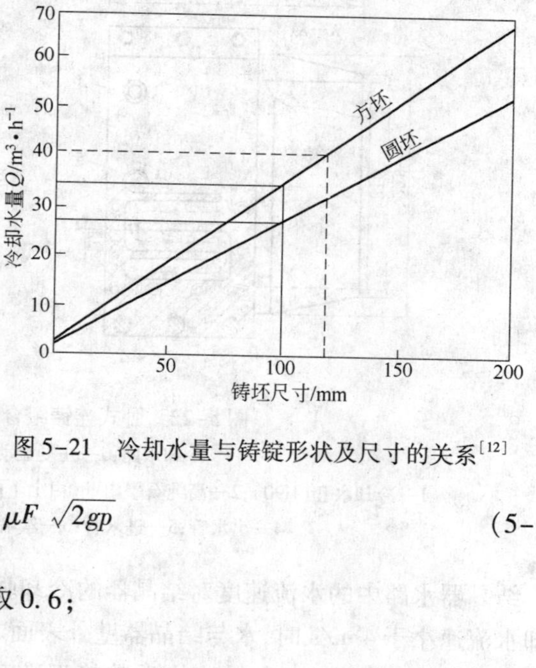

图5-21 冷却水量与铸锭形状及尺寸的关系[12]

结晶器冷却结构确定之后,圆锭的耗水量根据水压和出水孔总面积按下式计算[36]:

$$W=\mu F\sqrt{2gp} \tag{5-15}$$

式中 W——耗水量,m^3/s;

μ——流量系数,由试验确定,通常取0.6;

F——出水孔总面积,m^2;

g——重力加速度,m/s^2;

p——结晶器入口处的水压,kgf/cm^2。

水平连续铸钢时,多段多级式结晶器将一般连铸的一次冷却和二次冷却结合在一起,铸坯出结晶器后不再向铸坯喷淋冷却水。结晶器的冷却水压力比一般连铸要高,约为0.8 MPa;采取退水背压操作时水压要大于0.3 MPa,一般采取退水节流以提高退水背压。采用高水压冷却的目的是提高冷却水的沸点,使沿结晶器铜壁外表面流动的冷却水不易沸腾,因而不易产生“气膜”;即使产生“气膜”,由于压力较大,“气膜”体积也较小,冷却水压高,使冷却水的饱和温度升高,因而提高了结晶器铜壁外表面的温度。适当提高铜壁和石墨壁的温度有助于减少铸坯表面热应力和裂纹,提高铸锭表面质量。不过,这种操作一定要谨慎;

若不加以严格控制，发展到膜态沸腾，就会产生“传热危机”，烧毁结晶器。

结晶器的冷却水进水方式有直接式和间接式两种。直接式就是冷却水从结晶器入口端(或出口端)进入，沿径向直接冲向结晶器壁。这种进水方式会造成冷却不均匀，对圆结晶器寿命和铸锭质量均有不良影响。切向进水比径向进水好一些。这种进水方式的结构最简单。间接式就是冷却水先进入一个汇水腔，然后均匀地流向结晶器壁外表面。

水平连铸铜及铜合金锭结晶器的水流方向除有轴向式和螺旋式之外，在扁锭结晶器中还有往复前进式，如图5-22所示。

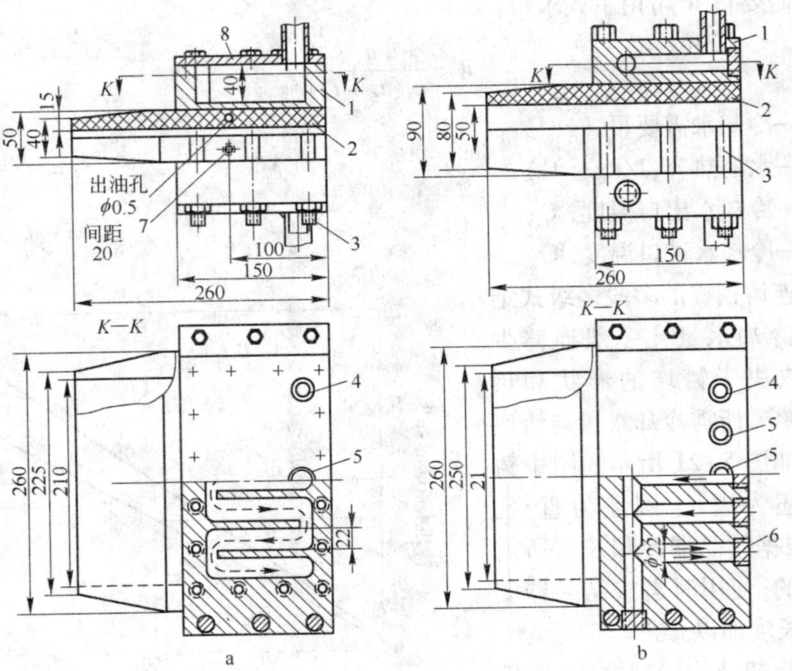

图5-22　卧式连铸组合式扁锭结晶器[33]

冷却水路：a—往复流动式；b—轴向式

1—冷却水套(H90)；2—高纯石墨内壁(由上下两块组成)；3—上下冷却水套连接螺栓；4—出水管；5—进水管；6—丝堵；7—进油孔；8—钢压盖

结晶器水路中的水流速度对结晶器的冷却强度影响很大。根据连铸钢锭的研究结果，冷却水流速小于4 m/s时，水与结晶器壁外表面之间的热交换系数降低而且变化很剧烈，当冷却水流速大于10 m/s后，热交换系数趋于稳定，水速再增高对结晶器的冷却强度影响不大。因此，水平连铸钢锭的结晶器，其冷却水缝内的水流速度控制在10～12 mm/s之间。根据冷却水量和水流速度以及水压，按结晶器壁外表面尺寸确定结晶器水缝宽度或水孔直径和孔数。为防脏物堵塞水路，水缝宽度或水孔直径不宜太小；在保证水缝或孔径尺寸的前提下，通过调节水压来满足冷却要求。

在有色金属锭连铸生产中，结晶器都比较短，冷却水的出口大都设在结晶器出口端，出水孔沿结晶器型腔周边布置，兼作二次冷却水的供水通道。喷水孔的中心线与铸锭轴线的交角一般为20°～30°。交角小时，二次冷却水包覆铸锭的距离比较大，冷却水散射量较少；但落水点至结晶器出口端面的距离较长。交角大时，落水点距离较短，但冷却水散射量增多。水孔中心离结晶器壁内表面愈近,落水点距离愈短。落水点的距离宜短一点为好,可避免凝固壳表面温度回升不致过高。为此,喷水孔不宜设在冷却装置的外壳上,而应设在结晶器壁上;其交角以20°为好。美国铝业公司曾采用过5°~10°的喷射角;这样的结构,水就不能浸入铸锭与结晶器壁之间的空隙内。

5.3.6 结晶器的润滑结构

在水平连铸生产中,通常直接在结晶器壁前端钻一圈小油孔,孔径小于0.5 mm,孔中心位置最好处于金属液弯月面根部。在水平连铸铝锭时,一般油孔中心距结晶器入口端面6~8 mm;铝液弯月面半径约为9 mm,在液态金属静压力作用下,弯月面半径会略有减小。在从结晶器里喷射出来的二次冷却水的射流作用下,会使铸锭凝固壳与结晶器壁之间的空隙里形成负压,将润滑油从结晶器前端抽吸到中部;并由于弯月面连续扩展而将润滑油随凝固壳带走,可以起到良好的润滑作用。在二次冷却水与结晶器分离的情况下,不存在负压抽吸作用,润滑油扩散会慢些。

结晶器壁上的润滑油孔,孔径不宜过大;孔径大,液态金属容易钻入油孔。油孔直径可以根据液态金属钻砂倾向的公式来估算:

$$r = \frac{2\sigma\cos\theta}{h\rho g} \tag{5-16}$$

式中 r——油孔的有效半径,cm;

σ——液态金属表面的张力,Pa;

θ——液态金属的润湿角,当$0° < \theta < 90°$时,表示液态金属能湿润孔壁,当$\theta > 90°$时,表示液态金属不能湿润孔壁;θ不易测量正确;

h——使液态金属钻入这一油孔所需的压头,即在油孔以上的液态金属高度,cm;

ρ——液态金属密度,g/cm^3;

g——重力加速度,cm/s^2。

从式(5-16)中可以看出,液态金属的表面张力和润湿角越大,允许的油孔半径越大;中间包内液态金属的高度和液态金属的密度越大,允许的油孔半径越小。在铜及铜合金锭水平连铸时,圆结晶器的油路,由开有孔或槽的石墨内套和铜套相配合而成,两者必须配合严密,否则会造成冷却不均和漏油;扁锭结晶器石墨内壁上的油孔直径为0.5~2 mm[33],如图5-22中a所示。油孔直径2 mm有些大了,液态金属容易钻入油孔内。

油孔位置不宜离结晶器入口端面太远。一是初始凝固壳润滑不好;二是凝固壳刮磨油孔出口而使金属屑堵塞油孔。在生产中应经常检查油孔的工作情况,及时疏通被堵塞的油孔。据此,在结晶器入口与导流区交角处形成最大的弯月面空间是很有意义的。

当结晶器内壁镶嵌石墨内套而耗油量不大时,可利用普通电极石墨的多孔性将润滑油渗透到石墨套内表面上,加强石墨结晶器壁的润滑效果。在这种情况下,石墨壁上不用钻油孔。目前,在水平连铸铜及铜合金锭过程中,结晶器虽然采用石墨内套,有一定的润滑效果,除了锡磷青铜之外,其他铜合金锭还均需用油润滑。

水平连铸钢锭用多级式结晶器,其成型段金属结晶器壁长度比较短,为150 mm,仅占总长度的1/7;未采用油润滑,利用后段石墨的自润滑性能进行润滑。如果在铜段入口端施加润滑,连续铸钢过程的效果将会更好一些。结晶器采用倒锥度时,施加润滑尤为重要。

在热顶铸造过程中,结晶器上端既衬以石墨内套,又加润滑油,继而采用油气润滑。加油润滑有两种形式。一种是采用多孔石墨环,润滑油从石墨环壁外表面通过开放性空隙渗透到石墨环壁内表面。另一种是高强度石墨环,在环顶端与热顶之间压一层薄垫圈,圈厚约1 mm。石墨环顶面有很小的沟槽,润滑油通过小沟槽沿石墨环壁内表面流下。这与敞露金属液面的润滑效果相同,润滑油可加到弯月面上。在这种情况下,采用油气润滑尤为重要,可减弱弯月面的冷却。

5.3.7　结晶器工作壁表面镀层

在连铸技术发展的早期,为了提高结晶器型腔表面的抗磨性能,在铜结晶器工作壁内表面层通常镀一薄层铬。在水平连铸技术发展过程中也是如此,例如美国南方电气公司早期采用的 Tessmann 式水平连铸机,在 900 mm 长的铜结晶器内表面镀有一薄层铬。采用镀铬结晶器,制造工艺复杂且不说,当铬层局部脱落时反而不利。因此,实际生产中一般都不采用镀铬层结晶器。

在生产铜钢等高熔点金属铸锭、特别是高温强度较高的合金钢锭时,结晶器壁的磨损是很严重的。如衡阳钢管厂采用多级多段式结晶器生产钢管坯时,铍钴铜套出现划痕而少于4 炉及报废的数量占 6.95%[38];生产 26Cr2MoWVTiB 等合金钢锭时,铸造 1 ~2 炉铍钴铜套就出现了划痕。后来,将铍钴铜套的硬度由 HB200 ~230 MPa 调整为 215 ~249 MPa;并将倒锥度值由 2.72% 调小,如 ϕ140 mm 铸锭的铜套内径尺寸由原来的进口 ϕ142.3 mm、出口 ϕ141.7 mm,改为进口 ϕ141.8 ~142.9 mm、出口 ϕ141.5 ~142.6 mm;长 155 mm。改进后的结晶器使用寿命由原来的 1 ~2 炉提高到 5 ~6 炉。石墨套的使用寿命是铜套 10 倍以上。

根据徐党委等人的研究[39],在立式连续铸钢过程中,当保护渣不能形成固态保护渣膜,钢水很容易与铜板发生黏着,铜板受到胶合磨损;在结晶器固态摩擦力区,铜板磨损主要是由摩擦力造成的。铜板磨损量和结晶器固态摩擦力之间的关系可用下式表示:

$$W = \frac{4K \cdot \delta_V \cdot L}{\pi \cdot \mu \cdot P_m \cdot d^3} \cdot F \tag{5-17}$$

式中　W——铜板磨损量;

F——结晶器固态摩擦力;

μ——摩擦系数;

d——保护渣微元体的当量直径;

δ_V——保护渣微元体体积;

L——保护渣微元体滑动距离;

K——δ_V 的概率数,通常等于微元体与微元体直接接触部分的面积比率;

P_m——铜板的塑性压力。

为了提高结晶器的抗磨损性能,应首先从材料选择方面考虑。对铜和钢铁的连续生产,钨可能优于铜和铍钴青铜合金。为了减少磨损,应采用良好的润滑措施。

5.3.8　水平连铸铝及铝合金锭用结晶器

在水平连铸铝及铝合金锭时,结晶器都比较短。常用结晶器的有效长度列于表 5-19。

表 5-19 常用结晶器有效长度[35]

铸坯种类	空心管坯	方坯、圆坯	扁 坯
结晶器长度/mm	20 ~ 25	25 ~ 30	35

目前,在水平连铸铝及铝合金锭生产中,除了管坯芯子之外,一般结晶器不带锥度;常用的结晶器主要有三种结构形式,即整体式、拼装式和组合式,分别介绍于下:

(1) 整体式结晶器。这种结晶器用整块的紫铜制作,使结晶器工作壁、润滑装置和水冷装置连成一体。在水平连续铸造 80 mm × 400 mm 的铝母线试验中,曾使用过这种结晶器,其长度为 40 mm,如图 5-23 所示。在水平连续铸造直径为 8 ~ 11 mm 铝杆生产中,也一直使用这种结晶器,其长度为 28 mm[40],也有的长度为 22 mm[41],如图 5-24 所示。

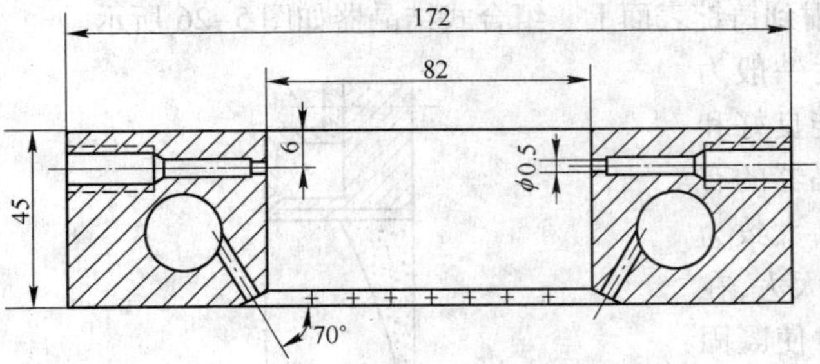

图 5-23 水平连铸 80 mm × 400 mm 铝母线的整体式结晶器

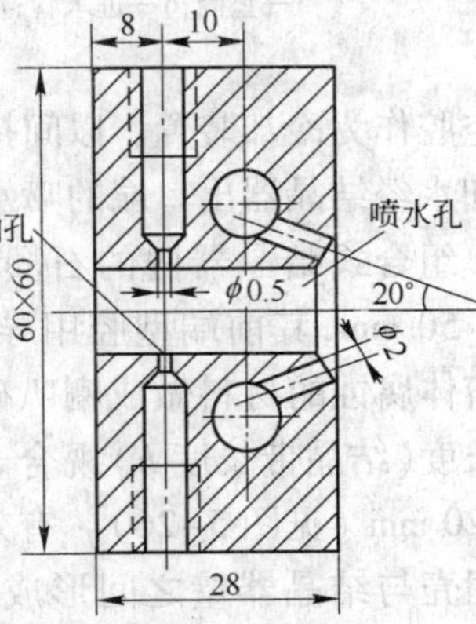

图 5-24 水平连续铸造铝杆的整体式结晶器[40]

整体式结晶器的刚性很好,铸造过程中不容易变形,安装时也很方便。二次冷却水的落水点很近,距结晶器出口端面可达 8 mm。这种结晶器制作比较困难,特别是加工直径小于 0.5 mm 的润滑油孔。当铸坯断面较大时,加工润滑油孔和水路时比较困难。这种结晶器耗紫铜量多。这种结晶器对于杆材连铸很方便,不适于大断面铸锭生产。

(2) 拼装式结晶器。这种结晶器很适合于方锭和扁锭生产,将结晶器的四个面分为四个平板式单块,相对的两块各自相同,然后将其拼装起来固定为一个完整的结晶器。每个单块的内壁用紫铜制作,其外壁用钢板或铸铁板制作。结晶器的冷却水路和润滑油孔均设于紫铜内壁中,水流方向为轴向式。外壁作为润滑油槽、汇水槽和紧固件用,即结晶器的紫铜内壁固定于其外壁上,润滑油和冷却水以间接式通过外壁进入内壁。水路的出口端用带有喷水孔的丝堵密封住,或直接做成二次冷却水的喷水孔,冷却水冷却结晶器后直接喷射到铸锭表面上。结晶器组装时,将一组单块夹紧于另一组单块之间,用长螺栓紧固。在扁锭结晶器中,通常将窄面单块组夹紧于宽面单块组之间。

拼装式结晶器制作方便,加工直径小于 0.5 mm 的润滑油孔时很方便;互换性强,只要将其中的一组单块更换调整,即可组成不同铸锭规格的结晶器。在铝厂建设和技术改造中,因所需铝母线规格较多,采用拼装式结晶器,使结晶器的制作量大为减少。

在扁锭生产中,宽面单块的外壁宜用钢板制作;通常将紧固螺栓设于结晶器宽面的一组

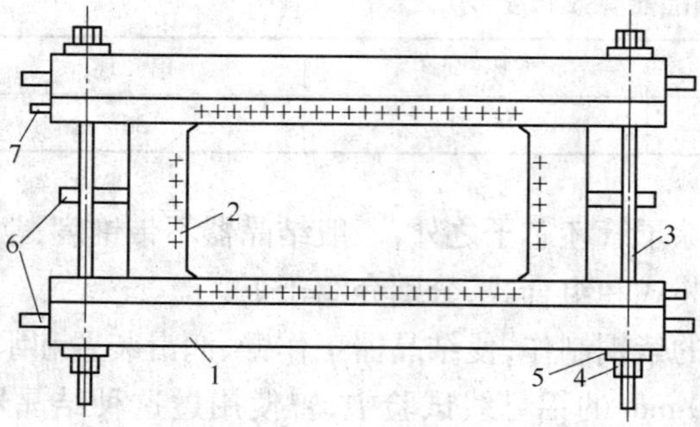

图 5-25　拼装式结晶器
1—边块；2—侧块；3—螺栓；4—螺帽；
5—垫圈；6—进水管；7—进油管

单块上，通过调节紧固螺栓的松紧程度使结晶器宽面呈现一定的弧度，以弥补铸锭宽面中部因冷缩而出现的凹陷量。用铸铁外壁，紧固螺栓过紧时其中部容易折裂。

拼装式结晶器不适于圆锭生产。拼装式结晶器如图 5-25 所示。

(3) 组合式结晶器。这种结晶器由内套和外套组成。结晶器内套用锻铝、紫铜和铬铜制作，大多数内套前端衬以石墨环，可起缓冷和一定的润滑作用，改善铸锭的表面质量。外套用钢板焊接而成，兼作冷却水箱之用。内套固定于钢板外套上，形成空腔作为冷却装置。以间接式进水方式将冷却水流入水箱内，冷却结晶器之后作为二次冷却水经结晶器出口端的喷水孔喷射到铸锭表面上。组合式结晶器如图 5-26 所示。

组合式结晶器内的石墨环长度一般为 40 ~ 50 mm，其前端型腔用导热性能良好和耐熔体腐蚀的材料做成喇叭碗，结晶器的有效长度（结晶带长度 h）视合金而定，大致为 7 ~ 20 mm（见图 5-26）。有效长度太大，在凝固壳与结晶器壁之间形成空隙时使凝固壳重熔，以致造成拉裂和漏铝现象。喇叭碗断面，做成燕尾形式，其厚度不大于 20 ~ 30 mm。喇叭碗通常采用石墨或具有上述性能的混合物压制而成；也有用绝热材料做成喇叭碗，但这时铸锭中的光亮晶粒和金属间化合物较多。因此，应根据不同合金选择适当的喇叭碗制作材料。喇叭碗上的流口大小、位置和形状均应适当。一般都使熔体在比较小的压力下，从喇叭碗的下半部，以片流形式靠近结晶器壁导入。采用石墨衬套而不加润滑油时，仅在铸造开始的头几米长度内保证铸锭有较好的铸造表面；而后在石墨表面上由于蒸气凝集而形成白色薄膜，使其导热性质变坏，导致铸锭表面质量变差，甚至发生断裂现象。为了消除这种毛病，最好对结晶器工作表面进行自动润滑，使润滑剂在一定压力下通过结晶器壁上的毛细孔进入凝固壳与结晶器壁之间的接触区，而达到改善铸锭表面质量的目的。

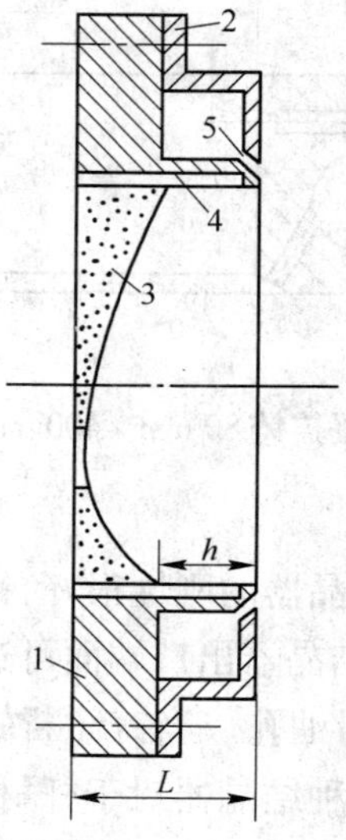

图 5-26　水平连续铸造用组合式结晶器示意图[36]
1—结晶器内套；2—结晶器外套；3—喇叭碗；
4—石棉衬板；5—冷却水喷射口

组合式结晶器也可以不设石墨环，而在金属结晶器壁前端钻有许多润滑油孔，将润滑油不断地通过油孔输送到结晶器内表面与初生凝固壳之间，如图 5-27 所示。润滑油经小孔流到环形油槽 1 中，再经润滑油孔 2 流到结晶器内表面上。通过控制铸锭的牵引速度来保持凝固壳封住润滑油孔 2；这样既能避免润滑油消耗过多，又能避免润滑油蒸发和碳化。

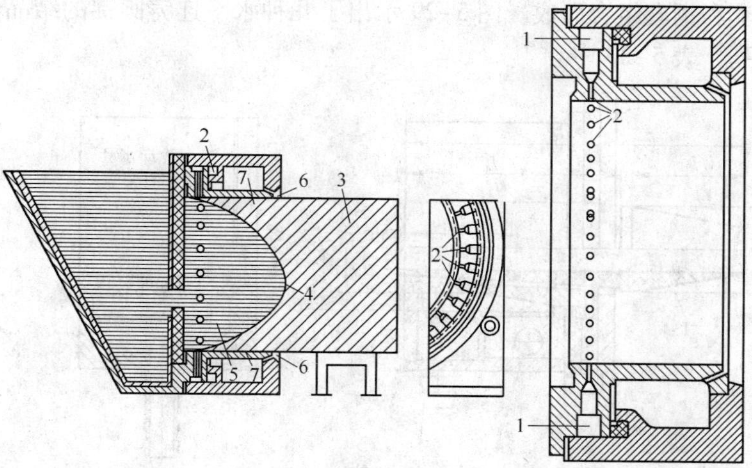

图 5-27 自动润滑组合式结晶器示意图[42]

1—环形油槽;2—润滑油孔;3—铸锭;4—液相穴轮廓;

5—铝液;6—喷水孔;7—结晶器

（4）空心锭结晶器。水平连铸空心圆锭的结晶器,除了增设一根芯子之外,其他结构与实心锭结晶器基本相同,如图 5-28 所示。图 5-28a 带有石墨内套和石墨芯子,无润滑油;芯子不通水冷却,用以生产 ϕ125/75 空心锭。图 5-28b 全部铜制作而成,芯子通水冷却,润滑油润滑,结晶器使用寿命长,可达数月;生产 ϕ125 mm、壁厚 20 ~ 25 mm 的空心锭时,铸造速度 280 ~ 400 mm/min,比前一种快了许多。

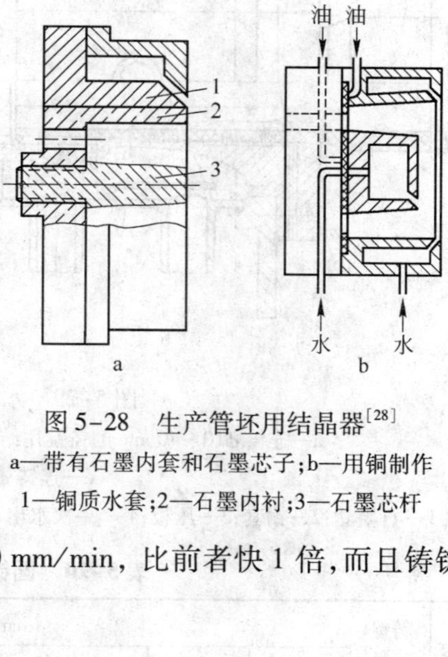

图 5-28 生产管坯用结晶器[28]

a—带有石墨内套和石墨芯子;b—用铜制作

1—铜质水套;2—石墨内衬;3—石墨芯杆

从目前的统计数据来看[28],在浇铸同样规格的 65 mm × 360 mm 铝扁锭时,用带石墨内套结晶器的铸造速度为 140 ~ 160 mm/min;而不带石墨内套的整体式紫铜结晶器,其铸造速度为250 ~ 330 mm/min, 比前者快 1 倍,而且铸锭质量较前者好得多。

5.3.9 水平连铸铜及铜合金锭用结晶器

水平连铸铜及铜合金锭时,除了一些含锌量高的黄铜锭之外,结晶器常用石墨作内套。在铸造含锌的铜合金锭时,蒸发的锌蒸汽附着在石墨套表面上和微孔内,使石墨的导热性能降低,造成连铸成坯困难;而且随着锌含量增加,铸造的难度也增大。对于含镍的铜合金铸造也会有一定的困难,这种合金的熔体能侵蚀石墨,而且随镍含量的增加使铸造困难程度增大。为了克服上述弊病和提高铸造速度,也有不带石墨内套的结晶器。

目前,水平连铸铜及铜合金锭时,石墨内孔一般不带锥度,结晶器的结构形式多为组合式和拼装式。

5.3.9.1 组合式结晶器

目前除了连铸锡磷青铜之外,其他铜合金均需用油润滑。圆锭结晶器的油路由开有孔或槽的石墨内套和铜套组合而成。图 5-29 示出了几种水平连铸圆锭的结晶器形式。这些结晶器的尺寸列于表 5-20 中。

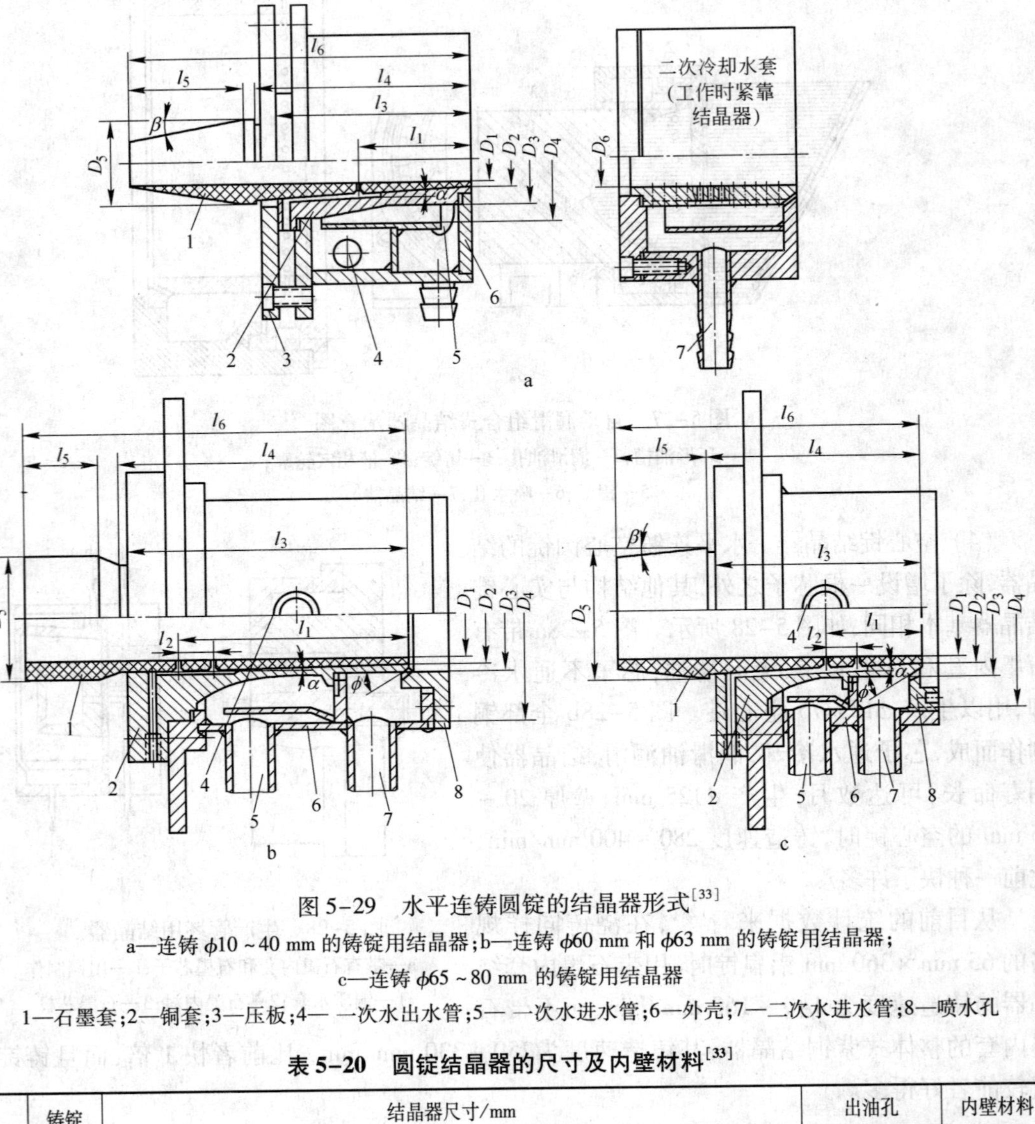

图 5-29　水平连铸圆锭的结晶器形式[33]

a—连铸 ϕ10 ~ 40 mm 的铸锭用结晶器；b—连铸 ϕ60 mm 和 ϕ63 mm 的铸锭用结晶器；
c—连铸 ϕ65 ~ 80 mm 的铸锭用结晶器

1—石墨套；2—铜套；3—压板；4— 一次水出水管；5— 一次水进水管；6—外壳；7—二次水进水管；8—喷水孔

表 5-20　圆锭结晶器的尺寸及内壁材料[33]

形式	铸锭直径/mm	结晶器尺寸/mm															出油孔			内壁材料	
		D_1	D_2	D_3	D_4	D_5	D_6	l_1	l_2	l_3	l_4	l_5	l_6	ϕ	α	β	孔径/mm	个数	间距/mm	石墨套	铜套
a	10	10.4	20	30	40	31	20			72	85	70	160		2°	8°				高纯石墨①	H62
	12	12.4	17			30	22			74	77	40	120			12°		6			
	15	15.4	20			36	25			72	92		160			8°	1.5				
	25	25.4	32	62	68	45	35	62		106	118	70	190								
	35	35.4	44			65	45	75		110	125		205			10°	2	8			
	40	40.5	45	60	80		50	35		100	110	65	190								
b	60	61	68	79	148	85		160	25	195	200	50	265	30°	45′		1		5	普通石墨	紫铜
	63	64.5	69.5	85				170	30	200	205				2°						

续表 5-20

形式	铸锭直径/mm	结晶器尺寸/mm															出油孔			内壁材料	
		D_1	D_2	D_3	D_4	D_5	D_6	l_1	l_2	l_3	l_4	l_5	l_6	ϕ	α	β	孔径/mm	个数	间距/mm	石墨套	铜套
c	65	67.5	75	87	138	88		67	22	144	148	64	212	30°	2°	3°35′	1		5	普通石墨	紫铜
	70	72.6	80	92		94										4°2′					
	80	82.6	90	102	160	98		65	20						1°36′	4°30′					

① 技术条件为：灰分小于0.1%；密度 大于1.7 g/cm³；抗压强度大于45 MPa。

组合式结晶器，连铸直径12～40 mm的铜线坯时，由外水套和石墨内衬组成。连铸紫铜和青铜线坯时，结晶器都不用润滑油，也无二次冷却装置，石墨衬套使用寿命约48 h。连铸直径40 mm的青铜线坯采用水压为0.15 MPa的冷却水时，铸造速度为0.45 m/min。

水平连铸铜及铜合金锭时，常用的石墨内套形式如图5-30所示。石墨套伸入保温中间包内的一端，其壁厚在8～30 mm之间，太厚不易预热。与石墨套紧密配合的冷却外套用材料多选用紫铜，也有用H90和H62黄铜，其壁厚为4～8 mm。为了使石墨内套与冷却铜套紧密接触，石墨套外壁和铜套内壁作成相应的锥度。

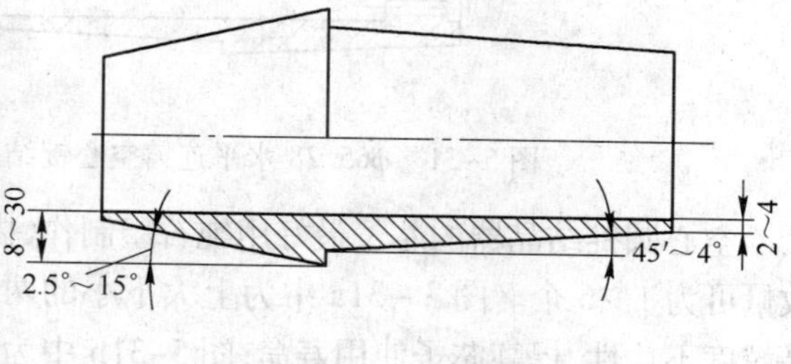

图5-30 圆锭石墨内套常用结构示意图[33]

5.3.9.2 拼装式结晶器

铜合金扁锭结晶器通常采用拼装式结构，如图5-22所示。石墨内壁由上下两个单块组成，冷却水套也由上下箱组成。冷却水套用H90黄铜制作。这种结构与上述水平连铸铝扁锭的拼装式结晶器有所不同，不设单独的侧块组，因而不具互换性。进水方式采用直接式。结晶器的冷却水路，图5-22a中采用往复流动式，图5-22b中采用轴向式。冷却水从结晶器宽面中部进入结晶器的冷却水套，从宽面端部流出冷却水套；这样做的目的是为了增强结晶器宽面中部的冷却效果，而减弱宽面端部的冷却效果。

图5-22a结晶器所铸扁锭比较薄，结晶器型腔厚度为10 mm，因此在石墨内壁上钻有许多ϕ0.5 mm的小润滑油孔。图5-22b结晶器所铸扁锭相对于图5-22a的厚一些，结晶器型腔厚度为50 mm，石墨壁上未设润滑油孔。图5-22a为了加工往复式水路，冷却水套为组合式，由黄铜冷却水套与钢压盖组合而成。图5-22b为轴向式水路，加工比较方便，因此冷却水套为整体式。这两种结晶器的冷却水冷却结晶器后直接排出，不兼作二次冷却水。

水平连铸铜及铜合金锭时，铸锭的二次冷却水喷水方法有两种。一种是用紧靠结晶器出口的单独的水套向铸锭表面喷水，如图5-29a所示；另一种是冷却水先进入结晶器出口端，冷却结晶器后从结晶器出口直接喷向铸锭表面，在结晶器入口端另设独立的一次冷却结构，如图5-29b，c所示。结晶器的一次冷却和铸锭的二次冷却结构各自独立，可以根据生产需要分别进行调节和控制。

5.3.9.3 空心圆锭结晶器

空心圆锭结晶器在实心圆锭结晶器的中心增设芯子即可组成。目前生产中空心圆锭结晶器的芯子和内套的配置方式有两种，如图5-31所示。图5-31a为螺纹连接，其连接长度以 30 mm 左右为宜，太长不宜预热。图 5-31b 为整体式，用一根石墨棒车制而成。

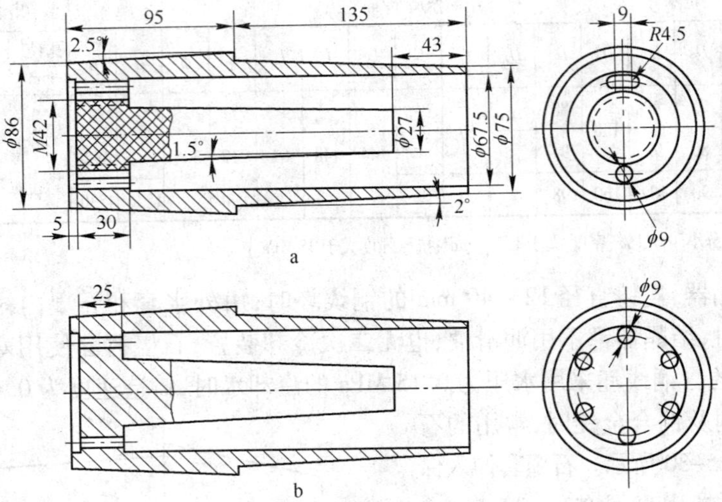

图 5-31　ϕ65/28 水平连铸空心锭结晶器的石墨芯子和内套结构[33]

空心圆锭结晶器的芯子最好用纯石墨制作，内套可用普通石墨。结晶器入口端导流孔的数量可为 1 ~6 个。图 3 -31a 中为上大下小的两个导流孔，这种导流方式可减小铸锭上下部晶粒度不均性，提高芯子使用寿命；图 5-31b 中为六个均布的导流孔。

空心圆锭结晶器的芯子必须有锥度，如图 5-31 所示，锥度为 1.5°，铸锭出口时必须小于其入口。整体式空心圆锭结晶器的石墨芯子和内套，加工量小一点，但芯子的使用寿命不如高纯石墨芯子长。

石墨芯子与内套整体制作可以保证同心度的要求，但工作面的粗糙度难以达到良好的程度，其使用寿命也比较低。根据生产实践[43]，采用分体结构时，石墨芯子与内套各自独立，制作简单，工作表面光滑，精度高，使铸坯质量提高，石墨的使用寿命提高 1 倍以上。生产 ϕ84/68 mm 的铜合金管坯时，一般增加拉拔铸管 100 ~200 m。改进后的石墨芯子和内套结构如图 5-32 所示。

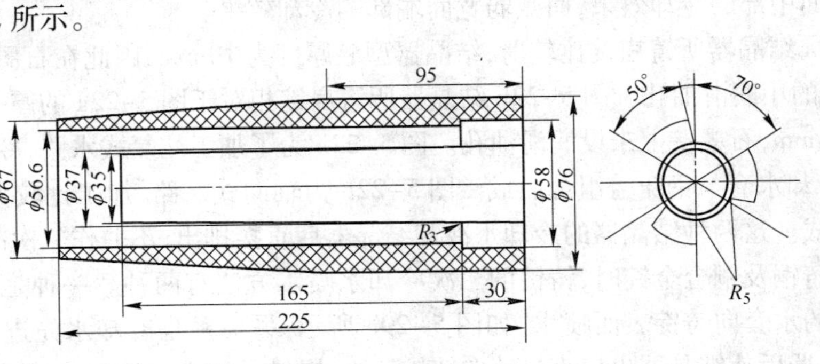

图 5-32　石墨芯子与内套结构[43]

水平连铸空心圆锭时，结晶器的芯子采用石墨制作，可起到自润滑作用；并带有一定的锥度，对稳定连续铸造过程有利，但芯子必须具有一定的冷却强度。芯子的冷却水可闭路循环，也可将冷却水冷却芯子后直接喷射到铸坯的内表面上，然后随铸坯流出。在这种情况下，芯子结构比较复杂，因为冷却水不能直接接触石墨芯子。当采用冷却水直接喷射铸坯内表面时，铸坯的运动方向应有一定的倾斜度，以利冷却水排出。

5.3.10 水平连铸钢锭用结晶器

在水平连铸钢锭过程中，结晶器的长度比有色金属水平连铸时长得多。在早期的水平连续铸钢研究中，将导流区称为结晶器的第一区[13,44]。在多段多级式结晶器中，分离环不再属于结晶器的一部分，而是独立的导流区。

目前，在水平连续铸钢中，结晶器结构主要有两种形式，即分体式 УНИИН 型结晶器和多段多级式结晶器，分别简单介绍于下。

5.3.10.1 УНИИН 型结晶器

这种结晶器结构最初由乌克兰金属科学研究院进行试验研究和开发。这种结晶器的工作壁由整体铜棒制成，其外表面上有若干冷却水缝；结晶器长度 500 ~ 700 mm。这种结晶器为组合式结构，钢制外壳与铜结晶器工作壁构成冷却水系统。进水方式为直接式，水路为轴向式。УНИИН 型结晶器的主要结构特点是工作壁全部由高导热性能的紫铜制作，而其长度又比较短。这种结晶器的冷却强度比较高，有利于提高铸造速度，有利于提高凝固壳与结晶器壁之间波动性接触的频率。在这种结晶器中，不能形成必要的弯月面过渡区；因为导流区通道断面与结晶器型腔断面相等。

5.3.10.2 多段多级式结晶器

目前，见诸报道的多段多级结晶器均用于圆钢锭生产。这种结晶器结构属于组合式，可分为以下几部分：凝固工作部分包括铍青铜套、石墨套和石墨套外周的铬铜套；冷却水导流装置；外壳包括底座和密封装置。与凝固工作部分相连接的还有含 75% 氧化锆材料制作的结晶器水口和 BN 制作的分离环，这些应属于导流工件。多段多级式结晶器结构如图 5-33 所示。结晶器凝固工作部分的安装结构如图 5-34 所示。

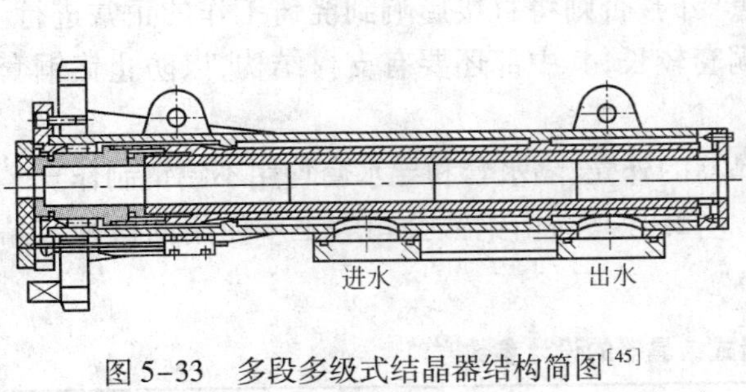

图 5-33 多段多级式结晶器结构简图[45]

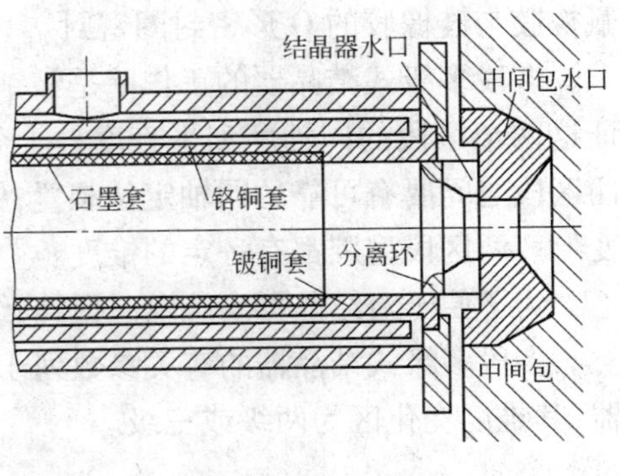

图 5-34 多段多级式结晶器安装结构示意图[12]

结晶器铜套内冷却水缝为 1.5 ~ 2.5 mm，生产时采用背压操作，即小流量高水压操作。多段多级式冷却水量比一般连铸少 1/2 ~ 1/3，冷却水流量根据铸锭规格而定，对于 ϕ54 mm 的不锈钢圆锭，水流量控制在 15 ~ 8 t/h[44]；ϕ80 mm 的圆钢锭，冷却水量为 23 t/h[12]，冷却水进口压力为 8×10^5 Pa。为了准确地监控背压操作条件，在结晶器凝固工作部分安设了三重点温度测量装置。

多段多级式结晶器为组合式结构。其工作温度变化十分剧烈，各零部件之间的配合必须仔细考虑热膨胀的影响。分离环与铍钴青铜套采用锥面配合，锥面角度一般为5°；安装时要有一定的预压量，分离环压入后其端面要进入铍钴青铜套至少1 mm，以免铜套热胀后分离环压入铍钴青铜套内，致使分离环与结晶器水口沿轴向的接触面之间不能紧密配合。

连铸过程中，铍钴青铜套与石墨套之间的温度差别很大，特别是浇铸开始时，铍钴青铜套最先受到高温钢液冲击，温度剧烈升高，而石墨套仍处于常温状态；因此，石墨套的进口直径应大于铍钴青铜套的出口直径，否则因铜套热膨胀易使其出口直径大于石墨套入口直径，红坯将被石墨套入口卡住，增大拉坯阻力，甚至将凝固壳刮破。石墨套的进口直径按下式计算：

$$D_c = D_2 + \Delta D_2 \tag{5-18}$$

式中　D_c——石墨套进口直径，mm；

D_2——铜套出口直径，mm；

ΔD_2——工作时铜套出口直径的热胀量。

$$\Delta D_2 = \alpha \Delta t D_2 \tag{5-19}$$

式中　α——铍钴青铜的线胀系数，1/℃；

Δt——铜套的温度升高值，℃。

石墨套与铬铜套之间的配合好坏直接影响到石墨段的热导率。石墨的线胀系数为$(1\sim2)\times10^{-6}$/℃，铬铜的线胀系数为17×10^{-6}/℃，铬铜的线胀系数是石墨的8.5倍以上。为了避免在高温下石墨套与铬铜套之间出现间隙，安装时应采取热压过盈配合。

多段多级式结晶器中的冷却水压比较高，水压试验达1.2 MPa。因此，结晶器冷却水缝的密封十分重要，特别是铍钴青铜套与石墨套（包括铬铜套）接触端面的密封比较困难。据资料报道[13]，此处采用法兰连接，美国通用汽车公司曾采用这种连接法，径向尺寸过大，还影响水流通道，但其刚度会好一些；马鞍山钢铁公司采用轴向对开螺纹套管压紧密封圈，结构紧凑，水流通畅。这个密封圈的厚度应尽可能薄一点。外壳水道均采用具有高温强度的氟橡胶与硅橡胶的O形密封圈密封。

多段多级式结晶器的工作壁是铍钴青铜套和石墨套组合而成的。在制造和安装时，保证这两个区段的同轴度和平直度是十分重要的；否则将直接影响到浇铸工作的正常进行。两区段之间要有可靠的同轴定位装置；铬铜套较长，其中部还要有支撑结构，以防止铬铜套变形。两区段型腔都有一定的锥度。

为了便于对结晶器实施电磁搅拌，结晶器的外壳、隔水套和导水套均用不锈钢制作。

多段多级式结晶器的有关参数列于表5-21。马鞍山钢铁公司等工厂使用的这种结晶器，其锥度变化区为两级或三级。

表5-21　多段多级式结晶器的设计参数[12,46]

规格直径/mm	进口直径/mm	出口直径/mm	长度/mm	铸坯实际平均直径/mm
130	132.90	131.54	1450	128.0
150	152.36	151.00	1500	148.0
80			1060	

5.3.11　热顶铸造用结晶器

目前，热顶铸造仅限于铝及铝合金连铸生产中。所用结晶器大都用铝合金材料制作，如美国 ASCAST 公司曾采用 6061 铝合金制作结晶器。

热顶铸造用结晶器多为组合式结构。ASCAST 公司早期的圆锭结晶器如图 5-35 所示。

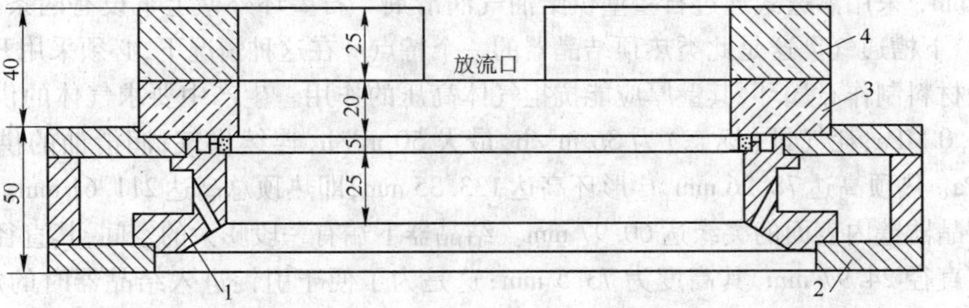

图 5-35 热顶铸造圆锭结晶器

1—结晶器;2—水环;3—热顶;4—U 形环

从图 5-35 中可见,结晶器很短,只有 30 mm。结晶器与水环之间用螺栓连接。对于金属结晶器来说,润滑油的润滑作用很重要。在结晶器入口端面与热顶之间形成约 1 mm 的小油槽,润滑油经小油槽渗出沿着结晶器壁内表面往下流淌;用控制阀调节油量。带有缺口的 U 形环为放流用热顶,借此可以实现同水平操作。

热顶技术的发展,使结晶器的结构有了很大的改进。1983 年 VAW 公司等开发出油气润滑技术;在金属结晶器的入口端增设石墨环,并采用油和空气的混合物进行润滑。目前,这项技术在世界各国广泛应用。韩国的油气润滑技术的热顶铸造用结晶器如图 5-36 所示。

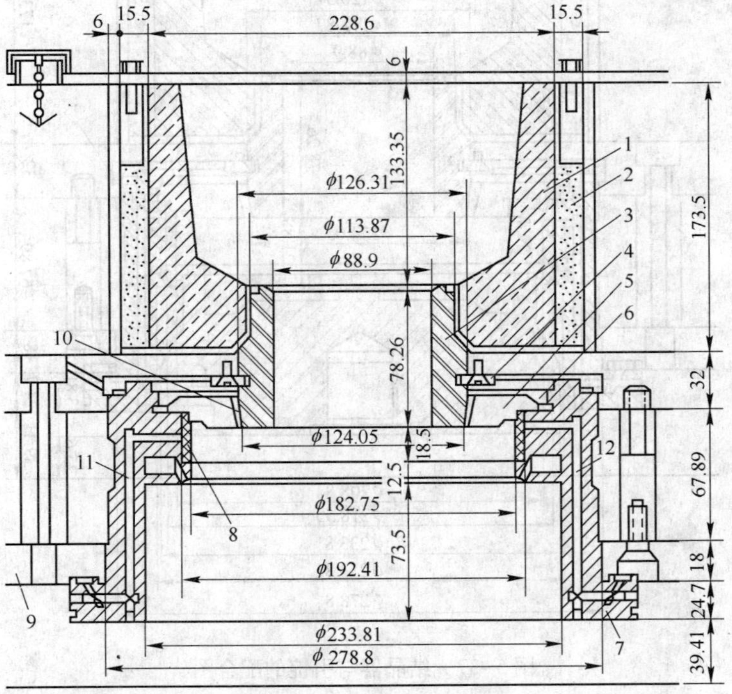

图 5-36 渗透式油气润滑热顶铸造用结晶器

1—耐火衬;2—纤维毡;3—套管;4—密封圈;5—过渡盘;6—过渡盘密封螺帽;7—模体;

8—石墨环;9—O 形密封圈;10—套管密封垫圈;11—进气孔道;12—进油孔道

从图 5-36 中可以看出，石墨环的高度为 18.48 mm，金属壁段高度为 12.5 mm。结晶器有效总高度为 30.98 mm。结晶器工作壁采用 A356 铝合金制作。石墨环的厚度为 4.855 mm，采用渗透式通过石墨壁供给油气润滑剂。石墨环外壁上下设有两条小沟槽，上槽通油，下槽通气。这是此类热顶结晶器的一个特点。在这种情况下，必须采用开放式气孔的石墨材料制作石墨环，其壁厚应能抗拒气体高压的作用。生产中要求气体的供给压力为 0.9～1.0 MPa，耗气量（标态）为 36 m^3/h，最大 50 m^3/h，连续供气；润滑油的供给压力为 0.6 MPa。热顶高达 78.26 mm，U 形环高达 133.35 mm；即热顶总高达 211.61 mm。热顶内边凸入结晶器壁内表面的突缘达 60.97 mm。结晶器下端有一段膨大的空间，其直径大于结晶器型腔直径 24.97 mm，其高度为 73.5 mm；这是为了便于引锭进入结晶器时的定位装置。这个定位装置对于封闭式连续铸造是必须的；因为引锭与结晶器对中时不便观察，同时由于引锭与结晶器型腔壁间的缝隙无法填塞而控制的缝隙尺寸很小，很小的缝隙不容易对中。为此使引锭在锭托上可以游动，与定位装置很容易对中而不至于损坏结晶器。引锭的下端直径为 233.8 mm，比定位装置的内径仅小 0.01 mm。引锭的顶端面距石墨环下缘 3.2 mm。引锭与结晶器的配合如图 5-37 所示。

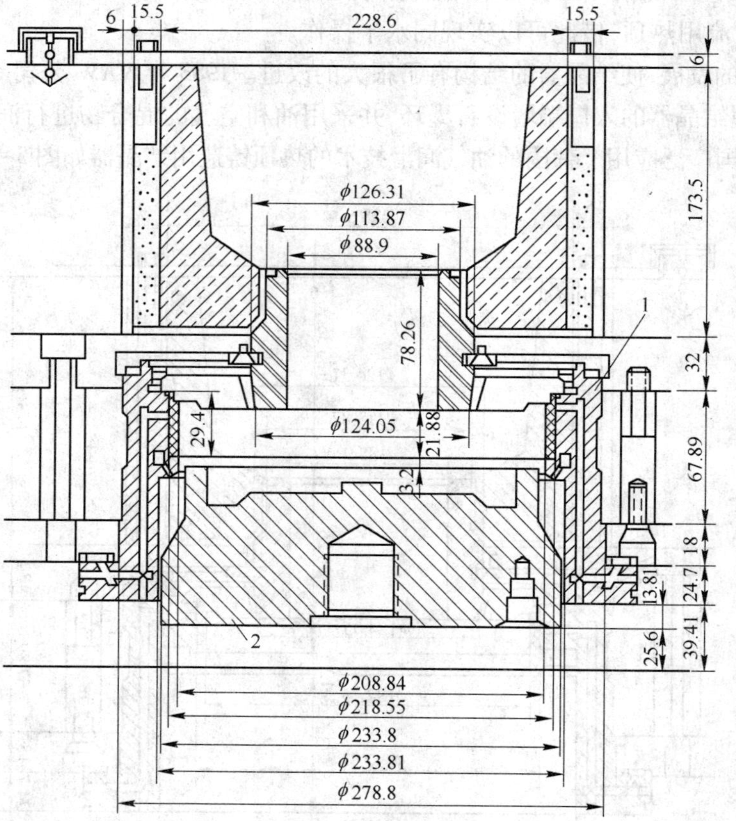

图 5-37　结晶器与引锭的配合图

1—结晶器；2—引锭

通过多孔石墨环采用渗透式供给润滑剂时，先供气后供油，压缩空气连续供给；润滑油间断供给，每分钟供 10 s。用油量为 0.016～0.131 mL/min，压缩空气用量 0.6 m^3/min。

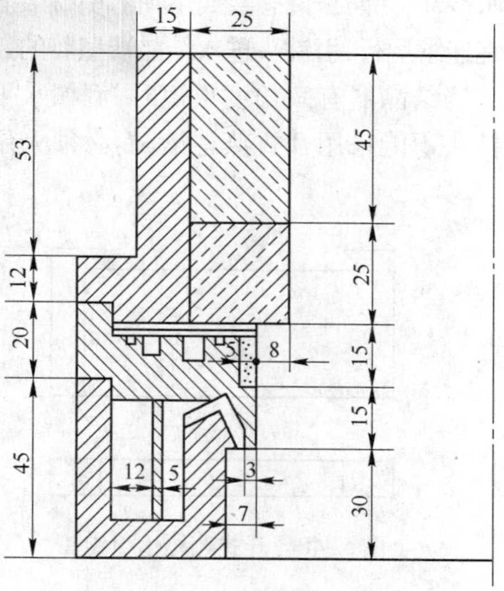

图 5-38 溢流式油气润滑热顶铸造用结晶器

瑞士 Gautschi 公司与 VAW 联合开发的油气润滑技术，如图 5-38 所示。这种结晶器属于组合式结构。结晶器型腔的上端衬以高密度石墨环，壁厚为 5 mm，高度为 15 mm；石墨环下面的金属段高度为 15 mm。结晶器的有效总高度为 30 mm。石墨环顶端面压一个金属薄垫片；金属垫片与热顶之间有一层隔油膜。金属结晶器顶端面设有环行油槽和环行气槽各一条。油槽在内圈，槽断面 6 mm × 6 mm；气槽在外圈，槽断面 4 mm × 4 mm。油气混合润滑剂从金属垫片上平面与隔油膜之间的缝隙中溢出沿石墨环内表面流淌，起到连续润滑的作用。这是溢流式结晶器的特点。结晶器金属段的下端紧连着膨大空腔的定位装置，其内径比结晶器型腔直径大 14 mm，而且与结晶器联成一体构成冷却水箱，定位装置高 30 mm。冷却水箱中间设一圈隔板，隔板内侧水缝为 5 mm，其外侧水缝为 12 mm；隔板上有许多小孔，以便冷却水从外侧水缝进入内侧水缝，冷却水冷却结晶器后从其金属段出口排出对铸锭进行二次冷却。冷却水箱中的隔板可使结晶器工作壁的冷却强度趋于均匀；进水压力 0.3 ~ 0.4 MPa。

在溢流式油气润滑结晶器中，所需压缩空气的压力为 0.4 ~ 0.5 MPa，低于渗透式油气润滑时；压缩空气消耗量（标态）最大为 50 m^3/h。加入空气后减少了润滑油的消耗量，减弱了弯月面处的冷却强度。

5.4 引锭装置

在水平连续铸锭过程中，浇铸之前结晶器的出口端必须用引锭装置堵住；浇铸开始一段时间内，冷凝成形的铸锭由引锭装置牵引运行，至铸锭进入牵引装置后再卸去引锭装置，保证铸造过程连续稳定进行。由此引锭装置兼有结晶器型腔的封头和牵引铸锭的功能。引锭装置如图 5-39 所示。

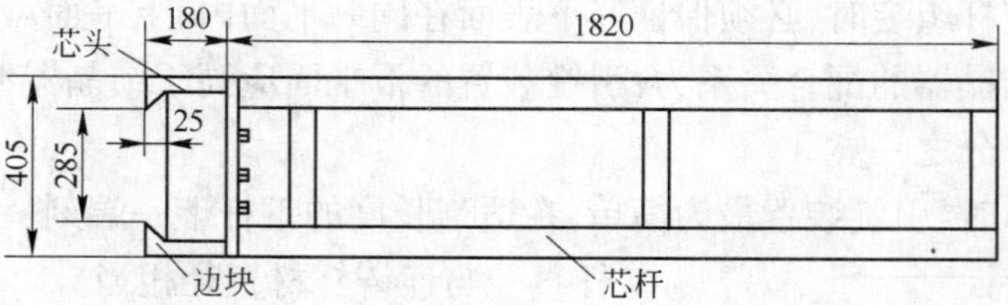

图 5-39 400 mm 宽铝扁锭引锭装置

引锭装置的封头作用，要求引锭装置具有足够的冷却强度，使铸锭能够成形。通常将引锭装置分成两段组合而成。进入结晶器型腔内的一段称为引锭头，另一段称为引锭杆。

引锭头通常用导热系数高的较软金属制作。这样既保证引锭头有足够的冷却强度，又可避免碰伤结晶器工作壁。连铸铝及铝合金时，通常采用工业纯铝制作引锭头。在浇铸时，引锭头要喷水冷却,谨防被液态金属熔损。引锭装置的牵引功能也得靠引锭头来实现。为了能稳定牵引铸锭连续运行,引锭头进入结晶器型腔的一端,做成开式燕尾槽形式,如图5-40所示。

当结晶器有效长度很短时,例如水平连铸铝及铝合金锭的结晶器有效长度7~20 mm,引锭头不能采用开式燕尾槽,而必须采用闭式燕尾槽引锭头,如图5-41所示。

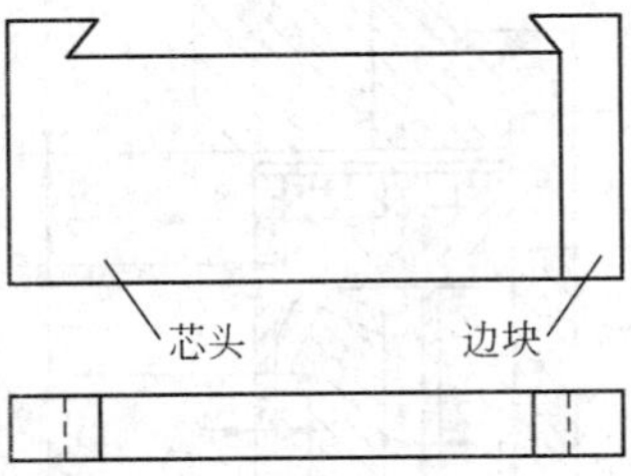

图5-40　开式燕尾槽引锭头

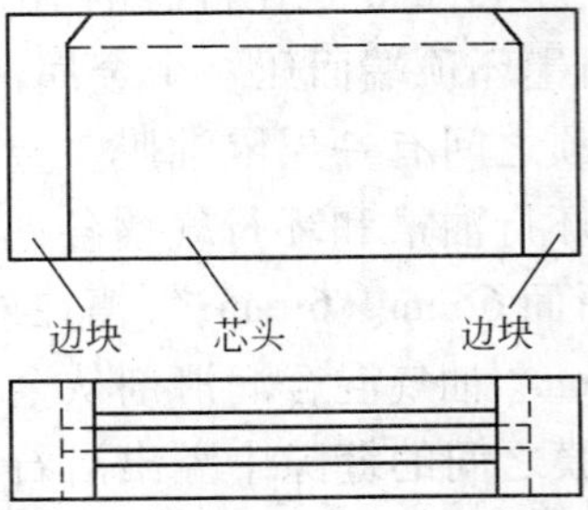

图5-41　闭式燕尾槽引锭头

无论是开式还是闭式燕尾槽引锭头,必须用可拆卸的两块组成,燕尾槽分别刻在两块组合件上;两者之间用螺栓联结。

引锭头的横断面尺寸可依铸锭横断面而定。对于横断面尺寸较小的铸锭,引锭头的横断面尺寸可与铸锭断面相等,因为此时结晶器型腔与铸锭之间的缝隙小。对于横断面尺寸很大的铸锭,由于铸锭冷凝收缩的绝对值较大,铸锭与结晶器型腔之间的缝隙大,引锭头的横断面尺寸宜大于铸锭横断面而稍小于结晶器型腔的横断面尺寸。对于扁锭的窄面更应注意这一点,对于垂直面内的尺寸宜为铸锭尺寸与铸锭收缩量的二分之一的和。尽可能避免引锭头与结晶器型腔之间出现大的缝隙。引锭头的长度以便于安装为限。

引锭杆用型钢焊接即可,为便于搬运,尽可能使其重量轻一些。引锭杆的横断面尺寸以便于安装引锭头为宜。引锭装置的总长度必须稍大于结晶器出口至牵引装置的第一道游动压辊的距离加上引锭头进入结晶器内的长度,同时必须大于第一道和第二道压辊距离。由于锭头与引锭头之间松动接触,如果引锭装置的总长度太短,而第一道游动压辊距牵引装置的承托机构前缘较近,引锭装置托不住铸锭,容易造成铸锭头部下沉。

引锭头与引锭杆之间采用螺栓连接,将引锭头的主块固定在引锭杆上。引锭头的附块可拆卸,使用时将其固定在引锭头主块上。

引锭头和引锭杆组装时,必须保证其下表面在同一平面内,上平面可不必强求一致。

引锭装置与结晶器的配合关系为:引锭装置的下平面应高于结晶器型腔下平面,其高差为铸锭收缩量的二分之一。

水平连铸杆材时,引锭装置最为简单,在适当长度的钢杆上一端刻一条燕尾槽即可。钢杆直径与连铸杆材直径相当。

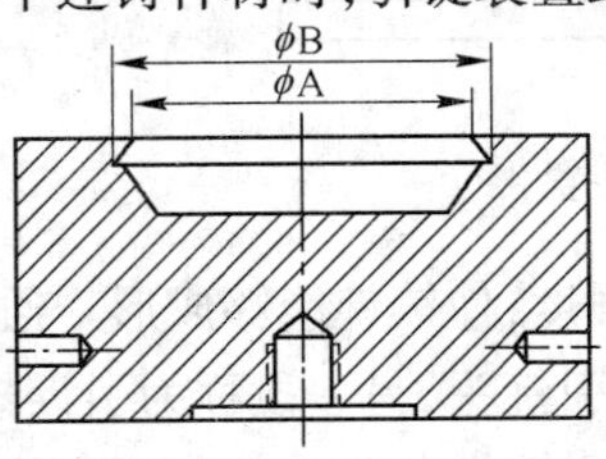

图5-42　铸造实心圆锭用底座[36]

在热顶铸造中,引锭装置称为底座。底座对铸锭起承重作用。对制作底座的材料要求是:导热性好,耐急冷急热性好,耐用。目前,底座多采用LD5、LY11等铝合金锻造毛料制造。一般底座断面比结晶器下缘的相应直径小1.0%~1.5%。底座的形状如图5-42和图5-37所示。底座上面有不大的燕尾槽,图 5-42 中 ϕB 和 ϕA 在 4 ~ 6 mm 之间,用以在铸造刚开始时,将铸锭从结晶器中拉出;否则容易产生悬挂现象。随着铸锭下降,重量增加,依铸锭自重即可拉出结晶器;此时,即起承托作用。

5.5 铸锭二次冷却装置

铸锭二次冷却装置是连铸过程中很重要的组成部分,它保证铸锭出结晶器后能经受良好的持续冷却制度。目前,在连续铸锭生产中,铸锭二次冷却装置主要有锥帘式喷射冷却和喷洒式冷却等几种结构形式。在水平连续铸钢生产中,采用多段多级式结晶器时,将一次冷却和二次冷却合二为一,不单独设二次冷却装置。

5.5.1 锥帘式喷射冷却结构

在连续铸锭过程中,将二次冷却水以锥形帘状沿铸锭周边喷射到铸锭表面形成强烈冷却的装置称为锥帘式喷射冷却结构;如图 5-23 ~ 图 5-27 和图 5-29b,c 所示。在这种冷却结构中,二次冷却水都是从结晶器出口处直接喷射出来,喷水孔的中心线与铸锭轴线的交角为 20° ~30°。冷却水喷射出来后呈倒锥状,沿着铸锭周围形成一圈水帘。喷出的水能包住铸锭很长一段距离。喷水角度小,冷却水散射量少,包覆铸锭表面的水膜距离长一些;但是,落水点至结晶器出口端面的距离长一点。当喷水孔至铸锭表面距离相同时,喷水角度大,落水点至结晶器出口端面的距离短;但是,冷却水散射量多。喷水角度根据具体条件而定,在确保良好的二次冷却前提下,使落水点距离尽可能小。

从缩小落水点距离考虑,除了采用较大的喷水角度外,还可以缩小喷水孔中心至铸锭表面的距离,即喷水孔中心离结晶器型腔表面近些。在这种情况下,倒锥水帘与铸锭表面的交接线是不连续的,而是由许多点形成的虚圈;铸锭表面上的冷却强度在交接点与点之间是不同的,交接点处的冷却强度会大于交接点之间的冷却强度。从提高铸锭表面强度的均匀性考虑,可以适当地将喷水孔中心至铸锭表面的距离增大一点,在增大喷水孔中心圈径的同时,增加喷水孔的数量,并适当增加喷水角度,以便保持落水点的距离较短,并缩小落水的交接点之间的距离。

对于方锭,角部不设喷水孔。平面内,喷水孔布置到近角部圆弧半径的根部即可。

锥帘式喷射冷却结构是最简单的二次冷却装置,结构最为紧凑,实际二次冷却区距结晶器最近,可以避免正常生产过程中二次冷却水倒灌结晶器内的现象。由于射流的卷吸作用,这种冷却结构可以使结晶器型腔内形成负压,有利于连续润滑时的润滑剂扩散。

在水平连铸铝及铝合金锭时,目前都采用锥帘式喷射冷却结构。在水平连铸铜及铜合金圆锭时,也有采用这种冷却结构,因为它们的结晶器长度都比较短,液相穴比较浅。

5.5.2 喷洒式冷却结构

在连续铸锭过程中,当液相穴很长时,锥帘式喷射冷却结构不能满足二次冷却要求。为此在铸锭出结晶器后将冷却水以雾状喷洒于铸锭表面进行二次冷却。这种将冷却水雾化的喷洒冷却方式称为喷洒式冷却结构。喷洒式冷却通常采用喷嘴(喷头)装置。目前,在连续铸钢生产中多采用喷嘴冷却;单一喷水的喷嘴结构如图 5-43 所示。

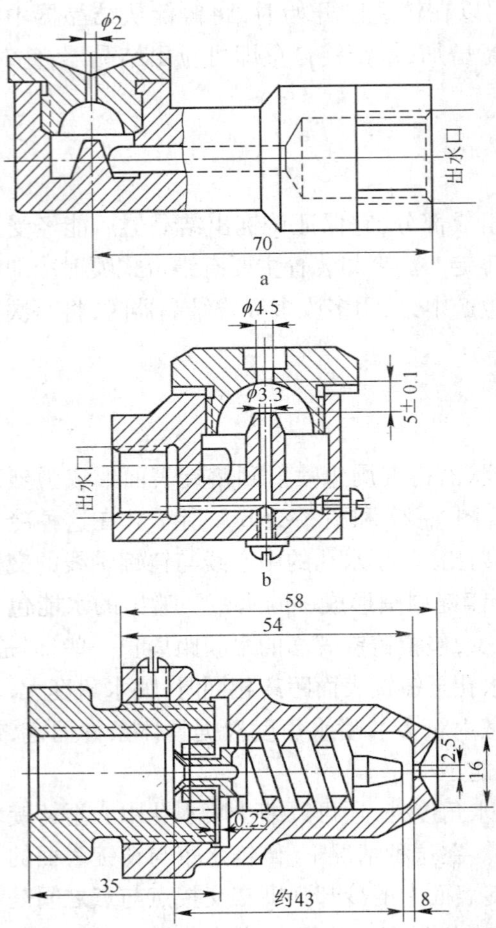

图 5-43　雾化型喷嘴[47]

a—离心式喷嘴；b—组合式喷嘴；c—涡流嵌入式喷嘴

单一喷水的喷嘴，其缺点主要是供应小水量困难。当水压 $p \leqslant 1 \times 10^5$ Pa 时，喷嘴工作不稳定，雾化不好。为了克服这个缺点，减少耗水量，提高二次冷却区的冷却均匀性和可控性，研究出气水雾化喷嘴。例如连铸用内直交气水雾化喷嘴[48]，由嘴出口和口腔室两部分组成，气和水分别由两根互相垂直的管子直接引入口腔室。口腔室是短管式的，起着像预混合气水喷嘴的混合、引导和积压的综合作用。它既不同外雾型喷嘴，也有别于预混型喷嘴。喷出口扁平，作成收缩形，开口面积可达 60 ~ 75 mm^2，不仅对射流起整形和雾化作用，而且对水流还起分配作用。其雾化过程是在口腔室内气水直交冲撞，漩涡碎化，形成初步混合的流体，同时聚积起响应的压力，而后通过喷出口和复杂的流体力学的作用使射流进一步获得细化，最后形成水滴直径小于 100 μm 的雾状流体，这个过程即为雾化过程。根据喷嘴的这种雾化特点，称其为内直交雾化喷嘴，简称为 ICA 喷嘴。ICA 喷嘴的特点是喷出口面积大，呈收缩形，结构非常简单。根据邯郸钢铁总厂的连续铸钢生产实践，使用 lCA 喷嘴时喷嘴消耗量大幅度降低，为 30 个/(机 · 年)；原来喷嘴消耗量为 783 个/(机 · 年)。

气化喷嘴适用于喷水量小，雾化细而喷射速度高的地方。

喷洒式冷却结构在铜及铜合金连续铸锭中也受到重视。许多理论性研究和实践经验均表明，在通过改进喷射式集中冷却系统来进一步提高连续铸锭机的生产率方面潜力有限。因此，在增加二次冷却区长度、降低散热强度和分散散热部位方面进行了探索。在立式连续铸锭中，投入工业性试验的二次冷却系统有三种：水墙式喷射冷却装置、气水混合冷却装置和喷头式冷却装置[49]。前两种的高度为 600 mm，环状喷射器上开有四排喷水孔；喷水孔中心线与铸锭轴线的交角为 22°。第三种的高度为 730 ~ 750 mm，共有四层喷头。铸造试样为直径 300 mm 的 T_4 铜锭，铸造速度为 1.6 ~ 3 mm/s。三种装置的传热系数分别为 350 ~ 800 W/(m^2 · ℃)、116 ~ 23200 W/(m^2 · ℃)和 1160 ~ 13900 W/(m^2 · ℃)。第一种的优点是结构简单、耗水量最低；第二种适于要求“软”冷却制度的合金，如易裂合金等情况；第三种适于高速铸造紫铜、黄铜圆锭和扁锭。

连续铸锭机的二次冷却装置，特别是在连续铸钢时，应该装在密闭的室内，或用钢板罩遮护起来，以免冷却水向外飞溅和热量以及蒸汽向外发散。同时也可避免当拉断铸坯凝固壳发生液态金属泄漏时造成人身伤害事故。

5.6 牵引装置

在连续铸锭过程中,牵引装置与牵引方式密切相关。为了适应不同牵引方式的需要,设计出各种形式的牵引装置。从牵引装置对生产工艺特性的影响考虑,主要有辊式牵引装置、链板式牵引装置、拖曳式牵引装置。

5.6.1 辊式牵引装置

目前,在水平连铸生产中,辊式牵引装置是应用得最多的一种。这种牵引装置的基本原理是两对牵引辊前后同时牵引铸锭。每对牵引辊中均有上下两个辊子,其中下辊通常为固定式主动辊,上辊为可以上下游动的从动辊。当生产过程中铸锭表面出现较大铸瘤等不正常现象时,可以抬起一个上辊,让不正常部位的铸锭顺利通过,两对牵引辊交替工作,能确保连续铸锭过程稳定进行。游动上辊用不着连接传动机构,这样调节高度可以大一些,而且使结构简单化。固定的下辊与传动机构联结。上下辊通常做成圆柱状;生产圆锭时也有将辊身加工成V形。例如,生产直径56~100 mm的圆锭时,辊身宽110 mm,大端直径130 mm,中间直径70 mm;并在圆锥面上滚花,以增加摩擦;辊面进行表面淬火,以增加使用寿命。水平连铸圆锭的辊式牵引装置原理如图5-44所示。

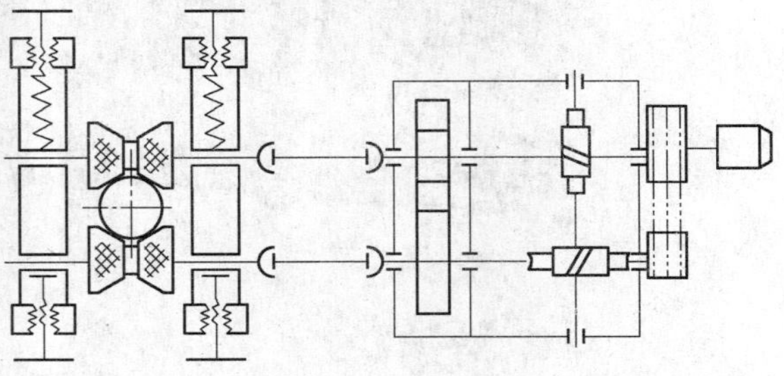

图5-44 水平连铸圆锭的辊式牵引装置原理图[28]

辊式牵引装置的传动机构形式多样,主要有机械式、液压马达和马尔它式。

辊式牵引装置的机械结构比较简单可靠。单纯的辊式牵引,从连铸工艺来说存在一个致命的弱点,就是不能抑制水平连续铸锭过程中在铸锭垂直面内的波浪形弯曲变形。我们曾对100 mm×100 mm的铝锭进行过水平连续铸造试验,结晶器长度70 mm,采用辊式牵引,前后2~4对牵引辊,辊面使用过V形和U形。在试验中发现铸锭在垂直面内的弯曲变形有一定的规律性,弯曲变形的波长与结晶器入口至第一对牵引辊之间的距离(称为变形空间)相近似。在结晶器与牵引辊之间增设承托辊时,波长缩短而变形量(波幅)减小,并且随变形空间缩短而波长缩短和变形量减小;此时变形的波长仍与结晶器入口至托辊之间的距离相近似。当铸造速度为185 mm/min时,铸锭在垂直面内的弯曲变形情况与变形空间的关系列于表5-22。

表5-22 铸锭弯曲变形的情况与变形空间的关系

辊面形状	V形		U形	V形	
变形空间/mm	1500	500	333~413	370	210
变形波长/mm	约1480	约500	390~400	340~350	190~200
变形量/mm	10~15	3~7	2~5	2~4	约3

辊式承托机构不能消除在垂直面内的变形。结晶器与牵引辊之间的承托装置,采用活动梳形托板比托辊好。梳形托板是在托板的上平面加工出许多沟槽,以便二次冷却水通过,板面形似梳状;板面可沿弧形槽升降,以便应对漏铝事故。托板的长度为370 mm。采用梳

形托板时，变形空间可以大大缩短，托板至结晶器出口的距离减小到 15 mm 左右。托板的上平面应高于结晶器型腔的下表面，而与牵引装置的下辊面相平。经试验表明，水平连铸 100 mm × 100 mm 的铝锭时，托板的上平面高于结晶器型腔的下表面 0. 4 mm，铸锭在垂直面内的变形未能消除；当高于 1. 6 mm 时，只要其他工艺条件配合好，铸造过程容易稳定，铸锭在垂直面的变形不明显，基本上可以消除。

在试验中发现，随着铸造速度提高，铸锭在垂直面内的变形量增大。变形空间为 1500mm 时，变形量随铸造速度变化的情况列于表 5-23。铸锭垂直面内的变形情况如图 5-45 所示。图 5-45a 的铸造速度为 125mm/min，铸锭变形几乎看不出来；图 5-45b 的铸造速度为 150mm/min，铸锭变形很明显。

a　　b

图 5-45　水平连铸 100 mm × 100 mm 铝锭在垂直面内的变形情况

a—铸造速度 125 mm/min，b—铸造速度 150 mm/min

表 5-23　铸锭变形量与铸造速度的关系

铸造速度/mm · min^{-1}	125	145	185	备　注
变形量/mm	2 ~ 4	6 ~ 9	10 ~ 15	V 形牵引辊

铸锭的变形量随浇铸温度升高而增大的规律性在试验中依稀可见。变形空间为 1500 mm，铸造速度为 185 mm/min 时的变形情况列于表 5-24。

表 5-24　铸锭变形量与浇铸温度的关系

试　次	浇铸温度/℃	变形量/mm	备　注
74	703	12	V 形牵引辊
77	701	13 ~ 15	
79	680 ~ 685	10 ~ 12	
80	735 ~ 726	10 ~ 20	U 形牵引辊
81	718	11 ~ 17	
82	716	10 ~ 17	
85	680	8 ~ 13	

根据对铸锭垂直面内变形规律的分析,影响变形的因素最主要的是由于凝固壳在结晶器内同一横断面下部的冷却强度大于其上部,使铸锭上表面的温度高于其下表面。有人曾测定,在锥帘式二次冷却条件下,在湿水线处铝锭上表面温度为285℃,其下表面温度为162℃。二次冷却水消失处,铝锭上表面温度为95℃,下表面温度为54℃。二次冷却水的流动距离,下表面小于上表面。在这样大的温差条件下,铸锭上、下表面同时受到同等的二次冷却水急冷,绝对收缩量上部大于其下部,使铸锭很容易在垂直面内产生弯曲变形。在以1000 mm/min左右的铸造速度水平连铸ϕ10 mm的铝杆时,很明显地观察到这种变形情况,用手用力下压才能抑制,松手即复原状,这种变形的力很大。从上述水平连铸100 mm×100 mm铝锭的试验结果也可以看出来,在结晶器与牵引辊之间设置梳形托板,当托板上平面高于结晶器型腔下表面约1.6 mm时,铸锭变形不明显。高差1.6 mm相当于铸锭绝对收缩量的一半;在这种条件下,结晶器壁与凝固壳之间的空隙,上部与下部相差较小,凝固壳上下表面的温差也会小一些,铸锭上下表面的二次冷却水落水点基本上在同一横截面内,因而铸锭变形不明显。

由于这种变形的原因,水平连续铸造中不能单独使用辊式牵引装置,在牵引辊的前部或后部必须设置刚性的平直区段,以便平托铸锭,避免凝固壳与结晶器之间上下空隙差值过大,可以有效地抑制铸锭在垂直面内的明显变形。

水平连铸直径为10 mm的铝杆时,单独使用辊式牵引装置对连铸的稳定过程不受影响,因为铝杆的挠性比较好。

5.6.2　链板式牵引装置

链板式牵引装置的结构示意图如图5-46所示。在链板式牵引装置中,采用履带式链板机构作铸锭承托和主动牵引机构。当铸锭在结晶器中凝固成坯之后,被牵引到履带式链板机构的上方。链板上方设置两个压下装置,通过压下装置将浮动压辊压紧铸锭。由调速电动机通过联轴节将运动传给链板牵引机构,借助浮动压辊的压力产生的摩擦力使铸锭被牵引而连续运动。压下装置可以采用液压或气动,远距离操作;也可以采用丝杠机构,手动操作。当生产大断面的扁锭时,利用铸锭的自重产生的摩擦力即可连续运行。

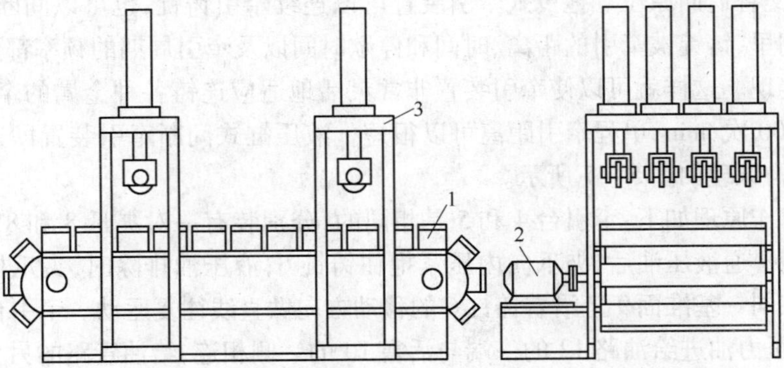

图5-46　链板式牵引装置
1—链板机构;2—调速电动机;3—压辊机构

链板式牵引装置应采用调速电动机传动,实行无级调速,从零开始,以满足连铸过程中不同牵引速度的要求。

链板式牵引装置的主要特点在于履带式链板机构。这种机构克服了单独的辊式牵引装置的缺点，使铸锭在平板上运行，不容易出现铸锭在垂直面内的弯曲变形。为此，链板回转到上部时必须在刚性导轨上运行。主动链轮应设在远离结晶器端，从动链轮在近结晶器端，而且主动链轮与从动链轮之间的距离不应太短，避免二次冷却水喷射到电机等机件上。链板机构由从动链轮张紧，主动链轮固定不动。为了避免链板边缘在随链轮转动而上升或下降处不至于高于整个链板机构的上平面，链板的宽度不应大于链节的距离。浮动上压辊用液压或气压为好。从提高铸锭表面质量考虑，每个链节上都应该设置链板；否则铸锭的上下表面会出现轻微的波纹，波纹的节距与断开的链节距离相当；甚至在铸锭上表面出现二次充型现象，其间距与变形长度相对应。

1976 年以后在我国广为应用链板式牵引装置生产铝母线、铝扁锭、实心圆锭和空心锭。在生产中使用时，上压辊不宜压得太紧，以免链板弯曲。

链板式牵引装置由于长条链板横向运动，适合于大断面铸锭和多流同时连铸生产。

在水平连铸生产中，还有采用链式牵引装置的情况。链式牵引装置是在两条平行的钢轨之间设置一条环形链，传动环形链的链轮安装在钢轨两端的空隙下方。主传动链轮在远离结晶器端，与减速器及电动机相联，从动链轮在近结晶器端，这种传动机构与链板式牵引装置相同。在这种牵引装置中，环形链的链节空当可以挂住引锭装置上的钩子，使引锭装置在两条平行钢轨的顶面（扁锭）上或钢轨之间（圆锭）滑行。这种牵引装置结构简单，适于半连续生产。在平行钢轨的末端增设牵引辊，则可适于连续生产。链式牵引装置可以实现多流同时连铸，每流各设一条环形链，处理故障时操作方便，互不干扰；但是，由于铸锭在钢轨上滑行，摩擦阻力大，轨面必须抹润滑油。不适于大断面铸锭生产。

5.6.3　拖曳式牵引装置

拖曳式牵引装置有连续和半连续两种结构。

连续拖曳式牵引装置至少有两个牵引台组成，每个牵引台上配有一对平板式夹爪，每对夹爪可以沿着铸锭运动的方向平移一定距离，然后再返回原位，另一对夹爪仍拖曳着铸锭运行，两对夹爪交替返回原位。拖曳式牵引装置可以连续牵引铸锭，也可以间断牵引铸锭；在一个牵引周期里，铸锭被牵引的距离、时间和停歇时间以及牵引周期的频率都可以用简单的调节方式来实现。这样就可以使牵引装置非常灵活地适应连铸各种金属的牵引需要，其牵引频率可达 200 次/min，单程牵引距离可以很短。液压缸式间断牵引装置即连续拖曳式牵引装置，其结构原理如图 5-47 所示。

拖曳式工作原理如下：牵引台 4 和 5 是相同的，分别装有一对夹爪 8 和 8′；夹爪的动作由液压缸控制。通液压油后，夹爪向内压紧抱住铸锭 6；液压油排除时，夹爪松开铸锭。两个牵引台是在同一基准面 9 上沿着铸锭 6 的移动方向做直线往复运动。牵引台 4 与活塞 10 牢固相联；在压力油进给油路 12 的一端与活塞 10 的一侧相连，给油管路的另一端与换向阀 13 相连。油缸 11 的一侧与油管 14 连接，油缸的一端与另一单独的类似的压力油进给系统连接（未示出）。换向阀 13 同时经油管 12′在活塞 10′的一侧与油缸 11′连接。另一单独的压力油进给系统的油管 14′在活塞 10′的另一侧也与油管 11′相连接。

在基准面 9 上装有限位开关 15 和 15′与牵引台 4 和 5 上的碰块 16 和 16′一起配合工作。当牵引台 4 和 5 的运动行程到达末端处时，限位开关 15 和 15′便使换向阀 13 动作。压

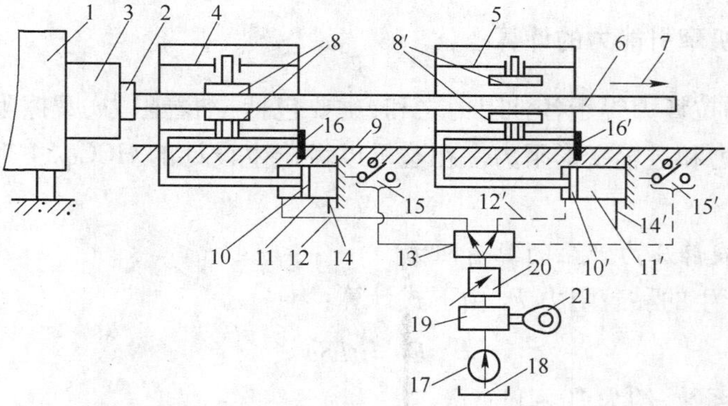

图 5-47 液压缸式间断牵引装置示意图[28]

1—保温炉;2—结晶器;3—冷却水套;4,5—牵引台;6—铸锭;7—铸锭引出方向;8,8′—夹爪;9—基准面;10,10′—活塞;11,11′—油缸;12,12′—进给油路;13—转向阀;14,14′—油缸另一端油路;15,15′—限位开关;16,16′—碰块;17—泵;18—油箱;19—凸轮控制阀;20—流量控制阀;21—凸轮

力油进给油路 12 和 12′是靠油泵 17 供给压力油的。油泵 17 从油箱 18 里抽取压力油经调节阀 19 和液轮控制凸轮 21 的控制后,进入流量控制阀,输出到换向阀 13。

举例说明:如换向阀在图 5-47 所示的位置,当压力油的压力为 0.7MPa 时,流经油路 12 送到油缸 11 使活塞 10 运动,并使牵引台 4 也移动,抱住铸锭 6 的夹爪 8 便按图中箭头 7 所示的方向断续地移动。由于油路 14 内使用了压力为 0.28MPa 的低压油,在活塞 10 低压油侧的压力油便从油缸 11 中排出。在牵引台 4 的这种动作期间,牵引台 5 凭借油路 14′里的压力油,通过活塞 10′的动作而作沿箭头 7 所示的相反方向返回到最初位置。此时夹爪 8′如图中所示那样,松开铸锭 6。活塞 10′左侧的压力油经图中未示出的油路流进油箱 18。当牵引台 4 完成了若干次断续的牵引后,限位开关 15 通过碰块 16 的触动,换向阀 13 换向。这时,压力油便通过泵 17 经油路 12′输送进油缸 11′,接着牵引台 5 便按图中箭头 7 所示的方向作若干次断续牵引。在换向阀 13 换向的同时,牵引台 5 的夹爪 8′抱住铸锭 6,而牵引台 4 的上夹爪随即松开铸锭。然后牵引台 4 如上述的牵引台 5 那样,凭借油路 14 中的压力油的作用返回到最初位置。

流量控制阀 20 的作用是调整在给定的时间内输送到活塞 10 或 10′的压力油的数量,而阀 19 的作用是通过一个旋转的凸轮 21 定期打开和关闭阀门来控制牵引台 4 和 5 的断续移动。凸轮 21 是通过一个可变速的齿轮箱和一个电机来传动的。凸轮每转动一圈,牵引台完成一个牵引周期。假如改变了传动凸轮 21 的齿轮箱的转速,就可以改变牵引台完成一个牵引周期的时间。而每一周期内的运动时间和停歇时间是通过凸轮 21 的形状,便可得到不同的拉、停周期。

在凸轮控制阀 19 的位置上,如果用一个由脉冲发生器控制的电磁阀来代替,那么脉冲发生器能以一种简易的方法来改变周期的长度和运动的时间及停歇时间。

半连续拖曳式牵引装置,实际上是一台牵引小车在两条平行的钢轨上运行,钢轨之间设有承托辊;小车上设有固定的夹头,夹头夹住引锭装置拖着铸锭水平移动。小车由卷扬机构传动,铸造过程中小车拖着铸锭平移到轨道的末端,然后停下来,卸去铸锭,小车再返回到轨道的始端,铸造重新开始。这种牵引装置结构很简单但局限性大,不常用。

5.6.4　水平连铸机牵引能力的计算

水平连铸机的拉坯力等于各种阻力之和，主要包括：黏着阻力、摩擦阻力、抽吸阻力、动拉坯阻力、黏结阻力和过辊变形阻力。在这里以孟茂生设计的 HCCϕ54 钢锭水平连铸机为例介绍如下[45]：

5.6.4.1　钢液静压力产生的黏着阻力

钢液静压力产生的黏着阻力 F_1 由下式计算：

$$F_1 = \mu LSp \tag{5-20}$$

式中　μ——黏着系数，约为 10 ~ 11；

L——凝固壳周长，ϕ54 mm；

S——拉坯行程，按平均速度 2.5 m/min，振动频率：150 次/min，200 次/min；

p——钢液静压力，按 800 mm 计算。

计算结果列于表 5-25。

表 5-25　黏着阻力

振动频率/次 · min^{-1}	150	200
黏着阻力/kgf	177.06	132.54

注：1 kgf≈10 N

5.6.4.2　摩擦阻力

在水平连铸过程中，摩擦阻力包括由钢液静压力引起的摩擦阻力和铸锭自重引起的摩擦阻力以及托辊摩擦阻力。

在结晶器内由于钢液静压力引起的摩擦阻力 F_2 可由下式计算：

$$F_2 = \pi dL\mu p \tag{5-21}$$

式中　d——铸锭直径，dm；

L——结晶器长度，800 mm；

μ——摩擦系数，取为 0.08；

p——钢液静压力，N/cm^2，按钢液液柱 800 mm 计算。

依上述数据可计算出摩擦阻力 $F_2 = 604$ N。

在结晶器内由于铸锭自重引起的摩擦阻力 F_3 可由下式计算：

$$F_3 = G\mu \tag{5-22}$$

式中　μ——摩擦系数，取为 0.08；

G——结晶器内铸坯自重，kg。

按上述数据计算出相应的摩擦阻力 $F_3 = 103$ N。

由托辊引起的摩擦阻力 F_4 可由下式计算：

$$F_4 = G\mu \tag{5-23}$$

式中　μ——摩擦系数，0.025 ~ 0.1；

G——铸锭自重，从结晶器出口到切割点的铸锭质量，按 11 mm 计算。

根据上述数据计算相应的摩擦阻力 $F_4 = 194$ N。

5.6.4.3 抽吸阻力

由于钢液静压力引起的抽吸阻力 F_5 可由下式计算：

$$F_5=(\pi d^2\rho H)/4 \tag{5-24}$$

式中 d——铸锭直径，dm；

H——钢液高度，800 mm；

ρ——钢液密度，7.1 g/cm^3。

按上述资料计算相应的抽吸阻力 $F_5=128$ N。

5.6.4.4 动拉坯阻力

动拉坯阻力 F_6 可由下式计算：

$$F_6=(K\cdot G\cdot \alpha)/9.8 \tag{5-25}$$

式中 K——自由辊道转动惯量，按铸坯动载荷的50%计算，取1.5；

G——铸坯重量，按11 m长度计算；

α——加速度，拉坯速度最大4 m/min而拉坯频率最高200次/min时的值为2.944 m/s^2。

按上述数据计算出相应的动拉坯阻力 $F_6=874$ N。

5.6.4.5 黏结阻力

拉坯过程中的黏结阻力 F_7 可由下式计算：

$$F_7=(\pi DL_fK_f)/2 \tag{5-26}$$

式中 D——铸坯直径；

L_f——拉坯步距的1/10；

K_f——黏结阻力系数，1250℃时为0.75 kgf/mm^2。

当拉坯步距为30 mm时，按上述数据计算出相应的黏结阻力 $F_7=1872$ N。

综合上述计算结果，该水平连铸机的拉坯力为5418 N。考虑到工作的安全性，安全系数取为2，则设计的总拉坯力为 $2\times5418=10836$ N。

5.6.4.6 过辊变形阻力

铸坯过辊变形产生的阻力 F_8 可由下式计算：

$$F_8=(2Q_A^2)/(\pi K_fR^2) \tag{5-27}$$

式中 Q_A——拉坯力，kgf；

K_f——拉坯(热)阻力系数，1100℃时为4.5 kgf/mm^2；

R——拉坯辊半径，mm。

根据上述数据计算出过辊变形阻力 $F_8=62$ N。

基于上述计算结果，得出该水平连铸机总的拉坯阻力为 $F=10836+62=10898$ N。

水平连铸机的总拉坯力等于其总拉坯阻力。根据总拉坯力计算拉坯力矩，选定合适的驱动电机。拉坯力矩即驱动力矩，它由结晶器的阻力矩 M_P、摩擦力矩 M_f 和惯性矩 M_i 构成。

(1) 结晶器的阻力矩 M_P。

若拉坯辊半径 $R=165$ mm，则阻力矩 $M_P=FR=10898\times0.165=1798.17$ N·m。

(2) 摩擦力矩 M_f

摩擦力产生的力矩可由下式计算：

$$M_f = \mu \cdot Q \cdot r \tag{5-28}$$

式中 μ——轴承摩擦系数,取为0.2;

Q——拉坯辊夹紧力,18060 N;

r——拉坯辊轴半径,90 mm。

按上述数据计算出摩擦力矩 $M_f = 324\ N \cdot m$。

(3) 惯性矩 M_i。

惯性矩 M_i 可由下式计算:

$$M_i = J\Delta\varepsilon + (P\Delta\varepsilon R)/g \tag{5-29}$$

式中 J——转动惯量,取 $147\ N \cdot m^2$;

$\Delta\varepsilon$——角加速度,取 $10.7\ rad/s^2$;

P——铸锭重量,取长度为11 m;

R——辊子半径。

按上述数据计算出惯性矩 $M_i = 270\ N \cdot m$。

综合以上计算结果,水平连铸机的总拉坯力矩为:$M = M_P + M_f + M_i = 2402\ N \cdot m$。

每台减速机的输出扭矩为2400/2=1200 N·m。电机输出扭矩为1200/40=30 N·m。据此,选用1326AB-b740C-21型电动机,输出扭矩为45 N·m;选用PS180—040—LB减速机,额定输出扭矩1130 N·m,最大输出扭矩为3390 N·m。因而所选电动机和减速机均可满足设计的要求。

从上述计算拉坯阻力的过程中可以看出,当牵引装置的夹紧机构与铸锭之间存在相对运动时,则牵引过程中将会产生过辊变形阻力;这是辊式牵引装置必然产生的现象,因为在连铸过程中总会出现铸锭横断面尺寸发生波动的情况。若采用拖曳式牵引装置即可避免这种阻力的出现。同时还可以看出,金属液柱的高度对拉坯阻力的影响很大,它直接影响到黏着阻力、摩擦阻力和抽吸阻力的大小;从降低拉坯阻力的角度考虑,中间包内金属液位的高度宜保持在较低位置。从计算中还可以看出,缩短结晶器的长度,也可以减少摩擦阻力,从而减少拉坯阻力。

5.6.5 热顶铸造的传动装置

在热顶铸造中,引锭装置(锭托)或底座固定在一个平台上。平台的升降由传动装置带动。铸造过程中,铸锭平稳而匀速下降;铸造结束,平台可以快速上升。目前,常用的传动装置主要有钢丝绳传动装置和液压传动装置,它们都可以实现多模同时连铸。

5.6.5.1 钢丝绳传动装置

钢丝绳传动装置主要包括平台、钢丝绳、卷扬筒、减速器和电动机。平台的上升和下降借助于钢丝绳和卷扬机。为了避免钢丝绳的柔软性影响,使平台能平稳地升降,钢丝绳式铸造机通常带有四根导向立柱。平台和导向立柱之间的间隙通过四个带有轴瓦的轴承来控制。浇铸铸锭时,平台的下降用直流电动机带动,以保证平稳地调节铸造速度。空载时使用交流电动机带动,保证平台迅速升降。

钢丝绳传动式铸造机的主要优点是运行平稳、结构简单,铸井的基础比较浅。其缺点是钢丝绳损坏快,需要经常更换。铸造过程中,可能由于钢丝绳被拉长而引起铸造机的平台歪斜摆动,影响铸锭质量;也可能由于导向轴瓦与导向立柱之间的摩擦而造成平台下降时抖动或歪斜，影响铸锭质量。很长的导向立柱，制作和安装也比较麻烦，容易弯曲变形。

5.6.5.2 液压传动装置

液压传动装置主要包括平台、液压油缸和液压油供应及控制系统。早期的液压油缸活塞行程较短，一般不超过 3 m。近些年来，活塞行程可超过 7 m，铸造长度可达 7 m，因而液压式铸机得到广泛的应用。液压式铸造机能使铸锭在较宽的速度范围内平稳地下降，并且任意调整铸造速度。目前，液压传动装置有两种结构形式，即以平台导向的方式区分为内导式和外导式。外导式液压铸造机如图 5-48 所示。

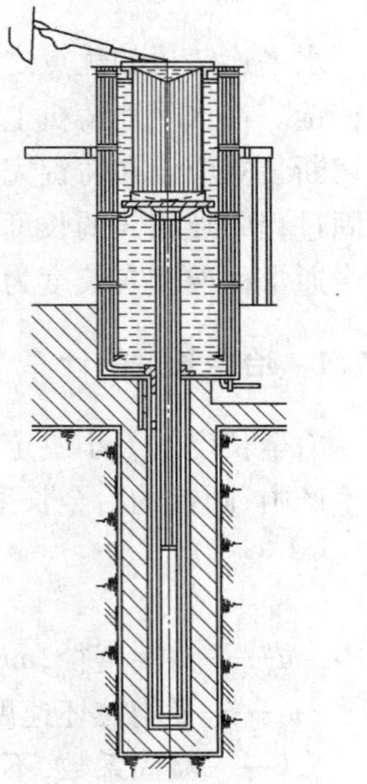

图 5-48 液压传动式铸造机[36]

在液压式传动装置中，平台固定在油缸活塞的顶端。内导式液压传动装置，平台的导向靠油缸来实现，在油缸内上部设有导槽。由于导槽总是处于良好的润滑条件下，铸造过程中平台能保持均匀而平稳地下降，避免了外界条件的影响。Wagstaff 公司 Shur Cast 铸造机的行程可达 10.16 m(400 in)，油缸活塞的直径可达 812.8 mm(32 in)，油缸活塞的回转偏差小于 0.13°。

为了保证液压活塞平稳均匀地降落，必须采用相应的调节和控制系统，如压力调节器等；否则，随着铸锭质量的增加，将使铸造速度不断加快，这是不允许的。对于某些合金来说，铸造速度的这种变化可能超过其工艺许可的铸造速度变化范围，而引起铸锭裂纹。

外导式液压传动装置，平台的导向仍然靠两根对称的导向立柱来实现；油缸内不设导槽。这种结构未能完全避免钢丝绳式传动装置的缺点，不如内导式液压传动装置好。

内导式液压传动装置的铸造工艺性能好；但是，由于液压油缸的制造工艺复杂，销售价格较高。外导式液压传动装置的价格低得多。

液压传动装置的设备基础比钢丝绳传动装置深得多。这是内导式和外导式的共同点。

我国在 20 世纪 50 年代曾使用短油缸液压式铸造机，活塞行程不超过 3 m，不设导向立柱。60 年代中全部用钢丝绳式铸造机代替液压式铸造机。80 年代开始在一些企业使用长油缸液压式铸造机，为外导式液压传动装置。近些年来开始使用内导式液压传动装置。

此外，在轻合金铸锭生产中还使用丝杆式铸造机和链带传动式铸造机。链带传动式铸造机结构简单，工作可靠，操作简便；同时也存在钢丝绳传动装置的缺点。丝杆式铸造机运行平稳，但是制造、安装和维护都很复杂，而且其丝母螺母易磨损，更换十分麻烦。

热顶连铸机上使用的结晶器很矮，通常只有 30 mm 左右；而结晶器上端的热顶也不太高。因此，由于液态金属静压力而引起的摩擦阻力和黏着阻力比较小；也不存在铸锭自重引起的摩擦阻力。铸锭与传动装置之间不存在相对运动，因此，不存在动拉坯阻力和过辊变形阻力。热顶铸造传动装置的总拉坯力比水平连铸机小得多，需要的动力比较小。这是热顶连铸机的另一个优点。

热顶铸造传动装置最大的缺点是只能半连续生产，每根铸锭需切头去尾，成品率低。

5.7　铸锭切断装置

水平连铸机的优点之一就是能实现连续生产。为了确保铸造的连续过程,必须定时切断铸锭。在水平连铸机上,切断装置设在紧随牵引装置之后的位置,在同一条流水线上。铸锭切断装置应设在铸锭完全凝固的区段内,即切断装置至结晶器入口的距离必须大于铸锭凝固过程中液相穴的长度,而且还要考虑设备提高铸造速度的可能性。在水平连续铸钢生产中通常称液相穴长度为冶金长度。冶金长度决定设备的总体布局长度。

5.7.1　冶金长度的计算

冶金长度的大小决定于被铸金属的性能、拉坯速度和铸锭断面等因素。在水平连续铸钢生产中,圆锭的冶金长度 L_s 通常按下式计算:

$$L_s=\left(\frac{d}{2k}\right)^2\cdot v_g \tag{5-30}$$

式中　d——铸锭直径,mm;

v_g——平均拉坯速度;m/min;

k——凝固系数,不锈钢的凝固系数为 25 ~ 27。

水平连铸 ϕ54 mm 的焊接用不锈钢锭时,结晶器长度 800 mm,在不同参数条件下,按式(5-30)计算的结果列于表 5-26。

表 5-26　不同参数条件下的冶金长度[45]

平均拉坯速/m · min^{-1}		1	2	3	4
冶金长度/m	$k=25$	1. 166	2. 332	3. 499	4. 666
	$k=27$	1	2	3	4

在 HCCϕ54 型水平连铸机中,辊式牵引装置距滑动水口中心距离为 7. 551 m,切割装置的切割点距滑动水口中心距离 9. 5 m。该机在连铸 ϕ54 mm 的焊接用不锈钢圆锭时的拉坯速度范围在 0. 5 ~4 m/min 之间。从表 5-26 中的数据可以看出,整个设备的布局能够满足水平连铸过程的安全运行要求。

衡阳钢管(集团)有限公司[46],在 SLD-140 型连铸机上水平连铸 ϕ150 mm 的钢锭时,采用 TG 型结晶器,即多段多级式结晶器,结晶器长度为 1500 mm,平均拉坯速度为1. 6 m/min,最大拉坯速度为 4 m/min,冶金长度为 10. 5 m,锭坯尺寸长度为 4 ~8 m。

B. T. Сладкоштеев 等人在水平连铸钢锭的研究中[11]采用整体的铜结晶器,其长度为 500 mm。在试验过程中,曾对圆形铸锭的液相穴长度和完全凝固时间作了测定;测定结果列于表 4-16。根据试验结果,归纳出计算液相穴长度的经验公式:

$$L=1.3v \tag{5-31}$$

式中　L——液相穴长度,m;

v——浇铸速度,m/min。

Н. М. Тучкевич 等人在水平连铸镍基合金自耗电极圆坯的研究中[50],采用水冷铜结晶器,测定了铸坯液相穴长度 L 值。根据测定结果,得出镍基合金锭的液相穴长度同铸锭直径及浇铸速度之间的关系式:

$$L = 0.25D^2 v \tag{5-32}$$

式中 D——铸锭直径,mm;

v——拉坯速度,m/min。

综合以上所述,从缩短液相穴长度考虑,宜选用热传导系数和温度传导系数比较高的材料制作结晶器为好,铸造速度可控制在适当的范围内。

根据水平连铸机确定的最大直径和最大浇铸速度计算出设备的冶金长度,并考虑到生产过程的安全性,确定切断装置的安装位置。

在水平连铸过程中,铸锭的切断过程必须与连铸过程同步进行。根据不同金属的具体情况确定切断方式。铸锭切断装置主要有:同步锯、同步气割、同步剪和飞剪或飞锯。

5.7.2 同步锯

同步锯是以运动的锯片作为刀具切断铸锭的切断装置。同步锯主要包括抱锭机构、运动的刀具和进刀机构,整个同步锯由铸锭推动同步前进。刀具安装在进刀机构上。同步锯以小车结构形式安放在两条平行的轨道上。在水平连铸过程中,抱锭机构首先抱紧铸锭,借助铸锭平移的力量推动整个同步锯等速运动;同时启动锯片运动,随即启动进刀机构推动刀具沿着垂直于铸锭轴线的方向前进。当同步锯完成一次切割任务之后,进刀机构将刀具退回原位,停止进刀机构和刀具的运动;然后松开抱锭机构,整个同步锯返回到原来的位置,等待下一次切割任务。同步锯结构如图 5-49 所示。为了使同步锯能返回原位,通常将小车的运行轨道后端稍高于其前端,使轨道平行呈倾斜状,以便同步锯借自重返回原位。同步锯复位也可以采用平衡重锤或气缸拉动来实现,此时小车的运行轨道可以保持其平直状态。对于断面比较薄的铸锭,可以利用同步锯自重复位;对于断面较厚的铸锭,应专设复位机构为好。

图 5-49 铝母线水平连铸机的同步锯

同步锯的抱锭机构和进刀机构,可以采用液压传动或丝杠传动机构。在图 5-49 中,抱锭机构为手动螺杆压下装置,进刀机构为丝杠传动装置。丝杠传动时退刀速度慢,以液压为好。抱锭机构也可以采用气动机构。

同步锯的刀具可以采用圆锯片和带锯片。圆锯片以旋转运动切割铸锭,为此圆锯片需要足够的刚性和抗磨性,通常锯片的厚度较大,锯切铝合金锭时为 2 mm。带锯片焊接成环状,用主动轮和从动轮将环形锯片张紧,并且直线运动横向切割铸锭,因此,带锯片一般来说相对薄一些,锯切铝合金锭时为 1 mm,但切割速度较慢。锯片厚度大,则锯口宽,金属损失量多。锯口宽度等于锯片宽度加 0.5 mm。根据经验[51],锯片直径应该为被锯锭的最大厚度的 3 倍。锯片上的齿必须具有较大的间隙作为锯屑在排除之前的聚集沟道,这点是很重要的。对于大直径镶嵌高速钢齿的锯片,扇形齿是经济的,齿面角 18°,后余角 12°和侧余角 1°~2°,令人满意;此类锯片约以 30.5 m/s 的线速度和以齿的负荷(每转每齿的进刀量)为

0.0254～0.1016 mm 或更大的条件下操作，能获得良好的结果。当喷以水溶性油雾（1∶10 水）润滑剂冷却时，直径 812.8 mm 的 48 齿锯片，切割直径 203.2 mm 的铝锭时进刀速度约为 50.8 mm/s。对于碳化物齿的圆锯片，最好用比高速钢锯片更高的线速度和较小的齿负荷进行操作。线速度约 50.8～76.2 m/s 较为适宜；切割大铝锭时齿负荷约为 0.0254 mm，当碳化物齿形为齿面角 5°、后余角 8°～12°和侧余角 1°～2°时是令人满意的。从减少金属损耗、提高铸锭成品率角度考虑，宜采用带锯片。

在锯切铜及铜合金锭时，往往采用镶齿的圆锯片；锯齿材料常用 W18Cr4V 高速钢制造，刀体多采用 8MnSi 弹簧钢制造。镶齿锯片的厚度都比较大。我国镶齿锯片的标准规格直径在 275～1010 之间。使用时根据不同铸锭直径选取适当直径的锯片；例如，铸锭最大直径为 100 mm 时，可选用外径 510 mm 而齿厚 6 mm 的锯片；驱动锯片的交流电动机为 5.5 kW，当锯片的线速度为 87 m/min 时，锯切直径 80 mm 的黄铜锭只需 30 s。

在锯切铝、铅和锡等锯切阻力较小的金属时，可以直接选用木工用的粗齿圆锯片。在使用前应进行开齿，即将锯齿沿相邻错位掰开于齿片两侧，以便锯切过程中产生的锯屑排出锯口。使用时可定期修磨锯齿。

同步锯的抱锭机构应设在靠近牵引装置的一侧，锯片应安设在同步锯的另一侧。与同步锯运行轨道末端相联的滚床头部应设驱动滚道，以便铸锭被切断后立即推走，防止被切断的铸锭滞留不动而夹住锯片，同时为水平运动的锯片退回原位而清道。

为了提高锯片的使用效率和寿命，应使用冷却液对锯片进行冷却。常用的冷却液是含油 5%～10% 的乳化水溶液。冷却锯片时，应使锯片两面对称受到同等冷却强度的均匀冷却，绝不可单面进行冷却，以免造成锯片变形与损坏。乳化油水溶液可以循环使用。通常在锯切机构的下方设一个 50 L 的贮液箱，采用转速 2700 r/min、液量 22 L/min 和扬程为 3.3 m 的循环泵供给冷却液；电动机功率为 127 W 即可满足循环供给冷却液的需要。

同步锯的抱锭、进刀和退刀复位的总工作时间，应小于定尺铸坯的铸造时间。当铸锭断面很宽或多流同时连铸时，沿水平方向垂直于铸锭轴线进刀的切割时间较长，不便于短尺寸的铸坯切割；在这种条件下，在连铸机上只能按较长定尺铸坯进行切割，然后在固定锯床上再按短尺寸铸坯分段切割。在这种情况下，带锯优于圆盘踞，可以沿垂直方向垂直于铸锭轴线进刀，进刀时间可以大大缩短。这是带锯的另一个优点。

使用同步锯时，必须遵守如下原则：锯切前先抱锭，然后启动锯片再行进刀；锯切终结时，先将锯片退回原位，再停止锯片旋转，然后才能松开抱锭机构，使同步锯返回原位。谨防损坏锯片。

对于小断面的铸坯，也有采用砂轮锯片作为刀具。

5.7.3　同步气割装置

对于导热性能不大的金属，可以采用火焰切断装置，如连铸钢铁铸锭。但是，对于紫铜和其他导热性能良好的金属和合金，因为散热太快，无法使金属氧化后熔断。

同步气割装置的工作原理与同步锯相同，只是用气割机构代替锯片进行切割铸锭。

氧气切割也称为火焰切割。切割时所用的燃烧气体，最普通的是乙炔，也可用丙烷、天然气或焦炉煤气等气体。切割不锈钢坯及某些高合金钢坯时，还需在火焰中喷射铝粉、铁粉或镁粉等以助燃烧。

同步气割装置就是一台切割小车。在切割小车内装着驱动切割器沿铸锭横断面平行移动的电动机及减速传动机构,还有一部分氧气、燃气及电器管线。抱锭机构在靠近牵引装置的一侧。在水平连续铸锭的过程中,铸锭进入切割区的温度还比较高。为了保护小车内的机件和管线不受高温辐射,可将小车作成密闭的箱形,只将氧气切割器露在小车外面,并用冷却水冷却箱体。切割时,小车上的抱锭机构首先抱住铸锭,使同步气割装置与铸锭同步运行,并启动切割器沿铸锭横断面平移切割铸锭。切割完毕,关闭切割器并退回原位。然后松开抱锭机构,小车返回原位。氧气切割器在铸锭上方平移,只是火焰柱伸入切口内;因此,同步气割装置比同步锯的安全性要好得多。

切割300 mm以上的钢坯时,切割器可以做平行移动,也可以做扇形转动。用扇形转动的切割器有一个优点,就是切割器首先从铸坯的一角开始切割,棱角处容易预热至开始切割的温度,可以缩短切割时间。

在用氧气切断铸坯的连铸机上,应当在切割器对面设置挡渣板,以挡住被切割器喷吹出来的氧化铁渣;并在挡渣板下面设置集渣斗,以便把氧化铁渣收集起来,定期运出去。

在氧气切割铸坯时,除了产生氧化铁渣之外,还产生大量的烟尘和热量。为此,应将气割区段封闭起来,并利用通风机将烟尘和热量抽吸排除到室外,以免散发到工作现场。

在水平连续铸钢机上,采用气割铸坯时,有两个特点:(1)切割的钢坯温度是在800~1100℃范围内;(2)氧气喷射通常是垂直方向而不是水平方向,所熔化的金属及氧化渣滓,凭借自身的重力作用即可向下流落,从切割缝里清除熔化金属和氧化渣滓比立式连铸时方便得多,切割缝也会比立式连铸时窄一些。

在多流连铸机上,可以采用多个切割喷嘴同时工作。这是同步气割装置的优点,比同步锯的适应性强得多,适合于宽断面铸锭和多流连铸生产;也适合于小断面连铸生产。

氧气切割的主要缺点是:金属损耗量大、切割速度慢和产生大量的烟尘及固态废渣。

用氧气切割铸锭时,金属损耗较多。立式连铸实践表明:当气割200 mm×200 mm的钢坯时,在切割缝处被氧化掉的金属厚度为20 mm左右;切割沸腾钢时,切割缝在25 mm以上。

用氧气切割钢锭时,切割速度比机械剪切慢,切割小车随铸锭同步运行的距离长,增加整个连铸机的长度。例如,立式连铸170 mm×400 mm的钢锭时,用氧气切割一般一次需用1.5~2min,切割小车的行程约为2~3 m;若用机械剪切时,剪切机只随铸坯运行300~500 mm就把铸坯剪断了。气割时,管线多,控制系统复杂,其可靠性不如机械剪切装置。

用氧气切割铸坯时,不仅会产生大量的氧化铁渣滓,而且还会产生大量的烟尘和热量,需设专门的排除装置。气割时产生的热量可以近似地作如下估算:若气割时烧损的金属全部变成Fe_3O_4,消耗1 kg钢产生的热量为4898.556 kJ;例如切割200 mm×200 mm的钢锭时,每切一段就损耗金属6~7 kg,产生的热量达29307.6~34331.76 kJ。

气割时,需要大量的氧气和乙炔或其他燃气,都是易燃易爆物品,须安全妥善保管。

5.7.4 同步剪

同步剪的工作原理与同步锯相同,只是用剪切机代替旋转的锯片。机械剪切所用的剪切机,可以用液压式,也可以用偏心轴式的。

用来剪切钢坯的剪切机,其剪刀片都是互相平行的。在热状态下剪切连铸钢坯所必需

的冲压力,可以按下式计算:

$$p = K_1\tau F = K_1 K_2 \sigma_b F \tag{5-33}$$

式中　p——剪切机最大压力,1×10^4 N;

K_1——剪切机的工作情况系数,依刀口的锋利程度、两块刀片之间的空隙以及剪切速度等工作条件而定。在热切铸坯的情况下,一般可取 $K_1 = 1.3$;

K_2——铸坯的抗剪强度与最后强度的比值,对于一般钢种,可以取 $K_2 = 0.6 \sim 0.7$;

τ——铸坯在热状态下的抗剪强度,100 MPa;

σ_b——铸坯在热状态下的最后强度,100 MPa;

F——铸坯的横截面积,cm^2。

将 K_1、K_2 的数值代入式(5-33)得到如下公式:

$$p = 0.78 \sim 0.91\sigma_b F \tag{5-34}$$

在连续铸钢机上剪切的铸坯温度,一般在 800～1000℃范围内。在工作不正常的情况下,铸坯温度可能更低些,依徐宝陞先生的意见[30],设计剪切机时最低温度按 750℃考虑。各种化学成分的钢坯在不同温度下的最后强度列于表 5-27。

表 5-27　钢在各种温度时的强度极限[30]

温度/℃	钢的种类及其最后强度/MPa								
	纯铁	0.1%～0.15% C 钢	0.3% C 钢	0.5% C 钢	0.75% C 钢	1.00% C 钢	20% Cr 0.3% C 1.0% Cr	30% Ni	4% Cr 8.5% Ni
650	126	105	161	196	245	315	294	217	315
760	84	—	98	108	119	231	140	175	140
820	60	63	70	88	109	217	70	154	105
930	49	54	60	75	97	161	38	126	84
980	41	—	47	61	77	119	35	105	70
1040	36	40	41	51	62	91	28	84	49
1100	31	32	35	39	45	70	21	70	35
1150	25	27	28	—	—	—	—	—	—
1200	16	19	21	—	—	—	—	—	—

确定剪切机的公称能力时,应大于按式(5-34)计算出来的压力 20%～30%。

在剪切过程中,固定剪刃经常接触红热的钢坯。为了避免剪刃退火,延长剪刃的使用寿命,应经常喷水冷却刃口。为了减小铸坯切口的弯曲变形,可采用封闭式剪刃。

在水平连铸 250 mm×65 mm 的铝锭时,上海某厂曾采用 90 t 剪切力的机械剪进行热剪。使用的电动机为 $JO_2$51-4 型,7.5 kW,1450 r/min,丝杠传动。

5.7.5　飞剪

在水平连续小断面的棒、型和窄带铸坯时,采用液压时机械飞剪是比较经济实用的。由于铸坯的断面比较小,剪切的速度比较快,剪切时剪切机随铸坯运行的距离不长,液压站可装在地面上,用压力油管与剪切机上的剪切油缸联结供油。也有的直接将全套液压系统都装在飞剪的机架上，组成完整的独立系统。

在有色金属锭的水平连铸生产中，铸造速度比连铸钢锭时低得多。对于小断面铸坯适于采用飞剪；也可以采用飞锯。锯切时要产生一些切屑，除了损失一部分金属之外，对飞锯来讲，还要考虑锯屑的排除，要考虑安全措施。

在水平连铸断面很小的杆坯时，使用手动机械剪即可满足生产要求。

5.8 冷却介质

在连续铸锭过程中，液态金属凝固及其冷却时，会放出大量的热。目前，常用的冷却介质为水和空气，而且以水作冷却介质时居多。

用水作冷却介质时，在大多数情况下都是在大气压条件中使用。在这种条件下，水在100℃即沸腾。在冷却界面上容易产生汽膜层，不便于控制冷却强度。在结晶器的冷却系统中，采用冷却水背压操作时，虽然可以提高水蒸气饱和温度，升高结晶器壁的工作温度，增加总的散热量，但是这种操作要严格谨慎，避免熔毁结晶器壁。

在二次冷却过程中，使用单一的水作冷却介质，往往因冷却强度过大而使铸锭产生裂纹。常用空气与水的混合物作冷却介质，甚至采用单一的空气进行冷却。研究结果表明，在连铸钢锭过程中，当铸锭表面的温度超过600℃时，气水混合物的总传热系数与单一的压缩空气冷却时相等，如图3－87所示。使用压缩空气冷却铸锭，所需压缩空气耗量很大。据A. A. Скворцов等人的试验数据为1000 $m^3/(m^2 \cdot h)$[47]；而使用冷却水时比例耗水量大概为3.5～10 $m^3/(m^2 \cdot h)$。使用1 m^3压缩空气（标准）所消耗的能量相当于0.04 kg标准煤，使用1 m^3水（标态）所消耗的能量相当于0.143 kg标准煤。平均比例耗水量按7 $m^3/(m^2 \cdot h)$计算，使用压缩空气时所消耗的能量相当于使用水时的40倍。单从这方面考虑，使用压缩空气作冷却介质是不合适的。从循环经济角度考虑，如果能将冷却后的高温空气集中起来利用，则使用压缩空气有其优越性。使用水作为冷却介质时，冷却水带走的热能不便于利用，而且产生大量水蒸气；对于缺水地区，替代水冷却更有实际意义。

据德国专利介绍[52]，曾研究使用液氮作为结晶器的冷却介质。结晶器有三个同心管装配组成两个环形冷却室，外冷却室中部有一个不小于1 mm的孔洞作为冷却剂入口，中间管壁有一圆孔使冷却剂进入到结晶器入口端的内冷却室，冷却剂围绕内室周边均匀分布，内室有一个不小于1 mm的冷却剂出口。据称用于铸造有色金属，特别是黄铜或铝时，消除了由于用水作冷却剂而引起爆炸的危险性。

据德国专利介绍[53]，在水平连续铸造中使用一种惰性冷却剂作为二次冷却介质，熔融液在一个热交换器内冷却到具有黏度高但仍是液态；然后通过结晶器的出口流入冷却槽内，在此完成最终结晶。冷却槽内有密度与铸造熔体接近的惰性冷却剂。在热交换器内冷却熔体减慢了熔体结晶速度。结晶器流口结构的设计使进入冷却槽的液流整个断面上具有相同的温度。使用前流口需要预热。此法适用于生产直径20 mm或断面4 cm^2以下的产品。

5.9 多流同时连铸设备

在水平连续铸锭生产中，设备的生产能力通常低于立式连铸。在立式连铸生产中，一般都是多流同时连铸，特别是在铝及铝合金锭生产中同铸锭数比较多；例如，同水平连铸ϕ127 mm的铝合金锭时，可以同时连铸72根。随着水平连铸技术的发展，也实现了多流同时连铸过程。目前，多流同时连铸设备在铝及铝合金锭水平连铸生产中应用比较多，如图 5-50 所示。在铜及铜合金水平连铸生产中多用于生产线坯，如图 5-51 所示。北京东风线材厂采用过 24 流水平连铸 ϕ10 mm 铝杆的设备，铸造炉的熔池尺寸为 3735 mm × 820 mm × 163 mm。

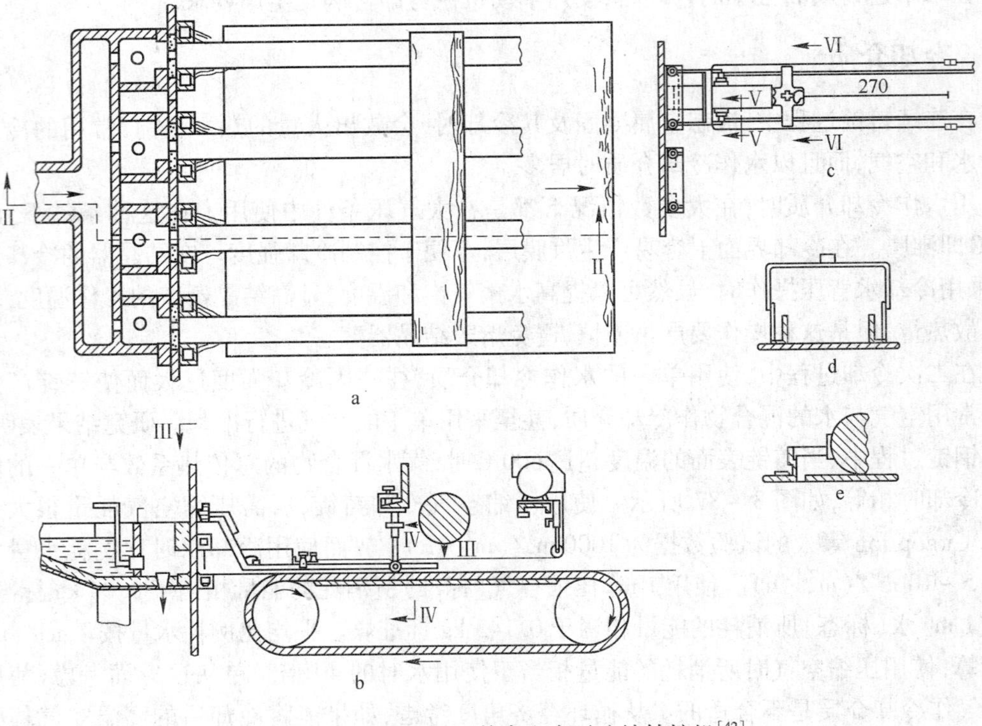

图 5-50　四流铝、镁及其合金水平连续铸锭机[42]

a—连铸装置局部断面图；b—图 a 的Ⅱ-Ⅱ剖面图；c—图 b 的Ⅲ-Ⅲ剖面图；d—图 b 的Ⅳ-Ⅳ剖视图；e—图 c 的Ⅴ-Ⅴ剖面图

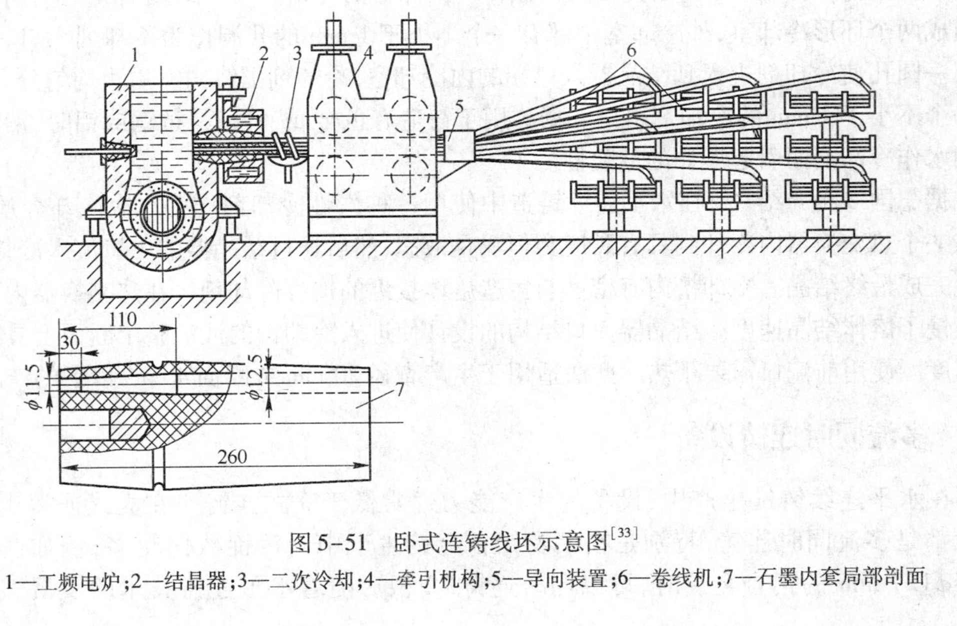

图 5-51　卧式连铸线坯示意图[33]

1—工频电炉；2—结晶器；3—二次冷却；4—牵引机构；5—导向装置；6—卷线机；7—石墨内套局部剖面

在水平多流同时连续铸锭机上,有一个加长的中间包[54~56],有多个出口可将金属熔体平行地输送到各个结晶器中。通过一条水平的耐火管道,把每个浇注管和结晶器的入口连接起来,水平耐火管的位置是可调的。这种装置适用于大的多根连铸机。图5-50示出了具有4个水平安装的结晶器的连续铸造装置,结晶器固定在安装板上。安装板与结晶器连接的部分,用耐火材料或绝热材料制成端板,使中间包内的熔体与激冷的铸模分离,其中设有液态金属流口。中间包由分流槽和支槽两部分组成,并与主流道相联。为了减少熔体的热损失,主流道、分流槽和支槽均用耐火材料或绝热材料衬里。外壳和支承对中间包起支撑和补强作用。分流槽和各支槽之间的隔板上设有锥孔;铸造前,锥孔用锥形塞子堵住;铸造时,将锥形塞子拔去。锥形塞子用平均直径为63.5 mm的石墨棒制作,并带有手柄,以便包外操作。端板安置在结晶器安装板上的相应孔中,使结晶器和支槽的端部材料之间保持适当的位置。各支槽的底部均设有放流孔,各支槽中的放流孔用塞子堵住。当发生事故时,用塞子堵住锥孔,止住熔体流入该支槽,同时用锤子从底部沿的方向将塞子打出,通过放流孔可将残留于该支槽内的熔体排空。废锭由牵引装置拖出结晶器。这样可使一个铸模作业有效地中断,而其他结晶器仍正常地作业,对于作业人员并无危险。

图5-51中的结晶器有水冷套形式的冷却装置,用以冷却结晶器的四周和铸锭;冷却水冷却结晶器后,通过水冷套上的喷雾孔把水成雾状喷出去冷却铸锭。结晶器上设有润滑用的油路。为了使铸锭在同一水平面上保持平行运动,必须把各个结晶器平行配置在同一水平面上。

图5-51中的牵引装置为循环运动的传送带,并兼作全部铸锭的支撑结构。传送带的运行轨迹与结晶器型腔底面成一直线。传送带由可逆调速电动机驱动的传动机构带动。传送带上方设一个或数个压紧辊;压紧辊的另一个用途是防止铸锭在传送带上横向移动,使铸锭与结晶器轴向保持在一直线上。

在多流水平连铸机上,当其中一根铸锭出现事故时,必须妥善地单独处理,而后单独启动,却不能影响其他各铸锭的正常生产。图5-50采取的办法是很有创意的,专设一个导引装置。在结晶器安装板的结晶器一侧上方,在相对于每一个结晶器中心线的位置焊接一块角铁,在角铁上固定一个连接销,销子作为导引装置导轨的定位点。引锭杆载于导引装置之上;引导装置有一对导轨。导轨大小和两根轨之间的间隔,随铸锭的大小不同而定。例如,其高度和间隔分别为50.8 mm和177.8 mm时,适于101.6~165.1 mm直径的铸锭生产使用。导轨的长度为引锭杆能够达到压紧辊为准。引锭杆的尺寸与铸锭的尺寸大体一致,以便在传送带和压紧辊之间能够咬住铸锭的间隙内夹住引锭杆。导轨与支撑架相接,支撑架有托架,托架的上端安装一个套筒以便挂于连接销上,即将导引装置的前端固定。为了使托架固定,设有横梁。这样就可以从一个结晶器处移向另一个结晶器。为了防止导轨产生明显的位移,连接销与套筒是密切配合的。如果将导轨支撑架在连接销上的位置安装合适,就能与结晶器及传送带的水平线准确地配置在一条线上,也可使导轨相应地固定和稳定。为了防止导轨的尾部上翘而离开传送带上表面,导引装置的后部设有压制突块,销将压制突块与压制轭连接起来。压制轭顶端与螺旋式顶杆接触。顶杆连接在压紧辊支撑架(图中未示出)的横梁型材上,靠结晶器的一侧。槽钢和止动螺丝将螺旋式顶杆自由地安装在横梁上;因此,螺旋式顶杆可以由一个位置移向另一个位置。为了将顶杆准确地与结晶器安装在一条轴线上,在横梁上设有刻度记号和定位槽口。

图5-50中所用的引锭杆上两侧有一对前部导向部件和一对后部导向部件。前部部件具有支撑引锭杆的突缘和螺丝；部件还有两个支撑面和分别与导轨的顶面和内侧面接触，以便在垂直和水平方向定位支撑着引锭杆。后部导向部件也具有两个支撑面，还有一对导向支臂；支撑面分别与导轨的顶面和外侧接触。在一对导向支臂上有两块铁片，用螺丝把导向十字形板与铁片连接起来，即将十字形板与引锭杆连接起来了。十字形板上有一突块，便于与引锭杆的拉引装置连接。

在压紧辊的支撑架另一侧面，固定一根横梁，其功能如同横梁一样；一台可变速的电动机安装在托架上，托架可以在横梁上沿牵引装置横向移动。挠性材料的一端固定在与电机相连的卷扬机构上，另一端用销通过活节或环插入十字形板上的突块中；这样将可变电动机与引锭杆连接起来。在电动机的下面设有滑轮式链轮，挠性件绕过链轮转向90°，组成活动式引锭杆的拉引装置。也可以采用其他可变速动力装置代替可变速电动机，如液压驱动装置。

采用上述导引装置，在引锭作业开始时，能很好地止住引锭杆随牵引装置的运动。适当调节螺旋式顶杆的高度，使压制块对传送带给以不大的压力，使引锭杆的最后部分大体受到传送带的支撑。为了防止引锭杆被传送带拖动，在导轨内侧的接触位置有一对支持弹簧的自动栓，导轨上有凹槽以配合自动栓；为了充分防止引锭杆滑动，在一对制压栓之间可以设置一个或数个弹簧，以便使自动栓对导轨向外施加压力。此方案的优点是，支臂和自动栓能够使导轨保持正确的间隔；而自动栓和凹槽之间的相互固定，可以抑制引锭杆以垂直方向上下运动。为了对自动栓施加压力，设有压缩弹簧用的装置。弹簧室部分容纳自动栓和压缩栓，当凸轮挺杆顺时针方向旋转90°时，连接棒向上运动，销将连接棒连接在凸轮挺杆上。连接棒下部有连接件，销将连接件的一端自由地连接在弹簧压缩连接棒上，销将弹簧压缩连接棒的一端自由地连接在压缩栓上。当连接棒随着挺杆向上运动时，使弹簧压缩。连接棒上的螺母变动位置，可以准确地调整弹簧的压缩力。

当铸造开始时，将引锭杆装置放在销的位置上，将压制轭安装在导轨支持突块上，并使其对传送带产生少量压制力的顶杆压缩，使铸造再次开始。将引锭杆放在导轨上，并将引锭头少量伸入结晶器型腔内；其后部与传送带接触。销将挠性连接件连接在突片上，驱动装置将挠性连接件拉紧。从支槽入口隔板的孔中拔出塞子，这样再铸造即将开始。启动电动机，逐渐提高引锭杆的牵引速度以达到正常铸造速度。当引锭杆尾部达到压紧辊处时，就咬入传送带与压紧辊之间，这时引锭杆应达到铸锭的引出线速度，并完全受牵引装置传送带和压紧辊的控制。随即可将挠性连接件卷于贮藏装置中，即可停止单独的引出装置工作，将自由配合的销从单独引出装置上取下，再铸造启动作业结束。

多流连铸机上的单流启动作业是水平连铸工艺一大优点。在立式连铸机上难以实现。

在多流水平连铸很小直径线坯的设备上，实行单流启动作业是很简单的；无需专门机构。当其中一流发生事故时，只要将铸口堵住即可终止作业。重新启动时，先松开事故流水线上的两组上压辊，拔掉堵住铸口的塞子，人工将引锭杆插入结晶器，手动控制牵引速度，待线坯正常连铸通过牵引辊之后，将上压辊压在线坯上，即可继续进行连铸作业。

参考文献

[1] Roth A. 铝制大电流铸造母线的生产[J]. Aluminium,1965,(2):117~119.

[2] Сачко В В,идр. 水平连铸钢坯的成型机理[J]. Металлы,1972,(2):109~113.

[3] 美国铝业公司. 铸锭水平连续铸造法及其装置. 见:哈尔滨第五号信箱技术情报室. 铝合金水平连续铸造(译文集),哈尔滨:第五号信箱技术情报室,1971. 8~13(内部资料).

[4] 许纯良 译. 水平连续浇铸过程的一些特点. 见:山西省冶金技术情报站. 水平连续浇铸(译文专集). 太原:山西省冶金技术情报站,1977. 40~49(内部资料).

[5] 雷惠,雷森田,庄斌星. 一种新型的水平连铸机中间包加热系统[J]. 钢铁,2008,43(4):43~45,50.

[6] Елисов В С. 连续铸造铝合金锭时结晶器中熔体敞露表面的导热[J]. Цветные Металлы,1976,(10):54~56.

[7] 高泽生,译编. 连续铸造的控制-热顶铸造[J]. 轻合金加工技术(铸锭质量控制专辑),1973,(3):16,47~53.

[8] Жернов А И. 改进连铸铝合金锭的工艺[J]. Цветные Металлы,1985,(6):68~71.

[9] 高荫桓,翟永. 铝合金油气润滑模热顶铸造的研制[C]. 第十届轻合金加工年会(轻合金文集第三集),杭州,1991:1~6.

[10] 刘启林. 热顶模同水平多模半连续铸造工艺技术[J]. 轻金属,1988,(10):27~30.

[11] Сладкоштеев В Т,идр. 水平连续铸钢[J]. Бюллетень ЦИИН ЧМ,1962,(14):442.

[12] 章仲禹. 水平连续铸钢机结晶器的设计[J]. 冶金设备,1988,(2):12~15.

[13] 美国专利(专利号 3730251). 水平连铸法. 见:山西省冶金技术情报站. 水平连续浇铸(译文专集). 太原:山西省冶金技术情报站,1977. 95~106(内部资料).

[14] 何光,刘慰俭,汪建农. 水平连铸机分离环的温度场和应力场分析[J]. 上海工业大学学报 1987,8(1):36~42.

[15] 渡边精三. 连铸结晶器材质性能的研究和试制[J]. 铁と钢,1973,59(11):259.

[16] 渡边精三,と. 使连续浇铸高级化的结晶器新材料[J]. 金属,1974,44(1):62~65.

[17] 赵祖德 等. 铜及铜合金材料手册[M]. 北京:科学出版社,1993.

[18] 洛阳铜加工厂,等. 重有色金属材料加工手册(第1分册)[M]. 北京:冶金工业出版社,1988.

[19] 宝鸡有色金属加工厂,等. 稀有金属手册(下册). 第2版[M]. 北京:冶金工业出版社,1997

[20] Рогайлин М И,идр. 碳和石墨材料手册. 兰州碳素厂研究所技术情报组译. 兰州:兰州碳素厂,1975(内部资料).

[21] Mantal L. 碳和石墨手册. 兰州碳素厂研究所等译. 兰州:兰州碳素厂,1978(内部资料).

[22] 苏联科学院. 连续铸锭论文集[C]. 北京:冶金工业出版社,1957(中文版). 85,86.

[23] Сладкоштеев В Т,Курицкий М А,Шатагин О А,идр. 用 УНИИМ 水平连铸机浇铸青铜[J]. Цветные Металлы,1962,(3):67~74.

[24] 徐春杰,甘雨,张雷,等. 铸铁水平连铸圆结晶器优化设计数值模拟[J]. 特种铸造及有色合金,2003,(2):26~28.

[25] 韩志伟,冯科,王勇,等. 结晶器铜板冷却结构的优化设计[J]. 铸造技术,2007,28(6):856~858.

[26] 王祝堂. 薄铝带坯高速连续铸轧技术(1)[J]. 轻金属,1999,(2):50~52.

[27] 东北轻合金加工厂. 双辊下注式连续铸轧铝板[J]. 轻金属,1976,(3):34~47.

[28] 洪伟. 有色金属连铸设备[M]. 北京:冶金工业出版社,1987.

[29] 连铸变形铝合金圆锭用的结晶器. 前苏联 B22d,31c,21,№155267[P]. 1963-07-17.

[30] 徐宝陞. 连续铸锭装置[M]. 北京:冶金工业出版社,1959.

[31] Доъаткин В И. 铝合金铸锭[M]. 乔玉普等译. 北京:中国工业出版社,1964.

[32] Jan Klys, Zygmunt Pogan, et al. 用半连续铸造法铸造铝和铝合金圆锭时短结晶器的应用[J]. Prace Inst. Met. Niezelaz, 1974, 3(1): 11 ~ 17.

[33] 洛阳铜加工厂, 等. 重有色金属材料加工手册(第2分册)[M]. 北京: 冶金工业出版社, 1988.

[34] Сладкоштеев В Т, Шатагин О А, Курицкий М А, идр. 水平连续铸钢工艺[J]. Сталь, 1964, (9): 795 ~ 797.

[35] 王祝堂, 田荣璋. 铝合金及其加工手册[M]. 长沙: 中南工业大学出版社, 1989.

[36] 东北轻合金加工厂, 等. 轻金属材料加工手册(下册)[M]. 向培森. 北京: 冶金工业出版社, 1980.

[37] Weckman D C, et al. 有色金属棒直接水冷连铸时最佳结晶器长度的设计[J]. Z. Metallkd., 1983, 74(11): 709 ~ 715.

[38] 钟春生, 朱庆桂. 提高水平连铸结晶器使用寿命的实践[J]. 钢铁研究, 2007, 35(4): 5 ~ 8.

[39] 徐党委, 王华, 沈峰, 等. 连铸结晶器铜板磨损的原因分析[J]. 连铸, 2007, (1): 29 ~ 31.

[40] 沈阳铝镁设计院电阻组, 淄博铝厂. 水平连续铸造铝杆新工艺试验小结[J]. 轻金属技术, 1973, (4): 1 ~ 7.

[41] 冶金部情报标准研究所. 铝线坯连铸试生产小结[J]. 见: 冶金部情报标准研究所. 有色金属及合金线坯的连续铸造. 北京: 冶金部情报标准研究所. 1973. 10 ~ 17.

[42] 哈尔滨第五号信箱技术情报室. 图片简介. 见: 哈尔滨第五号信箱技术情报室. 铝合金水平连续铸造(译文集). 哈尔滨: 第五号信箱技术情报室. 1971. 25 ~ 29(内部资料).

[43] 孙国臣. 水平连铸拉管结晶器的改进设计[J]. 铸造, 2006, 55(2): 204, 205.

[44] Шатагин О А, Сладкоштеев В Т, Рутес В С, идр. 铜－陶瓷结晶器在水平连铸机上的应用[J]. Сталь, 1972, (12): 1083 ~ 1086.

[45] 孟茂生. HCCϕ54 水平连铸机的设计[J]. 铸造技术, 2005, 26(1): 37 ~ 39, 41.

[46] 朱庆桂. ϕ150 mm 水平连铸圆管坯的开发与实践[J]. 连铸, 2004, (6): 27 ~ 29.

[47] Скворцов А А, Акименко А Д. Теплопередача и Затвердевание Стали В Установках Непрерывной Разливки(钢在连铸设备中的传热与凝固)[M]. Москва: Издательство“Металлургия”, 1966.

[48] 冯春荣, 田荫东, 何维泉. 连铸用内直交气水雾化喷嘴的研究[J]. 钢铁, 1986, 21(7): 5 ~ 9.

[49] Головешко В Ф, идр. 几种供连铸用的分散型二次冷却系统[J]. Бюлетень Цветной Металлургии, 1981, (10): 33 ~ 35.

[50] Тучкевич Н М, идр. 特殊合金自耗电极的水平连铸[J]. Сталь, 1970, (1): 25 ~ 28.

[51] Forrest Stretmater. 铝的锯切[J]. Light Metal Age, 1965, 23(3, 4): 6, 7.

[52] 金属连续铸造结晶器. 类号 B22D11/04, 前西德: 2945577, 1980-05-22.

[53] 水平连续铸造. 类号 B22D11/12, 前西德: 2844485, 1980-04-24.

[54] 美国铝业公司. 水平连续铸造方法及其装置. 见: 哈尔滨第五号信箱技术情报室. 铝合金水平连续铸造(译文集). 哈尔滨: 第五号信箱技术情报室. 1971: 13 ~ 18(内部资料).

[55] 水平多根连续铸造机. 类号 B22D11/10, 英国, 1564953, 1980-04-16.

[56] 多流水平连铸机. 类号 B22D11/08, 美国, 4195685, 1980-04-01.

6 生产实践

封闭式连铸生产包括水平连铸和同水平热顶铸造。目前,水平连铸生产工艺广泛应用于各种金属锭的连铸生产中。同水平热顶铸造,仅应用于铝及铝合金锭连铸生产中。实际上,只有热顶铸造才能实现同水平铸造,因此,同水平热顶铸造简称为同水平铸造。

6.1 铝及铝合金水平连铸

在水平连铸工业生产中,应用最早是在铝及铝合金锭方面,自1951年8月法国的Chanles Armand和Pual Angleys获得水平连铸铝锭的专利权,至今已有50余年历史。目前许多国家应用这种工艺生产棒坯、管坯、型坯、线坯和带坯。水平连续铸造工艺的适应范围较广。据资料报道[1],可以铸造直径从20~240 mm的实心铝棒锭;外径为40~240 mm、壁厚不小于外径20%的空心铝锭;周长相当于直径40~240 mm的方形、六角形等实心锭和空心锭;以及周长相当于直径20~240 mm的扁、角、槽型等型材。图6-1为应用于生产中的异型大断面铸造铝母线形状;图6-1a为德国联合铝业公司的利浦厂生产的U承重铝母线断面形状,用99.5% Al生产,每根铝母线长度为10.8 m,应用于莱茵铝厂和Erftwerk厂的100 kA连续预焙电解槽上。图6-1b为瑞士的希皮斯铝厂生产的工字形承重铝母线断面形状,用Al-1.8% Fe,每根铝母线长9.3m,应用于瑞士Chippis厂和挪威的莫塞因铝厂的上部导电自焙阳极电解槽上。这两种承重铝母线,既作铝电解槽的阳极母线,又兼当铝电解槽的阳极承重梁,使铝电解槽的阳极结构得以简化。

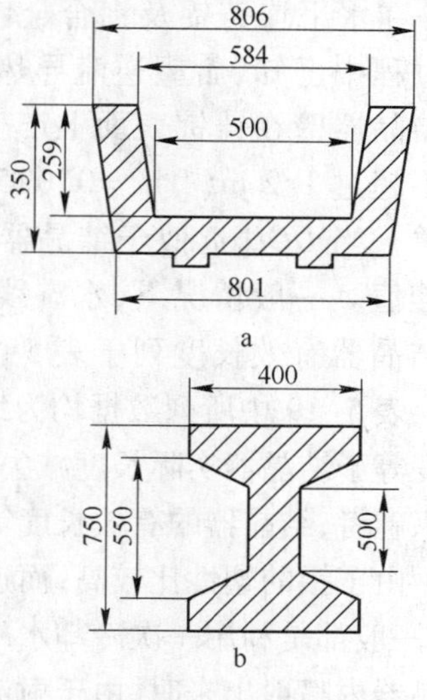

图6-1　异型大断面铸造铝母线

a—U形承重铝母线断面形状[2];

b—I字形承重铝母线断面形状[3]

在水平连续铸造机上生产的铝锭,其横断面最大尺寸,目前见诸报道的是美国Alcoa公司[4],能单个生产508 mm × 1524 mm的板锭和多流同时连铸直径为304.8 mm的挤压用棒锭;牵引装置为带式输送机,设带式飞锯;定尺长度,板锭为9144 mm,圆锭为3567.6 mm。锯切长度最短457.2 mm美国还用此法铸造530 mm×1750 mm的Al-Mn(3000)系和Al-Mg(5000)系合金锭,定尺长度9 m[5]。

在水平连续铸造机上生产的铝及铝合金铸坯,最小横截面尺寸为直径10 mm左右。

6.1.1 设备结构

在水平连铸铝及铝合金锭生产中,经过半个多世纪的实践,水平连铸设备结构还没有形成标准型号，但是基本上已成定式。其设备主要组成部分如下：中间包、结晶器、引锭装置、牵引装置和同步锯。

中间包，其外壳用钢板焊接而成，如图 5-1 所示。固定结晶器的一面垂直安装，使用较厚的钢板，以免固定结晶器时变形，其外表面要刨平；安装结晶器的部位开孔，以便铝液通过。使用前通常在内衬表面上刷以涂料，便于清理。使用前必先风干而后烘烤内衬。

中间包固定安装，不振动。

结晶器是水平连铸的关键部件。制作结晶器工作壁的材料，通常是锻后淬火的 LD5 铝合金或紫铜，也有使用石墨制作。不管使用何种材料制作结晶器，都必须采用合理的润滑。P. Angleys 等人在试验中曾发现[6]，使用石墨时，铸锭在最初铸造的几米长度内可以得到良好的铸造表面，但继续进行铸造时铸造表面开始恶化，最初产生小的裂缝，以至最后拉断。据分析，认为这是由于铸造时金属与结晶器之间产生的水蒸气，而使结晶器表面形成一层白色的膜所造成的。从 5.3.1 节中已知，产生这种现象的原因在于石墨材料在摩擦时的工作能力主要取决于气体介质成分和湿度；各种未浸渍的石墨材料，当摩擦表面有凝结介质形成的薄膜、液滴时，其磨损和摩擦力就会增大 5～10 倍。要克服这层白膜，可增大油压，使润滑油从微孔中渗出，防止水蒸气凝聚于石墨壁表面上。

在水平连铸铝及铝合金铸锭生产中，结晶器长度一般都比较短。从热顶铸造的传热过程中已知，希望逆流导热距离 *UCD* 伸到距储液槽 1/2 in（1 in = 0.0254 m）以内；单靠结晶器壁在铸锭表面上产生的向下冷却距离 *MAL* 不超过 1 in（1 in = 0.0254 m），最好不超过 1/2 in（1 in = 0.0254 m），可以得到良好的铸锭表面。*UCD* 大小与铸锭尺寸无关。当 *UCD* 近似于结晶器长度加上结晶器出口端面至水湿线之间的距离时，可获得最佳值。一般情况下，水湿线至结晶器出口端面的距离比较短，在 10 mm 左右。常用的结晶器有效长度列于表 5-19。

表 5-19 中所列数据均为结晶器的有效长度。对于结晶器入口处设喇叭碗者，其有效长度等于结晶器实际长度减去喇叭碗的长度之差值。对于绝热导流板与结晶器压接处不设喇叭碗者，结晶器的有效长度等于其实际长度。

由于铝的塑性比较高，而连续铸造的拉坯速度又比较低，因此，连铸过程中的二次冷却水，一般都是利用一次冷却水冷却结晶器后直接从结晶器内喷射出来冷却铸锭。冷却水从结晶器内喷射出来时，由于射流的卷吸作用可以使结晶器内凝固壳与结晶器工作壁之间的空隙里形成负压。当采用分离的二次冷却结构时，则无此作用。为此，A. H. Terssmann 在其设计的结晶器里用抽真空的办法保持 350 mm 汞柱的气压[7]，并在空隙里充以丙烷、氮或氩气把空气赶走，从而避免金属氧化。他认为这样有利于润滑油的分布，有利于润滑油热分解时所产生的气体排除，避免在结晶器壁上形成残焦，可改善结晶器的热传导。

目前，在水平连铸铝及铝合金铸锭生产中，常用的结晶器有三种结构形式，即整体式、拼装式和组装式。分别介绍如下。

整体式结晶器，采用整块金属制作，使结晶器工作壁、润滑油系统和冷却水系统联为一体。1964 年 2 月，P. Angleys 在美国矿冶和石油工程 93 届年会上的报告中[8]，提出了这种结构形式，用以生产铝及铝合金圆锭，如图 6-2 所示。结晶器的长度很短，曾使用过小于 1/2 in的结晶器。

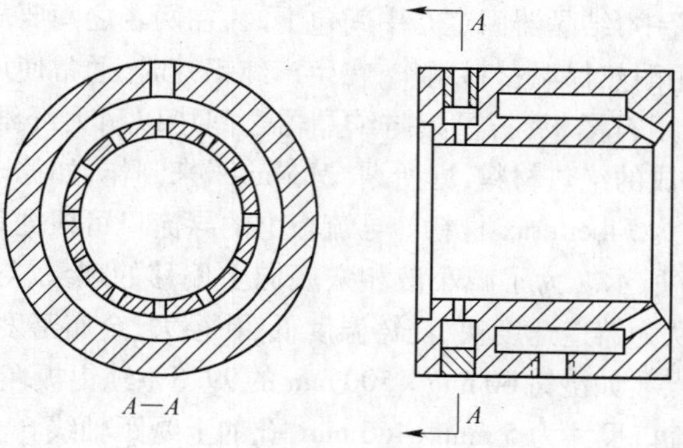

图 6-2 整体式圆锭结晶器[8]

1966 年，沈阳铝镁设计研究院与抚顺铝厂协作，在水平连续铸造 80 mm × 400 mm 的铝母线试验中，曾使用整体式结晶器，其长度为 40 mm；采用整块的紫铜制作，如图 5-23 所示。这种结晶器制作比较困难，特别是加工直径小于 0.5 mm 的润滑油孔时不方便，结晶器的平面刚性好，不容易变形。这种结晶器无通用性；适于单一的中小规格产品生产。1970 年 6 月，沈阳铝镁设计研究院结合淄博铝厂线材工程设计提出以铸造铝线坯代替轧制铝线坯工艺方案，在水平连续铸造直径为 8 ~ 11 mm 铝杆试验中，即使用紫铜制作的整体式结晶器，其长度为 28 mm，如图 5-24 所示；其后在铝杆连铸生产中一直使用这种结晶器。1972 年洛阳有色金属加工设计研究院试验厂将水平连铸铝杆的结晶器缩短至 22 mm。北京有色金属材料试验厂在水平连铸 68 mm × 385 mm 的铝锭时，曾采用黄铜制作整体式结晶器，其长度为 45 mm；宽面各设 8 个 ϕ0.2 mm 的润滑孔，间距为 40 mm，孔中心至结晶器入口端面 12 mm；结晶器出口宽面中部各设 66 个 ϕ1.5 mm 的喷水孔，间距为 6 mm，其余孔间距 10 ~ 12 mm；油孔中心至结晶器入口端面的距离过大了一点。

拼装式结晶器如图 5-25 所示。对于扁锭结晶器的窄面单块，也可以用整块紫铜制作，通常将结晶器角部的弧段设在窄面单块上。拼装式结晶器由于内外壁固定的结构因素影响，目前使用的结晶器相对比较长一些，当不制作喇叭碗时其有效长度约为 60 mm，实际上还可以缩短一点。

组合式结晶器如图 5-26 所示。20 世纪 60 年代中期，我国东北轻合金加工厂即开始用这种结晶器进行水平连铸试验研究。

图 6-3 是美国 Alcoa 公司用来生产直径为 300 mm的圆铝锭的浇铸装置。结晶器为组装式，全用铜制作。在结晶器与中间包之间装有一块代替喇叭碗的耐火材料垫板，它既起到结晶器与中间包之间的密封作用，又起到喇叭碗引导金属流进入结晶器的作用。为了获得高质量的铸坯表面，设计了可控制的结晶器内表面润滑系统；研究者认为，润滑剂使用蓖麻油衍生物和合成二酯比单用猪油和蓖麻油好。这种浇铸装置的结构也可以用来生产截面为 500 mm × 1524 mm 的铝扁坯。

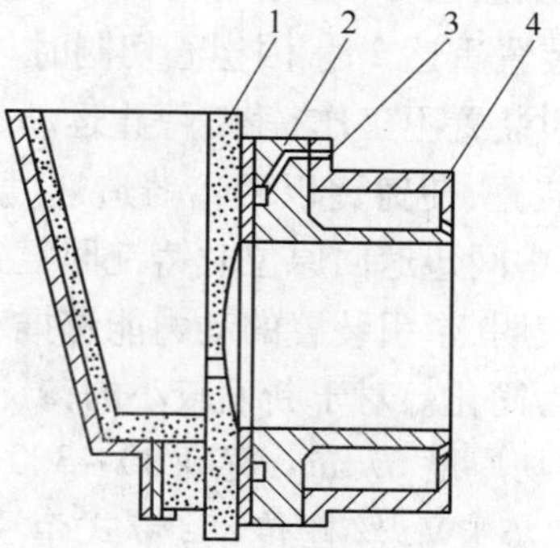

图 6-3 Alcoa 公司 ϕ300 mm 圆铝锭浇铸装置

1—垫板；2—结晶器内套；3—进油孔；4—冷却水外套

在突变式浇注装置中，结晶器固定在中间包上时，在两者之间要放置有一定可压缩性的导流板。导流板一般用耐热保温材料制作，在生产纯铝锭时，通常使用经济的温石棉板。在生产铝合金锭时，则采用石墨板，石墨板与结晶器之间压以耐火纤维薄垫。也有采用硅藻土、石棉绒和黏结剂制成的绝热材料，即所谓"Marinite"来制作，如德国联合铝业公司曾采用这种材料，在法国称之为 Fiberferax 材料。导流板上的导流口可根据铸锭的形状和大小来确定，如图 5-5 和图 5-6 所示。为了减小液相穴底向上偏移的现象，导流口一般设于结晶器中心线的下方。一般认为铸造速度快、浇铸温度低、孔径大、金属密度小，则离轴线的距离可小一点；反之，可大一点。如浇铸 60 mm × 500 mm 的 99.5% 纯铝板坯时，浇铸温度为 680℃，铸速为 550 mm/min，流口尺寸为 5 mm × 466 mm，孔的上缘距轴线 6 mm[9]。

结晶器固定在中间包上之后，往往在结晶器与导流区交接处用耐热保温材料做成喇叭碗状的隔热环。制作喇叭碗的材料通常用石墨粉加石棉绒和润滑油调和而成的混合物或采用石墨，也有用绝热材料制作的，但是，在这种情况下生产铝合金锭时铸锭下部容易产生较多的光亮晶粒和金属间化合物一次晶。从减弱导流板与结晶器交接区的冷却强度考虑，不制作喇叭碗为好，只要将导流板上的流口靠近结晶器壁适当距离即可，以便充分利用液态金属弯月面的作用。喇叭碗的存在，实际上削弱了甚至消除了弯月面的作用。1962 年匈牙利艾卡铝厂[10]，在结晶器内的入口端衬以绝热环，绝热环的空腔断面与结晶器型腔断面相同，在绝热环与结晶器激冷区之间分布着 ϕ1.5 mm 的润滑油孔；绝热环与中间包之间压以绝热导流板，铝液流口设在下沿。绝热环的作用与喇叭碗相同，但这种结构消除了液态金属弯月面的作用，无法准确控制初始凝固前沿的位置，很容易伸入到绝热环区。在生产铝合金锭时，也不能消除产生光亮晶粒和金属间化合物一次晶的条件。

目前，在水平连铸铝及铝合金锭生产中，采用的牵引装置有链板式、拖曳式和辊式。链板式牵引装置中包括链板式、带式和链式三种结构。对于生产较大的断面的铸锭时，通常采用链板式或带式牵引装置；断面不太大的圆锭可采用链式牵引装置，通常与辊式牵引结构组合使用。拖曳式牵引装置使用不多，匈牙利艾卡铝厂曾使用这种结构。单独的辊式牵引装置只适于铝线坯生产。当生产实心锭时，牵引装置应水平安装。当考虑生产空心锭时，牵引装置及整个铸机宜保持 3/400 的倾斜度，以利管坯内壁的冷却水流出。

在水平连铸铝及铝合金锭生产中，大都是采用圆盘锯进行切割铸锭。通常采用同步锯，在切割铸锭的过程中，整个锯切装置与铸锭同步运行。对于大断面的铸锭，需要庞大的动力装置，如法国 Ugine 公司的 Venthon 铝厂曾使用 22 kW 的圆盘锯[6]，切断 127 mm 厚的铸锭，锯切装置重达 2 t。因担心切割时与铸锭同步运动困难，阻力大，故将圆盘踞固定不动，切割时牵引装置不工作，铸锭停止运动，结晶器与中间包以铸造速度反向运动，待切割完毕，启动牵引装置，使铸锭以两倍铸造速度恢复正向运动，而结晶器与中间包则以铸造速度正向运动，当中间包返回原位时铸锭回复到正常运动速度。这样，使整个铸机的结构复杂化。生产实践表明，牵引装置的动力能够推动同步锯与铸锭同步运行，不至于增加很大的动力，使铸机大为简化。对于断面较小的铸锭，也有使用热剪装置，如上海某厂曾使用 90 t 剪切力的飞剪，剪切厚度 67 mm、宽度 80 ~ 300 mm 具有热轧温度的铝扁锭；剪切电机原为 10 kW，后减小为 7.5 kW，丝杠传动；带式牵引装置的直流电动机原为 2.2 kW，1300 r/min，后改为 3.3 kW，1440 r/min；剪切位置至牵引装置的压辊中心线原为 1550 mm，后缩短为 900 mm。上海铝制品一厂，水平连铸 55 mm × 420 mm 铝锭时，曾使用液压剪，采用 BZF_{45} 型变量轴向柱塞泵，油压 45 MPa，液压油流量 25L/min；配 13 kW 的 JO_2—61—4 型电动机。

目前，在我国各铝厂使用的水平连铸机，大都采用突变式导流浇铸装置、链板牵引装置和同步锯。如图 6-4 所示。

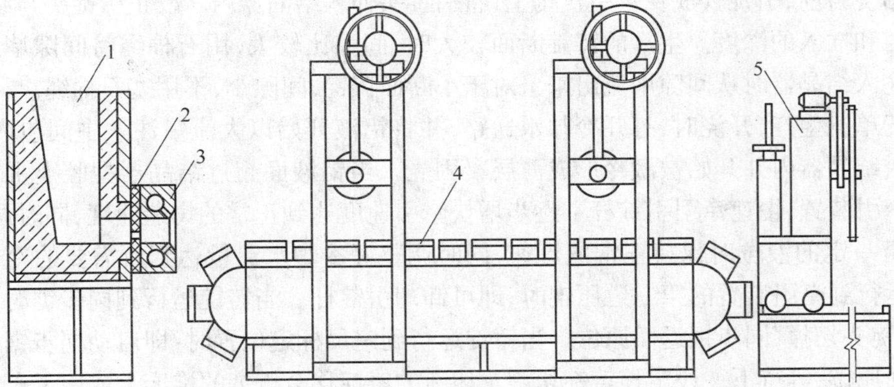

图 6-4 铝铸锭水平连铸机结构配置图

1—中间包；2—导流控制板；3—结晶器；4—链板式牵引装置；5—同步锯

在水平连铸铝及铝合金锭生产中，牵引装置与中间包之间的空间，在保证生产操作的前提下尽可能短一点为好。采用链板式牵引装置时，从动链轮（近中间包端）中心线至中间包固定结晶器的垂直板面之间的距离，一般 600 mm 左右即可；有的工厂保持在 450 ~ 500 mm 之间[11]。第一道压辊中心线至从动链轮中心线之间的距离，一般保持 500 mm 左右即可。这样既便于生产操作，又便于二次冷却水散流，减少冲击压辊的水量，特别是对于生产宽面铸锭有利，铸锭上表面的二次冷却水包覆铸锭很长距离。否则会有大量冷却水冲击压辊而溅散到生产场地。铸锭下表面的二次冷却水，其包覆距离短得多，冷却一定长度之后会下泻流入集水坑内。采用链条式牵引装置，距结晶器 300 ~ 400 mm 时牵拉比较平稳[12]。

6.1.2 生产过程

在正常的水平连铸生产中，有效时间很长，从理论上说可以连续不断地生产。在实际生产中，由于各种因素的影响，往往不能保持永久的连续生产。在水平连铸直径 10 mm 的铝杆时，单根连续生产时间曾达 72 h 或更长一些。

生产前必须做好充分的准备工作。中间包糊制好保温内衬后必须风干，使用前刷上涂料，再进行预热达到一定温度，以免铝液流入中间包内的初期降温太多。生产操作工具也应预热，并检查好冷却水系统以及整个设备情况。

以突变式浇注装置为例，中间包预热好之后，把结晶器安装在中间包上。在结晶器与中间包之间垫以 10 mm 或 20 mm 厚的石棉板。石棉板上预先按所浇铸的铸坯形状开好铝液注入口，根据生产实践通常采用轮廓式供给金属液的方式。为了使进入结晶器的金属液流距离短，流口断面最好采用燕尾梢形式。流口横方向的长度为金属液流深度的数倍[13]，根据铸锭的尺寸流口总的长度与其宽度之比可以采用 15∶1 至 125∶1 的比例。也有资料报道[14]，注入口的面积一般为铸坯横截面积的 8% ~10%；当中间包中所取的液位高，静压力大，铝液温度高时取小值，反之取大值。注入孔应开在铸锭中心线的以下部位，且左右对称。

有的工厂在结晶器安装好之后，用石棉绒粉与蓖麻油捏成团条，糊在结晶器与石棉板的交接线上，做成喇叭形，其纵向长度距结晶器入口 8 mm 左右。从充分利用液态金属弯月面的作用考虑，在结晶器与石棉板交接线上不做成喇叭形更为有益。

开始浇铸前，引锭杆放在牵引机构上，将引锭头伸入结晶器内。校正引锭头与结晶器内腔的间隙和插入的深度。生产的铸锭断面较大时，间隙比较大，用石棉绳将间隙堵塞，以免铝液刚注入结晶器时从间隙中流出来。对于小断面铸锭，间隙小，不用塞石棉绳。

对于单流生产，开浇时，打开冷却水通路，并将铝液开始以大流量注入中间包内。铝液同时进入结晶器内并开始被激冷形成薄层凝固壳。当铝液面超过结晶器型腔上平面时，即可启动牵引装置，慢速牵引引锭杆。逐步增快牵引速度达到正常的铸造速度，同时调节铝液的流量至一定的液位时保持正常的流速，同时调整好冷却水流量达到所需要的冷却强度。当铸锭运行到牵引装置的第二道压辊时，即可卸却引锭杆。当铸锭运行到同步锯时，启动同步锯，将锭头切掉，同步锯返回原位。当铸锭运行到定尺标定位置时，即启动同步锯，切断铸锭后返回原位，等待下一段定长铸锭切割。切断的铸锭移至机旁的堆床上或用天车吊走。

对于多流同时连铸生产，铝液先放入分配槽内，待液位达到一定高度后，同时拔掉堵塞各个支槽的塞子，铝液流入各支槽开始浇铸。

流入中间包的铝液，事先进行精炼处理和晶粒细化处理。在浇铸过程中，常用 WE－300 玻璃丝布做成过滤网放在中间包上口处，以减少铝液中的氧化膜和夹杂物，提高进入结晶器内的铝液质量。

6.1.3　金属液位高度

在敞露液面的立式连铸生产中，金属液面在结晶器内。对于铸锭的初始凝固前沿所承受的液态金属静压力是很小的，可以忽略不计。在理想的正常条件下，初始凝固前沿起于液态金属弯月面半径的根部，即铸锭与弯月面的切点。此点所承受的液态金属静压力等于弯月面半径高度的金属液柱所产生的静压力。沿结晶器高度下降，静压力连续增加，在结晶器出口处及其以下，凝固壳所承受的液态金属静压力比弯月面半径根部处大得多。

在水平连铸生产中，金属液面引至中间包内；沿液相穴长度同一水平面上的液态金属静压力相等。对于铸锭的初始凝固前沿所承受的液态金属静压力比敞露液面立式连铸时大得多。在水平连续生产中金属液位的高度不能忽视，金属液位的高度直接影响到黏着阻力、摩擦阻力和抽吸阻力的大小。中间包内金属液位高，拉坯阻力大。从降低拉坯阻力的角度考虑，中间包内的金属液位宜保持在较低位置。另外，在水平连铸过程中，由于铸锭自重和液态金属静压力的作用使凝固壳下部与结晶器壁接触比其上部紧密些。在自然状态下，这种压力差别是必然存在的。从减少液相穴内上部和下部静压力的相对差别来考虑，中间包内的金属液位宜保持在较高位置。较高的金属液位可以促进凝固壳与结晶器壁接触的波动性。因此，中间包内的金属液位应保持在适当的位置上。对于单流水平连铸，只要中间包内的液位高于结晶器型腔上表面一定位置即可正常生产。对于多流水平连铸，由于液态金属先注入分流槽，然后再分别流入各支槽内，分流槽内的金属液位开始应保持高位，待流入各支槽正常生产时则低一些。实际生产中，金属液位的高度控制不是很严格，在资料报道中很少提及这个参数。有关工厂的金属液位高度列于表 6-1。

表 6-1 水平连铸铝及铝合金锭时金属液位高度

企业名称	美国铝业公司	匈牙利艾卡铝厂	中国的铝厂	
合金种类	Al-0.7%,Mg-0.4%Si	99.7% Al	工业纯铝	工业纯铝
铸锭规格/mm(×mm)	ϕ152.4	350×100(双流)	ϕ10	厚度或直径为 80 mm
液位高度/mm	76.2	铸造前 400,铸造时 160	70	300

熔体在比较低的压力下导入结晶器,金属液流在结晶器中的流动距离比较短。在通常的大气压下作业时,这个静压力为中间包内金属液水平与结晶器内金属液上部水平之差。低的金属流速对凝固金属表面的侵蚀和对结晶器表面的擦伤是非常微小的。根据资料报道[14],中间包内铝液应控制在 300 mm 的高度才能保证一定的静压力。

6.1.4 铸造温度

铸造温度通常指静置炉中金属熔体的温度,通常比合金液相线的温度高 50 ~ 110℃。对于形成金属间化合物一次晶倾向较大的合金,铸造温度应适当提高。对于裂纹倾向性很大的合金,例如 LC4 型合金的扁铸锭,铸造温度可适当地降低。对于工业纯铝,铸造温度一般控制在 690 ~ 710℃ 范围内,夏季取其低值,冬季取其高值。

提高铸造温度,通常会使液相穴长度增加,产生柱状晶组织的倾向性增大,使裂纹废品增多,并增大铸锭表面出现偏析浮出物的程度。实际上,铸造温度每升高 30℃,液相穴内的平均温度仅提高 1 ~ 2℃[5]。液相穴内熔体的温度虽然仅提高 2℃,但对铸锭组织及其缺陷的影响却很大。在生产 ϕ10 mm 的铝杆时,由于铸造速度很快,当铸造温度过高时,铝杆的上表面容易出现重皮现象,犹如鱼鳞状,甚至凝固不了而漏铝液。

铸造温度过低,会促使弯月面的固化面积扩大,从而促使铸锭表面冷隔的形成并增大其深度;并有可能导致体积顺序结晶,使铸锭组织产生显著的不均一性,降低铸锭的力学性能。铸造温度降低时,液固过渡区的宽度变大,熔体的黏度增加,金属凝固时排气和补缩的条件变坏,使缩松、氧化膜和夹渣废品增多。在生产 ϕ10 mm 的铝杆时,虽然铸造速度很快,当铸造温度过低时,铝杆的下表面仍然容易出现冷隔现象,甚至使凝固前沿进入石棉板导流口内,拉不动或铝杆被拉断。

在电解铝厂用液态原铝直接生产工业纯铝锭时[12],厚度在 80 mm 以下的扁锭,铸造温度控制在 710℃ 左右;厚度或直径在 80 mm 以上的铸坯,铸造温度一般不宜超过 710℃,否则极易产生裂纹。空心管坯,壁厚小,结晶器壁和芯子同时用水冷却,为了提高管坯的表面质量,将铸造温度提高到 740℃。用液态原铝水平连铸 6063 铝合金圆锭时,铸造温度为 690 ~ 720℃[14]。

在生产过程中,除了严格控制静置炉内熔体的温度之外,还应很好地保持中间包内熔体的温度,既不要使中间包内的熔体散热过多,以免熔体的温度降低过大,又要使进入结晶器内的熔体保持适当的温度。为了避免中间包内的熔体散热过多,中间包内应有足够厚度的绝热保温层,并在中间包上口加保温盖。为了使进入结晶器内的熔体保持适当的温度,其中有两方面的含义,一是避免熔体的温度降低过大,由上述保温措施来达到此目的;二是在导流区和中间包内从低温熔体到高温熔体的递变过程中,必须使每相邻熔体层的高温熔体层的质量大于低温熔体层的质量,以便高温熔体层有足够的热量补偿低温熔体层的散热损失,可以遏制正常生产过程中熔体冻结的可能性。因此，通常将中间包的上口尺寸大于其下口尺寸；或在等断面的中间包钢制外壳内用绝热保温层做成上口尺寸大于其下口，使中间包下部的保温层厚度大于其上部；这样下部保温层的储热量多一些，熔体散热速度慢一些，有利于保持下部熔体的温度。

水平连铸较大断面的铝及铝合金铸锭时，中间包内衬以适当厚度的绝热保温层即可满足正常的连铸生产要求。生产很小断面的铝及铝合金铸锭时，衬以绝热保温层的中间包不能确保液态金属稳定的铸造温度，而必须采取加热的保温措施。在水平连铸 ϕ10 mm 的铝杆时，曾经历了较长时间的试验摸索。开始仅从生产操作方便考虑，在八流连铸的中间包下面设置一个 9 kW 的电阻加热器，用以加热保温；中间包由一个总槽和八个支槽组成，总槽与各支槽之间有暗道相连，结晶器安装在每个支槽的外壁上。经过多次试验证明，由于铝液流量很小而敞露液面很大，散热损失太大，铝液的温度降落很快，不能保持正常的铸造温度，使连续铸造过程很快遭到破坏。随即改为铸造炉结构形式，在炉膛顶部设置 28 kW 的电阻加热器，在各支槽与炉膛之间设置障壁，壁上开一个 ϕ20 mm 左右的圆洞，以便控制铝液流量，各支槽内外断面相等。经过一段时间的实践，炉膛内的铝液能够保持住正常的铸造温度，但是各支槽内铝液的温度降落仍然是很快的，不能够保证连续的铸造过程。经过多次试验，拆除各支槽与炉膛之间的障壁，支槽内外仍为等断面。其时虽处盛夏，各支槽内铝液的温度仍不容易长时间稳定。后来将支槽的里口设计为大于其外口，里口宽 60 mm，外口宽 30 mm，支槽高 100 mm，并加强炉体的保温，将炉膛顶部电阻加热器的功率降低为 20 kW。这样，各支槽内的铝液与炉膛的热交换容易进行，能够保持正常的铸造温度，使连续铸造过程得以稳定。各支槽外侧的铸口挡板用高铝黏土制作，厚度为 20 mm，铸口挡板上导流孔的孔径也是里大外小，避免了导流区的冻结现象。

6.1.5　铸造速度

在连铸生产中，铸造速度越快，设备的产能越大。从发挥连铸机的生产能力考虑，应尽可能采用最大的铸造速度。但是，铸造速度的快慢却受到被铸金属的性质及铸锭规格的制约，它直接影响到铸锭的结晶速度、液相穴深度和过渡区的宽窄，对裂纹倾向性、表面质量和力学性能都有不同的影响。不同合金和不同规格的铸锭，应有其最适宜的铸造速度。

铸造速度对扁锭和圆铸锭裂纹倾向性影响都比较大，裂纹出现的方向也与铸造速度有关。扁锭在宽面上纵向产生的热裂纹是各种合金的普遍现象。铸造速度越大，产生这种裂纹的可能性也越大。对于塑性大的软合金铸锭，热裂纹可用降低铸造速度的方法来预防。对于塑性低的硬合金铸锭，降低铸造速度会增加铸锭产生冷裂纹的倾向；对于这类合金铸锭，不仅提高其对冷裂纹，而且对热裂纹的抵抗能力，都是很重要的。铝合金扁铸锭的铸造速度，通常在 4 ~ 7 m/h 的范围内。

使用短结晶器，即长度与直径比等于 0.25 ~ 0.4 的结晶器时，关于立式连续铸造硬铝合金圆锭最合适的铸造速度，В. И. Добаткин[15] 提出了如下计算式：

$$U_{铸} = 1.6/D^{n} \quad \text{m/h} \tag{6-1}$$

对于直径 $D = 100 \sim 400$ mm 的铸锭，$n = 1$；对于直径大的铸锭，$n > 1$，这时要相对地降低铸造速度，以期消除裂纹和提高铸锭的致密性。直径 800 mm 的铸锭，铸造速度采用 0.8 ~ 1.0 m/h。各种铸锭的铸造速度实际值和计算值如图 6-5 所示。

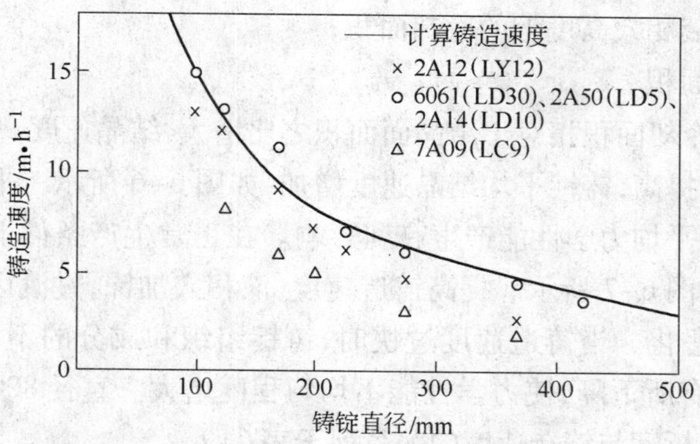

图 6-5 各种铝合金圆铸锭计算的和实际的铸造速度[15]

在铸造空心铝及铝合金铸锭时,计算的铸造速度根据空心铸锭的内径大小,要比相同直径实心圆铸锭的铸造速度大 20% ~30% 。

从图 6-5 可以看出,7A09(LC9)和 2A12(LY12)合金的实际铸造速度低于计算铸造速度,其他合金的铸造速度计算值与实际值的波动范围大体一致。断面比较小的圆铸锭,用降低铸造速度的办法可以消除裂纹。但是,当铸造速度很低,而液相穴缩到结晶器内时,铸锭容易产生表面裂纹。对于大断面铝合金圆铸锭,当铸造速度很低时,除了产生表面裂纹之外,由于铸锭轴向上温度梯度增大,因而增大了横向裂纹倾向性;对于硬铝合金圆铸锭尤为突出,铸造速度越低,横向裂纹的倾向性越大。

铸造速度对铸锭表面质量的影响也是很明显的。当铸造速度过慢时,铸锭表面容易产生冷隔。在水平连续铸锭生产中,铸锭上表面有时会出现铝液二次充型现象,使铸锭表面呈鱼鳞状。即使在水平连铸 ϕ10 mm 的铝杆时也会出现,特别是在铸造速度较低时,容易出现这种现象。随着铸造速度增大,铸锭凝固壳的厚度变薄,液相穴加深,使凝固壳与结晶器壁之间的相对接触面积增大,从而使拉坯阻力增加,铸锭表面容易产生拉痕,甚至使拉裂的倾向增大,在铸锭表面容易产生偏析瘤。即使在工业纯铝锭连铸生产中也可以明显地观察到这种现象。在水平连续铸锭过程中,铸锭的上表面比较光洁;其下表面多偏析瘤,而且容易出现细小裂口。铸锭上表面出现铝液二次充型现象和下表面多偏析瘤,都是因为凝固壳在重力作用下紧贴结晶器壁下部表面所致,而其上部界面容易出现空隙。

铸造速度对力学性能的影响,取决于它对铸锭结晶速度和过渡区宽度影响的综合结果。结晶前沿在铸锭中的移动速度就是结晶线速度。结晶前沿的移动方向与液相穴表面任意一点的切线相垂直,因此,铸锭中任意一点的结晶速度为[15]:

$$v_{结晶} = \frac{2\lambda(t_{熔} - t_{表})}{I\rho R} \times \frac{F_{冷却}}{F_{结晶}} \tag{6-2}$$

式中 λ——金属的热导率,kJ/(m · h · ℃);

$t_{熔}$——金属熔点(液相线温度),℃;

$t_{表}$——铸锭外表面温度,℃;

I——在铸造温度和温度等于$(t_{熔}+t_{表})/2$时的合金热含量差值,kJ/kg;

ρ——金属密度,kg/m^3;

R——铸锭半径,m;

$F_{冷却}$——相当于液相穴高度上的冷却面积；

$F_{结晶}$——结晶面面积。

铸造速度提高，冷却面积相对于结晶面面积之比增大，结晶速度 $v_{结晶}$ 增加。

随着铸造速度的提高，铸锭平均结晶速度增加，如图 6-6 所示。平均结晶速度增加，在一定范围内对铸锭的平均力学性能产生有利影响。在正常生产条件下，圆铸锭的力学性能沿横断面上的分布如图 6-7 所示。提高铸造速度，液相穴加深，过渡区变宽，使区域偏析加剧，使结晶补缩条件恶化。当铸造速度过快时，铸锭组织和成分的不均匀性及疏松程度增加，而使其力学性能有所下降，使力学性能不均匀程度增大。直径 800 mm 的 LY12 和 LD7 铝合金力学性能和偏析度与铸造速度的关系列于表 6-2。

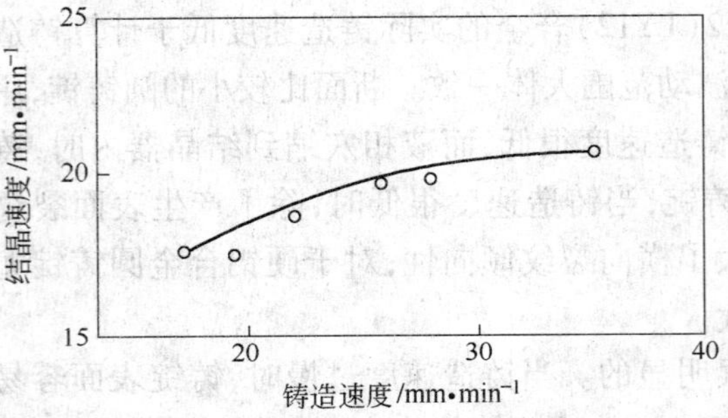

图 6-6　直径 660 mm 2A12(LY12)合金铸锭平均结晶速度与铸造速度的关系[5]

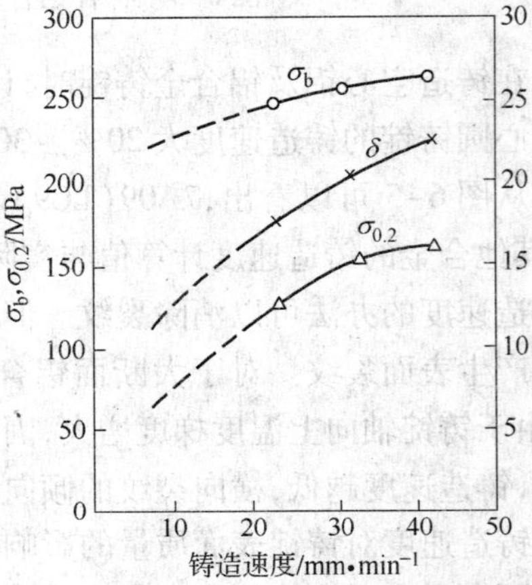

图 6-7　5A05(LF5)合金 ϕ405 圆铸锭力学性能(铸态)与铸造速度的关系[5]

表 6-2　直径 800 mm 2A12(LY12)和 2A70(LD7)合金铸锭力学性能和偏析度与铸造速度的关系[5]

合金	铸造速度 /mm·min⁻¹	均匀化以后		淬火状态				铜的偏析程度
		σ_b/MPa	δ/%	σ_b/MPa	δ/%	$\sigma_{b,min}$/MPa	δ_{min}/%	
LY12	21	238	4.0	337	3.1	290	1.8	0.2
	28	217	2.7	306	2.0	242	0.7	0.5
LD7	17	277	3.4	348	2.8	346	2.4	0.1
	30	258	2.7	332	2.2	292	1.1	0.3

生产实践表明，水平连铸时的铸造速度高于立式连铸时的铸造速度。

6.1.6　冷却速度

在稳定的连续铸造过程中，铸锭相对于结晶器和水冷带以恒定速度移动，而结晶面在空间的位置保持不动；在铸锭的坐标上，结晶面以铸造速度移动。结晶面在空间的位置决定于铸锭侧面的冷却强度和铸锭的移动速度。铸锭冷却强度相对铸锭移动速度之比越大，结晶面倾斜度越大。铸锭的移动速度即为铸造速度，铸锭冷却强度决定结晶前沿的横向移动速度。因此，铸锭的冷却强度又称之为冷却速度。

铸锭的冷却速度,不仅决定液相穴中结晶面在空间的位置和形状,而且和铸锭的凝固壳层内的温度分布共同决定着铸锭的弹性变形、塑性变形和内应力的数值。

有关2A12(LY12)铝合金的一些研究结果表明,直径130 mm铸锭中部的冷却速度为7℃/s,直径280 mm铸锭为3℃/s,直径370 mm铸锭为2℃/s[15]。在普通和等温淬火条件下,200 kg重的模锻件中心部分的冷却速度:在水中淬火时,冷却速度等于10℃/s;在150 ~ 180℃的熔融盐中淬火时,冷却速度等于2 ~ 3℃/s。在这种条件下,几乎能达到完全淬火。对比上述冷却速度可以看出,用直接水冷的连续铸造方法铸造铸锭时,会同时发生淬火过程;铸锭组织和晶内偏析程度均保持着结晶时所得到的那种状态。提高冷却速度可以减轻铸锭区域偏析的程度。

随着冷却速度的增加,铸锭中的热应力相应提高,使铸锭的裂纹倾向性增大。图6-8示出了连续铸造法和水冷模铸造的直径为100 mm的2A12(LY12)和7A07(LC4)铝合金圆铸锭中的残余应力分布曲线。

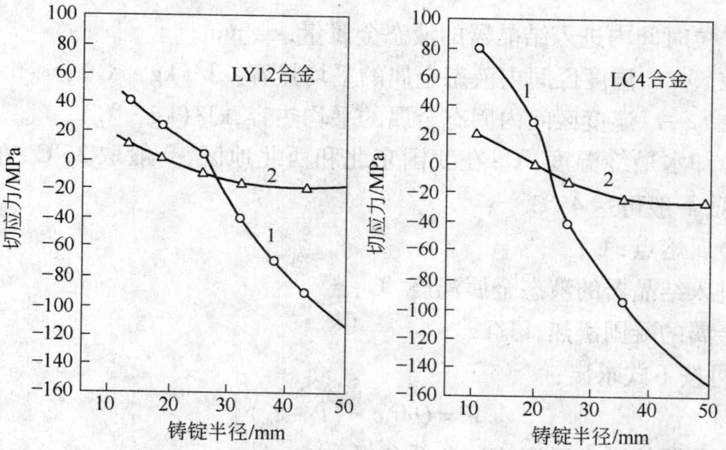

图6-8 不同方法浇铸的铝合金铸锭的残余应力分布曲线[5]
1—连续铸造法;2—水冷模铸造

从图6-8中可以看出,直接水冷连铸时铸锭中的残余应力比水冷模铸造时高得多。为了减少连铸时铸锭中的应力,向结晶器和铸锭表面供水的均匀程度很重要。局部供水不足将导致冷却速度不均等,造成各部分收缩大小不一和收缩不同步,容易造成局部热应力集中而增大产生裂纹的倾向性。这种情况对于扁锭表现尤为显著。

提高冷却速度对改善铸锭表面质量不利。当铸造速度较低时,过强的冷却速度是铸造表面冷隔形成的原因。

提高冷却速度除了可以减轻铸锭区域偏析的程度之外,在一定程度上还可使晶粒得以细化,对改善铸锭的力学性能有明显的好处。对于同一合金来说,铸锭的力学性能一般随冷却速度的增加而提高。实际生产中,在允许的条件下,尽可能地强化铸锭的冷却过程。铸锭直径小时冷却速度大。生产中,主要采取改变结晶器长度、水冷强度和铸造速度来改变铸锭的冷却速度。水冷强度的调节由改变冷却水量、水流速度和水的温度来实现。缩短结晶器可提高铸锭的冷却速度。表6-3列出了2A50(LD5)铝合金的力学性能与冷却速度的关系。

表 6-3　铸锭力学性能与冷却速度的关系[5]

合　金	铸锭直径/mm	结晶器高度/mm	铸态的性能				均匀化后的铸锭性能			
			横　向		纵　向		横　向		纵　向	
			σ_b/MPa	δ/%	σ_b/MPa	δ/%	σ_b/MPa	δ/%	σ_b/MPa	δ/%
2A50(LD5)	162	102	249.0	8.80	243.0	9.66	218.1	11.21	211.0	11.10
	192	158	224.7	7.94	214.0	7.15	204.5	10.49	208.5	8.14
	290	150	204.3	5.34	209.5	5.73	198.0	8.08	202.2	7.61
	350	180	203.5	4.98	210.3	4.75	196.5	7.87	195.1	6.97

注：铸锭均匀化制度为：495 ~ 510℃，保温 16 h。

生产裂纹倾向性较大的铝合金铸锭时，通常采用改变冷却水量的措施来降低冷却速度。但是，在降低冷却水量的同时往往增大了铸锭周边冷却的不均匀性。计算铸锭冷却水用量，首先要计算出冷却水从铸锭中带走的热量 Q：

$$Q = m[c_1(t_3 - t_2) + L + c_2(t_2 - t_1)] \tag{6-3}$$

式中　m——单位时间内进入结晶器的液态金属量，kg/min；

c_1——在 $t_3 - t_2$ 温度区间内液态金属的平均热容，kJ/(kg · ℃)；

c_2——在 t_2—t_1 温度区间内固态金属的平均热容，kJ/(kg · ℃)；

t_1——冷却水最终温度，℃；在我国东北和西北地区，一般取 35℃，在西南和中南地区，一般可达 45℃[5]；

t_2——金属熔点，℃；

t_3——进入结晶器的液态金属温度，℃；

L——金属的凝固潜热，kJ/kg。

冷却水量可按下式求出：

$$W = Q/[c \cdot (t_1 - t_4)] \tag{6-4}$$

式中　t_4——结晶器的进水温度，℃；愈低愈好；

c——水的热容，kJ/(kg · ℃)；

W——单位时间内的耗水量，kg/min。

6.1.7　连续铸锭工艺制度

连续铸锭工艺条件应根据合金的种类、铸锭的形状和规格，采用适当的工艺参数。表 6-4 ~ 表 6-7 为我国几种规格的铝合金锭的水平连续铸造工艺参数。表 6-8 为国外铝合金扁锭的水平连铸工艺参数。表 6-9 为国外铝合金圆锭的水平连铸工艺参数。

表 6-4　6A02(LD2) 和 2A12(LY12) 等铝合金圆锭水平连铸工艺参数[12]

铸锭品种和规格 /mm(×mm)	ϕ92	ϕ100	ϕ125	ϕ152	ϕ105(LD2)	65 × 360	空心锭 ϕ92/37	ϕ92(LY12)
铸造温度/℃	685 ~ 710	690 ~ 710	690 ~ 710	690 ~ 710	685 ~ 710	685 ~ 710	710 ~ 725	690 ~ 740
铸造速度/mm · min⁻¹	200 ~ 300	200 ~ 280	180 ~ 240	130 ~ 160	115 ~ 145	140 ~ 160	200 ~ 300	160 ~ 240
结晶器水压/MPa	0.029 ~ 0.049	0.029 ~ 0.049	0.029 ~ 0.059	0.039 ~ 0.078	0.029 ~ 0.059	0.059 ~ 0.018	外 0.039 ~ 0.078 内 0.039 ~ 0.078	0.019 ~ 0.059

表 6-5 3A21(LY21)铝合金锭水平连铸工艺参数[16]

铸锭规格/mm	结晶器有效长度/mm	铸造温度/℃	铸造速度/mm · min^{-1}	冷却水压/MPa	同铸根数
		710 ~ 730	420 ~ 450	0.12 ~ 0.13	

表 6-6 6063(LD31)铝合金锭水平连铸工艺参数[14,17]

铸锭规格/mm	结晶器有效长度/mm	铸造温度/℃	铸造速度/mm · min^{-1}	冷却水压/MPa	同铸根数
70 ~ 150	15 ~ 20	685 ~ 710	320 ~ 130	0.1 ~ 0.15	3
铝型材用圆锭		690 ~ 720	350 ~ 400 r · min^{-1}	0.01 ~ 0.015	

表 6-7 某厂工业纯铝热扁锭水平连铸工艺参数

铸锭规格 /mm × mm	结晶器有效长度/mm	铸造温度/℃	铸造速度/mm · min^{-1}	冷却水压/MPa	备 注
100 × 67	65	700 ~ 720	400	0.07	1. 铸坯具有热轧温度； 2. 拼装式紫铜结晶器
250 × 67	65	700	373	上下 0.06，侧 0.04	
80 × 65		700	420 ~ 430	大面 0.03 ~ 0.04，小面 0.06	
100 × 65	65	700	370 ~ 400		
250 × 65	85	700	300 ~ 350		

表 6-8 国外铝合金扁锭的水平连铸工艺参数[6,8,18~21]

国家	工厂名称	合金种类	铸锭规格 /mm(× mm)	结晶器长度/mm	金属液位/mm	铸造温度/℃	铸造速度 /mm · min^{-1}	冷却水		同铸根数
								水压/MPa	水量	
法国	Ugine 公司 Venthon 铝厂	纯 Al	δ = 200	12.7			150 ~ 200			
			δ = 100 ~ 200				300			
			δ = 20 ~ 100				500			
	Ugine 公司	99.65% Al	500 × 60	41		680	550	0.035		
			355.6 × 101.6				228.6 ~ 332.2			4
			600 × 125				65			4
德国	联合铝业公司	纯 Al	(20 × 100) ~ (160 × 710)	仅及普通连铸一半			200 ~ 500			
			(10 ~ 16) × (100 ~ 1350)	15 ~ 20			600 ~ 1000			
	联合铝业公司 Innweerk 厂	AlSi7Mg + Sb AlZn10 Si8Mg	75 × 54				400 ~ 600			20

表 6-9　国外铝合金圆锭的水平连铸工艺参数[7,13,22~25]

国家	工厂名称	合金种类	铸锭规格 ϕ/mm	结晶器长度/mm	金属液位/mm	铸造温度/℃	铸造速度 /mm·min⁻¹	冷却水耗量 /L·min⁻¹	同铸根数
美国	铝业公司	Al-0.7%Mg-0.4%Si	152.4	76.2	76.2	682.2~693.3	127	151.4	
		Al-5.5%Cu-0.5%Pb-0.5%Bi	152.4	76.2	76.2	676.7~682.2	127	151.4	
		Al-0.7%Mg-0.4%Si	228.6	101.6			101.6	227.1	
	雷诺公司纽约州马西纳铝厂	6000 系合金	69				508		16
			89				229		14
			111				191		14
			130				165		10
			154				152		10
			178				127		8
			203				102		8
	凯撒公司	7039	140.5	19.05		676.7	101.6~127	227.12	
	南方电气公司	纯　铝	50~75	900			1500~2400		
德国		工业纯铝	30				1500		
			120/80				360~380		
法国	Ugine 公司	99.65%Al	31.75				1016~1397		10
			30				1500		
日本	东洋窗框工业	6063	152				150		2
			216				100		2

从表 6-4~表 6-9 中可以清楚地看出，除了早期的 Tessmann 工艺之外，结晶器的有效长度都比较短，最短达 12.7 mm。因此，铸锭的冷却强度较大，铸锭质量有所提高，如 2A12(LY12)铝合金[26]，晶粒尺寸 130~138 μm，力学性能高，σ_b 为 331 MPa，铸锭表层偏析深度不超过 0.5 mm，同时具有抑制气体缺陷产生等优点。生产实践表明，当 6063(LD31)铝合金的结晶系数 $K=3200$ 和 2A12(LY12)铝合金的结晶系数 $K=2800$ 时，可铸出表面质量良好的锭坯[27]。

从表 6-4~表 6-9 中还可以看出，铝及铝合金锭水平连铸时，铸造速度相对于敞露液面的立式连铸比较高。早在 20 世纪 50 年代，许多法国和英国的工厂中，采用铝的水平连铸，铸造速度一般为 200 mm/min，小断面的铸坯则为 1000 mm/min[28]。我国某厂经过试验结果表明，在水平连铸过程中适当地降低冷却强度，可以生产出热铸坯以适应于热轧需要，其工艺参数列于表 6-7 中。当时，上海铝制品一厂水平连铸 420 mm×55 mm 的纯铝扁锭时，使用 190 mm 长的石墨结晶器，由两半组成，其壁厚 10 mm，并设 45 mm 长的石英陶瓷保温区。铸造速度为 100 mm/min 时，铸坯出结晶器后表面温度为 580℃，以便热剪成定尺坯锭供热轧生产板材。某厂使用拼装式结晶器，宽面采用紫铜板作工作面；窄面采用带锥度的铁块作工作面，使结晶器的出口厚度为 67 mm，入口厚度为 67.45 mm；结晶器长度为 85 mm，可用 20 mm 厚带铝液流口的石棉板压入结晶器内，结晶器的有效长度约 65 mm。在石棉板与结晶器工作面交接处用石棉泥(石棉板用水泡软成糊状)糊实密缝,弧半径 R 为 2 mm。试验结果表明,弧半径 R 不能太大,太大则容易损坏;这种现象说明了液态金属弯月面的作用。在水平连铸热铸坯的过程中,铸锭底面容易产生小横裂现象。试验表明,在产生小横裂相应部位的石棉板上喷少量的水,并适当地加大底面润滑油的压力,能有效地消除小裂纹。

根据廖乐杰的试验结果[29],结晶器的锥度为 1° ~1.5°,二次冷却水的喷水角度为 45°时,能有效地抑制铝扁锭表面上的冷隔。

根据所铸金属的性质不同,铸锭的收缩率在纵向为长度的 0.5% ~1.5%[30],从减少结晶器内铸锭凝固壳层的张应力考虑,牵引装置的第 1 道压紧机构至结晶器的距离宜小一些。

目前,水平连铸铝合金铸锭,朝着两方面发展,即扩大断面尺寸和多流同时连铸。国外有的工厂用水平连铸 530 mm ×1750 mm 的 3000 系和 5000 系大断面合金锭。阿联酋 Dubal 铝厂水平连铸圆棒和导电排最多 30 根同时连铸,T 形锭 3 流同时连铸[21],设备由奥地利 Hertwich 公司制造。

6.1.8 水平连铸铝母线

在铝工业生产中,水平连铸工艺的最初研究对象就是铸造铝母线,始于 1950 年法国 Ugine 公司的 Vnthen 铝厂。当时,在电解铝生产中,通常采用小断面的压延铝母线,其电流密度一般在 0.6 ~0.7 A/mm^2,有的国家采用 0.7 ~1.0 A/mm^2。这部分电耗约占总电耗的 10%以上。铝母线的投资通常占基本建设总投资的 16% ~20%。铸造铝母线的生产成本低,其价格仅及压延铝母线的 70%。为了降低电解铝生产中耗电量,减少基本建设投资,使用大断面的铸造铝母线受到电解铝厂的重视。铝电解生产系列中使用的铝母线比较长,立式连续铸造难以全部满足所需要求。因此,推动了水平连续铸造工艺在铝工业中的应用和发展。目前,国内外电解铝厂在新建和技术改造中,全部采用铸造铝母线,使铝母线的电流密度降低到 0.11 ~0.37 A/mm^2 范围内,使铝电解生产的电耗大大降低。

铸造铝母线作为导电体直接应用于工业生产中。铸造铝母线和压延铝母线的性能比较列于表 6-10。

表 6-10 铸造铝母线与压延铝母线的性能比较[31]

母线种类	铝纯度/%	强度极限/MPa	伸长率/%	抗弯性	电阻系数 /Ω · mm^2 · m^{-1}	原铝单耗 /kg(铝) · t^{-1}(母线)
铸造铝母线	99.5	0.838	>3.75	良	0.02855	1009
压延铝母线	99.5	≮1.177	<20	良	0.0295	1019

法国 Ugine 公司水平连铸的铝母线,平均电阻率为 2.84Ω · cm,σ_b >70 MPa,$\sigma_{0.2}$ > 25 MPa,δ >30%。匈牙利 K. R. Vossel(有色金属研究院)对连续铸造的纯度为 99.5% 的铝锭进行过较为系统的研究,铸锭断面为 80 mm ×70 mm、130 mm ×450 mm 和 100 mm ×450 mm;实测结果,它们铸态的电导率为(34.5 ~35.6)kS/mm,σ_b =85 ~110 MPa,$\sigma_{0.2}$ =30 ~50 MPa,δ = 10.2% ~40%;退火后电导率略有提高,例如 80 mm ×70 mm 的连铸锭,其化学成分为 0.23% Fe、0.2% Si、0.01% Ti 和 0% B,铸造速度为 280 mm/min、170 mm/min 和 110 mm/min,铸态的平均电导率分别为 34.7 kS/mm、35.6 kS/mm 和 35.2 kS/mm,退火后分别为 35.6 kS/mm、36.0 kS/mm和 35.9 kS/mm。详细研究发现,在第二种情况下 Fe 和 Si 的含量最低,对这种铸

造速度的变化，电导率变化约0.5 kS/mm。直接水冷的连续铸锭时，会同时发生淬火过程，铸锭组织和晶内偏析程度均保持着结晶时所得到的那种状态，并使铸锭保持着较大的残余应力。退火过程可使硅等杂质元素从 α 固溶体中析出，降低了 α 晶体的晶格畸变程度，并消除了铸锭中的残余应力，从而使铝铸锭的电导率略有提高。

电导率是铝母线主要的物理性能。从提高铸造铝母线电导率的角度考虑，用以生产铝母线的铝中必须严格控制 Mn、V、Ti 和 Cr 等元素的含量，不允许使用 Ti 来细化晶粒；尽可能避免形成固溶体。晶粒尺寸是金属电导率的敏感因素，晶粒细小会使金属的附加电阻略微升高。对于铸造铝母线不必采取晶粒细化的措施，可以采用较高的铸造速度生产。但是，应控制疏松缩孔和裂纹缺陷的产生，并尽可能降低残余应力值。铝母线最好退火后使用。

为了提高铝母线的导电性能，宜采用高品位的特一级铝生产[32]，并使 Fe/Si 比稍大于1；例如 Fe/Si = 1.4(0.10% Si，0.14% Fe)的 99.7% 纯铝与 99.5% 纯铝比较，平均电阻率降低 3.4%。生产承重阳极铝母线时，可使用低纯铝制造，如艾弗特铝厂和莱茵铝厂，在100 kA连续预焙阳极电解槽上使用 U 形断面的承重铝母线，是用 99.5% 的工业纯铝铸造的，长 10.8m，每根重 4.2 t。也有向铝中加入少量的合金元素，提高铝母线的力学性能，适当地降低其电导率。如瑞士的希皮斯铝厂和挪威的莫塞因铝厂，在上部导电自焙阳极电解槽采用了 H 字形承重铝母线，是用 Al - 1.8% Fe 合金铸造的，长 9.3m，每根重 3.7 t。

1976 年开始，我国在衢州铝厂等企业正式采用水平连铸工艺成批生产铸造铝母线，随后全国各铝厂相继采用水平连铸生产铸造铝母线。部分铸造铝母线的工艺参数列于表 6-11。表 6-11 中的 45 mm × 600 mm 铝母线，是用渐变式浇铸装置生产的，其结晶器用 ZL201 铝铜合金制作，内衬以 5 mm 厚的高纯石墨，结晶带长度(18 ± 2) mm，冷却水入口温度 18℃，出口温度 40℃；铸造速度大于 200 mm/min 时，铝母线表面无冷隔，而且平整光洁[34]。其余为突变式浇铸装置生产。青海铝厂的铸造铝母线生产技术参数列于表 6-12。

表 6-11　水平连铸铝母线的工艺参数[33~35]

母线规格 /mm × mm	中间包内铝液温度/℃	拉坯速度 /mm · min^{-1}	冷却水压 /MPa	冷却水量 /t · h^{-1}	润滑油量 /cm^3 · h^{-1}	备　注
40 × 350	720 ~ 740	370 ~ 480	大面 0.07 ~ 0.08 小面 0.1 ~ 0.12		240	铝母线平放，上表面不给油
80 × 400	700 ~ 710	220 ~ 370	0.12	26 ~ 28	510 ~ 900	铝母线立放，两侧面给油
100 × 500		170 ~ 206	0.4		无	
125 × 440		160 ~ 170	0.4		无	
220 × 550		76 ~ 100	0.4		无	
192 × 407	680 ~ 700	108 ~ 180	0.3			
20 × 400	690 ~ 700	25 ~ 280	0.18 ~ 0.2			
54 × 410		280				
180 × 240		130 ~ 140				
185 × 390		78 ~ 94				
60 × 220		218 ~ 250				
25 × 200		200 ~ 350				
(500 × 160) ~ (200 × 70)	763 ± 5	200 ~ 300r/min	0.15 ~ 0.25			99.6% Al
90 × 400	695 ~ 710	200 ~ 250				
45 × 600	690 ~ 720	180 ~ 220	0.08 ~ 0.15			

表 6-12 铝母线生产技术参数[11]

母线规格/mm×mm	浇铸温度/℃	牵引电机交流电频率/Hz	冷却水压/MPa
220×70	700~720	24	0.25
420×70	700~720	22	0.3
420×90	700~720	18	0.3
420×160	700~720	12.5	0.3
420×200	700~720	11	0.4
500×150	700~720	11.5	0.35
500×110	700~720	14	0.3
500×170	700~720	11.5	0.4
320×205	700~720	12	0.3
175×110	700~720	25	0.25
650×240	700~720	9	0.45

按表 6-11 的工艺条件水平连铸 80 mm×400 mm 的铝母线时,液相穴深度为 60~106 mm。

水平连铸铝母线最初从欧洲兴起,如法国 Ugine 公司兰明詹铝厂生产过(20 mm×280 mm)~(200 mm×700 mm)的铸造铝母线,四流同时连铸。德国联合铝业公司用水平连铸工艺生产过 U 形承重铝母线,瑞士希皮斯铝厂用水平连铸工艺生产过大断面的铝母线和工字形承重铝母线。匈牙利艾卡铝厂 1962 年上半年试验用水平连铸工艺生产铸造铝母线[10],其工艺参数列于表 6-13。罗马尼亚 Slatina 铝厂的水平连铸机为链板式牵引装置,传动电机功率 27 kW,结晶器用羊油或牛油润滑,石墨棒用蓖麻油润滑,生产过 400 mm×100 mm、400 mm×150 mm、600 mm×100 mm、600 mm×160 mm 的铝母线。

表 6-13 国外水平连铸铝母线工艺参数[10]

国别	工厂名称	金属品位 $w(Al)/\%$	铝母线断面 /mm×mm	铸造温度/℃	中间包内液位高度/mm	结晶器长度/mm	铸造速度 /mm·min^{-1}	冷却水温度/℃		冷却水		同铸根数
								入口	出口	水压/MPa	耗量/t·h^{-1}	
匈牙利	艾卡铝厂	99.7	350×100	730~740(炉内)	开始400 正常160		150	14	20		72	2
罗马尼亚	Slatina铝厂		400×100	710~720			160~180			0.02~0.04		
			400×150	710~720			150~170			0.02~0.04		
			600×100	710~720			120~140			0.02~0.04		
			600×160	700~710			90~110			0.02~0.04		

根据艾卡铝厂冷却关系的试验:液态金属的热含量通过冷却有 92% 被冷却水吸收,有 6% 的热含量被留在铸锭内,2% 的辐射热。据此按冷却水温升 6℃ 估算出耗水量为 72 t/h。该厂生产的铝母线长度为 25 m。水平连铸机的末端设有刀锯以备切断母线。在该设备上还进行过其他不同断面的铸锭试验。

20 世纪 60 年代中后期,我国首次在青铜峡铝厂使用铸造铝母线,有三种规格:70 mm×

400 mm、80 mm × 400 mm 和 95 mm × 400 mm；由兰州铝厂采用立式半连铸工艺生产。1976 年以后，全部采用水平连铸工艺生产铸造铝母线。

6.1.9　水平连铸铝杆

目前，采用水平连铸工艺生产的铝铸坯，其横截面最小的尺寸为直径 8 ~ 12 mm。这种杆料可以直接经冷拔而生产出铝线。在这种生产条件下，由于液态金属的流量很小而散热很快，为了保证稳定的铸造温度，通常在液面上方用电阻加热的铸造炉代替中间包。结晶器安装在铸造炉两侧壁上，可以多流同时连续铸造。图 6-9 为八流水平连铸设备配置示意图。图 6-10 为八流同时铸造的水平连续铸造铝杆设备的生产情况；铸造炉铝液容量为 30 kg左右，熔池深度为 100 mm，保温功率为 20 kW，自动控制炉温。水平连铸铝杆采用整体式结晶器，其外廓尺寸为 45 mm × 45 mm，长度为 28 mm。采用辊式牵引装置，不设置承托装置，每根铝杆由两对牵引辊拉坯；无级调速，调速范围为 320 ~ 2730 mm/min。牵引装置后面设摩擦盘式收线装置，可将铝杆缠绕成卷。牵引辊与收线盘统一由一台整流子调速电动机带动，电动机功率为 1 ~ 3 kW。为了使收线盘在卷线过程中保持其线速度与牵引辊的线速度一致，收线装置采用摩擦片传动，以达到收线盘自动调速的目的。

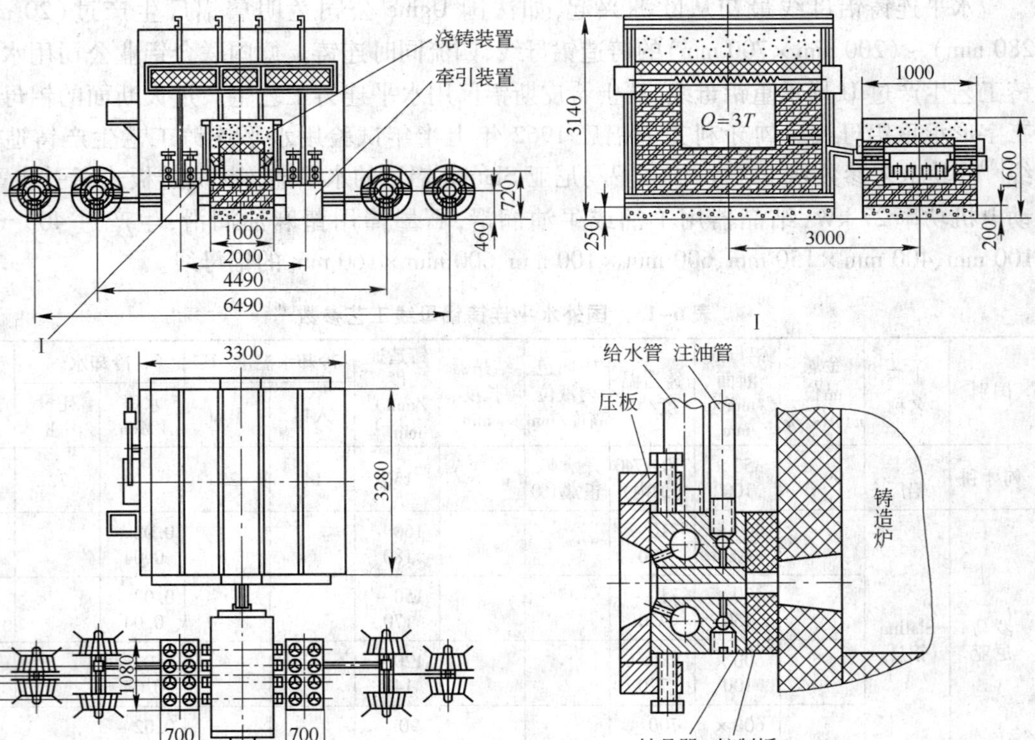

图 6-9　八流水平连铸铝杆设备配置示意图

设备结构影响连续铸造稳定最主要的因素，是铸造炉两侧壁上的铸口形状和结晶器型腔的几何形状。铸口的形状应里宽外窄，以利保证铸口的铝液温度。由于铝杆的断面小，液态金属冷凝收缩的绝对值很小，所以连铸过程对结晶器型腔的几何形状特别敏感，结晶器型腔的入口端不允许有明显的喇叭状。根据 100 mm × 100 mm 方锭和 80 mm × 400 mm 铝母线的水平连铸试验结果，试验前期紫铜结晶器长度为 40 mm，采用双排水孔冷却结构，如图 6-11 所示；试验工艺条件列于表 6-14。从表 6-14 中可以看出第二排冷却水出口温度稍高于第一排，但相差不很大。根据较长时间的试验结果，将结晶器缩短至 28 mm，采用单排水孔冷却；结晶器入口端孔径的倒锥度在 1∶50 时，连续铸造即比较困难；倒锥度在 1∶100 以下时，连续铸造比较顺利。单根铝杆连续生产时间最长曾达 72 h。随后一些工厂相继采用此工艺。水平连续铸造铝杆的生产工艺列于表 6-15。

图 6-10 八流水平连铸铝杆设备生产情况

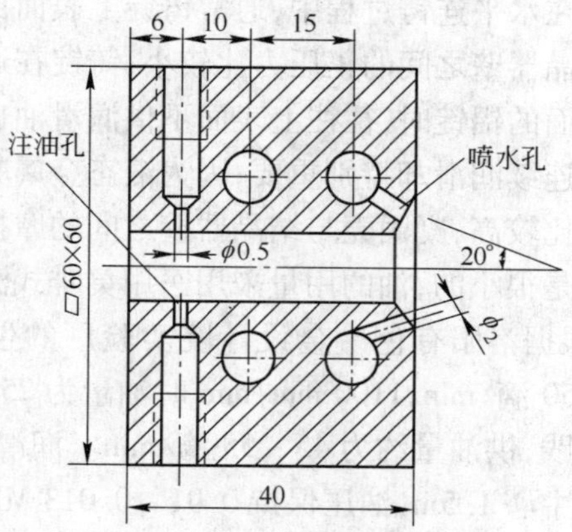

图 6-11 双排水孔冷却的结晶器

表 6-14 水平连铸铝杆试验工艺条件[36]

铝杆直径 /mm	金属品位 w(Al)/%	铸造温度 /℃	铸造速度 /mm·min^{-1}	冷却水温度/℃			冷却水耗量 /t·h^{-1}
				入口	出口		
					一排	二排	
9.6~11.4	99.7、99.6、99.5、99.0	690~720	700	20~22	23~27	25~29	0.51
9.6~11.4	99.7、99.6、99.5、99.0	690~720	1050	23~25	32~36	36~39	

表 6-15 ϕ10 mm 铝杆水平连铸工艺条件[36~38]

工厂名称	铝品位 /%	结晶器长度 /mm	铝液高度/mm	铸造温度/℃	铸造速度 /mm·min^{-1}	冷却水温度/℃		冷却水压/MPa	冷却水耗量 /kg·kg^{-1}(Al)
						入口	出口		
淄博铝厂	99.6 99.5	28	65~70	690~720	900~1100	13~15.5	27~45		14~19
太原铝厂	99.5	30	75	690~715	860~1100	25~35		0.015	13~18
洛阳有色冶金设计院试验厂	99.6	22	65	720~770	1100		35~45	0.012~0.015	
北京东风线材厂	99.6 99.5	28	120~130	740~760	1000			0.02~0.025	
永城冶炼厂				700	970	19	36~38		4 kg/min
焦作铝厂			50	700	850~900			0.013	
三门峡铝厂	99.0	23	35		400~700				

生产实践表明，采用表6-15中的工艺参数都能稳定地连续生产。据洛阳有色冶金设计院试验工厂生产统计，保持24 h以上不断线的情况比较普遍，最长保持130 h连续不断线。生产实践表明，铸造炉内的铝液面高度不应过低；液位过低有三个缺点，一是可能出现偏铝线，二是容易使铝液表面的夹杂物流进结晶器内而造成断线，三是因液面过低需要立即放进大量新铝液，容易使铸造炉内铝液温度波动大，不利于稳定生产。例如，太原铝厂将液面至结晶器中心线的高度由40 mm增至80 mm，效果较好，铝液面夹渣物流进结晶器减少了，铸口铝液温度变化小了，而且增大了铝液的静压力，有利于连铸过程的稳定。在表6-15工艺条件下，铸出的铝杆出二次冷却区后表面温度在30～40℃范围内。

在水平连铸过程中，通常铸锭上表面比较光滑。这是铸锭自重的作用，使凝固壳上表面与结晶器壁之间的正压力比较小，铸锭在运动过程中产生的摩擦力相对小一些。当生产较大断面的铝锭时，往往上表面不供润滑油也能稳定生产。在水平连铸铝杆的过程中，保持稳定的连续润滑却特别重要；因为液态金属凝固及随后冷却所产生的绝对收缩量很小，铸造速度又比较高，凝固壳与结晶器壁之间的摩擦阻力大，通常使用蓖麻油润滑。但是，供油量的流量是很小的，油的用量采用医用莫啡式滴管和铁夹控制。例如，在表6-15中的工艺条件下，根据洛阳有色冶金设计院实验厂的生产实践，当拉线速度为620 mm/min时，油量为25～50滴/min，1100 mm/min时油量为25～40滴/min比较适宜；根据北京东风线材厂的生产实践，供油量约为45～55滴/min。润滑油压力由油箱安置高度控制，使油箱底部高于结晶器中心1.5m，油压保持0.01～0.013 MPa即可。

水平连续铸造铝杆设备的生产能力比较小，一组八流设备，生产ϕ10 mm的铝杆，铸造速度为1000 mm/min左右时，其班产量约为800 kg。根据北京东风线材厂的生产实践，曾采用一组24流水平连铸铝杆设备，铸造速度为1000～1100 mm/min，日产量达到7～8 t左右。

图6-12　水平连铸铝杆冷拔铝线的生产情况

水平连续铸造铝杆，在我国20世纪70年代初为适应地方铝工业发展，促进供电取水发展农业生产的需要而进行试验研究的。生产设备简单，建设投资少，建设周期很短。其产品主要供电线电缆生产用。因此，对水平连铸铝杆的力学性能和导电性能进行过较为系统的测试工作。图6-12为当时淄博铝厂用水平连铸铝杆冷拔硬圆铝单线的生产情况。

实验表明，铝液铸造温度过高时，铝杆上表面容易出现鳞片状的重皮现象，甚至不能完全凝固而漏出铝液；铸造温度过低，铝杆下表面容易出现冷隔，甚至凝固前沿进入铸造炉内，以致铝杆拉出时阻力很大，发生裂纹或断线。铝的抗拉强度和伸长率，随铸造温度升高而降低，抗拉强度更为显著，在680～750℃范围内相差9.8 MPa以上。在710℃以下的温度范围内，铝杆的综合指针较好。但铸造温度在690℃以下时，生产操作比较困难，容易产生断头。Al99.7与Al99.6两种品位铝杆的力学性能与铸造温度的关系列于表6-16与表6-17。

表 6-16　Al99.7 牌号铝杆力学性能与铸造温度的关系

编号	化学成分/%		铸造温度/℃	铸造速度/mm·min^{-1}	力学性能		备注
	Fe	Si			抗拉强度/MPa	伸长率/%	
72-2-4	0.06	0.13	700	900	65.4	23	
72-2-2	0.06	0.13	720	900	60.1	24	
72-2-3	0.06	0.13	725	900	57.3	22.5	
72-2-1	0.06	0.13	745	900	52.1	11.5	

表 6-17　Al99.6 牌号铝杆力学性能与铸造温度的关系

编号	化学成分/%		铸造速度/mm·min^{-1}	冷却水温升/℃	铸造温度/℃	抗拉强度/MPa		伸长率/%		备注
	Fe	Si				0002	0003	0002	0003	
402	0.19	0.16	945	16	680	80.8	82.1	30.3	42.5	(1) 结晶器尺寸：0002—直径 $\phi_{入}=10.02$ mm，$\phi_{中}=9.94$ mm；0003—直径 $\phi_{入}=10.04$ mm，$\phi_{中}=9.94$ mm。(2) 冷却水进口温度：$t_{入}=15\sim15.5$℃
403	0.19	0.16	945	16	690	77.0	78.3	16.1	25	
404	0.19	0.16	945	16	705	72.4	75.5	15.5	23.7	
405	0.19	0.16	945	16	710	77.7	73.8	15.5	23.7	
406	0.19	0.16	945	16	720	76.2	71.6	12	21.1	
407	0.19	0.16	945	16	730	72.0	71.5	9.8	21.8	
408	0.19	0.16	945	16	740	69.4	70.6	10	22	
409	0.19	0.16	945	16	750	69.6	70.0	8.5	15.2	
411	0.19	0.16	945	16	790	68.6	—	14		

铸造速度越高，设备产能越大。但是，速度过快时，容易出现断头和表面裂纹现象，影响正常生产过程和铝杆的力学性能。表 6-18 和表 6-19 为 Al99.6 牌号和 Al99.5 牌号铝杆的力学性能与铸造速度的关系。

表 6-18　Al99.6 牌号铝杆的力学性能与铸造速度的关系

编号	化学成分/%		铸造温度/℃	冷却水温升/℃	铸造速度/mm·min^{-1}	抗拉强度/MPa	伸长率/%	备注
	Fe	Si						
5013	0.19	0.17	730	14	700	81.2	22.5	(1) 结晶器尺寸：直径：$\phi_{入}=10.04$ mm，$\phi_{中}=9.94$ mm；(2) 冷却水进口温度：$t_{入}=15.5$℃
5023	0.19	0.17	730	14	810	79.3	18	
5033	0.19	0.17	730	14	910	77.3	20.7	
5043	0.19	0.17	730	14	995	77.3	20	
5053	0.19	0.17	730	14	1100	77.4	22.6	
5063	0.19	0.17	730	14	1190	77.6	23.3	
5083	0.19	0.17	730	14	1380	76.1	19.5	
5093	0.19	0.17	730	14	1550	75.5	19.2	

表 6-19　Al99.5 牌号铝杆的力学性能与铸造速度的关系

编号	化学成分/%		铸造温度/℃	冷却水温升/℃	铸造速度/mm·min^{-1}	抗拉强度/MPa	伸长率/%	备注
	Fe	Si						
303	0.22	0.21	700~695	11	790	85.8	21.1	(1) 结晶器尺寸：直径：$\phi_{入}=12.5$ mm，$\phi_{中}=12$ mm；(2) 冷却水入口温度；$t_{入}=13$℃
304	0.22	0.21	700~695	11	900	86.8	25.1	
301	0.21	0.20	700~695	11	990	85.4	22.7	
302	0.21	0.20	700~695	11	1100	86.1	21.5	

从表6-18 中可以看出，Al99.6 牌号的铝杆，它的抗拉强度随着铸造速度的提高而降低，铸造速度从 700 mm/min 提高到 1550 mm/min 时，抗拉强度从 79.58 MPa 降低到 73.99 MPa，即降低 5.59 MPa；而铝杆的伸长率基本上没有什么变化，保持在 20% 左右。从表6-19 中可以看出，Al99.5 牌号的铝杆，在 700 ~ 1100 mm/min 的铸造速度范围内，其抗拉强度和伸长率的数值都比较稳定。

根据试验结果，冷却水温升在 14 ~ 20℃范围内比较合适。如果冷却水温升太小，耗水量过多，不经济；如果温升过大，冷却效果不好，容易断头，给稳定生产过程带来困难，特别是冷却水的进口温度比较高时，困难更大一些。因此，考虑铝杆的冷却强度时，不仅要控制冷却水的温度升高值，而且还要控制冷却水进入结晶器的入口温度。在结晶器结构一定的条件下，冷却水温度的升高值，由控制冷却水量来实现。表6-20 和表6-21 分别为 Al99.5 牌号和 Al99.6 牌号铝杆的力学性能与冷却强度的关系。

表6-20　Al99.5 牌号铝杆力学性能与冷却强度的关系

编　号	化学成分/%		铸造温度/℃	铸造速度/mm · min^{-1}	冷却水		抗拉强度/MPa	伸长率/%	备　注
	Fe	Si			温升/℃	耗水量/kg · kg^{-1}(Al)			
203	0.20	0.20	700	980	10.5	–	84.9	24.7	(1) 结晶器尺寸：直径：$\phi_{入}=12.5$ mm，$\phi_{中}=12$ mm；(2) 冷却水进口温度：$t_{入}=13$℃
201	0.20	0.20	700	980	12	26.5	85.1	22	
202	0.20	0.20	700	980	17	16.5	84.0	23.8	
204	0.20	0.20	700	980	22	–	84.2	24	
208	0.21	0.19	710	985	12	24.85	87.4	23	
207	0.21	0.19	710	985	15	20.35	85.8	19.5	
209	0.21	0.19	710	985	17	16.45	87.4	18.6	

表6-21　铝杆的力学性能与冷却强度的关系

编　号	化学成分/%			铸造温度/℃	铸造速度/mm · min^{-1}	冷却水		抗拉强度/MPa	伸长率/%	备　注
	牌号	Fe	Si			温升/℃	耗水量/kg · kg^{-1}(Al)			
6013	Al99.5	0.21	0.17	730	1090	10	26.55	77.5	17	(1) 结晶器尺寸：直径：$\phi_{入}=10.04$ mm，$\phi_{中}=9.94$ mm；(2) 冷却水进口温度：$t_{入}=15.5$℃
6023	Al99.5	0.21	0.17	730	1090	12	21.8	77.4	17.8	
6033	Al99.5	0.21	0.17	730	1090	14	18.98	77.9	23.8	
6043	Al99.5	0.21	0.17	730	1090	16	16.01	79.0	20.6	
6053	Al99.5	0.21	0.17	730	1090	18	14.84	79.2	23	
6063	Al99.5	0.21	0.17	730	1090	20	13.95	78.1	23.5	
6073	Al99.5	0.21	0.17	730	1090	22.5	11.85	77.6	23.6	
6093	Al99.5	0.21	0.17	730	1090	26	10.91	77.8	19	
6103	Al99.6	0.19	0.16	730	790	10		79.8	20.7	
6113	Al99.6	0.19	0.16	730	790	14		79.9	19.3	
6123	Al99.6	0.19	0.16	730	790	18		79.5	22	
6133	Al99.6	0.19	0.16	730	790	21		79.1	24	

从表6-20和表6-21中可以看出,冷却水温升在10~26℃范围内,即1 kg铝杆的耗水量在26.55~10.91 kg的条件下,冷却强度对铝杆的力学性能影响不显著。这可能是因为铝杆的断面很小,冷却效果比较好,所以在上述冷却条件下,冷却强度对铝杆的力学性能影响不明显。

在水平连铸铝杆的过程中,连续润滑条件对保证连续生产的稳定性很重要。当润滑油量较小时,铝杆表面发白,不太亮,有细小的结疤。当润滑油量较大时,铝杆表面发青,比较亮,无结疤。前面已提到过,铝杆表面上的结疤是逆偏析瘤。在润滑油量较大的条件下,生产的铝杆,抗拉强度比较低,与润滑油量较小时生产的铝杆比较,相差5 MPa,甚至达到10 MPa以上。这可能是由于附着在铝杆表面上的油膜太厚,使铝杆的冷却强度降低,晶粒变粗,因而使铝杆的力学性能降低。根据这种情况来看,在保证稳定生产的条件下,润滑油用量小一点比较适宜。表6-22为Al99.5牌号铝杆的力学性能与润滑条件的关系。

表6-22 Al99.5牌号铝杆的力学性能与润滑条件的关系

编号	化学成分/%		铸造温度/℃	铸造速度/mm·min^{-1}	冷却水温升/℃	润滑油量	抗拉强度/MPa	伸长率/%
	Fe	Si						
7025-20	0.21	0.18	710	1120	16	较小	79.2	19
7025-21	0.21	0.18	710	1120	16	较大	74.9	20.6
	0.21	0.16	720			小而均匀	86.2	17
	0.21	0.16	720			小而均匀	80.3	22.5
	0.21	0.16	720			小而均匀	80.6	20
	0.21	0.16	720			较大	72.9	8.5
	0.21	0.16	720			较大	72.0	10

在生产过程中,由于润滑油的流量很小,不便定量测量。润滑油量以结晶器出口排出微量的烟气为度。油量过少不见烟气排出,铝杆表面上的细小结疤多,拉坯阻力大,铝杆容易被拉断。因为在连续铸造过程中,铝杆与结晶器壁之间始终存在着相对运动,必然产生摩擦。据报道,水平连续铸造时,铝铸锭表面的温度在结晶器内高达450~540℃。铝在高温时的屈服极限很低,450℃时为9 MPa,600℃时只有3 MPa。高温下的摩擦系数很大,铝杆凝固的初始瞬间凝固壳又很薄,在这种情况下,一旦润滑不良,铝杆很容易被拉断。但是,如果润滑油量过多,排出的烟气太大,铝杆的上表面容易出现重皮现象,甚至可以看到铝液从结晶器出口冲出来,凝固在铝杆的上表面;同时在固定结晶器的铸口内还能看到润滑油火苗。因此,润滑油用量要适当控制,以保证连续铸造过程的正常进行。在试验中,对润滑油的使用效果做过粗略的比较,使用过清油、变压器油和蓖麻油。根据使用情况来看,这三种油都能用,其中蓖麻油的效果比较好,清油次之。用变压器油润滑时,铝杆表面有许多结疤。因为变压器油是矿物油,蓖麻油和清油是植物油,可能由于矿物油油膜承受压力的能力较植物油小,又不如植物油那样能附着在金属表面上,所以润滑效果不如植物油。但是,清油里面加入了催干剂,干燥得很快,使用不方便。

根据实测的结果来看,铝杆的抗拉强度和电阻率,随着铝中铁硅含量的增加而升高,而伸长率波动不很大。以上各种铝杆的力学性能均为铸态实测数据,其试样未作任何加工处理。电阻率是由铸造铝杆经冷拔成硬圆铝单线的实测数据。表6-23为Al99.7、Al99.6、Al99.5和Al99.0四种牌号的铝杆性能。

表 6-23　铝杆的物理性能、力学性能与化学成分的关系

编号	化学成分/%			铸造温度/℃	铸造速度/mm·min^{-1}	冷却水温升/℃	抗拉强度/MPa	伸长率/%	电阻率ρ_{20}/Ω·m
	牌号	Fe	Si						
72-2-4	Al99.7	0.06	0.13	700	900		65.4	23	2.842×10^{-8}
4043	Al99.6	0.19	0.16	705	945	16	75.5	23.7	2.848×10^{-8}
304	Al99.5	0.22	0.22	700~695	900	11	86.8	25.1	
72-41-3	Al99.0	0.29	0.17		900		85.8	21.2	2.95×10^{-8}

铸造铝杆的伸长率高于轧制铝杆的标准值,但其抗拉强度低于轧制铝杆的标准数值。Al99.5 牌号的铸造铝杆经冷拔成硬圆铝单线,总变形量达到 80% 以后,铝线的抗拉强度可达到标准要求数值;Al99.6 牌号和 Al99.0 牌号的铸造铝杆,总变形量达到 85% 以后可达到硬圆铝单线的标准要求数值;Al99.7 牌号的铸造铝杆,总变形量达到 96.8% 才能使硬圆单线达到其标准要求数值。这表明直径 10 mm 左右的铸造铝杆经冷拔达到一定的变形量后,硬圆铝单线的抗拉强度能够达到标准值。Al99.7 牌号、Al99.6 牌号、Al99.5 牌号和 Al99.0 牌号的铸造铝杆,首先经单模拉丝机拉伸一次,再经十模积蓄式拉丝机进行拉伸,试验结果分别列于表 6-24 ~ 表 6-27。

表 6-24　Al99.7 牌号铸造铝杆的拉伸试验结果

线径/mm	抗拉强度/MPa	伸长率/%	弯曲次数/次	电阻率ρ_{20}/Ω·m	备注
9.05	66	28			1. 铸态; 2. 铝杆的化学成分: 0.06% Fe, 0.11% Si
7.5	93	4.5			
6.3	107.7	3.25			
5.25	115.5	3			
4.41	140.7	2.75			
3.7	147	2	10		
3.09	153.3	1.85	14		
2.63	160.8	1.85	11	2.85×10^{-8}	
2.16	167.8	1.53	8	2.82×10^{-8}	
1.89	167.8	1.75	10	2.84×10^{-8}	
1.67	170.8	1.5	12	2.86×10^{-8}	

表 6-25　Al99.6 牌号铸造铝杆的拉伸试验结果

线径/mm	抗拉强度/MPa	伸长率/%	弯曲次数/次	电阻率ρ_{20}/Ω·m	备注
9.51	71.7	19.25			1. 铸态; 2. 铝杆的化学成分: 0.17% Fe, 0.15% Si
7.45	108.7	3.25			
6.25	124	2.75			
5.24	133.5	2.5			
4.41	143.4	2			
3.7	159	2.5	11		
3.09	169.9	1.83	10		
2.63	182.8	2	12	2.90×10^{-8}	
2.16	185.6	1.75	8	2.88×10^{-8}	
1.89	186.1	1.85	8	2.875×10^{-8}	
1.67	191.7	1.85	9		

表 6-26　Al99.5 牌号铸造铝杆的拉伸试验结果

线径/mm	抗拉强度/MPa	伸长率/%	弯曲次数/次	电阻率 $\rho_{20}/\Omega\cdot m$	备　注
9.66	76.1	18.3			1. 铸态 2. 铝杆的化学成分：0.20% Fe，0.17% Si
7.75	115.6	4			
6.3	137.7	2.7			
5.3	149.5	3.5			
4.42	153.5	2.5	9		
3.72	169.1	2.5	10		
3.12	179	2.0	8		
2.61	188.8	3.0	10		
2.16	195	2.0	6		
1.9	195.6	2.5	7		
1.7	196	3.0	8	2.848×10^{-8}	

表 6-27　Al99.0 牌号铸造铝杆的拉伸试验结果

线径/mm	抗拉强度/MPa	伸长率/%	弯曲次数/次	电阻率 $\rho_{20}/\Omega\cdot m$	备　注
9.375	75.4	15			1. 铸态铝杆； 2. 铝杆的化学成分：0.29% Fe，0.17% Si
7.475	108.8	3.25			
6.27	122.2	3			
5.24	130.5	2.5			
4.38	144	2.25			
3.7	151	1.85	9	2.96×10^{-8}	
3.09	178.8	1.75	10		
2.63	187	1.46	8		
2.16	200.7	1.9	7	2.93×10^{-8}	
1.89	193.3	2.16	8	2.90×10^{-8}	
1.67	203.5	1.56	9	2.965×10^{-8}	

铝杆断面宏观组织如图 6-13 所示。

a　　b　　c

图 6-13　铝杆断面宏观组织

a—连铸连轧铝杆；b—100 mm×100 mm 方锭热轧铝杆；c—铸造铝杆

图6-13为铸造铝杆与轧制铝杆断面的宏观组织。图6-13a为连铸连轧铝杆组织，连铸坯在500℃左右的温度下进入连轧机，经11道次连续轧制，从纵剖面上可以清晰地看出，晶粒沿轧制方向优先取向；b为100 mm×100 mm方锭的热轧铝杆组织，由于轧制前方锭在490～560℃温度下加热1 h左右，经回线式轧机14道次轧制，晶粒沿轧制方向优先取向远不如连铸连轧铝杆明显，而晶粒更为细小；c为铸造铝杆组织。在铸态铝杆断面上，铝杆上部（图中纵剖面左侧）是细小的柱状晶，其下部（纵剖面右侧）的柱状晶不发达。铸造铝杆的晶粒明显大于热轧铝杆和连铸连轧铝杆的晶粒。由于铸造速度比较快和结晶器比较短，二次冷却的传热作用增强，柱状晶取向与轴线之间的夹角比低速铸造时的组织要大一些，趋近于90°，在纵截面上略呈人字形。鉴于此现象，冷拔连铸铝杆时宜将铝杆的尾部先入拉丝模，以便柱状晶滑移变形，避免沿晶界撕裂。

6.2　镁及镁合金水平连铸

目前，水平连铸镁及镁合金铸锭，相关资料报道很少。镁及镁合金的铸造与铝及铝合金基本相同，铸造工艺参数相近，往往将铝、镁合金的水平连铸设备归并为同类。图6-14是生产镁锭的水平连续铸造装置[39]，称之为Ohno连铸法；始于1978年。这种水平连铸设备由以下几部分组成：一个电阻加电的石墨坩埚；坩埚上口水平安设一个带有加热装置的石墨铸模，通常称为热模；一个导向装置，兼有防止镁锭振动的作用；一套冷却装置，包括氩气冷却的玻璃室和水冷系统；辊道牵引装置和液面控制装置。镁液盛入电热坩埚内，由液面控制装置调节坩埚内液面高度，使其保持在热模型腔的最高点。生产过程与表面张力法连铸铝杆时相同。镁在热模内为液态，利用表面张力成形；出热模后，先经氩气冷却，兼有保护镁液被氧化的作用，然后经冷却水强冷。这种方法，通常称为热模水平连铸。据报道[39]，试验过ϕ6 mm和5 mm× 50 mm的纯镁(99.96% Mg)坯料。用这种方法容易得到单晶体，如ϕ6 mm的镁杆，铸出50 mm后即为单晶体，5 mm×50 mm的镁扁坯，铸出300 mm后即为单晶体。

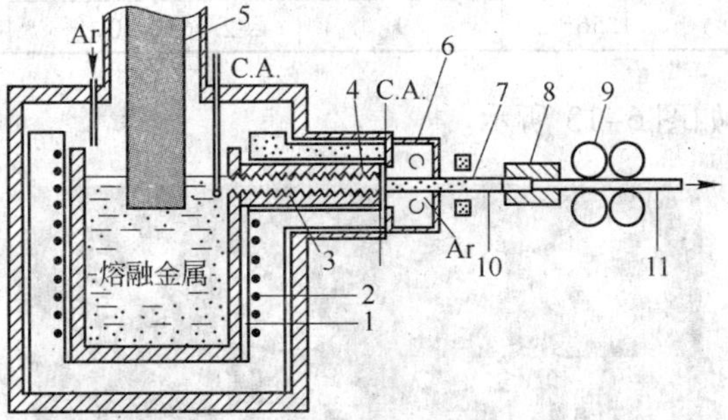

图6-14　镁的水平连续铸造装置[39]

1—石墨坩埚；2—电加热器；3—辊轮；4—石墨铸模；5—液面控制装置；6—气冷玻璃室；7—水冷装置；8—导向装置；9—牵引辊；10—铸锭；11—引锭

M. B. Чухров 等人在研究水平连铸镁锭的过程中[40]，使用的结晶器比较长，为110 mm，用铜制作，型腔直径102 mm；结晶器壁厚为5 mm和10 mm；48个ϕ3.5 mm的喷水孔，出水射角18°30′。在结晶器出口处设独立的冷却水环作为二次冷却补充装置，采用辊式牵引装置，设备外廓尺寸为2600 mm×1900 mm×1400 mm，单流浇铸，试验铸锭规格最大直径

100 mm,试验研究对象为 MГ-1 牌号的纯镁。铸造工艺参数列于表 6-28。

表 6-28 水平连铸镁圆铸锭工艺参数[40]

金属品位 $w(Mg)/\%$	铸锭规格 /mm	中间包镁液温度 /℃	中间包液位高度 /mm	结晶器长度/mm	铸造速度 /mm·min⁻¹	冷却水			备 注
						入口温度 /℃	出口温度 /℃	耗量 /L·min⁻¹	
99.92	$\phi100$	700~710	渐次降低	110	167~434	4	30	50~55	有补充冷却装置

M. B. Чухров 等人在研究中发现,结晶器壁厚为 5 mm 时,冷却强度增大,凝固壳上部厚度却减薄,并且与水平轴线呈 20°~30°的倾斜,以致发生熔漏现象;而下部则平直,两侧厚度均等。采用壁厚 5 mm 和 10 mm 的两种结晶器进行试验,发现凝固壳上部比下部薄;这种差别在低速浇铸时加大。铸造速度为 350 mm/min 时,凝固壳上部厚度为 2 mm,下部厚度为 3 mm;铸造速度为 190 mm/min 时,凝固壳上下部的厚度分别为 2 mm 和 10 mm。液相穴的深度随铸造速度增大而增加,实测结果列于表 6-29。

表 6-29 液相穴的深度与铸造速度的关系[40]

铸造速度/mm·min⁻¹	354	385	424
液相穴深度/mm	100	115	120

M. B. Чухров 等人在研究水平连铸镁锭时还发现,铸锭断面组织的凝固中心偏移于水平轴线上方的距离随铸造速度降低而增大,当铸造速度为 350 mm/min 时即消除了偏心;凝固壳上下部厚度的差值相应减小。实测结果列于表 6-30。

表 6-30 凝固壳厚度差及凝固中心偏移量与铸造速度的关系[40]

铸造速度/mm·min⁻¹	凝固壳上部厚度/mm	凝固壳下部厚度/mm	凝固中心偏移量/mm
190	2	10	35
350	2	3	0

M. B. Чухров 等人在研究中还发现,中间包内金属液位的高度对镁铸锭的表面质量有影响,当金属液位高度为 60~70 mm 时即出现冷隔。冷隔的深度达 2~20 mm,宽达 5~20 mm。铸造速度对冷隔的影响很大,铸造速度从 190 mm/min 提高到 390 mm/min 时,冷隔的深度和宽度均减小。入口冷却水的温度从 4℃提高到 26℃,冷隔减弱。

镁极易氧化。氧化镁的体积同参与氧化的镁的体积之比小于 1;镁被氧化后,其氧化膜不能保护金属镁免受继续氧化。因此,在熔铸过程中需要严格的全面保护。

镁合金的弹性模量比铝合金小得多,镁的 $E=45000$ MPa,铝的 $E=72000$ MPa。因此,镁合金铸锭的内应力,远比铝合金的小,其冷裂纹倾向性要比铝合金小得多。但是,镁合金的热裂纹倾向性较大,铸造时的结晶速度不宜过高。

6.3 铜及铜合金水平连铸

铜及铜合金挤压锭的水平连铸工艺,投入工业性生产已有 40 年了,世界各国都大量采用这种铸造工艺。瑞士的 Wertli 公司从 1950 年开始制造水平连铸机[41]。1958 年，B. B. Курилов 和 A. H. Шабанов 获得了水平连铸钢板和有色金属板机器的发明证书。乌克兰金属研究所在这方面进行了许多试验研究工作，B. T. Сладкоштеев 等人设计了连体式 УНИИМ 型水平连续铸造机，在哈尔科夫铝和青铜合金厂进行试验研究，设备安装在该厂的青铜黄铜车间。

根据实践结果，设备结构均采用与炉子联在一起的固定式结晶器，从而克服了结晶器与炉子分离的结构型式带来的技术上和经济上的缺点[42]。生产多根大直径铸锭的设备，多采用有效容积达 10 t 的双熔沟式感应加热保温炉。在生产直径 10 mm 左右的铜线坯时，采用 100 kg 的电阻保温炉[36]，也有采用天然气等燃料加热保温的坩埚炉。

铜及铜合金水平连铸设备能同时铸造 2 ~ 9 根甚至 12 或 16 根锭坯。线坯和棒坯为 ϕ10 ~ 400 mm；管坯外径为 ϕ25 ~ 300 mm，壁厚为 12 mm；方锭坯为（20 mm × 20 mm）~（300 mm × 300 mm）。

6.3.1　生产设备

铜及铜合金水平连铸大体上来说有两种类型，即 Wertli 型和 УНИИМ 型。Wertli 型水平连铸机由瑞士 Wertli 公司设计制造；УНИИМ 型水平连铸机由乌克兰金属研究所设计的。它们的结构大体相同，主要有保温炉、结晶器、牵引装置和锯切装置等四部分组成。保温炉就是中间包。生产线坯时，设卷线装置，不附锯切装置。管棒、扁锭和线坯水平连铸机如图 6-15、图 6-16 及图 5-53 所示。

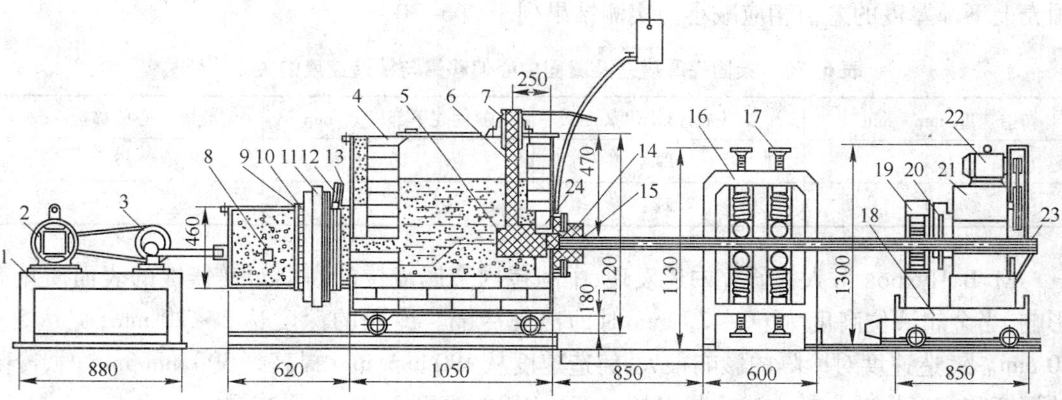

图 6-15　卧式连铸管坯示意图[43]

1—振动机；2—直流电机；3—偏心轮；4—工频电炉；5—石墨底座；6—石墨塞棒；7—塞棒开关；8—熔沟；9—水冷套筒；10——次线圈；11—磁铁；12——次线圈水管；13—水冷套筒水管；14—结晶器；15—芯棒；16—拉引机；17—松紧调节轮；18—自动锯切机；19—液压管坯夹具；20—圆锯片；21—齿轮箱；22—电动机；23—空心铸锭；24—炉口方砖

铜及铜合金的热容和凝固潜热都比铝和铁低，其熔体的温度很容易受到环境温度的影响，因此，在连铸生产过程中，保温炉需采用外加热进行保温。保温炉通常采用工频有铁芯感应电炉。炉体除了可以倾动之外，有的在其后部安设偏心轴推动机构，使结晶器可以随同炉体往复运动，如图 6-15 所示。生产线坯时，也有采用电阻保温炉；如图 6-17 所示，容量 100 kg，

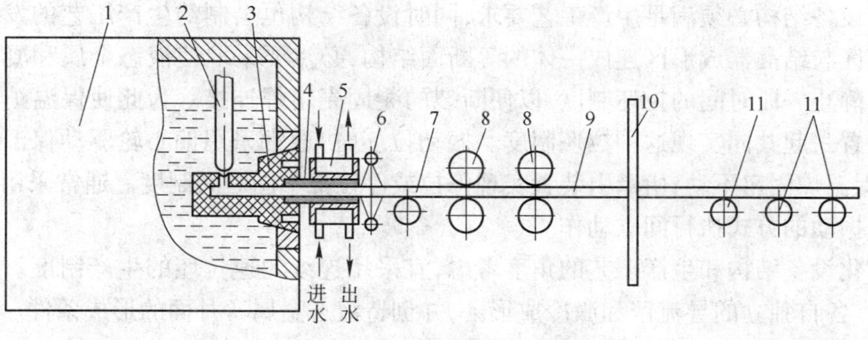

图 6-16　卧式连铸扁锭坯示意图[43]

1—工频电炉；2—塞棒；3—石墨锥体；4—石墨内套；5—水冷套；6—二次冷却水；7—托辊；8—牵引辊；9—铸锭；10—锯床；11—辊道

电动功率一般 15 ~ 20 kW。炉体振动不仅使机构复杂，使炉内液态金属振荡，甚至使金属液溅出炉外。在保温炉流出口内，由于液态金属静压力的作用，液态金属总是向着铸锭牵引方向流动。由于液面波动，静压力发生变化。液位高，振动的影响小；否则影响大，液位过低时不能保证流出口内供流量。

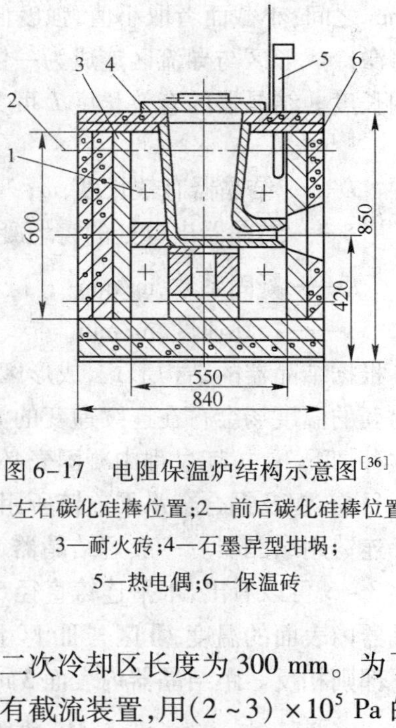

图 6-17　电阻保温炉结构示意图[36]

1—左右碳化硅棒位置；2—前后碳化硅棒位置；3—耐火砖；4—石墨异型坩埚；5—热电偶；6—保温砖

结晶器一般由水冷铜套和石墨内套组成。如 УНИИМ 型试验设备铜套长 180 ~ 200 mm，石墨内套的一端插入铜套内；石墨套的另一端插入保温炉的下部。为了减少安装间隙，石墨套与铜套的结合面呈锥管状，其锥度为 1∶15。石墨套壁厚，铜套入口处 7.5 mm，出口处 3 mm。安装时，在石墨套的锥面上敷以涂料，以消除结合面的缝隙。石墨套出口的一端及其与保温炉的接口，用石英和黏土掺水的浓稠混合物密封。浇铸空心锭时，在石墨套内设有石墨芯棒。二次冷却是带有许多喷水孔的环行聚水管，二次冷却区长度为 300 mm。为了防止二次冷却水进入结晶器内，在结晶器与聚水管之间设有截流装置，用 $(2\sim3)\times10^5$ Pa 的压缩空气吹入其中。也有在结晶器出口段设二次冷却装置。

牵引装置，УНИИМ 水平连铸机通常采用辊式牵引。当中间包、结晶器和二次冷却装置一起往复振动时，牵引装置通常以一定的匀速运动。根据生产实践结果，中间包等振动带来技术上的不便；目前，生产中多采用中间包和结晶器固定不动，铸锭的运动规律由牵引装置来实现，夹辊能够顺、逆转动，转动速度以及间断转动是靠直流电动机、电磁离合器和时间继电器来控制的，可以根据工艺要求调整拉坯速度和间断拉坯的停、拉时间。在 Wertli 水平连铸上[41]，采用拖曳式牵引装置，用两台交替工作的液压夹紧装置拉坯，以防止铸坯弯曲和擦伤。这种牵引装置对生产断面较大的铸坯时有利。

锯切装置通常采用同步锯。抱锭机构和进刀机构采用液压或气动传动。生产管棒锭坯和扁锭坯时，设锯切装置。生产线坯时不设锯切装置。

生产设备结构必须满足生产工艺要求,同时设备结构也会制约生产工艺的发展。对于上述导流区与结晶器成形区连成一体的等断面结构,必然要采取使液态金属和凝固壳相对于结晶器静止一段时间的拉坯制度,以便断裂的凝固壳熔焊连接。为此使保温炉和结晶器同牵引装置一起共同实现这种拉坯制度。振动拉坯时,通常采用偏心轮驱动保温炉。间歇拉坯时,保温炉固定不动,由牵引装置实现停拉或停拉推不同时间制度。通常采用电磁离合器或链条振动的方式执行间歇动作。

从简化设备结构和生产工艺的角度考虑,宜采用连续匀速拉坯的生产制度。为达此目的,应建立各自独立的导流区和激冷成形区,并创造液态金属弯月面的形成条件。

6.3.2 生产过程

在生产过程中,首先必须根据所铸金属品种、铸锭断面大小及其形状的不同选定结晶器的有效长度。为了保证凝固壳在结晶器出口处不至于破漏,一般要求凝固壳的厚度在 2 ~ 15 mm 之间;小截面者取小值,强度低的取大值。当铜及铜合金水平连铸用结晶器的石墨内套将激冷成形区与导流区连成为一体时,结晶器的有效长度是指石墨内壁与水冷铜壁相结合的长度。结晶器的有效长度 L 可参照下式计算:

$$L=(\delta/K)^2 \cdot v \tag{6-5}$$

式中 L—— 结晶器有效长度,m;

δ——结晶器出口处的铸坯凝固壳厚度,m;

K——凝固系数,$m/min^{\frac{1}{2}}$;

v——拉坯速度,m/min。

根据结晶器的结构形式,成形区与导流区为等断面的同一体,在水冷铜套的入口处,石墨内套的温度场会存在连续递变的波动性。也就是说结晶器的有效长度,实际上是波动的。在这种情况下,拉坯过程中凝固壳必然会出现断裂和焊环结构。

目前,铜及铜合金水平连铸所用结晶器的长度比钢铁水平连铸的短,但长于铝及铝合金水平连铸用结晶器。一般短结晶器为 125 mm 或 145 mm;长结晶器为 200 mm。从图 3 - 3 和表 3 - 3 可以看出,水平连铸直径 60 mm 的 HPb 59 - 1 黄铜锭时,结晶器长度为 180 mm,近结晶器内表面的温度,Ⅱ区与Ⅲ 区上部的温差大大小于Ⅰ区与Ⅱ区及Ⅲ 区与Ⅳ区的温差,而下部则相反。距结晶器内表面 3 mm 处上下部各区间平均温差列于表 6-31。

表 6-31　近结晶器内表面区间平均温度差值变化

部　位	Ⅰ ~ Ⅱ区	Ⅱ ~ Ⅲ区	Ⅲ ~ Ⅳ区
上部温差/℃	125	50	110
下部温差/℃	140	150	75

从表 6-31 中可以看出,近结晶器内表面的温度,在Ⅱ区与Ⅲ区之间上部与下部的温差最大。在此区间,上部温差最小,是最不稳定的区域。Ⅲ区至结晶器冷却成形区入口距离为 110 mm。连铸 HPb 59 - 1 黄铜锭时的逆流导热距离为 12 mm 左右。在这种条件下,使用 125 mm或 145 mm 长的结晶器是可行的,相当于增强了Ⅲ区与Ⅳ区之间的冷却强度。Ⅱ区至结晶器入口处距离为 70 mm,Ⅰ区至结晶器入口处距离为 30 mm。结晶器的有效长度若在70 mm以内,则可避免最不稳定区域的形成。按表 3 - 3 中铸造速度计算连铸紫铜锭时的逆流导热距

离可达40 mm左右；据此，水平连铸紫铜锭时，结晶器的有效长度可以大大地缩短。

在水平连铸铜及铜合金锭的过程中，通常采用保温炉代替中间包。浇铸前，通常加热到800 ~ 1000℃；特别是应充分加热出炉口部位。出炉口是液态金属流入结晶器的孔道，是整个炉膛升温最慢而保温条件与其他部位相比却又是最差的。出炉口的温度是关系到连铸过程稳定性的关键之一。为了保证连铸过程的稳定性，必须使出炉口的液态金属达到铸造要求的温度，甚至可以高于铸造温度30 ~ 50℃。例如QSn6.5 - 0.1青铜的炉口温度一般控制在1200 ~ 1250℃。在УНИИМ水平连铸上，结晶器与保温炉的石墨管外周曾专门设有三圈高频感应线圈，以便加热到900 ~ 1100℃。可将出炉口做成喇叭状，内口大于外口。

浇铸前，用塞子堵住保温炉的出炉口，并将引锭杆的引锭头插入结晶器内80 ~ 90 mm。液态金属注满保温炉后，拔出炉口的塞子。经过一定时间即开动牵引装置。例如浇铸ϕ25 ~ 150 mm的ZQSn5 - 5 - 5青铜锭时，经过1 ~ 1.5 min开动拉坯辊。

目前，在使用长结晶器的条件下，牵引铸锭的方式一般为振动式或间歇式两种。振动的效果取决于振幅和频率，不同的合金采用不同的振幅和频率。例如H96黄铜，振幅要小，频率要高，$s = 3$ mm，$f = 140$ 次/min；H62黄铜则需要较大的振幅，频率可以低一些，$s = 10$ mm，$f = 40$ 次/min。否则，铸锭表面容易产生裂纹、冷隔、鱼鳞状皱纹等缺陷。

振动有两种方式：一种是炉子和结晶器同时振动；另一种是链条振动。链条振动对改善水平连铸小规格铸锭（特别是线坯）的表面质量是行之有效的方法。因为链振方向不是往复运动，而是单向的。链振是在牵引链条运动过程中敲打链条。每振动一次（每敲打一次），包含短暂的增速运动；铸锭的运动每次都是从零开始并在很短的时间内达到正常速度。实际上，链振是间歇式拉坯的一种。与结晶器振动相比，链振减少了凝固壳与结晶器壁之间摩擦次数，有利于提高铸锭表面质量。

对于氧化物和金属渗出物极易黏附在结晶器壁上的合金，例如HSn70 - 1、HAl77 - 2、QSi3 - 1、QBe2.0和BZn15 - 20等铜合金以及较大规格的铸锭，不应采用振动式拉坯工艺；而必须采用间歇式拉坯的方法，即拉一段时间停一段时间。拉和停的时间长短应同拉坯速度和节距密切配合；例如上述合金的铸锭，一般采用$\tau_{拉} < \tau_{停}$，否则易裂。对于不易拉裂的合金如H62和QSn6.5 - 0.1等合金的铸锭，则可采用$\tau_{拉} \geqslant \tau_{停}$的工艺制度。铸锭在拉坯的过程中，由于凝固壳与结晶器壁之间的摩擦作用，凝固壳层内低熔相富集点的壳厚比较薄，很容易被蹭破，液态低熔相从裂缝中渗漏到凝固壳表面上，冷凝成逆偏析瘤。铸锭在停歇过程中，凝固壳经历一段时间的静态冷缩作用，壳面与结晶器壁之间的空隙稍有增加，为顺利拉坯过程创造了有利条件。在间歇式拉坯过程中，如发现铸锭裂纹，可以调整停、拉的时间，也可以暂时停车30 ~ 60 s，然后再恢复原来的拉坯工艺；这样能使黏附在结晶器壁上的氧化渣脱离结晶器壁，随同铸锭一起拉出，使操作转入正常。

采用独立的二次喷水冷却系统时，铸锭引出结晶器后才能开二次冷却水，以免水流灌入结晶器壁与引锭头之间的空隙内，防止爆炸。

铸锭的冷却强度受冷却水的温度、流量和流速的影响。进水温度要求不超过35℃。在冷却结构一定的条件下，水的流量和流速决定于水压。为了保证整个过程中液态金属始终在结晶器冷却区的前半部分结晶，一次冷却水的水压通常控制在0.05 ~ 0.2 MPa之间。独立的二次冷却水视出水口处铸锭的表面温度情况而定，例如连铸锡磷青铜棒锭时，以铸锭出结晶器喷水口处呈微红色为度，一般水压为0.02 ~ 0.1 MPa。连铸小规格的线坯时，除了

HPb55－1 之外，H62 和 QSn6.5－0.1 等合金，可以不用二次冷却水冷却。无论在何种情况下，必须保证冷却的均匀性。

铜及铜合金连续铸锭经一次冷却后，铸锭表面的温度通常与铝及铝合金锭连铸时的数值相近。例如在 УНИИМ 设备连铸 ϕ55 mm 的 ZQSn5－5－5 青铜锭时[44]，拉坯速度为 220 mm/min，结晶器有效长度为 200 mm，冷却水流量控制在 1.5～2.5 m^3/h；二次冷却区的长度为 300 mm，冷却水流量控制在 1～2 m^3/h。铸锭表面的温度，出结晶器口处为 150～200℃，经过二次冷却之后降至 50～70℃。

水平连铸过程中，铸造速度依不同金属和铸锭规格而定。一般说来，铸造速度快，铸锭表面光洁；铸造速度慢，铸锭表面粗糙，甚至出现裂纹、皱折和结疤。

在水平连铸过程中，连续润滑至关重要。目前，都采用石墨作结晶器工作面，石墨能起自润滑作用。水平连铸锡磷青铜锭时，不需另加润滑油。连铸黄铜锭时，加油润滑是保证铸锭表面质量的关键之一，可以抑制锌挥发物进入石墨孔隙内。润滑油必须在液态金属即将凝固之前输入到凝固区内。浸润良好的薄油膜，可以使极其脆弱的初始凝固壳表面不致被蹭毛或拉裂。但是，油量不宜太多，否则油量过大会降低结晶器的冷却效果，并且会由于润滑油大量挥发而产生很大的蒸气压，使铸锭质量恶化。

润滑油可使用菜籽油、变压器油、蓖麻油、豆油或 10 号、30 号机油等。使用菜籽油时烟气大。润滑油量的大小通常以控制油压来进行调节。

水平连铸管、棒和扁铸锭时，当铸锭达到定尺长度时即开动切割装置，切断铸锭。生产线坯时，将线坯缠绕于卷线装置上，定期从卷线装置上剪断卸下。哈萨克斯坦 Балхашский 有色金属加工厂，生产直径 12 mm 的 QSn6.5－0.4 和 QSn7－0.2 锡磷青铜盘条时，连续浇铸时间曾达到 150～200 h[45]。

在铜及铜合金锭水平连铸生产中，结晶器的石墨内套是主要的消耗零件。根据实践经验，石墨内套最好采用高纯石墨制作，以便提高结晶器的使用寿命。

连续铸锭中会存在一定的残余应力。如 HPb59－1 黄铜发生热轧开裂，可将铸锭经 700～750℃保温 30 min 的均匀化退火后再进行轧制。

6.3.3　水平连铸工艺制度

铜及铜合金水平连铸棒坯、管坯、扁锭及线坯的工艺制度列于表 6-32～表 6-37 中。

表 6-32　振动式水平连铸棒坯和管坯的工艺参数[43]

合金名称	铸锭直径/mm	振动		结晶器长度/mm	润滑油	铸造温度/℃	拉坯速度/$m\cdot h^{-1}$	冷却水压/MPa		进水温度(不大于)/℃
		振幅/mm	频率/次·min^{-1}					一次	二次	
T2	65	3	102	100	—	1200±10	30	0.08	0.04	35
H96	65	3	140	145	10 号锭子油	1200±10	30	0.15	0.05	35
H62	65	10	40	200	10 号锭子油	1120±10	20	0.1	0.05	40
QSn6.5－0.1	63	5	40	125	—	1240±10	12	0.06	0.02	40
QSn6.5－0.1	66/28	5	80	125	—	1240±10	14	0.06	0.02	40
QSn6.5－0.4	69	5	40	125	—	1240±10	12	0.06	0.02	40
QSn 4－0.3	66/28	1.5～2.5	70～100	100	—	1240±10	10	0.05	0.02	40
QSn 4－3	71/34	2.5	80～100	100	—	1240±10	10	0.06	0.02	40
QSn 4－3	63	5	30	125	—	1200±10	11	0.1	0.02	40

表 6-33 间歇式拉坯水平连铸棒坯和管坯工艺参数[43]

合金名称	铸锭直径/mm	停、拉时间/s		结晶器长度/mm	润滑油	铸造温度/℃	拉坯速度/m·h⁻¹	冷却水压/MPa		备注
		拉	停					一次	二次	
H68	65	4	4	145	10号锭子油	1150±10	21	0.2	0.06	
HSn 70-1	65	2	6	145	10号锭子油	1150±10	41	0.18	0.06	
	66/29	2	5			1180±10	20	0.05	0.02	
HAl77-2	71	2	5	145	10号锭子油	1180±10	30	0.18	0.02	
QSi 3-1	63	2	8	125	—	1240±10	8	0.08	0.02	
	83.5	2	5	130	—	1250~1280	6.5~7.5	0.01~0.05	0.05~0.1	铸锭供货
QSn4-3	83.5	3	3	130	—	1250~1280	8~14	0.04~0.08	0.08~0.1	铸锭供货
QSn 4-4-4 QSn4-4-2.5	30	2或3	3	80	—	1200~1250	22~30	0.005~0.02	水环0.05~0.1	铸锭供货
	35			90			22~30	0.005~0.02	水环0.05~0.1	
	45			115			21~28	0.01~0.03	0.05~0.08	
	55			110			18~24	0.03~0.05	0.05~0.1	
	65			120			18~24	0.02~0.04	0.05~0.1	
	75			130			15~20	0.01~0.3	0.05~0.1	
	85			140			12~15	0.02~0.04	0.1	
	100			130			11~14	0.04~0.08	0.1	
QSn6.5-0.1 QSn7-0.2	83.5、85	3	3	130	—	1250~1280	10~14	0.03~0.05	0.05~0.1	铸锭供货
QSn6.5-0.4 QSn4-0.3	83.5、85	3	3	130	—	1250~1280	8~12	0.03~0.05	0.05~0.1	铸锭供货
QCd1.0	79	3	2	125	—	1180±10	35	0.08	0.02	
QBe2.0	66	2	8	125	—	1200±10	6	0.07	0.02	
BZn15-20	25	5	6	190	30号汽轮机油	1240~1280	7~10	0.2	0.03	

表 6-34 间歇式拉坯水平连铸带坯工艺参数[12]

合金品种	规格/mm×mm	铸造温度/℃	牵引参数					结晶器材料	润滑剂
			一次距离/mm	铸造速度/mm·s⁻¹	拉坯时间/s	停歇时间/s	频率/次·min⁻¹		
H90黄铜	15×100	1190~1220	2~8	7~8	1	2	20	石墨	
锡磷青铜	15×220	1120~1160	2.5~4.7	2.5~4.7	1	2	20	石墨	
锡锌铅青铜	35×240	1130~1170	2.6~4.6	1.3~2.3	2	3	12	石墨	变压器油

表 6-35 间歇式拉坯水平连铸扁锭工艺参数[43]

合金名称	铸锭规格/mm×mm	停、拉时间/s		铸造温度/℃	拉坯速度/m·h^{-1}	结晶器长度/mm		润滑油	冷却水压/MPa
		拉	停			铜套	石墨套		
H90	15×100	1	2	1190~1220	8.5~10.5	100	170	蓖麻油	0.1~0.2
	15×200	1	2	1170~1210	8.5~10.5	140	260		
	35×115	2.5	5	1150~1170	4.5~6.0	140	240		
	50×200	1	4	1150~1170	4.5~6.0	150	260		
QSn4-4-2.5	15×150	0.5	1.5	1190~1240	9~13	110	250	—	0.01~0.06
	15×200	0.5	1.5	1190~1240	7~11	130	260		
	20×150	0.5	1.5	1190~1240	9~12	120	240		
QSn6.5-0.1	15×225	0.7	2.5	1180~1250	9~13	110	220	—	0.01~0.06

表 6-36 链振式拉坯水平连铸线坯工艺参数[43]

合金名称	铸锭直径/mm	铸造温度/℃	拉铸速度/m·h^{-1}	引锭速度/m·h^{-1}	链振频率/次·min^{-1}	结晶器长度/mm	润滑剂	冷却水压/MPa	
								一次	二次
QSn6.5-0.1	12	1160~1200	110~120	40~80	105~135	120	—	0.1~0.25	—
QSn6.5-0.4	12	1160~1200	90~100	40~80	105~135	120	—	0.1~0.25	—
QSn 7-0.2	12	1160~1200	100~110	40~80	105~135	120	—	0.1~0.25	—
QSn 4-3	12	1200~1250	90~110	40~80	80~100	120	—	0.1~0.25	—
QSn 3-1	35	1180~1230	10~15	4~6	40~50	190	30 号汽轮机油	0.15~0.2	0.1
H62	40	1000~1050	25~32	15~20	50~80	190	30 号汽轮机油	0.2~0.3	0.05~0.1
H65	40	1000~1050	23~30	15~20	50~80	190	30 号汽轮机油	0.2~0.3	0.05~0.1
H68	40	1050~1100	23~30	15~20	50~80	190	30 号汽轮机油	0.2~0.3	0.05~0.1
H80	40	1130~1160	15~25	10~15	50~80	190	30 号汽轮机油	0.2~0.3	0.05~0.1
HPb59-1	40	990~1040	25~30	15~20	50~80	190	30 号汽轮机油	0.2~0.3	0.05~0.1

表 6-37 国外水平连铸主要工艺参数[12]

国家（企业名称）	合金品种	规格/mm（×mm）	铸造温度/℃	牵引参数					结晶器材料	备注
				一次距离/mm	速度/mm·s^{-1}	拉坯时间/s	停歇时间/s	频率/次·min^{-1}		
英国（联合线材公司）	铜	（10~20）×500			0~5				石墨	5000 kg/h
前苏联	锡磷青铜	16×220	1140~1160	8~12	16~24	0.5	1.5	28~34	石墨	330~550 kg/h
日本	60 黄铜	ϕ40	1020		5.4				铜	一次冷却水流量 24 L/min；菜油润滑

乌克兰哈尔科夫铝青铜合金厂采用 УНИИМ 连铸机振动式拉坯连铸 ZQSn5-5-5 青铜锭的工艺参数列于表 6-38。间歇式拉坯浇铸锡青铜铸锭，能保证长时间连续工作最适宜

的工艺参数，列于表6-39。

表6-38 ZQSn5-5-5青铜锭水平连铸振动式拉坯工艺参数[44,46]

铸锭规格/mm	铸造温度/℃	拉坯制度			冷却区长度/mm		冷却水量/m³·h⁻¹		铸锭表面温度/℃	
		速度/m·h⁻¹	振幅/mm	振动频率/次·min⁻¹	结晶器	二次	一次	二次	结晶器出口	二次冷却出口
ϕ55	1100~1150	13.2	4~5	12	200	300	6.8	1.3	100~150	50~70

表6-39 水平连铸ZQSn5-5-5锡青铜锭的间歇式拉坯工艺参数[47]

铸锭直径/mm	铸造温度/℃	平均铸造速度/m·h⁻¹	铸锭牵引制度			一次冷却水流量/m³·h⁻¹	二次冷却水流量/m³·h⁻¹
			间距/mm	拉坯时间/s	停歇时间/s		
65	1100~1150	10.5	55	6	13	1.5~2.5	1~2
60		11.5	60~65	7	12		
50		12.5	65	7	12		
40		13.5	70	7	12		
30		14.5	75	7	12		

按表6-39中工艺参数生产，铸锭表面温度出二次冷却区时降至30~40℃。单流生产操作只需一人。金属的年成品率达98%~99%；而采用模铸或真空吸铸时为60%~70%。

B. T. Сладкоштеев等人的试验研究表明，ZQSn5-5-5锡青铜铸锭凝固壳表层在结晶器内必须冷却到约400℃的温度或更低一些；因为在400~800℃温度范围内，锡青铜的强度很低，在凝固壳与石墨结晶器壁相对运动过程中由于摩擦作用而容易被拉裂。他们发现，结晶器的水冷铜壁与石墨套管之间的缝隙约为1 mm时，石墨工作壁被加热到600~800℃，不能满足铸锭凝固散热的要求；当冷却铜套的水流速度为0.1 m/s时，尽管石墨套与铜套之间敷以涂料而紧密接触，仍不能保证铸锭凝固时的散热需要。当把水缝减小到6 mm，使水流速度提高到1.25 m/s之后，结晶器即能建立起必要的散热条件。

B. T. Сладкоштеев等人用三种不同的拉坯制度对ZQSn5-5-5锡青铜进行过以下对比试验研究[44,46]：

（1）结晶器固定不动，以150~170 mm/min速度连续拉坯时，凝固壳与石墨结晶器壁之间的摩擦力，大大地超过青铜的强度极限，而使凝固壳断裂。为了防止断裂，可以降低铸造速度，使凝固壳表层在结晶器内冷却到400℃以下的温度；但这样大大地降低生产率。

（2）以0.2~0.5m/min的速度和40~220 mm的间距内停留4~45 s的周期拉坯。在这种条件下，凝固壳滞留在结晶器内的部分来不及凝固到铸锭的中心；停止拉坯时在拉动与滞留的凝固壳之间为液态金属所填充。停歇的时间不少于10 s，才能保证铸造过程的连续性；但铸锭表面上有着深的冷隔和鳞皮。铸锭表面上形成两种形式的冷隔。一种类型是刮线，位于相邻的拉距接口处，这种刮线不向深处扩展，仅仅随着铸锭氧化色的颜色变化而变化；在刮线当中，总是在每个间距停歇与拉动部分相连接的地方形成冷隔。当以150~200 mm的间距周期拉坯时，焊缝冷隔具有粗糙的气孔形态。当以90~150 mm的间距周期拉坯时，具有外形与气孔相同的粗糙的鳞皮形态，其长度取决于拉坯间距的长度，当间距为90~150 mm时其长度等于35~85 mm。当拉坯间距为40~90 mm时，气孔或鳞皮变为粗糙的结晶前沿冷隔接口，其宽度为 5 ~ 7 mm，深度为 2 ~ 3 mm。采用周期拉坯的浇铸制度，不能保证铸锭得到满意的表面质量。

（3）当结晶器往复运动时，以连续拉坯方式浇铸可以得到很好的铸锭表面。在每一个振动周期的开始阶段，结晶器与铸锭反向滑动，进入结晶器的液态金属在结晶器壁上凝固；由于在 600 ~ 800℃时青铜的强度很低，结晶器壁与凝固壳之间的摩擦力超过青铜的强度极限，凝固壳发生断裂。当结晶器与铸锭同向运动时，凝固壳的厚度增加；而断口处填充的液态金属凝固，其表面温度来得及冷却到低于 300℃，当结晶器反向运动时不至于拉断。在相对静止的时间里在拉动与停留部分之间形成冷隔，这种冷隔称为结晶前缘冷隔接口。相应于振幅的冷隔和结晶前沿的冷隔接口，不会向铸锭深处扩展，不会恶化铸锭质量。当结晶器以 25 mm 的振幅往复运动而连续拉坯时，沿铸锭整个长度上金属具有致密的显微组织。

В. Н. Терехов 等人在哈萨克斯坦 Балхашский 有色金属加工厂的水平连铸机上，对直径 12 mm 的 QSn6. 5 - 0. 4 和 QSn7 - 0. 2 锡磷青铜盘条的间歇式拉坯工艺过程与盘条质量的关系进行过试验研究[45]。其铸造工艺参数列于表 6-40。

表 6-40　锡磷青铜线坯水平连铸工艺参数[45]

线坯直径/mm	铸造温度/℃	牵引间距/mm	牵引时间/s		耗水量 /L · min^{-1}	同铸根数
			拉	停		
12	1100 ~ 1200	5 ~ 40	1 ~ 10	1 ~ 10	3 ~ 80	3 ~ 9

结晶器用 МГ - 1 软石墨（俄标，相当于 TSH 结构石墨）做成。当结晶器的工作面为圆柱状时，线坯的表面布满裂纹。试验中观察到三种类型的裂纹：Ⅰ，在线坯表面上有明显的间距裂纹，在停留与拉动部分的连接处可以看见；Ⅱ，隐蔽的间距裂纹；Ⅲ，隐蔽的间距间裂纹。Ⅱ和Ⅲ两种形式的裂纹，只有在试样拉伸或线坯拔丝时显现。Ⅲ型的个别试样，甚至密布线坯的表面。间距裂纹深度同牵引间距 L 及停歇持续时间 τ 的关系见表 6-41。

表 6-41　显性与隐蔽的间距裂纹深度同牵引间距 L 及停歇持续时间 τ 的关系[45]

L/mm	间距裂纹深度/mm		
	Ⅰ　型	Ⅱ　型	
		τ = 1 s	τ = 6 s
50	线坯断裂	—	—
48	3. 0	—	—
45	1. 0	—	—
42	0. 2	—	—
40	—	2. 0	1. 5
30	—	3. 0	0. 2
20	—	1. 0	0. 1

从表 6-41 中可以看出，Ⅰ型裂纹当牵引间距 L > 40 mm 时，随着间距增大而急剧地增加到线坯裂开。当 L 减小到一定数值时，出现Ⅱ型裂纹；当 L 由 40 mm 向 20 mm 缩短时，Ⅱ型裂纹的深度渐渐变小。研究中发现铸造温度和结晶壁材料对Ⅱ型裂纹都有影响。铸造温度从 1100℃升高到 1200℃时，Ⅱ型裂纹的深度减小 20% ~ 40%。当用比较软的 Mr - 1 石

墨代替 APB 石墨时，Ⅱ型裂纹的深度降低 3 ~ 4 倍。采用 MΓ - 1 石墨做结晶器，铸造温度为 1180 ~ 1200℃，L = 20 ~ 25 mm，牵引时间 1 s，停歇时间 τ = 4 ~ 6 s，能消除显性的Ⅰ型和隐蔽的Ⅱ型裂纹。

间距裂纹的成因，是因为牵引线坯时凝固壳断裂而停留在结晶器内的部分会继续凝固，使裂口区的金属供应困难，在断口处出现不好的熔焊晶粒，促使Ⅱ型裂纹的形成。当牵引间距增至某一数值时，在牵引结束时停留在结晶器内的凝固壳来得及凝固到线坯的中心，裂口区停止液态金属的供给，导致出现破口，形成Ⅰ型裂纹，以致线坯断裂。

试验结果表明，铸造温度从 1100℃ 提高到 1200℃ 和停歇时间从 1 s 提高到 6 s，间距间裂纹的深度有某些程度的降低，但不能消除它。牵引间距、石墨材料和结晶器的锥度对间距间裂纹的形成及其深度都有影响。研究结果列于表 4-27。

从表 4-27 中可以看出，采用 APB（相当于 D1 电化石墨电刷材料）石墨做结晶器，牵引间距 L 从 40 mm 减少到 20 ~ 25 mm时，间距间裂纹深度 2 ~ 3 mm 的试样从 60% 减少到 31%；采用 MΓ - 1 石墨做结晶器，而 L 从 20 ~ 25 mm 减少到 10 ~ 15 mm 时，大裂纹彻底消除。用比较致密的 APB 石墨而后用 MΓ - 1 软石墨代替低质量的 ЭΓ（相当于 SDP 普通石墨电极材料）石墨，L = 20 ~ 25 mm 时，大裂纹的试样数量相应从 79% 减少到 31% 乃至 9%；此时无裂纹的试样数量从零增加到 25%。采用凝固区带锥度的结晶器代替无锥度的结晶器，可彻底消除深度大于 1 mm 的间距间裂纹；而无裂纹的试样数量，在牵引间距为 10 ~ 15 mm 时，从 36% 增加到 89%。中间包采用感应加热和稳定牵引的制度，保证线坯只在结晶器的圆锥部分凝固，消除了深度大于 0.5 mm 的裂纹，无裂纹的试样数量提高到 95%。这些事实说明，在牵引过程中促使减小凝固壳与结晶器壁之间的摩擦力的因素，在减少间距间裂纹方面起着重要的作用；在新形成凝固壳时，沿间距长度上的温度为 900 ~ 995℃，处于热脆状态。995℃ 是 QSn6.5 - 0.4 青铜的上临界点。此时锡磷青铜的强度极限大致从 0.2 MPa 变到零。根据 A. A. Преснякова 的数据，QSn7 - 0.2 青铜的强度极限在 20℃ 时为 350 MPa，在 850℃ 时即为 31 MPa。当摩擦力在凝固壳表面的某些地方超过其断裂强度时，会发生破坏或减弱表面的晶间联系，在随后承受拉伸时会发生裂纹和断口。

水平连铸生产 H65 黄铜带坯时[48,49]，采用与分体式 УНИИМ 水平连铸相似的浇铸结构，如图 2 - 5 所示，其工艺制度如下：(1) 铸造温度：1040 ~ 1060℃。(2) 拉坯制度：反推→拉→停，中低行程，中等瞬时速度；对 16 mm 厚的带坯，使出结晶器口的温度达到固相线温度的 30% ~ 35%，带坯表面呈暗红色。(3) 冷却强度：冷却水入口温度小于 30℃，出口水温控制在 45 ~ 60℃ 范围内，水压 0.6 MPa；铸坯出口温度控制在 400℃ 以下。水平连铸的节距一般限定在 20 mm 之内，太长容易产生裂纹。在引拉过程中，凝固壳表面会形成粗糙的弧面（初始凝固段形成凹槽），类似于热顶铸造时弯月面在拉坯过程中形成的金属桥。当弧面破裂时，金属液流溢出，填补到凹陷部分；若此时恰好引拉结束，在停拉的过程中这部分金属瞬间结晶，与弧形凝固壳的其他部分连接起来，在下次引拉时一道被拉出来。小股液流结晶区的晶粒度仅为 0.03 mm，厚度在 0.5 ~ 1.0 mm 之间。而先形成的凝固壳，由于向中心部分长大，形成大的柱状晶，晶粒大小是小股液流结晶区晶粒度的 100 ~ 150 倍左右，而且两区界面分明，没有彼此的交错咬合，交界处富集金属氧化物及金属凝固时溢出的气体。从引拉开始至引拉结束，每个节距的结晶区域内凝固壳温度呈递增趋势，导致表面颜色由浅至深（氧化程度由轻到重），随着弧形区的出现而周期性变化形成环状斑纹。拉坯时，若拉坯距离大、摩擦力大，拉坯阻力增大，或停歇时间短、小股液流与原结晶面未黏合牢固，会在停歇时形成的结晶区域内产生裂纹，尤其是在小股液流与弧形凝固壳的交界面的起始位置处，引拉时突遇 ZnO 吸附的粗糙表面区域，就会从此处形成裂纹，由于此部分凝固壳有一定厚度，拉裂时不能被液体金属所补充，裂纹扩大，形成裂口。解决的办法是缩短拉距，增加停歇时间，或使结晶区域内移，或采用反推工艺。推→拉→反推→停工艺可愈合上述两区界面起始位置处的裂口，但易产生隐性裂纹。

阎志明等人研究水平连铸 BFe10－1－1 铜合金锭工艺时[50]，试验装置与图 2-5 的结构相似，采用拉－停－反推－停工艺制度。铸坯直径 83 mm，水平连铸工艺参数为：铸造温度 1230℃，铸造速度 280 mm/min，拉坯长度 10 mm，拉坯时间 0.5 s，拉停时间 0.4 s，反推长度 3 mm，反推时间 0.2 s，退停时间 0.4 s，一次冷却水流量 1.7 m^3/h，二次冷却水流量 2.0 m^3/h，冷却水温 20℃。

6.3.4 工艺参数对铸坯力学性能的影响

在水平连铸铜及铜合金坯锭过程中，采用连体式 УНИИМ 水平连铸机生产时，坯锭表面上很容易产生裂纹。根据 B. H. Терехов 等人的试验研究表明，线坯的力学性能随着裂纹的消除而增高，工艺参数的影响，与对形成裂纹的影响相类似。以线坯的塑性为例，采用工作长度为 120 mm 的铸态试样的相对伸长作为塑性指标。线坯的相对伸长同停歇时间与间距及石墨材料的关系如图 6-18 所示。

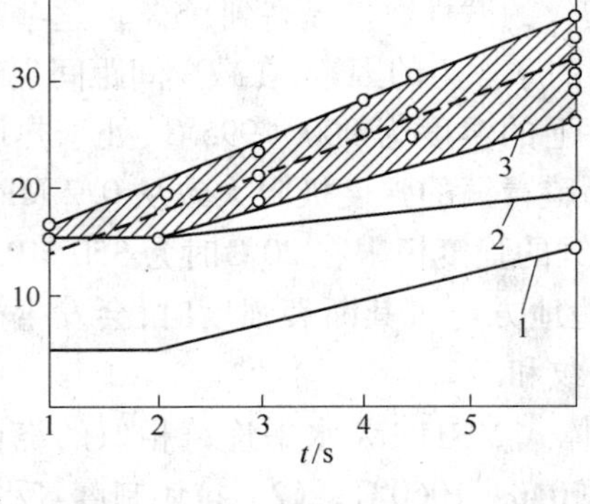

图 6-18 线坯的相对伸长率与停歇时间、间距及石墨材料的关系[45]
1，2—APB 石墨，L＝40 mm 和 20 mm；
3—MΓ－1 石墨，L＝20 mm

从图 6-18 中可以看出，拉坯间距从 40 mm 降到 20 mm，停歇时间从 1 s 增加到 6 s，特别是采用比较好的 MΓ－1 石墨做结晶器时，促使线坯的相对伸长率增大。从表 4-27 中也可以看出，当 L＝20 mm 时，试样的最大相对伸长率，当 ЭΓ 石墨代之以 APB 石墨时，从 18.3% 增加到 26.6%，当代之以 MΓ－1 石墨时增加到 38.3%；最小相对伸长率的数值，也从 8.3% 增加到 10.8%。采用带锥度的结晶，同时以稳定的浇铸参数，消除了缺陷，沿线坯长度上的塑性增大，最大相对伸长率增加到 52%，而最小相对伸长率也增加到 40.8%，σ_b＝348～382 MPa。

降低塑性区域的出现，B. H. Терехов 等人认为，是由于渗出偏析物在结晶器壁上形成结壳，偏析物增大凝固壳与结晶器壁的附着力，促使线坯表面出现裂纹。有时候，如延长停歇时间，这样的偏析物结壳与线坯同时被拉出。采用无锥度的结晶器时，偏析物结壳占浇铸量的 50%；采用带锥度的结晶器之后，消除了偏析物结壳。研究结果表明，保证锡磷青铜线坯的高力学性能，而无须退火以铸态即可进行拉拔加工的水平连铸浇铸工艺列于表 6-42。

表 6-42 冷拔铸态锡磷青铜线坯的水平连铸工艺参数[45]

线坯直径/mm	结晶器		铸造温度/℃	线坯牵引制度		
	石墨材料	锥 度		间距/mm	拉坯时间/s	停歇时间/s
12	MΓ－1	6′～17′	1180～1200	8～10	0.8～1	2～3

采用表 6-42 中的工艺参数铸造的线坯,以铸态冷拔成直径 3.4 mm 的合格金属线,从表 4-27 中可以看出,其实收率达到 92%。

B. T. Сладкоштеев 等人对水平连铸 ZQSn5 - 5 - 5 青铜锭的力学性能与拉坯制度的关系进行过测试比较[44,47]。铸锭横截面上硬度的平均数据列于表 6-43,强度极限和相对伸长率的平均数据列于表 6-44。

表 6-43 ZQSn5 - 5 - 5 青铜锭的铸态硬度[44,47]

连续浇铸制度	铸锭横截面上的硬度 HB/MPa		
	上	中	下
在不动结晶器情况下周期拉坯	642	677	638
结晶器往复运动连续拉坯	699	710	736

表 6-44 ZQSn5 - 5 - 5 青铜锭铸态的强度和伸长率[44,47]

铸锭试样部位	拉伸强度极限/MPa						相对伸长率/%					
	周期拉坯			往复运动连续拉坯			周期拉坯			往复运动连续拉坯		
	上	中	下	上	中	下	上	中	下	上	中	下
横向(中部)	—	195	—	—	255	—	—	19.8	—	—	24.5	—
纵向	226	228	233	270	247	262	19.7	17.0	21.0	21.3	23.0	24.5

从表 6-43 中可以看出,铸锭横截面上的布氏硬度,结晶器往复运动连续拉坯时的数值高于周期拉坯时的数值。从表 6-44 中可以看出,铸态的强度和伸长率也呈现相似的情况。这种差异应归结于显性和隐性裂纹的形成。在连铸过程中应尽可能减弱以至消除促使裂纹形成的因素。从图 6-18 和表 4-27 中可以清楚地看出选择合理的工艺参数的重要意义。

6.3.5 水平连铸工艺参数的优化

连续铸造工艺参数的选择是为了得到表面质量和内部质量以及成材率良好的铸锭。上述工艺制度是根据试验结果摸索出来的各种工艺参数的适用范围。而这种适用范围往往是在固定其他工艺参数的前提下经试验摸索出某一单项的变化值;但是,不能看作是最佳的工艺参数配合。只可以看作是保证稳定生产过程的操作安全范围。

为了得到质量优良的铸锭,应对各种工艺参数的合理配合进行优选。在这方面,可以采用试验方法来优化相互关联的工艺参数,也可以运用数学模型对相互关联的工艺参数进行优选。用试验方法优化相关工艺参数比较直观,但是,耗费的人力和物力比较多,也比较麻烦。表 6-42 中的工艺参数是经过试验对表 4-26 中的工艺参数进行优化的结果。

数学模型优选法可以大量节省人力和物力,而且可以得到单值的结果。烟台大学郭明恩等人通过正交实验和网络建模对 16 mm × 420 mm 的 QSn6.5 - 1 锡磷青铜带坯的水平连铸工艺参数进行优化[51]。水平连铸 16 mm × 420 mm 的 QSn6.5 - 1 锡磷青铜带坯的原有生产工艺参数如下:铸造温度 1200 ~ 1220℃,冷却水进口温度 25 ~ 30℃,水压 0.7 MPa,冷却水流量 35 ~ 40L/min,拉坯速度 150 ~ 180 mm/min,引拉工艺为停—回推—拉—停,带坯出结晶器的温度为 250 ~ 300℃;退火温度 630℃,保温 4.5h;初轧 14.5 mm→6.4 mm,中轧 6.4 mm→1.2 mm,精轧 1.2 mm→0.4 mm。在此工艺条件下,板带材的成材率为 56.4%。

QSn6.5 - 1 锡磷青铜 16 mm × 420 mm 带坯铸造工艺参数优化的目的是为了提高板带

材的成材率。影响铸坯内部组织质量的关键因素是生产过程中的铸造温度、冷却强度、拉坯速度和拉引参数的匹配。在理论分析的基础上，结合生产经验、设备条件和可操作性，以成材率为考察指标，进行正交实验。实验方案 $L_{18}(6^1\times3^6)$；选取的各因素水平和实验操作结果列于表 6-45 和 6-46。

表 6-45　正交实验的因素水平[51,52]

因素 / 水平	铸造温度/℃	拉引参数(拉速 9.4 mm/s，推速 4.5 mm/s)				冷却水(出口温度 35～40℃)	
		周期停歇时间/s	回推时间/s	回推停顿时间/s	拉坯时间/s	入口温度/℃	水压/MPa
1	1160	3.5	0.2	0.10	1.4	18	0.4
2	1190	4.3	0.3	0.15	1.8	22	0.6
3	1210	4.6	0.4	0.20	2.4	28	0.8
4		5.6					
5		6.4					
6		7.3					

表 6-46　正交实验结果[51,52]

实验组号	铸造温度/℃	引拉参数(拉速 9.4 mm/s，推速 4.5 mm/s)				冷却水(出口水温 35～40℃)		成材率/%	网格仿真/%
		周期停留时间/s	回拉时间/s	回拉停顿时间/s	拉坯时间/s	入口温度/℃	水压/MPa		
1	1160	3.5	0.4	0.15	1.8	18	0.6	63.2	63.21
2	1190	3.5	0.2	0.10	1.4	22	0.4	56.5	56.49
3	1210	3.5	0.3	0.20	2.4	28	0.8	60.7	60.68
4	1160	4.3	0.3	0.10	1.8	28	0.4	62.2	62.20
5	1190	4.3	0.4	0.20	1.4	18	0.8	61.3	61.32
6	1210	4.3	0.2	0.15	2.4	22	0.6	59.4	59.43
7	1160	4.6	0.2	0.20	1.4	28	0.6	65.1	65.05
8	1190	4.6	0.3	0.15	2.4	18	0.4	64.8	64.78
9	1210	4.6	0.4	0.10	1.8	22	0.8	65.3	65.28
10	1160	5.6	0.2	0.10	2.4	18	0.8	56.8	56.76
11	1190	5.6	0.3	0.20	1.8	22	0.6	61.5	61.49
12	1210	5.6	0.4	0.15	1.4	28	0.4	60.7	60.69
13	1160	6.4	0.4	0.20	2.4	22	0.4	65.8	65.80
14	1190	6.4	0.2	0.15	1.8	28	0.8	63.4	63.45
15	1210	6.4	0.3	0.10	1.4	18	0.6	62.1	62.11
16	1160	7.3	0.3	0.15	1.4	22	0.8	63.6	63.56
17	1190	7.3	0.4	0.10	2.4	28	0.6	58.7	58.69
18	1210	7.3	0.2	0.20	1.8	18	0.4	61.8	61.79

为了便于计算机计算，设计模型为三层前向网络。输入层 7 个神经元，隐层 14 个神经元，输出层 1 个神经元。网络模型如图 6-19 所示。

网络模型的训练精度 $E=0.001$；学习速度步长；算法为 Levenberg - Marguard；转移函数 $f(x)=1/(1+e^{-x})$。网络模型由三组实验获得的样本数据进行训练，经 18 个检验样本的检验后，仿真结果列于表 6-46 中最后一列。

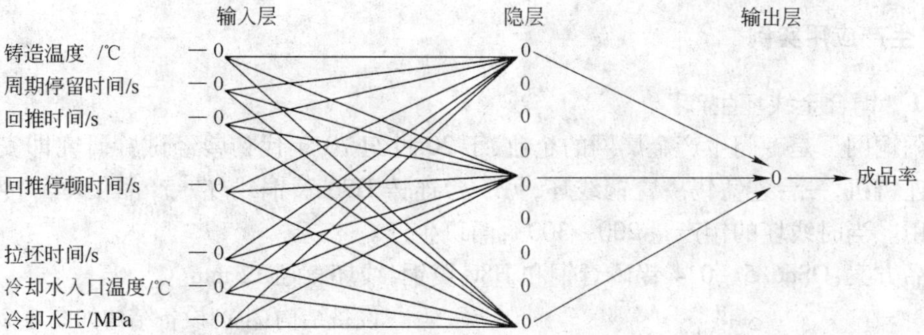

图 6-19 网络模型[51]

经过训练和检验后的网络模型用于优化预测。通过计算在广泛区域上全局寻优，仿真优化预测的最高成材率为 69.4%，对应的工艺参数组合列于表 6-47。

表 6-47 磷青铜带坯的优化工艺参数[51,52]

合金牌号	带坯规格 /mm×mm	铸造温度 /℃	引拉参数				冷却水	
			周期停留时间/s	回推时间 /s	回推停顿时间/s	拉坯时间 /s	入口温度 /℃	水压/MPa
QSn6.5-1	16×420	1170	5.0	0.25	0.15	2.0	20	0.75
QSn6.5-0.1	16×420	1170	4.8	0.24	0.16	2.1	22	0.76

经实际生产运行检验，QSn6.5-1 按表 6-47 中的工艺参数生产时，成材率为 68.5%。比原有生产工艺条件下提高 12.1%。同时减少了实际实验次数和成本，经济效益显著提高。

大冶铜材加工公司原来水平连铸 QSn6.5-0.1 锡磷青铜带坯的工艺条件与上述优化实例前的工艺条件完全相同，成材率约为 56%。舒服华博士等人应用径向基函数(RBF)神经网络和粒子群算法相结合优化 QSn6.5-0.1 锡磷青铜带坯的水平连铸工艺参数[52]，试验因素与水平列于表 6-45，试验结果列于表 6-46。通过粒子群进化操作后，优化结果列于表 6-47。实际成材率为 70.9%。

从上述生产实践结果可以清楚地看出，优化生产工艺参数对提高生产水平是非常重要的，优化的效果是很显著的。当今，计算机技术广泛应用，为仿真数值模拟创造了有利条件，应充分发挥其有效作用。

在水平连铸锡磷青铜板锭过程中，容易形成反偏析现象，铸坯铣面后表面出现“带状”、“斑状”的不规则的反偏析缺陷，生产中称为“蓝带”、“蓝斑”现象，致使冷轧开坯时这些地方出现开裂现象，使成材率大大降低。这种现象除了受工艺参数的影响之外，还受结晶器壁面质量的影响。生产实践表明[53]，一副新结晶器在使用初期，“蓝带”、“蓝斑”现象极少，几乎没有。结晶器使用 3~4 个班次之后，至多 6~7 个班次，将批量出现“蓝带”、“蓝斑”现象，铸坯下表面出现的几率更大。这主要是因为结晶器内衬被磨损，表面出现微裂纹，严重时出现缺口。为此，生产中应使用高纯度、高强度和高密度的石墨作结晶器内衬；内衬表面的加工光洁度要高；石墨内套与水冷铜套之间要紧密配合；安装石墨托辊，使铸坯引出时不产生弯曲，延长石墨套使用寿命；采用二次冷却水；在结晶器使用后期，铸造温度和一次冷却水压应逐渐降低。保温炉内金属液位高度为 500~700 mm。

6.3.6　生产应用实例

例 1　铜合金线坯生产[36]

沈阳铜网厂是专门生产金属网的企业，于 20 世纪 70 年代初曾经试验研究即安装了两台水平连铸机，一台连铸锡磷青铜线坯，另一台连铸 H80 黄铜线坯。产品供本厂冷拔铜合金线材用。当时线坯的年产量 200 ~ 300 t；两班生产。

产品方案：QSn6.5 – 0.4 锡磷青铜和 H80 黄铜，线坯直径 12 mm。

设备结构：生产设备结构如图 6–20 所示。

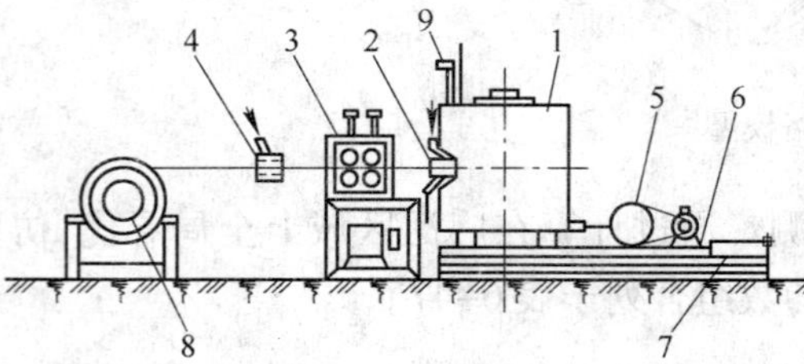

图 6–20　铜线坯连续拉铸机结构示意图[36]

1—电阻保温炉；2—结晶器；3—牵引机；4—二次冷却；5—振动机构；6—炉车；7—轨道；8—卷取机；9—热电偶

电阻保温炉的电热元件采用硅碳棒，其结构示意图见图 6–17。试验过程中使用的异型坩埚容量为 100 kg，是用 50% 石墨 + 30% 刚玉 + 30% 羊甘土制成。炉温在 1100 ~ 1300℃，电功率经验数一般在 15 ~ 20 kW；因碳化硅发热体易老化，网络电压波动大，要求电炉升温快、保温好、散热慢，对新炉设计一般取为 30 ~ 36 kW。硅碳棒直径 25 mm 采用 11 根，其总长度为 1 m；分设两个回路，一路串联 5 根，另一路串联 6 根，两回路还可串联或并联转换，以适应不同加热功率的需要。供电电压 220 V 或 380 V。单相电流 $I = 70 \sim 100$ A。保温炉可沿拉坯轴线直线振动，振动用电机功率 1 kW。实际生产中使用 100 号坩埚电阻炉，坩埚容量为 200 kg。

结晶器由冷却器、石墨结晶器和石墨镶套以及保温垫组成，其结构如图 6–21 所示。

石墨结晶器通常又称为石墨嘴子，采用 SK 和 SD 两种石墨制作。冷却器内壁采用 2 mm 厚的低碳钢制成。保温垫的作用是防止冷却器降低坩埚嘴子处的温度；用耐火白泥作保温垫还可以起石墨嘴子和镶套配合的黏结作用。镶套的主要作用是便于更换石墨嘴子；坩埚嘴子内径为 35 mm，石墨嘴子的最大外径为 30 mm，所以用镶套使两者配合；镶套的材料是将普通石墨坩埚料减少些石墨，多增加些刚玉，或用石墨坩埚料代之。安装时，先将镶套缩进坩埚嘴子内 2 mm，然后用黏合剂将镶套与坩埚嘴子黏合并抹平 2 mm 的空当。黏合剂是 40% ~ 50% 镁砂粉 + 50% ~ 40% 耐火白泥 + 1% ~ 2% 硼酸 + 水，有时略加些石墨粉。被黏结的缝大就多加些镁砂粉；缝小就多用些白泥。冷炉黏结时可以不用水而用水玻璃，热状态下黏结时用水而不用水玻璃。

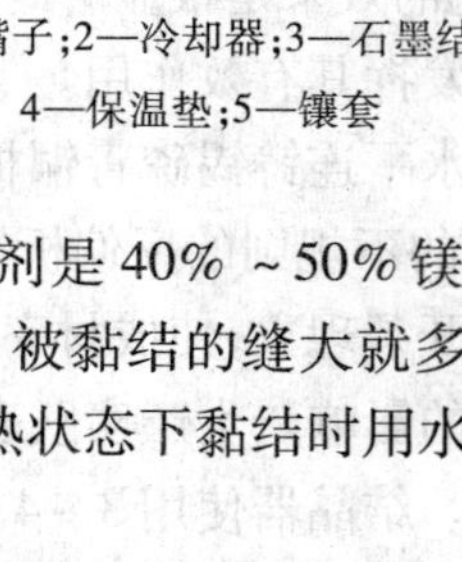

图 6–21　结晶器结构图[36]

1—坩埚嘴子；2—冷却器；3—石墨结晶器；4—保温垫；5—镶套

牵引装置是一无级变速机组，用一台 2.8 kW 的无级调速直流电动机带动一个减速箱，用链条传动两对槽轮。两对槽轮的中心同石墨嘴子内径中心和坩埚嘴子内径的中心在同一水平线上。两对槽轮能上下、左右调节。工作时两对槽轮的左右受力要平行一致，不能一边大一边小，否则被牵引的线坯会扭动。

保温炉和振动机构安装在炉车上。炉车是为了检修保温炉方便，正常工作时不动。

二次冷却安装在牵引装置之后，是为了对线坯进行降温以便于手动操作。

拉铸的工艺参数如下：

（1）每炉次金属重量：50～60 kg。

（2）保温炉振动数据：对于 QSn6.5－0.4 锡磷青铜和 H80 黄铜，振幅为 3～4 mm，振动频率为 140～150 次/min。

（3）保温炉正常工作温度：对于 QSn6.5－0.4 青铜控制在 1100～1200℃；H80 黄铜控制在 1050～1100℃。热电偶的测量点在坩埚嘴子上端；测量点不同，热电偶的指示温度也不同。

（4）石墨嘴子尺寸：联结坩埚的大头，锥度为 1:50，长 25 mm，外径 17 mm；联结冷却器的小头，锥度为 1:32，长 85 mm，外径 16 mm，内径 12 mm。

（5）冷却水：水压 0.5 MPa。

（6）每炉次的铸造时间：QSn6.5－0.4 锡磷青铜拉铸 50～60min；H80 黄铜拉铸 60min。实际生产中，连铸青铜时铸造速度为 1000 mm/min，连铸黄铜时铸造速度为 800 mm/min。

在生产过程中，保温炉和结晶器的振动规律固定不变。在生产经验不足的初始阶段，开始牵引时，往往找不准铸造温度—振动—牵引速度—冷却强度之间的关系，一般采取少供冷却水、慢牵引，随着牵引速度增加，逐步增大冷却水量。线坯出结晶器之后未能受到强烈的二次冷却水直接冷却，线坯表面温度较高而呈红色。具有一定的生产经验之后，即可观察线坯表面的色泽以判断上述工艺参数配合的好坏；以枣红色为准。在其他条件不变的情况下，以保温炉振动轻松，牵引装置工作平稳为准。如果线坯表面发红，线坯弯曲受力后会产生断裂。如果线坯产生热裂纹，表面不光滑，保温炉振动吃力，牵引装置不稳，此时就不能以枣红色为准，而要相应调整牵引速度和水压。

坩埚内要保持一定数量的液态金属，液态金属太少时应相应地降低牵引速度。此时，补注新液不能太猛，否则液流的冲击力可能会破坏坩埚嘴子内液流向前运动的规律以至断线。

如果连铸过程中断线，要尽快将引锭杆插入结晶器内，防止液态金属喷出结晶器；并调小冷却水流量，以防液态金属在坩埚嘴子出口凝固。断后再铸时，若引锭杆打不进去，则升温等待一段时间再往里打，不可强打；引锭杆探进结晶器内触到液态金属时要迅速返回。

牵引装置电动机的运动速度波动时，拉出的线坯表面颜色暗一段、红一段；此时要减速拉坯，严重时要停炉检查修理。

连铸过程中，线坯扭动时，要注意观察牵引装置的两对槽轮对线坯的受力是否均匀。

振动机构的连接轴不能松动，松了振幅会变小，影响牵引速度的提高。

连铸过程中，要注意热电偶和保温炉性能的变化等情况。新坩埚的导热性能好，嘴子内光滑，比较好拉铸。旧坩埚由于导热性能降低，炉温较高，但坩埚内液态金属的温度却并不高；并且嘴子内径表面上会产生氧化物，不光滑，拉铸就困难。

连铸过程中，要根据不同的合金成分恰当地选配工艺参数。例如，对于 QSn6.5－0.4 锡磷青铜，炉温高到 1200℃仍可生产，而对 H80 黄铜就可能因气化而形成断线；H80 黄铜的导热性能好，要求冷却水有一定的温度；而 QSn6.5－0.4 青铜的导热性能差，可以急速冷却。

更换石墨嘴子时，要很好地检查加工质量，安装结晶器时要严格稳妥。在牵引之前要仔细检查冷却器是否松动，一般情况下要稍往里面紧一紧，紧的时候要防止石墨嘴子因受力不均而断裂。

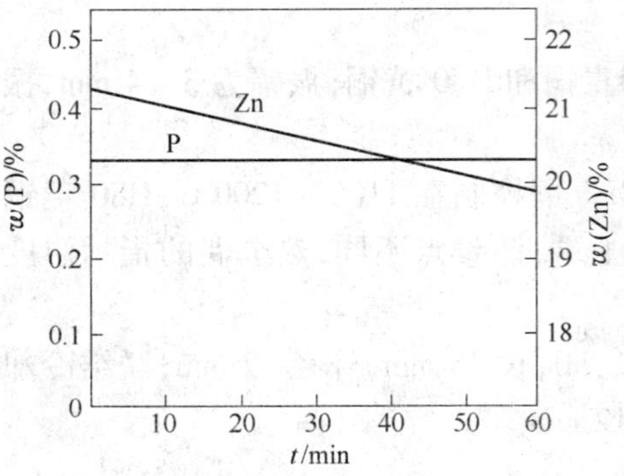

图 6-22　QSn6.5 - 0.4 磷含量和 H80 中锌含量与时间的关系[36]

每个炉次 50 ~ 60 kg 的液态金属，对于 QSn6.5 - 0.4 磷青铜的拉铸时间为 50 ~ 60 min，对于 H80 黄铜的拉铸时间为 60 min。在这段时间内，磷青铜中的磷和黄铜中的锌等低蒸气压易挥发组元的灼损量影响产品化学成分的稳定性。实际结果表明，从拉铸开始到拉铸完了，磷青铜中的磷含量保持在开始量的 95% 以上；黄铜中的锌含量保持在开始的 93% 以上是完全可能的。两种合金中的磷和锌含量与时间的关系如图 6-22所示。

连铸生产的 QSn6.5 - 0.4 和 H80 的线坯和线材的力学性能有显著提高。例如连铸 QSn6.5 - 0.4 线坯的铸态抗拉强度比铁模铸造的提高 134%，伸长率提高 180%。两种合金水平连铸及铁模铸造的力学性能列于表 6-48。

表 6-48　水平连铸与铁模铸造的力学性能[36]

合金牌号	制品状态	工艺方法	力学性能	
			σ_b/MPa	δ/%
QSn6.5 - 0.4	线　坯	连铸	360	42.8
		铁模铸造	270	24.5
	线材(M)	连铸	420	60 ~ 70
		铁模铸造	360	40
H80	线　坯	连铸	228	49.5
	线材(M)	连铸	400	38 ~ 40
		铁模铸造	320	30

水平连铸所产的线坯，锡磷青铜表面比较平整，H80 黄铜表面有竹节状纹路。

例 2　挤压铜锭和黄铜锭

Кольчугнский ОЦМ 厂使用水平连铸工艺生产挤压用铜锭和黄铜锭[54]。水平连铸设备是乌克兰金属研究所在哈尔科夫铝 - 青铜合金厂使用的 УНИИМ 型机改进而成。设备改进主要有三点：原来用 МГ - 1 石墨作结晶器，经过 1 ~ 2 h 就坏了，后增加保护层，使用寿命提高到 380 h；煤气加热坩埚改为感应炉，因为煤气坩埚炉内的温度波动达 100℃，而坩埚内金属温度在 30 ~ 40℃ 范围内波动，造成金属液的凝固在结晶器内的端面发生移动，采用感应炉，金属液温度可控制在 ± 10℃ 范围内；同步锯的传动机构，原为 4.5 kW 功率、1440 r/min转速的交流电机和减速比 12.64 的 PM - 250 减速机，锯片转速为 100 r/min，去掉减速机，改为 22 kW 功率、转速 970 r/min 的交流电机，使锯片的转速急剧增加，在同样的进刀量时每个锯齿的切割量大大减少，并用空气 - 乳浊液冷却锯片。铜和 H96 黄铜铸锭的水平连铸间歇式牵引工艺参数列于表 6-49。

表 6-49 空心和实心圆锭连铸工艺参数[54]

金属牌号	铸锭规格		金属温度/℃		铸造速度/m·h^{-1}	牵引制度			一次冷却水		二次冷却水流量/L·min^{-1}
	锭形	规格/mm	炉内	中间包		间距/mm	拉坯时间/s	停歇时间/s	流量/L·min^{-1}	流速/m·s^{-1}	
Cu	实心		1140 ~ 1160	1120 ~ 1130	6	10	2 ~4	4 ~8	40 ~60	~0.4	~15
H96	空心	壁厚 37			4	10	2	8			

结晶器用 MГ－1 石墨制作，浇铸 1 ~2 h 后，铸锭表面出现裂纹；采用保护层时，无裂纹浇铸过程达 380 h。A. B. Емяшев 的研究结果表明[55]，带 ПГК－2A 耐磨覆层的石墨结晶器寿命最长，在铸造内孔 23 mm、直径 97.3 mm 的铜及黄铜空心坯料时，使用寿命超过 400 h。

铸锭断口为二层组织。铜内含氢量不超过 0.01%，沿截面均匀分布，含磷不大于 0.04%。质量均能符合标准要求。

铜和 H96 黄铜铸锭，挤压成壁厚 1.5 ~0.2 mm、外径 18 ~4 mm 的管。合格金属实收率，连铸切断后 98%，挤压成管之后 97%，去掉管的头尾 95%。挤压合格金属实收率，实心锭提高 4% ~10%，空心锭提高 12% ~18%。可消除如下工序：铸锭加热，直径 97 mm 的3000 m中间挤压和直径 21 mm 的穿孔。由于减少了挤压生产工序，提高了生产过程中合格金属实收率，水平连铸生产的基本建设费用 0.6 年后即可回收。

例 3 QSn6.5－0.1 青铜板锭水平连铸[56]

水平连铸设备条件：结晶器具有一次和二次冷却结构；牵引参数可调范围：牵引间距 3 ~100 mm，周期时间 τ =0 ~200 s；牵引力达 12 t。可浇铸坯范围：厚 12 ~25 mm，宽度可达 620 mm。

截面 16 mm ×220 mm 的 QSn6.5－0.1 青铜板坯的铸造工艺参数为：金属温度 1140 ~ 1160℃，牵引间距 8 ~12 mm，牵引时间 0.5 s，牵引周期 τ =28 ~34 s；单流产能 8 ~12 t/昼夜，同时浇铸两块时产能为 22 t/昼夜，同时浇铸两块 320 mm 宽的板坯时，产能为 32 t/昼夜。

例 4 HSn70－1 锡黄铜圆锭水平连铸[57]

HSn70－1 锡黄铜中含铜 69% ~71%，锡 1% ~1.5%，其余是锌；而铅、锑和铋是有害杂质，应严格控制，允许的微量杂质总和不大于 0.3%。这种黄铜具有良好的力学性能和耐腐蚀性能，其主要用途是用作冷凝铜管。上海铜厂是生产这种产品的老企业；HSn70－1 黄铜锭，最初采用模铸生产。水平连铸工艺参数列于表 6-50。

表 6-50 HSn70－1 锡黄铜圆锭水平连铸工艺参数[57]

铸锭直径/mm	结晶器长度/mm	铸造温度/℃	拉坯速度/m·h^{-1}	牵引制度			一次冷却水			二次冷却水压/MPa
				间距/mm	拉坯时间/s	停歇时间/s	进口温度/℃	温升/℃	水压/MPa	
65 ±0.3	145	1100 ~1200	40 ~50	30①	2	4	<40	5 ~6	0.18	0.06

① 根据生产能力为 200 ~250 kg/h 的计算值。

连铸过程中，用 30 号机油润滑。单流生产能力为 200 ~250 kg/h。结晶器用石墨制作。

表 6-51 所列工艺参数为正常生产操作数据。在启铸操作中应注意如下事项：

（1）保证保温炉内液态金属温度不低于 1150℃，否则铸坯拉出结晶器即被拉断。

（2）当结晶器的石墨内套与封口用的红砂泥烘烤未干透时，会造成铸坯拉不动或拉断。

(3) 开始拉坯启动太晚、太慢,会拉不动;启动太早、太快,会造成拉断。一般开始拉坯的速度应比正常拉坯速度快些;待铸坯拉出结晶器后再调整到正常拉坯速度。对于直径65 mm的铸坯,开始拉坯速度可以大于50 m/h。

(4) 开始拉铸的一次冷却水水压不能过大,先用0.08～0.1 MPa,当铸坯拉出结晶器后再调到0.18 MPa。

(5) 初拉时如启动不晚而有打滑现象,则是牵引辊上的滚花被磨平,应更换新辊。

在连铸过程中,发现铸坯表面出现裂纹时,可以采用如下措施予以消除:

(1) 调整停歇和拉坯工艺参数,增加停歇时间和减少拉坯时间,或者降低拉坯速度。

(2) 暂停拉坯1～1.5 min,让黏附在结晶器壁上的氧化渣脱离模壁,随同铸坯拉出。

(3) 调整拉坯速度和冷却水量来改变铸坯在结晶器内的凝固区,使结晶区向前或向后移动,这样也可以使黏附在结晶器壁上的氧化渣随同铸坯一起拉出结晶器。

(4) 提高保温炉内液态金属的温度。

(5) 检查和调整润滑油的注入量。

(6) 检查拉坯设备电器的运转情况。

(7) 当石墨内套与水冷铜套镶配不密合时,冷却强度降低,应重新更换合格的结晶器。

例5　Sn4－0.4锡磷青铜管坯水平连铸生产[57]

管坯即空心铸锭。水平连铸管坯,可省去穿孔工序,降低生产成本。水平连铸铜管坯用的结晶器结构与连铸铜棒的结晶器基本相同,只是在石墨套管内增设一个石墨管芯。QSn4－0.4锡磷青铜管坯水平连铸采用短结晶器,冷却水套总长度为100 mm;并采用短芯杆,主要考虑以下因素:

(1) 石墨芯杆长了容易被拉断;

(2) 长芯杆会使铸坯中孔偏移;

(3) 因为锡磷青铜的体积收缩比其他合金小得多,所以当液态金属凝固时就应将它拉出结晶器,短结晶器的短芯杆可减少摩擦,保证中心孔的光洁。

QSn4－0.4锡磷青铜管坯的规格为外径66 mm、内径28 mm和外径(71±0.2) mm、内径(34±0.3) mm两种。每小时产量为250～380 kg。水平连铸工艺参数列于表6-51;拉坯方式:采用振动式连续拉坯。

表6-51　QSn4－0.4锡磷青铜管坯水平连铸工艺参数[57]

管坯规格/mm	浇铸温度/℃	拉坯速度/$m \cdot h^{-1}$	结晶器长度/mm	振动制度		进水温度/℃	冷却水压/MPa	
				振幅/mm	频率/次·min^{-1}		一次	二次
$\phi 66/28$, $\phi 71/34$	1200～1250	10	100	1.5～2.5	70～100	<40	0.05	0.02

水平连铸管坯质量与生产故障分析及其消除措施:

(1) 铸坯表面横向裂纹。这种现象一般是由于液态金属温度下降所引起,严重时铸坯可能被拉断;一次冷却过大也可能引起横向裂纹。若降低拉坯速度,同时将保温炉内金属液升温,并将一次冷却水降至0.03～0.04 MPa,可以消除横向裂纹。

(2) 铸坯表面条槽。出现这种现象的原因是氧化渣黏附在石墨内套上,即石墨内套表面不光洁;这也可能使铸坯产生凹槽。消除铸坯表面条槽可采取降低拉坯速度和加大振幅频率等措施。当铸坯表面条槽消除后,再恢复原来的拉坯速度和振动频率。

(3) 铸管中心孔出现增大或缩小现象。此现象除芯杆尺寸不符合要求之外,金属液温度下降,冷却强度太大或拉坯速度降低等造成铸坯在结晶器内的凝固带向后移,也会使孔径增大;反之则孔径缩小。其中以拉坯速度的影响最大。

(4) 铸坯内孔出现起槽。出现这种现象的原因,一是由于石墨芯杆质量不高,此时多在拉坯 1 ~ 2 h 后方可发现;另一种是开始拉坯不久即出现中心孔起槽,这时可将拉坯速度减慢,同时增加振动频率来消除。

(5) 芯杆拉断现象。这种现象多因拉坯过程中突然停顿或振动停止而造成;因为在停顿过程中,液态金属停滞不前将芯杆包住,再拉时便造成芯杆被拉断。

例 6 H90 黄铜扁坯水平连铸生产[12]

(1) 设备概况。

1) 熔炼炉。熔炼炉是立式双熔沟有芯感应工频炉。炉容量 600 kg,每熔次留基液 150 kg,出炉 450 kg,功率为 150 kW。

2) 保温炉。保温炉是水平放置单熔沟有芯感应工频炉。炉容量 450 kg,功率 75 kW。炉上装有塞棒与水口,可以控制铜液进入结晶的流量。炉体上装有偏心连杆振动器,偏心为 13 mm,振动频率 72 次/min。扁坯结晶器及循环水冷却器安装在炉体下部。

3) 牵引机。牵引机由两对牵引辊组合而成,由 4 kW 直流电机驱动。牵引速度在 30 ~ 600 mm/min 范围内可调,并有正反向功能。引锭可以连续形式或自动断续的形式进行。

4) 飞锯。锯片外径 600 mm,厚 5 mm,锯片转速 72 r/min,液压进刀速度 150 mm/min。飞锯上装有液压夹紧装置、锯片进退装置及飞锯回位装置。

(2) 工艺流程。水平连铸 34 mm × 113 mm 的 H90 黄铜扁锭。锯切长度为 450 mm;铣面后为 30 mm × 112 mm × 450 mm。

工艺流程为:铸造前,保温炉的水口用塞棒堵住。熔炼合格的 H90 黄铜液在熔炼炉内将温度调整到 1150 ~ 1190℃ 时倾入保温炉内,液态金属温度在保温炉内控制在 1160 ~ 1180℃之间。将带有燕尾槽的引锭杆经牵引机送入结晶器里。拉开保温炉的塞棒,液态金属进入结晶器内,被激冷形成一定厚度的凝固壳。启动牵引机,以自动断续的形式将引锭杆和铸坯拉出结晶器,及至规定的长度,锯床自动锯切。

(3) 生产实践经验。

1) 拼装式结晶器。结晶器由两半合成,这样加工方便,又便于拆卸更换。中间的石墨衬套也是由两半合成。外冷却水套由 45 钢制成,水由正中进入,经两侧返入中间的另一孔排出,这样可以使中间过高温度区多放出点热量,使结晶器的冷却效果更均衡些。

实验证明,衬套选用高纯石墨效果最好;高纯石墨有较高的耐热性,处于液态金属包围的状态下有较好的抗氧性。

2) 最佳铸造温度。铜液温度过高,如果拉坯速度不相应减缓,铸坯表层凝固了,而其内部为液态,抗拉能力低,会造成拉断,使铜液大量漏出;铜液温度过低,又会使凝固前沿大大移向保温炉内端,有时会在大、小套结合处的空隙凝固,致使无法拉出或拉断铸坯。多年实践证明 H90 黄铜液温度控制在 1120 ~ 1180℃ 为好,尤其在 1160 ~ 1180℃之间为最佳铸造温度。

3) 牵引制度优选。采用间歇式拉坯时,最初采用 300 mm/min 的拉坯速度,停 4 s 拉

2 s，结晶线大约在距离端部 80 ~ 100 mm 处，生产的铸坯表面较好。但因凝固壳收缩，在结晶器壁与铸坯之间产生空隙，造成结晶区黄铜氧化，部分氧化锌附着于结晶器内壁，并逐渐加厚，增加了拉坯的摩擦力，这时黄铜锭仍处于高温低强度阶段，极易造成边裂或角裂。后调整牵引参数，停 5 s 拉 2 s 或停 9 s 拉 5 s，即可以消除角裂边裂现象。

当保温炉沿铸锭运动方向往复振动时，振幅为 1. 5 mm、振动频率为 72 次/min 而引坯速度为 120 mm/min，铸坯表面质量好，同时易于铣削。但是，由于往复摩擦，加快了结晶器的磨损。

此例的牵引制度实践结果，与 B. T. Сладкоштеев 等人在水平连铸锡磷青铜锭时的试验研究结果相似[44]。结晶器往复振动，增大了凝固壳与结晶器壁之间的相对接触时间，使凝固壳与结晶器壁之间的相对接触面积增大，因而增大了结晶器对凝固壳的冷却效果，有利于凝固壳表面保持着较低的温度。凝固壳表面层温度的降低，可使其强度极限提高，不容易拉裂；同时由于凝固壳表层温度降低，有利于抑制锌的气化。

例 7　H68 黄铜线坯水平连铸

直径 12 mm 和 14 mm 的 H68 黄铜线坯，水平连铸工艺参数列于表 6-52，采用振动拉坯制度。

表 6-52　H68 黄铜线坯水平连铸工艺参数[58]

线坯规格/mm	结晶器长度/mm	温度铸造/℃	拉坯速度/mm·min^{-1}	一次冷却水		牵引制度	
				水压/MPa	水量/kg·min^{-1}	振幅/mm	振动频率/次·min^{-1}
ϕ12，ϕ14		1050 ~ 1100	600 ~ 700	0. 05 ~ 0. 2			145 ~ 195

线坯的表面缺陷主要有断裂、节距裂纹、竹节及表面裂纹、起棱和麻面等。提高黄铜表面质量的措施是：除了正确执行工艺条件之外，安装结晶器时务必使石墨套和水冷套严密接触，保护好石墨套内表面不被破坏；采用带润滑油的结晶器或者用变压器油将石墨套浸泡一昼夜再使用。石墨套采用浸油方式不能持久，而且不可控制，只宜短时使用。

6. 3. 7　铸坯牵引制度在水平连铸中的意义

目前，在铜及铜合金的水平连铸生产中，几乎全部都是采用石墨制作结晶器，并且将结晶器与导流区连成一体。在这种条件下，拉坯时，由于凝固壳表面与结晶器壁之间的摩擦力作用，很容易将初生凝固壳拉断。实际上，整个凝固壳是由众多的断环熔焊连接而成；结晶器振动和间歇的拉坯工艺制度，主要是保证凝固壳断环之间的焊接口正常凝固。

从上述各种铜合金的牵引制度可以看出，其参数是各不相同的。其主要目的都是为了消除铸坯表面的裂纹，特别是节距裂纹。节距裂纹即周期性裂纹。例如，HPb59 - 1 黄铜，根据实验结果，当间歇式拉坯周期间隔为 1 ~ 3 s 时，铸坯表面裂纹最浅时的引锭节距是 3 ~ 12 mm；QAl9 - 4 青铜铸坯表面裂纹最浅时的引锭节距是 2 ~ 5 mm[59]。超过上述周期间隔和引锭节距时裂纹加深。在铸造 HPb59 - 1 黄铜锭时，当周期间隔为 12. 5 s，引锭节距为 44. 6 mm 时，铸锭表面周期性裂纹深度达 4. 5 mm。QAl9 - 4 及 QAl10 - 3 - 1. 5 无锡青铜，在带锥度的石墨结晶器内连铸时[60]，发现当节距小、停歇时间为 5 ~ 10 s 时，在铸坯节距处有裂纹；当节距在 24 ~ 56 mm、停歇时间延长到 15 ~ 30 s，拉坯速度为 0. 063 ~ 0. 091 m/s 时，铸坯表面无缺陷，且力学性能也好；得到无表面裂纹的合格铸坯的工艺参数为：节距为 25 ~

40 mm,停歇时间为 15 ~30 s,拉坯速度 10 mm/s,拉坯时间为 13 ~30 s。对于难以铸造的多元合金中,在间歇式拉坯工艺中,有时还增加反推工序[61];反推的作用能使被拉裂的凝固壳在压力下重新焊合,在凝固壳表面受压力的情况下,脱开铸锭和结晶器的粘连,能够补偿铸锭的收缩。例如生产直径 150 ~250 mm 的铜及铜合金铸锭时[42],引锭采用电液伺服控制,引锭速度可在 1.5 ~150 mm/s 之间无级调整,引锭周期为引锭节距 16.51 mm,第一次停引时间 0.4 s,第一次退回长度 1.524 mm,二次停引时间 0.2 s,二次退回 0.762 mm。振动式拉坯制度也有反推动的效果。

楼剑刚对 HPb59 -1 黄铜线坯的试验结果表明[62],炉料质量及配料比对拉伸断裂有明显影响。合金的杂质将导致连铸 ϕ12 mm HPb59 -1 黄铜线坯的伸长率下降,使拉伸时断裂。由于连铸线坯节距痕薄弱,而 HPb59 -1 铅黄铜存在着中温脆性,所以成卷时应尽可能避开中温脆性区。为此还应选择合理的成卷方法,即热成卷或冷成卷。

周期性裂纹主要是由于凝固壳断环之间的熔焊金属凝固和冷却收缩而形成的。因为焊口两侧的凝固壳已为固态,限制了熔焊金属的收缩,容易造成应力超过金属的高温强度。A. A. Офентенден 等人分析了水平连铸棒材时铸坯表面周期裂纹产生的原因[63],提出了计算最大铸造速度、熔体温度、牵引节距等最佳铸造参数的公式。根据水平连铸 ϕ60 mm 的 ZQSn5 -5 -5、AK7(俄标)、QAl9 -4 和 HPb59 -1 合金棒最佳工艺参数的计算结果可知,ZQSn5 -5 -5 和 AK7 合金(1.8% ~2.6% Cu,0.7% ~1.2% Si,0.4% ~0.8% Mn,0.4% ~0.8% Mg)的结晶的温度范围宽,在 50 ~100℃之间,收缩系数相对小,在 1% ~1.6% 之间,高温塑性差,可采用大的牵引节距和拉停时间比;QAl9 -4 和 HPb59 -1 合金的结晶温度范围窄,在 5 ~15℃之间,收缩系数相对大,在 2.2% ~2.5% 之间,高温下塑性好,应采用小的牵引节距和拉停时间比。

A. C. Цимиринов 等人在水平连铸 HPb59 -1 黄铜锭和 QAl9 -4 青铜锭时的试验结果也表明[59],铸锭表面周期性裂纹的最终形成是在拉停时由于线收缩的结果。由于在结晶前沿容易集中易熔物,其强度较低;加之铸锭在结晶器内运动的过程中受到摩擦和结晶器壁黏合的阻力作用,使得这种裂纹容易产生。使用致密度很高的 ПГК -2A 石墨(空隙度为 5%,密度 2.2 g/cm^3)作为结晶器时,从铸造 QAl9 -4 青铜的结晶器中取下的渣膜分析结果来看,其成分是 1.58% Al、7.33% Fe 和 3.42% Cu,余为 C,这表明熔体和石墨之间发生了化学反应。其中的 Fe 含量高于合金中的最高含量(约 4%)。由此,产生周期性裂纹的主要原因显然是黏结现象。此外,铸锭表面的反偏析、锌的蒸气和氧化锌的沉积物对凝固壳在结晶器内的移动也有一定的影响。总的来说,合金和结晶器材料的黏结作用、合金的线收缩和引锭的周期值是铸锭表面产生周期性裂纹的主要影响因素。

消除周期性裂纹最根本的措施应该是避免凝固壳断环的产生。选择最佳的引锭周期值仅仅是断环产生后的弥补措施。为此,探索铜及铜合金水平连铸浇铸装置的改进是最根本的办法,应该使结晶器与导流区各自独立,形成金属从液态向固态的过渡区。沈阳有色金属加工厂水平连铸 H65 黄铜带坯的设备结构[48,49],即属这种类型,如图 6-23 所示。如果在结晶器与导流区之间能形成弯月面稳定的成形区,生产效果将会更好些。

根据铜及铜合金锭立式连铸的长期实践结果,为了使液态金属迅速凝固,要求结晶器内壁有良好的导热性。目前立式连铸结晶器内壁所采用的材料及其热导率列于表 6-53。其中紫铜的导热性最好,石墨的缓冷性好、耐高温、线膨胀系数小且有一定的润滑性;生产中应用最广。水平连铸用结晶器壁也应采用高导热性和高导温材料制作，以形成激冷效果，降低凝固壳表面温度，增加凝固壳层的抗拉强度，避免凝固壳断裂。

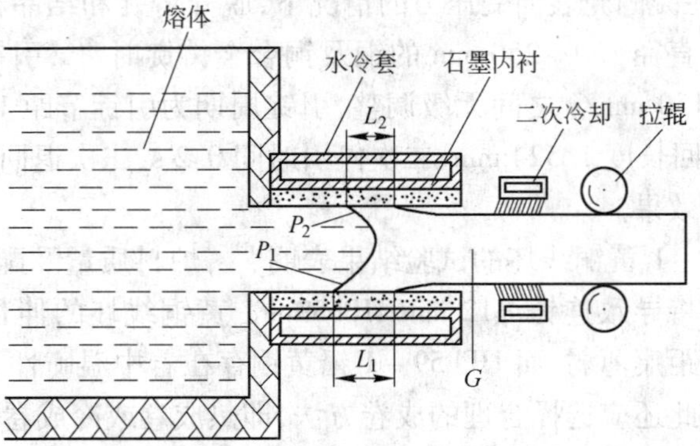

图 6-23　水平连铸示意图[49]

表 6-53　结晶器内壁材料及热导率[28]

内壁材料	紫　铜	磷脱氧铜	H96	H90	石　墨	锡青铜	铝青铜
热导率 /W·(cm·℃)$^{-1}$	3.935592	3.433176	2.449278	1.25604	1.0467 ~ 1.25604	0.586152 ~ 0.83736	0.586152 ~ 0.753624

在使用表 6-53 中的材料制作结晶器时，立式连铸不采取振动而连续引锭即可稳定生产。这说明结晶器振动或铸坯间歇式牵引不是连铸过程的固有特征。在水平连铸铜及铜合金锭的过程中，应创造弯月面存在的条件。

从表 6-53 中可以看出，铜及铜合金的热导率差别很大。对于铜及高热导率的铜合金，可充分利用逆流导热的作用，采用短结晶器。

6.4　易熔合金的水平连铸

易熔合金多用作焊条，因此又称为焊蜡。乌克兰金属研究所曾在分体式 УНИИМ 水平连铸机上研究浇铸直径 130 mm 的易熔焊条圆锭[64]。浇铸的易熔合金有 H_1SnPb39、H_1SnPb50、H_1SnPb58-2、H_1SnPb68-2 和 Пос18（俄标，相当于 H_1SnPb80-2）。这台设备安装在 Рязцветмет 厂。这些合金有着宽广的凝固范围，从 183℃ 到 277℃。为了确定试验温度，对每种合金进行三次浇铸，第一次和第二次接近凝固温度范围的上限和下限，即液相线温度和固相线温度，第三次以上下限值的平均温度进行浇铸。试验结果表明，平均温度是最合适的，浇铸过程稳定。

为了确定最适宜的牵引制度，采用两种牵引方式。一组以周期停歇牵引铸锭，总的周期时间为 30 s，其牵引时间为 2.5 ~ 3.5 s，余为停歇时间。另一组以固定的速度牵引铸锭，无周期性停歇。当以周期停歇牵引铸锭时，浇铸过程是稳定的，达到 5 ~ 7h，刚好是直到结晶器石墨（APB（相当于 D1）、AГ-1500（抗磨石墨）和 MГ-1（相当于 TSH）牌号）套工作表面磨损为止。当无周期停歇浇铸时，开始后几分钟过程就被终止了。在这种场合下，凝固壳断开后，滞留在结晶器内的部分不能与被迁移的部分焊合，而在液态金属的通道上渐渐被阻塞，导致浇铸过程终止。

在周期停歇牵引的情况下确定最合适的牵引间距。当间距为 45 mm 时，铸锭表面在牵引间距长度上凝固前沿结合处有光洁表面，在横切面上没有疏松的缺陷。以 90 mm 的间距浇铸的铸锭表面不光滑，横切面上有小气孔。当以 120 mm 间距浇铸时，铸锭表面更不光滑，特别是凝固前沿合口处，几乎在每个间距的横截面上都有直径不大于 15 mm 的缩孔。为了保证得到满意的铸锭表面质量和消除缩孔缺陷，经试验得出合适的牵引间距不大于 45 ~ 50 mm。

在凝固温度范围的平均温度和牵引间距 45 mm 时，铸锭表面光洁。在低温时，结晶器入口处发生冻结，使浇铸过程中断。在高温时，凝固壳被冲破或者铸锭从结晶器内掉下来；高温也特别容易使铸锭表面产生纵裂纹。由于液态金属温度因素的影响，初始凝固前沿会偏移于平均温度时的前后，高温时，凝固前沿偏于铸锭牵引的方面，低温时偏于中间包方面。在稳定的浇铸过程中，凝固前沿离结晶器入口的平均距离 20 ~ 30 mm。

直径 130 mm 的 $H_1SnPb39$、$H_1SnPb50$、$H_1SnPb58-2$、$H_1SnPb68-2$ 和 $H_1SnPb80-2$ 易熔合金铸锭的水平连铸试验参数列于表 6-54。

表 6-54 直径 130 mm 易熔合金圆锭浇铸试验参数[64]

合金牌号	平均温度/℃	铸造速度/$m \cdot h^{-1}$	周期时间/s		牵引间距/mm
			牵 引	停	
$H_1SnPb39$	190	4.1	2.5	27.5	34.2
$H_1SnPb50$	200	4.1	2.5	27.5	34.2
$H_1SnPb58-2$	210	5.4	3.0	27.0	45
$H_1SnPb68-2$	220	5.4	3.0	27.0	45
$H_1SnPb80-2$	230	5.7	3.5	26.5	47.5

为了确定结晶器的冷却强度对连续浇铸过程稳定性的影响，结晶器铜套水沟内的水流速度在 0.2 ~ 1.0 m/s 之间变化，每 0.2 m/s 为一级。每级水流速度的浇铸试验持续时间不小于 1 h。金属温度和牵引制度等其他铸造工艺参数固定。用 ЭПП09 型电位计记录结晶器石墨壁上的温度，热电偶的安装位置如图 4 - 55 所示。用渐进法确定石墨套的温度，接近于铸锭表面温度 t_1 和铜套内壁温度 t_2。通过石墨壁的热流按圆筒壁稳定传热过程计算。试验结果和计算数据列于表 4-24。水流速度对石墨壁温度和热流的影响如图 4 - 56 所示。

从表 4-24 中可以看出，随着结晶器内水流速度增加，热流增加不大。水流速度从 0.8 m/s 提高 1.0 m/s 时特别明显地说明这一点。这是因为金属凝固层传热系数小，而凝固壳与结晶器壁之间的空隙随凝固壳增厚而增大。因此，水流速度提高到 1.0 m/s，浇铸速度相应得到提高，但增幅不大。例如，$H_1SnPb58-2$ 合金从 5.4 m/h 提高到 6.5 m/h，仅提高 20%。

试验研究的结果，可以作为水平连铸易熔焊条的工艺参数。

6.5 锡锌合金水平连铸

锌的水平连铸已有相对成熟的设备和工艺。锡锌合金含 Zn 量为 20% ~ 80%，其性能与纯锌较为接近。锡锌合金中含 Zn 量较多，其液固温度范围较宽（198 ~ 380℃），使锡锌合金线坯在结晶器内凝固过程中存在较宽的液固区，高温强度很低。

浙江绍兴天龙锡材有限公司[65]，在水平连铸锡锌合金线坯的试验中，设备结构与水平连铸铜线坯相同。经反复试验，改进后的结晶器结构如图 6-24 所示。整个结晶器由不锈钢外套、纯铜内芯（带油孔）、石墨结晶模和前后封板组成。纯铜内芯与外套之间的冷却水通道控制在 3 ~ 5 mm 为最佳,使结晶器沿轴向方向形成连续均匀的温度场,有利于线坯的连续铸造。在石墨结晶模内壁涂衬致密的高温氮化物涂层,其作用不仅能增加石墨结晶模表面的硬度和抗氧化性、延长石墨结晶模的工作寿命,而且可以有效地阻止各种合金与石墨之间发生相互渗透及化学反应,消除合金与石墨结晶模内壁粘连现象,使连铸线坯不易断裂。

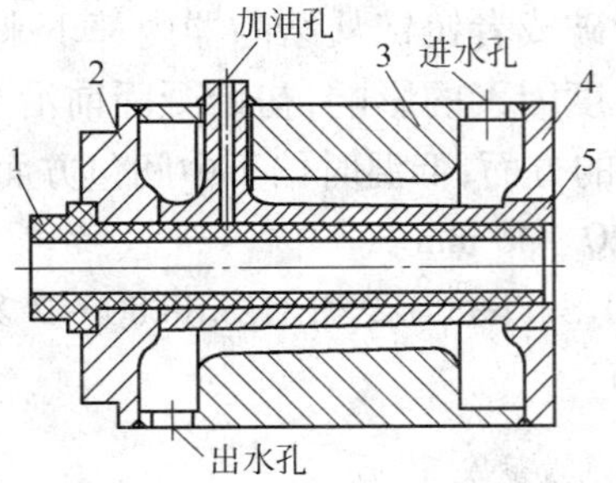

图 6-24　改进后的结晶器示意图[65]
1—石墨结晶模;2—前封板;3—外套;
4—后封板;5—铜内芯

牵引机构先采用双电机打链机构,其中一台为电磁调速电机,电机功率合计为 3.7 kW。由于该机构的牵 - 停运动节奏难以控制,调速精度不高。经多次试验,根据小直径线坯的生产实践,将牵引机构改为变频调速的单电机(1.5 kW)棘轮棘爪和蜗轮蜗杆减速机构,实现精确控制牵 - 停半波正弦运动,使合金液在石墨结晶器内有充分的冷却时间,并消除了连铸线坯回推现象。牵引机构改进后,连铸线坯断裂及内裂纹明显减少,石墨结晶模的使用寿命延长到 600h 以上,同时降低了牵引能耗。

经反复试验表明,液态金属压头对连铸线坯的断裂和内裂纹的产生有一定的关系。当压头低于 140 mm 时,由于静压力不足,熔液不能及时有效地穿过连铸坯中心半凝固区补充空隙,不利于推动半凝固的铸坯向前运动,连铸坯断裂次数和内裂纹显著增加;而压头控制在 180 mm 以上,断坯现象明显减少,内裂纹基本消除。

试验过程中,采用矿物油和植物油进行润滑剂试验,结果表明食用菜籽油作为润滑剂较为合适。其黏度适中,能在连铸线坯表面形成一层牢固的油膜,非常有利于较长期存放和下道工序加工;与矿物油相比,耗油量较低,阻挡连铸线坯与石墨结晶器内壁粘连效果较好,可减少铸坯断裂现象;而且,价格相对较低,只有矿物油的 60% ~80% 。

经试验结果,保温(兼连铸)炉的性能指标列于表 6-55,牵引机构的最佳技术参数列于表 6-56。

表 6-55　保温连铸炉的性能指标[65]

工作温度/℃	控制精度/℃	功率/kW	电压/V	相电流/A	液位波动/mm
700 ~ 750	±10	35	380	< 50	180 ~ 280

表 6-56　锡锌合金水平连铸牵引机主要技术参数[65]

铸坯直径/mm	牵引头数	速度/mm	功率/kW	棘轮齿数	减速比	冷却水压/MPa
15	4	600 ~ 800	1.5	5	1:20	0.05

6.6　钢铁水平连铸

水平连铸钢锭见诸资料报道比较早。1907 年 Доуteyp 设计了水平连铸钢板的设备。1912 年 A. H. Pehrson 提出了水平连铸钢锭的结晶器振动法,以避免黏结,并在结晶器与铸坯之间供给润滑剂。经过长时间探索,目前在世界上生产中应用较广的多级式结晶器,将结晶器与导流区分为各自独立的结构,并且在其交接处为形成液态金属弯月面创造了有利的条件。可以生产210 mm的方锭及圆形钢坯,灰铸铁直径可达500 mm。可以多流同时连铸。

1958年我国在唐山钢铁公司进行过水平连铸钢锭的试验,结晶器直接固定在中间包下部的流嘴上,附有独立的二次冷却装置。中间包的流嘴插入结晶器内20 mm,采用锥面连接。钢液流出口的内径比铸坯小5 mm。这种结构形式与目前使用的分离环插入多级式结晶器内相似。试验ϕ80 mm的钢坯时,采用黄铜管组焊的结晶器,其长度为100 mm,冷却水缝宽度15 mm。中间包内钢液水平高于结晶器300 mm左右。结晶器冷却水压0.4 MPa,水流量800 kg/min时,拉坯很顺利,直到中间包内的钢液全部铸完。一包料所铸长度为2 m。设备结构很简单。后因立式连铸投产,终止了水平连铸试验。20世纪80年代以来,我国开始采用多级式结晶器水平连铸工艺,多用于生产中小规格的圆锭;目前生产的最大直径为280 mm。

多级式结晶器由高导热的激冷段和低导热的缓冷段组成,将一次冷却和二次冷却结合在一起。这对于中小规格的钢锭生产是很有利的,使生产设备得以简化。对于大断面的钢锭还得设置独立的二次冷却装置,如日本的NKN水平连铸机即为一次和二次冷却各自独立的形式。

6.6.1 水平连铸钢锭生产设备

水平连续铸钢设备,见诸报道应用于工业生产的有如下几种:Terssmann型设备、分体式УНИИМ型设备、Wertli型设备和TG型设备。在德国克雷费尔特市曾用Terssmann型设备浇铸65 mm×300 mm、80 mm×80 mm和100 mm×100 mm的钢锭,铸造速度达7.5m/min,设备产能为15 t/h;在英国巴罗市也用Terssman设备浇铸50 mm×50 mm和75 mm×75 mm的碳钢铸锭,铸造速度达10m/min。分体式УНИИМ设备,结晶器用紫铜制作,导流区用耐火材料或陶瓷材料制作;但是由于导流区流口横断面与结晶器型腔横断面相等,液态金属在两者的交接处未能形成弯月面过渡区,其效果不如多级式结晶器的好;分体式УНИИМ设备在钢铁生产中的应用不如铜及铜合金锭水平连铸生产广泛。Wertli型设备,结晶器采用石墨制作,可用于铸铁连铸生产。TG型设备是由德国Technica - Guss公司生产的,就是目前广泛应用的多级式结晶器技术设备,这种设备可用于有色金属和钢铁工业生产。

钢铁的热容略高于铜及铜合金,但远低于铝及铝合金;而钢铁的凝固潜热比铜大30%,但仅为铝的70%。而且由于钢铁的熔点很高,液态金属的辐射热量很大。因此,在钢铁的连铸过程中,中间包虽然可以不采取外加热保温,但必须加强包体的保温措施;同时在浇铸前必须加热中间包的内衬。A. A. Скворцов等人曾对立式连续铸钢设备的中间浇铸装置的热力制度进行过试验研究[66],其设备结构及热电偶(1~10)安装位置如图6-25所示。

根据水力模拟研究计算的结果,浇铸前预热40 min和1 h,在1 h内浇铸45 t钢,钢液的热损失为38.5~38.9 kJ/kg,其中钢液表面的散热损失为30.7 kJ/kg,中间浇铸装置内钢液温度降低48~49℃。

根据金科先生等人对钢包和中间包复合反射绝热层的试验研究结果[67],多层复合反射绝热板采用铝箔(透光率不大于1%)作夹层,采用高分子互穿网络聚合物、纤维与纳米$SiO_2 \cdot TiO_2/Al_2O_3 \cdot SiO_2$复合成纳米胶作间隔层,阻止了热线贯穿,使透光率接近于零。经铝箔、纳米 Al_2O_3 涂层反射，阻断了大部分辐射热，使耐火材料层的温度梯度变小，包壳外表面的温度降低。测试结果，90 t 钢包外壳 174℃，对比试验钢包 287℃。

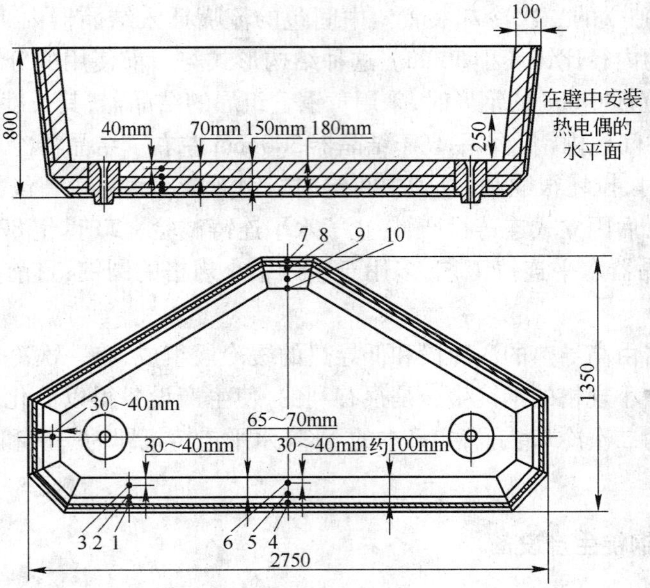

图 6-25　中间浇铸设备和热电偶安装位置[66]

由此，在水平连铸过程中，中间包必须有足够厚度的保温层；敞露液面应尽可能小，液面上应覆盖足够厚度的保护渣层，以减少散热损失；浇铸前，必须对中间包进行充分的预热，砌体表面温度不低于 1000～1100℃。基于生产实践，也主张对中间包采用感应加热[68]。为了提高连铸坯锭的内部质量，通常降低浇铸温度。在这种情况下，对中间包内的钢液采取保温措施是很有必要的，以便控制浇铸温度在很小的范围内波动。图 6-26 是湖北大冶某特钢厂使用的带中间包加热的水平连铸机[69]。该中间包结构如图 5-2 所示。

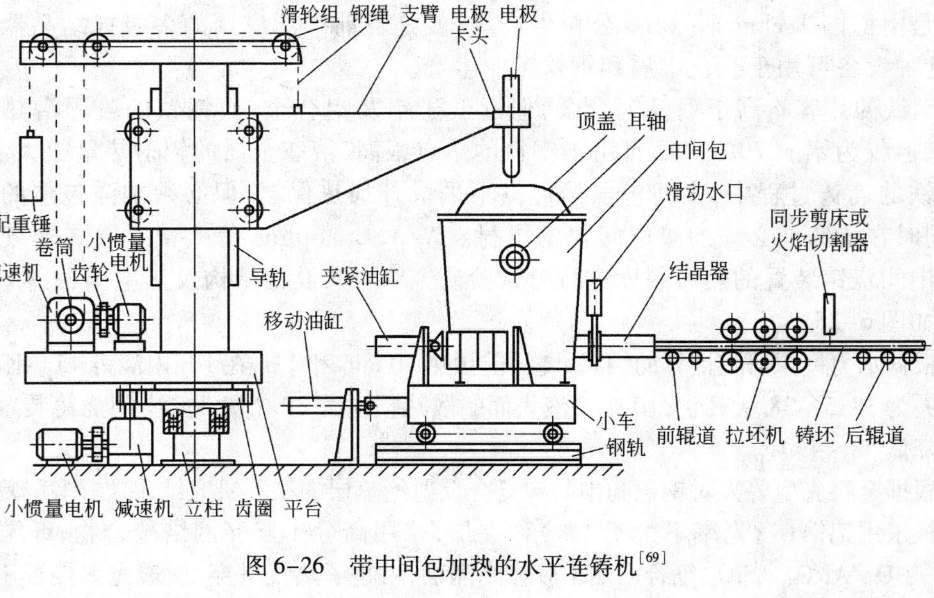

图 6-26　带中间包加热的水平连铸机[69]

多级式结晶器由结晶器铜套、结晶器石墨套、导水套和底座等组成。结晶器铜套由铍钴青铜制作。导水套与两个铜套之间构成结晶器的冷却水缝。为了冷却水达到一定的流速，一般冷却水缝比较小。例如，生产 Ni - Fe 合金棒等 HCCϕ54 mm 的结晶器[70]，冷却水缝为 1.5 ~ 2.5 mm，生产时采用背压操作；水流量控制在 15 ~ 8 t/h。

水平连铸用结晶器，采用单一的整体铜件制作时，一般 500 ~ 700 mm，结晶器无锥度；分体式 УНИИМ 型水平连铸即采用这种结构。多级式结晶器由于将一次冷却和二次冷却合并为一体，结晶器比较长。例如 ϕ80 mm 的圆钢锭结晶器全长为1105 mm[71]，其中第一段铜套长度 150 mm，石墨套长度 910 mm；冷却水进口压力 8×10^5 Pa，冷却水量 23 t/h。多级式结晶器铜套和石墨套均有一定的锥度，一般情况下，浇铸碳钢和一般合金钢时铜套的锥度为 2% ~ 5%，第一段石墨套锥度为 0.5% ~ 1.0%；浇铸不锈钢时铜套的锥度为 1% ~ 3%，第一段石墨套锥度为 0.5% ~ 1.0%；第二段石墨套的锥度可等于第一段的锥度或为零。

水平连续铸钢机，通常采用辊式牵引装置。在采用多级式结晶器的设备上，采取间歇和反推的拉坯方式[70,72]，拉动一定时间之后停歇一定时间即行反推。起铸、拉坯、过程报警和报表打印可由计算机自动控制。多级式结晶器由于将一次冷却与二次冷却合为一体，而且结晶器各段有一定的锥度，铸坯上下表面的温差相对会小一些，铸坯出结晶器后又无激冷，不会造成强烈的温差应力，采用辊式牵引不至于形成波浪式弯曲变形。

水平连续铸钢机附有切割装置，通常采用同步火焰切割机[73]。由于切割后的钢坯表面温度比较高，设有油缸驱动的步进式冷床，以免热坯之间的相互接触。

6.6.2 水平连续铸钢工艺参数选择

水平连铸钢锭时，工艺设备参数和生产工艺参数应根据不同钢种和不同规格的铸坯进行合理选择。

6.6.2.1 工艺设备参数选择

目前，在水平连铸钢锭的生产中多采用多级式结晶器，即 TG 型结晶器。这种结晶器有两个主要结构特点：一是将一次冷却与二次冷却合为一体，对于较小规格的铸锭不另设二次冷却装置；二是各段有一定的倒锥度。因此，在铸造之前必须选择适当的结晶器长度和锥度。ϕ130 mm 和 ϕ150 mm 结晶器进出口直径及长度列于表 6-57。

表 6-57 ϕ130 mm 和 ϕ150 mm 结晶器主要参数[74]

规格/mm	进口直径/mm	出口直径/mm	长度/mm	铸坯实际平均直径/mm
ϕ130	132.90	131.54	1450	128.0
ϕ150	152.36	151.00	1500	148

在水平连铸过程中，由于钢铁的密度较大，钢液静压力对黏着阻力、摩擦力和抽吸阻力以及弯月面的半径都有一定的影响。而钢液弯月面的半径却比较小。因此，中间包内的金属液位高度应选择在一定的数值范围内；如表 6-58 所示。

表 6-58　中间包容量与液位高度[70,75]

金属种类	铸锭规格/mm	中间包容量/t	液位高度/mm
2110,2413,2621,2110Mn_6,Ni－Fe	ϕ54	2	800
T91	ϕ140	12	600～800

在间歇式拉坯过程中,拉坯频率、步距和拉坯速度等是水平连铸工艺的重要参数。目前,部分水平连续铸钢机的拉坯机构的主要技术参数列于表 6-59。

表 6-59　拉坯机构的主要技术参数[76]

参数	频率 /次·min^{-1}	最大频率 次/min	拉坯时间 /s	反推时间 /s	步距/mm	反推位移 /mm	最大瞬时速度 /m·min^{-1}	最大平均速度 /m·min^{-1}	最大输出扭矩 /N·m
上海钢铁工艺研究所	30～120	150	0.05～5	0.02～1	1～60	0.01～10	12	5	4000
马钢 2 号水平连铸机	50～120	300	0.26	0.1～0.06,停与推 0.32	5～30	0.5～2	4	1.4～2.6①	10000～50000

① 1 流 ϕ80～150 mm,2 流 ϕ80～200 mm;其中最大速度 ϕ80 mm 为 2.6 m/min,ϕ200 mm 为 2.2 m/min,ϕ220 mm 为 1.4 m/min。

6.6.2.2　浇铸温度

中间包内钢水的过热度直接影响拉坯速度和铸坯质量。为了保证铸坯得到良好的低倍组织和表面质量,水平连铸过程中应根据不同钢种和不同规格的铸锭将钢液的过热度控制在一定的范围内。例如,生产 ϕ150 mm 的圆钢锭时,要求钢水吊包内温度比 ϕ140 mm 钢锭时降低 10℃左右。钢水温度过高,会造成红坯出结晶器后回温大,影响铸坯质量。部分钢种的钢水吊包温度控制情况列于表 6-60。

表 6-60　部分钢种的吊包温度[74](℃)

钢种	20	45	27SiMn	25CrMnMo	37 Mn5	1Cr5Mo
ϕ140 mm	1625～1640	1605～1620	1610～1615	1615～1630	1605～1620	1635～1650
ϕ150 mm	1615～1630	1600～1610	1600～1610	1605～1620	1600～1610	1625～1640

6.6.2.3　铸锭牵引制度

在水平连铸钢锭过程中,铸锭牵引制度包括拉坯速度、引锭方式、启铸和收尾拉坯工艺制度。铸坯的低倍组织与拉坯速度密切相关。在相同的温度条件下,钢铁的高温强度比铜铝高,而其传热系数和热扩散率又远低铜铝,在连铸过程中一般来说可以采用比较高的拉坯速度。例如,用 HCCϕ54 水平连铸机生产 2110、2413、2621、2110Mn6 和 Ni－Fe 合金锭时,在正常的浇铸温度范围内,拉坯速度控制在 2.2～3 m/min 的范围内。在多级式结晶器中,激冷区的铜套比较短,例如在 ϕ80 mm 的 TG 型结晶器中为 150 mm。拉坯速度过快,凝固壳在激冷区与结晶器壁直接接触的时间短，易导致铸坯激冷层变薄，柱状晶粗大，最终影响钢材质量。因此，在水平连铸过程中，当设备条件确定之后，拉坯速度应根据不同钢种和不同规格的铸锭进行合理的选择。20、35、45、27SiMn、25CuMnMo 和 1Cr5Mo 等钢种不同规格铸坯的拉坯速度列于表 6-61。

表 6-61 各种规格铸坯的拉坯速度控制情况[74]

铸坯规格/mm	ϕ110	ϕ120	ϕ130	ϕ140	ϕ150
拉坯速度控制范围/$m \cdot min^{-1}$	3.0~3.4	2.8~3.2	2.6~3.0	2.4~2.8	2.0~2.4
平均拉坯速度/$m \cdot min^{-1}$	3.2	3.0	2.8	2.6	2.3

在一定的条件下，拉坯速度与结晶器的长度有关。例如 Terssmann 水平连铸机的铜质结晶器长达 900 mm，生产 65 mm×300 mm、80 mm×80 mm 和 100 mm×100mm 的钢锭时，铸造速度为 7.5 m/min；生产 50 mm×50mm 和 75 mm×75 mm 的碳钢铸锭时，铸造速度达 10 m/min[77]。在这种拉坯速度条件下，铸锭凝固壳在结晶器内滞留的时间分别为 7.2 s 和 5.4 s。在水平连铸 ϕ80 mm 的 20 钢锭时，结晶器的铜套激冷区长度为 150 mm，拉坯速度为 2~2.8 m/min，凝固壳在激冷区滞留时间为 4.5~3.2 s。根据 B. B. Сачко 等人的研究结果表明[78]，在 1~10 s 的凝固时间内，凝固壳上下两个面的总应力都小于钢的强度极限；并且凝固壳上面的应力值总是小于其下面的应力值。生产实践和研究结果揭示出提高拉坯速度的可能性。

拉坯速度对铸坯激冷层的增长不是最直接的影响因素。铸坯激冷层的厚度主要是受凝固壳在激冷区接触结晶器壁的时间及其失稳效应所影响。当结晶器的激冷区较短时，拉坯速度增加而缩短凝固壳与结晶器壁的相对接触时间，才会导致激冷层变薄。

目前，在水平连铸钢锭生产中多采用间歇兼反推的引锭方式。随着拉坯频率的增高，三重点温度得以提高，冷隔深度及热裂将减少。试验证明，对于直径为 80~150 mm的铸坯，频率在 100~120 次/min 时，较大的裂纹消失了；在 120~150 次/min 时，冷隔深度趋于最小值。但是，继续提高拉坯频率，初始凝固壳的冷凝时间不够，热点厚度过薄，壳面温度过高，容易被拉裂或拉漏。为了保证初生凝固壳层有足够的抗拉强度，两次拉坯的时间间隔应在 0.1~0.6 s 的范围内较为合适。在生产碳钢时，拉坯行程为 10~25 mm，然后停歇约0~0.2 s，随即反推约 1~2 mm，再停歇约 0.2 s，即完成一个拉坯过程。拉坯参数即要测量拉坯曲线和每次拉坯过程的拉坯长度。例如，HCCϕ54 型水平连铸机采用自动控制间歇兼反推式引锭工艺[70]，拉坯曲线和三重点温度示意图如图 6-27 所示。衡阳钢管（集团）有限公司等工厂的水平连铸机都是采用间歇兼反推式引锭工艺[75]。马鞍山钢铁公司生产ϕ80 mm的 20 钢锭时，拉坯频率为 100 次/min[79]。

三重点是中间包钢水进入结晶器的结合部，即中间包与结晶器之间的分离环处。开始浇铸时钢水进入结晶器，三重点温度逐渐上升；当达到一定温度时，即可开始拉坯，此时该温度应保持恒定。如果温度迅速下降，表明坯壳在分离环后拉断，应暂停拉坯，使坯壳熔合；待三重点温度上升到预定值以上，即可重新拉坯。

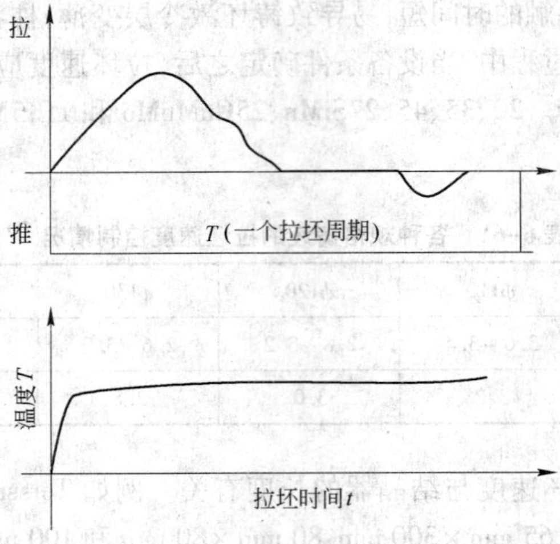

图 6-27　拉坯曲线及三重点温度变化[70]

在分体式 УНИИМ 水平连铸机上,采用振动式引锭方式。例如,水平连铸 ϕ80 ~ 90 mm 的碳素钢等铸锭时[80],结晶器由长 500 mm 的锻造铜制成,结晶器和中间包一起相对铸坯往复运动。研究结果表明,振幅为 50 mm 时,连铸过程比较稳定。结晶器与铸坯同向运动时,或与铸坯同步,或者在一个冲程内导前铸坯 0.5 ~ 8 mm;而结晶器与铸坯反向运动时,结晶器的速度是铸坯速度的三倍。由此,结晶器与铸坯同向运动时,结晶器在超越铸坯速度的运动过程中,即相当于结晶器固定不动而铸坯反推的作用。反推工艺中的推程比较小,例如,衡阳钢管(集团)有限公司生产 T91 钢坯时[75],推程为 3.6 ~ 4.3 mm,拉坯行程为 28 ~ 33 mm。反推的推程与结晶器振动时的超前量平均值相近。

水平连铸过程中,反推工艺会加重冷隔的深度和皱折的形成。结晶器往复振动时,会使铸坯中心产生疏松段和致密段交替分布的现象,致密段往往是在每次振动的开始或结束处;并且在每一个拉坯行程上铸坯表面还会形成周期性焊缝。表面焊缝并不向铸坯内部扩展。当结晶器振动时,铸坯中心的孔隙数量和分布情况同疏松组织段的分布规律相同。

为了减少头尾铸坯损失,提高金属实收率,拉坯过程要精心操作。启铸时拉坯阻力较大,启铸速度要放低一些,防止拉空、拉漏、冻结等事故。红坯出结晶器后要平稳加速,防止引锭杆打滑;红坯通过牵引辊后要尽快进入正常生产。在水平连铸钢锭的过程中,正常的拉坯速度较快。收尾过程要及时减速,防止因中间包内金属液位降低而静压力小,使铸坯产生尾部长缩孔。例如,水平连铸 ϕ110 mm、ϕ125 mm 和 ϕ150 mm 的镍基合金自耗电极棒时,正常拉坯速度为 0.7 ~ 0.8 m/min;浇铸快结束时,拉坯速度降到 0.2 ~ 0.3 m/min[81]。

6.6.2.4　冷却制度

在连铸钢锭的过程中,铸坯的冷却一般分为三段进行,即结晶器一次冷却、二次直接水冷却和在空气中的自由冷却。结晶器一次冷却是通过冷却水来实现的。在水平连铸钢锭的过程中,多段多级式结晶器,将二次冷却和一次冷却并为一体,仍然是通过冷却水来实现冷却过程的。因此,铸坯的冷却过程是通过严格控制冷却水的温度、流量和流速来实现的。

随着冷却水温度的提高，结晶器冷却传热效果变差，为此冷却水进口温度一般不超过35℃。进口水温，固然是愈低愈好；但实际上往往得不到低温冷却水，如我国南方夏季的冷却水池水温常在40℃甚至45℃以上。在热带地区的连铸机上，结晶器的出口水温可高达60℃。冷却水经过冷却后温度的升高值不宜过大，出口水温度过高容易使结晶器外壁结水垢而降低结晶器的传热效果。冷却水通过结晶器时流速很高，水的温度升高不大，一般在3～8℃之间。多段多级式结晶器较长，当采取退水背压操作时，冷却水温升值较大，一般为16～24℃[71]；衡阳钢管厂对冷却水进行软化处理后，水平连铸机多段多级式结晶器的出口水温控制不高于75℃[76]。在水平连铸钢锭生产中，铸造速度比较高，结晶器前区的散热量比较大，冷却水通常从结晶器前端引入，从结晶器尾端排出。

直接冷却的二次冷却水，水温在40～50℃以下，对二次冷却区散热的影响甚微[66]。水温过高，会增加蒸发量。因此，在连铸过程中可以采用一次冷却排出的热水作为二次冷却水来直接冷却铸坯。二次冷却水的温升通常大于一次冷却，可达25～36℃。但是，也应避免冷却水温升过高，以免在铸坯表面形成水垢，影响轧材质量。

从结晶器内导出的热量，被通过结晶器的冷却水所吸收。在冷却水温升一定的条件下，冷却水的流量随铸锭断面和铸造速度而定。多段多级式结晶器的冷却水流量比一般连铸少1/2～1/3，依铸坯形状和尺寸而定。

铸坯在喷洒式二次冷却区内的散热速度，取决于二次冷却水的数量和水的喷射速度以及水的雾化程度。在二次冷却区强烈地冷却铸坯，可以使二次冷却区的散热量大大超过它在结晶器内的散热速度。铸坯在二次冷却区内的散热速度，在一定范围内随1 kg钢的耗水量增加而增大，达一定值后不再增大。例如以500 mm/min的铸造速度浇铸150 mm×475 mm的3号钢坯，当耗水量在5 L/(kg钢)以下时，随着耗水量增加，散热速度成正比例地加快；当耗水量超过6～6.5 L/(kg钢)时，散热速度便不再增加了。根据A. Д. Акименко等人的研究结果[82]，当增大冷却夹持辊的比例耗量($Q_水/F$)超过12 $m^3/(m^2 \cdot h)$时，散热强度变化小；并且随着铸锭表面的最终温度升高，由于铸锭表面汽化区的相对时间延长，总的传热系数 α_τ 相应降低，如图6-28所示。

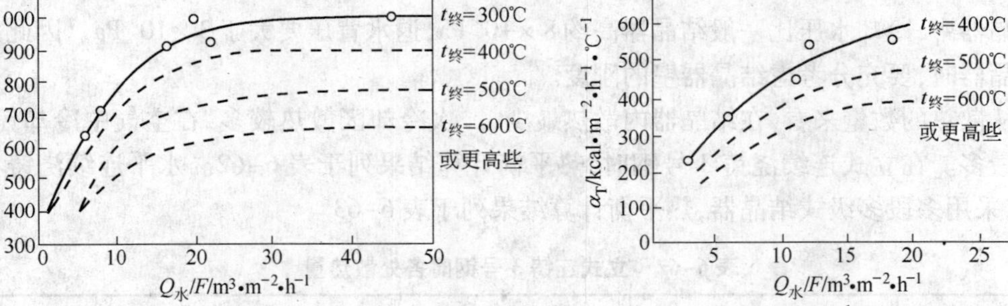

图6-28 钢试样试验台冷却时的 $\alpha_\tau = f(Q_水/F)$ 关系[82] (1 cal = 4.1868 J)

a—直径65 mm讲究冷却的圆柱试样；b—截面为110 mm×100 mm×43.5 mm辊式冷却的矩形试样

由于二次冷却区的强烈冷却，使刚从结晶器出来的铸坯表面温度骤然降到200～300℃，而钢的传热系数和热扩散率都很小，使凝固壳层的内部和外表的温度产生很大差异，容易产生不均匀收缩。对于某些高温低强度钢种，如低碳钢，铸坯容易产生内部裂纹。例如，连铸3号钢坯时，二次冷却水耗量从6 L/(kg钢)降低到2 L/(kg钢)时，铸坯内部裂纹总长度逐渐减少；降至1 L/(kg钢)以下，并保持均匀冷却，直至铸坯完全凝固为止，就可完全消除铸坯内部裂纹。高温塑性好和高温强度大的钢种，如不锈钢，对强烈的二次冷却产生内裂的敏感性小，耗水量在5 L/(kg钢)时也不会产生内部裂纹。

二次冷却区冷却水耗量减少会使铸坯凝固壳层温度提高，由于铸坯内部钢液静压力作用，在立式连铸过程中，会使凝固壳层向外鼓胀。凝固壳层向外鼓胀的现象，还与二次冷却水接触铸坯的起点至结晶器出口端的距离有关；距离过大，铸坯出结晶器之后，凝固壳即容易出现向外鼓胀的现象。例如，某钢厂在试验之初，这个距离为150 mm，曾出现凝固壳外鼓现象，后来缩短距离即消除了此现象。在水平连铸过程中，二次冷却区铸坯内部钢液静压力与结晶器内相等，一般在二次冷却区不会出现凝固壳向外鼓胀的现象；但应控制耗水量不宜过小。铸坯在二次冷却区必须完全凝固。在水平连铸过程中采用多段多级式结晶器时，铸坯出结晶器时并未完全凝固。

钢铁的传热系数和热扩散率比较小，而连铸的铸造速度又很快，二次冷却形成的逆流导热距离很小，二次冷却水接触铸坯的起点至结晶器出口端的距离应尽可能地小。二次冷却水宜分段控制，第一段二次冷却水宜从结晶器出口端以较小的夹角均匀地喷射到铸锭表面上，可将落水点控制在很短的范围内，同时又防止二次冷却水倒灌到结晶器内。

铸坯的冷却效果还与水的流速密切相关。水流速度增大，一是可以增加冷却水与结晶器壁或铸坯表面之间的热交换系数；二是可以防止稳定的汽膜形成，从而提高传热系数。在结晶器内，当冷却水流速小于4 m/s时，水与结晶器铜壁之间的传热系数1/α值变化很剧烈，冷却水流速大于10 m/s后，其传热系数值将趋于稳定，水流速度再增高，对结晶器的冷却效果影响不大。因此，水平连铸结晶器水缝内的冷却水流速应控制在10～12 m/s之间为宜[71]。采用退水背压冷却工艺时，提高水压冷却的目的是为了提高冷却水的沸点，使沿铜套壁面流动的冷却水不易沸腾，以小水量高温差进行冷却，可使三重点温度提高20～25℃。冷却水高的流速需要高的水压，例如冷却水流速5～7 m/s时，相应的水压是0.3～0.6 MPa。对于铜板制作的结晶器壁，水压超过一定限度就会使铜壁发生不允许的挠度。在多段多级式结晶器中，冷却水压比一般结晶器高约8×10^5 Pa，退水背压要大于3×10^5 Pa。因此，在设计结晶器时，要充分考虑结晶器壁的刚度。

从散热的数量来看，在结晶器内散热最少，二次冷却区散热较多，在空气中冷却铸坯时散热最多。在立式连续浇铸3号钢时，热平衡计算结果列于表6-62。水平连续浇铸20号钢时，采用多段多级式结晶器，热平衡计算结果列于表6-63。

表6-62　立式连铸3号钢时各处散热量[82]

浇铸速度 /mm·min^{-1}	结晶器		二次冷却区		在空气中		总散热量/kJ
	散热量/kJ	所占比例/%	散热量/kJ	所占比例/%	散热量/kJ	所占比例/%	
500	1347.892	20.5	1858.584	28.5	3323.684	51	6530.16
800	1590.68	16	2310.672	23	6132.49	61	10033.842

表 6-63 水平连铸 20 号钢时各处散热量[71]

铸坯直径 /mm	浇铸温度 /℃	铸造速度 /m · min^{-1}	结晶器		在空气中		总散热量 /kJ · min^{-1}
			散热量 /kJ · min^{-1}	所占比例/%	散热量 /kJ · min^{-1}	所占比例/%	
80	1550	2.4	26158.314	23.31	86064.16	76.69	112222.474

连续铸坯从二次冷却区出来之后，其表面温度仍然是很高的。例如，水平连铸采用多段多级式结晶器，将一次冷却和二次冷却结合在一起，当以 2 ~ 2.8 m/min 的拉坯速度浇铸 ϕ80 mm 的 20 钢圆坯时，铸坯出结晶器时表面温度为 1200 ~ 1300℃。铸坯温度在 800 ~ 1100℃范围内适于气割条件。对于某些钢种的铸坯，可以利用这部分余热进行退火处理。

6.6.3 水平连续铸钢工艺制度

在连续铸锭生产中，只有当各种工艺参数相互匹配时，才能确保连铸过程的稳定性，才能得到合乎需要的产品质量。在水平连铸钢锭过程中，由于设备类型和钢种以及规格不同，稳定的连续工艺参数组合也不一样。分体式 УНИИМ 型水平连铸机以间歇式拉坯浇铸的工艺参数列于表 6-64。TG 型水平连铸机以间隙式拉坯浇铸的工艺参数列于表 6-65；以间歇带反推式拉坯浇铸的工艺参数列于表 6-66。

表 6-64 分体式 УНИИМ 型水平连铸机浇铸工艺参数

钢种	铸锭规格 /mm × mm	中间包钢液		铸造速度 /m · min^{-1}	拉坯制度		结晶器		冷却水流量 /m^3 · min^{-1}		润滑剂
		温度 /℃	液位 /mm		停歇时间/s	间距 /mm	材料	长度 /mm	一次	二次	
3 号碳钢	75 × 500	1530 ~ 1510	200 ~ 250	< 1.02	> 0.5 ~ 1	≤30	铜	900			

表 6-65 TG 型水平连铸机浇铸工艺参数[71,79,83]

钢种	铸锭规格 /mm	结晶器长度/mm		浇铸温度/℃	拉坯速度/m · min^{-1}		拉坯频率 /次 · min^{-1}	冷却水		
		铜段	石墨段		启铸	正常		流量 /kg · h^{-1}	水压/Pa	温差/℃
20 钢	ϕ80	150	910	1530 ~ 1560	0.6 ~ 1.0	2 ~ 2.8	100	(20 ~ 21) × 10^3	> 3 × 10^5	20 ~ 25

表 6-66 TG 型水平连铸机带推程浇铸工艺参数[74]

钢种	铸锭规格 /mm	结晶器长度/mm		浇铸温度/℃	冷却水			拉坯制度			
		铜段	石墨段		水量 /m^3 · h^{-1}	进水温度/℃	出水温度/℃	速度/m · min^{-1}	拉程 /mm	推程 /mm	频率 /次 · min^{-1}
T91	ϕ140			1530 ~ 1550	25	29	65	2.07 ~ 2.47	28 ~ 31	3.6 ~ 3.8	85 ~ 90

6.6.4 凝固壳厚度的监视

在连续铸锭过程中，铸坯在结晶器内必须形成足够的凝固壳厚度才能确保生产过程的稳定性。如水平连铸 ϕ80 mm 的 20 号钢锭，正常工作时，结晶器内各相面温度分布大致如下：钢水温度 1550℃，凝固壳液相面约 1500℃，凝固壳外表面 1200℃。计算结果表明，结晶器出口处凝固壳厚度大于允许最小厚度 15 mm 是安全的。通常铸坯上部凝固壳厚度最薄。在生产中用测量出结晶器的红坯表面温度来监视凝固壳的厚度，调整拉坯速度以保证生产的安全性。圆锭凝固壳厚度 e 与铸坯表面温度 T_s 的关系可以根据圆坯凝固热平衡公式导出，如下式所示[78]：

$$e = \sqrt{\frac{\lambda(T_c - T_s)}{\rho\frac{1}{6}L'_1 + \frac{1}{9}c_s(T_c - T_s)}}\sqrt{t} \tag{6-6}$$

式中　λ——钢的热导率，0.294 W/(cm·K)；

c_s——固体钢质量热容，0.714 kJ/(kg·K)；

ρ——钢的密度，7.40 g/cm^3；

L'_1——液体钢有效热焓，kJ/kg；

T_c——圆坯内钢水温度，℃；

T_s——圆坯表面温度，℃；

t——铸坯在结晶器内滞留的时间，min。

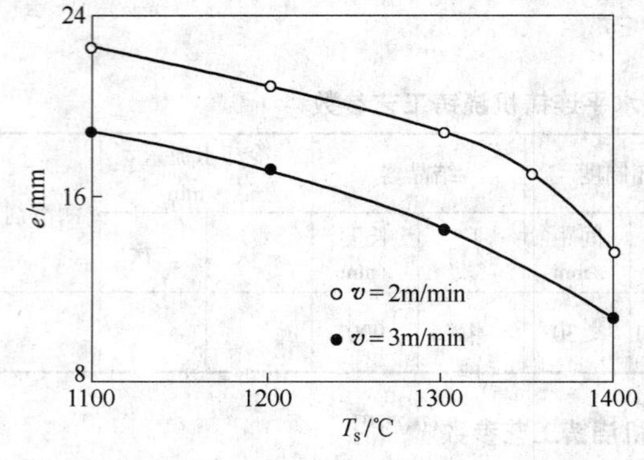

图 6-29　圆坯表面温度 T_s 与铸坯厚度 e 的关系[79]

由式(6-6)计算的结果，ϕ80 mm 的 20 号钢圆锭凝固壳厚度与铸坯表面温度的关系如图 6-29 所示。当拉坯速度为 2 m/min，出结晶器的红坯表面温度控制在 1200 ~ 1300℃时，出结晶器时的凝固壳厚度约为 20 mm，与实测结果相吻合，上部凝固壳厚度为 21 mm。因此，监测出结晶器的红坯表面温度，根据式(6-6)或图 6-29 可以间接了解出结晶器时凝固壳变化的情况，据以调节拉坯速度，即可保证生产的安全性。式(6-6)可以作为计算机监视安全凝固壳厚度的数学模型。

6.6.5　水平连铸应用实例

水平连续铸钢是近 40 年发展起来的，在本节列举几个生产和试验研究实例。

例 1　水平连铸 ϕ150 mm 的圆管坯[74,76]

衡阳钢管(集团)有限公司，于 2003 年 3 月对 ϕ100 mm 的热轧管机组进行改造后，已具备生产 ϕ150 mm、ϕ159 mm 等大规模钢管的能力。该公司炼钢分厂在水平连铸 ϕ110 mm、ϕ120 mm、ϕ130 mm 和 ϕ140 mm 四种圆管坯的基础上，成功开发了 ϕ150 mm 水平连铸工艺。

(1) 生产基本条件。

1) 钢水供应。30 t 电弧炉 2 台，出钢量平均 35 t，最大 38 t，冶炼周期 90 min；40 t LF 钢包精炼炉 3 台，40 t VD 精炼炉 1 台。

2) 连铸设备。SLD-140 水平连铸机，TG 型结晶器；钢包容量 40 t；中间包容量 15 t；采用长水口吹氩保护浇注。双流，流间距 1200 mm。每流三对拉坯辊。同步火焰切割。连铸机工艺参数范围:拉坯速度 0.69 ~ 4.0 m/min,平均 1.6 m/min,最大 4 m/min;冶金长度 10.5 m;管坯断面 ϕ80 ~ 150 mm。拉坯制度采用拉—停—反推—停。浇注钢种:优质碳素结构钢、合金结构钢和高、中、低合金钢等。

ϕ150 mm 铸坯的结晶器为 TG 型,即短铜套加多级石墨套。外套、隔水套和导水套均采用不锈钢材料制作,为结晶器进行电磁搅拌建立条件。结晶器的锥度及长度参照 ϕ130 mm 铸坯的结晶器确定,对照参数值见表 6-57。

引锭杆采用前、中、尾三段式结构。前段与引锭螺栓、引锭杯配套,采用实心结构,可在线更换。中段和尾段采用管状结构,以减轻引锭杆重量,减少拉坯阻力。前段与中段采用螺纹连接,中段与尾段采用锥孔连接。

(2) 生产工艺要点。

1) 提供合格的钢水。由于 ϕ150 mm 的铸坯单炉浇注时间缩短,生产节奏加快,及时提供合格的钢水是实现连铸、提高连铸比、降低生产成本的关键。电炉冶炼充分利用现有的 C-O 枪和偏心炉底出钢工艺,缩短冶炼时间;严格精炼措施以确保钢水成分符合内控标准,并按要求进行喂铝丝脱氧和真空处理。

2) 控制钢水过热度。为了保证铸坯得到良好的低倍组织,钢水吊包温度要求比生产 ϕ140 mm 铸坯时降低 10℃左右;钢水温度过高,会造成红坯出结晶器后回温大,影响铸坯质量。部分钢种的吊包温度控制情况列于表 6-63。

3) 加强中间包的准备工作。浇注钢水之前要充分预热好中间包。中间包与结晶器对接前将水口周围的杂物清理干净,防止水口堵塞。调整好中间包小车的高度,确保中间包水口与结晶器水口同心,不允许中间包滑板与结晶器滑板错位。

4) 拉坯工艺制度。在结晶器结构尺寸确定的条件下,应严格控制拉坯速度。铸坯的低倍组织与拉坯速度密切相关,拉坯速度过快容易导致铸坯激冷层变薄,柱状晶粗大,最终影响轧管质量。根据以往的生产实践结果,确定 ϕ150 mm 铸坯的拉坯速度控制范围为 2.0 ~ 2.4 m/min,平均拉坯速度控制在 2.3 m/min 左右。

为了减少铸坯头尾损失量,提高连铸过程中金属的实收率,拉坯过程要精心操作。启铸时要防止拉空、拉漏和冻结等事故。红坯出结晶器后要平稳加速,防止引锭杆打滑;红坯过牵引辊之后要尽快进入正常生产状态。浇铸快结束时,为了消除最终的液相穴,收尾过程要及时减速,防止因中间包内钢水量少静压力不足而使铸坯产生尾部长缩孔。

5) 冷却制度。为了保证铸坯在启铸过程中有足够的凝固壳厚度来承受拉力和阻力,一般启铸水量为 22 ~ 24 m^3/h;ϕ150 mm 铸坯的启铸水量应增加 2 ~ 4 m^3/h,拉坯速度增加要同步增大结晶器的冷却水量。同时控制结晶器进水温度不大于 35℃,出水温度不大于 70℃;进出水温度过高均易影响结晶器的冷却效果。

6) 牵引辊的辊压控制。物体之间存在滑动摩擦时,静摩擦系数大于其动摩擦系数。启铸时为了避免引锭杆打滑,压住引锭杆的辊压控制在 5.5 ~ 6.0 MPa;红坯过辊时的辊压控制在 1.5 ~ 2.0 MPa,避免因辊压过大而造成铸坯被压成椭圆形。

生产 ϕ150 mm 铸坯的钢种有 20、35、45、27SiMn、25CrMnMo 和 1Cr5Mo 等。实际拉坯工艺参数基本控制在该钢种规定范围内。25CrMnMo 钢坯的拉坯工艺参数控制情况列于表6-67。

表 6-67　25CrMnMo 铸坯的拉坯工艺参数[74]

铸锭直径/mm	结晶器				控制范围	吊包温度/℃	浇铸时间/min	拉坯速度/$m \cdot min^{-1}$	正常水量/$m^3 \cdot h^{-1}$	冷却水温度/℃	
	材料	进口直径/mm	出口直径/mm	总长度/mm						进口	出口
150	铜，石墨	152.36	151.00	1500	最高	1630	65	2.45	35	32	71
					最低	1606	54	2.16	26	27	64
					平均	1616	58	2.29	30	29	67

（3）生产结果。

1）铸坯表面质量。一次检验合格率 99.50%。

2）铸坯低倍组织。采用酸蚀法检验，按 GB/T226 和 YB/T153 标准执行；内控标准 HK01—1999。激冷层等轴晶厚度达 15 mm 以上。低倍组织缺陷均控制在该钢种所要求的范围内。25CrMnMo 铸坯低倍检验结果列于表 6-68。

表 6-68　25CrMnMoϕ150 mm 连铸坯低倍检验结果[74]

低倍组织	一般疏松	点状偏析	中心疏松		缩孔残余		中间裂纹		中心裂纹
内控标准	≤2.5 级	≤2.5 级	≤2.5 级		≤2.0 级		≤1.0 级		≤2.0 级
检验结果	100%	100%	0.5 级 24%	1.0 级 76%	0 级 91%	1.0 级 9%	1.0 级 56%	0 级 44%	0 级 100%

3）铸坯椭圆度。在水平连铸过程中，由于凝固壳失稳会使圆铸坯产生微椭圆度。据资料报道[84]，5 mm 左右的椭圆度对热穿孔管坯没有损害。椭圆度过大，容易造成穿孔时咬入困难，影响轧管质量。衡阳钢管公司要求管坯椭圆度不大于直径的 5%。

衡阳钢管公司检查部分炉号 ϕ150 mm 铸坯的椭圆度，统计结果列于表 4-29。从表 4-29 中可以看出，个别炉号铸坯的椭圆度偏高。生产中发现，当铸坯表面有明显的压痕时，椭圆度较大，没有压痕时椭圆度较小。为了减少铸坯的椭圆度，正常拉坯时辊压尽可能控制在下限；结晶器的冷却效果，钢水吊包温度及拉坯速度对铸坯的椭圆度也有较大影响，拉坯过程中应根据实际情况综合控制。

4）铸坯轧管情况。ϕ150 mm 管坯首次试行热装热轧，轧制钢管的规格 ϕ150 mm × 5 mm 和 ϕ159 mm × 6 mm。投入管坯量 460.05 t，钢管入库量 388.30 t，轧管成材率 84.41%，与其他规格铸坯的轧管成材率相当，铸坯质量能满足轧大规格钢管的要求。

例 2　ϕ140 mm 锅炉用钢 T91 圆坯的水平连铸[75]

锅炉用钢材主要是中厚板、管材和型材，其中管材占 30%。SA213-T91 钢管用于生产临界和超临界锅炉的过热器和再热器。衡阳钢管（集团）有限公司在我国首次开发试制了 T91 钢管坯的水平连铸工艺。

（1）生产过程及基本条件。

1）生产工艺流程。废钢→30 t 电弧炉→40 tLF 钢包精炼炉→40 tVD 精炼炉→水平连铸机。

2）水平连铸设备主要参数。中间包容量 12 t；TG 型多段多级式结晶器；冶金长度 10.5 m；双流同时连铸；铸坯直径 ϕ140 mm；拉坯速度范围为 2.0 ~ 2.5 m/min；牵引装置驱动系统：交流电机变频调速；切割装置：火焰自动切割并喷吹铁粉；冷却水方式为缓冷。

（2）生产过程的控制。

1）电炉冶炼。电炉采用熔氧结合的生产工艺。装料前炉底垫加石灰 500 kg，前期造高碱度的强氧化性和流动性良好的炉渣，达到低温快速脱磷的目的；后期快速升温，高温沸腾，去气、去渣，提高钢液的洁净度。在高温下取双氧末样，加入 Fe-Cr、Fe-Mo 和 Fe-Mn 合金出钢。

2）LF 炉、VD 炉精炼。出钢过程中加入预熔型精炼合成渣，渣料熔化较快，达到快速成渣的目的。LF 座包喂铝丝、Ca-Si 丝，然后加入足够量的石灰送电进行精炼，精炼后的钢液转入 VD 炉，进行真空脱气，VD 处理时间 25 ~ 30 min。

3）浇铸。钢液采用长水口保护浇铸，未吹氩。中间包浇满后改为小流量连续浇铸；中间包内钢液面稳定在 600 ~ 800 mm，不裸露液面。整个浇铸过程正常，浇铸时间 70 min。

4）中间包内钢液温度控制。中间包内钢液的过热度直接影响拉坯速度和铸坯的质量，要求中间包内钢液的合适温度为 1530 ~ 1550℃。

5）连铸工艺。在 1 号连铸机上进行试生产，使用改锥度特钢结晶器，采用“一步启铸”工艺。启铸时拉坯阻力较大，通过调整拉坯参数保证整个连铸过程正常；拉坯速度控制在 2.5 m/min 以下，没有出现打滑、阻流和拉漏等现象。拉坯时间 95 min。主要拉坯工艺参数列于表 6-69。

表 6-69 T91 钢水平连铸拉坯工艺参数[75]

参数类别	1 流	2 流
拉坯频率/次 · min^{-1}	85 ~ 90	85
拉程/mm	28 ~ 31	28 ~ 33
推程/mm	3.6 ~ 3.8	3.8 ~ 4.2
拉坯速度/m · min^{-1}	2.07 ~ 2.47	2.04 ~ 2.47
水量/m^3 · h^{-1}	25	27
进水温度/℃	29	28
出水温度/℃	65	44

注：因两个电磁搅拌器本体的冷却出水管接在 2 流结晶器出水管上，故表 6-69 中 2 流结晶器出水温度 44℃ 是两路水温共同反映在仪表上的结果，2 流结晶器实际出水温度与 1 流接近。

为了探索电磁搅拌的效果，在 2 流生产线上安装电磁搅拌器，采用二次冷却段搅拌和凝固末端搅拌方式，分三个时间段设定了三组不同的搅拌参数，并对应取铸坯试样。

6）切割。该钢种采用喷铁粉自动切割。拉坯约 1 h 后，1 流喷粉管堵塞，红坯温度高，不喷铁粉也能切断铸坯，但切缝较宽，切口不平整。2 流的喷粉自动切割正常。

7）铸坯缓冷。铸坯在冷床上冷却到铸坯表面温度约 800℃ 时，吊到待检区堆冷，最后用保护渣覆盖。缓冷 90 h，扒开保护渣后，铸坯表面温度约为 200℃。

（3）试验结果。

1）熔炼成分。成品检验 T91 铸坯的化学成分结果列于表 6-70。从表 6-70 中可以看出，铸坯的化学成分较好，特别是 C、P、S 和 N 几种元素控制得很好。其他元素含量基本上处于中限；但 V 元素含量处于高限，主要是一次性补加过多，实践表明宜分批少量调加为好。

表 6-70　T91 成品化学成分(%)[75]

C	Si	Mn	P	S	Cu	Ni	Cr	Mo	V	Nb	N	Al	As	Sn
0.10	0.32	0.41	0.011	0.004	0.07	0.06	8.47	0.90	0.25	0.074	0.0540	0.006	0.015	0.004

2）铸坯表面质量。整炉钢共铸出 64 支坯锭,除去 4 支头尾坯,送检 60 支坯;其中 59 支合格,一支为废品。报销原因为皱折较深。

铸坯经过缓冷后,铸坯的弯曲度有所减少,在 0.8% 以内。

3）非金属夹杂物。从铸坯上取样,非金属夹杂物的检验结果列于表 6-71。从表 6-71 中可以看出,T91 铸坯个别试样的氧化物夹杂级别偏高。为了保证 T91 钢的使用性能,应最大限度地降低钢中的氧化物夹杂。

表 6-71　T91 非金属夹杂物检验情况[75]

试样号	A		B		C		D	
	细	粗	细	粗	细	粗	细	粗
5	0.5	0	0.5	0	0	0	0	0
6	0.5	0	0.5	0.5	0	0	0	0
7	0.5	0	0.5	0	0	0	0	0
8	0.5	0	2.5	0.5	2.5	0	0	0
10	0.5	0	3.0	0	0	0	0	1.0
11	0.5	0	1.0	0	0	0	0	0
平均值	0.5	0	1.33	0.17	0.42	0	0	0.17

4）铸坯的低倍组织。分别对缓冷和未缓冷的铸坯取样,检验结果列于表 6-72 和表 6-73。从表 6-72 和表 6-73 中可以看出,铸坯缓冷和未缓冷的低倍组织没有明显的差别;经过电磁搅拌的 2 流铸坯低倍组织明显好于未经电磁搅拌的 1 流铸坯,主要表现在中心等轴晶区扩大,为消除晶间分层及中心裂纹创造了有利条件。

表 6-72　未缓冷的 SA-213T91 钢坯低倍检验情况[75]

样次＼项目	中心疏松/级	皮下裂纹/级	中间裂纹/级	中心裂纹/级	晶间分层/级	激冷层厚/mm	等轴晶厚/mm	等轴晶率/%	铸坯外径/mm	外径差值/mm
1 流头	1.5	0	0	3	4	5	25	18	138～140	2
1 流尾	1.5	0	0	1	4	5	40	28.8	136～142	6
2 流头	1.5	1	0	1	0	5	80	57.6	136～142	6
2 流尾	2	0	0	1	0	5	85	61.1	136～142	6

注:一般疏松和点状偏析均为 0.5 级。2 流头样的皮下裂纹处铸坯表面有明显压痕。表中激冷层为铸坯外表面下细小等轴晶形成的致密层,其厚度为半径上的实际长度;而等轴晶厚为铸坯中心等轴晶区的直径尺寸。等轴晶率为中心等轴晶层除以铸坯平均实际直径 139 mm 所得的百分数。晶间分层是指中心等轴晶区外缘与柱状晶末端之间形成的圆弧形裂纹,其主要存在于 1 流未经电磁搅拌的试样中。

表 6-73　缓冷的 SA-213T91 钢铸坯低倍检验情况[75]

样次＼项目	中心疏松/级	缩孔残余/级	中间裂纹/级	中心裂纹/级	晶间分层/级	激冷层厚/mm	等轴晶厚/mm	等轴晶率/%	铸坯外径/mm	外径差值/mm
1 流头	1.5	2	2.0	4.0	0	5	30	21.6	138～140	2
1 流尾	1.5	0	0	0	4	5	46	33.1	136～142	6
2 流头	2	1	0	0	0	5	80	57.6	136～142	6
2 流尾	1.5	1	0	0	0	5	85	61.2	135～141	6

注：一般疏松和点状偏析均为 0.5 级。

例 3　水平连铸 ϕ80 mm 20 钢圆坯[79]

水平连铸 ϕ80 mm 20 钢圆坯，是在马鞍山钢铁公司钢研所中间工厂的 1 号水平连铸机上进行的。由两个 500 kg 的中频感应炉供给 1 t 钢水。ϕ80 mm 圆钢坯用于轧制无缝钢管。

结晶器是水平连铸的关键设备之一。在本试验中采用多段多级式结晶器，整个结晶器较长，将一般连铸的一次冷却和二次冷却结合在一起，铸坯出结晶器后不再向铸坯喷淋冷却水。结晶器分为两段，前段采用铍钴青铜（0.4%～0.7% Be，2.4%～2.7% Co）制作，作为钢水的凝固段，使钢液被激冷成形；后段采用石墨制作，石墨套镶在水冷铜套内，作为凝固壳的加厚段。结晶器各段均有一定的倒锥度，不仅传热系数高，而且冷却比较均匀，二冷区段“空冷”铸坯表面裂纹少，特别适用于连铸热裂敏感性强的合金钢。结晶器的主要技术参数列于表 6-74。

表 6-74　ϕ80 mm 多段多级式结晶器主要技术参数[71]

结晶器长度/mm			结晶器锥度/%			冷却水			许可修磨量/mm		冷却工作段总长度/mm
全长	铜套	石墨套	铜套	一段石墨	二段石墨	进口压力/Pa	进口水温/℃	水量/$t \cdot h^{-1}$	铜壁	石墨套	
1105	150	910	2～5	0.5～1.0	0.5～1.0 或 0	8×10^5	35	23	2	2	1660

为了提高结晶器的传热效率，采用高背压操作，一般采用退水节流以提高退水背压；退水背压的冷却水压要大于 3×10^5 Pa。试验初期，曾采用较大的冷却水量为 $(29～30) \times 10^3$ kg/h，铸坯表面裂纹较多，影响铸坯表面质量。经过对结晶器和铸坯凝固传热的计算和分析，将冷却水量减少到 $(20～21) \times 10^3$ kg/h，增大冷却水进出口温差以改善铸坯表面质量，取得了明显的效果。冷却水进出口温差一般为 16～24℃。水平连铸工艺参数列于表 6-75。

表 6-75　ϕ80 mm20 钢坯水平连铸主要工艺参数[79]

浇注温度/℃	拉坯速度/$m \cdot min^{-1}$		拉坯制度		冷却水		铸坯出结晶器时表面温度/℃
	启铸	正常速度	间距/mm	频率/次 · min^{-1}	进口温度/℃	水量/$kg \cdot h^{-1}$	
1530～1560	0.6～1.0	2～2.8	20	100	≤35	$(20～21) \times 10^3$	1200～1300

为了实际观测铸坯的凝固壳在结晶器内外的凝固特点，曾在 182 炉拉坯后期快速退开中间包，使钢液从液相穴内流出，然后沿着圆坯长度上不同位置切开。观测结果如下：

（1）结晶器铜段内的凝固。铸坯凝固壳厚度有明显的不对称性。圆坯上部凝固壳厚度为3～5 mm，最薄处为2 mm；圆坯下部凝固壳厚度为18～20 mm；而圆周两侧厚度相差不大。

圆坯凝固壳上部内表面有明显的拉坯行程痕迹，行程间距为20 mm，在痕迹处凝固壳厚度为4 mm，两条痕迹之间凝固壳厚度仅为2 mm，构成了凝固壳厚度的不均匀性。在结晶器铜段初始凝固部分，这种现象最为明显。

（2）结晶器石墨段内的凝固。铸坯从结晶器铜段内拉出后，在石墨段内继续凝固。在结晶器出口处，圆坯上部凝固壳厚度由5 mm增长到21 mm，其下部凝固壳厚度由26 mm增长到32 mm，而左右两侧凝固壳厚度分别由12 mm增长到22 mm和由10 mm增长到23 mm。由此可知，在结晶器石墨段内，圆坯上部凝固壳厚度增长较快，凝固速度为17.5 mm/min；下部凝固壳厚度增长较慢，凝固速度为6.5 mm/min；两侧凝固壳厚度基本上均匀增长，凝固速度为13.2 mm/min。

因此，可以认为结晶器石墨段的基本作用之一是加强圆坯上部和两侧部凝固壳厚度的生长，以保证铸坯出结晶器不拉漏。

（3）铸坯在空气中自由冷却的凝固。圆坯出结晶器后，其表面温度为1200～1300℃。实测圆坯在空气中自由冷却的凝固壳厚度列于表6-76。

表6-76　ϕ80 mm铸坯在空气中的凝固厚度变化[79]

取样位置/mm	圆坯上部/mm	圆坯下部/mm	圆坯左侧/mm	圆坯右侧/mm
1037	21	31	22	23
1341	28	35	26	27
1500	28	35	26	27

在上述条件下，试验结果表明，在启铸后3 s，结晶器铜段的温度就达到稳定；结晶器头部靠近铸坯的铜壁表面温度为287℃，尾部为195.3℃。铸坯表面温度随结晶器铜壁和石墨壁温度的变化而变化。在铜段内由于铜壁导热性能好，壁温较低，铸坯表面温度下降较快，形成较厚的初始凝固壳；铸坯进入石墨段后，由于石墨壁温度较高，铸坯表面温度下降缓慢，并有些回升，以后铸坯表面温度缓慢下降，如图3-14所示。

例4　不锈钢自耗电极水平连铸[85]

真空电弧重熔工艺的广泛应用，要求一种生产高质量特殊难变形合金自耗电极的合理方法。这类合金的自耗电极，采用锻造或轧制的方法生产极为复杂，在某些情况下甚至是不可能的。采用铸造自耗电极代替锻造或轧制自耗电极，能够大大提高重熔金属实收率（10%～15%），节省锻造和轧制设备，缩短电极生产周期，降低真空重熔金属的成本。

B. T. Сладкоштеев等人研究采用分体式УНИИМ水平连铸机生产自耗电耗[85]。试验的钢种有Q235、20CrNi、20Cr2Ni4、GCr15、1Cr18Ni9和1Cr18Ni9Ti等牌号的钢。铸坯直径为80～90 mm，铸锭长度为8～10 m。

（1）设备条件。浇包的容量为1 t。分体式УНИИМ型水平连铸机，长度6.8 m，加上辊式输送带12.8 m，宽度0.7 m，高1.2 m；整个工艺装置重4.2 t。中间包用黏土砖砌筑，容量100 kg；为了浇铸后拆卸方便，做成两半。包体固定在结晶器往复运动机构的活塞上。在浇铸之前，将内衬加热到700～800℃。

在中间包与结晶器之间用含有约25%石墨的黏土铸口砖作为保温套管联结。铸口砖外周设有感应加热器。感应加热由60 W的电子管振荡器通过降压互感器来保证。在开始之前和浇铸过程之中,保温套管用高频电流加热到1400~1500℃。

结晶器是用锻造铜板制作的,带有水冷槽。结晶器型腔直径80~90 mm,长500 mm。结晶器和保温罩以及中间包一起固定在往复运动机构的活塞上。活塞安装在支架上,而支架又与活塞缸固定在一起。活塞缸在两个侧部挡板之间可以沿着平板运动。往复运动通过与直流电机相联的凸轮传到活塞缸。

牵引装置由五对辊轮组成。下部辊轮借助直流电机进行运动。上部辊轮用弹簧压紧。安装在结晶器后的辊轮压力不大,为1.8~2 kN;随着铸锭厚度的增加,增至18 kN。整个牵引辊的总压力达到60 kN。

辊式输送带安装在牵引辊的后面,在这里进行铸锭的切割。

引锭器由头部和主干组成。为了在液态金属填充结晶器时排气,在头部做成许多沟槽。

为了冷却结晶器和其他设备,安装一台ЦНШ-20型水泵,排水能力为30 m^3/h。

浇铸过程的操纵集中在操纵台上。水平连铸机浇铸过程很简单:液态金属从流槽注入中间包,充满之后,开动牵引装置和结晶器往复运动机构。铸坯在结晶器内慢慢地凝固,借助引锭器移动,然后进入牵引装置,卸去引锭器。

(2) 连续浇铸的主要工艺参数。在浇铸时,1 t浇包内液态金属的温度通常为1530~1575℃;金属液温度不宜太高。

拉坯速度为1.0~2.5 mm/min。当连续浇铸ϕ90 mm的电极时,拉坯速度大于2.5 mm/min,连铸过程会因不稳定而停止,铸坯凝固壳可能断裂,随即液态金属从结晶器出口端漏出来。经计算,2.5 m/min的拉坯速度是这种截面的铸锭最大允许值。

结晶器往复运动的制度是水平连铸重要的工艺参数。试验中,结晶器以25~50 mm长的间距往复运动;铸坯以固定速度连续单向运动。结晶器采取两个运动方案。第一个方案为:结晶器与铸锭同步运动,而以三倍的快速返回原位。第二个方案为:结晶器与铸锭同向运动时,以超前铸锭0.5~6.0 mm的运动速度往复振动。当按第二种方案结晶器前滑0.5 mm,以25 mm的间距往复运动时,达到最大的满意效果。

在试验中,还进行过间歇式拉坯制度的试验。每次的拉坯间距为450~500 mm,与结晶器的长度相当。停歇时间10~15 s,在这么长的停歇时间里,节距冷隔将会较深。

(3) 铸锭质量。当结晶器往复运动时,通常在铸锭表面上间距交界处有冷隔。冷隔之间的距离主要取决于结晶器摆动的间距。当结晶器往复运动的速度一致而摆距为50 mm时,冷隔之间距离为120~140 mm。当摆距减小到25 mm时,冷隔之间的距离减小到50 mm。当结晶器往复运动、前后运动速度的比例为1:3、摆距为50 mm时,在铸锭表面上冷隔之间的距离为60~70 mm。

在结晶器往复运动间距的交界处出现冷隔,冷隔的深度扩展距铸锭表面0.5~5 mm处。冷隔深度取决于进入结晶器的保温套管壁厚。在每个间距的中部,可以粗略地看到另一种冷隔形式,称为结晶前沿冷隔;它具有0.2~0.5 mm的线状环形,有时还看不出来。在结晶器内愈合的凝固壳断口,可出现结晶前沿冷隔;结晶前沿冷隔不致扩展到铸锭的深处,在纵向试片上通常不显露。

碳钢水平连铸的低倍组织存在明显的三区:周边细小的枝晶区、柱状枝晶区和中心不定向的枝晶区。沿铸锭表面,柱状枝晶优先发展的区域是低倍组织的特点。

不锈钢的低倍组织沿着整个横断面上形成穿晶区,相等地发展。当在碱性浇包内液态金属以高温浇铸时，在所有牌号的钢坯上都可以看到穿晶现象。随着浇铸温度的降低，沿铸锭下部的柱状枝晶区完全消失；而继续降低浇铸温度时，沿铸锭整个截面上的组织是相等的。不锈钢的组织对液态金属温度的变化特别敏感。水平连续铸锭的低倍组织特点是凝固中心通常偏离几何中心向上位移 1 ~ 3 mm。

在水平连续铸锭的中心，常常遇到的疏松，其形态与立式连续铸锭相似，疏松部分与十分致密的金属部分以严格的规律相互交替出现。致密金属的部分，通常相应于每个拉坯间距或摆距的开始和终了的部位，而中心疏松部分处于致密部分之间。

铸锭疏松的发展取决于拉坯间距或结晶器的摆距。例如，当以 500 mm 的拉坯间距周期停歇拉坯时，形成局部气孔或直径 5 ~ 8 mm 而长度为 200 ~ 250 mm 的气孔。当结晶器的摆距为 50 mm 时，气孔的直径减小到 3 ~ 5 mm，而其长度为 50 ~ 60 mm；当摆距继续减小到 25 mm 时，直径大于 2 mm 的局部气孔一般是遇不到的。产生中心疏松的部分，显然是因为在相应于结晶器每个摆距的开始地带凝固成致密的金属桥，阻碍液态金属继续流入。

根据 3 个熔次的水平连续铸锭，按其横截面和长度上铸态金属的力学性能测试结果表明，沿横断面和长度上的力学性能是均匀分布的。中心区除外，因为有气孔损坏的部分。

金属的化学成分不均一性研究表明，实际上沿铸锭横断面和长度上不存在碳、硫、锰、硅和磷的偏析。铸锭中心区例外，发现有不大的正偏析和反偏析。

6.7　水平连铸镍基合金锭

生产小断面的（ϕ90 ~ 110 mm）的镍基合金铸造电极，是一种比较困难的事情。若用一种和电极长度相同的带保温帽的整体铸模来浇铸，则铸成后很难将其取出。而用一种不带保温帽的可拆卸的铸模来浇铸，则又容易产生很深的缩孔和横向裂纹，在铸模的接缝处还可以出现飞边；铸模的寿命也很低。

直径 90 ~ 100 mm 的特殊合金电极，通常用钢锭轧制而成。在这种情况下，重熔金属棒材时全过程的金属实收率不到 50%。采用水平连铸是比较经济和合理的。在水平半连续铸钢机上已生产出一些镍基合金的自耗电极铸坯[81]，其中有一些是根本不能用热加工方法来生产的。

水平半连续铸钢机为分体式 УНИИМ 型，中间包的容量为 150 kg，水冷铜结晶器。中间包与结晶器之间用石墨管连接。牵引装置为丝杠机构，由 4.5 kW 的直流电机通过 ПМУ 传动装置进行驱动。拉坯速度可在 0.2 ~ 1.5 m/min 范围内调节。不设二次冷却装置。浇铸制度由控制台统一操纵。

水平半连续铸钢机可以直接安装在熔炼设备下面，所以钢水可以不用盛钢桶而直接流入中间包内。这样，就有可能降低钢水的过热温度，改善铸坯的质量。液态金属是在 200 kg 的高频感应炉内熔炼的。必要时，也可使用盛钢桶进行浇铸。

浇铸过程中，中间包内的金属液面上覆盖着炉渣，液态金属是在没有喷溅、没有夹渣并与空气隔绝的情况下进入结晶器内的。这样就保证了铸坯能够获得纯洁光滑的表面。在这种水平半连续铸机上，还可以采取气体保护、防止熔体和铸坯氧化等措施，因为设备上没有二次冷却装置。

电极铸坯的长度决定于拉坯机构丝杠的长度和熔炼炉的容量。在这种水平半连续铸钢机上，铸成了直径 90 ~ 150 mm、长 3 m 的自耗电极铸坯。这些电极铸坯主要是用来研究各种合金在真空电弧重熔后的质量问题。重熔所用的结晶器直径为 110 mm、125 mm 和 150 mm。在炉子容量较大的情况下，可以进行连续浇铸，然后再把铸坯切割成需要的长度。

为了保证凝固过程连续进行，采用间歇式拉坯制度，铸坯相对于结晶器作周期性停歇运动。当铸坯相对于结晶器停止不动时，结晶器内的液态金属便从已凝固的铸坯和连接管两个方面一起同时凝固。当这两个凝固界面之间经激冷而凝固牢固地连接在一起时，在下一个拉坯周期内将凝固在一起的凝固壳拉动一个行程的距离；而结晶器内凝固壳空出的相应距离，又被新的液态金属所填充。在结晶器出口处，没有出现凝固壳拉断的现象。

对于镍基合金来说，液态金属的过热温度应尽可能低一些。中间包内的金属温度应为 1450～1470℃，熔炼炉的出炉温度应为 1570～1530℃。

镍基合金铸坯最适宜的正常拉坯速度为 0.7～0.8 m/min。浇铸快结束时，为了消除最终的液相穴，拉坯速度应降到 0.2～0.3 m/min。

在结晶器长度一定的情况下，拉坯速度越大，液态金属在结晶器内停留的时间就越短，生成的凝固壳也就越薄，铸坯内的液相穴也就越长。用漏钢法测定了铸坯的液相穴长度，每当用不同的拉坯速度浇铸时，均于结晶器出口处的凝固壳上烧熔一个小孔，使液相穴内的液态金属快速流出来。根据测定结果，对于镍基合金得出如下关系式[81]：

$$L = 0.25D^2 v \tag{6-7}$$

式中 L——液相穴长度，m；

D——铸坯直径，mm；

v——拉坯速度，m/min。

当 $v = 0.5$ m/min，$D = 100$ mm 时，液相穴长度为 1.25 m。从式(6-7)中可以看出，降低拉坯速度，就可以缩短液相穴的长度。如果液相穴长度比结晶器的长度短，那么铸坯组织可能是完全致密的。但是，在中间包没有加热保温的条件下，降低拉坯速度必然会造成中间包内液态金属温度的过分下降甚至凝固，并使设备的生产率降低。因此，允许自耗电极铸坯内有一些中心疏松，以足够高的拉坯速度进行浇铸，只是在浇铸快结束时再降低拉坯速度，消除最终的液相穴。

在水平半连续浇铸时，各种不同镍基合金电极的成品率为 84%～95%。对于某些镍基合金，其成品率提高 13%～15%，取得很好的经济效益。

在水平半连续机上得到的自耗电极铸坯的表面质量，比其他方法得到的要高得多。铸坯有着光洁的表面，没有钢豆和夹渣。在铸坯表面上呈现出若干细丝状的"冷隔"，这种冷隔是已凝固的坯壳在拉坯时离开连接管后，其端面同新的钢液焊合的界限。每个拉坯行程上所形成的冷隔，都垂直于铸坯表面，深达 1～3 mm。重熔的结果表明，表面上的冷隔和局部中心疏松，并不影响真空重熔金属的质量。电极不需要进行预先清理，只做喷丸清理和局部砂轮休整即可重熔。

连铸过程中，结晶器出口处的炽热铸坯表面在高温(1000℃以上)下被氧化了，使铸坯完全凝固后呈灰色。如果在铸坯完全冷却之前能够防止其氧化，就能获得银亮色的表面。由于铸坯表面十分光洁，在电弧重熔之前无需剥皮。

电弧重熔时要求电极的弯曲度不大于 5 mm。水平连铸坯的弯曲度在正常工艺条件下没有超过所要求的范围。这是一个非常重要的优点；因为许多合金的铸坯，由于变形阻力很大，几乎不能进行矫直。采用剥皮或砂轮休整的办法来矫直也不妥当，这必然会造成大量的金属损失。

水平连铸电极铸坯的断面在正常生产过程中，基本上是圆形的，在垂直轴线上略有升高，达 0.5 ~ 1.5 mm。当铸坯的末段在结晶器内完全冷却下来时，发现这一段的椭圆度最为严重，达 2.5 ~ 3 mm；同时，由于该段的内应力比较大，一般在水平轴面上产生若干纵向裂纹。H. M. Тучкеич 等人认为，椭圆度的产生是由于在结晶过程中，从断面下部金属受到比较强烈冷却的缘故。

水平连铸试验中，大致测定了镍基合金铸坯在水冷铜结晶器内结晶时直径的收缩率。测定的结果平均为 1.9% ~3.1%。

镍基合金电极铸坯的宏观组织在纵向和横向试样上都是致密的，没有发现裂纹、重皮、缩孔和任何夹杂等缺陷。在铸坯整个长度上，断面的凝固中心向几何中心上方偏移 2 ~3 mm。沿着铸坯的凝固中心线发现若干段不太严重的中心疏松，其长度相当于拉坯行程长度的 1/2 ~2/3。

柱状晶体从环形冷隔开始呈发散的束状生长，因为这些冷隔是在没有空气进入的情况下在结晶器和石墨连接管的接缝处附近形成的，所以没有氧化膜。当铸坯停歇时间较长时，由于金属与石墨连接管接触的时间较长，在冷隔附近可能出现一些细小的碳化物夹杂。在石墨连接管的端面上涂一层电炉氧化铝泥料，碳化物夹杂的数量可以减少到最低限度。

在高合金化镍基合金铸坯中，对铝、钛、铅、硫、磷等易偏析和易氧化元素沿铸坯长度和横断面上含量变化的研究结果表明，它们在含量上的差别没有超过分析误差。这说明在 7 ~8 min 的浇铸过程中，合金的成分没有发生变化。

在电弧重熔电极铸坯水平连铸过程中，没有遇到任何困难。电弧重熔后的耐热合金，其力学性能完全符合技术要求。

6.8 智能控制系统在水平连铸生产中的意义

在长期的水平连铸研究和生产实践中，人们已总结出一些基本的生产工艺原则。但是，总的来说这些工艺原则属于经验知识。在某种具体条件下，相应的工艺参数是比较合理的，而不一定是最优的。当产品材质和几何形状改变时，相应的某些工艺参数得重新通过大量的试验来确定，致使调整周期较长，生产效率低，原材料损耗大。

采用专家系统应用于水平连铸控制系统的工艺参数优化设置中，可以大大缩短优化设置的时间。李生民等人对水平连铸铸铁锭的拉坯工艺参数优化设置问题进行了研究[86]。拉坯工艺参数优化专家系统由如下几部分组成。水平连铸专家系统结构如图 6-30 所示。

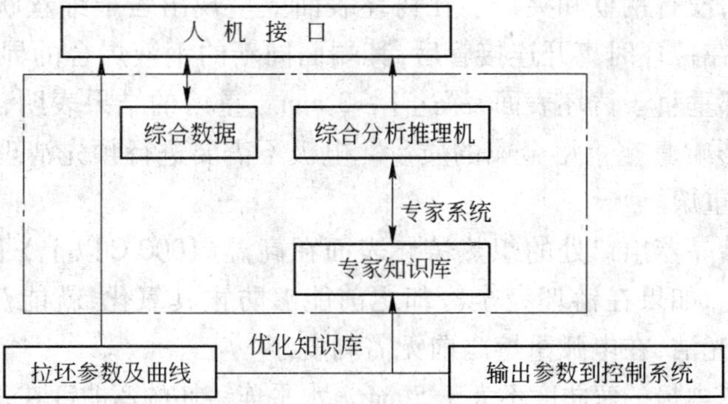

图 6-30 水平连铸专家系统结构[86]

综合分析推理机包括两个推理机:规则推理机,自学习和经验推理机。根据生产任务、产品型号和规格,从知识库中搜索与条件匹配的规则,若能找到,则按知识库给定规则形成拉坯工艺参数。若找不到完全与条件相匹配的规则,则运用自学习或经验推理机,获取拉坯工艺参数。

综合数据库主要包括产品数据库、解释库和用于描述产品的信息数据库。产品数据库用于存储现有产品数据集。解释库是领域专家根据推理情况,动态建立的提供给用户的解释说明语言。在操作人员每进行一次新的参数设定操作时,系统自动为该操作建立一个临时的纯文本格式的解释文件,用户可以通过人机接口调出解释文件,进行查看、修改和保存等操作。产品信息数据包括产品型号、材质牌号、产品形状和尺寸等信息。

图形显示模块的功能有两个:一是在主界面上显示工艺参数;二是同时动态显示由工艺参数确定的模拟加工过程曲线,使操作人员能够通过此功能来确认工艺参数的正确性。

人机接口的主要功能是完成人机对话通信。采用全图形方式,包括使用菜单和窗口。另外,随时有帮助信息以提示用户如何操作,在出现任何非法的输入或操作时,均有警告提醒。通过它来接收操作人员下达的操作任务。对所接收的命令经解释后传达给推理机。最后又将运行的结果通过画面和动态图显示出来。操作人员也可以通过该接口修改专家系统推理所得的工艺参数。

上述专家系统于2003年1月在华安型材厂新型水平连铸控制系统中测试运行。运行测试条件如下,输入材质:灰铸铁1;拉坯方式:拉拔—急停;结晶器出口处铸坯表面温度:(880±30)℃;铸坯形状:圆形;铸坯尺寸:ϕ40 mm。测试结果:拉坯周期4 s;停拉占空比25%;正拉坯速度800 r/min。按照此工艺参数进行生产,经测试产品质量合格。采用该专家系统,一般操作人员仅需3～4 min即可使工艺参数稳定下来。不采用专家系统时,一般需要10～20 min。实践表明浇注铁液温度波动在±30℃范围内,可减少一个操作人员。

6.9　同水平铸造

在封闭式连续铸造生产中,热顶铸造的兴起和发展晚于水平连续铸造。目前,同水平铸造和热顶铸造仅应用于铝及铝合金锭生产中。同水平铸造比热顶铸造更有利于提高浇铸过程中铝液的纯净度;因此,在连续铸锭生产中,同水平铸造渐渐代替了单纯的热顶铸造。

我国从1978年起在东北轻合金加工厂开始进行同水平铸造试验研究[87]。1985年底,广东有色金属加工厂最先使用MaxiCast热顶铸造技术[88],为同水平铸造设备。随后,同水平铸造技术在我国铝加工厂和电解铝厂得到广泛应用。

目前,同水平铸造设备可生产直径127～228.6 mm的圆锭;27t负荷的铸机,ϕ152.4 mm的锭可同时浇铸72根,ϕ228.6 mm的锭可同时浇铸36根。1988年日本富山合金厂从美国Wagstaff公司引进的Airslip热顶铸机负荷为38 t,铸造长度7 m,ϕ152.4 mm的锭可同时浇铸108根,ϕ177.8 mm的锭可同时浇铸84根,ϕ203.2的锭可同时浇铸72根,ϕ228.6 mm的锭可同时浇铸56根。所生产的ϕ50～100 mm圆锭和40 mm×260 mm的扁锭以及薄壁空心锭,比工业上传统铸锭方法生产的产品性能要好[89]。生产小断面的铸锭是热顶铸造的优点。据资料报道[90],已用于工业生产中最小的断面为ϕ45 mm。最大断面的直径为340 mm[91],不仅Al-Mg-Si合金,而且Al-Mg、Al-Zn-Mg及Al-Cu-Mg合金均可铸造。我国贵州铝厂采用同水平铸造生产ϕ380 mm的6005A铝合金圆锭[92]。

6.9.1　同水平铸造设备

目前,同水平铸造设备均为立式半连续结构,以同铸根数多为优势胜于水平连铸。

同水平铸造设备主要包括分流盘、热顶装置、油压倾翻式水箱盖板、结晶器、底座平台、平台升降传动机构、给排水系统和操作控制系统。

分流盘由无石棉的优质保温材料(Al_2O_3-SiO_2 纤维混合物)预浇注成形的标准组合件拼接而成,将其安装在水箱盖板的上面;有很好的绝热和不吸潮性能,表面光洁,易清理。使用寿命相当长。当需要补修或更换时,个别区域操作即可。分流盘采用下入式进流,可以克服熔体紊流带来的不利影响,无冲击,避免污染铝熔体,而整体温度场较为均匀。分流盘末端设有事故排放口,作为应急安全措施;当出现紧急情况时,流槽和分流盘内的液态金属可立即尽快放掉。分流盘与流槽之间采用斜面接口,实现同水平硬搭接,便于操作,利于放过滤网。分流盘标准件如图 6-31 所示。下入式热顶铸造分流盘如图 6-32 所示。

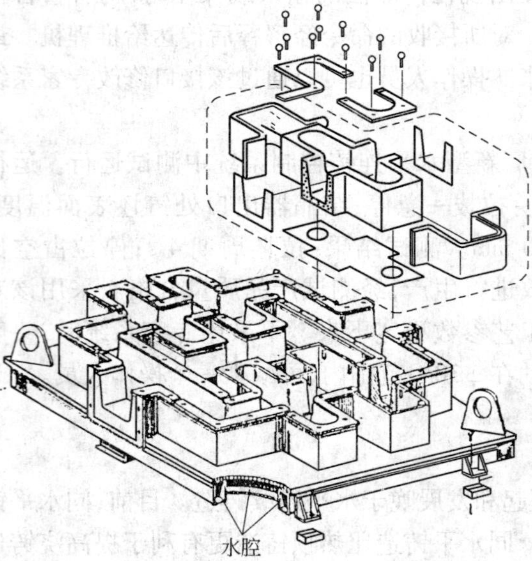

图 6-31　分流盘标准件[88]

图 6-32　下入式热顶铸造分流盘

热顶装置通常称为保温帽,用马尔耐特耐火材料制成,具有保温绝热性能好、线膨胀系数小、抗裂性强、密度小、不粘铝和加工精度高等优点。保温帽与分流盘之间用保温套筒连接。保温帽的内孔直径稍小于结晶器内孔。

油压倾翻式水箱盖板,可转动 87°角,便于工人操作、修理及铸造前的检查、准备工作。分流盘安装在水箱盖板的上面,结晶器安装在水箱盖板底面的精确位置上。每个结晶器与分流盘之间压着保温帽。保温帽与分流盘之间用耐火保温套管连接,作为液态金属通道。结晶器的定位与底座平台上的底座精确对中。水箱盖板上设有漏水观察孔,以保证结晶器的冷却水密封;当密封环有损坏而漏水时,从孔中可看到水流,并能将漏水导入铸井。倾翻式水箱盖板如图 6-33 所示。

结晶器本体一般由铝合金制成。每个结晶器内上端嵌有石墨环,由高纯石墨制作,尺寸精确,表面粗糙度低。每个结晶器都有润滑油供给系统;在 0.6 MPa 的压力下将润滑油从石墨环外侧渗入到内侧。在水箱与结晶器本体之间设有挡水环,挡水环上均布一圈小水孔,使冷却水均匀地冷却结晶器壁。每个结晶器本体的下部均布一圈小水孔,使冷却水经过一次冷却后再通过小水孔形成均匀的圆形水帘式水幕直接喷射到铸锭表面上,进行二次冷却。结晶器本体与挡水环的组合由底盖固定;底盖下面有 4 个或 3 个导向爪。结晶器组装好之后,将其固定在水箱盖板中。结晶器与水箱之间用四道 O 形橡胶密封环密封。结晶器的结构形式如图 5-38 所示。

底座平台设计成人字形,避免水和液态金属滞留平台上,防止了铸造过程中漏铝时在底座平台上堆积和爆炸危险,是安全铸造的好措施。底座安装在平台上,与每个结晶器精确对位。结晶器与底座的自动找正系统是解决多模铸造的关键设计。底座用固定轴和锁紧环同底座杆连接,底座可活动;结晶器底盖下面有四个导爪,可使底座自动进入结晶器内。人字形底座平台及防倒架如图 6-34 所示。铸井口设置长棒防倒架,避免铸造终了时铸锭倾斜;同时对敞露的铸井也起到安全网的作用。

冷却水为大口径上入式进入,进水口形和固定位块保证了水箱盖板扣下时准确对位。

图 6-33 倾翻式水箱盖板

自动润滑系统包括石墨环和自动供油装置。石墨环在连续铸造过程中既可起到缓冷的作用,又有一定的自润滑效果。润滑油分配管道固定在水箱盖板的里面,用可变容量油泵向润滑油分配管道内供油,油泵的动力一般不很大,如 CaxiCast 热顶铸造机上为 184 W,油压为 0.6 MPa,油温为 25℃。供油系统配有油量控制、压力控制和注油器等有关组件,每个注油器给相应的结晶器注入适量的润滑油。自动润滑供油管路配置如图 6-35 所示。

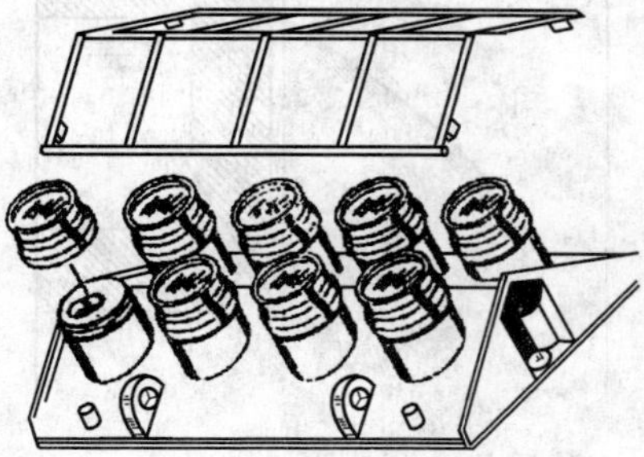
图 6-34 人字形底座平台及防倒架[88]

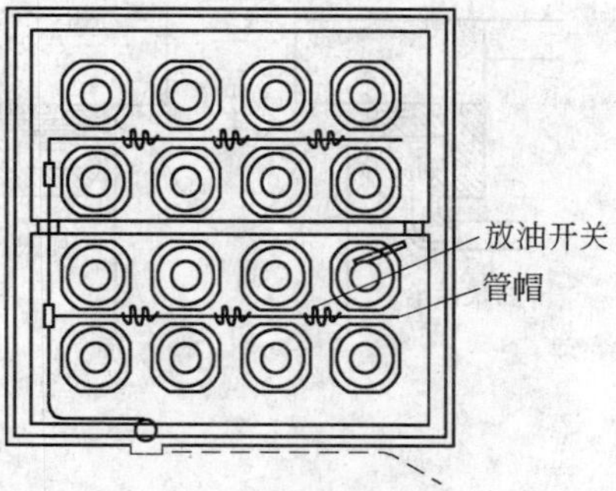

图 6-35 自动润滑供油管路[88]

底座平台升降传动机构有液压传动装置和钢丝绳传动装置。钢丝绳传动装置应用渐少。液压传动装置有内导式和外导式两种,性能以前者为好。

冷却水配有应急供水系统,当发生供水故障时应保证流槽和分流盘内的铝液铸完。铸井内设高低水位报警系统,防止高水位淹没水泵电机;避免低水位漏铝时发生爆炸事故。

同水平铸造机上的热顶装置呈矩形行列布置,其铸造行程,目前多为 7000 mm。这样可提高成品率。也有的铸造行程为 5000 mm 左右。可根据实际情况选定铸造行程。

同水平铸机的荷载能力从 3.5 t 到 45 t。根据产品规格和生产规模选定铸机的吨位，对于 ϕ127 ~ 228.6 mm 的圆锭，生产规模为 100 kt/a 的企业，选用两台 30 t 负荷的铸机较为合适。例如，美国雷诺公司马西纳厂使用 7 台 Wagstaff Maxicast 热顶铸造机，生产 ϕ152.4 ~ 406.4 mm 的挤压棒锭；用 45 t 的热顶铸造机生产大规模的铸锭，其同铸根数：254 mm 的锭 40 根，304.8 mm 的锭 32 根，355.6 mm 的锭 21 根，406.4 mm 的锭 15 根[93]。

6.9.2　油气润滑的作用

在连续铸锭过程中，连续润滑的作用至关重要，在同水平铸造过程中更是如此，因为在结晶器的顶面设有耐火材料制作的保温帽（热顶），铸锭表面的形成发生在热顶与结晶器的交界处，容易产生冷隔和逆偏析层等特殊的铸锭表面，其性状比一般敞露式液面的浮漂铸造法还要差些。在铸造过程中容易产生拉裂缺陷。

为了减弱以至消除这种不良的铸锭表面缺陷，必须削弱热顶与结晶器交界处的冷却强度。因此，在结晶器的上端内表面衬以石墨环和添加润滑油。这样，可以获得内部质优而表面光滑的铸锭。Maxicast 系统即属这种结构。但是，这只适于大直径铸锭的铸造，而且不能直接用作一次加工坯料。在铸造直径小于 ϕ100 mm 的所有细直径铸锭时，在工业生产上也是困难的；因为铸造开始时的热平衡不易控制，金属水平难以控制，不能消除逆偏析层和疏松，不易获得光滑的铸锭表面。为了解决直径小于 100 mm 的铸锭质量问题，1976 年日本昭和金属公司研制出“气体加压热顶铸造法”[90]，如图 6-36 所示。

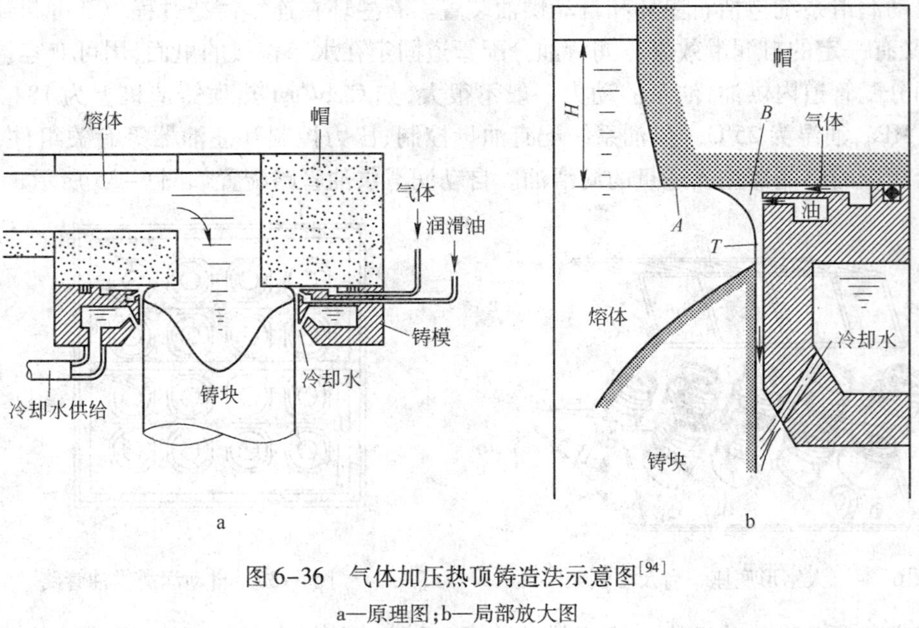

图 6-36　气体加压热顶铸造法示意图[94]

a—原理图；b—局部放大图

从图 6-36 中可以看出，气体加压热顶铸造法是从热顶的下部与结晶器交界处的微隙中导入气体，充盈 B 部空间，同时在其下方导入润滑油。气体压力值应等于热顶内金属液面高度 H 所产生的静压力 p，使气体保持 B 部空间的加压作用，同时沿间隙 T 向下流出。在气体压力作用下，使液态金属不与交界处接触。由于在结晶器内液态金属开始凝固的局部区导入加压气体，因而防止了液态金属的穿漏；并且，由于采用短结晶器与之配合，改变了液体金属在水冷结晶器上的凝固部位，从而可以解决上述的技术问题。实际上可以铸造小于 ϕ45 mm 的铸棒[94]。

1983 年，美国 Wagstaff 公司在 Maxicast 系统的石墨环外壁将气体和润滑油混合物渗入石墨环内壁，称为 Maxicast Airslip 系统。1984 年应用 2000 系和 7000 系变形铝合金铸锭生产。我国东北轻合金加工厂也于 20 世纪 80 年代进行过试验研究，并在工业中试生产，取得了良好的效果；将此铸造方法称为油气润滑模热顶铸造[95]。

在 Maxicast Airslip 系统的结晶器中，结晶器比较短，为 30 ~ 35 mm。比较标准的 Maxicast 系统的结晶器高度为 45 ~ 50 mm。加入的气体通常是氮气混合少量的氧气。混合气体加入润滑油中，使其在结晶器壁与凝固壳之间形成一层薄膜，从而减少了一次冷却的冷却强度。在冷却水系统增设了涡轮装置，将空气引入冷却水中，以控制结晶器壁及凝固壳表面的散热速度。短结晶器则加强了二次冷却强度，使逆流导热距离深入到距热顶底面较近的位置上。这些作用使铸锭得到更平滑的表面，较薄的表面偏析层。表面偏析层一般少于 150 μm，铸锭断面的结晶组织较细。

用气体加压热顶铸造法生产的细直径铸锭，称为 SHOTIC 材料[90]。ϕ50 mm 和 ϕ75 mm 等 SHOTIC 开发成功，解决了过去用浮漂铸造法极难办到的技术问题，能获得良好的铸锭表面。

细径连铸棒的铸造速度是稍大断面铸锭连铸时的 2 ~ 3 倍[94]。由于 SHOTIC 是采用短结晶器快速铸造，所以凝固速度快，组织均匀细小。从 ϕ50 mm 的铸锭靠近表面层的高倍组织上可以看到，表面的逆偏析层虽然也存在，但小于 10 μm，枝晶尺寸也都小于 10 μm。对于高硅的 KAO_9 合金，初晶硅分布是细小均匀的。铝合金铸锭的组织对其力学性能和加工塑性有很大的影响。AHS 耐磨合金凝固时，冷却速度与组织之间的关系如图 6-37 所示。2A14(LD10)合金的力学性能与凝固速度的关系如图 6-38 所示。

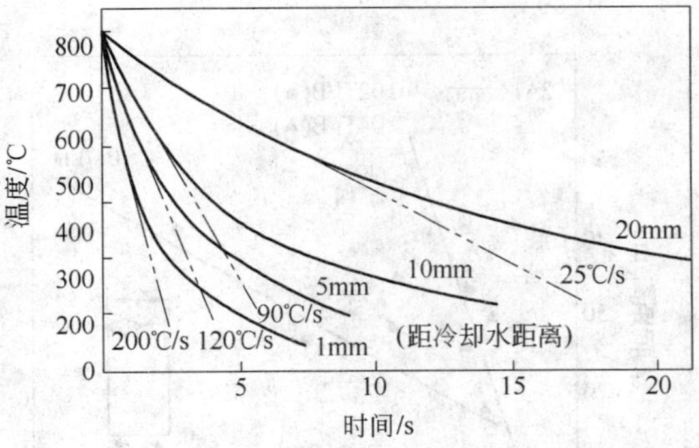

图 6-37　各种凝固速度及显微组织(AHS)[90]

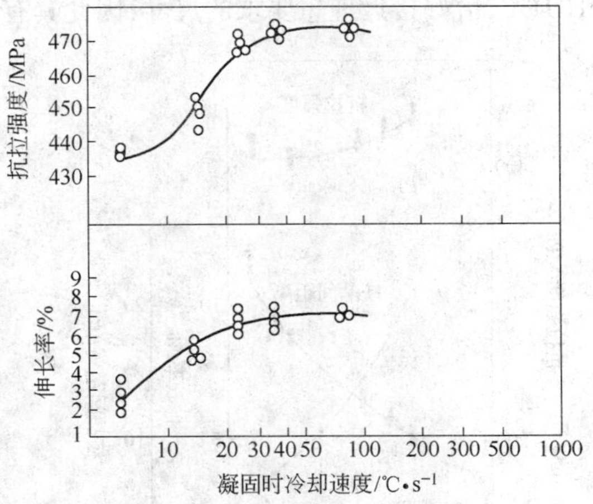

图 6-38　凝固速度与力学性能的关系 2A10(LD10)[90]

从图 6-38 中可以看出，凝固速度为 10 ~ 20℃/s 时，机械强度变化明显。

2A14(LD10)合金的凝固速度与枝晶尺寸之间的关系如图 6-39 所示。凝固速度大，枝晶尺寸显著变小。对于 ϕ50 mm 的 SHOTIC，从其组织来看，凝固速度应大于 15℃/s。图 6-40示出了 ϕ50 mm SHOTIC 的铸造速度与枝晶尺寸及组织之间的关系。图 6-41 示出了铸锭规格与其力学性能之间关系。

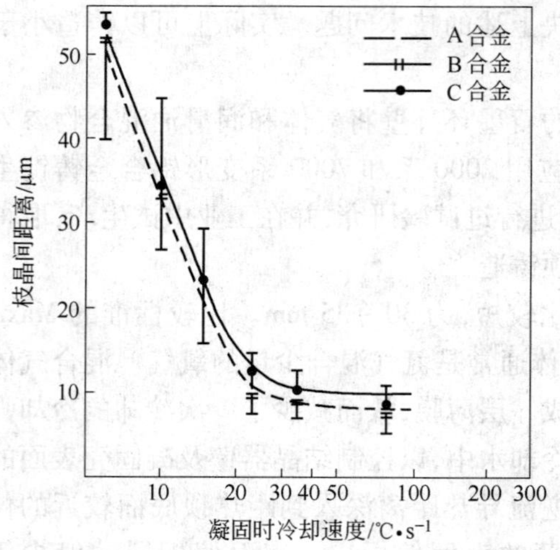

图 6-39　2A14(LD10)合金凝固速度与枝晶间距的关系[90]

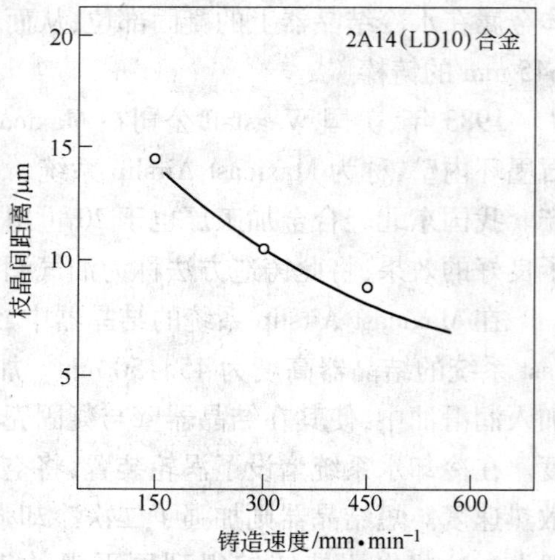

图 6-40　2A14(LD10)合金铸造速度与枝晶间距的关系[90]

从图 6-41 中可以看出,抗拉强度和伸长率的提高是以 ϕ100 mm 的铸锭为界的;此时枝晶间距离也小。当直径为 50 mm 时,枝晶间距离变为 10 μm。这种 ϕ100 mm 以下直径的铸锭力学性能提高的现象,与传统铸锭性能有着明显的不同。昭和金属公司把这种具有良好性能坯料称为"SHOTIC",所以 SHOTIC 不是一个合金的固有名词,而是用气体加压热顶铸造法制得的细直径棒材的总称。

滨田有室等人还通过单向凝固试验确定工业上希望获得的晶粒度和枝晶尺寸,如图 6-42 所示。从图 6-42 中可以看出,100 μm 晶粒度、10 μm 的枝晶间距是最小的尺寸。对于 SHOTIC,恰好接近理想要求的尺寸,因此具有优良的性能。

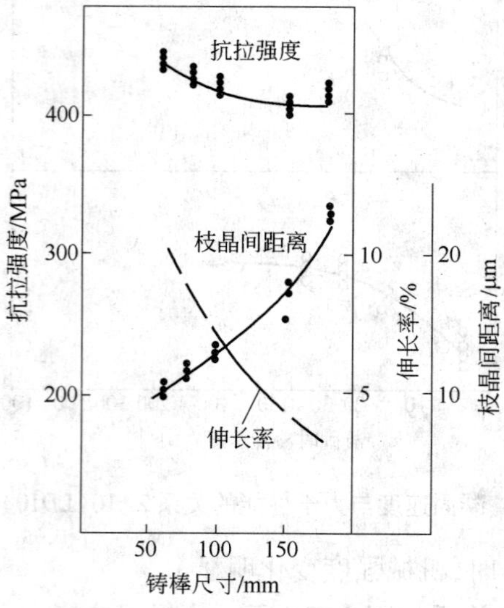

图 6-41　铸锭尺寸变化对力学性能的影响[90]

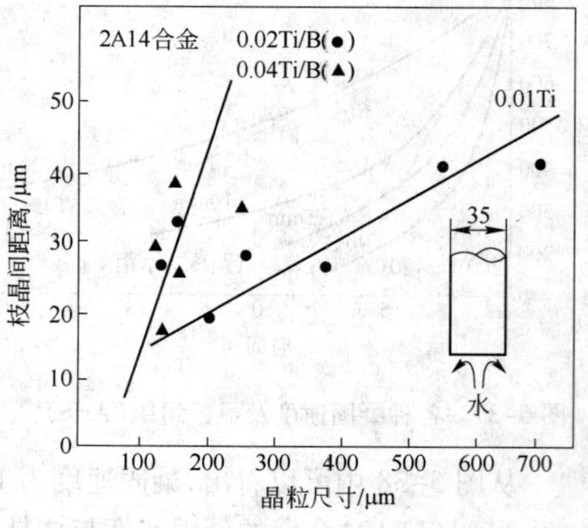

图 6-42　单向结晶时的枝晶尺寸和晶粒度[90]

热顶铸造的效果是减少了铸锭中的夹杂和微气孔。气体加压的热顶铸造,由于采用气体加压,细直径铸锭的铸造速度得以提高,于是,结晶时可达到理想的急冷,使晶粒得以细化,铸锭的力学性能得以提高。各种合金 ϕ53 mm 的 SHOTIC 与挤压棒材力学性能的比较结果列于表 6-77。

表 6-77 SHOTIC 与挤压棒材力学性能比较[90]

性能 \ 合金	2014-0		2017-0		2218-0		6061-0		5052-F		5056-F		AHS-0	
	S	E	S	E	S	E	S	E	S	E	S	E	S	E
抗拉强度/MPa	218	199	248	190	235	232	126	129	202	194	262	261	221	175
屈服强度/MPa	80	104	103	91	96	95	45	64	72	68	99	95	91	75
伸长率/%	14.3	18.0	19.5	26.9	18.4	19.2	34.3	34.9	39.0	37.1	39.0	44.3	15.7	30.7
硬度 HB/MPa	550	470	650	470	630	620	330	300	470	470	580	570	590	550

注:1. S—SHOTIC,E—挤压棒材;
2. SHOTIC 沿铸造方向,挤压棒材沿挤压方向取样;
3. SHOTIC 的 0、F 材为均匀化处理状态;
4. AHS 为 Al-10% Si-2.5% Cu-0.3% Mg 合金。

从表 6-77 中可以看出,若对 SHOTIC 进行均匀化处理,其力学性能几乎与传统的挤压棒材没有差别。SHOTIC 的组织是铸态组织,但它具有良好的加工性能,是因为受枝晶尺寸和第二相质点等组织因素影响所致。根据 Al-11.7% Si-1% Cu-1% Mg 合金锭经楔形冷锻试验后,得到的组织因素与加工性能的关系如图 6-43 所示。为了易于判断,图 6-43 中横轴用坯料直径表示;坯料直径小于 ϕ100 mm,组织微细;通常用铁模铸造时,枝晶尺寸为 80 μm,而 SHOTIC 比这个小得多。图 6-43 中临界加工率(L. W)是表示发生裂纹时的加工率。从试验中可以知道,小直径的坯料采用 70% 的临界加工率不会发生问题。

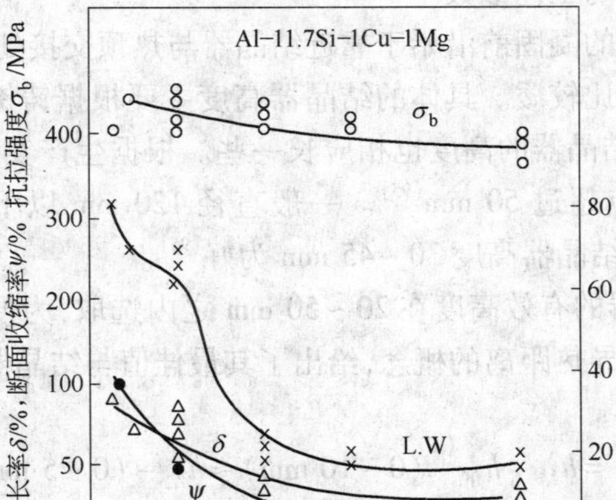

图 6-43 坯料直径对力学性能和临界加工率的影响[90]

根据试验结果,楔形冷锻临界加工率与第二相总面积的关系如图 6-44 所示。第二相是指 α 相以外的析出相晶体的总面积,也就是共晶体、初晶硅、Mg_2Si 和 Al_3Fe 等相的面积总和。从图 6-44 中可以看出,不论组成如何,组织微细的 ϕ50 mm 铸锭,总是显示出良好的加工性。随着第二相数量的增加,加工性能恶化;但是,当第二相数量为 15% ~25% 时,锻造性能却不发生变化。而 ϕ150 mm 的铸锭,没有这种倾向,其加工性能是逐渐降低的。

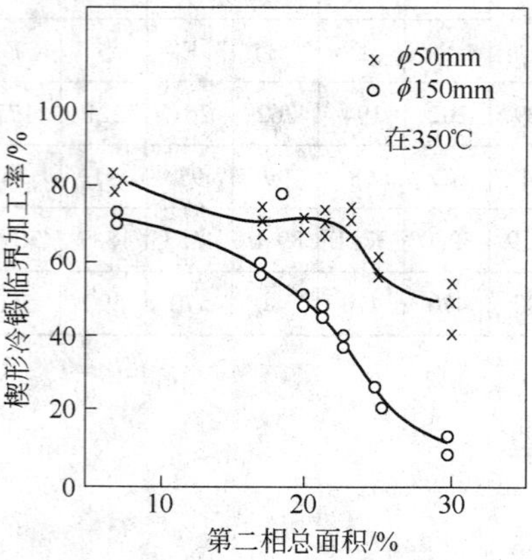

图 6-44　组织因素与临界加工率的关系[90]

枝晶尺寸、第二相质点大小及其分散程度,除了对力学性能和加工性能有影响之外,还对切削性能有很大影响。尤其是高合金化 AHS,其影响更为显著。以枝晶尺寸代表的组织因素增大,切削时的抗力变大。

根据 Airslip 热顶铸造的试验结果,逆偏析层厚一般小于 150 μm,可达 80 μm 且均匀,而传统式铸棒不均匀且深 300 μm;结晶器的平均寿命比传统式高了 3 ~4 倍。6063(LD31)铝合金锭 T_6 处理后,挤压成品的机械强度,比原来的热顶铸造高出 5%。一般而言,型材的挤压速度可增加 30%,挤压时的饼头可减少 50%。挤压生产中,减少了修补或刨光挤压模的频率;在挤压 LD31 合金型材经过一个双孔挤压模时,模具寿命增加了 5 倍。

6.9.3　同水平铸造工艺参数

同水平铸造工艺参数根据合金的品种和铸锭直径大小来确定。例如 2A11(LY11)、2A12(LY12)合金是硬铝合金,结晶温度范围宽(2A11(LY11)为 515 ~645℃,LY12 为 502 ~638℃),裂纹倾向性大;5A06(LF6)合金是高镁合金,其流动性、导热性和线收缩系数较低。根据这些特点,应采用不同的工艺参数。

在热顶铸造中,凝固壳的凝固前沿始于靠近结晶器与热顶交接处,并利用二次冷却逆流导热的作用,结晶器的高度比较矮。具体的结晶器高度主要根据铸锭直径来选择;直径小,结晶器应短一点;直径大,结晶器的高度也相应长一些。根据生产实践,结晶器的高度最小不能小于 25 mm,最大不应超过 50 mm[95]。一般直径 120 mm 以下,结晶器高度为 25 ~35 mm;直径 145 mm 以上,结晶器高度 30 ~45 mm 为好[96]。

据有关报道[97],结晶器的有效高度在 20 ~50 mm 之内选取,为便于操作和保证铸锭质量,取为 45 mm。基于逆流导热距离的概念,给出了其最佳值与结晶器有效高度之间的经验公式:

$$UCD_{最佳} = h_{结} + h_{下} - (0 \sim 10\ \text{mm}) \approx h_{结} - (0 \sim 5\ \text{mm}) \tag{6-8}$$

式中　$UCD_{最佳}$——最佳逆流导热距离, mm;

$h_{结}$——结晶器有效高度, mm;

$h_{下}$——结晶器出口至二次冷却水湿水线的距离, mm。

在合金和结晶器高度一定的情况下,铸锭直径越大,铸造速度应越小,但变化不太大。如铸锭直径相差 20 ~30 mm,铸造速度只相差 5 ~10 mm/min[96]。同一规格的不同合金,纯铝铸造速度最大,低成分合金次之,高成分合金应最小,通常比纯铝低 20% ~30%。

6063(LD31)合金的热顶铸造工艺参数列于表 6-78。

表 6-78 6063(LD31)合金的铸造工艺参数[96,98]

铸锭直径/mm	铸造温度/℃	铸造速度/mm · min^{-1}	进口水温度/℃	冷却水压力/MPa
100		115		
112	725 ~ 735	105 ~ 110		(2.9 ~ 5.88) × 10^4 Pa
124		100 ~ 105		
145		90 ~ 95		
124	720 ~ 730	100 ~ 150	≤30	0.049 ~ 0.098

国外 Airslip 技术同水平铸造 6063(LD31)合金锭的铸造工艺参数列于表 6-79 和表 6-80。表 6-79 是瑞士 Maerz-Gautschi 公司的设备技术参数,润滑油和压缩空气从结晶器顶端缝隙流入结晶器内壁表面上;压力比较低,气体压力 0.4 ~ 0.5 MPa,润滑油耗量多一点。表 6-80 是韩国设备的技术参数,属 Wagstaff Airslip 系统,润滑油和压缩空气从石墨环外壁渗入到石墨环内壁,油在上部渗入,气在其下部渗入;油和气的压力都比较高,压缩空气压力为 0.6 ~ 0.9 MPa,油压为 0.6 MPa,润滑油消耗量比较少,用油量为 0.016 ~ 0.131 mL/min,润滑油间歇式供给,1 min 供 10 s,压缩空气连续供给;生产过程中,先供气后供油。韩国设备的铸造速度高于 Gautschi 设备。

表 6-79 Gautschi 同水平铸造 6063(LD31)合金锭的工艺参数

直径/mm	铸造长度/mm	结晶器长度/mm		铸造温度/℃	铸造速度/mm · min^{-1}	冷却水		润滑油		压缩空气	
		总长	石墨环			压力/MPa	耗量/ML · t^{-1}(Al)	压力/MPa	耗量/mL · t^{-1}(Al)	压力/MPa	耗量(标态)/m^3 · h^{-1}
127	7000				150	0.3 ~ 0.4			65		
152.4	7000				135	0.3 ~ 0.4			78		
177.8	7000	30	15		115	0.3 ~ 0.4			91	0.4 ~ 0.5	25 ~ 50
203.2	7000				95	0.3 ~ 0.4			96		
228.6	7000				90	0.3 ~ 0.4			100		

表 6-80 韩国同水平铸造 6063(LD31)合金锭的工艺参数

直径/mm	铸造长度/mm	结晶器长度/mm		铸造温度/℃	铸造速度/mm · min^{-1}	冷却水		润滑油		压缩空气	
		总 长	石墨环			压力/MPa	耗量/m^3 · min^{-1}	压力/MPa	耗量/mL · min^{-1}	压力/MPa	耗量(标态)/m^3 · min^{-1}
127	7000				180						
152.4	7000				150						
177.8	7000	30	21.85		130	0.2	5	0.6	0.016 ~ 0.131	0.6 ~ 0.9	0.6
203.2	7000				110						
228.6	7000				100						

根据高荫桓等人的试验研究[94],对于 ϕ192 mm 和 ϕ162 mm 铝合金铸锭,曾试验用过 30 mm、35 mm 和 40 mm 三种高度的结晶器,试验结果 35 mm 较为适宜;透气石墨环,壁厚

4 mm、高度 25 mm 较为合适。4 mm ×4 mm 环形润滑油槽的位置对铸锭冷却有一定影响；当油槽上缘距结晶器上缘 11 mm 时，由于该处冷却强度减弱使凝固壳减薄，铸造过程中容易产生拉裂和破漏现象。当环形油槽上移时，结晶器上缘与热顶交界处因油气供给而增大了弯月面的冷却强度，容易导致冷隔形成。根据试验结果，选择油槽上缘距结晶器上缘 3 mm。直径 192 mm 的 2A11（LY11）、2A12（LY12）和合金铸锭的工艺参数列于表 6-81。

表 6-81　ϕ192 mm 铝合金锭的工艺参数[95]

合金牌号	铸造温度 /℃	铸造速度 /mm·min⁻¹	冷却水		油气润滑参数				
			水温 /℃	水压 /MPa	油温 /℃	气温 /℃	油气温 /℃	气压 /MPa	油量 /mL·min⁻¹
LY11	710～720	125～135	8	0.01～0.025	10～12	6～7	8	0.08～0.01	1.15～1.25
LY12	710～720	120～130		0.01～0.02				0.08～0.01	1.65～1.75
LF6	710～720	100～110		0.01～0.02				0.08～0.01	1.65～1.75

表 6-81 中三种合金的铸造工艺参数对铸锭表面质量的影响具有共同的规律性。当铸造速度偏低时，铸锭表面出现轻微成层现象。当铸造速度过低时，在结晶器内弯月面处有结晶成壳出现，是导致铸锭成层的原因。提高铸造速度，有助于铸锭表面质量的提高。铸造速度过高时，铸锭浇口部的缩孔加深，并将导致铸锭的裂纹倾向增加。例如，2A11（LY11）合金的铸造速度为 140～145 mm/min 时，其缩孔深度可达 40～50 mm。试验结果表明，获得表面光滑的、内部组织无缺陷的铸锭的铸造速度是：2A11（LY11）合金为 128 mm/min，2A12（LY12）合金为 125 mm/min，5A06（LF6）合金为 112 mm/min。

6.9.4　同水平铸造应用实例

例 1　热顶铸造 ϕ380 mm 6005A 铝合金锭[92]

中国铝业总公司贵州铝厂，采用气幕式热顶铸造技术生产 ϕ380 mm 的 6005A 铝合金圆锭，供给 55MN 挤压机生产铝型材。气幕式热顶铸造即油气膜润滑铸造技术，其结构原理如图 6-45 所示。

结晶器内径 380 mm，采用较低的结晶环高度。热顶高度为 75 mm。气幕铸造的工艺装备把空气与油的混合物通过油气分配环引入结晶环的上部，在铸造过程中对铸锭凝固壳实现连续润滑。油气供应的工艺流程如图 6-46 所示。

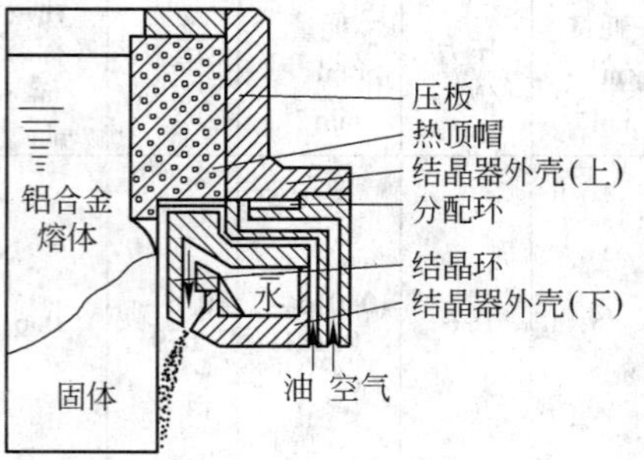

图 6-45　气幕铸造示意图[92]

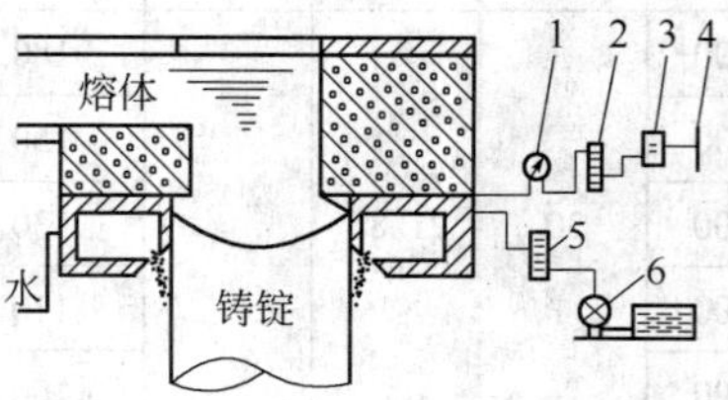

图 6-46　空气、油供应工艺流程示意图[92]

1—压力表；2—带调节的空气；流量测量仪表；3—减压阀；4—连接空气管网；5—润滑油流量表；6—润滑油分配表

生产中，使用液态原铝作为基体材料。合金元素采用 Al-Si 中间合金及 Cr、Mn 添加剂加入原铝中，最后加入 Mg 锭。熔炼温度 750～760℃，熔炼时间 30 min。Cr、Mn 添加剂及 Mg 锭用钟罩压入铝液中，确保化学成分均匀和较高的金属实收率。采用 MnCl6 添加 Mn。

为了提高铝合金熔体的纯洁度，在熔炼炉中除渣，在保温炉中用氮气喷粉精炼除气，除渣，在炉外用 N_2 在线除气和用陶瓷板在线过滤，除渣。净化工艺制度列于表 6-82。

表 6-82 6005A 合金熔体净化工艺制度[92]

设 备	净 化 剂	净化时间/min	净化温度/℃	目 的
熔炼炉	造渣剂	10	750	除 渣
保温炉	N_2 + 精炼粉	30	750	除气、除渣
除气炉	N_2，6 L/h，转子转速 250 r/min	铸造全过程	710～720	除气，H_2 低于 0.2 mL/(100 gAl)
过滤器	过滤板(30 孔/in^2)	铸造全过程	705～710	除 渣

注：1 in = 2.54 cm。

采用 Al-Ti-C 线杆在线细化晶粒。

根据气幕铸造 ϕ380 mm 6005A 合金圆锭的工艺特点，铸造速度应控制在 50～56 mm/min；冷却水入口温度低于 30℃，流量控制在 2000～2400 L/min。Al-Ti-C 线杆送料速度控制在 100～180 cm/min。铸造过程中，要确保空气压力和流量及润滑油流量供应的稳定性。

为了改善铸锭的挤压特性，提高制品的力学性能和表面质量，对铸锭进行均匀化处理。在(570 ± 10)℃保温 10 h；采取风 + 水冷，冷却速度大于 200℃/h；铸锭终了温度，外部 50℃，中心 150℃。

根据上述生产制度，整个铸造工艺流程为：ZLD102 合金料入炉→原铝液入炉→搅拌→Mn、Cr 添加剂入炉→Mg 锭入炉→搅拌→造渣剂入炉→N_2 喷粉精炼→搅拌扒渣→中间分析→静置→在线加入 Al-Ti-C 线杆细化晶粒→在线精炼→铸造铸锭→均匀化→锯切。

按上述生产制度，铸锭的化学成分符合试验标准。铸锭外观符合要求，内部裂纹在端部正常范围内，按工艺要求锯切头尾后即为无裂纹产品。铸锭外观及裂纹的检查结果列于表 6-83。铸锭纵、横向晶粒大小基本一致，均为等轴晶粒；晶粒度分别为 2.5～3.5 级，单位面积晶粒数，测定值为 40～75 个/mm^2，超过了 16 个/mm^2 的要求。

表 6-83 生产现场对铸锭外观和裂纹的检查结果[92]

熔次号	外观检查	探伤检查
6005A－1	光滑，无其他缺陷	距端部 150 mm 以内有裂纹
6005A－2	光 滑	距端部 100 mm 以内有裂纹
6005A－3	光 滑	距端部 120 mm 以内有裂纹

例 2 用电解液态原铝生产 LD31 合金锭[98]

白银铝厂采用同水平铸造工艺，直接用液态原铝试验和生产 ϕ124 mm 的 6063(LD31)铝合金锭，始于 20 世纪 80 年代[98]。把热帽、结晶器和石墨套的组合体称为热顶模，如图 5-4所示。热帽是用耐火材料从石墨套的上沿开始向上糊制的，并和 30 mm 高的 ϕ135 mm × 10 mm铁套环糊在一起。铁套环起强固作用。糊制后要保证牢固，并刷好涂料。结晶器用紫铜制作。石墨套用高纯细质石墨棒加工而成；石墨套要有一定的强度和表面光滑度。

八个热顶模分别放置在具有冷却装置的盖板上。冷却装置主要是由两块钢板焊接而成的水套。冷却水从进水管进入水套，再从每个结晶器下端外缘的小槽流出。冷却装置的主要作用是冷却结晶器和铸锭。冷却装置与结晶器安装关系如图 6-47 所示。

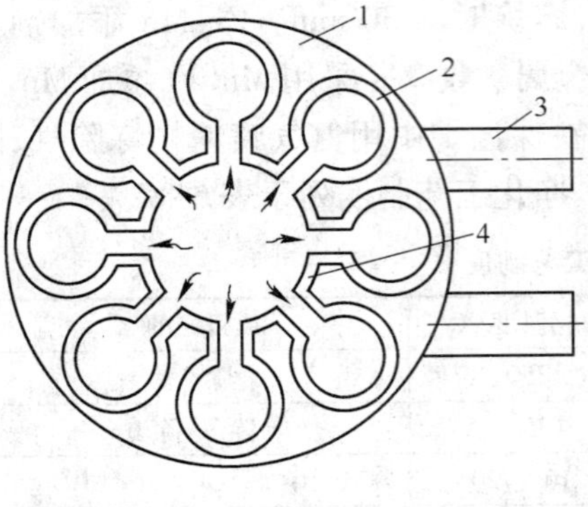

图 6-47　结晶器水冷系统平面示意图[98]
1—钢板焊成的圆盘;2—安放在圆盘上的结晶器;3—冷却水进水管;4—液态金属分流盘

在图 6-47 中,分流盘安放在冷却装置的盖板上,置于 8 个热顶模中央。分流盘内糊制一层耐火材料,并开有 8 个流口通向结晶器。分流盘主要起分流和调整液态金属液面的作用。铸造前,分流盘要安放端正,其流口和热顶模的液态金属入口连接好,并用耐火泥糊制好。在糊制过程中,要特别注意各部位的连接处,防止出现液态金属渗漏现象。使用前必须烘干预热。

铸造一开始,液态金属流入分流盘。要始终控制分流盘中的金属液面保持在一定高度上。当铸锭向下移动时,热帽中的液态金属自动流入各结晶器中,以保持同一水平。

铸造工艺参数选择如下:

(1) 化学成分及纯洁度的控制。从铝电解槽吸出的液态原铝中,含氢量很高,一般在 0. 2 ~0. 4 cm^3/(100 gAl)范围内。为了使含气量下降,先把液态原铝注入干净的炉子里,配入事先计算和确定好的各种数量不同的固体原料,熔化后搅拌,取样分析。当液态金属的化学成分符合规定标准时,马上将金属温度增加到高于铸造温度的上限值 15℃,并加入适量的 CCl_4 进行精炼,静置 30 min。待金属温度降到铸造温度上限时开始浇铸。精炼静置后,可使液态金属含气量下降到 0. 16 cm^3/(100 gAl)以下。

镁在空气中容易燃烧,而密度又小,熔化后容易浮在液态金属表面被烧损。因此,镁的含量要控制在上限。如果能控制好镁的燃烧,镁的实收率能保持在 80% ~90% 左右。在 6063(LD31)合金中,镁的实际含量必须满足形成 Mg_2Si 化合物的数量要求,即 Mg:Si = 1.73:1,合金中 Mg_2Si 含量为 1. 2% 左右。Mg 量过剩,Mg_2Si 在铝中的溶解度显著减小,降低强化效果。因此,在 6063(LD31)合金中,镁的实际含量应控制在 0. 45 ~0. 90 为宜。

硅在 6063 合金中的主要作用是和镁形成强化相 Mg_2Si 化合物,提高合金的强度。但硅含量过剩会降低合金的抗蚀性,降低阳极氧化膜的光泽度。因此,硅含量应控制在 0. 2 ~0. 60 为宜。为了保证出厂产品的质量,根据试验结果确定企业内部标准、出炉标准和配料标准。各种标准值列于表 6-84。

表 6-84　6063(LD31)合金化学成分控制范围[98]

制品	标　准	主要成分/%		杂质含量/%					
		Mg	Si	Cu	Mn	Fe	Ni	Zn	其他
所有制品	国家标准	0. 45 ~0. 90	0. 40 ~0. 80	<0. 10	≤0. 10	<0. 55	<0. 10	<0. 10	Cr <0. 10
	内部标准	0. 45 ~0. 90	0. 20 ~0. 60	≤0. 10	≤0. 10	≤0. 30	≤0. 10	≤0. 10	
	出炉标准	0. 60 ~0. 80	0. 35 ~0. 55						
	配料标准	0. 70 ~0. 85	0. 40 ~0. 50						

(2) 铸造温度的选择。实践结果表明,6063(LD31)合金的铸造温度在 720 ~730℃为宜。

(3) 铸造速度的选择。实践证明,6063(LD31)合金的铸造速度在 100 ~150 mm/min 比较合适。

(4) 冷却水压力的选择。生产6063(LD31)合金,要使结晶线保持在石墨环以下的结晶区内,水压一般选择在0.05~0.1 MPa;冷却水出口温度不能超过30℃。

试验结果表明,热顶铸造生产出来的6063(LD31)合金锭具有均匀细密的内部组织,表面光滑,力学性能增强。直径124 mm的6063(LD31)合金锭低倍检验结果为:8个熔次,共126个试样,结晶度全部为一级,全部无气孔、夹渣、缩孔、裂纹、疏松、粗大晶粒和花边组织缺陷;只有第4熔次的14个试样中有小于2 mm的光亮晶粒。

例3 气体润滑铸造 ϕ125 mm 2A12(LY12)铝合金圆锭[99,100]

气体润滑铸造是分两段向结晶器中通入空气和润滑油,上段供气,下段供油。在浇注过程中空气和润滑油在结晶器与凝固壳之间形成油气膜,可以明显减少熔融金属经结晶器内壁的热传导,降低了一次冷却强度,改善了铸锭的形成条件,使铸锭的表面质量和内部组织有很大的改善。

苏州有色金属加工研究院将3 t负荷的液压式半连续铸造机改造为气滑铸造机[99,100],对2A12(LY12)铝合金圆锭的气体润滑铸造工艺进行了研究。气体润滑铸造结晶器如图6-48所示。

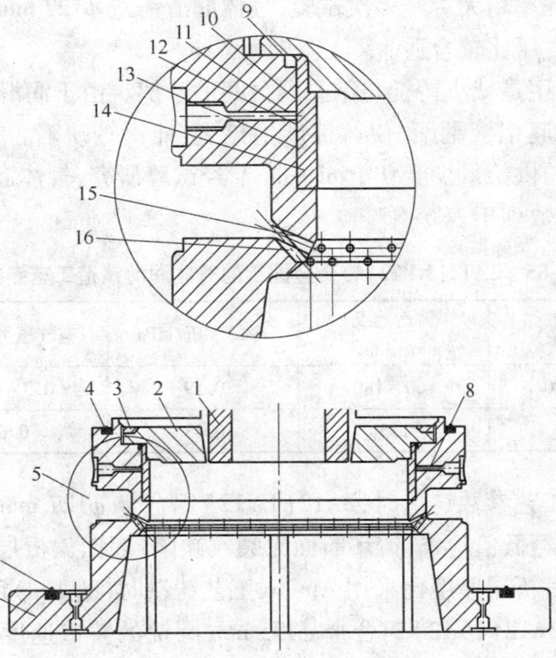

图6-48 气体润滑铸造结晶器示意图[99]

1—热顶;2—过渡环;3—压环;4—密封圈;5—冷却水腔;6—结晶器平台;7—结晶器本体;
8—空气通道;9—密封圈;10—空气通道;11—润滑油通道;12,13—润滑油凹槽;
14—石墨环;15,16—喷水孔

使用传统的立式半连铸方法生产2A12(LY12)合金锭时,由于该合金的结晶温度范围较宽,并且杂质Fe、Si及MgO等夹杂较多,产生缩松和气孔的倾向较大,容易形成热裂、挂铝、冷隔等缺陷,且表面偏析层较厚。气体润滑铸造能有效防止铸锭各种缺陷发生。

熔炼中采用的原材料为：Al99.7 重熔用铝锭，Mg99.80 重熔用镁锭，中间合金 AlCu50、AlMn10.4、AlCr4.49、AlTi4.80。为了使 Fe、Si 杂质含量小于限制量，重熔用铝锭配料量占 30%～60%，且熔铸工具均涂 BN 涂料保护。2A12（LY12）合金熔体极易吸气和氧化造渣。因此，炉料熔化后，在熔体表面均匀铺洒一层覆盖剂；采取快速升温熔化，缩短熔炼时间；严格控制熔炼温度，在 750℃进行搅拌和扒渣，防止熔体过热；尽量减少搅拌时间，减少 Fe 的溶入，并且尽量缩短浇铸前的保温时间。合金成分调整好之后，必须进行熔体精炼。在铸造前采用高纯 N_2 喷粉精炼法精炼 10～15 min，并在熔体上抛洒一层均匀的覆盖剂。在铝液流入铸造平台之前，用陶瓷过滤片过滤，然后流入结晶器。

气体润滑铸造结晶器采用双排喷水孔冷却系统，以增强二次冷却水的冷却强度和效率；同时在结晶器冷却水孔外加带孔水套，使冷却水均匀分布，以形成一次冷却强度小、二次冷却大的效果，防止冷却不均匀引起的裂纹和表面缺陷。

结晶器顶部的空气压力大小直接影响铸锭能否成形，并且影响铸锭表面和内部组织质量。空气压力的大小与铝液的液面高度有关，空气压力应与铝液的静压力平衡。气压过大，会产生铝液翻滚现象，影响铸锭表面和内部质量；气压过小，则等同于普通热顶铸造，使凝固壳和结晶器直接接触区的相对接触面积增大，增强了一次冷却，表面偏析层厚度增大，出现挂铝、冷隔等缺陷的几率增大。经多次试验，气体润滑铸造 ϕ127 mm 的 2A12（LY12）合金铸锭时，选择 0.4 MPa 气压比较合适。

润滑油的主要作用是减小铸锭与结晶器之间的摩擦。由于润滑油是有机物，油量过大，在高温下容易燃烧引起铝液翻滚，使铸锭产生拉裂、挂铝等缺陷。在保证正常铸造的前提下，应尽量使润滑油的供给量少于 0.1 mL/min。经试验研究，气体润滑铸造 2A12（LY12）合金圆锭的适宜工艺参数列于表 6-85。

表 6-85　2A12（LY12）铝合金圆锭的气体润滑铸造工艺参数[99,100]

直径/mm	浇注温度/℃	铸造速度 /mm · min^{-1}	冷却水压/MPa	空气压力/MPa	润滑油量 /mL · min^{-1}
127	710～730	160～180	0.59	0.5～0.7	0.1～0.3
135	710	175	0.58	0.6	

按表 6-85 中的工艺参数铸造时，2A12（LY12）铝合金 ϕ127 mm 铸锭的表面光滑，无任何冷隔、挂铝等缺陷；经低倍检查，铸坯断面无裂纹缺陷，表面偏析层厚度为 50 μm 左右，如图 4-61 所示。表面偏析层厚度比采用 Airslip 工艺铸造时（80 μm）还小。

根据试验结果，2A12（LY12）铝合金 ϕ135 mm 圆锭的铸造速度为 170 mm/min、气压为 0.6 MPa和冷却水压为 580 kPa 时，不同铸造温度（710、725、745℃）对铸锭微观组织的影响如图 6-49 所示。当铸造温度较高（745℃、725℃）时，组织为较粗大的蔷薇形枝晶组织和球形晶粒组织；铸造温度较低（710℃）时，组织比较均匀细小。因此，较低的铸造温度可使晶粒细化，改善铸锭的微观组织。同时由于采用气体润滑铸造，气体润滑模较短，要保持气体润滑状态，要求较快的铸造速度，这意味着必须保持很窄的温度范围，相对比较低的铸造温度对提高铸锭的表面质量和微观组织更为有利。

2A12（LY12）铝合金 ϕ135 mm 圆锭的铸造温度为 710℃、气压为 0.6 MPa 和冷却水压为 580 kPa 时，不同的铸造速度（175 mm/min、165 mm/min、155 mm/min）对铸锭微观组织的影

响如图 6-50所示。当铸造速度较快(175 mm/min)时,熔融的合金液与结晶器接触的时间比较短,一次冷却的强度相对比较低,液体的过冷度减小,形核变得困难,晶体沿着垂直于结晶器壁即散热最快的方向择优生长而形成柱状晶区,其他取向的晶粒由于受到临近的晶粒限制而不能发展,凝固壳厚度均匀且比较薄。同时,由于铸造速度比较快,二次冷却强度相对比较大,单位时间内结晶的金属量增加,提高了平均结晶速度,从而获得细密均匀的结晶组织。当铸造速度比较慢(165 mm/min、155 mm/min)时,一次冷却的强度较大,过冷度变大,增加了结晶前沿的成分过冷,晶粒最初的球形生长条件被破坏,一部分晶粒呈枝晶长大。因此,在凝固壳区的边部组织有细小的枝晶和近球形晶粒,凝固壳比较厚且厚度不是很均匀。同时,铸造速度比较慢,二次冷却的强度相对比较小,过冷度比较小,结晶速度比较慢,因此枝晶比较发达,晶粒相对比较粗大。

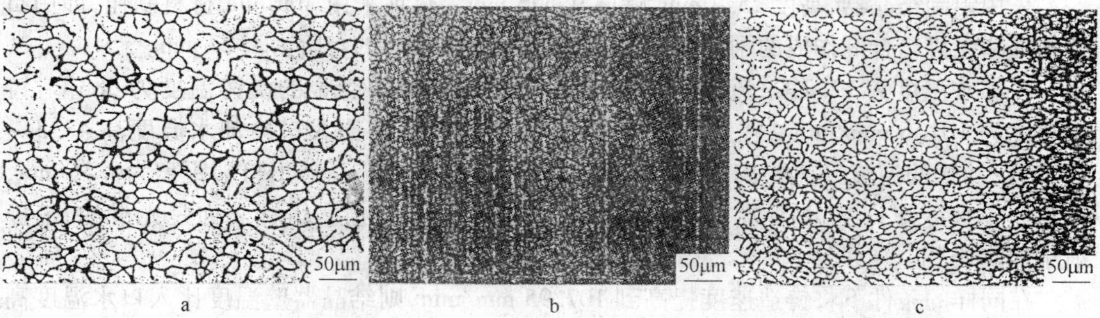

图 6-49 浇注温度对铸锭微观组织的影响[100]

a—浇注温度为 745℃;b—浇注温度为 725℃;c—浇注温度为 710℃

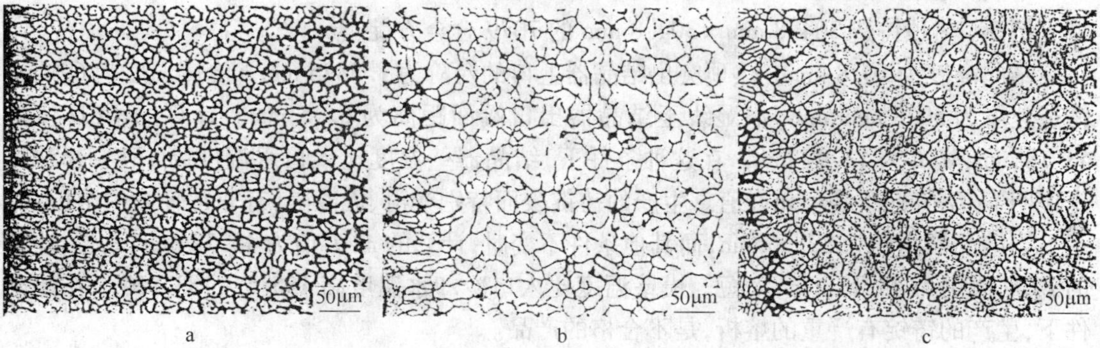

图 6-50 浇注速度对铸锭微观组织的影响[100]

a—浇注速度为 175 mm/min;b—浇注速度为 165 mm/min;c—浇注速度为 155 mm/min

气压的大小影响到凝固壳与结晶器壁之间的间隙大小,因而影响到一次冷却强度。2A12(LY12)铝合金 ϕ135 mm 圆锭的铸造温度为 710℃、铸造速度为 175 mm/min 和冷却水压为 580kPa 时,不同气压(0. 60 MPa、0. 45 MPa、0. 30 MPa)对铸锭微观组织的影响如图 4-60所示。当气压为 0. 60 MPa 时,凝固壳比较薄,组织为沿散热方向生长的柱状晶;当气压为 0. 3 MPa时,凝固壳最厚,边部组织有细小的枝晶和近球形晶粒。

东北大学屈福等人在热顶铸造 ϕ174 mm 的 6063(LD31)铝合金锭时[101],浇注温度为 700 ~710℃,热顶内金属液位高度保持 100 mm 不变,铸造速度 120 ~150 mm/min,冷却水量

60 mL/min，气体压力 0.1 MPa，润滑油压力 0.15 MPa，气体流量取 1 L/min、2 L/min、5 L/min；供气通道在供油通道上方。试验结果，气流 1 L/min 时，表面质量没有得到明显改善，表面有冷隔；提高铸造速度后，表面上有大量的偏析瘤。气流增至 5 L/min 时，发现金属液面上有气体冒出，说明气流量增加使弯月面处的气体压力大于金属液的静压力，破坏了气膜的稳定性。当铸造速度稳定时，气体流量稳定在 2 L/min，铸坯表面光滑；表面细晶区很薄，小于 100 μm；皮下无气孔和疏松。传统热顶铸造的铸坯表层，初凝壳厚度在 300 μm 以上，皮下气孔和疏松比较明显。在浇注温度为 705℃，浇注速度为 110 mm/min，固定气体流量为 10 L/min时，液相穴的深度为 44 mm；无气膜时，液相穴的深度为 60 mm。有气膜时，液相穴深度比无气膜时浅 16 mm，液相穴底平直[102]。

例 4 热顶铸造 ϕ228.6 mm 的 6063(LD31)合金锭[23]

采用铝制结晶器，高度 25.4 mm，壁厚 9.525 mm。热顶采用 Marinite 材料制作，即用石棉纤维和无机结合剂作成的刚性薄壳；热顶突入结晶器上口的台阶为 1.27 mm。

冷却水温度为 12.2℃，流量为 98 L/min。6063(LD31)合金的浇铸温度为 683℃，铸造速度为 101.6 mm/min。在这种条件下，结晶器壁的温度比入口冷却水温度高 43.3～52.2℃；计算的逆流导热距离 *UCD* 为 30.48 mm，水湿线至结晶器出口端距离为6.35 mm，结晶器单独冷却长度 *MAL* 为 1.27 mm，*UCD* 接近最大允许值。铸锭表面是光滑的，带极细小的渗出物。

在同样的条件下将铸造速度提高到 107.95 mm/min，则结晶器壁温度比入口水温度高 55～60℃。此时的 *UCD* 值为 25.4 mm，*MAL* 值为 6.35 mm。这表明 *UCD* 值处于最大允许值与最小允许值之间。在这种条件下，所得铸锭表面与上述者相同。

本例工艺参数与表 6-79 及表 6-80 中数据相近。

例 5 热顶铸造 304.8 mm×304.8 mm 的 7079 合金方锭[23]

结晶高度为 50.8 mm。热顶突出结晶器上口的台阶为 1.5875 mm。浇铸温度为 699℃，铸造速度为 50.8 mm/min，水湿线至结晶器出口端面距离为 6.35 mm。计算的 *UCD* 值为 43.18 mm，*MAL* 为 13.97 mm。在这种条件下，结晶器壁温度比入口水温度高 151～162℃。这说明 *UCD* 值近似最小允许值。生产的铸锭表面特别光滑、无冷隔，有非常轻微的熔析。

当结晶器高度为 82.55 mm，而其他条件不变时，计算的 *MAL* 值为 45.72 mm，太长；计算的 *UCD* 值仍为 43.18 mm，太短。模壁温度比入口冷却水温度高 155.5～183.9℃。在此条件下，生产的铸锭有严重的熔析，是不合格的产品。

从例 4 和例 5 中可以看出，热顶铸造中采用短结晶器，控制合理的逆流导热距离 *UCD* 值特别重要。通过铸造速度的控制，可以使结晶器的传热率由零变至最大，即当 *UCD* 延伸到热顶底边时，结晶器的传热率为零，而当 *UCD* 距结晶器与热顶的接触线大约 12.7～25.4 mm时为最大；在这个范围内对铸锭质量无坏的影响。

例 6 电磁搅拌对热顶铸造 A356 合金质量的影响[103]

A356 合金的熔铸工艺条件为：熔炼(780～820℃)→合金化(750～800℃)→人工搅拌(8～15 min)→吹 N_2 精炼(730～760℃，10～15 min)→人工搅拌(8～15 min)→静置(710～750℃，25～35 min)→浇铸(670～720℃)。

常规直接铸造铝合金锭的针孔度大部分为 3 级，少部分为 1、2 级；而在电磁搅拌热顶铸造的试验铝合金棒中，针孔度绝大部分为 1 级。

常规直接铸造锭中的 Si 偏析在 0.1% ~0.54% 之间,而电磁搅拌热顶铸造试验的铸造合金棒中 Si 偏析在 0.08% ~0.16% 之间。

显微组织为:常规锭 α-Al 晶粒比电磁搅拌试样的粗大,晶界 Al-Si 共晶清晰可见,共晶硅呈粗大针状,从纵向显微照片中可以看出 α-Al 基体上有较多析出相,比电磁搅拌多得多;电磁搅拌热顶铸造时,除主轴枝晶依稀可见外,分支较短,并且有些 α 枝晶晶界有少量的 Al+Si 共晶体,还可以看到 α 基体上析出一些小的颗粒,有可能是 Si 的析出体,也有可能是杂质 Mg、Fe、Cu 等形成的 θ 相、β 相、S 相等分布在基体上。

冲击功为:常规浇铸不足 4 J,各部位差异明显,不均匀,试验值不稳定。电磁搅拌热顶铸造时在 10.4 ~11.2 J 之间。

6.10 水平连铸与同水平铸造的铸锭缺陷

水平连铸与同水平铸造的铸锭缺陷和敞露液面的立式连铸一样,存在着冷隔、裂纹、偏析、疏松缩孔、夹杂物、偏析浮出物和弯曲等,有着共同的特点。在本节仅就由于水平连铸与同水平铸造的特点所引起的个性缺陷进行讨论。

6.10.1 冷隔

在敞露液面的立式连铸过程中,结晶器内的金属熔体在与结晶器壁接触处,由于液态金属表面张力的作用而形成弯月面。当此处的冷却强度较大或连续充型的金属液流供应不足时,弯月面的形状被冷凝固定下来,随着冷却过程持续进行使弯月面的固化区域向铸锭中心扩展;当固化过程失去平衡时,金属液再次充型达到结晶器壁与之接触,形成新的弯月面。如此周而复始地进行,形成有规律的波浪面。这种固化的弯月面称为冷隔。随着冷却强度的增大,弯月面的固化区域扩大,形成的冷隔宽而深。这种现象在方锭的角部最容易出现,因为角部散热最快,所以通常将结晶器型腔的角部作成圆弧形。

增加弯月面冷却强度的因素有:铸造温度低、铸造速度低、结晶器过短而铸造速度又较低和结晶器入口处冷却强度大。采用适当的铸造温度,适当地提高铸造速度,有利于减弱以至消除冷隔现象。

根据 B. C. Елисов 对 ϕ330 mm 的 2A12(LY12)合金铸锭以 40 mm/min 铸造速度立式连续浇铸的研究结果[104],为了消除铸造过程中冷隔的形成,必须保证供给结晶器周边单位距离上、单位时间内的熔体量不少于 0.12 kg。此时的铸造速度相当于 506 mm/min。在水平连铸和同水平铸造过程中,弯月面处的液态金属供应量是有保障的;而且液态金属的温度可以保持正常的浇铸温度。这一点在封闭式连铸过程中优于敞露液面的立式连铸。因此,热顶铸造的铸锭表面质量优于敞露液面的立式连铸。水平连铸的铸锭上表面也是如此。

在连铸铜和铝等传热系数及热扩散率较大的铸锭时,特别是铸造速度较低时,逆流导热作用大。生产大断面铸锭时,铸造速度较低,结晶器不宜太短,应避免逆流导热距离延伸到导流区出口端面或热顶底面,避免对冷隔形成的影响。

在钢铁连续铸锭过程中,由于铸造速度较高,而传热系数和热扩散率又较低,逆流导热作用小,逆流导热距离不可能伸入到水平连铸的导流区,不会影响冷隔的形成。由于分离环与结晶器交接处,分离环端面的温度远低于金属的凝固点,当采用间歇式拉坯制度时,在停歇时间内,弯月面在冷区停留时间长而增强其固化进程;特别是采用反推工艺时,弯月面的固化过程更会加速，而且容易形成较深的皱折。这是钢连铸过程采用间歇拉坯时不可避免的缺陷。为了消除钢锭表面的冷隔缺陷，首先应尽可能提高分离环在其与结晶器交角处的温度；拉坯制度宜采用高频率和短停留及小反推量牵引或单向连续牵引。

冷隔是扁锭侧裂和圆锭横向裂纹的起因。在铜和钢锭水平连铸过程中，采用间歇式拉坯工艺时，凝固壳断裂后的焊口处也会出现细小的冷隔，冷隔间距与拉坯间距相对应；此处冷隔形成的裂纹很小，一般不会扩展到铸锭的深处，在铸锭表面形成细小的间距裂纹。为了彻底消除这种间距冷隔和间距裂纹，宜采用固定结晶器单向连续的拉坯制度。

在水平连铸过程中，铸锭底部的冷隔最为严重，主要是由于液态金属的静压力和铸锭重力的影响，下部凝固壳与结晶器壁之间的相对接触时间增长所致。减弱铸锭底部的冷隔现象，热顶铸造的油气润滑技术、特别是气油分段供给措施很有借鉴意义。

6.10.2 裂纹

铸锭中的裂纹是由于铸造过程中的应力所引起的。铸锭在凝固及其后的冷却过程中，不可避免地要产生铸造应力。铸造应力有三种，即相变应力、收缩应力和机械应力。前两者是所有铸造方法中共有的特点，主要与金属的性质有关，不同铸造方法带来差异在于冷却强度的快慢。从第 4 章中已知，由液相开始转变为固相时的声发射现象，即表现应力开始产生。机械应力是在金属转入弹性状态后，收缩受到外界的机械阻碍而产生的。不同的铸造方法、不同形式的设备和不同的工艺制度，所产生的机械应力是存在差异的。

在水平连铸过程中，铸锭表面的横裂纹多集中出现于铸锭的下部。主要是由于液态金属静压力和铸锭重力作用，使凝固壳下部与结晶器壁之间的摩擦力增大所致。根据 B. B. Сачко 等人的研究结果[78]，在水平连续铸钢的过程中，铸坯上面的应力值总是小于下面的应力值；如果假定在水平结晶器内凝固壳的破裂是发生在凝固的第一秒钟，那么，破裂时摩擦系数的可能数值可由下式求出：

$$\mu_{摩} \geqslant \frac{(\sigma_b - \sum\sigma) b\xi}{\rho g H F_H} \tag{6-9}$$

式中 $\mu_{摩}$——摩擦系数；

σ_b——钢在临近结晶温度下的强度极限，Pa；

$\sum\sigma$——凝固壳层内的总应力，$\sum\sigma = \sigma_1 + \sigma_y + \sigma_T$；

σ_1——由正常压力和摩擦力产生的应力，Pa；

σ_y——由收缩阻力产生的应力，Pa，

σ_T——温差应力，Pa；

b——铸坯宽度，m；

ξ——计算部位的凝固壳厚度，m；

ρ——钢水的密度，7000 kg/m^3；

g——重力加速度，m/s^2；

H——相对于计算部位凝固前沿金属液柱的高度，m；

F_H——铸坯同结晶器壁的名义接触面积，m^2。

根据水平连铸 75 mm×500 mm 的 3 号钢坯，当水冷铜结晶器长度为 900 mm 和中间包内金属液面高于结晶器型腔上表面 212 mm 时；按式(6-9)计算的结果，沿铸坯上面破裂时，

摩擦系数$\mu_{摩}\geqslant 11.5$,沿铸坯下面破裂时,摩擦系数$\mu_{摩}\geqslant 10.8$。铸坯下面破裂时的摩擦系数比较小,是因为下面同上面比较起来,其总应力比较大所造成的。因此,铸坯下表面破裂的数量比上表面多。由此可知,在水平连铸过程中,加强结晶器型腔下表面的润滑特别重要。

在水平连铸过程中,当采用间歇式拉坯时,铸锭表面产生有规律的间距裂纹和间距间裂纹。裂纹间距与拉坯间距相对应。在每个拉坯周期启动瞬间的摩擦系数总是要大于运动过程中的摩擦系数,增大了铸坯与结晶器壁之间的拉坯阻力,当启动瞬间的拉坯速度较快时,容易使凝固壳被拉断。根据 B. B. Сачко 等许多研究者的实验数据[78],保证破裂区凝固壳形成坚固的连接"桥"所必需的时间不能小于 0.5 ~1 s。实际生产中,铸坯停歇时间长于拉坯时间。这对于"桥"区形成足够的厚度是必要的,但促使了间距裂纹的形成。间歇式拉坯是产生铸锭表面的间距裂纹和间距间裂纹的主要原因。缩短拉坯间距可降低间距裂纹的深度。因此,采用固定结晶器单向连续拉坯工艺有利于消除这种裂纹缺陷;浇铸开始时,铸造速度宜从零慢慢增加到正常拉坯速度。在水平连铸铝及铝合金锭中不会出现周期性间距裂纹缺陷。促使凝固壳与结晶器壁之间的摩擦力减小的因素,对减小间距间裂纹起着重要的作用。合理的润滑工艺对减弱间距裂纹和间距间裂纹有良好的作用。

间距裂纹有显性和隐性两种形式。采用 TG 型结晶器时,间距裂纹为显性裂纹,是由间距冷隔引发的;这种间距裂纹根除的办法是消除间距冷隔。当结晶器与导流区连成一体时,在拉坯过程中,凝固壳断裂后滞留于结晶器内的部分,使裂口区供给液态金属困难,在断口处出现不好的熔焊晶粒,形成隐性间距裂纹;当牵引间距增至某一数值时,滞留部分的凝固壳在牵引结束时来得及凝固到铸坯的中心,裂口区停止供给液态金属,导致出现破口,形成显性裂纹,甚至整个铸坯断裂。因此,消除这种间距裂纹的根本措施是避免凝固壳断裂现象的出现;首先将结晶器与导流区端面的连接处形成直角交接,便于弯月面形成。

肖寒等人在水平连铸 ϕ92 mm 的 TP_2 铜管坯时[105],石墨结晶器的内表面无涂层,4 个进液孔的直径 14 mm,无排气孔;按正常的牵引程序连铸 10 h 后,出现大量的表面裂纹,主要位于铸坯的上半部,沿圆周方向断续分布,裂纹长度为 5 ~15 mm,裂纹深度为 0.1 ~1.5 mm。TP_2 磷脱氧铜的成分为:99.90% Cu,0.015% ~0.040% P,杂质总和 0.10%。TP_2 裂纹铜管坯中的杂质含量经光谱分析的结果为:0.0025% P,0.000056% Fe,0.000056% S,0.0011% O。Fe 和 S 的含量有些偏高,而氧的含量高达 0.0011%,可见电解铜在熔化时吸收了大量的氧,而除气效果又不太好。对裂纹断口做能谱分析的结果,Cu 为 96.85%,氧为 3.15%,断口严重氧化。通过扫描电镜对裂纹的深度进行测量,裂纹最深处为 640 μm。铸坯组织为粗大的柱状晶,裂纹沿着晶界开裂。在裂纹的两侧附近有大量的缩孔存在,靠近铸坯外表面的方向上有明显的大气泡,这表明铜液中大量逸出的气体在上浮的过程中聚集,因此,在靠近铸坯上部外表面处气泡很大。裂纹断口表面上有大量微小气孔存在,裂纹顶端有大量小裂纹和连续分布的小缩孔。裂纹沿着晶界开裂,说明裂纹是典型的热裂纹,是在铜液凝固结晶的末期、凝固壳强度和塑性很低的情况下,铸坯由于温度的变化产生径向收缩和轴向收缩引起的;同时表明裂纹是在一次冷却区形成的,并在一次冷却区和二次冷却区进行扩展长大,使得裂纹变得更深更长。这种严重氧化的铜管坯不能进入下道工序,只能回炉重熔。这说明熔炼过程中的精炼和连铸过程中的导气作用对于水平连铸生产是特别重要的。

水平连铸 TP_2 铜管坯的表面裂纹是在连铸一段时间之后才出现的,表明连铸十多个小时后,与铸坯接触的结晶器石墨内壁表面变得粗糙了。因为水平连铸铜管坯的拉坯制度是

"推—停—反推—停",由于有"反推"的工序,凝固壳对结晶器石墨壁内表面的冲击摩擦是比较大的,这种反复的冲击摩擦达到一定的时间之后就会使石墨壁内表面变得十分粗糙,增加了拉坯过程中的摩擦阻力,导致铸坯表面裂纹的产生。石墨材料在摩擦时的工作能力主要取决于气体介质的成分和湿度。各种未浸渍的石墨材料,当摩擦表面有凝结介质形成的薄膜、液滴时,其磨损和摩擦就会增大5~10倍,而用金属浸渍的材料仅增加0.5~1.0倍。因此,选择合适的材料和减少气体在铸锭与结晶器壁之间排出,也是很重要的。

根据水平连铸 TP_2 铜管坯的表面裂纹产生的原因,可以从降低热应力、收缩力以及摩擦力等方面采取措施,以防止裂纹的产生:(1) 控制冷却水的水压,使其更稳定;(2) 控制冷却水的流量,使铸坯能均匀冷却;(3) 连铸一段时间之后,当铸坯表面比较粗糙的时候稍微降低冷却水流量;(4) 合理计算磷铜合金的加入量,并严格控制;(5) 稍微增加拉坯速度。采用上述措施,重新制定水平连铸铜管坯的生产工艺,并严格实施,取得了较好的效果,裂纹铸坯的数量减少了,结晶器的使用寿命提高了,降低了生产成本,提高了生产效率,而且产品的质量有了很大的提高。

鞍山钢铁集团铸钢厂在SL140型水平连铸机上生产 ϕ110 mm、ϕ130 mm 和 ϕ150 mm 钢管坯时,对钢管产品质量影响最大的因素是铸坯裂纹,其中主要是中间裂纹[106]。中间裂纹一般是指连铸圆坯内部柱状晶区的一种裂纹。这种裂纹一般产生在铸坯1/2半径处,呈簇状出现,多在铸坯的上部180°线上对称分布或120°线上均匀分布。中间裂纹一般沿纵向的延伸长度较浅,严重时纵向延伸会加长。SL140型水平连铸机的主要参数为:总长度10.7 m,中间包容量10 t,冷却水用量25 t/h,平均拉坯速度2.8 m/min,频率90次/min,以准正弦曲线拉坯。ϕ130 mm 管坯上的裂纹,长度大多在3~5 mm,最长达30 mm。采用高拉坯速度,可减少和防止中间裂纹产生。如 ϕ110 mm 的铸坯,拉坯速度3.0 m/min 以上时,裂纹明显减少。

6.10.3 疏松缩孔

同立式连续浇铸一样,水平连续浇铸的铸锭,其低倍组织的主要缺陷也是中心疏松。但是,在水平连续浇铸的过程中,当结晶器往复振动和间歇式拉坯时,铸坯的中心疏松部分与十分致密的金属部分以严格的规律互相交替出现。致密金属的部分,通常在每次振动或拉坯的开始或结束处,而中心疏松部分则处于致密金属部分之间。

中心疏松的发展取决于结晶器的振幅或拉坯间距。例如[85],当以500 mm的拉坯间距周期性地停歇铸造时,ϕ80~90 mm 的钢锭形成局部气孔或直径5~8 mm、长200~250 mm的气孔;可是,当振幅为50 mm时,气孔的直径减小到3~5 mm,而长度不大于50~60 mm;当振幅继续减小到25 mm时,直径大于2 mm的局部气孔,一般是遇不到的。

产生中心疏松,显然是因为在相应于结晶器每次振动或拉坯的开始地带凝成了致密的金属"桥",阻碍了液态金属继续进入前一个运动周期形成的凝固壳区段内,使其在最后的凝固时刻得不到足够的液态金属补缩。这种现象与间距裂纹的形成有着共同的特点。

防止疏松、缩孔的总原则是:在保证沿拉坯逆向进行顺序凝固的条件下,适当提高铸造温度并及时补缩。在水平连铸过程中,采用短结晶器,减小结晶器的振幅或拉坯间距,适当缩短停歇时间,加强二次冷却,适当提高铸造温度和降低铸造速度,适当增加中间包内金属液位的高度;收尾过程要及时减速,防止尾部产生长缩孔。采用固定结晶器而连续拉坯的工艺制度,对消除周期性疏松缩孔更为有效,例如,在水平连铸铝及铝合金锭中不会出现周期性疏松缩孔缺陷的现象。

6.10.4 光亮晶粒及金属间化合物一次晶

光亮晶粒在大多数铝合金铸锭中均可能产生,它是合金组元贫乏的α-固溶体的初晶。在立式连铸过程中,光亮晶是在浇铸漏斗下边生成的。铸造漏斗放置液态金属中愈深,产生光亮晶的程度愈厉害。分布有光亮晶粒的铸锭中心部分,不大于铸造漏斗的直径。

在铝合金水平连铸过程中,导流区的喇叭碗采用绝热材料制作时,铸锭中的光亮晶粒和金属间化合物较多[5]。王宝让等人在1979年的生产实践中,水平连铸2A12(LY12)合金锭中普遍地存在着光亮晶粒[107];在当时的铸造条件下,每根铸锭,从头至尾几乎均有光亮晶粒存在。研究发现,82%的光亮晶粒分布在铸锭的下面,其高度均低于喇叭碗的下沿。根据光亮晶粒的分布特点,可以认为它是在喇叭碗下沿的外表面开始从铸造开始阶段结晶和生长的。经多次高倍组织检验,证明喇叭碗下沿的早期凝结物是光亮晶粒。

光亮晶粒的特点是,在枝晶网格的中间部分,存在着显微硬度低值的一个相当宽的面积,只是在紧靠枝晶网格的边界上,显微硬度的数值才上升到接近基体部分的显微硬度。在枝晶网格中部出现恒定的显微硬度区,与树枝晶在接近于液相线的恒定温度下长时间生长的特殊条件有关。

光亮晶粒的形成须具备两个条件:弱过冷区和依附表面。

在连续铸锭过程中,液态金属的过冷区在一定条件下,几乎能扩展到液相穴的整个体积内。铸锭凝固壳表面的强烈冷却、铸造速度低(液相穴浅)和导入液相穴中的熔体温度低,都会促进这种扩展。在立式连铸过程中,当铸造温度较低而液相穴中放入衬有石棉的铸造漏斗时,漏斗外表面的温度往往较低,已经形成的树枝晶会挂在漏斗的不平整表面上,并长时间处于比液相线低几度或低零点几度的温度下。铸造漏斗表面上的树枝晶,在其长大的第一个阶段是一些细小的晶轴,在轴间充填着母液。在组成树枝晶晶轴的固相与分布于晶轴间空隙的液相之间,会达到该温度下的平衡状态。由于液态金属扩展和对流的结果,进行着被合金平均成分替换的过程,即母液由枝晶间空隙中被冲刷的过程。当液相穴中熔体体积很大和不断更新时,这个过程就会使液相穴中熔体部分的成分发生显著的改变。这个过程使得挂在铸造漏斗表面上的树枝晶枝叉有可能处在恒定温度下,因而在合金凝固部分的成分恒定时,长大到相当大的尺寸。随着重量增加,树枝晶在长大的不同阶段,可能离开铸造漏斗而成为铸锭中的局部偏析夹杂物。因此,在立式连铸过程中,铸造漏斗底面和不平整的表面是产生光亮晶粒的依附条件。带有光亮晶粒夹杂的铸锭,通常具有细晶组织的基体。在夹杂光亮晶粒的部分,铜、镁、锌的含量低于合金的平均成分。

在水平连铸过程中,喇叭碗靠近液相穴一侧的外表面是光亮晶粒的依附表面。采用中间导入式喇叭碗,无论将其安装在结晶器内或中间包里,液体金属流经喇叭碗时,在流出口周边区域内容易形成液态金属流动的缓流区,如图6-51所示。

在结晶器内,铸锭凝固壳在其重力及液态金属静压力作用下,使凝固壳与结晶器壁之间的间隙下部小于上部,以至凝固壳下部的冷却强度大于其上部;由于下部的间隙小于其上部,使二次冷却水的落水点至结晶器出口端面的距离,下部短于上部,增加了凝固壳下部的冷却强度。因此,在喇叭碗流出口下沿的缓流区形成液态金属的低温区。王宝让等人对水

平连铸 ϕ124 mm 的 2A12(LY12)合金锭时液相穴内温度分布实测结果如图 6-52 所示。从图 6-52 中可以看出,在液相穴的下部,有一低温危险区,温度在 638 ~ 636℃之间波动。在这种情况下,弱过冷会进一步扩展到喇叭碗出口的下沿处,使此区具备了形成光亮晶粒的过冷条件。喇叭碗安装于结晶器内时,会强化这种作用。

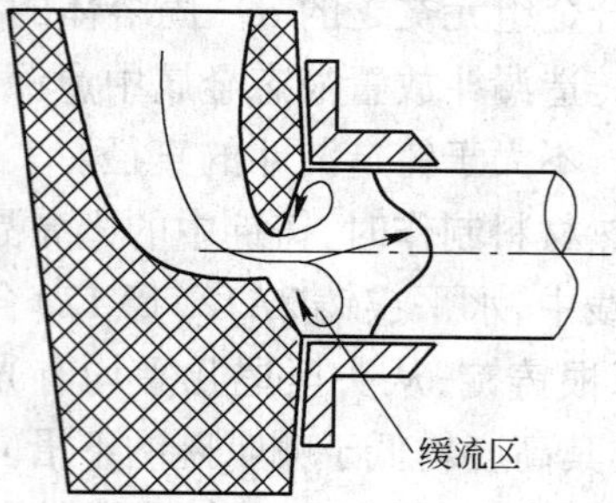

图 6-51　采用中间导入喇叭碗时液体金属流动示意图[107]

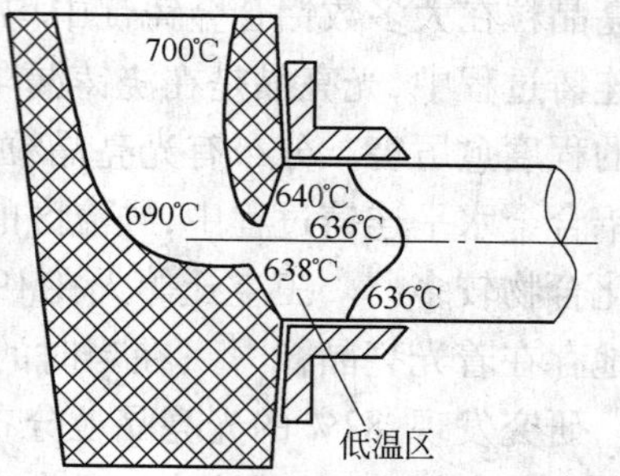

图 6-52　ϕ124 mm 2A12(LY12)合金锭液相穴和中间包内液体温度分布图[107]

王宝让等人对水平连铸过程中光亮晶粒的形成机理进行过试验研究[107],光亮晶粒的形成过程和试验结构示意图,如图 6-53 所示。

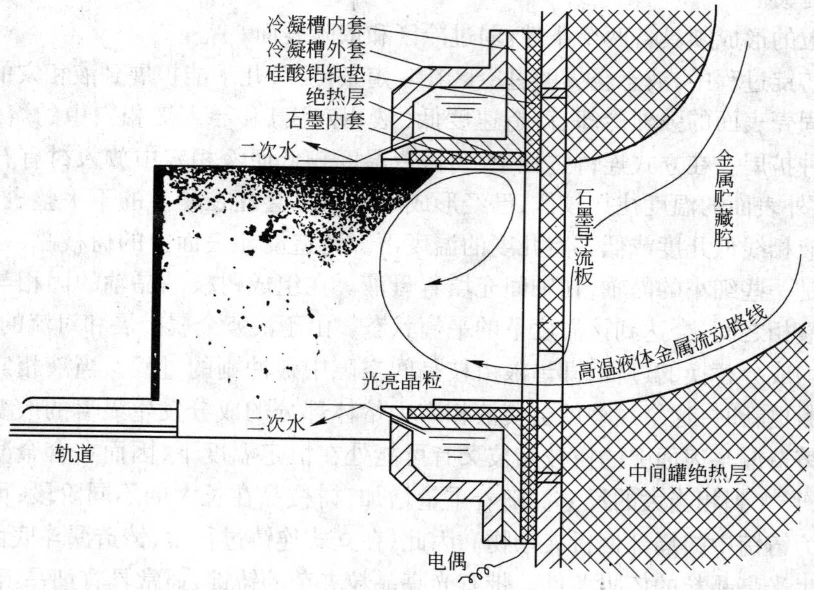

图 6-53　光亮晶粒形成过程和试验结构示意图[107]

试验前充分预热中间包,并在导流板流出口的下方安装一支不预热的热电偶,造成局部过冷的条件。热电偶的端点伸向液相穴,不刷涂料,造成依附条件。铸造一开始,液态金属便从热电偶的周围发生凝结,形成具有一定尺寸的早期凝结物。铸造结束,取一段铸锭沿其纵向剖开,铣面和浸蚀后,在铸锭的下部能明显地看到断续分布的光亮晶粒。为了对比试验结果,铸 2 根无光亮晶粒、无花边组织的铸锭,铸 1 根有光亮晶粒而无其他缺陷的铸锭,铸 1 根有光亮晶粒、有花边组织、无其他缺陷的铸锭,铸 1 根只有光亮晶粒的铸锭,铸 1 根有光亮晶粒、有表面裂纹的铸锭,共切24块毛料、24块试片。经低倍分析结果,证明完全达到了试验的要求。

水平连铸工艺研究结果表明,采用非底部导流时流出口下沿高于结晶器型腔下壁较大,在流出口下沿会形成缓流区。此区受过强的下部冷却作用,液态金属的温度比其上部区域要低。因而使凝固前沿附近的过冷度增大,弱过冷带变得更宽,甚至达到液态金属流出口的下沿。当用石棉黏土制作喇叭碗时,因其表面比较粗糙,传热系数较低,预热时难以热透,液态金属注入后,喇叭碗内外温度仍然很大;具有一定过冷的喇叭碗外表面,是形成晶核的良好依附表面,能很快形成早期结晶体。凝固潜热可通过传导或对流方式经凝固壳的结晶前沿被铸锭导出。而生长着的晶体周围高浓度合金液体不能与低合金成分的晶体充分地进行扩散,便被经常缓慢流动着的液态金属冲刷而冲淡。因而最先结晶的晶体,它总是按照最初的低成分和高温下缓慢地结晶下去,形成合金元素贫乏的α-固溶体一次晶,即光亮晶粒。铸造速度总是大于光亮晶粒的生长速度,当凝结在喇叭碗外表面上的光亮晶粒横向尺寸长到能与凝固壳结晶前沿相连时,就被铸锭凝住,而后又被拉断。被拉断而凝固在铸锭中的α-固溶体初晶就成为铸锭中的光亮晶粒。长在喇叭碗上的光亮晶粒,有时从依附表面上被彻底拉脱;有时留有断茬的残余光亮晶粒还会继续生长,能够再次与凝固壳的前沿相连而又被拉断。这种过程不断地重复进行,直到铸造结束;因而造成在整个铸锭的下部自始至终间断地分布着光亮晶粒。

当中间导流的喇叭碗外周表面发生大面积凝结时,由于凝结的体积大,多半能与凝固壳牢固地连接在一起,随着铸锭延长,会间断地将凝固壳拉出裂口。这种裂口与表面拉裂不一样,裂口之间会出现大块的光亮晶粒。这些早期凝结物,不但凝结面积较大,而且粘得很牢固;当它们与初生凝固壳相连时,不能轻易地将光亮晶粒拉断,而往往先将强度极低的初生壳拉出裂口,严重时造成液态金属外流;直至将光亮晶粒拉得很长,并凝固得很深很牢固时,才能将光亮晶粒拉断一大块凝在铸锭里,随即裂口消失,但在裂口消失很长的距离内仍有小块分散的光亮晶粒被拉断而凝在铸锭里。当残留的光亮晶粒再次长得很大而出现大面积接触时,又将初生凝固壳拉出裂口,重复出现,直到铸造结束。从铸锭纵断面低倍组织观察到"裂口—大块光亮晶粒—分散小块光亮晶粒—裂口"反复循环的组织特征,证实了上述大块光亮晶粒与表面裂口的形成机理。

适当提高导流区端面与结晶器交角处的温度和采用表面平整而导热良好的导流控制板,是防止水平连铸时产生光亮晶粒的最合理的方法。适当提高液态金属的温度,也有助于防止光亮晶粒的产生。

在水平连铸铝合金锭的过程中,不应采用绝热材料制作喇叭碗或导流板。通常采用石墨或具有良好导热和耐熔体腐蚀性能的混合物压制而成。也有采用硬质硅酸铝板做导流板。从导流区结构的应用结果来看,导流板优于喇叭碗,特别高纯石墨导流板具有很大的优点;只是石墨材料很贵,而且极易损坏。因此,出现了采用灰口铸铁制作的导流板[108]。铸铁导流板的导流口开在导流板的下方,导流口下沿至导流板边缘的距离不超过20 mm;导流口的宽度依铸锭直径的大小和其他因素而定,一般不超过15 mm比较适宜;在充分考虑供流均匀合理的情况下,导流口的弧度不应大于121°;灰口铸铁的导热性能(热导率为104.8 W/(m·K)、质量热容为544.3 J/(kg·K))低于石墨(热导率163 W/(m·K)、质量热容1674.7 J/(kg·K)),导流板的厚度应适当减薄,一般控制在3~4 mm。铸铁导流板的表面应加工使其光滑,使用前在表面上喷涂一层 TiO_2 涂料,增加其润滑性,并保护铸铁不受铝液侵蚀。喷涂 TiO_2 之前,导流板应预加热,使涂料层坚固耐用。铸造之前,铸铁导流板应充分预热;铸造结束时,应及时清除导流板表面上的残留金属,注意不使涂层损坏和脱落。

金属间化合物一次晶的局部偏析生成条件与光亮晶粒的生成条件基本相同。差别在于金属间化合物一次晶出现于过共晶成分的铸锭中。消除金属间化合物一次晶粒产生的有效方法,除了上述防止光亮晶粒产生条件之外,还应减少容易形成高熔点化合物的合金组元和杂质的允许范围,控制靠近其下限。

6.10.5 偏析瘤

在铸锭表面上,常常出现凸出的珠状与带状析出物,称为偏析瘤也叫偏析浮出物或偏析结疤,是铸锭的一种表面缺陷。偏析瘤多由低熔点共晶组成。在水平连铸过程中,通常铸锭的上表面和终止铸造时锭尾凝固壳外表面很光亮,而铸锭的下表面偏析瘤比较密集。在水平连铸直径为 10 mm 左右的工业纯铝杆时,对结疤的化学成分进行分析,并实测了铝杆直径的变化尺寸,其结果列于表 6-86 和表 6-87。从分析结果来看,在铝杆表面的结疤中,铁和硅含量比较集中,大大地高于其平均含量,实属偏析结疤。从表 6-87 中可以看出,严重结疤处的铝杆直径,介于结晶器成形孔与无结疤处杆径之间。据此判断,铸锭凝固时首先在结晶器壁上形成凝固壳,由于凝固壳冷却收缩,在结晶器壁与凝固壳之间产生空隙,使铸锭一次冷却大大减慢,凝固壳的温度回升,凝固壳局部软化,并且由于液态金属静压力和铸坯重力的作用,旋即使凝固壳外表面与结晶器壁接触,在拉坯过程中,因摩擦将凝固薄壳蹭破而使低熔点熔体渗漏,滞凝于结晶器壁与凝固壳之间的空隙中。

表 6-86　工业纯铝杆化学成分偏析情况[109]

铁含量/%		硅含量/%		铝品位
平　均	结　疤	平　均	结　疤	
0.11	0.38	0.13	0.24	Al99.7
0.14	0.70	0.22	0.53	Al99.5

表 6-87　工业纯铝杆直径的变化情况[109]

杂质含量/%		结晶器孔径/mm		铝杆直径/mm		铸造速度 /mm · min^{-1}
Fe	Si	水平方向	垂直方向	无结疤处	严重结疤处	
0.14	0.22	11.58	11.64	11.3 ~ 11.4	11.4 ~ 11.5	900

减少以至消除偏析瘤的主要措施是:加强铸锭在结晶器内的冷却和下部的润滑效果。

6.10.6 椭圆度

在水平连铸圆钢锭中,往往略呈椭圆形,横断面的垂直轴略大于其水平轴。

在连续铸锭过程中,结晶器内的凝固壳类似于薄壁压力容器;凝固壳冷却收缩作用,在高温状态下容易使凝固薄壳产生失稳现象。在凝固初期,凝固壳很薄,使失稳现象呈短圆筒特征,冷却的不均匀性小,冷却收缩产生的外力近似于均布状态,失稳时的波数大,使凝固壳内壁呈多角形。当凝固壳的厚度增至一定数值时,凝固壳的失稳现象呈长圆筒特征。在水平连铸钢锭时,结晶器都比较长,使凝固壳保持长圆筒特征的时间相对长一些。长圆筒被压瘪时一般是两个波,即先被压成椭圆形,然后再被压瘪。

在水平连铸过程中,液态金属静压力和铸锭的重力作用,使凝固壳沿横断面的水平轴向挤压,凝固壳的下部与结晶器壁的相对接触时间长于其上部,造成不均匀冷却,强化长圆筒失稳特征。湖北大冶某特钢厂,水平连铸 ϕ280 mm 的无缝钢管坯,采取 1580℃低温浇铸时,椭圆度小于 3%[69]。衡阳钢管公司水平连铸 ϕ150 mm 的无缝钢管坯,其椭圆度统计结果列于表 4-29。当凝固壳在结晶器内滞留的时间增长时,会增加铸锭的椭圆度。根据 H. M. Тучкевич 等人的试验结果[81],以 0.7~0.8 m/min 的拉坯速度水平连铸 ϕ90~150 mm 的镍基合金圆锭时,在铸锭垂直轴线上直径略有增大,为 0.5~1.5 mm;当铸坯的末段在结晶器内完全冷却下来时,发现这一段的椭圆度最为严重,达到 2.5~3 mm。因为铸造结束时,锭尾停在结晶器内完全凝固后,不均匀冷却的时间增长了,铸锭的椭圆度大于正常拉坯的区段。

根据鞍山钢铁集团铸钢厂的生产实践[106],中间裂纹的形成几乎和椭圆度之间有近似成正比的关系,铸坯椭圆度越大,中间裂纹越严重。中间裂纹的分布大都沿着短轴方向。采用高拉坯速度,对减小椭圆变形有利,可减少和防止中间裂纹产生。

在水平连铸铝、铜及其合金锭时,结晶器的长度比水平连铸钢锭时短得多,使凝固壳呈短圆筒特征;而铝、铜的传热系数和热扩散率比钢铁的大,铸造速度又比较低,逆流导热距离较长,使凝固壳的压力容器封头作用增强。因此,椭圆度并不明显。

在同水平铸造过程中,采用的结晶器很短,铸造速度比较低,而且立式浇铸使凝固壳的冷却相对均匀些。因此,同水平铸造的铸锭椭圆度也不明显。

为了减弱以至消除水平连铸钢锭的椭圆度,宜缩短结晶器的总长度,可以适当地提高铸造速度。

6.10.7 外周偏析组织

在同水平铸造的铸锭外周表层往往存在周期分布的偏析带,称为外周偏析组织。6063(LD31)铝合金铸锭纵剖面低倍组织在周边黑线以内一定距离呈黑白相间的曲面斑马纹。周边黑线和曲面斑马纹黑线为共晶浓化区,斑马纹明亮带为共晶含量正常区,斑马纹内端以里一定距离为共晶淡化区。外周偏析带的深度与热顶内侧的突出距离成比例,突出距离越大,外周偏析带越深;反之亦然。

外周偏析带的形成,最根本的原因是结晶器顶端与热顶底面交角处的冷却强度较大,使弯月面固化所致。在弯月面的固化过程中,其内侧部分的凝固速度慢,溶质元素向其内侧邻接熔体中的扩散增多,而固相中的溶质元素含量降低。随着铸锭下降,弯月面上部的空间扩大,直至热顶突出部的边缘;弯月面上端与热顶突出部边缘保持桥式结合。伴随弯月面上部空间的增大热传导减弱,桥式结合部温度上升,随即破裂,首先是低熔点共晶熔体沿着拉伸的弯月面下流,随即大量的正常成分熔体流入拉伸的弯月面上部空间,形成新的弯月面。周而复始,使铸锭周边组织呈现周期性变化。

铸锭外周偏析组织的形成过程,与偏析瘤的形成过程有相似之处;只是发生部分不同。前者发生在弯月面处,而后者发生在初生凝固薄壳上。

铸锭外周偏析区的偏析程度与弯月面处的热平衡有关系。在减少偏析的措施中,最易变更的因素是调整初生凝固壳的冷却速度。弯月面与热顶下面的结合桥，取决于铸造速度。提高铸造速度，可以缩短桥式结合的时间，降低弯月面的冷却强度，从而可以减弱偏析程度。结晶器入口端的内壁，采用石墨内套有利于减弱外周偏析程度。提高热顶突出部下表面的温度，对减弱外周偏析程度也是很有利的措施。

在润滑剂中加入气体之后，铸坯与结晶器壁之间会形成一层气膜；当气体从结晶器顶端引入时，气压还会作用于弯月面上，能缩短一次冷却区的长度。因此，气膜是克服表面偏析层的有效措施。例如，在普通的 Wagstaff 热顶铸造中，逆偏析层极不均匀，层厚达 300 μm；Airslip 热顶铸造中，逆偏析层均匀，层厚 80 μm。气体润滑铸造 ϕ127 mm 的 2A12（LY12）铝合金锭时[99]，铸造速度为 160 ~ 180 mm/min，气体压力为 0.4 MPa，铸锭表面偏析层厚为 50 μm左右。

参考文献

[1] Радзиховский В А, идр. 由再生料用水平连铸法生产铝半制品. Цветные Металлы, 1980, (4): 30 ~ 32.

[2] Roth A. 铝制大电流铸造母线的生产. Aluminium, 1965, (2): 117 ~ 119.

[3] Aluminium Suisse, 1962, (3): 145 ~ 154.

[4] Powers R B. Alcoa 公司的水平连铸法. Light Metal Age, 1975, 33(11,12): 5 ~ 7.

[5] 东北轻合金加工厂等. 轻金属材料加工手册(下册). 向培森. 北京：冶金工业出版社，1980: 93.

[6] Angleys P. Horizontal Continuous Casting Process(水平连续铸造法). Modern Metals, 1964, 20(5): 44 ~ 48.

[7] Terssmann A H. Method and Apparatus for Continuous Casting(连续铸造的工艺和装置). 美国, 2837791 [P], C122-57, 2.

[8] Angleys P. 连续铸铝：第一部分. The Engineer, 1964, 217(5): 596 ~ 598, 644.

[9] Arman S, Angleys P. 金属的水平连铸装置. 法国专利，见：特许公报(第二产业部门): 39 ~ 501.

[10] Bartak Imrk, Harmath Janos. 艾卡铝厂铸造车间采用水平连铸机. Kohászati Lapok, 1963, (10): 476, 477.

[11] 肖述兵. 铝母线浇铸生产工艺的探讨. 轻金属, 2005, (3): 36 ~ 39.

[12] 洪伟. 有色金属连铸设备. 北京：冶金工业出版社，1987: 166.

[13] 美国铝业公司专利. 铸锭水平连续铸造法及其装置. 见：哈尔滨第五号信箱技术情报室. 铝合金水平连续铸造(译文集)，哈尔滨：第五号信箱技术情报室，1971: 8 ~ 13.

[14] 崔旭东. 用电解铝液配制和水平铸造 6063 铝合金圆锭. 轻合金加工技术, 1991, 19(6): 11, 12.

[15] Добаткин В И. 铝合金铸锭. 乔玉普，等译. 北京：中国工业出版社，1964: 15.

[16] 廖乐杰. LF21 合金扁锭的水平连铸. 特种铸造及有色合金, 1993, (2): 29, 43.

[17] 刘俊东，徐增尧. 6063 合金圆锭的横向多模同时铸造. 轻金属, 1999, (11): 31 ~ 33, 41.

[18] 范明生. 西德水平连铸铝带的考察报告. 轻金属, 1984, (7): 61.

[19] Martens Panl. 水平连续浇铸法. Metal Industry, 1960, 96(4): 71, 72

[20] Развитие Непрерывного Литья Алюминия В Капиталистичских Странах. Цветные Металлы, 1961, (7): 99, 100.

[21] 肖亚庆. 铝加工技术实用手册. 北京：冶金工业出版社，2005.

[22] 哈尔滨第五号信箱技术情报室. 挤压锭的水平铸造. 见：哈尔滨第五号信箱技术情报室. 铝合金水平连续铸造(译文集)，哈尔滨：第五号信箱技术情报室，1971. 22 ~ 24(内部资料).

[23] 高泽生. 连续铸造的控制——热顶铸造. 轻合金加工技术, 1974, (3): 16, 47 ~ 53.

[24] 铝母线的水平连铸. Aluminium,1958,(3):137,138.
[25] 神尾彰彦. 铝的连续铸造技术和铸锭组织. 金贵任译. 轻合金加工技术,1984,(3):1~7,44.
[26] 彭学仕等. 铝合金横向连续铸造的工艺特点. 轻合金加工技术,1986,(2):1~5.
[27] 彭学仕,赵云清. 铝合金横向连续铸锭的基本规律. 黑龙江冶金,1988,(4):22~25.
[28] Angleys P. 水平连续铸铝. Jounal Metals,1960,12(1):42.
[29] 廖乐杰. 水平铸造扁锭冷隔的控制. 甘肃有色金属,1992,(3):16,52,53.
[30] 澳大利亚专利. 水平连续铸造法. 见:哈尔滨第五号信箱技术情报室. 铝合金水平连续铸造(译文集),哈尔滨:第五号信箱技术情报室,1971. 19,20.
[31] 沈阳铝镁设计院. 铸造铝母线的工业性试验. 轻金属,1959,(2).
[32] 向凌霄. 高品位铝母线的实际意义. 轻金属,1983,(9):22~24.
[33] 向凌霄. 原铝及其合金的熔炼与铸造. 北京:冶金工业出版社,2005.
[34] 金胜勇. 用横向半连续铸锭工艺生产铝扁锭. 吉林冶金,1988,(3):30~32.
[35] 夏德省. 用原铝半连续水平铸造铝母线. 轻金属,1985,(7):23,24~26.
[36] 沈阳铝镁设计院电解组,淄博铝厂. 水平连续铸造铝杆新工艺试验小结. 轻金属技术,1973,(4):1~7.
[37] 冶金部情报标准研究所. 铝线坯连铸试生产小结. 见:冶金部情报标准研究所. 有色金属及合金线坯的连续铸造. 北京:冶金部情报标准研究所,1973:10~17.
[38] 太原电解铝厂生产技术科. 连续铸造铝杆新工艺生产小结. 山西冶金,1975,(2):23~29.
[39] Atsumi Ohno. 用 Ohno 连续铸造法生产镁锭. 吕兴华,译. 轻金属,1990,(12):39,40.
[40] Чухров М В,Вяткин И П,Соколов В В. 镁的横向铸造. Цветные Металлы,1963,(12).
[41] Evans C J. 青铜连续铸造(Ⅰ). Foundry Trade J.,1977,143(3127):1333~1341.
[42] Krall H A. 生产铜及铜合金挤压锭的水平连铸设备. Metall,1979,33(12):1247~1257.
[43] 洛阳铜加工厂等. 重有色金属材料加工手册.(第2分册). 北京:冶金工业出版社,1988:153.
[44] Сладкоштеев В Т,Курицкий М А,Шатагин О А,идр. 用 УНИИМ 水平连铸机浇铸青铜. Цветные Металлы,1962,(3):67~74.
[45] Терехов В Н,Сладкоштеев В Т,Шатагин О А,идр. Качество Непрерывно Отлитых Бронзовых Прутков для Волочения Проволоки(连续浇铸拉伸用青铜盘条的质量). Цветные Металлы,1970,(8):59~61.
[46] Сладкоштеев В Т,Вартазаров М А, Курицкий М А,идр. 有色金属水平连铸. Металлургическая и Горнорудная Промышленность,1962,(1):47~50.
[47] Сладкоштеев В Т,Шатагин О А,Курицкий М А,идр. Опыт Работы торизонтальной Машины Непрерывного Литья Бронзы(水平连铸青铜的研究试验). Цветные Металлы,1965,(2).
[48] 韩淑敏,刘刚. 水平连铸－冷轧法生产 H65 黄铜带工艺研究. 有色金属加工,2007,36(3):21~26,31.
[49] 刘刚,韩淑敏,白常厚. H65 黄铜水平连铸工艺研究. 金属世界,2007,(2):10~13,23.
[50] 阎志明,李新涛,罗大伟,等. 水平连铸 BFe10－1－1 铜合金坯. 特种铸造及有色合金,2009,29(2):187~189.
[51] 郭明恩,刘瑞. 锡磷青铜合金水平连铸工艺参数的优化. 铸造技术,2005,26(7):591~593.
[52] 舒服华,徐劲力,胡清华. 基于粒子群神经网络的 QSn6.5－0.1 连铸工艺优化. 特种铸造及有色合金,2007, 27(4):286~288.
[53] 吴子平,胥锴,何富苗. 水平连铸锡磷青铜锭坯表面“蓝带”、“蓝斑”形成原因及探讨. 上海有色金属,2005,26(4):168~170.
[54] Сладкоштеев В Т, Шатагин О А, Осинцев Г С, идр. Горизонтальное Непрерывное Литье

Заготовок для Прессовиния(水平连铸挤压锭). Цветные Металлы,1971,(10):58,59.
[55] Емяшев А В. 连铸有色金属的耐磨石墨结晶器. Цветные Металлы,1973,(8):51 ~ 54.
[56] Фридман Л П, Кузмин В Г, Новиков А В, идр. Установка Горизонтального Непрерывного Литья Полос ИЗ Медных Сплавов(水平连铸铜合金扁锭的设备). Цветные Металлы,1971,(10):,60 ~61.
[57] 上海铜厂. 铜及铜合金水平连续铸造. 北京:冶金工业出版社,1974.
[58] 黎春利. 提高水平连续铸造黄铜线坯表面质量的经验. 铜加工,1982,(1):26 ~35.
[59] Цимиринов А С, идр. 石墨结晶器连铸铜合金表面裂纹的成因. Цветные Металлы,1977,(1):61 ~64.
[60] Шевиенко В И, идр. 无锡青铜锭坯的水平连铸. Литейное Производство,1990,(1):20,21.
[61] 周永健. 水平连铸铜合金铸锭质量的改善. 上海有色金属,1997,18(3):114 ~118.
[62] 楼剑刚. 提高 HPb59 -1 铅黄铜连铸线坯质量之关键. 铜加工,1987,(1):24 ~28.
[63] Офенгенден А А, идр. 水平连铸棒材的最佳制度. Литейное Производство1981,(3):23,24.
[64] Козаченко С М, идр. О Горизонтальном Непрерывном Литье Припоев(水平连铸焊条). Цветные Металлы,1971,(11):62,63.
[65] 钱国统,梁狄浩,李锋,等. 锡锌合金水平连铸技术的探讨. 特种铸造及有色合金,2007,27(11):867,868.
[66] Скворцов А А, Акименко А Д. Теплопередача и Затвердевание Стали В Установках Непрерывной Разливки(钢在连铸设备中的传热与凝固). Москва:Издательство"Металлургия", 1966.
[67] 金科,沈允文,李新. 钢包、中间包复合反射绝热层的制备与应用. 钢铁,2005,(1).
[68] 章仲禹. 我国水平连铸技术发展的若干意见. 南方钢铁,1997,(4):1 ~7,13.
[69] 雷惠,雷森田,庄斌星. 一种新型的水平连铸机中间包加热系统. 钢铁,2008,43(4):43 ~45,50.
[70] 孟茂生. HCCϕ54 水平连铸机的设计. 铸造技术,2005,26(1):37 ~39,41.
[71] 章仲禹. 水平连续铸钢机结晶的设计. 冶金设备,1988,(2):12 ~16.
[72] 武东福,张津,等. 铸铁水平连铸牵引工艺及其拖动控制探讨. 铸造技术,1988,(6):6 ~9.
[73] 潘荣楠. 水平连铸同步火焰切割机的设计. 马钢科研,1987,(1):35 ~37.
[74] 朱庆桂. ϕ150 mm 水平连铸圆管坯的开发与实践. 连铸,2004,(4):27 ~29.
[75] 吕士忠,王雪峰. 水平连铸试生产电站锅炉用钢 T91. 连铸,2005,(5):16,17.
[76] 贺道中. 连续铸钢. 北京:冶金工业出版社,2007:164.
[77] Thalman A. 金属连续浇铸的发展. Steel Times,1965,191(5075):517 ~529.
[78] Сачко В В, идр. 水平连铸钢坯的成型机理. Металлы,1972,(2):109 ~113.
[79] 蔡开科,邢文彬,章仲禹,等. 水平连铸圆坯凝固特性研究. 钢铁,1986,21(11):18 ~22.
[80] Сладкоштеев В В, идр. 水平连续铸钢. Бюллетень,ЦИИНЧМ,1962,(14):442.
[81] Тучкевич Н М, идр. 水平半连铸特殊合金自耗电极. Сталь,1970,(1):25 ~28.
[82] Акименко А Д, Скворцов А А. Теплоотдача В Зоне Вторичного Охлаждения при Непрерывной Разливки Стали(连续铸钢时二次冷却区的散热). Черная Металлургия,1960,(7):54 ~59.
[83] 张凤禄,周筠清,章仲禹. 水平连铸结晶器的传热特性研究. 钢铁,1986,21(12):53 ~57.
[84] 夏尚华. 水平连铸小圆坯缺陷对热穿孔毛管的影响. 钢管,1994,(5):25 ~31.
[85] Сладкоштеев В Т, Шатагин О А, Курицкий М А. 水平连铸电渣重熔钢自耗电极. Металлургическая и Горнорудная Промышленность,1962(5):20 ~23.
[86] 李生民,孙旭霞,薛旭,等. 专家系统在水平连铸工艺参数优化设置中的研究与应用. 铸造,2005,54(5):488 ~490.
[87] 王维伦,曲镜海. 同水平隔热模铸造. 第 1 ~5 届轻合金加工年会(轻合金文集第 1 集),哈尔滨:

1974～1980，(83～88).

[88] 刘景茹.美国 Maxicast 热顶铸造设备及应用.第十届轻合金加工年会(轻合金文集第 3 集)，杭州，1991，(7～11).

[89] Иванов В Г.热顶结晶器铸锭技术.Цветные Металлы，1993，(6)：17～19.

[90] 浜田有室，と.热顶铸造法制得的细直径铸造棒材的应用.关学丰摘译.轻合金加工技术，1982，(3，4)：28～34，87.

[91] Achenbach D，et al.连续铸铝的工艺改革.Aluminium，1978，54(3)：189～192.

[92] 杨孟刚，文东辉，张虎.6005A 铝合金大直径圆铸锭生产技术.轻合金加工技术，2007，35(3)：23～25.

[93] Wagstaff F E.雷诺公司马西纳厂的热顶铸造设备.Light Metal Age，1982，(7，8)：11～15.

[94] 柳本茂.热顶铸造法的应用与发展.高泽生译.轻金属，1990，(7)：58～62.

[95] 高荫桓，翟永.铝合金油气润滑模热顶铸造的研制.第十届轻合金加工年会(轻合金文集第3集)，杭州，1991，(1～6).

[96] 王祝堂，田荣璋.铝合金及其加工手册.长沙：中南工业大学出版社，1989：393.

[97] 牛庆仁.多模同水平热顶铸造系统的设计及浇铸工艺的探讨.轻金属，1993，(11)：24～27.

[98] 刘启林.热顶模同水平多模半连续铸造工艺技术.轻金属，1988，(10)：27～30.

[99] 张建平，乐永康，毛建伟，等.2024 铝合金气滑铸造工艺研究.有色金属加工，2007，36(2)：25～27.

[100] 张文静，乐永康，毛建伟，等.气滑铸造工艺参数对 2024 铝合金微观组织的影响.特种铸造及有色合金，2007，27(3)：207～209.

[101] 屈福，赵志浩，左玉波，等.气体润滑技术在铝合金连铸中的应用.铸造，2008，57(8)：772～774.

[102] 屈福，崔建忠，王向杰，等.气膜对 6063 铝合金连铸坯中心裂纹及表面质量的影响.特种铸造及有色合金，2009，29(1)：42～44.

[103] 杨刚，张红耀，袁崇胜.电磁搅拌对水冷热顶铸造 A356 合金质量的影响.轻合金加工技术，2005，33(11)：12～20.

[104] Елисов В С.连续铸造铝合金锭时结晶器中熔体敞露表面的导热.Цветные Металлы，1976，(10)：54～56.

[105] 肖寒，张士宏，张海渠，等.TP_2 铜管坯水平连铸表面裂纹研究.特种铸造及有色合金，2007，27(11)：864～866.

[106] 张凤清，张世平，刘金学，等.水平连铸圆坯裂纹形成原因及防止措施.连铸，2007，(5)：18～20.

[107] 王宝让，等.横向铸锭中光亮晶粒的形成机理与消除方法.轻金属，1981，(9)：54～57，60.

[108] 任凤郁.铸铁导流板在水平连铸中的应用.轻金属，1989，(7)：57～59.

[109] 向凌霄.连续铸造铝杆稳定生产若干问题.轻金属，1976，(2)：22～26.